SAMMLUNG GUTTENTAG

91

Eisenbahn-Verkehrsordnung

vom 8. September 1938
mit Allgemeinen Ausführungsbestimmungen

Kommentar

herausgegeben von

W. Weirauch †
Dr. jur., Dr. rer. pol. h. c.
Direktor der Deutschen Reichsbahn

Achte Auflage

neu bearbeitet von

Werner Heinze
Bundesbahnoberrat
Dezernent der Bundesbahndirektion Münster

BERLIN 1962

WALTER DE GRUYTER & CO.
vormals G. J. Göschen'sche Verlagshandlung — J. Guttentag, Verlagshandlung — Georg Reimer
Karl J. Trübner — Veit & Comp.

Archiv-Nr. 21 91 62 1
Satz und Druck: Paul Funk, Berlin W 30

Vorwort zur achten Auflage

Als der jetzige neue Herausgeber dieses Kommentars gegen Ende des letzten Krieges wegen einiger frachtrechtlicher Veröffentlichungen mit Dr. Weirauch korrespondierte (wobei dieser damals über mangelhafte Papierzuteilung für die siebente Auflage beredte Klage führte), ahnte er nicht, daß dem Leben dieses hochverdienten Mannes durch tragische Umstände bald danach ein unerwartetes Ziel gesetzt und er einmal dazu berufen werden würde, das Werk Weirauchs fortzuführen. Eine ganze Reihe von Jahren ist seitdem vergangen. Verlag und neuer Herausgeber haben oft genug darüber beraten, ob eine Neuauflage angezeigt sei. Nachdem schließlich die lange Zeit gehegten Erwartungen auf eine baldige Neufassung der EVO im Anschluß an die der CIM sich als unbegründet oder doch zumindest als für absehbare Zeit verfrüht erwiesen hatten, schien es nunmehr angebracht, die achte Auflage herauszubringen. Die 70. VO zur EVO erscheint — so mißlich es sein mag, zu prophezeien — als eine Art Abschluß des infolge des 2. Weltkriegs überaus reichen Verordnungswerks zur EVO und als ein Wendepunkt zugleich, in dem erstmalig das Tabu des Tarifs angepackt wurde.

Der neue Herausgeber hat sich bemüht, das in allem Wesentlichen immer noch aktuelle Werk Weirauchs, das beispielsweise der Bundesgerichtshof laufend zitiert, von Überholtem zu befreien und all das Neue, was Gesetzgebung und Rechtsprechung inzwischen einschlägig hervorgebracht haben, darin so einzubauen, daß sein Charakter erhalten blieb. Bis auf wenige Stellen, wo eine Änderung unumgänglich war, z. B. dem § 6 über die Tarife, wurde die alte Bezifferung der Anmerkungen beibehalten. Nur dort, wo die in der 7. Auflage von Weirauch vertretenen Ansichten sich nach der wissenschaftlichen Überzeugung des neuen Herausgebers nicht mehr aufrechterhalten ließen, hat er sie geändert, dabei aber die frühere Meinung erwähnt und die Abweichung tunlichst begründet. Er hofft, daß ihm seine langjährige Praxis im Verkehrsdienst der Deutschen Bundesbahn manchen Fingerzeig gegeben hat, um die praktische Brauchbarkeit des Kommentars noch zu erhöhen. Der Verlag hat dem Werk ein zeitgemäß neues Gewand gegeben; durch Fett- und Kursivdruck wurde versucht, das schnelle Erfassen des Wesentlichen zu erleichtern. Die Ansichten anderer zu Streitfragen wurden im Stile Weirauchs nicht nur erwähnt, sondern tunlichst mit den Gegenargumenten so erörtert, daß sich der Benutzer eine eigene Meinung bilden kann. Die Sonde der Kritik wurde überall da angelegt, wo dies im Interesse einer klaren Erkenntnis gegenüber dem Überkommenen notwendig erschien.

Wie weit dies alles gelungen ist, darüber mögen andere urteilen. Für Hinweise und Anregungen werde ich stets dankbar sein.

Münster (Westf.), im Februar 1962

Werner Heinze

Inhaltsverzeichnis

Verzeichnis
der Abkürzungen und des abgekürzt zitierten Schrifttums

a. A.: anderer Ansicht

a. a. O.: am angegebenen Ort

ABest: Allgemeine Ausführungsbestimmungen

Abs.: Absatz

abw.: abweichend

Adolph: Adolph, Eisenbahntarifwesen, Berlin 1933

AEG: Allgemeines Eisenbahngesetz

AG: Amtsgericht

a. M.: anderer Meinung

ArchfEis: Archiv für Eisenbahnwesen

ATV: Allgemeine Tarifvorschriften des DEGT

BB: Der Betriebsberater (Zeitschrift)

Begr: Begründung zur EVO 1938 (Reichs- und Preußischer Staatsanzeiger vom 3. 10. 1938)

bes.: besonders

BGB: Bürgerliches Gesetzbuch

BGBl: Bundesgesetzblatt

BGH: Bundesgerichtshof, mit fetter Zahl dahinter der Band der Entscheidungssammlung in Zivilsachen, die magere = die Seite

BO: Eisenbahn-Bau- und Betriebsordnung vom 17. 7. 28

BMV: Bundesminister für Verkehr

BVerwG: Bundesverwaltungsgericht

CIM: Internationales Übereinkommen über den Eisenbahnfrachtverkehr

CIV: Internationales Übereinkommen über den Eisenbahn-Personen- und Gepäckverkehr

DB: Deutsche Bundesbahn

Die BB: Die Bundesbahn, amtliches Organ der Hauptverwaltung der DB

DEGT: Deutscher Eisenbahn-Gütertarif

DJ: Deutsche Justiz (Zeitschrift)

DPT: Deutscher Eisenbahn-Personen-, Gepäck- und Expreßguttarif

DVO: Durchführungsverordnung
DVBl: Deutsches Verwaltungsblatt (Zeitschrift)
DVN: Deutsche Verkehrs-Nachrichten; nach dem Kriege neu als
DVZ: Deutsche Verkehrs-Zeitung

EE: Egers Eisenbahnrechtliche Entscheidungen und Abhandlungen (fette Zahl dahinter bezeichnet den Band der Sammlung, die magere die Seite)
EVO: Eisenbahn-Verkehrsordnung vom 8. 9. 1938

Finger: Eisenbahn-Verkehrsordnung, 2. Auflage 1960

GG: Grundgesetz für die Bundesrepublik Deutschland
Goltermann: Eisenbahn-Verkehrsordnung, 3. Auflage, 1959
GüKG: Güterkraftverkehrsgesetz

HGB: Handelsgesetzbuch
HS: Hannoversche Sammlung verkehrsrechtlicher Entscheidungen (Bundesbahndirektion Hannover)

IÜG: Internationales Abkommen über den Eisenbahnfrachtverkehr
IÜP: Internationales Abkommen über den Eisenbahn-Personen- und Gepäckverkehr, jetzt CIM und CIV
IZ: Zeitschrift für den internationalen Eisenbahnverkehr (früher: -beförderung, -transport), herausgegeben vom Zentralamt in Bern

JW: Juristische Wochenschrift

KG: Kammergericht
Kittel: Kittel-Friebe-Hay, EVO, 3. Aufl. 1932
KO: Konkursordnung
KVO: Kraftverkehrsordnung

LG: Landgericht
Loening: IÜG (IÜP), 1927 (1929)

MDR: Monatsschrift für Deutsches Recht

Nanassy, v., Das internationale Eisenbahnfrachtrecht, 1956
NJW: Neue Juristische Wochenschrift

OGH: Oberster Gerichtshof für die britische Zone, Vorläufer des BGH

OLG: Oberlandesgericht

OLGE: Entscheidungssammlung oberlandesgerichtl. Rechtsprechung

PBefG: Personenbeförderungsgesetz vom 21. 3. 1961

Reichsbahn (mit Jahrgangs- und Seitenangabe dahinter: Die Reichsbahn, amtliches Organ der Hauptverwaltung der Deutschen Reichsbahn (vor Umbenennung in Bundesbahn)

Recht: Das Recht (Zeitschrift)

RFH: Reichsfinanzhof

RG: Reichsgericht, mit fetter Zahl dahinter der Band der Entscheidungssammlung in Zivilsachen, die magere = die Seite

RGBl: Reichsgesetzblatt

RGSt: Sammlungen der Entscheidungen des RG in Strafsachen, s. RG

RHG: Reichshaftpflichtgesetz

RGR-Kom: Kommentar von Reichsgerichtsräten (mit Ergänzung zum BGB oder zum HGB)

Richter: Eisenbahn-Verkehrsordnung, 1928

Röder: Eisenbahn-Verkehrsordnung, 2. Aufl. 1929

ROHG: Entscheidungen des Reichsoberhandelsgerichts, Zitierweise s. RG

RSpr: Rechtsprechung

Rundnagel: Beförderungsgeschäfte, 1915

Rundnagel-Sperber: Die Haftung der Eisenbahn, 3./4. Aufl., 1924

s.: siehe

S.: Seite

Schulz: Die Haftpflicht der Eisenbahn im Güterverkehr nach dem Deutschen Eisenbahnfrachtrecht, 1920

Senckpiehl, Das Eisenbahntransportgeschäft, 1909; Die Haftung von Eisenbahn, Post und Spediteuren, 1923

SeuffArch: Seufferts Archiv

SHG: Sachhaftpflichtgesetz vom 29. 4. 1940

StPO: Strafprozeßordnung

TA: Tatbestandsaufnahme

TVA: Tarif- und Verkehrsanzeiger

u. a.: unter anderem

u. U.: unter Umständen

UWG: Gesetz gegen den unlauteren Wettbewerb

VAE: Verkehrsrechtliche Abhandlungen und Entscheidungen (Fortsetzung der EE, s. dort)

VO: Verordnung

VR: Verkehrsrechtliche Rundschau

VRS: Verkehrsrechts-Sammlung

VwGO: Verwaltungsgerichtsordnung

VZ: Zeitung des Vereins Mitteleuropäischer Eisenbahnverwaltungen

ZAkDR: Zeitschrift der Akademie für Deutsches Recht

ZPO: Zivilprozeßordnung

Einleitung

Durch Verordnung vom 8. September 1938 (RGBl. II S. 663) wurde auf Grund des § 458 HGB in der Fassung des Gesetzes vom 4. September 1938 die EVO vom 16. Mai 1928 durch die derzeitige EVO ersetzt. Sie ist am 1. Oktober 1938 in Kraft getreten.

Am gleichen Tage traten die Internationalen Übereinkommen über den Eisenbahngüter- und über den Personen- und Gepäckverkehr in einer neuen Fassung (RGBl. 1935 II S. 523) an die Stelle der bisher geltenden. Die neue EVO bedeutete damals eine wesentliche Annäherung des deutschen an das internationale Recht. Die Begründung zur EVO (abgedruckt im Reichs- und Preußischen Staatsanzeiger vom 3. Oktober 1938) ist bei den einzelnen Paragraphen zitiert.

Inzwischen sind CIM und CIV an die Stelle von IÜG und IÜP getreten (s. § 1 Anm. 5). Die Anpassung an die veränderte Situation im internationalen Recht durch eine neue EVO steht noch aus. Für die sog. „Ostblockstaaten" ist im Verkehr untereinander ein anderes „Abkommen über den internationalen *Güter*verkehr", „SMGS" abgekürzt, maßgebend, entsprechend ein „SMPS" abgekürztes „Abkommen über den internationalen *Personen*verkehr". Über das zwischen den beiden — durch die ehemalige Sowjetzonengrenze getrennten — Teilen Deutschlands geltende Recht s. § 1 Anm. 5.

1. Geschichte der Eisenbahn-Verkehrsordnung*)

Zur Regelung der vertraglichen Beziehungen zwischen den zunächst meist privaten Eisenbahnunternehmern und dem Publikum dienten die von jenen aufgestellten Lokal- oder Spezial-„Betriebsreglements". Mit der Ausdehnung des Verkehrs und der Bildung von Verbänden entstanden „Verbandsbetriebsreglemens". Der späterhin wichtigste Verband, „Verein Deutscher Eisenbahnverwaltungen", Statut vom 8. Juni 1847, gab 1849 die „Normalbestimmungen für die Reglements der zum Deutschen Eisenbahnverein gehörigen Verwaltungen über die Personen-, Gepäck-, Equipagen-, Pferde-

---

*) Näheres bei *Gerstner,* Entstehungsgeschichte d. EVO.; *Arch. f. öffentl. Recht* 11 161 ff.; *Koch,* Deutschlands Eisenbahnen, 1858; *Krönig,* Verwaltung 1 61; *Ulrich* in *v. Stengels Wörterbuch des Verwaltungsrechtes:* Eisenbahnbetriebsreglement 1 334; *v. d. Leyen* ebenda Erg.-Band: Eisenbahnbetriebsreglement S. 47; ders. in *Goldschmidts Zeitschrift* 41 501 u. 49 381; *Fleck,* Das Betriebsreglement für die Eisenbahnen Deutschlands und die Allgemeine Tarifvorschrift der deutschen Eisenbahnen; *Fritsch,* Handbuch der Eisenbahngesetzgebung, 2. Aufl. 1912; derselbe, Das Deutsche Eisenbahnrecht 1927; *Endemann,* Das Recht der Eisenbahnen, 1886; *Rundnagel,* Die Haftung der Eisenbahn für Verlust, Beschädigung und Lieferfristüberschreitung, 3./4. Auflage 1924; derselbe, Beförderungsgeschäfte, 1915; als *Neuestes: Pischel,* Die EVO. v. 8. Sept. 1938, *Arch. Eis.* 3/1961.

und Viehbeförderung" und 1850 ein „Reglement für den Güterverkehr" heraus (Festschrift über die Tätigkeit des VDEisV 1846 bis 1896, Berlin 1896; Festschrift zur Hauptversammlung anläßlich des 75. Vereinsjahres S. 30 ff.).

Die zunächst nur durch Eisenbahngesetze oder durch die erteilten Konzessionen eingeengte Vertragsfreiheit wurde für den Güterverkehr nennenswert beschränkt durch das Allgemeine Deutsche Handelsgesetzbuch (eingeführt 1861 bis 1863). Auf den darin enthaltenen gesetzlichen Grundlagen ist das „Reglement für den Vereinsgüterverkehr auf den Bahnen des VDEisV" vom 1. März 1862 (Neuauflage 1. März 1865) aufgebaut, zugleich mit einem „Vereinsreglement für die Beförderung von Personen, Reisegepäck, Leichen, Fahrzeugen und lebenden Tieren" vom 1. März 1865. Die Verfassung des Norddeutschen Bundes (26. Juni 1867) und die Reichsverfassung (16. April 1871) (RVerf. Art. 4 Ziff. 8 und 45) schränkten die Vertragsfreiheit der Eisenbahnen weiter ein. Am 10. Juni 1870 (RGBl. S. 419) erließ der Kanzler des Norddeutschen Bundes das „Betriebsreglement für die Eisenbahnen des Norddeutschen Bundes", ausgedehnt unter dem 22. Dezember 1871 (RGBl. S. 473) auf alle deutschen Bahnen (außer Bayern). Neubearbeitung: 11. Mai 1874 (RGBl. S. 84). Das Berner Frachtübereinkommen (in Kraft seit 1. Januar 1893) (RGBl. 1892 S. 793) erfordert erneute Durchsicht. Aus ihr ging das Reglement als „Verkehrsordnung für die Eisenbahnen Deutschlands" vom 15. November 1892 (RGBl. S. 923) hervor. Neubearbeitung (nötig durch BGB, HGB und Zusatzabkommen z. Berner FrÜb.) am 26. Oktober 1899 (RGBl. S. 557) und vom 23. Dezember 1908 (RGBl. 1909 S. 93).

Die Reichs-Verfassung vom 11. August 1919 übertrug im Art. 91 der Reichsregierung das Recht, den Verkehr der Eisenbahnen zu regeln. Diese ermächtigte den Reichsverkehrsminister zur selbständigen Ergänzung und Änderung der den Verkehr der Eisenbahn regelnden Verordnung, mit der Einschränkung, daß dadurch keine grundlegenden Bestimmungen dieser Ordnung geändert werden (VO vom 29. Oktober 1920, RGBl. S. 1859).

Am 23. Mai 1924 war in Bern eine neue Fassung des Internationalen Übereinkommens über den Eisenbahnfrachtverkehr vereinbart und gleichzeitig ein Internationales Übereinkommen über den Eisenbahn-Personen- und Gepäckverkehr unterzeichnet worden. Beide Übereinkommen traten am 1. Oktober 1928 in Kraft.

Um eine Übereinstimmung der EVO mit dem neuen internationalen Recht herbeizuführen, war eine Neubearbeitung der EVO erforderlich. Sie trat am 1. Oktober 1928 in Kraft (RGBl. 1928 II S. 401).

Bei dieser Gelegenheit hatte man — in Fortsetzung des seit 1874 verfolgten Bestrebens der Angleichung des deutschen und österreichischen Verkehrsrechts — EVO und Ausführungsbestimmungen mit dem damaligen österreichischen Bundesministerium abgestimmt. Die im Anschluß an die Veränderungen im internationalen Eisenbahnverkehrsrecht inzwischen erlassene neue österreichische EVO weicht von der deutschen EVO jetzt ab.

---

*) Abgedruckt S. 383.

Einleitung

Das Gesetz zur Änderung des HGB vom 4. September 1938 (RGBl. 1938 I S. 1149) übernahm aus dem alten HGB einige grundlegende Bestimmungen über die Beförderung von Gütern, Personen und Gepäck, ermächtigte aber den Reichsverkehrsminister, die übrigen Bestimmungen über die Beförderung von Gütern auf der Eisenbahn in der EVO zu treffen (§ 458). Das gleiche bestimmte § 459 für Reisegepäck und § 640 für die Beförderung von Personen. Im Einvernehmen mit dem Justizminister konnte er sogar die Haftpflicht der Eisenbahnen abweichend regeln; nur durfte die Haftung für Verschulden nicht ausgeschlossen werden.

Auf Grund dieser Ermächtigung hat der Reichsverkehrs- und der Reichsjustizminister unter dem 8. September 1938 die jetzige EVO erlassen (RGBl. II S. 663). Die Neufassung der EVO hatte den Zweck, nicht nur die in der römischen Konferenz (1933) über die Weiterbildung IÜP und IÜG beschlossenen Änderungen des internationalen Verkehrsrechts unter Anpassung an die deutschen Verhältnisse zu übernehmen, sondern auch darüber hinaus bei der Regelung anderer Fragen das deutsche Recht mehr als bisher an die internationalen Übereinkommen anzugleichen (Begr.). Dies gilt namentlich für die Einführung der Entschädigungshöchstbeträge (EVO §§ 31, 42, 52, 85). Diese Regelung war erst dadurch möglich, daß das HGB in der neuen Fassung die Regelung dieser Frage der EVO überläßt. Nur bei Angabe des Lieferwertes und Vorsatz blieb eine Abweichung vom IÜG bestehen (s. § 91 [2] Anm. 10). Neu war vor allem die Ausdehnung des Geltungsbereichs der EVO auf alle Bahnen des öffentlichen Verkehrs (EVO § 1). Die Ausdehnung bezweckte eine Vereinheitlichung des gesamten deutschen Eisenbahnverkehrsrechts und eine Erleichterung der Abwickelung des Verkehrs zwischen Groß- und Kleinbahnen im Interesse der auf die Kleinbahnen angewiesenen Anlieger (Begr.). Im Hinblick auf die wachsende Bedeutung des Expreßgutverkehrs enthält die jetzige EVO ferner eine wesentliche Erweiterung der früheren Sondervorschriften. Endlich schaffte der neue § 3 (2) EVO eine Rechtsgrundlage für die von der EVO abweichenden Bestimmungen der Privatwageneinstellungsverträge. Zur Erleichterung der Zitierung der Bestimmungen und der Handhabung durch die Gerichte hat die Neufassung die Bezeichnung der Paragraphen bei den wichtigeren Bestimmungen des Güterverkehrs, namentlich den Haftungsvorschriften unverändert gelassen (Begr.). Ferner ist zur Erzielung einer einheitlichen Auslegung der inhaltlich gleichen Bestimmungen der Übereinkommen die Fassung der einzelnen Vorschriften der EVO möglichst wörtlich auch an solchen Stellen angeglichen worden, wo bisher andere Ausdrücke enthalten waren. Eine sachliche Änderung der bisherigen deutschen Bestimmungen ist dadurch nicht beabsichtigt (Begr.), aber wohl noch nicht immer wegzuleugnen (s. z. B. § 3 [1] c und Anm. 7).

Die Ausdehnung der EVO auf die Kleinbahnen erforderte es, diesen Erleichterungen zu gewähren, vgl. EVO § 2 Anm. 4. Ein Schritt zu dieser Erweiterung bedeutete das RG vom 6. Juli 1938 betr. die Tarifhoheit über die nicht im Eigentum des Reichs stehenden Eisenbahnen des öffentlichen Verkehrs (RGBl. II S. 239), außer Kraft gesetzt durch § 9 (1) d des AEG vom 29. März 1951 (BGBl. I S. 225), dessen § 6 auch die Tarifhoheit regelt. Wegen des neuen Rechtszustandes s. im übrigen § 2 Anm. 10.

2. Die rechtliche Bedeutung der Eisenbahn-Verkehrsordnung

Die Vereinsbetriebsreglements waren „von den Eisenbahnunternehmern entworfene und veröffentlichte Vertragsbedingungen". Für den einzelnen Reisenden und Verfrachter wurden sie erst dadurch verbindlich, daß er sich durch Abschluß des Beförderungsvertrages ihnen unterwarf. Dies änderte sich auch nicht durch den Erlaß der Bundesratsverordnungen von 1870, 1874 und 1892. Diese waren Verwaltungsvorschriften der Staatsgewalt, gerichtet an die Eisenbahngesellschaften; sie legten diesen auf, ihren Beförderungsverträgen gewisse Bestimmungen zugrunde zu legen (vgl. Gerstner, ArchföffR **11** 176; VZ 1899 Nr. 84, 85; RG in JW 1900 S. 533; s. Denkschrift II zum HGB S. 268).

Hierin brachte erst das HGB vom 10. Mai 1897 eine wesentliche Änderung: Durch die Bestimmung im § 454 und § 472 wurde die EVO, wenn auch nicht ausdrücklich, zur Rechtsverordnung erhoben. Damit konnte die Auslegung ihrer Vorschriften Gegenstand der Revision durch das Reichsgericht werden (s. ZPO § 459; vgl. Gerstner, ArchföffR **11** 161; Schunck, EE **26** 109).

Für das Eisenbahnfrachtrecht sind sonach folgende Vorschriften maßgebend, und zwar in der angegebenen Reihenfolge:

1. Die Vorschriften des HGB in der neuen Fassung, soweit sie nicht auf Grund des § 458 HGB abänderbar und abgeändert sind*).
2. Die Bestimmungen der EVO.
3. Die Tarife und die darin zugelassenen Abmachungen.
4. Die Vorschriften des HGB (abgesehen von 1.).
5. Das sonstige bürgerliche Recht.
6. Endlich etwa sonst noch zulässige Abmachungen (EVO § 54).

In der Praxis vereinfacht sich diese Reihenfolge, da die EVO nur im Einklang mit den (geringen) bindenden Bestimmungen des HGB geändert wird, worauf § 3 AEG in seinem Abs. 1c noch ausdrücklich hinweist. Deshalb tragen die Frachtbriefe folgenden Vermerk:

„Für den Frachtverkehr gelten die EVO und die in Betracht kommenden Tarife."

3. Ausführungsbestimmungen

EVO § 2 (1) gestattet den Eisenbahnen, mit Genehmigung des Reichsverkehrsministers Ausführungsbestimmungen zur EVO zu erlassen; § 6 (1) macht es ihnen zur Pflicht, Tarife aufzustellen, die über alle für den Beförderungsvertrag maßgebenden Bestimmungen usw. Auskunft geben.

Der einzelne Beförderungsvertrag wird sonach auf Grund dieser Tarife abgeschlossen, die die Eisenbahn aufstellen muß. Sie enthalten die Bestimmungen der EVO und die durch EVO § 2 vorgesehenen Ausführungsbestimmungen. Auch bezüglich dieser Ausführungsbestimmungen ergab sich bald die Notwendigkeit eines Zusammenschlusses der deutschen Bahnen. Bereits

*) Über das Verhältnis des HGB zur EVO s. *Käß*, VZ 41 132. Soweit der § 458 HGB durch die veränderten staatsrechtlichen Verhältnisse überholt ist, gilt jetzt § 3 AEG, vgl. § 2 Anm. 10.

1876 einigte man sich auf ein bestimmtes Tarifschema, das durch die Generalkonferenz der deutschen Eisenbahnverwaltungen am 12. und 13. Februar 1877 endgültig beschlossen wurde. Auf Anregung des Ministers der öffentlichen Arbeiten wurde durch Vereinbarung der im Besitz von Staatsbahnen befindlichen deutschen Bundesregierungen unter Beitritt der deutschen Privatbahnen die periodische Wiederholung derartiger Generalkonferenzen festgesetzt und zur Vorbereitung der Verhandlung eine „Ständige Tarifkommission" bestellt, der auf Anregung der Reichseisenbahnverwaltung ein „Ständiger Ausschuß der Verkehrsinteressenten" beigegeben worden ist. Seitdem kennt man auf den deutschen Eisenbahnen folgende Tarife:

1. den Personen-, Gepäck- und Expreßguttarif, Teil I und II;
2. den Tiertarif, Teil I und II;
3. den Gütertarif, Teil I und II.

Die Teile I (Allgemeine Bestimmungen) enthalten die entsprechenden Abschnitte der EVO sowie die allgemeinen Ausführungsbestimmungen; die Teile II enthalten besondere Bestimmungen.

Da die EVO somit erst im Zusammenhang mit den allgemeinen Ausführungsbestimmungen die eigentliche Grundlage für den einzelnen Beförderungsvertrag bildet, sind sie mit abgedruckt. Ihrer rechtlichen Natur nach sind sie nicht anders zu beurteilen als die ehemaligen von den Verwaltungen erlassenen Betriebsreglements. Dadurch aber, daß sie in § 6 (1) EVO — die in § 2 (1) vorgeschriebene Genehmigung vorausgesetzt — zur Grundlage des Beförderungsvertrages erhoben werden, der gegenüber nach § 6 (2) jede Preisermäßigung und sonstige Begünstigung verboten und nichtig ist, sowie daß jeder Vertrag auf ihrer Grundlage geschlossen werden muß, sind sie Vorschriften geworden, die praktisch bindende Kraft haben.

4. Die Dienstvorschriften

Zur Regelung der sich aus den Beförderungsverträgen ergebenden verkehrstechnischen Vorgänge haben die Eisenbahnverwaltungen eine große Anzahl von Dienstvorschriften erlassen. Hierher gehören vor allem die vom „Deutschen Eisenbahnverkehrsverband" für die ihm angehörenden Verwaltungen ergangenen „Kundmachungen"; deren wichtigste sind die „Allgemeinen Abfertigungsvorschriften". Sie alle sind lediglich innere Dienstanweisungen, deren Beachtung allein die Aufsichtsstellen zu überwachen haben. Für das Verhältnis zwischen Eisenbahnverwaltung und Verkehrsinteressenten haben sie keinerlei rechtliche Bedeutung. Sie sollen nicht etwa die EVO und die Ausführungsbestimmungen ergänzen und können daher auch niemals eine Grundlage für im Rechtswege verfolgbare Ansprüche oder etwa für die Begründung einer behaupteten Fahrlässigkeit der Eisenbahnen bilden. Über die Geschichte des Deutschen Eisenbahn-Verkehrsverbandes s. *Densch,* **Die BB 60,** 36 ff., über heutige Organisationsform und Aufgaben S. 43 ff. a.a.O.

Eisenbahn-Verkehrsordnung

vom 8. September 1938 (RGBl. II S. 663 ff.) nebst allgemeinen Ausführungsbestimmungen

(Die Ausführungsbestimmungen sind in *schräger Schrift* gedruckt)

I. Eingangsbestimmungen

§ 1. *Geltungsbereich*

(1) Die Eisenbahn-Verkehrsordnung (abgekürzte Bezeichnung: EVO)[1] gilt auf allen dem öffentlichen Verkehr dienenden[2] Eisenbahnen[3] Deutschlands)[4].

I. Die dem öffentlichen Güter- und Tierverkehr dienenden Eisenbahnen Deutschlands sind im Deutschen Eisenbahn-Gütertarif Teil II Heft D aufgeführt.

(2) Für den Verkehr mit ausländischen Bahnen gilt sie nur insoweit, als er nicht durch besondere Bestimmungen geregelt ist[5].

II. Die Bestimmungen der EVO gelten auch:

a) wenn Abgangs- (Versand-) und Bestimmungsbahnhof im Gebiet des Deutschen Reichs liegen, bei der Beförderung das Gebiet eines anderen, am Internationalen Übereinkommen über den Eisenbahn-Personen- und Gepäckverkehr / Eisenbahn-Frachtverkehr vom 25. Oktober 1952 beteiligten Staates nur im Durchgang berührt wird und die Durchgangstrecke von einer deutschen Eisenbahnverwaltung betrieben wird;

b) für Beförderungen zwischen einem im Gebiet des Deutschen Reichs gelegenen Bahnhof und Bahnhöfen, die im Gebiet eines am Internationalen Übereinkommen über den Eisenbahn-Personen- und Gepäckverkehr / Eisenbahn-Frachtverkehr vom 25. Oktober 1952 beteiligten Nachbarstaates liegen, wenn die Beförderung auf der ganzen Strecke von einer deutschen Eisenbahn bewirkt wird und der Absender durch die Wahl eines deutschen Frachtbriefs oder einer deutschen Expreßgutkarte die Anwendung der EVO beansprucht.

Schrifttum: *Pischel,* Die Sowjetisierung des innerstaatlichen und zwischenstaatlichen Eisenbahnfrachtrechts, **Arch.Eis.** 4/40; *Woltering,* EVO und Kleinbahnen, **Verkehrstechnik 1938** Heft 19; *Heinze,* Die EVO im Interzonenverkehr. **Die BB 59** 747.

1. Über den rechtlichen Charakter s. Einleitung.

2. Bisher „dem allgemeinen Verkehr". Änderung bezweckt die Einbeziehung der nebenbahnähnlichen **Kleinbahnen** in den Geltungsbereich der EVO.

Für die Deutsche Bundesbahn steht außer Frage, daß sie **dem öffentlichen Verkehr** dient; für andere, nichtbundeseigene Eisenbahnen stellt § 2 AEG darauf ab, ob sie **nach ihrer Zweckbestimmung jedermann benutzen** kann. Das ist **nicht** der Fall **bei** solchen Bahnen, die nur einem **beschränkten,** vom Eigentümer zugelassenen **Benutzerkreis** dienen sollen wie Privatgleisanschlüsse, Werks-, Feld- und Hafenbahnen. In Zweifelsfällen entscheidet die oberste Landesbehörde im Benehmen mit dem Bundesminister für Verkehr, der offenbar die Auslegung bundeseinheitlich koordinieren soll.

3. Für den **Begriff der Eisenbahn** ist jetzt, jedenfalls soweit die §§ 453 ff. HGB und die EVO in Betracht kommen, das **AEG maßgebend,** die frühere Rechtsprechung ist dadurch überholt *(a. M. Goltermann* 4 zu § 1, der den Worten „im Sinne dieses Gesetzes" in § 1 [1] AEG zu Unrecht die Bedeutung zumißt, damit sollte die Anwendung des dort entwickelten Eisenbahnbegriffs auf andere,. ihn voraussetzende Gesetze ausgeschlossen werden). § 1 AEG geht von dem auch in Art. 74 **GG** gebrauchten **Oberbegriff der Schienenbahnen** (vgl. auch § 315 **RStGB**) aus und schränkt ihn dadurch ein, daß er *Straßenbahnen* und die nach ihrer Bau- und Betriebsweise ähnlichen Bahnen, *Bergbahnen* und Bahnen besonderer Bauart ausnimmt. Das **PBefG** v. 21. 3. 61 verwendet in seinem § 13 (2) Ziff. 2 c) den gleichbedeutenden Oberbegriff *„Schienenunternehmen"*. Ist somit die Schienengebundenheit Voraussetzung für den Eisenbahnbegriff, so läßt ihn die insoweit *negative Begriffsbestimmung* des § 1 AEG dann entfallen, wenn eine der dort genannten Ausnahmen anzunehmen ist. Für die **Begriffsbestimmung der Straßenbahnen** geht § 4 (1) Ziff. 1 PBefG zwar von solchen Schienenbahnen aus, die den Verkehrsraum öffentlicher Straßen benutzen, erweitert diesen Begriff jedoch in seiner Ziff. 2 auf Bahnen mit besonderem Bahnkörper mit einer Straßenbahn ähnlicher Betriebsweise und schließt in Abs. 2 kraft gesetzlicher Fiktion *Hoch-, Untergrund-* und *Schwebebahnen* sowie ähnliche Bahnen besonderer Bauart mit Ausnahme von Berg- und Seilbahnen ein, wenn die gemeinsame Voraussetzung für beide Absätze gegeben ist: daß sie *ausschließlich oder überwiegend der Beförderung von Personen im Orts- und Nachbarschaftsbereich* dienen. Das würde auch für die **Hamburger S-Bahn** gelten, wenn sie nicht ein **Teil der DB** wäre; deren Wirkungsbereich aber wollte das AEG offenbar (§ 1 [2] AEG) einheitlich behandelt wissen. Daß das neue PBefG hierauf nicht ausdrücklich Rücksicht nimmt, ist ebenso ein Koordinierungsfehler des Gesetzgebers wie der Umstand, daß kein gesetzlicher Anhalt dafür vorhanden ist, ob bei einem Streit: Eisen- oder Straßenbahn dem Verfahren nach § 1 (2) AEG oder dem nach § 10 PBefG der Vorzug zu geben ist. Der Ansicht von *Rautenberg-Franzioch,* PBefG,

1961, 1 zu § 4 am Ende, daß hier zwei verschiedene Verfahren zur Wahl stünden, ist entgegenzuhalten, daß dies zu unterschiedlichen Entscheidungen unterschiedlicher Instanzen über denselben Gegenstand führen könnte; für den Eisenbahnbegriff sollte das AEG als lex specialis angesehen werden. — Für den **Güterverkehr** vgl. ABest I. Für die Anwendung der EVO sind die Begriffe *Haupt-* oder *Nebenbahn, Staats-* oder *Privatbahn, Klein-* oder *Schmalspurbahn* ohne Bedeutung, wenn auch die beiden letztern noch in den Allg.ABest. Anlaß zu Sonderregelungen geben (vgl. ABest. I zu § 68, XVII zu § 56, III zu § 74 und die ABest. zu § 82). Über die Einbeziehung von **Kraftwagen-, Schiffs- oder Luftstrecken** vgl. § 2 (7).

4. Der Begriff „Deutschland" deckte sich früher mit dem des Deutschen Reichs (vgl. die insoweit überholte AB II). Nach **BGH 17** 309 (313) endet die **Geltung der EVO** jetzt mit dem **Hoheitsgebiet der Bundesrepublik** Deutschland. Vgl. jedoch Anm. 5.

5. Für die Bundesrepublik Deutschland gelten **CIM** und **CIV** (früher IÜG und IÜP abgekürzt) vom 25. 12. 1952, in innerdeutsches Recht umgewandelt durch Ratifizierungsges. v. 12. 2. 1956 (RGBl. II 33). Über die Schwierigkeiten, die sich aus der derzeitigen staatsrechtlichen Situation Deutschlands ergaben, vgl. die Einführung von *Cottier* bei *v. Nanassy* S. 14—16. Sie wurden überbrückt durch eine *Sonderklausel,* nach der Gebietsteile von bisherigen Vertragsstaaten, welche die Abkommen von 1952 nicht unterzeichnet haben, deren Bestimmungen durch innerstaatliche Rechtsetzung einführen und damit erreichen können, daß sie hinsichtlich der Rechte und Pflichten aus den Abkommen den Unterzeichnerstaaten gleichgestellt werden. Obwohl danach sowohl die Bundesrepublik Deutschland wie die „Deutsche Demokratische Republik" Teilnehmer sind, finden die Abkommen im Verhältnis der beiden untereinander, da sie sich gegenseitig nicht anerkennen, keine Anwendung. Da hiernach keine „besonderen Bestimmungen" vorhanden sind, die den Verkehr zwischen beiden, den sog. **Interzonenverkehr,** mit völkerrechtlicher Wirksamkeit regeln, ist **entgegen der Meinung des BGH 17** 309 hier die **EVO nach wie vor** über § 1 (2) **anwendbar.** Der **Interzonentarif** — jetzige Bezeichnung: **DR-DB-Tarif** — ist, soweit er die EVO abändert, höchstens über § 2 (2) EVO rechtlich zu fundieren, während er als Allgemeine Geschäftsbedingung (so der BGH) nach § 6 (1) letzter Satz EVO nichtig wäre. Tarife können nach **RG 142,** 241 (248) die *subsidiäre Geltung der EVO* auch für den internationalen Verkehr nur dann außer Kraft setzen, wenn sie sich auf eine als innerstaatliches Recht anerkannte internationale Abmachung stützen. Der frühere Streit (**EE 53** 177 = **JW 32** 2562 mit Anm. von *Spieß* und *Fritsch),* ob unter *„Bestimmungen" i. S. v. Abs. 2* lediglich *gesetzliche oder* auch *tarifliche* Bestimmungen zu verstehen seien, ist durch diese einleuchtende Entscheidung als überholt anzusehen.

§ 2. *Ausführungsbestimmungen. Abweichungen. Änderungen.*

(1) Die Eisenbahn kann mit Genehmigung des Reichsverkehrsministers[2] Ausführungsbestimmungen[1] erlassen.

(2) Der Reichsverkehrsminister[2] kann in Berücksichtigung besonderer Verhältnisse Abweichungen[3] von den Bestimmungen dieser Ordnung für einzelne Bahnstrecken[4], Bahnhöfe[5], Fahrzeuge, Züge oder Zuggattungen[6] sowie für gewisse Abfertigungsarten[7] genehmigen.

(2a) Der Bundesminister für Verkehr kann in Einzelfällen Ausnahmen von der Anlage C zulassen, wenn die Bedürfnisse von Verkehr und Wirtschaft dies erfordern und die Sicherheit des Eisenbahnbetriebs gewährleistet ist[3].

(3) Die Ausführungsbestimmungen und Abweichungen bedürfen zu ihrer Gültigkeit der Aufnahme in den Tarif[8]. Die Genehmigung des Reichsverkehrsministers[2] muß aus dem Tarif ersichtlich sein[9].

(4) Vorübergehende Änderungen[10] einzelner Vorschriften dieser Ordnung kann der Reichsverkehrsminister[2] verfügen.

(5) Änderungen der Anlagen dieser Ordnung verfügt[11] der Reichsverkehrsminister[2].

(6) Änderungen nach Abs. (4) und (5) sind im Reichsgesetzblatt[2] zu veröffentlichen[12].

(7)[13] Wenn die Tarife der Eisenbahn[14], Kraftwagen-, Schiffs- oder Luftstrecken einbeziehen, so können die Beförderungsbedingungen für diese Strecken[15] mit Genehmigung des Reichsverkehrsministers[2] der Eigenart des Verkehrsmittels entsprechend festgesetzt werden[16]. Die Haftung für gänzlichen oder teilweisen Verlust oder für Beschädigung muß jedoch, abgesehen von Luft- und Seeschiffsstrecken[17], den Bestimmungen dieser Ordnung entsprechen.

1. Rechtscharakter und Unterschied zu den Dienstvorschriften s. Einleitung am Ende S. 4. Die **ABest.** (**Allgemeine** als Ergänzung der EVO. **Besondere** gelten nur für die Eisenbahn, die sie erlassen hat) sollen die Handhabung der EVO erleichtern, sie erläutern oder ergänzen; vgl. *Fritsch* S. 289 ff.; **JW 20** 782; sie haben nur vertragsmäßigen Charakter (daher Abs. 3), **JW 19** 25, 1487, und müssen sich im Rahmen der EVO halten; das liegt im Sinn einer ABest. und folgt aus EVO § 6 (1) letzter Satz. **Sie unterliegen den Vorschriften über Tarife** (z. B. hinsichtlich der Veröffentlichung), und können nicht stillschweigend außer Kraft treten (**RG** 112 92). Die Klassifizierung der ABest. als Verwaltungsvorschriften, für deren Erlaß der BMV zuständig ist, bei *Goltermann* 1 b zu § 2 (anders 2 zu § 2) ist offenbar irrig.

2. Lies jetzt: Bundesministers für Verkehr (BMV) bzw. Bundesgesetzblatt (BGBl.).

3. Die **Abweichungen** haben wie die ABest. den **Rang eines Tarifs** (Abs. 3), sie werden gem. § 6 (1) von der Eisenbahn „aufgestellt". *Dasselbe* gilt, obwohl in dem durch die 69. VO zur EVO (BGBl. 1958 II 639) eingefügten Abs. 2 a nicht gesagt, *für die Ausnahmen von der Anlage C,* die in Abs. 3 eigentlich noch zusätzlich hätten genannt werden müssen. **Gegensatz** zu den „Abweichungen" und „Ausnahmen": **Allgemeine Änderungen** nach Abs. 4 und 5. Für beide gelten **dieselben Grenzen wie für die EVO selbst** gegenüber dem HGB, soweit diese in dessen §§ 453 ff. für zwingend erklärt werden. *Zeitliche Begrenzung nicht* vorgeschrieben. Aus ihrem *Zweck* ergibt sich, daß sie weder über die sie rechtfertigenden besonderen Umstände in ihrer Wirkung hinausgehen (so auch *Finger,* Bem. 4 b), noch auch durch ihren Umfang das Verhältnis von Regel und Ausnahme umkehren, also *nicht* zur *Umgehung der Abs. 4 und 5* führen dürfen. Sie stellen eine **Ausnahme von der Regel des § 6** (1) letzter Satz dar, vgl. § 6 Anm. 7 a.

4. Hierunter können z. B. die dem sog. **Interzonenverkehr** (vgl. § 1 Anm. 5) dienenden Strecken verstanden werden, womit der **„Interzonentarif"** zwischen DB und „Reichsbahn" von der EVO abweichen darf.

5. Z. B. Zwangszustellung von Stückgütern wegen örtlicher Verhältnisse.

6. Z. B. Triebwagen.

7. Z. B. vereinfachtes Abfertigungsverfahren auf unbesetzten Haltepunkten; Abfertigung von Arzneikästen, Milch.

8. Ohne diese sind sie ungültig. *Veröffentlichung* hat zu erfolgen entweder als Tarif oder für sich *nach den für die Veröffentlichung der Tarife vorgeschriebenen Bestimmungen* (s. **ROHG 21** 108; **RG 99** 251); wer sich auf solche Bestimmungen beruft, hat deren rechtmäßiges Bestehen zu beweisen (**EE 1** 244). Vgl. bezüglich der Tarife § 6.

9. Mußvorschrift; RG 99 251; **JW 20** 782; **RG 142** 253; *Rundnagel,* BefGesch. S. 290 will hierin nur eine Sollvorschrift sehen; wie hier *Kittel,* EVO § 2 Anm. 4; *Richter,* EVO § 2 Anm. II 1; *Finger,* Bem. 8 zu § 2; *Goltermann,* 3 zu § 2.

10. Hinfällig durch Art. 129 Abs. 3 GG. **Neuregelung** in **§ 3 AEG.** Danach kann die *Bundesregierung einheitliche Vorschriften* für die Beförderung der Personen und Güter auf den Eisenbahnen entsprechend den Bedürfnissen von Verkehr und Wirtschaft und in Übereinstimmung mit den Vorschriften des Handelsrechts *aufstellen.* Die Bundesregierung kann durch RechtsVO diese *Ermächtigung* ganz oder teilweise auf den *BMV* übertragen. Von dieser Delegationsbefugnis hat die Bundesregierung durch VO v. 28. 9. 1955 (BGBl. I, 654, für Saarland BGBl. 1957, 695) in der Form Gebrauch gemacht, daß sie sich grundsätzliche Änderungen der Vorschriften der EVO über Beförderungspflicht und Tarifzwang (§§ 3, 6 EVO) vorbehalten hat. Auch bei den VO des BMV ist aber die **Mitwirkung des Bundesrats** erforderlich. Warum der Wortlaut des Abs. 4 dieser Rechtslage noch nicht im VO-Weg angepaßt worden ist, obwohl die 68. VO eine Art Generalüberholung der KriegsVO zur EVO vorgenommen hat (BGBl. 1957 II, 2313) und der Abs. 2 a (vgl. Anm. 3) durch die 69. VO eingefügt wurde, ist nicht ersichtlich. Jedenfalls ist der **frühere Unterschied zwischen „vorübergehenden"** und **endgültigen Änderungen,** der mangels einer Zeitgrenze für die vorübergehenden ohnehin theoretisch war, **weggefallen.** VO zur EVO werden solange erlassen, bis eine Neufassung der EVO zweckdienlich erscheint, so z. B. zur Anpassung an das internationale Recht. Die unter der Herrschaft des alten Rechts erlassenen VO behalten bis zur Aufhebung oder Abänderung ihre Gültigkeit.

11. Wie Abs. 4 mit den **allgemeinen Änderungen** das Gegenstück ist zu den **speziellen Abweichungen** des Abs. 2, so ist **Abs. 5** hinsichtlich der Anlage C das zum neuen **Abs. 2 a.** Die **Anlagen A—G zur EVO** sind ein **Teil der EVO** und unterliegen daher hinsichtlich der Änderungen denselben Grundsätzen wie diese selbst; das VO-Recht der Bundesregierung nach Abs. 1 AEG erstreckt sich nach dessen Buchstaben c auch auf die Vorschriften zum Schutz der Anlagen und des Betriebs der Eisenbahnen und ist insoweit (vgl. Anm. 10) vollinhaltlich an den BMV delegiert. *Abs. 4 und 5* sind, da das VO-Recht des BMV bereits an anderer Stelle rechtlich fundiert ist, *heute* eigentlich *überflüssig,* wenn man nicht aus Gründen der Vollständigkeit eine Wiederholung in der EVO für zweckmäßig hält, wie sie auch im Hinblick auf die unabdingbaren Vorschriften des HGB (§§ 453 ff.) geschehen ist.

12. Vollinhaltlich (**RG EE 38** 136). Nach § 1 des Ges. über die Verkündung von RechtsVO v. 30. 1. 1950 (BGBl. I S. 23) besteht die — für den Bereich der EVO durch deren § 2 ausgeschaltete — Möglichkeit der Verkündung im Bundesanzeiger mit nur nachrichtlicher Erwähnung im BGBl. Die Erleichterung des § 2 des Ges., nach der voller Wortlaut nicht erforderlich, bezieht sich nur auf Tarife im engeren Sinne (vgl. § 6 Anm. 16).

13. Literatur über die gemischte Beförderung namentlich im Eisenbahn-Flugverkehr: *v. Unruh*, **EE** 57 17; *Gianini*, **IZ 1933** 469; *Schmid* **EE 56** 317, **VZ 34** 190; *Joseph* **VZ 28** 170; *Sommerlatte* **VZ 26** 1185; **„Reichsbahn“ 1928** S. 640 ff.; *Friebe*, **ArchfEis.** 34 486. Als Beispiel: Warschauer Abkommen zur Vereinheitlichung d. intern. Luftverkehrs v. 30. 11. 1933 (RGBl. II 1039). Über die abweichende Regelung in der CIM vgl. *v. Nanassy* S. 49 ff.

14. Gestrichen ist in Abs. 1 „Kleinbahnstrecken“ nach Einbeziehung der Kleinbahnen in den Geltungsbereich der EVO. Ferner ist der letzte Satz dahin ergänzt, daß die Haftung auch auf Seestrecken von den Bestimmungen der EVO abweichen kann (Begr.). Dadurch soll die Zusammenarbeit zwischen Eisenbahn und Seereedereien (namentlich im Verkehr mit den Nordseebädern) erleichtert werden.

15. Beförderungsbedingungen dürfen *auch für die einbezogenen Eisenbahnstrecken* von der Regel abweichen (nur nicht bezüglich der Haftung); *s. Friebe* **ArchfEis. 34** 488. Es handelt sich dabei um einen Fall des Abs. 2. Ob die Genehmigung des BMV nicht nur für die Eisenbahn-, sondern auch für die Kraftwagen- usw. -strecken aus dem Tarif ersichtlich sein muß, ist nicht gesagt, aber wohl anzunehmen, vgl. § 3 (4) Satz 3. Daß dort für die Güter-(und Expreßgut-)beförderung als einen Teil der in § 2 (7) geregelten Verbundsverkehre noch einmal von den Beförderungsbedingungen die Rede ist, ist gesetzestechnisch ungeschickt. § 2 (7) läßt offen, ob die Kraftwagen- usw. -strecken von der Eisenbahn oder einem anderen Unternehmen betrieben werden; er **ermächtigt die Eisenbahn nicht** zu derartigen Betrieben, setzt vielmehr voraus, daß diese im Rahmen anderer gesetzlicher Bestimmungen (z. B. PBefG, GüKG) zugelassen sind. Der Fall des § 23 (1) Satz 2 gehört nicht hierher.

16. So geschehen im **Bahnbustarif** im Hinblick auf die wahlweise Gültigkeit und die sonstige Anerkennung von Fahrtausweisen des Schienenverkehrs (vgl. dessen § 5).

17. Die Beförderung auf **Eisenbahn-Fährstrecken** ist nur dann Eisenbahnbeförderung, wenn ausnahmsweise der Charakter des Eisenbahnverkehrs gegenüber der Schiffahrt überwiegt (so **OLG Stettin** in **OLG** 13 13 für die kurze Fährstrecke Altefähr—Stralsund, jetzt durch den Rügendamm ersetzt, zur Frage der Anwendbarkeit des RHG). In der Regel wird dies nicht der Fall und § 2 (7) anwendbar sein, a. M. *Weirauch* in der Vorauflage und *Finger,* 2 g zu § 1 und 14 zu § 2.

II. Allgemeine Bestimmungen

§ 3. *Pflicht zur Beförderung. Privatwagen. Züge*

(1) Die Eisenbahn ist zur Beförderung[1] verpflichtet[2], wenn

a) den geltenden Beförderungsbedingungen[3] und den sonstigen allgemeinen Anordnungen[4] der Eisenbahn entsprochen wird,

b) die Beförderung mit den regelmäßigen Beförderungsmitteln[5] möglich ist[6] und

c) die Beförderung nicht durch Umstände verhindert wird, welche die Eisenbahn nicht abzuwenden und denen sie auch nicht abzuhelfen vermochte[7].

(2) Die Eisenbahn kann die Beförderung von Gütern und Tieren mit Wagen zulassen, die auf Grund eines besonderen Vertrags (Einstellungsvertrags) von den Verkehrstreibenden in den Park der Eisenbahn eingestellt worden sind (Privatwagen)[8]. Der Einstellungsvertrag regelt die Bedingungen, unter denen die Eisenbahn Privatwagen einstellt, zur Verfügung des Einstellers hält und unter denen sie ihm während der Dauer der Einstellung für Verlust oder Beschädigung des Privatwagens haftet. Die Einstellungsbedingungen bedürfen der Genehmigung des Reichsverkehrsministers[18]. Der Einstellungsvertrag ist auch für den Benutzer des Wagens verbindlich. Für Privatwagen, die in den Park einer außerdeutschen Bahn eingestellt sind, kann die Eisenbahn mit Genehmigung des Reichsverkehrsministers[18] Beförderungsbedingungen festsetzen.

I. Die Güter und Tiere, die zur Beförderung in Privatwagen zugelassen sind, sowie die Bedingungen und Gebühren für die Beförderung von Gütern und Tieren in Privatwagen und für die Beförderung von leeren Privatwagen bestimmt der Tarif.

II. Für die Beförderung von Gütern und Tieren in Privatwagen, die in den Park einer außerdeutschen Bahn eingestellt sind, gilt die ABest. I.

III. Die Eisenbahnverwaltungen sind berechtigt, vorübergehend Werkwagen von Verkehrtreibenden auch ohne Einstellung als Privatwagen in bestimmten, von der Eisenbahn festzusetzenden Verkehrsbeziehungen zur Beförderung von Gütern des öffentlichen Verkehrs zuzulassen (Werk-Nahverkehrswagen). Dauer und Umfang der Zulassung sowie die sonstigen Bedingungen werden jeweils vertraglich geregelt.

(3) Zur Beförderung dienen die regelmäßig nach bestimmtem Fahrplan[9] und die nach Bedarf verkehrenden Züge[10]. Die Ausführung von Sonderfahrten[11] auf Bestellung unterliegt dem Ermessen der Eisenbahn[12].

IV. Vgl. hierzu die ABst. zu §§ 12 und 53 (2).

(4)[13] Die Eisenbahn kann die ihr nach den Bestimmungen dieser Ordnung zur Beförderung[14] übergebenen Güter und Expreßgüter ganz oder teilweise auch mit Kraftwagen befördern oder durch von ihr bestellte Kraftwagenunternehmer befördern lassen, sofern der Absender im Frachtbrief nicht anderes bestimmt hat[15]. Die Bedingungen für diese Beförderung bedürfen, soweit sie von den Bestimmungen dieser Ordnung abweichen, der Genehmigung des Reichsverkehrsministers[16]; sie sind im Tarif zu veröffentlichen. Die Genehmigung muß aus der Veröffentlichung zu ersehen sein[16]. Die Haftung für gänzlichen oder teilweisen Verlust, Beschädigung oder Überschreitung der Lieferfrist muß jedoch den Bestimmungen dieser Ordnung entsprechen[17].

Schrifttum: *Horstmann,* Entwicklung und Inhalt der Beförderungspflicht, **Die BB 1953,** 799; *Ossig,* Wer zahlt die Prämie, **Die BB 1960,** 1; *v. Nanassy* S. 82 ff.; *Rundnagel,* BefGesch. §§ 30 u. 94; *Coermann,* **EE 22** 204 u. 323; *Fritsch,* **ER** S. 306 ff., s. auch § 53 und **VZ 07** 263, **08** 1331, 1347; *Kittel,* Reichsbahnmonopol, **VZ 26** 245; *Schmid,* **VZ 26** 589; s. auch *Haustein,* Der Kontrahierungszwang, **VZ 31** 989, **32** 2300; *v. Kienitz,* Kontrahierungszwang, **VZ 31** 1144, **35** 121; *Wißmann,* **ArchfEis. 32** 801; *Spieß,* **VZ 31** 1275, **32** 637; **ArchfEis. 32** 799; *Weirauch,* **ArchfEis. 41** 1071; *Hohenschuh,* Die rechtliche Bedeutung des Tarifzwangs, Düsseldorf 1941; ferner *Spieß:* s. Literatur bei § 6.

1. Die **Beförderungspflicht,** zu unterscheiden von der Betriebspflicht (vgl. für die DB § 14 [4] BundesbGes.), stammt noch aus der Zeit, in der die technische Überlegenheit der Eisenbahn ein derartiges Übergewicht vor anderen Beförderungsmitteln gab, daß es einem faktischen (nicht rechtlichen) Verkehrsmonopol gleichkam. Obwohl diese Voraussetzungen durch die Entwicklung des Kraftwagens, aber auch der Binnenschiffahrt inzwischen entfallen ist, ist die Beförderungspflicht als einseitige Belastung der

Eisenbahn (Beförderungs- und Betriebspflicht für den Kraftwagen nur für den Omnibuslinien- und den Droschkenverkehr, §§ 23, 24 PBefG und 63 BOKraft) bestehen geblieben und bildet **zusammen mit** der **Tarifpflicht** (vgl. § 6) einen der beiden **Grundpfeiler des** derzeitigen **deutschen Eisenbahnverkehrsrechts,** deren Änderung sich dem BMV gegenüber die Bundesregierung vorbehalten hat (vgl. § 2 Anm. 10) Beförderungspflicht zu definieren als die **Pflicht zur Beförderung im eigenen Bereich** (Beförderungsvertrag kann sich auch über den Bereich weiterer Bahnen erstrecken, vgl. § 53, die ihrerseits Beförderungspflicht jede für ihren Bereich haben, für den *Interzonenverkehr* ausgesprochen vom **BGH IZ** Nr. **11/53)** nach Maßgabe der allgemein gültigen Bestimmungen (Beförderungszwang und Zwangsgemeinschaft, *v. d. Leyen,* **Z. f. d. ges. Handelsrecht 39 62;** *Gerstner,* **ArchfEis. 96** 171 ff.) **und Verpflichtung zur gleichmäßigen Behandlung** bei gleichliegenden rechtlichen und tariflichen Voraussetzungen (**RG 64** 128). Über die **Reihenfolge im Güterverkehr** s. § 67. § 3 gilt ***nicht nur für*** *den Güterverkehr* (so HGB § 453 Abs. 1; vgl. aber EVO § 63 [1]), ***sondern*** **auch für die Personenbeförderung** einschl. Gepäck, Tieren, Leichen, Expreßgut (hier aber mit Einschränkungen weiterer Art; vgl. ***Rundnagel,*** BefGesch. § 166 S. 498; EVO § 9). *Beförderungspflicht nach nicht* dem *öffentlichen* Verkehr dienenden *Bahnen* besteht *nicht (a. M.* ***Senckpiehl*** S. 119), auch **nicht auf** nichtöffentlichen Anlagen, namentlich **Anschlußgleisen,** auf noch nicht eröffneten Strecken u. ä. (vgl. **RG** 2 38, 7 43; **ROHG 21** 60; **Jahrbuch des Rechts 25** 790; § 1 Anm. 3).

Verhältnis zu § 53: § 453 HGB verpflichtet die Eisenbahn zur Beförderung von Gütern von und nach allen Bahnhöfen und Güternebenstellen des Deutschen Reichs (lies jetzt: der Bundesrepublik Deutschland, **BGH 17** 309, vgl. § 1 Anm. 4). Diese **Verpflichtung ist** durch § 3 (1) nicht etwa auf den eigenen Bahnbereich eingeschränkt (so *Finger,* 2 c zu § 3), weil das eine Bestimmung der EVO gegenüber einer der unabdingbaren Vorschriften des HGB gar nicht tun könnte, sondern § 3 überläßt die Regelung für den **Güterverkehr** dem **§ 53 als Spezialvorschrift,** für den Personenverkehr aber den Tarifen insoweit, als sie den **Beförderungsvertrag durchgehend** (über den Beförderungsbereich der einzelnen Bahn hinaus) zulassen. Der mit **„Kontrahierungspflicht"** überschriebene **§ 453 HGB** will und kann ja entgegen seinem Wortlaut die einzelne Eisenbahn gar nicht zur „Beförderung" über ihren Bereich hinaus verpflichten, sondern zum Abschluß eines Beförderungsvertrages, durch den sie ggf. andere Eisenbahnen im Geltungsbereich der EVO mitverpflichtet, die dann, wenn der Transport auf sie übergeht, die Erfüllung der auf sie bezüglichen Vertragsverpflichtung, nämlich die Beförderung, übernehmen müssen. Deshalb drückt § 53 EVO sich genauer aus als § 453 HGB und spricht von einer Verpflichtung, Güter **zur durchgehenden Beförderung anzunehmen.** Nach **§ 6 (2) AEG** sind die Eisenbahnen verpflichtet, daran mitzuwirken, daß für die Beförderung von Personen und Gütern, die sich auf mehrere aneinander anschließende Eisenbahnen des öffentlichen Verkehrs erstreckt, **direkte Abfertigung** eingerichtet wird sowie durchgehende Tarife aufgestellt werden. Der **Kontrahierungszwang** geht in solchen Fällen räumlich **weiter als die Beförderungspflicht.** Für die **CIM** vgl. *v. Nanassy* S. 82.

2. Anspruch ist verfolgbar *vor den ordentlichen Gerichten,* aber nur durch *Leistungs- und nicht durch Feststellungsklage,* **RG 107** 303; über **einstw. Vfg.** s. ausführlich *Loening* in **EE 44** 264 f. Durch die Bestimmung HGB § 453 Abs. 4, daß eine Zuwiderhandlung einen Anspruch auf *Schadensersatz* begründet, soll nicht etwa der Erfüllungsanspruch ausgeschlossen werden. Siehe hierzu Rundnagel, BefGesch. § 94 S. 305; auch **EE 41** 67. Durch die Neufassung des Abs. 1 wird die *Beweislast* gegenüber der bisherigen Fassung nicht geändert. Kläger hat die Weigerung der Eisenbahn darzutun, gegebenenfalls ihr oder ihrer Bediensteten Verschulden. Die Eisenbahn hat das Vorliegen der Ausnahmefälle a—e zu beweisen. Dies widerspricht allerdings der neuen Fassung des Abs. 1; aber die Abweichung von den Grundsätzen der Beweislast ist hier zulässig, denn die Verpflichtung zur Beförderung ist bei den deutschen Eisenbahnen nach den Regeln des Lebens noch das Übliche, Gewöhnliche. Also muß die Eisenbahn die Umstände, die sie zur Beförderungsverweigerung berechtigen, beweisen; vgl. *Gaupp-Jonas,* ZPO § 282. Für das alte Recht s. *Lehmann-Ring* § 453 Anm. 13; s. auch *Teubner,* **VZ 07** 263; **RG 57** 145, **48** 114; **EE 20** 350, **21** 47.

Hat die *Eisenbahn* eine *Beförderung übernommen, zu der sie nicht verpflichtet* war, so ist zu unterscheiden: Der Vertrag war auf eine *unmögliche Leistung* gerichtet (BGB § 306), dann ist er nichtig (z. B. gesetzliches Verbot [§ 54 (1) b)]. Haftung der Eisenbahn nach BGB § 307 nur dann, wenn sie die Unmöglichkeit kannte oder kennen mußte, oder den Umstand, der ihre Leistung unmöglich macht, zu vertreten hat (BGB § 325). Besondere Regelung, die den Bestimmungen des BGB vorgeht, enthalten EVO § 73, § 80. In den anderen Fällen muß sie die übernommene Beförderung durchführen, und zwar nach den Vorschriften der EVO; s. *Coermann,* **EE 22** 213, 326; *Richter* Anm. IV; *abw. Rundnagel* S. 305; **RG 18** 170. Die Annahme zur Beförderung gibt aber dem Absender noch keine Rechte auf Rückbeförderung oder Weiterbeförderung über den Bestimmungsbahnhof hinaus auf Grund des ursprünglichen Frachtvertrages; s. **ROHG 16** 195; **RG 110** 326. Daß **gesetzliche Verbote** jeden Beförderungsvertrag, auch den über Personenbeförderung, nichtig machen, war früher in der EVO besonders ausgesprochen; s. jetzt BGB § 134 und EVO § 54.

3. Z. B. EVO §§ 9, 54, 65, die Anlagen zur EVO, die Tarife und auf ihnen beruhende Bekanntmachungen wie „Zug führt nur die 1. Wagenklasse" oder „o. G." (ohne Reisegepäckbeförderung) oder „nur gegen Platzkarten"; Dienststunden der Güterabfertigung oder Beförderungsbeschränkungen nach § 63. Ablehnung beschädigten Gutes s. §§ 26, 62.

4. Die **allgemeinen Anordnungen** namentlich der **BO** (vgl. EVO § 7) sind hier ebenso gemeint **wie auf ihnen beruhende** Anordnungen des zuständigen Bediensteten **im Einzelfall** (vgl. § 9 [1], § 15 [4] EVO); das Adjektiv „allgemeinen" ist angesichts der in der EVO selbst vorgesehenen Einzelanordnungsbefugnis in bestimmten Fällen zu eng und sollte wegfallen oder — um Willkür auszuschließen und den Hinweis auf die allgemeine Ermächtigung zu beinhalten — durch „zulässigen" ersetzt werden. Ob nach der jetzigen Fassung zwischen „Beförderungsbedingungen" und „allgemeinen Anordnungen" überhaupt ein begrifflicher Unterschied besteht, erscheint zweifelhaft, da § 3 (1) a mit dem Wörtchen „sonstigen“ die Beförderungsbedingungen zum Unterfall der „allgemeinen Anordnungen“ deklariert. Denkbar wäre es daher, die allgemeinen Verhaltungsmaßregeln beispielsweise der BO zu den Beförderungsbedingungen zu rechnen und ihnen die zulässigen Anordnungen im Einzelfall begrifflich gegenüberzustellen.

5. Hierunter fallen nicht nur Lokomotiven und Wagen, sondern auch Werkzeuge und Geräte zum Verladen, Bedecken usw. der Güter. Über die Entstehungsgeschichte vgl. *Rundnagel,* BefGesch. § 94 S. 298 ff. „Regelmäßig“, d. h. **den gewöhnlichen Bedürfnissen des Verkehrs der betreffenden Bahn entsprechend. Gegensatz: Spezialwagen** für besondere Beförderungsgegenstände (Kanonen, Elefanten [**EE 23** 21]), **Sonderzüge** (s. Abs. 3). *Vorhalten* von Wagen *für* sog. *Verkehrsspitzen* ist *nicht* gemeint. Es besteht keine zivilrechtliche Haftung dafür, daß die Eisenbahn rechtzeitig für Vermehrung ihres Wagenparks sorgt (wegen des heutigen, im wesentlichen gleichen Rechtszustandes im internationalen Recht vgl. *v. Nanassy,* 6 c) zu Art. 5 § 1 — S. 86, 87); s. das ausführliche **Schrifttumsverzeichnis** bei *v. Nanassy,* 6 b) zu Art. 5 § 1 (S. 85), nach dem die Mehrheit der Autoren der hier vertretenen Ansicht zuneigte; durch die Neufassung der CIM ist für deren Bereich allerdings wohl eine Wandlung zum Schlechteren für die Eisenbahnen eingetreten, wenngleich ein frachtrechtlicher Schadensersatzanspruch praktisch wegen der Beweisschwierigkeiten kaum zur Verfolgung reizen dürfte. Gegen die **Beförderungspflicht** verstößt es nicht, wenn Eisenbahn zum Zwecke gleichmäßiger Versorgung aller Gebiete leere Wagen abdisponiert oder Teildeckung anordnet (**VZ 08** 1331, 1347 *[Halke]*). Bei **Wagenmangel** muß es der Eisenbahn überlassen bleiben, die vorhandenen Wagen für *die* Güter zu stellen, für die sie nach ihrem (notfalls vom BMV im Aufsichtswege zu kontrollierenden) **Ermessen** am dringendsten benötigt werden.

6. Der Mangel an Beförderungsmitteln berechtigt nur zur *zeitweisen Weigerung.*

7. Nach dem Vorbild von Artikel 4 d JÜP und Art. 5 JÜG ist zur Angleichung an das internationale Recht der bisherige Ausdruck „höhere Gewalt“ durch die Worte „Umstände usw.“ ersetzt worden (Begr.). Wenn die Begründung hieraus folgert, daß beide Ausdrücke das gleiche bedeuten, so liegt hier ein Irrtum vor. Als man im JÜG den Begriff der „höheren Gewalt“ ersetzte durch den nunmehr aus in die EVO übernommenen („Umstände ... usw.“), war man sich einig, der Eisenbahn eine hinter der Haftung für höhere Gewalt zurückbleibende Verantwortlichkeit aufzuerlegen; s. § 82 Anm. 19. Bei der neuen Fassung „Umstände usw.“ fehlt zunächst gegenüber dem Begriff der höheren Gewalt (s. § 82 Anm. 16) das Moment des „Außergewöhnlichen“, sodann kann auch jetzt ein nicht von außen kommender, d. h. innerer Zufall berücksichtigt werden. Danach tritt eine Befreiung von der Beförderungspflicht dann ein, wenn die Eisenbahn das die Beförderung hindernde Ereignis auch durch die zweckmäßigsten, mit der Wirtschaftlichkeit des Unternehmens zu vereinbarenden Maßnahmen nicht abwenden und unschädlich machen kann (**RG 108** 276). Als Betriebsstörung ist nicht anzusehen: Güterandrang und noch nicht: Betriebsschwierigkeiten

(**RG 87** 244). Zu weit gehen *Hilscher,* **VR 3** Sp. 151; *Fritsch,* **ArchfEis. 24** S. 596 und *Rundnagel* (Haftung S. 119); letzterer spricht von einem Mittelding zwischen Verschulden und höherer Gewalt.

8. I. Privatwagen.

a) Literatur: *Fröhlich,* Grenzen der Vertragsfreiheit (Wien 1932); *Platz* (**EE 56** 331); *Gadow* (**VR 34** Heft 3); *Friebe* (**ArchfEis. 34** 845); *Kayser* (**VZ 29** 809); *Roth* (ebendort 1289); **EE 53** 90; *Platz,* Haftung (**EE 58** 25; **VZ 75** 1025; **VR 36** Heft 2); *v. Nanassy,* **JZ 33** 226 und CIM S. 824 ff. *Scholters,* **JZ 60** 166 (Haftung des Einstellers für Schäden, die der Eisenbahn oder Dritten durch Privatwagen zugefügt werden).

b) Der (neue) Abs. 2 schafft (so die Begr.) die *Rechtsgrundlage für* die von der EVO abweichenden Bestimmungen der *Wageneinstellungsverträge.* EVO sieht davon ab (anders die CIM nach Art. 59 § 1 und deren Anlage VII, abgekürzt RIP), besondere Einzelvorschriften zu erlassen. Es erschien jedoch erforderlich klarzustellen, daß die Beförderung und Verwendung von Privatwagen — und zwar auch in leerem Zustand — sich nicht nach den Vorschriften der EVO, sondern in erster Linie nach den zwischen der Eisenbahn und den Verkehrstreibenden abgeschlossenen Wageneinstellungsverträgen richtet. Ferner war neue Bestimmung notwendig, wonach die Bedingungen des Einstellungsvertrages auch für die Benutzer verbindlich sind (Begr.). Der **Abs. 2** ist in Wahrheit ein **Fremdkörper im** § 3 und gehört eigentlich in einen besonderen §, da er eine absolute Sonderregelung darstellt. **Privatwagen** sind ebenso wie die **Werknahverkehrswagen** der AB III **keine „regelmäßigen Beförderungsmittel“,** da zu diesem Begriff gehört, daß sie **im Eigentum der Eisenbahn** stehen.

c) Die Literatur und die Rechtsprechung weichen in ihren Darstellungen und Ergebnissen weit voneinander ab. Sie verkennen zum Teil wesentlich die rechtliche Natur des Privatwagens. Man hat richtigerweise davon auszugehen, daß der Privatwagen, leer oder beladen, nichts ist als ein **Beförderungsmittel** (**EE 53** 167, **41** 269, **44** 209, **43** 80; *Platz,* **EE 56** 33, s. auch **53** 167; abweichend **44** 208), es sei denn, daß er gemäß EVO § 54 (2) d als Gut mit Frachtbrief und unter voller Frachtberechnung aufgegeben wird (z. B. Beförderung aus der Wagenbauanstalt zum Einsteller; über Umstationierung s. **ArchfEis. 30** 1100).

d) Allerdings wird auch der *leere Wagen,* der in den Park einer Eisenbahn eingestellt ist, *auf Frachtbrief befördert.* Das ist verwirrend; früher diente hierfür der Privatwagenbegleitschein; er ist durch den Frachtbrief *lediglich aus beförderungstechnischen Gründen* ersetzt worden, da er von den Eisenbahnbediensteten nicht immer genügend beachtet wurde (abweichend *Kittel,* § 83 Anm. 12, *Goltermann,* Anm. 9 a zu § 3).

e) Daß der **leere Privatwagen kein „Gut“** im Sinne der EVO ist (s. auch die „Begr.“ Anm. 8 a), folgt aus dem Fehlen fast aller Erfordernisse und Folgen, die die EVO an den Beförderungsvertrag knüpft. Der Wagen wird nicht abgeliefert, es wird für seine Beförderung eine Gebühr, die zur Leistung nicht im Verhältnis steht, und k e i n e Fracht erhoben, bei Beschädigungen des Wagens ist nicht der Absender zur Stellung von Ersatzansprüchen berechtigt, sondern der Einsteller. Die Eisenbahn haftet nach den „Bedingungen" hierfür nur für Verschulden. Die Haftungsbeschränkung läßt *Kittel* aaO. gelten durch Anwendung der §§ 54, 86 EVO. Der Umweg ist nicht nötig.

f) **Das gleiche gilt für den beladenen Wagen.** Nicht dessen Beförderung ist der Zweck des Beförderungsvertrages, sondern die des Gutes (s. *Friebe* aaO.). Daß ein Teil der Privatwagen, nämlich die sog. Behälterwagen (Kessel-, Gefäß-, Faß-, Bassin-, Topf- und Tankwagen) gleichzeitig zur Verpackung des Gutes erforderlich ist, ändert hieran nichts; bei Beschädigung eines Topfwagens kann nicht etwa eine Entschädigung wegen Beschädigung der Verpackung auf Grund EVO §§ 82 ff. verlangt werden, sondern nur auf Grund des Einstellungsvertrages (s. **EE 53** 168, **JZ 40** 511).

II. **Behälterverkehr** (s. *Sommerlatte* in **EE 56** 115).

Der Behälter ist eine Einrichtung, die ihre *Regelung in* der *EVO oder* den *Tarifen* noch *nicht* gefunden hat. Für die Deutsche Bundesbahn gilt die DV 752 für den Güterverkehr in Behältern v. 1. 3. 56; es wird zwischen Groß- und Kleinbehältern, bahneigenen und Privatbehältern unterschieden; die Benutzer müssen Benutzungs-(Einstellungs-)Bedingungen anerkennen, die in den Anl. 1, 2 und 20 zur BehVO enthalten sind. Der Behälter ist eine Vorrichtung, die den Zweck hat, Stückgüter zusammenzufassen, deren Verpackung zu erübrigen und die Umladung zu vereinfachen. Sie dient hauptsächlich dem Haus-Haus-Verkehr. Diese Art Behälter ist frei beweglich; dadurch unterscheidet er sich von den Behältern auf dem Behälterwagen, die mit dem Wagen fest verbunden sind. Über Kundenbehälter und Collico-Kisten s. auch § 6 Anm. 7.

III. **Lademittel,** d. h. Befestigungsmittel und Behelfsvorrichtungen zur Erleichterung der Verladung, deren Verwendung tariflich vorgeschrieben werden kann (Paletten, Ketten, Seile, Vorlegekeile, Gestelle, Gerüste, Wagendecken, Tierkäfige, Lattengitter), vgl. § 54 (2) c, ABest. XIII zu § 48. Zu unterscheiden zwischen bahneigenen und vom Absender gestellten Lademitteln; **nur für bahneigene** kommt eine Subsumierung unter den Begriff „regelmäßige Beförderungsmittel" in Frage und wohl auch **nur, soweit sie im Tarif vorgeschrieben sind.** Vgl. ATV des DEGT Teil I Abt. B Abschnitt III.

9. EVO § 8. Für Güter: Güterkursbuch. Mit Recht weist *Finger,* 13 zu § 3 darauf hin, daß ein **„bestimmter Fahrplan" kein Privileg der Regelzüge,** sondern auch für Bedarfs- und Sonderzüge in den Notwendigkeiten des Eisenbahnbetriebs begründet ist. **Gemeint** sind offenbar **die** bereits für eine ganze Fahrplanperiode vorgesehenen und **der Öffentlichkeit zugänglichen Kursbücher oder bekanntgegebenen Fahrpläne,** die sowohl Regel- wie Bedarfszüge kennen. Über darüber hinausgehende Bedarfszüge vgl. Anm. 11.

10. Die **Gestaltung des Fahrplans** und die **Einlegung von Sonderzügen** kann weder Gegenstand eines klagbaren Anspruchs auf Erfüllung noch — im Weigerungsfall — auf Schadensersatz sein. Für Personenverkehr EVO § 23, für den Güterverkehr treten hier die Vorschriften über Lieferfristen ein (§§ 74, 88; ferner §§ 34, 47, 51). Der **Zugbegriff des** § 54 **BO** (*Finger,* 14 zu § 3) ist für die Auslegung des § 3 (3) **ungeeignet.** Es muß sich um Züge handeln, die, ganz gleich wie sie technisch gestaltet sind, dem öffentlichen Verkehr zu dienen bestimmt sind. Andere kommen auch gar nicht in die für die Öffentlichkeit bestimmten Fahrpläne.

11. EVO §§ 12 und 53 (2). Zur Bildung von **Bedarfszügen** über das in veröffentlichten Plänen vorgesehene Maß ist die Eisenbahn ebensowenig verpflichtet wie zu sonstigen Sonderfahrten, vgl. Anm. 9. Legt sie aber derartige zusätzliche Bedarfszüge ein, so besteht für sie dieselbe Beförderungspflicht wie für die Regel- und die planmäßigen Bedarfszüge, während bei **Sonderfahrten** nicht nur deren Veranstaltung, sondern auch deren Benutzerkreis dem kaufmännischen Ermessen der Eisenbahn unterliegt, vgl. § 6 Anm. 4.

12. Vgl. § 12 Anm. 3, § 53 Anm. 5.

13. Abs. 4 ist neu; er soll rechtlich klarstellen, daß die Eisenbahn die Güter nicht nur auf Teilstrecken (EVO § 2 [7]), sondern auch auf der ganzen Beförderungsstrecke — teilweise unter besonderen von der EVO abweichenden tarifarischen Bedingungen — mittels Kraftwagen befördern kann, sofern der Absender dies nicht im Frachtbrief ausgeschlossen hat (Begr.). Gemeint ist hiermit der sog. **Schienenersatzverkehr,** ein Begriff, der nicht allzu eng ausgelegt zu werden braucht; er muß stets einen Zusammenhang mit der Schiene aufweisen; s. *Krüger,* Güternfernverkehr **VAE 36** 377.

14. Der sich nach der Kraftverkehrsordnung abwickelnde Kraftwagenverkehr soll durch die neue Vorschrift nicht berührt werden (Begr.). **Vom Schienenersatzverkehr** (die Bestimmung bezieht sich im Gegensatz zu § 2 (7) nur auf Güter und Expreßgüter, beschränkt sich aber im Gegensatz zu diesem nicht auf Teilstrecken) **zu unterscheiden** ist **der** durch eigene oder bestellte Kraftfahrunternehmer **selbständig von der Eisenbahn betriebene Güterkraftverkehr** (vgl. § 75 (8) Satz 2), der *nicht* den Vorschriften der *EVO,* sondern denen des *GüKG* und der *KVO Reichsb.* unterliegt und in dem die Abfertigung *nicht auf Eisenbahn-, sondern auf Kraftfahrzeugfrachtbrief* erfolgt. Nach § 97 (4) GüKG bedürfen die *Eisenbahnen für ihren Schienenersatzverkehr keiner Genehmigung.*

15. S. § 56 (2) s). Beförderung **entgegen dem Auftrag** kann vollen **Schadensersatz** aus § 430 (3) HGB nach sich ziehen, **OLG Hamm NJW 60** 203.

16. S. § 2 Anm. 9.

17. §§ 82 ff.

18. S. § 2 Anm. 2.

§ 4. *Haftung der Eisenbahn für ihre Bediensteten*

Die Eisenbahn haftet[1] für ihre Bediensteten[2] und für andere Personen[3], deren sie sich bei Ausführung der von ihr übernommenen Beförderung[4] bedient.

Schrifttum: *Rundnagel-Sperber*, Haftung § 4; **EE 17** 366; *Sperber* in **VR 1** 426; *Danziger Jurist. Monatsschrift* 5 83; *Genest*, **ArchfEis. 37** 57; *Goltermann*, **EE 41** 176; *v. Beck*, Rollfuhrunternehmer und Sammelspediteur, **EE 53** 1 ff.; Sekundäre Beamtenhaftung: *Veltkamp*, **„Die Verwaltung“ 37** 279; *Staks*, Schadenshaftung der Reichsbahnbediensteten, **VZ 43** 101; *Winter*, **VZ 42** 453; *Katholnigg*, Der Haftungsausschluß der Post und die Haftung der Postbediensteten, **DVBl. 1960**, 471.

1. Anwendung des § 4 **nur im Rahmen des Beförderungsvertrages** gegeben. Da die Eisenbahn hier gem. §§ 82 ff. auch ohne Verschulden haftet und es für diese Art Haftung im Regelfall ohne Belang ist, wessen Handeln oder Unterlassen die Eisenbahn zu vertreten hat, ist § 4 nur für die Fälle von Bedeutung, bei denen a) die Eisenbahn entweder außerhalb der §§ 82 ff. für **Verschulden** haftbar gemacht wird oder b) innerhalb der Haftung gem. §§ 82 ff. das Verschulden als Replik (z. B. § 83 [3] gegenüber dessen „bevorrechtigten Haftungsausschlußgründen“) oder als Haftungsverschärfungsgrund (z. B. § 91) in Frage kommt. In diesen Fällen schließt die **Sonderregelung der EVO** die gleichzeitige **Anwendung des Deliktsrechts aus**, anders die h. M., vgl. § 82 Anm. 1.

A. Fällt der Eisenbahn das Handeln des von § 4 erfaßten Personenkreises zur Last, so haftet sie — falls sie für Verschulden nach dem (Personeneinschl. Gepäck-, Expreßgut- oder Güter-) Beförderungsvertrag (**RG 37** 12, **88** 317; **EE 21** 68, **22** 165) einzutreten hat, was im Einzelfall zu prüfen ist — **ausschließlich und unmittelbar** (**EE 21** 68 und **28** 445; **RG 7** 199). Die von § 4 erfaßten Personen können also nicht haftbar gemacht werden (**EE 33** 217, wegen des Rollfuhrunternehmers **RG** in **VZ 22** 709; **EE 23** 359). Bei Zuwiderhandlung gegen reine Vertragspflichten entfällt selbst nach dem **RG** (**105** 302) eine Inanspruchnahme der Bediensteten aus § 823 BGB. Wegen der Verpflichtung der Behörde zur *Angabe des Namens* des Schädigers s. *Katholnigg* a.a.O.

B. Vertraglicher **Haftungsausschluß** wegen § 6 (1) S. 3 und (2) **unzulässig**, soweit er der EVO widersprechen würde; § 6 (2) verbietet zwar ausdrücklich nur Sonderabmachungen zugunsten des Kunden, doch muß dasselbe auch für Sonderabmachungen zugunsten der Bahn gelten, wenn nach § 6 (1) S. 3 sogar tarifliche Abweichungen von der EVO, die ihr widersprechen, ohne Rücksicht darauf, wen sie begünstigen, für nichtig erklärt werden *(arg. a maiore ad minus,* im Ergebnis ebenso *Finger*, 26 cc) zu § 4, der auf das Fehlen eines dem § 278 S. 2 BGB entsprechenden Vorbehalts abstellt). Bei **Tarifauskünften** dürfte der Ausschluß („ohne Gewähr“) aber mit Rücksicht auf § 6 vertretbar sein und zur Aufklärung über die Rechtslage dienen, vgl. § 6 Anm. 19 C.

C. Unabhängig von § 4 Haftung für **verfassungsmäßig berufene Vertreter** gem. §§ 31, 89 BGB (**EE 37** 119), s. E.

D. Keine Haftung aus Art. 34 GG für die Bundesbahn (**BGH 6** 304, s. Anm. 2 zu § 6), außer für Handlungen der Bahnpolizei (**RG 161** 348).

E. Haftung aus **unerlaubter Handlung** kommt für die Eisenbahn nur **außerhalb des Beförderungsvertrages** bei Organverschulden oder für den

Verrichtungsgehilfen gem. § 831 BGB in Betracht, anders, wie bereits eingangs gesagt, die h. M. Gesamthaftung mit dem Bediensteten nach § 840 BGB.

F. Bei **Haftung nach § 82 (5)** und für **Fundverwahrung** (s. § 5 Anm. 3) **entfällt** eine Anwendung des § 4.

G. Mitwirkendes Verschulden des Geschädigten: § 254 BGB.

H. Keine Haftung aus § 4, wenn Bedienstete a) für **anderen Geschäftsherrn** tätig (Kranführer für Selbstverlader, **OLG Stettin IZ 43** 375, **OLG Frankfurt/M. HS 1960** 494) oder b) **über Vertragspflichten hinausgehen,** s. Anm. 2; **RG EE 33** 217; **RG 89** 341 und **97** 16; **VR 6** 37.

2. Die **h. M.** erweitert die Haftung der Eisenbahn dahin, daß sie **jede Handlung von Bediensteten** umfaßt, sobald sie nur in einer gewissen Beziehung zum Angestelltenverhältnis steht (**RG 7** 127, **104** 150; dagegen mit Recht *Rundnagel-Sperber* § 4 S. 18 und **VZ 23** 749). Man wird verlangen müssen, daß die Handlung **während der dienstlichen Tätigkeit** des Bediensteten oder im **Zusammenhang mit dieser** (ein Güterbodenarbeiter benutzt seine dienstlich erworbene Ortskenntnis, um nachts im Güterschuppen einzubrechen) begangen ist oder daß sie **offenbar in den dienstlichen Wirkungskreis** der Bediensteten fällt (**EE 24**, 6, 21 68; **EE 41** 179). *Goltermann,* a.a.O und 4 zu § 4, *v. Nanassy,* 7 zu Art. 40 (S. 666) mit eingehender Begr.: Außer Dienst ist der Eisenbahner Privatmann wie jeder andere. Das gilt jedenfalls dann, wenn er **keine Uniform** trägt (z. B. ein Eisenbahner, der in Urlaub fährt und dem Mitreisenden etwas stiehlt; wohl aber auch, wenn er, sich mit seiner Eisenbahnereigenschaft brüstend, dem Mitreisenden eine falsche Fahrplanauskunft gibt) oder sich seine **Unzuständigkeit offenkundig** für jeden denkenden Menschen aus den Umständen ergibt (hier jedenfalls überwiegendes mitwirkendes Verschulden, § 254 BGB). Überschreiten Bedienstete den in der EVO festgelegten Pflichtenkreis der Bahn, begründen sie keine Haftung für diese, s. § 23 Anm. 10; **OLG Koblenz , 26. 5. 50, HS 1950.** — Zweifelhaft bei **Auskünften von Sperrbediensteten,** jedenfalls soweit der Laie annehmen durfte, daß sie in deren Zuständigkeit falle. Wegen der **Aushangfahrpläne** und **Abfahrttafeln** s. § 8 Anm. 4, wegen der **Auskünfte im Rahmen des Personenbeförderungsvertrages** § 8 Anm. 7, § 11 Anm. 2. **Streik: RG 110** 209 (214). **Fundsachen:** § 5 Anm. 3. **Auskunft über Tarife:** § 6 Anm. 19. Wer einen zufällig dienstlich unbeschäftigten Bediensteten bittet, seinen Koffer zum Zuge zu tragen, kann die Eisenbahn für den Verlust nicht haftbar machen. Auskunftserteilung über Güte und Zahlungsfähigkeit von Spediteuren ist keine Aufgabe der Schalterbeamten; Auskunft über Fahrpläne hat ein Bahnarbeiter oder Lokomotivführer nicht zu geben; das weiß auch der Reisende. Die Beförderung im **Schlafwagen** gehört (§ 11 Anm. 8) zum Beförderungsvertrag, **nicht** dagegen die Bewirtung im **Speisewagen,** ebensowenig die in der **Bahnhofswirtschaft** oder die Betreuung beim Bahnhofsfriseur. Das **Ein- und Ausladen,** wenn von der Eisenbahn zu besorgen (**RG 97** 16). Für **Zuführung** ausdrücklich in § 77 (4) ausgesprochen; wegen **Anrollung** s. § 63 Anm. 20. Benachrichtigungsfehler der **Post:** *Krüger* in **EE 57** 376 ff. gegen *Gadow* **EE 57** 1 ff., der die Post teilweise als Erfüllungsgehilfen der Bahn ansehen will, s. § 78 Anm. 8. Ein **Kran-**

führer, den die Bahn einem Selbstverlader stellt, ist dessen Hilfsperson, **OLG Stettin IZ 1943**, 375.

3. D. h. die nicht in ihren Diensten, und sei es auch nur als Aushilfsarbeiter stehen (abweichend *Kittel* § 5 Anm. 3). Z. B. **Unternehmer auf Güterschuppen, Bahnspediteure**, auch im Falle § 63 Abs. (5), nicht aber ebendort Abs. (10) oder § 75 (11). Der **Gepäckträger** gehört zu den Bediensteten, wenn er in einem Vertragsverhältnis zur Eisenbahn steht: ist die Gepäckträgerei einer „Gemeinschaft", „Genossenschaft" zur selbständigen Wahrnehmung übertragen, sind die Gepäckträger Personen, „deren sich die Eisenbahn ... bedient". Für **amtliche Reisebüros** haftet die Bundesbahn (*Rumpf*, **Die BB 1956** 467 (470).

4. D. h. der Leistung aus dem Beförderungsvertrag. **Nicht hierunter** fallen also Haftung aus **Verwahrung** (§ 64 Anm. 4, § 82 Anm. 25), als **Spediteur** (§ 65 [2] usw.).

Der Relativsatz („deren — „bedient") bezieht sich **nur** auf die **„anderen Personen"**, wo er dem § 278 BGB entspricht, nur daß die *Möglichkeit des Haftungsausschlusses fehlt.*

§ 5. *Verlorene und zurückgelassene Gegenstände*[1]

(1) Wer eine Sache in den Geschäftsräumen[2] oder den Beförderungsmitteln einer Eisenbahn findet und an sich nimmt, hat die Sache unverzüglich an die Eisenbahn abzuliefern[3]; er hat keinen Anspruch auf Finderlohn. Die Eisenbahn kann die an sie abgelieferte Sache öffentlich versteigern lassen. Die Deutsche Reichsbahn kann die Versteigerung durch einen ihrer Beamten vornehmen lassen. Der Erlös tritt an die Stelle der Sache.

(2) Die Versteigerung ist erst zulässig, nachdem die Empfangsberechtigten in einer öffentlichen Bekanntmachung des Fundes zur Anmeldung ihrer Rechte unter Bestimmung einer Frist von mindestens sechs Wochen aufgefordert worden sind und die Frist verstrichen ist. Die Versteigerung ist bei rechtzeitiger Anmeldung der Rechte unzulässig. Die Bekanntmachung ist nicht erforderlich, wenn der Verderb der Sache zu besorgen oder die Aufbewahrung mit unverhältnismäßigen Kosten verbunden ist.

(3) Sind seit dem Ablauf der in der öffentlichen Bekanntmachung bestimmten Frist drei Jahre verstrichen, so fällt der Versteigerungserlös, wenn kein Empfangsberechtigter sein Recht angemeldet hat, bei den von der Deutschen Reichsbahn, bei den nicht von der Reichsbahn betriebenen Bahnen an diese.

(4) Ist die Sache ohne öffentliche Bekanntmachung versteigert worden, so beginnt die dreijährige Frist erst, nachdem die Empfangsberechtigten in einer öffentlichen Bekanntmachung des Fundes zur An-

meldung ihrer Rechte aufgefordert worden sind. Das gleiche gilt, wenn gefundenes Geld abgeliefert worden ist.

(5) Die Kosten werden von dem herauszugebenden Betrag abgezogen.

Schrifttum: *Kröner* **EE 46** 27; *Friese* **Verkehrstechnik 40** 339; *Nehse* **VZ 05** 1057, 1514; *Hellmann* **EE 27** 241.

1. Die neue Bestimmung gibt mit geringfügigen Änderungen des Wortlauts sachlich unverändert den Inhalt der §§ 978—981 BGB wieder (Begr.), denen sie als **Spezialregelung** im Falle der Abweichung vorgeht. *Unterschied zwischen „verloren" und „zurückgelassen":* Gemeinsam ist beidem, daß der Besitz abhanden gekommen ist; *nicht hierher* gehören die Fälle, in denen der Reisende offensichtlich oder nach der Verkehrssitte den Besitz freiwillig aufgegeben hat wie bei im Abteil liegengelassenen Zeitungen und Zeitschriften *(herrenlose Sache,* § 959 BGB). Von solchen Fällen abgesehen, ist eine im Eisenbahnwagen zurückgelassene Sache nur dann verloren, wenn Ort ihrer Zurücklassung unbekannt und Möglichkeit ihrer Wiedererlangung abgeschnitten, **RGSt. 38, 444.** Keine Anwendung findet nach § 978 letzter Satz BGB die Vorschrift des § 965 (2) letzter Satz *(Bagatellfund).*

2. D. h. alle Bahnhofsteile, Warteräume, Bahnsteige usw., nicht aber freie Strecke oder Bahndamm. *Im Gegensatz zu § 3* sind hier nicht etwa nur die „regelmäßigen" Beförderungsmittel gemeint, sondern auch Sonderzüge u. Ä.

3. Für **Bedienstete** haftet die Eisenbahn **nach § 4,** soweit deren zum Schadensersatz verpflichtende Handlung **mit dem Beförderungsvertrag in Zusammenhang** steht (§ 4 Anm. 1), z. B. wenn der Zugschaffner den Fundgegenstand unterschlägt; die Pflicht des Reisenden zur Beaufsichtigung seines Handgepäcks entfällt gegenüber einem der Eisenbahn zuzurechnenden Verschulden (§ 21 [5] Satz 2); *Finger,* der 11 zu § 5 den § 4 in bezug auf die Verwahrungspflicht der Eisenbahn für nicht anwendbar erklärt, gibt dies 22 zu § 21 für den Fall zu, daß das Handgepäck vom Zugpersonal gestohlen wird, aber es muß das gleiche gelten im Fall der **Amtsunterschlagung** nach § 350 StGB, wenn der Schaffner die Fundsache nicht abliefert. *(Goltermann,* 5 zu § 5, will den § 4 stets ausschließen.) § 831 BGB kommt demgegenüber praktisch kaum in Betracht. Eine Haftung der Bundesbahn über Art. 34 GG *(Finger* und *Goltermann* a.a.O.) scheidet aus, da sie sich hier auf dem Boden des Privatrechts hält (so richtig vorher *Finger,* 2 d) zu § 4). Die „amtliche" Verwahrung i. S. v. § 350 StGB (vgl. § 359 StGB) ist nicht gleichbedeutend mit einem Hoheitsakt, vgl. **BGH 6** 304. Mit der Verwahrung amtlich befaßte Bedienstete haften gem. § 839 BGB. Für den Finder will *Finger,* obwohl die Vorschriften des BGB über den Verkehrsfund subsidiär gelten, die durch dessen 978 letzter Satz ausgeschlossene Vorschrift des § 968 gelten lassen, wofür es an einer Begr. mangelt. *Goltermann* a.a.O. betrachtet die Vorschriften des BGB „durch die eingehende Sonderregelung" des § 5 als „ausgeschaltet"; das kann aber doch nur gelten, soweit diese Sonderregelung an die Stelle der allgemeinen des BGB tritt. Ob zugunsten der Eisenbahn angenommen werden kann, daß sich diese, jedenfalls soweit die Fundsache sich nicht mehr in den durch den Beförderungsvertrag unmittelbar berührten Räumen befindet und durch dritte Finder bei ihr abgeliefert wird, in der Stellung eines *Geschäftsführers ohne Auftrag* befindet, der sich auf § 680 BGB berufen kann (so *Kröner* a.a.O., *Finger* a.a.O. und die Vorauflage), erscheint zweifelhaft: **EE** 22 11 geht zwar vielleicht insofern zu weit, wenn sie auch diese Tätigkeit der Eisenbahn als Ausfluß des Beförderungsvertrages ansieht, doch erscheint es näherliegend, mit dieser Entscheidung des **OLG Dresden** einen *Verwahrungsvertrag* anzunehmen und eine „drohende dringende Gefahr" bei einer öffentlichen Verkehrsanstalt als ausgeschlossen anzusehen [so wohl auch der Gesetzgeber, der den auf § 680 BGB zurückgehenden § 968 BGB (*Kröner* a.a.O.) in § 978 letzter Satz ausgeschlossen hat]. Immerhin kann sich diese Ansicht auf *Staudinger,* 4 zu § 978 und *RGR-Kom.,* 3 zu § 978 berufen (für Geschäftsführung o. Auftr. auch *Friese* a.a.O. gegen *Hellmann* a.a.O.).

§ 6. *Tarife*[1]

(1) Die Eisenbahn[2] hat Tarife aufzustellen[3], die alle für die Beförderung[4] maßgebenden Bestimmungen[5] und alle zur Berechnung der Beförderungsentgelte[6] und der Gebühren für die Nebenleistungen der Eisenbahn[7] (Nebengebühren) notwendigen Angaben[8] enthalten. Die Beförderungsentgelte sind Festentgelte[6] oder Mindesthöchstentgelte[6]. Die Tarife müssen jedermann gegenüber in gleicher Weise angewendet werden[9]; dies gilt nicht für Beförderungsentgelte innerhalb der Spanne[10] festgesetzter Mindest-Höchstentgelte. Die Bestimmungen der Tarife gelten nur insoweit, als sie dieser Ordnung nicht widersprechen[11], andernfalls sind sie nichtig[12].

(2) Bei Festsetzung von Mindest-Höchstentgelten sind unbillige Benachteiligungen[13] landwirtschaftlicher und mittelständischer Wirtschaftskreise[14] sowie wirtschaftlich schwacher oder verkehrsungünstig gelegener Gebiete[15] zu verhindern[16].

(3) Jede Sonderabmachung[17], wodurch eine Preisermäßigung[18] oder sonstige Begünstigung[19] gegenüber den Tarifen gewährt wird, ist verboten und nichtig[12]. Dagegen sind Tarifermäßigungen zulässig, die gehörig veröffentlich sind und unter Erfüllung der gleichen Bedingungen jedermann in gleicher Weise zugute kommen[20].

(4) Tarifwidrige Sonderabmachungen[17] berühren nicht die rechtliche Wirksamkeit des Beförderungsvertrages[12]. Die Beförderungspreise[6] und Nebengebühren sind auch in solchen Fällen nach dem Tarif zu berechnen.

(5) Für Zwecke der öffentlichen Verwaltungen[21], für Wohlfahrtszwecke[22] und für den Eisenbahndienst[23] sind Preisermäßigungen[18] und

sonstige Begünstigungen[19] mit Genehmigung des Reichsverkehrsministers[24] zulässig.

(6) Die Tarife bedürfen zu ihrer Gültigkeit der Veröffentlichung[25] und treten frühestens mit dem Zeitpunkt ihrer Veröffentlichung in Kraft[26]. Tariferhöhungen[27] oder andere Erschwerungen der Beförderungsbedingungen[28] treten jedoch frühestens zwei Monate, für die Beförderung von Personen, Reisegepäck und Expreßgut frühestens zwei Wochen nach der Veröffentlichung in Kraft, wenn nicht die Abkürzung der Veröffentlichungsfrist vom Reichsverkehrsminister[24] genehmigt ist. Die Genehmigung muß aus der Veröffentlichung ersichtlich sein[29]. War der Tarif nur für eine bestimmte Zeit eingeführt, so bedarf seine Aufhebung[30] keiner besonderen Veröffentlichung.

Die näheren Bestimmungen über die Veröffentlichung der einzelnen Tarife sind im Wortlaut jedes Tarifs festgesetzt.

Schrifttum (geht zum weitaus größten Teil noch vom Zustand des faktischen Beförderungsmonopols der Reichs- (Bundes-)bahn und der Privatbahnen aus): Einen Überblick gibt *Wulff,* „Das deutsche Eisenbahnwesen der Gegenwart"; *Weirauch,* ebendort (3. Aufl.); *Senckpiehl,* **EE 40** 86; *Goltermann,* **EE 41** 171; *v. d. Leyen,* Handwörterbuch der Staatswissenschaften, Bd. 3 S. 673. *Adolph,* Eisenbahngütertarifwesen, Berlin 1933; und vor allem *Spieß:* Der Eisenbahngütertarif, eine enzyklopädische Studie, Berlin 1931; auch **ArchfEis. 30** 853; Der Eisenbahngütertarif in der Volkswirtschaft, **ArchfEis. 41** 1; Die Betriebswissenschaft des Eisenbahngütertarifs, **ArchfEis. 39** 265; Der Eisenbahngütertarif und seine Beinflussung durch die konkurrierenden Verkehrsmittel, Stuttgart 1938; Betriebswirtschaftliche Sondererwägungen beim Staffeltarif, **VZ 40** 247; Reichsbahntarif als Wirtschaftsfaktor, **Deutsch. Volkswirt 39** 33; Wirtschaftliche Belange bei der Eisenbahntarifbildung, **VZ 39** 579; Preisbildungsproblem im Tarif, **VZ 29** 1311; 100 Jahre Eisenbahntarif-Geschichte, **ArchfEis. 37** 701; Erkenntnis des Tarifs, **VZ 31** 48; Umfang des Tarifzwangs, **EE 51** 10; Der Tarif als Verpflichtungsgrund, **ZAkDR 1943** S. 170; Faktische Verträge, oder „öffentliches Recht oder Tarif", **ZAkDR 1943** Heft 23 S. 340; Leistungsbeziehungen ohne Vereinbarungen, **ZAkDR** Heft 4 S. 33; *Haupt,* Über faktische Vertragsverhältnisse, Leipzig 1941; *Dreyer,* Kontrolle der Eisenbahntarife, **VAE 42** 185; *Moormann,* Das Tarifwesen der Deutschen Reichsbahn, Leipzig 1943; *Hohenschuh,* Die Bedeutung des Eisenbahntarifes, Düsseldorf 1941; *Hermann,* Sind Tarifbestimmungen für den Empfänger verbindlich? **VZ 40** 236; *Klaer,* Das Eisenbahntarifrecht in der Gesetzgebung, **Die BB 52,** 19; „Wende der Tarifpolitik?", Sonderbeilage der **DVZ** v. **17. 12. 59.** Bericht der Bundestagskommission (Brand), **Bundestagsdrucksache 1602,** über die Deutsche Bundesbahn vom 30. 1. 1960. Für das Gebiet der Personentarife s. *Knebel,* Die Eisenbahnpersonentarife; Berlin 1936.

1. A. Begriffsbestimmung. Der Ausdruck „die **Tarife**" in § 6 EVO bedeutet nach der Legaldefinition des Abs. 1 die begriffliche **Zusammenfassung** a) **der Vertragsbestimmungen** (s. Anm. 5) **und** b) **der Beförderungsentgelte**

(s. Anm. 6), die für den einzelnen im Rahmen der EVO abgeschlossenen Vertrag maßgebend sind. Die Tarife enthalten also die **Bedingungen,** zu denen die Eisenbahnen im Rahmen ihrer Beförderungspflicht (s. Anm. 4), aber freiwillig auch darüber hinaus sich öffentlich **zum Abschluß von Beförderungs-** und damit zusammenhängenden **Verträgen** bereit erklären. Mit Vertragsabschluß werden sie somit *lex contractus* (**EE 58** 73).

B. Rechtsnatur. *Spieß* (s. Schrifttumsübersicht) sieht im Tarif eine *Auslobung,* die sich an den Rechtsgedanken des § 657 BGB anlehnt; vgl. dazu auch *Wißmann* **ArchfEis. 32** 803, *Haustein* **VZ 31** 989, *v. Kienitz* **VZ 31** 1144 (dagegen *Spieß* **VZ 33** 1273, derselbe **ZAkDR 1943** Heft 11 mit weiterem Schrifttum); *Wieacker,* Leistungsbeziehungen ohne Vereinbarung, **ZAkDR 1942** Heft 4. Der Umstand, daß die Bestimmungen des Tarifs auch gegen einen abweichenden (§ 6 Abs. 4) oder ohne übereinstimmenden Parteiwillen (§ 15), bei Beförderung entgegen gesetzlichem Verbot (s. § 54 Anm. 1) oder ohne Frachtbrief (s. Vorbem. 3 vor § 53) sowie beim blinden Passagier (s. III vor § 8) zum Zuge komen, zwingt nicht dazu, dem Beförderungsvertrag öffentlich-rechtlichen Charakter zuzuerkennen (s. dazu im einzelnen III vor § 8). Vielmehr trägt der **Eisenbahn-Beförderungsvertrag** nach der geschichtlichen Entwicklung und dem Willen des Gesetzgebers (HGB) **privatrechtlichen Charakter;** das hat für den Geltungsbereich des GG der **BGH** (**6** 304 ff.) verbindlich festgestellt (mit Schrifttumsangabe).

C. Verkehrspolitische Bedeutung. Die in § 6 EVO verankerte **Tarifpflicht** der Eisenbahnen ist **zusammen** mit der **Beförderungspflicht** des § 3 einer der **Eckpfeiler** des Eisenbahnverkehrsrechts (s. § 3 Anm. 1) und deckt sich mit dieser (s. § 6 Anm. 4). Sie stammt aus der Zeit der überwältigenden technischen Überlegenheit der Eisenbahn gegenüber den anderen Verkehrsmitteln, der Ära des sog. faktischen Verkehrsmonopols der Eisenbahn. Heute liegt die **Bedeutung** des Tarifs **weniger im Schutz des einzelnen** gegenüber der monopolartigen Stärke der Eisenbahnen **als vielmehr** darin, daß er der staatlichen Verkehrspolitik **als Regulierungsfaktor für den Wettbewerb im Verkehr dient;** das schließt nicht aus, daß diese mit ihrer gesetzlich verankerten [§ 6 (3) AEG, § 16 BundesbGes.] *Tarifaufsicht* auch noch **andere verkehrspolitische Ziele** verfolgt, s. § 6 (2) und Anm. 16. Diesen dient auch die *Tarifauflagemöglichkeit* in § 16 (4) BundesbGes. Das Bestreben der Eisenbahnen nach Lockerung der strengen Tarifbindung nach dem Vorbild anderer europäischer Eisenbahnen, unterstützt durch das (im Schrifttumsverzeichnis erwähnte) Gutachten der Bundestagsprüfungskommission für die DB, hat zu der sog. **Kleinen Verkehrsreform** geführt, in deren Verfolg der § 6 EVO durch die 70. VO zur EVO vom 7. 11. 61 (BGBl. II S. 1655) die jetzige Fassung erhalten hat. Sie hat durch Einfügung eines neuen Abs. 2 die Zahl der Abs. des § 6 um einen vermehrt (die bisherigen Abs. 2—5 sind um je eine Nr. vorgerückt) ud die **Mindest-Höchstentgelte** des Abs. 2 auch in einer Neufassung des Abs. 1 verankert. Schon vorher waren im BGBl. I S. 1153 unter dem Datum vom 1. 8. 61 das Gesetz zur Änderung des AEG, das Gesetz zur Änderung des Bundesbahnges., das Gesetz zur Änderung des Gesetzes über den Gewerblichen Binnenschiffsverkehr und das 4. Gesetz zur Änderung des

GüKG veröffentlicht worden. Das **verkehrspolitische Ziel** dieses Gesetzesbündels ist, a) die drei Binnenverkehrsträger hinsichtlich der Tarifbildung gleichzustellen (s. Anm. 2), b) ihnen die Möglichkeit zur Aufstellung von Mindest-Höchsttarifen (Margentarifen) zu geben (s. Anm. 10) und c) an Stelle der früheren Koordinierungspflicht des BMV (Interessenausgleich der verschiedenen Verkehrsträger) in § 8 AEG eine Pflicht zur Angleichung der Wettbewerbsbedingungen, zum Anstreben marktgerechter Entgelte und zur Ermöglichung eines lauteren Wettbewerbs der Verkehrsträger im Sinne einer volkswirtschaftlich sinnvollen Aufgabenteilung zu setzen, wobei eine Abstimmung der Leistungen und Entgelte der verschiedenen Verkehrsträger nur noch insoweit vorzunehmen ist, als es die Verhinderung eines unbilligen Wettbewerbs erfordert. Wenngleich die praktische Bedeutung aller dieser Gesetzesänderungen weitgehend von der Handhabung des Tarifaufsichtsrechts im Rahmen der neuen Generalklauseln abhängen wird, ist damit wohl der erste Schritt zu einer strukturellen Änderung des Tarifbegriffs im Sinne einer ersten Lockerung getan.

Die **Pflicht zur Aufstellung, Veröffentlichung und gleichmäßigen** (Abs. 1 Satz 3 erster Halbsatz) oder gemeinwirtschaftlichen (Abs. 2) **Anwendung der Tarife** gehört **dem öffentlichen Recht** an. Die zivilrechtliche Auswirkung dieser Bestimmungen enthält Abs. 3 in Verbindung mit Abs. 4, s. Anm. 17.

D. Allgemeines Preisrecht. Nach § 6 (6) AEG bleiben die Bestimmungen des allgemeinen Preisrechts unberührt, s. Preisges. v. 10. 4. 48, Ges. v. 29. 3. 51 (BGBl. I S. 223). Praktisch bedeutet das allerdings wohl nur, daß die Tarifgenehmigungsbehörden die entsprechenden Ressorts zu beteiligen haben, da sich die antragstellende Eisenbahn wohl darauf verlassen kann, daß dies bei erteilter Genehmigung geschehen ist.

E. Internationale oder supranationale Bindungen der Bundesrepublik Deutschland auf dem Gebiete des Tarifwesens (Montanunion, EWG) haben ebenso nur für die Tarifgenehmigungsbehörde unmittelbare Bedeutung, können sich freilich für die Eisenbahnen wirtschaftlich erheblich auswirken.

F. Die Tarifgenehmigung ist für dessen Gültigkeit außer in den Fällen des § 6 (5) und (6) sowie des § 2 (Ausführungsbestimmungen, Abweichungen von der EVO und Ausnahmen von der Anlage C), des § 3 (4) (Kraftwagenbeförderung) und des § 74 (4) ohne Bedeutung; es ist Sache der Aufsichtsbehörde, die Aufhebung eines nicht genehmigten Tarifs oder eines solchen, dem sie bei der Antragstellung fristgerecht widersprochen hat [vgl. § 16 (2) Bundesbahnges] durchzusetzen.

2. Neuerdings im Zuge der „Kleinen Verkehrsform" (s. Anm. 1 C) auch die Tarifkommission des Güterkraftverkehrs (§ 21 GüKG); ferner die Frachtenausschüsse der Binnenschiffahrt (§ 21 Binnenschiffges.).

3. Die **Aufstellung ist Sache der Eisenbahnen;** die Genehmigungsbehörde hat auf die Form des Tarifs nur einen mittelbaren Einfluß, während sich der BMV gegenüber der Tarifkommission des GüKG (s. Anm. 2) vorbehalten hat, an deren Stelle aus Gründen des allgemeinen Wohls selbst tätig zu werden (§ 20 a Abs. 4 GüKG). Für die Aufstellung der Tarife hatte das frühere Reichseisenbahnamt Bestimmungen getroffen, die heute noch beachtet werden; s. auch **EE 38 74; RG 30 76.**

4. Innerhalb des Geltungsbereichs der EVO §§ 1, 3, d. h. für die der regelmäßigen Personenbeförderung dienenden Züge und Wagen (§ 12 Anm. 1); für Gütersendungen nur zwischen öffentlichen und mit den entsprechenden Abfertigungsbefugnissen ausgestatteten Bahnhöfen und Güternebenstellen und nur, **soweit die Beförderungspflicht** reicht (**RG 130** 80, **BGH** I ZR 120/58 v. 3. 11. **59**), vgl. Anm. 10 (Ladekostenzuschüsse). Also **kein** Tarif- und Beförderungszwang im **Gleisanschlußverkehr,** von und nach einem für den Verkehr mit Gütern oder einzelnen Güterarten (z. B. Explosivstoffe) nicht zugelassenen Bahnhof, von und nach einer Ent- oder Beladestelle auf der **freien Strecke** u. ä. Hier ist **freie Vereinbarung für den Einzelfall** zulässig, in dem zuletzt genannten Falle aber nur zwischen dem Punkt der freien Strecke und der nächsten Tarifstation. Unter diesem Gesichtspunkt ist die (heute ohnehin kaum noch praktische) **ABest. III zu § 3** rechtsgültig, ebenso § 53 (2), der **Sonderabmachungen** vor dem Tarif den Vorzug gibt; § 3 (3) stellt zwar ausdrücklich nur die Ausführung von Sonderfahrten in das *Ermessen* der Eisenbahn, stellt diese damit aber **außerhalb des Rahmens der Beförderungspflicht und** — dementsprechend — **der Tarifpflicht;** im Falle des § 54 (2) b ist die Beförderung nicht nur von der Zustimmung der Eisenbahn im Einzelfall abhängig, sondern auch deren „besonderen Bedingungen" unterworfen. **Lediglich dort, wo** es sich **nicht** um eine **Sonderleistung, sondern** allein um die (in das pflichtgemäße Ermessen der Eisenbahn gestellte **Zulassung zur normalen Beförderungsleistung** handelt, obwohl diese auch abgelehnt werden könnte (vgl. z .B. die Fälle in §§ 9, 15 (4), 21 (3), 37 (1), 37 (4), 48 (4), 54 (2) c), 62 (2) und 26, 63 (1), 63 (2) vorletzter Satz) gilt die **Tarifpflicht** in den Fällen, in denen die Beförderungspflicht von der Eisenbahn anerkannt wird; es handelt sich hier, wenn man so will, um eine **„bedingte Beförderungspflicht",** die in § 3 (1) a ihre Rechtfertigung findet, während in den Fällen **freiwilliger** Leistungen der Eisenbahn **außerhalb der Beförderungspflicht** ihr nicht nur das **„Ob",** sondern auch das **„Wie"** freigestellt ist (wie *Finger,* 1 g bb) zu § 6, formuliert; hinsichtlich der Sonderzüge kann dessen Meinung, daß § 3 (3) Satz 2 sich nur auf das „Ob" beziehe, nach der hier entwickelten Ansicht von den Sonderleistungen nicht geteilt werden, zumal § 53 (2) gegenüber § 3 (3) wohl als Unterfall anzusehen ist). Die Beförderung in **Privatwagen** fällt nicht unter die Beförderungs- und damit auch nicht unter die Tarifpflicht (ebenso *Finger,* 11 zu § 3); wenn trotzdem in ABest. I zu § 3 eine Tarifpflicht für die über die Einstellungsbedingungen hinausgehenden Bedingungen und Gebühren festgelegt worden ist, so ohne den Zwang des § 6 (a. M. *Goltermann,* 11 zu § 3). Auch § 12 erweitert den § 6 ohne Not (teilweise abw. *Weirauch* in der Vorauflage).

5. Dazu gehören vor allem die **EVO** selbst **nebst** den allgemeinen und besonderen **ABest., Abweichungen** und Änderungen (§ 2), die Allgemeinen Tarifvorschriften (**ATV**) **sowie sonstige allgemein reglementierende Tarifbestimmungen,** z. B. die Allgemeinen Bestimmungen für die Ausnahmetarife, insgesamt alles, was nicht zum engeren Begriff „Beförderungsentgelte" (s. Anm. 6) gehört. Der Begriff ist **enger als der** der **„Beförderungsbedingungen"** in § 3 (1) a) (vgl. dort Anm. 3), da dieser auch im Fahrplan veröffentlichte Benutzungseinschränkungen u. dgl. umfassen muß, während die Tarife nach § 6 solche jeweils wechselnden Details naturgemäß nicht enthalten können; wohl aber müssen sie deren *rechtliche Grundlage* aufweisen. Für die **Auslegung** s. Anm. 8.

6. Vor der 70 VO zur EVO (s. Anm. 1) „Beförderungs*preise*". Eine sachliche Änderung dürfte damit nicht beabsichtigt sein, zumal die Abs. 3 und 5 die Ausdrücke „Preisermäßigungen" enthalten und Abs. 4 unverändert von „Beförderungspreisen" spricht.

Die Beförderungsentgelte gliedern sich jetzt in

a) **Festentgelte** (dieser Ausdruck dürfte der überkommenen Vorstellung vom Tarif entsprechen) und

b) **Mindest-Höchstentgelte** *(Margentarife)*. Bei den letzteren liegen lediglich der Mindest- und der Höchstsatz fest, *zwischen denen* die Eisenbahn einen *Preis* mit dem Interessenten *aushandeln* kann. Entsprechendes können nach § 22 (1) GüKG und § 21 (2) Binnenschiffges. ihre Wettbewerber Kraftwagen und Binnenschiffahrt. Das ist (vgl. Anm. 1 C) der erste Vorstoß marktwirtschaftlicher Grundsätze in das bisher starre Gefüge des Tarifs. Dementsprechend gilt der Grundsatz des Abs. 1 Satz 3 (**gleichmäßige Anwendung** der Tarife gegenüber jedermann) **nicht mehr im Rahmen der Margentarife.**

7. Nebengebühren sind Gebühren für Leistungen der Eisenbahn im Zusammenhang mit dem Beförderungsvertrag; sie können aber auch vor (§ 63 [3] und ABest. II und III zu § 63) oder nach (z. B. § 79 [1] und [6], ABest. V dazu) dessen Ausführung liegen und sind im **Nebengebührentarif** (Teil I Abt. B für den Güterverkehr, DPT Anl. 2 für den Personenverkehr) verzeichnet. Sie fallen unter den **Tarifzwang** des § 6, soweit sie sich auf die Beförderung mit den **regelmäßigen** Beförderungsmitteln (§ 3 [1] b) beziehen; Behälter und Lademittel (vgl. § 3 Anm. 8 II und III) in den Nebengebührentarif einzubeziehen, bleibt, soweit sie nicht im Tarif vorgeschrieben sind, dem **Ermessen der Eisenbahn überlassen,** die sich namentlich bei neuartigen Hilfsmitteln die Regelung durch von ihr jederzeit leicht zu ändernde, vom Interessenten jeweils durch Unterschrift anzuerkennende **Benutzungsbedingungen** vorbehalten hat. **Soweit sie nicht bahneigen** sind, sondern entweder dem Kunden (Kundenbehälter) oder einer selbständigen Gesellschaft (Collico-Kisten) gehören, kommt eine **Anwendung der §§ 3, 6 ohnehin nicht** in Frage. **Rollgeld** fällt **nicht** unter EVO § 6; **EE 55** 358, **46** 109.

8. Die Angaben müssen so klar und eindeutig sein, daß sie keinen Anlaß zu Mißverständnissen geben; sie müssen dementsprechend auch vollständig („alle ... notwendigen") sein, wobei freilich Verweisungen auf schon veröffentlichte Tarife für zulässig gehalten werden müssen.

Eisenbahn haftet für **Irrtümer bei der Veröffentlichung** (**RG 6** 100; vgl. aber **EE 2** 236, **9** 196); doch kann auf *offensichtliche Druckfehler* im Tarif ein Frachterstattungsantrag nicht gestützt werden (**EE 31** 318, **46** 80); *Senckpiehl,* **EE 40** 89; vgl. *Bering,* **EE 12** 358, **13** 86 ff.; **ROHG 20** 373; **EE 23** 256, **21** 78. **Unklare und unvollständige Fassung** der Tarife geht zum Schaden der Eisenbahn *(Müller-Erzbach,* **ZfHR 86** 121 ff.; **EE 31** 30, 78,

46 295; **VAE 38** 82; **RGVR 36** 492; **RG 99** 253, **137** 123, **127** 295, **120** 271; **Beweislast: EE 1** 244, **23** 372; Zweckbestimmung als Tarifbezeichnung s. *Rundnagel* § 92 S. 293; § 57 Anm. 1). Tarife sind **streng** nach ihrem **Wortlaut** anzuwenden; der Grund für ihre Erstellung hat keine Wirkung auf ihre Anwendbarkeit, wenn er nicht in der Fassung des Tarifs zum Ausdruck gebracht ist; s. auch **EE 26** 205. Auch die **Ausdehnung** eines Tarifs (sachlich oder räumlich) ist **unzulässig** (*falsch* **EE 53** 369; *richtig* **JW 28** 1928). **Ausnahmetarife** gelten nur für die in ihnen benannten Verkehrsbeziehungen (**EE 46** 68) und Güter.

Die **Auslegung** der Tarife hat zwar nach den Grundsätzen über Auslegung **vertraglicher Vereinbarungen** zu geschehen, **EE 51** 256. Dabei ist aber auf den Wortlaut Wert zu legen, **EE 53** 376, **52** 267; **RG 137** 128; **VAE 38** 136 u. 173; ferner **JZ 44** 15. Ergänzende Auslegung ist nur *in sehr engen Grenzen* denkbar, **RG 137** 128; *Nießen,* **VZ 23** 293; *Hohenschuh* S. 44. **BGH 17** 309 wendet für die Auslegung § 133 BGB an; das ist nicht unbedenklich, s. *Heinze,* **Die BB 59** 742. Der Tarif muß verständlich sein, wenn auch nicht für jeden Laien; vgl. **EE 54** 338.

Nur der Tarif entscheidet, *nicht* seine *Erläuterungen* (**EE 46** 80); sie dienen höchstens als Hilfsmittel, den Tarif auszulegen (**RG 120** 103). Auslegung von Tarifen, die nicht nur im Bezirk eines Oberlandesgerichts gelten, unterliegt der Nachprüfung des RG(**RG 124** 332, **130** 239), jetzt des BGH Ein Handelsbrauch abweichend von Tarifen (oder ABest.) kann sich nicht bilden (**RG 103** 147, **112** 92).

9. Grundsatz der **Gleichheit der Tarifanwendung**, nicht auch der Beförderung (**VAE 36** 200). Trotzdem können für **dasselbe Gut verschiedene Frachtsätze** erstellt werden (Stückgut, Ladungsfracht, Ausnahmetarife) oder die Anwendung eines Tarifs von der Erfüllung gewisser **Bedingungen** abhängig gemacht werden (Auflieferung einer bestimmten **Mindestmenge; Verwendungszweck,** Seehafenausfuhr u. dgl.). Hierher gehören auch die sog. **Auslobungstarife;** diese sind zulässig, wenn die Bedingungen hierfür veröffentlicht werden und jedem Absender, der diese Bedingungen erfüllt, auch die gleiche Fracht gewährt wird (**RG** v. 12. 11. 98; **JW 99** 9; **RG 93** 280; **EE 55** 272, **58** 73; *Schubert,* **VZ 35** 645. Unrichtig *Laband,* Staatsrecht § 74 S. 124 Anm. 4, vgl. **EE 15** 327; s. *Spieß,* **VZ 32** 642). Mengentarife sind zulässig, wenn sie nicht nur für einen Verfrachter erfüllbar sind; dabei kommt es nicht auf die praktische, sondern, wie auch sonst im Tarifrecht, auf die **theoretische Möglichkeit der Tariferfüllung** an, *Richter* S. 58 und **VAE 36** 33; *Adolph* S. 28 **EE 18** 86, **53** 372; *Goltermann* Anm. 3; *v. Kienitz,* **EE 35** 122, **53** 338, **58** 73. Tariffestsetzung für **Auflieferung in ganzen Zügen** (Kohlen) ist zulässig; ebenso die vertraglich vereinbarte Erstattung örtlich geleisteter Aufwendungen (Rangierleistungen an die Zechen) vor Abschluß des Frachtvertrages, s. Anm. 19.

10. Über die Mindest-Höchsttarife (Margentarife) s. Anm. 6. Die **„Spanne"** bedeutet den Unterschied zwischen dem mindest- und dem höchstzulässigen Beförderungspreis. In diesem *„tariffreien" Zwischenraum* hat die Eisenbahn **vollkommene Bewegungsfreiheit,** d. h. sie ist nicht etwa gehalten, unter gleichen äußeren Bedingungen (Kunden am gleichen Ort und mit gleichem Gut) dieselben in der Ermessensgrenze möglichen Entgelte zu gewähren, vielmehr kann sie nach ihrem Gutdünken den einen bevorzugen, den anderen benachteiligen. Sie wird dies freilich schon im eigenen wirtschaftlichen Interesse (Abwanderung zur Konkurrenz) nur tun, wenn ihr dies aus kaufmännischen Erwägungen als zweckmäßig erscheint (Bevorzugung guter gegenüber Gelegenheitskunden).

11. Die Abweichungen des § 2 (2) sind von der EVO selbst sanktioniert. **Mit** dem Ausdruck **„widersprechen"** ist **jede Abweichung** gemeint, die sich nicht als Erläuterung oder Ergänzung des Tarifs rechtfertigen läßt (vgl. § 2 Anm. 1), insbesondere also, da Tarife von der Eisenbahn aufgestellt, Abweichungen zuungunsten der Eisenbahnkunden.

12. In Ergänzung der §§ 134, 139 BGB bestimmt § 6, daß an Stelle des tarifwidrigen Sonderabkommens (Abs. 3) ein tarifmäßiger Beförderungsvertrag tritt (Abs. 4). **Dasselbe** muß gelten, **wenn** dem Vertrag nicht eine Sonderabmachung, sondern ein **der EVO widersprechender Tarif** zugrunde liegt (Abs. 1 letzter Satz). Ein abweichender Parteiwille ist demgegenüber irrelevant.

13. Wann eine **unbillige Benachteiligung** vorliegt, entscheidet letzten Endes die für die Tarifgenehmigung zuständige Behörde, der mit dieser **Generalklausel** (s. Anm. 1 C am Ende) ein starker Einfluß auf die Durchsetzbarkeit von Margentarifen eingeräumt ist. Sie dürfte allerdings gehalten sein, *in gleichgelagerten Fällen denselben Standpunkt* sowohl der Eisenbahn als auch ihren Wettbewerbern gegenüber (s. Anm. 6 b) einzunehmen. Es handelt sich um öffentliches Recht, daher keine zivilrechtliche Feststellungsklage seitens eines sich betroffen fühlenden Eisenbahnkunden, aber auch kein Verwaltungsstreitverfahren, da er durch die Erteilung oder Versagung der Genehmigung für Margentarife nicht i. S. des § 42 (2) VwGO „in seinen Rechten verletzt" ist. Auch keine Verwaltungsklage eines konkurrierenden Verkehrsträgers gegen Erteilung der Genehmigung (vgl. **BVerwG DVBl. 1960 601**). Klage auf Erteilung der Genehmigung jedenfalls für die DB als Sondervermögen des Bundes unzulässig. Bei ihr handelt es sich bei Ablehnung um eine solche aus Gründen des öffentlichen Wohls nach § 28 a Bundesbahnges., daher ggf. Ausgleichspflicht des Bundes.

14. Ermessensentscheidung, für die das zu Anm. 13 Gesagte gilt. Während bei dieser Generalklausel der Ausdruck *„landwirtschaftlicher Wirtschaftskreise"* noch einigermaßen zur Abgrenzung des Schutzzweckes dienen kann, ist das Adjektiv *„mittelständischer"* angesichts der laufenden Veränderung der sozialen Struktur sehr problematisch; begrifflicher **Gegensatz** nach unten fehlt, nach oben wohl im Begriff **Großunternehmen** zu suchen.

15. Ermessensentscheidung, für die gleichfalls das zu Anm. 13 Gesagte Geltung beanspruchen darf. Die Freistellung der genannten Gebiete vom Risiko des Margentarifs darf *nicht einseitig zu Lasten der Eisenbahn* gehen, auch nicht dessen Einführung überhaupt hinfällig machen. Der ganze Abs. 2

ist als eine Art Notbremse auf dem Wege von der Gemeinwirtschaftlichkeit zur Marktwirtschaft anzusehen.

16. **Durch Versagung der Genehmigung** seitens der Tarifaufsichtsbehörde. Aber **auch** das **Verlangen nachträglicher Aufhebung** ist möglich [§ 16 (4) Bundesbahnges., § 20 a (4) GüKG, § 30 Binnenschiffges.].

17. Abs. (2) ist eine **Wiederholung** des Abs. (1) Satzes 2. Zugleich öffentlich-rechtlich (verboten!) gegen Eisenbahn, und zivilrechtlich gegen Bahn und Verfrachter (nichtig!); eine lex imperfecta; s. *v. d. Leyen,* **ZfHR 39** 50; *Spieß* (**ArchfEis. 30** 895) macht mit Recht auf die **Unklarheit dieser Fassung** aufmerksam. Wegen der **Tarifauskunft** s. Anm. 19. Wenn die Wiederholung in Abs. 2 einen **Sinn** haben soll, dann doch wohl den, die **zivilrechtliche Seite** der in Abs. 1 festgelegten öffentlich-rechtlichen Verpflichtung der Eisenbahn *abschließend* zu **regeln** (dazu gehört allerdings auch Abs. 4). Mit der **Umdeutung** der tarifwidrigen Sonderabmachung in einen Beförderungsvertrag nach dem Tarif ist deren zivilrechtliche Auswirkung, soweit Vertragsrecht in Frage steht, **erschöpft,** daher **keine Schadensersatzpflicht** einer der beiden Vertragsparteien gegen die andere. Für **Dritte** ist § 6 **kein Schutzgesetz** i. S. von § 823 (2) BGB (a. M. *Finger,* 7 b) zu § 6), allenfalls kommt § 826 BGB in Frage, auch § 1 UWG, vgl. **BGH in NJW 57** 1718 = **VRS 13** 119. **Alleinige** Aufgabe der EVO ist Regelung des **Vertragsverhältnisses** zwischen der Eisenbahn und ihren Benutzern; Reflexwirkungen auf Dritte geben ihr nicht den Charakter eines Schutzges. für diese, § 5 Anm. 10. Schrifttum bei *v. Nanassy,* Art. 9 § 3 Anm 1 (S. 208).

18. **Refaktie** ist die einem oder mehreren Verkehrtreibenden auf Grund von Einzelabmachungen gewährte, nicht veröffentlichte Ermäßigung der Fracht oder Nebengebühren; s. **ArchfEis. 41** 1074. Unzulässig ist z. B. auch, **Rabatt** auf Fracht zu gewähren, wenn Verfrachter z. B. eine Frankierungsmaschine sich beschafft oder andere Erleichterungen des Abfertigungsgeschäfts übernimmt. Über Frachterstattung aus Billigkeit s. Anm. 19. § 6 (3) S. 1 umfaßt dem *reinen Wortlaut nach* nur solche Sonderabmachungen, die dem *Kunden* der Bahn zugute kommen („Begünstigung" ist im Zusammenhang mit „Preisermäßigung" verallgemeinert genannt). *Nichtig* dürften *aber auch* solche Sonderabmachungen sein, die *zugunsten der Bahn* getroffen werden; das ergibt sich schon aus dem Umstand, daß Abs. 1 S. 3 Tarife für nichtig erklärt, die der EVO widersprechen. Was für sie gilt, muß erst recht für Vertragsbestimmungen gelten (s § 4 Anm. 1 am Ende).

19. **A.** „Oder **sonstige Begünstigung"** ist aus der bisherigen Fassung der EVO zur Klarstellung beibehalten worden (Begr.). Der Zusatz „gegenüber dem Tarif" besagt, daß Preisermäßigung und Vergünstigung mit einem **konkreten Beförderungsvertrag** in Verbindung stehen muß *(Kittel,* EVO § 6 Anm. 8); nur so ist der Verstoß ja auch allein zu fassen *(Spieß,* **ArchfEis. 30** 895). Eisenbahntarife und unlauterer Wettbewerb **s. VAE 36** 208. **Bahnspeditionsvertrag** und **Sammelgutverkehr** fallen nicht unter § 6, **KG** in **EE 55** 359. Ebensowenig ist dies der Fall bei den **Ladekostenzuschüssen,** welche die DB ihren Kunden für die Beförderung des Gutes vom Bahnhof zum Empfänger zahlt, da diese Beförderung außerhalb des Beförderungszwan-

ges liegt (Anm. 4), der nur für die Fracht von Bahnhof zu Bahnhof gilt und die Anwendung des § 6 auf diesen Bereich begrenzt, während sie im übrigen Vertragsfreiheit hat; ihr Konkurrent, der für dieselbe tarifmäßige Fracht die Güter von Haus zu Haus befördert, kann sich für die Gewährung einer Frachtrückvergütung nicht auf Notwehr berufen, **BGH NJW 60** 285. Es handelt sich bei der Eisenbahn hier um einen Ausgleich für die Mehrkosten der Haus-Haus-Beförderung auf der Schiene gegenüber dem Lkw, der weder den Tatbestand des § 826 BGB noch den des § 1 UWG erfüllt, *Goltermann*, 4 zu § 6. Wegen der Reihenfolge in der Beförderung vgl. § 67 (2). Zweifelhaft: Ersatzgestellung von Güterwagen, vgl. **DVZ** Nr. 24 und 46/60; hier muß zumindest nach gleichen Regeln verfahren werden.

B. Erstattung aus Billigkeit. Die strenge Anwendung des § 6, namentlich in Verbindung mit § 57, bringt Härten. Deshalb gestattet die EVO selbst Erstattung aus Billigkeitsgründen [§§ 15 (6), 24 ABest. 3, 60 (3), 70 (2)]. Darüber hinaus erstatten wohl alle Eisenbahnen aus Billigkeit dann, wenn der Absender sich ohne sein Verschulden bei seinen Angaben und Erklärungen oder auch Anträgen zu seinen Ungunsten geirrt hat. Als Beispiele seien angeführt:

Angabe des Gesamtgewichts bei verschieden tarifierten Gütern statt des (billigeren) Einzelgewichts (oder umgekehrt).

Gewährung eines durchgehenden Tarifs statt eines gebrochenen (und umgekehrt; s. § 68 Anm. 3).

Auflieferung als Wagenladung statt als Stückgut (vom Absender selbst verladen), oder umgekehrt.

Ungenaue Angabe des Bestimmungsbahnhofs und dadurch erforderliche Weiterabfertigung u. a. m.

Will man derartige Erstattungen zulassen, so darf dadurch dem Frachtzahler **nur das gewährt werden, was er selbst und jeder andere bei der nötigen Sorgfalt von Anfang an hätte erhalten können.** Es darf also nur ein Tarif gewährt werden, der am Tage des Vertragsabschlusses schon bestanden hat (§ 68). Daß der Begünstigte nicht bewußt die ihm zunächst ungünstige Frachtberechnung herbeigeführt haben darf, um beispielsweise dadurch eine bessere Wagengestellung oder die Beförderung überhaupt zu erreichen, ist selbstverständlich. Der Eisenbahn oder Dritten darf kein Schaden entstanden sein. Daß auch Billigkeitserstattungen *gleichmäßig für alle* zu erfolgen haben, s. § 70 Anm. 12. Nicht als Billigkeitserstattungen sind die auf Grund von Auslobungs- oder Mengentarifen erfolgenden Erstattungen anzusehen; siehe Anm. 9.

C. Tarifauskunft. Die *Allgemeinverbindlichkeit des Tarifs darf nicht* auf dem Wege über die Zulassung von Schadensersatzansprüchen aus falscher Auskunft *durchlöchert* werden, da auf diese Weise sonst bequem dasselbe Ergebnis wie bei verbotenen Sonderabmachungen erzielt werden könnte. Eine Verpflichtung für die Eisenbahn auf Auskunftserteilung über Tarife vor Vertragsabschluß besteht nicht, auch nicht zur Einrichtung von amtlichen Tarifauskunftsstellen. Es gelten daher weder § 4 EVO noch BGB §§ 276, 278 für unrichtige Auskünfte, vielmehr § 676 BGB. Wie hier *Finger* 2 dd) zu

§ 4, *Goltermann* 3 b) zu § 6 (anders aber 10 zu § 70) und **EE 41** 172, **VZ 23** 595,**OLG Hamburg EE 25** 8, **EE 42** 335; **LG Frankfurt/M. IZ 39** 55 = **VAE 38** 224; **RG Arch. 20** 471, **50** 133. S. auch § 70 Anm. 4.

20. Zur Beseitigung von Zweifeln in Anlehnung an das Gesetz über den Güterfernverkehr mit Kraftwagen (§ 14) v. 26. 6. 35 aufgenommen (Begr.). Jetzt GüKG § 12 (3),

21. *Militär-, Zoll-, Postverwaltung* u. ä. Vgl. § 5 BundesbGes.

22. Z. B. für Sendungen an Wohlfahrtsanstalten, nach bestimmten von Unwettern betroffenen Gegenden, Seuchengebieten.

23. Den Kreis der Beteiligten umreißt ausführlich § 6 (4) österr. EVO. Die Preis**ermäßigung** kann bis zur **Freifahrt** und **frachtfreien** Beförderung von Gütern gehen. *Weirauch* in der Vorauflage will, ebenso wie *Kittel* (11 zu § 6), beim Fehlen eines Entgelts („auch wenn dafür ein kleiner Betrag erhoben wird", *negotium mixtum cum donatione)* eine Schenkung annehmen und einen Beförderungsvertrag ausschließen, außer bei Freifahrt für dienstliche Zwecke, weil die Bediensteten sonst Anspruch auf entsprechende Reisekosten hätten. Diese Ansicht muß *aufgegeben* werden. Ganz abgesehen davon, daß im Einzelfall fraglich sein kann, ob Schenkung vorliegt und trotz der Unentgeltlichkeit nicht ganz andere Motive, insbesondere eigener mittelbarer Nutzen für die Eisenbahn selbst (Werbung!) vorliegen, ist, worauf *Finger*, Vorbem. 9 vor § 8, mit Recht hinweist, nach § 632 BGB **Entgeltlichkeit nicht Voraussetzung** eines Werkvertrages. Es gelten daher die Bestimmungen der EVO, nur daß *sowohl das Ob und Wie eines Entgelts* wie auch die *Festlegung der Teilnahmeberechtigten* nach § 6 (5) nicht Sache des Tarifs, sondern des *eisenbahnseitigen Ermessens* ist; *gegen Willkür* schützt das Erfordernis der Genehmigung durch den *BMV*. Vgl. auch Vorbem. vor § 8 unter C und 7 vor § 53, wo bereits in der Vorauflage anerkannt wurde, daß Frachtvertrag Werkvertrag ist und nicht entgeltlich zu sein braucht.

24. Lies: „Bundesministers für Verkehr", § 2 Anm. 2 und 10.

25. Grundsatz der **Öffentlichkeit** der Tarife s. **Archf.Eis. 34** 496. Gilt **auch für Änderungen** (Ermäßigungen, Erhöhungen), aber nur für Tarife des öffentlichen Verkehrs (nicht also z. B. für Überfuhrgebühren nach Privatanschlußgleisen). Über Art und Form der Veröffentlichung sagt EVO nichts (s. **ROHG 21** 108); Aushang genügt nicht; über die Veröffentlichung bestimmt jetzt ein übereinstimmendes Vorwort zu den einzelnen Tarifen. *Asch* (**JW 21** 888) verlangt Veröffentlichung des Wortlauts im Reichsanzeiger (s. auch **RG 99** 253; *Bering* in **Gruchots Archiv 21** 410). Diese Anschauung ist als überholt zu betrachten; s. **RG 103** 85, **109** 305, **113** 427; es genügt genaue Bezeichnung des Tarifs und Hinweis, wo er erhältlich (**EE 46** 79), **ausdrücklich** sagt dies neuerdings § 2 des **Ges. über die Verkündung von RechtsVO,** s. § 2 Anm. 12, der abweichende Bestimmungen wie in § 6 (5) EVO über den Zeitpunkt des Inkrafttretens (in der Regel 14 Tage nach Ausgabe des Verkündigungsblatts) und die Verkündung der Eisenbahntarife im „Tarif- und Verkehrsanzeiger" (**TVA**) zuläßt. Nicht gehörig veröffentlichte

Tarife können einer Frachtberechnung nicht zugrunde gelegt werden (**EE 13** 86).

26. Der Tarif bestimmt selbst den *Zeitpunkt seines Inkrafttretens;* besagt er nichts, tritt er sofort in Kraft, es sei denn, er enthält *Tariferschwernisse;* dann muß er die vorgeschriebenen **Fristen** innehalten; bis dahin besteht er rechtlich nicht.

27. D. h. zahlenmäßige Erhöhung der Beförderungspreise; dazu gehört auch Aufhebung eines Ausnahmetarifs (*Hay,* DWirtschZtg. **28** 204); **RG 142** 241; s. auch **ArchfEis. 34** 1200; Eisenbahn hat keine Verpflichtung, wegen bevorstehender Tariferhöhung hinsichtlich Annahme oder Beförderung der Güter besondere Maßnahmen zu treffen (**RG Arch. 95** 433).

28. Hierunter fällt auch Aufhebung von Erleichterungen (z. B. direkter Abfertigung), nicht aber Berichtigung offensichtlicher Druckfehler (**EE 27** 292, **31** 318, **46** 80); s. Anm. 8. Eine Erschwerung der Beförderungsbedingungen war auch die Nichtausgabe von Rückfahrkarten vor dem Stichtag der Währungsreform, **AG Frankfurt/M. HS 1950** Nr. 1.

29. Sonst *Nichtigkeit;* **RG 99** 253, **142** 245.

30. *Stillschweigende* Verlängerung gibt es *nicht.*

§ 7. *Ordnungsvorschriften. Umrechnungskurse*

(1) Für das Verhalten innerhalb des Bahngebiets gelten die Vorschriften der §§ 77 ff. der Eisenbahn-Bau- und Betriebsordnung[1].

(2) Meinungsverschiedenheiten unter den Reisenden[2] oder zwischen Reisenden und Bediensteten entscheidet auf den Bahnhöfen der Aufsichtsbeamte, in den Zügen der Zugführer[3, 4].

(3) Beschwerden sind an die vorgesetzte Dienststelle[5] zu richten, sie können auch mündlich vorgebracht werden.

I. Die Bediensteten der Eisenbahn haben den Beschwerdeführern auf Verlangen die vorgesetzte Dienststelle bekanntzugeben.

(4) Auf Beschwerden ist sobald wie möglich ein Bescheid zu erteilen[6].

(5) Auf Bahnhöfen, wo dafür ein Bedürfnis besteht[7], hat die Eisenbahn die Kurse, zu denen sie die in ausländischer Währung ausgedrückten Beträge in inländische Währung umrechnet (Umrechnungskurse), sowie die Kurse, zu denen sie fremdes Geld in Zahlung nimmt (Annahmekurse), durch Aushang am Schalter bekanntzugeben[8].

II. Im Güter-, Leichen- und Tierverkehr wird das Umrechnungsergebnis auf volle Pfennig in der Weise abgerundet, daß Pfennigbeträge unter 5 Pfennig gar nicht, Beträge von 5 Pfennig ab für

10 Pfennig gerechnet werden; Beträge in fremder Währung werden in gleicher Weise auf volle 10 Einheiten abgerundet. Maßgebend ist der für den Umrechnungstag von der Eisenbahn festgesetzte Kurs. Die Fracht, Nachnahmen, Nebengebühren und sonstige Gebühren werden mit ihrer Gesamtsumme umgerechnet.

Wegen der Umrechnung und der Aufrundung der Umrechnungsbeträge im Personen-, Gepäck- und Expreßgutverkehr siehe die besonderen Ausführungsbestimmungen in den Tarifteilen II.

III. Im Güter-, Leichen- und Tierverkehr sind auf den auf ausländischem Gebiet liegenden Bahnhöfen deutscher Eisenbahnen Frachten, Nachnahmen, Nebengebühren und sonstige Kosten in gesetzlichen Zahlungsmitteln des betreffenden Landes zu bezahlen.

Schrifttum über Bahnpolizei und Bahnschutz: *Haustein,* **VZ 26** 1113; *Machate,* **VZ 28** 633; *Sarter-Kittel* S. 165; *Besser,* Kommentar zur BO, 5. Aufl. 1951, zu Abschnitt V, S. 189 ff. Über Grenzbahnhöfe s. *Durand,* **IZ 44** 8.

1. Siehe **BO v. 17. 7. 28** (RGBl. II 541 ff.). Änderungen bis 1951: *Besser* S. 219. Abschn. VII: Bestimmungen für das Publikum. Vorschriften betreffen Betreten der Bahnanlagen, Überschreiten der Bahn, Bahnbeschädigungen und Betriebsstörungen, Verhalten der Reisenden, Bestrafung von Übertretungen. Der früher (§ 83) vorgeschriebene **Aushang ist weggefallen.**

Fassung ist ungenau; es war wohl nicht beabsichtigt, nur die genannten Bestimmungen der **BO** zum **Bestandteil des Beförderungsvertrages** zu machen, zumal sie das zu ihrer Geltung (jedenfalls soweit der Geltungsbereich der BO sich mit dem der EVO deckt) gar nicht nötig hatten; für die Information hätte eine schlichte Verweisung auf die BO genügt. Da jedoch die BO nach ihrem § 1 nur für die dem **allgemeinen Verkehr** dienenden Eisenbahnen gilt, während § 1 EVO (s. § 1 Anm. 2) die Kleinbahnen, die nicht unter diesen Begriff fallen, einbezieht, ergibt sich die (sicher ungewollte) Anomalie, daß die §§ 77 ff. der BO über § 7 EVO auch beim Kleinbahnverkehr als Vertragsrecht Anwendung finden, wobei aber hoheitsrechtliche Bestimmungen wie die über die Bestrafung von Übertretungen (§ 82 BO) naturgemäß ausscheiden. In § 74 BO ist der Begriff des **„Bahnpolizeibeamten"** erläutert, der für § 9 (1) von Bedeutung ist (s. dort Anm. 3). Über die Strafbefugnis eingehend *Goltermann,* 3 zu § 7.

2. Also nur im Personenverkehr; hierher rechnen aber auch die Inhaber von Bahnsteigkarten.

3. Soweit der Zugführer auch den Schaffnerdienst verrichtet, gegenstandslos. Im sog. „Einmannbetrieb", bei dem der Schaffner fehlt, übernimmt der Triebwagenführer dessen und des Zugführers Funktion. „In den Zügen", d. h. während der Fahrt.

Aus der Begründung folgt, daß man dem *Aufsichtsbeamten* die Pflicht zur Entscheidung *nur auf der Abgangs-, Umsteige- und Endstation* übertragen wollte, *dann aber auch in den Zügen.*

4. Die Entscheidung ist **bis auf weiteres maßgebend.** Verstoß hiergegen ist Vertragsverletzung, macht schadensersatzpflichtig und hat unter Umständen Bestrafung zur Folge (BO § 82); vgl. auch EVO § 9 (1). Gegen die Entscheidung **Beschwerde** (s. Anm. 5) oder Rechtsweg, d. h. praktisch wohl nur (falls Schaden nachweisbar) Schadensersatzklage (s. § 4). Die theoretische Möglichkeit, nach der VwGO die Entscheidung als **Verwaltungsakt** anzufechten, dürfte wenig reizen. Überholt *Fingers* Bemerkung 9 zu § 7 (s. § 77 VwGO).

5. S. ABest. I. **Form nicht vorgeschrieben,** also auch **mündlich** oder **fernmündlich.**

6. Bei längerer Dauer der Feststellungen zunächst **Zwischenbescheid.** Zuwiderhandlung kann Klage auf Schadensersatz begründen. Voraussetzung allerdings, daß Anschrift des Beschwerdeführers bekannt ist.

7. Entscheidung bei der betreffenden Eisenbahn. Dagegen Aufsichtsbeschwerde. Großstädte, Kurorte, Grenzbahnhöfe.

8. *Gegen zu niedrige Kurse nur Aufsichtsbeschwerde;* s. auch *Grussi,* **IZ 40** 292. Wegen Umrechnung ausländischer Währung **s. IZ 43** 368. *Finger* (11 zu § 7) will bei zu niedrigen Kursen Ansprüche aus ungerechtfertigter Bereicherung geben; das würde aber voraussetzen, daß § 138 (2) BGB anwendbar wäre, was praktisch kaum denkbar ist.

III. Beförderung von Personen

Vorbemerkung: Der Personenbeförderungsvertrag (HGB § 460).

Schrifttum: *Rundnagel,* BefGesch. § 80 S. 267, § 166 S. 407 und die dort in Anm. 1 Angeführten; *Göppert,* Zur rechtlichen Natur der Personenbeförderung auf Eisenbahnen, Berlin 1894; *Coermann,* **EE 15** 176, 372; derselbe, Die Haftpflicht des Publikums der Eisenbahn gegenüber, **EE 30** 140; *Knebel,* Die Personentarife, Berlin 1936; *Winter,* Grenzen der Haftpflicht der Eis., **VAE 41** 105; *Pittner,* Zur Bahnhaftung aus dem Personenbeförderungsvertrag, **VAE 41** 209; dazu *Küster,* ebendort **42** 21; *Biermann,* Gefährdungshaftung und Verschuldungshaftung im Eisenbahnhaftpflichtrecht, **VAE 43** 45; *Staks,* Die Haftung der DB bei Personenbeförderung, **IZ 53** 9; *v. Nanassy,* Abschluß des Personenbeförderungsvertrages auf den Eisenbahnen, **IZ 55** 217; *Bruns,* Der Rechtscharakter der Nutzungsverhältnisse bei der Personenbeförderung im Linienverkehr. Diss. Münster 1959, S. 123 ff. mit eingehenden Schrifttumsangaben; *v. Veltheim,* Der Rechtscharakter der Eisenbahnbeförderungsverhältnisse, Diss. Göttingen 1952; ders. **NJW 54** 1472 (Postreisedienst); *Biermann,* RHG, 2. Aufl. 1956; *Wussow,* Unfallhaftpflichtrecht, 5. Aufl. 1954; *Geigel,* Haftpflichtprozeß, 8. Aufl. 1956; *Böhmer,* SHG 1954.

A. Allgemeines

I. Der Personenbeförderungsvertrag ist nicht Frachtvertrag im Sinne des HGB; demgemäß ist also eine auch nur entsprechende Anwendung des

Abschn. VIII ausgeschlossen. Im Großbetriebe ist er Handelsgeschäft (**HGB** § 1 Abs. 2 Ziff. 5; § 343 Abs. 1). HGB enthält über ihn keine Sondervorschrift; § 460 **verweist** lediglich **auf EVO**, also Abschn. I bis III. Ergänzend gelten die allgemeinen Vorschriften des HGB (z. B. § 1 Abs. 2 Ziff. 5 und § 343) und EinfGzHGB Art. 2 (BGB §§ 631 ff.; s. **RG** in **JW 05** 427, 484; **RG 62** 122, **66** 14). Auch für die Personenbeförderung besteht **Beförderungszwang** (§ 3), jedoch *nur innerhalb des eigenen Bahnnetzes*, im **Interzonenverkehr** daher nur **im Gebiet der Bundesrepublik**, auf das sich auch die **Haftpflicht** begrenzt, **BGH IZ** Nr. 11/1953.

II. Personenbeförderungsvertrag ist **Werkvertrag** (**RG JW 05** 426; **EE 22** 178), aber nur, wenn die Beförderung auf regelmäßigen Beförderungsmitteln ausgeführt wird (also nicht auf einer Draisine [**VAE 40** 204; **DJ 41** 131]). Im Beförderungsvertrag übernimmt die Eisenbahn die Verpflichtung, den Vertragsgegner von einem Ort zum anderen zu befördern (**RG EE 5** 237). Im Rahmen der EVO endet diese Verpflichtung mit dem Gebiet der Bundesrepublik, daher **keine Haftung**, auch nicht aus RHG, **für Unfall auf Sowjetzonengebiet** bei Messesonderzug nach Leipzig, **BGH** — VI ZR 24/52 — **HS 53** III 12, **IZ** Nr. 11/1953. Streitfrage, ob die Eisenbahn auch verpflichtet ist, den Reisenden **wohlbehalten** anzubringen. Die **herrschende Meinung bejaht dies** mit Recht; sie legt aber außerdem der Eisenbahn den Nachweis auf, daß sie an einer etwaigen Verletzung kein Verschulden trifft (vgl. **RG 66** 15; **JW 08** 196; a. M. *Sarter,* **EE 31** 181; s. auch **JW 12** 686, 348, **05** 185; **EE 24** 47; s. auch **VZ 14** 317); das ist nur mit der Maßgabe richtig, daß Anhaltspunkte für ein prima facie-Verschulden der Eisenbahn vorhanden sein müssen, wie z. B. beim Zugunglück. Ist dagegen der Reisende aus dem fahrenden Zug gefallen, so ist es nicht Sache der Bahn, sich zu entlasten; **KG EE 57** 343, a. M. **BGH VRS 7** 260 und **16** 259. Verschulden des gesetzlichen Vertreters wirkt nach § 254 BGB gegenüber Schadensersatzanspruch des Kindes, **BGH 9** 516; **MDR 13** 539. Weitere Beispiele bei *Biermann,* S. 133 ff.; *Wussow,* S. 161 ff.; *Geigel,* S. 277 ff.; *Böhmer,* S. 55 ff.; sie können hier nicht alle aufgeführt werden, s. auch IV 2). Bei Tatbeständen, die nach der Lebenserfahrung auf Verschulden des Reisenden hindeuten, muß die Umkehrung der Beweislast eintreten, wie in EVO § 3 Anm. 2; **EE 22** 178. Wichtig ist diese Entscheidung für die Frage der Verjährung (s. unten D). Personenbeförderung ist **privatrechtlicher Vertrag**, keine Ausübung staatlichen Hoheitsrechtes; s. § 6 Anm. 2 und nachstehend unter III.

Innerhalb des Beförderungsvertrages ist die Tätigkeit der Fahrdienstleiter (**VAE 40** 205), Aufsichtsbeamten, Zugführer, Schaffner, Rangierleiter (**VAE 40** 197), Schrankenwärter nur Wahrnehmung privatrechtlicher Interessen, nicht Ausübung von Hoheitsgewalt (**RG 161** 341; **DR 40** 64; **RG 155** 188); s. aber auch unten unter B IV (auch **RG 139** 151 u. **121** 382).

B. Der entgeltliche Vertrag

III. Der Personenbeförderungsvertrag wird **formlos** abgeschlossen, *in der Regel* durch Fordern des Fahrausweises durch den Reisenden und dessen

Hingabe durch den *Schalterbeamten* (*Rundnagel,* BefGesch. S. 501 § 169 und die dort in Anm. 3 Angeführten, darunter *Weber,* VZ **02** 147; **EE 12** 310, **22** 8, **24** 389; *a. M. Lutz,* Haftung S. 10); der Abschluß geschieht aber auch durch Entnahme einer Karte aus dem *Fahrkartenautomaten,* ferner auch ohne Fahrausweis durch *Besteigen* des Zuges, wenn ein Reisender an einem *unbesetzten Haltepunkt* den Zug betritt in der Absicht, demnächst im Zuge nachzulösen, oder wenn er der Eile halber keinen Fahrausweis lösen konnte oder durch Andrang an der Fahrkartenausgabe an der rechtzeitigen Lösung verhindert war und deshalb die Sperre mit *Nachlöseschein* passiert hat. Dasselbe muß aber auch gelten für den sog. *blinden Passagier. Weirauch* in der Vorauflage und *Finger,* 4 c) vor § 8, lassen hier *wegen fehlenden Vertragswillens keinen Vertrag* entstehen, ebenso *Joseph* in **EE 43** 367. Das harmoniert aber nicht mit § 15 (3) Satz 2. Finger aaO. will die Bestimmungen der EVO, aus denen sich die Verpflichtungen des Reisenden ergeben, „entsprechend" anwenden: Das geht nicht, denn Bestimmungen, die den Beförderungsvertrag regeln, können ohne Vertragsverhältnis auch nicht entsprechend zum Zuge kommen; wenn Finger, 16 zu § 15, die Pflicht zur Nachzahlung des doppelten Fahrpreises als Verbindlichkeit kraft Gesetzes bezeichnet, so läßt er hier eine Erklärung vermissen, wieso eine solche gegen den Willen der einen Partei zustandekommen soll; § 679 BGB, der eine Vertragspflicht des Geschäftsherrn gegen seinen Willen begründet, würde über § 683 für die Eisenbahn nur den Ersatz ihrer Aufwendungen, aber kein erhöhtes Fahrgeld erbringen. Man wird daher mit *Goltermann,* 1 c) vor § 8, ein *„faktisches Vertragsverhältnis"* annehmen müssen, in dessen Rahmen die Vorschriften der EVO aber nicht „entsprechend", wie auch Goltermann meint, sondern direkt anwendbar sind; so auch für Straßenbahn **OLG Hamburg EE 14** 242; wenn *Bruns* aaO. unter Berufung auf *Haupt,* Über Faktische Vertragsverhältnisse, Leipzig 1941, dagegen einwendet (S. 133), dadurch werde das Institut der Willenserklärung bis zur Bedeutungslosigkeit entwertet, so ist dem entgegenzuhalten, daß im Rahmen des § 6 die auf Beförderung gerichtete konkludente Handlung nur die Ausdeutung genießen kann, daß sie sich nach den Bestimmungen des Tarifs zu richten hat und ein entgegenstehender Wille nicht in Betracht kommt. In demselben Sinne auch *Senckpiehl,* BefGesch. S. 38, 39. *Bruns* aaO. S. 133 (139) mit weiteren Literaturangaben will aus solchen Konstruktionsschwierigkeiten folgern, daß es sich um „öffentlich-rechtliche Anstaltsnutzungsverhältnisse" handelt. Das heißt aber, das Kind mit dem Bade ausschütten; viele seiner Bedenken verkennen den typisierenden Charakter des Tarifs nach § 6 (3) EVO, der den Parteiwillen einfach umformt. Für Vertrag auch *Böhmer,* **MDR 60** 259. Für jeden Reiseabschnitt, für den besondere Fahrausweise verlangt und verabfolgt werden, wird ein besonderer Beförderungsvertrag abgeschlossen. Die Beförderung von Kindern unter 4 Jahren, für die kein besonderer Platz beansprucht wird, gehört mit zum Inhalt des Beförderungsvertrages, den die mit dem Kind reisende erwachsene Person mit der Eisenbahn abschließt (**RG ArchfEis. 06** 826; s. auch EVO § 11 Anm. 4).

IV. Haftung der Eisenbahn*)

1. Für Sachschaden (außer für Beförderungs- oder Aufbewahrungsgut); s. Ges. betr. Haftpflicht der Eisenbahnen und Straßenbahnen für Sachschaden (SHG) v. 29. 4. 40 (RGBl. I 691) Literatur: *Däubler*, **JW 40** 997); *Gurich*, **VZ 40** 349, *Koffka*, **DJ 40** 538; **VAE 40** 85.

2. Für Personenschaden. *Sauter*, **EE 31** 29; *Wussow*, Unfallrecht, **VAE 36** 237; *Koenigs*, Haftung für Personenschaden, **ZfVerkWissensch.** 1939 Heft 1; *Scheubly*, Der Sorgfaltsbegriff im deutschen Verkehrshaftpflichtrecht, Würzburg 1938 (besprochen: **Reichsbahn 39** 581); *Goltermann*, **VR 39** 977.

a) Gefährdungshaftung, s. Reichshaftpflichtgesetz v. 7. 6. 71 (RHG) (RGBl. S. 207). Dazu VO v. 8. 12. 39 (RGBl. I 2391) (betrifft Beschränkung der Jahresrente auf den Höchstbetrag von 15 000 DM) und Ges. v. 15. 8. 43 (RGBl. I 489). Neueste Kommentare s. Schrifttumsverzeichnis vor A am Ende. *Pittner*, Rechtsprechung zum Reichshaftpflichtgesetz, **VAE 41** 61, **42** 63, **43** 81. Ferner: *Heincke*, **VAE 37** 538; *Mayer*, Haftung der Eisenbahn für Personenschaden, Diss. Tübingen 1934; *Joachimi*, **EE 57** 361; *Heinze*, Überspannte Haftungsgrundsätze, **VR 40** 1375; *Däubler*, Verdunklung und Gefährdungshaftung, **DJ 40** 317; *Kittel*, Gefährdungs- und Verschuldungshaftung, **ArchfEis. 40** 559; *Biermann*, **VAE 43** 45. Ferner: **VAE 39** 321. Die Rechtsprechung legt den Begriff „beim Betriebe" sehr weit aus; sie hat den Begriff **„erhöhte Betriebsgefahr"** entdeckt, der im Gesetz keine Stütze findet; s. *Pittner*, **VAE 40** 17; *Biermann*, **VAE 43** 7; **RG VAE 42** 118. Einige Beispiele seien aufgeführt: Zu nahes Herantreten an den Zug, **ArchfEis. 37** 1551, s. auch **VAE 36** 182, **39** 134 u. 150, **43** 24; **JZ 43** 333; Haftung für Herunterfallen eines Gepäckstückes, **VAE 36** 329; Sturz aus dem Zuge, **VAE 39** 147, **43** 28; von der Plattform, **VAE 39** 148; beim Abspringen, **VZ 39** 291; **VAE 38** 512; Unfall beim Aussteigen, **VAE 40** 3, **43** 49, 92; Werfen eines Blumentopfes, **VAE 40** 43 (höhere Gewalt?); Unfall beim Einsteigen, **BGH IZ 57** 214.

b) Haftung bei Verschulden (§§ 823 ff. BGB). Wer auf einem ihm gehörigen oder zu seiner Verfügung stehenden Grund und Boden einen — wenn auch nur beschränkten — Verkehr eröffnet, muß für die Verkehrssicherheit Sorge tragen und hat bei Verletzung dieser Pflicht für einen hieraus entstehenden Schaden aufzukommen; s. **RGR-Kom.**, 8. Aufl. § 823 Anm. 6 a, **RG 97** 12; *Hellmuth*, Streupflicht, **VAE 39** 96; *Kröner*, Bahnhofsvorplätze, **EE 54** 281; **IG Tübingen IZ 56** 23 (Schneereinigung). Man sollte aber nicht dem Menschen jede Pflicht abnehmen, aufzupassen. Namentlich während der Verdunkelung hat jedermann erhöhte Pflicht, selbst für seine Sicherheit zu sorgen. Verdunklungsunfälle s. *Pittner*, **VAE 43** 81, ferner *Staks*, **VAE 42** 121 und **RG VAE 43** 24, **42** 111. Auch die auf der Bahn bei

---

*) Ansprüche der Hinterbliebenen bei Eisenbahnunfällen, *Kröner*, *ArchfEis.* **43** 373; *Staks*, Schadenshaftung der Reichsbahnbediensteten, *VZ*, **43** 101; *Hengstenberg*, Unfallansprüche und Lebensversicherung, *VAE.* **43** 63; s. auch Gesetz betr. erweiterte Zulassung von Schadensersatzansprüchen bei Dienst- und Arbeitsunfällen vom 7. 12. 43 (RGBl. I 674). — Das Ges. betr. Dienstunfälle bei Teilnahme am öffentl. Verkehr; s. *Fischbach*, *DVerw.* **44** Heft 1; *Bülow*, *DJ.* **44** 25; *Staks*, *VZ.* **44** 121.

manchen Menschen übliche Eile ist zum mindesten dann keine Entschuldigung, wenn der Reisende sie selbst, z. B. durch Zuspätkommen verursacht hat. Eisenbahn haftet für Verschulden α) ihrer verfassungsmäßigen Vertreter (§§ 31, 89 BGB), z. B. Leiter einer Bahnmeisterei (**EE 47** 185; **RG 21** 382; **Reichsbahn 28** Nr. 129; *Genest,* **ArchfEis. 37** 57; abw. **VAE 39** 356); s. auch über die Verpflichtung der verfassungsmäßigen Vertreter: **DJ,** Rechtsprechung 1941 S. 597, oder β) ihrer Erfüllungsgehilfen innerhalb des Beförderungsvertrages (§ 278 BGB, § 4 EVO); s. oben unter A. Außerhalb des Vertragsverhältnisses gilt § 831 BGB. Ob Verletzung einer Dienstvorschrift auch eine Amtspflichtverletzung gegenüber Dritten darstellt, s. **VAE 41** 46; ferner *Kayser,* Amtshaftung ebendort. Nur bei Verschulden kann Schmerzensgeld verlangt werden.

c) Vertragliche Haftung aus dem Personenbeförderungsvertrag: vgl. *Sauter,* **EE 31** 29 ff.; *Rundnagel,* BefGesch. § 177 S. 518, namentlich Anm. 20 und die dort Angeführten; **RG 61** 56, **62** 119. Eisenbahn haftet nach § 276 BGB für Vorsatz und Fahrlässigkeit, und zwar auch ihrer gesetzlichen Vertreter und ihrer Bediensteten, s. § 4; **RG EE 21** 68. Vertragliche Haftung der Eisenbahn kommt hauptsächlich in Frage bei Unfällen, die mit dem Eisenbahnbetriebe im Sinne des Reichshaftpflichtgesetzes (s. oben IVa) selbst bei weitester Auslegung nicht in rechtlichen Zusammenhang zu bringen sind. Hierher gehören vor allem die Unfälle, die vor dem Einsteigen in den Zug und nach dem Aussteigen erfolgen, ohne daß der Betrieb (Eile!) verursachend mitgewirkt hat (Aussteigen während der Fahrt, s. **EE 37** 256); *Kröner,* Haftung der Eisenbahn für Unfälle b. Ein- und Aussteigen, **VAE 43** 41 (abw. **JW 28** 2332); s. auch **VAE 43** 49, 92; keine Vermutung für Verschulden bei Einsteigeunfall, **BGH IZ 57** 214. Voraussetzung ist aber: **1.** Ein Beförderungsvertrag muß bereits abgeschlossen sein (s. oben Anm. III; vgl. **EE 24** 389, **29** 339, **31** 87, 242); nach **OLG Königsberg, VAE 40** 74 ist dies der Fall bei Rückfahrscheinen hinsichtlich der Rückbeförderung). **2.** Es muß ein besonderer innerer Zusammenhang des Unfalls mit dem Beförderungsvertrag dargetan werden (**ArchfEis. 22** 1129). **3.** Der Unfall muß sich innerhalb des Bahngebietes vollzogen haben; hierzu gehört nicht der öffentliche Bahnhofszufuhrweg, auch wenn er im Eigentum der Eisenbahn steht, und zwar auf einem Gang, der mit der Beförderung selbst in Verbindung steht (**RG 4** 192; **EE 27** 214) (also nicht Aufsuchen der Bahnhofswirtschaft ohne die Absicht des Reisens). Beispiele: Sicherer Zu- und Abgang (**RG 4** 192, **66** 13; **EE 32** 119; **JW 11** 824; **EE 5** 237, **20** 252, **22** 364, **28** 165, **88** 341, **23** 169, **24** 389, **27** 414, **21** 178; VZ **28** 248); Fehltritt beim Aussteigen außerhalb des Bahnsteigs (**RG** in ArchfEis. **08** 1263); **VZ 30** Heft 6; **VAE 39** 149; keine Haftung für Gedränge an der Bahnsteigsperre, **OLG Koblenz, IZ 57** 335; mangelhafte Beleuchtung (**RG** in **EE 24** 49, **31** 316); Glätte im Bahnhof (**RG ArchfEis. 09** 279); sicherer Zugang zum Bahnhof (**RG EE 24** 43, 49; **ArchfEis. 08** 751; **VAE 40** 3); gefahrloser Ausgang: Mangel an Sicherheitsvorkehrungen (**RG ArchfEis. 08** 485); unebener Plattenbelag (**RG EE 22** 40; **JW 05** 185; *Gruchot,* Beiträge **48** 885); Loslösung einer Platte (**RG ArchfEis. 05** 725, 728); Verletzung durch den Pförtner, der einen Trunkenen entfernt (**RG** in **EE 21** 69; **JW 04** 358); Glätte (**RG** in

ArchfEis. **04** 376; ferner **RG 55** 336; **EE 25** 32); Aufstellen einer unbeleuchteten Karre auf dem Bahnsteig (**ArchfEis. 21** 1224; **EE 39** 64); besonders weit gehen die Gerichte beim Herausfallen aus dem Zuge; s. **VAE 36** 93, 275, 294; **VZ 38** Bd. 67 Heft 50. Ausgleiten auf Trittbrett und Bahnsteigen (**VAE 36** 36, 48, 116, 118, 209, 410, **37** 25, 155, **40** 165; **IZ 44** 23); Herausstrecken der Hand, s. *Eccardt,* „Nicht hinauslehnen!", **VZ 26** 590 und **VAE 36** 559. Der Eisenbahn bleibt aber der Gegenbeweis, daß sie im Einzelfall ein Verschulden nicht trifft, namentlich weil sie innerhalb der Grenzen des Möglichen das zur Abwehr eines drohenden Zustandes Erforderliche veranlaßt hat (vgl. **RG EE 32** 119, 332, **33** 213, 321, **22** 364; **JW 11** 824); z. B. Glätte, geschützte Tunneltreppe (**RG ArchfEis. 06** 661; **EE 31** 195); geringer Konstruktionsfehler einer Treppe (**RG ArchfEis. 05** 725). Werden Arbeiten innerhalb eines Bahnhofs, durch die für den Reisenden Gefahren entstehen können, einem Unternehmer übertragen, kann die Eisenbahn die Sorge für die Sicherheit der Reisenden nicht dem Unternehmer überlassen (s. **RG EE 32** 112 ff.). Auf der Fahrt: Schlägerei im Abteil (**RG ArchfEis. 07** 796 und **LG Mainz IZ 56** 152); Ausgleiten auf dem Trittbrett (**RG ArchfEis. 07** 1442); Bestreuung vereister Trittbretter (**EE 31** 195); *Rohde,* **JW 37** 1449; **VAE 38** 512; herabfallendes Gepäckstück (**RG ArchfEis. 08** 762); Hinausstürzen eines Kindes (**RG EE 22** 400). Auch Verletzung durch schadhafte Einrichtung der Beförderungsmittel fällt hierunter; so wird man wohl Heizung der Züge auf den großen Durchgangslinien verlangen können (vgl. *Reindl,* **VZ 14** 1065; **EE 31** 321, 371; aber **34** 1; *Senckpiehl* S. 160); Auseinanderbrechen eines Stuhles (**EE 32** 332); Fehlen von Fensterscheiben in den Abteilen; Glätte in den Wartesälen (**EE 31** 193). Wegen Vorsicht beim Aussteigen s. § 20 Anm. 2. Die Eisenbahn haftet nicht für Einrichtungen der Bahnhofswirte und Bahnhofsbuchhändler (**EE 21** 386, **25** 388); **JW 05** 48; s. auch § 17 Anm. 1.

V. Fraglich ist, ob Haftung bei Überfüllung der Abteile gegeben ist. Grundsätzlich wird dies zu verneinen sein (**DJZ 02** 23 f., 218; **VZ 09** 111, **02** 2, 791 [*Holzbecher*]; auch *Gorden,* **EE 18** 290); *a. A.* **EE 39** 66, wo Einsteigen in ein überfülltes Abteil nicht als mitwirkendes Verschulden bezeichnet ist (s. auch **RG VR 1** 298); dagegen mit Recht *Roeder* aaO. S. 299. Ohnmacht eines Reisenden infolge Überfüllung ist Betriebsunfall (**EE 24** 392; s. auch **ArchfEis. 21** 1225, Quetschung der Hand). *Rohde* (s. oben IV) warnt mit Recht vor „prämienfreier Versicherung gegen mangelnde Vorsicht".

Eisenbahn ist nicht verpflichtet, Einrichtungen zu treffen, um Fahrgäste von Handlungen abzuhalten, die jedermann bei gehöriger Aufmerksamkeit als gefährlich erkennen kann. **VAE 38** 512; **VZ 39** 291; **VAE 39** 512.

VI. Bezüglich der **minderjährigen Reisenden** ist zu beachten: Den Beförderungsvertrag kann regelmäßig nur der gesetzliche Vertreter abschließen (Ausnahme: BGB § 110), der Minderjährige nur mit dessen Zustimmung; **ArchfEis. 06** 823; **EE 23** 94. Ohne diese kein Vertrag; bezüglich der Schadenhaftung vgl. **EE 22** 302 (mitwirkendes Verschulden); **RG 54** 404 (höhere Gewalt); Verschulden des gesetzlichen Vertreters bei der Aufsicht muß Kind sich anrechnen lassen, **BGH 9** 516; **MDR 53** 539.

VII. Die Haftung der Eisenbahn endet ohne Rücksicht auf die Bahngrenzen nach Beendigung der Fahrt und beim Verlassen der eigentlichen Bahnanlagen (**RG EE 29** 339).

C. Der unentgeltliche Beförderungsvertrag

VIII. kommt vor bei Freifahrten (Eisenbahnbediensteten, Zollbeamten, Bahnärzten). Weitere Beispiele bei *Fritsch,* **ER** 341. Hier soll nach Ansicht *Weirauchs* in der Vorauflage (ebenso *Goltermann,* 4 vor § 8) ein *Vertragsverhältnis* regelmäßig nicht gegeben sein. Diese Ansicht, der *Finger,* 9 vor § 8 widerspricht, kann *nicht aufrechterhalten* werden, da nach § 632 BGB Entgeltlichkeit keine Begriffsnotwendigkeit für einen Werkvertrag ist, ganz abgesehen von den Schwierigkeiten, die beim negotium mixtum cum donatione die Abgrenzung der reinen Schenkung von solchen Fällen praktisch bereiten würde, in denen die Eisenbahn an der Freifahrt ein eigenes Interesse hat oder dafür ein mittelbares Entgelt oder eine Anerkennungsgebühr erhält, s. § 6 Anm. 15. Haftung aus Vertrag ist sonach gegeben. Das gilt auch für Kinder unter vier Jahren, für die ein besonderer Platz verlangt wird. Mit dem **blinden Passagier** (s. auch § 15 Anm. 12) wird ein Vertrag abgeschlossen, und zwar ein entgeltlicher (§ 15 [3] Satz 2!), s. B III.

D. Verjährung

IX. 1. Ansprüche der Eisenbahn auf Bezahlung des Fahrgeldes verjähren in zwei Jahren, beginnend mit Jahreschluß (BGB § 196).

2. Ansprüche gegen die Eisenbahn verjähren:

a) aus dem RHG in zwei Jahren vom Unfall an (RGes. v. 7. 6. 1871, § 8);

b) aus §§ 823 ff. BGB in drei Jahren nach Kenntnis vom Schaden und der Person des Ersatzpflichtigen, spätestens aber in 30 Jahren nach Begehung der Tat;

c) aus dem Personenbeförderungsvertrag α) Ansprüche auf Rückerstattung des Fahrgeldes 6 Monate nach Ablauf der Gültigkeitsdauer des Fahrausweises (EVO § 24, keine Verjährungs-, sondern Ausschlußfrist); Ersatz von Aufenthaltskosten infolge Unfalls ebenfalls in sechs Monaten (BGB § 638; **JW 08** 196; *Fritsch,* S. 306 Anm. 23); β) Ansprüche aus Körperverletzung und Sachschaden (außer IV a und b) würden nach § 638 in gleicher Zeit verjähren (so *Blume* § 26). Nimmt man aber (s. oben II) entsprechend der herrschenden Meinung, namentlich dem **RG** (siehe **62** 119, 122, **64** 41, **66** 12; **JW 08** 196, **12** 686; **EE 24** 274, 383 ff.), an, daß es sich bei Verletzung oder Sachschaden nicht um einen Mangel der Beförderungsleistung selbst, sondern um positive Zuwiderhandlung gegen die pflichtmäßige Sorgfalt gegenüber dem noch nicht vollendeten Werke handelt, so tritt eine Verjährungsfrist von 30 Jahren ein, hinsichtlich der Beweislast ein unmögliches Ergebnis.

E. Vertragspartner

X. Der *Anspruch aus dem Beförderungsvertrag* steht nur dem Vertragsgegner zu, also in der Regel dem, der mit dem Fahrausweis die Reise angetreten hat, (s. EVO § 10 [4] und dort Anm. 1) oder auch dem, der sich z. B. durch die eigenhändige Unterschrift als Inhaber der Monatskarte ausweist; s. *Pittner,* **VAE 41** 209; dazu *Küster,* **VAE 42** 21. Das ist nicht immer derjenige, der den Fahrausweis gelöst hat (vgl. **EE 22** 165; die Lösung kann auch durch Dritte, z. B. den Ehegatten, Hotelportier geschehen), und nicht die Hinterbliebenen eines getöteten Reisenden (**EE 24** 272; **ArchfEis. 06** 657); s. auch **RG EE 22** 165; **ArchfEis. 06** 65; *Kröner,* **EE 55** 288; **VAE 41** 131. Minderjährige s. VI. Werden Fahrausweise für Strecken verschiedener Verwaltungen ausgegeben, so fehlt eine dem § 96 EVO entsprechende Vorschrift. Da aber derartige Fahrausweise nur nach gegenseitiger Vereinbarung der Eisenbahnen (Verbandsverkehr) ausgegeben werden können, ist anzunehmen, daß die verkaufende Verwaltung als bevollmächtigte Vertreterin den Beförderungsvertrag zugleich namens jeder einzelnen an der Beförderung beteiligten Verwaltung abschließt (vgl. *Rundnagel,* BefGesch. § 170 S. 504; s. auch **EE 48** 380); für **Interzonenverkehr** s. **LG Essen VRS 4** 70; **BGH VRS 53** 425 (DB haftet für einen in der Sowjetzone eingetretenen Unfall weder aus Vertrag noch aus RHG).

§ 8. *Fahrpläne*

(1) Die Fahrpläne[1] sind vor ihrem Inkrafttreten bekanntzugeben[2] und auf den Bahnhöfen rechtzeitig auszuhängen[3]. Änderungen sind ebenfalls bekanntzugeben und auf den aushängenden Fahrplänen ersichtlich zu machen[5]. Aus den Fahrplänen müssen[4] Gattung, Wagenklassen und Abfahrtzeiten, für größere Übergangs- und die Endbahnhöfe auch die Ankunftszeiten der Züge und die wichtigeren Zuganschlüsse zu ersehen sein. Nicht mehr gültige Fahrpläne sind sofort zu entfernen[5].

(2) Die Eisenbahn hat, soweit ein Bedürfnis besteht[6], dafür zu sorgen, daß auf Bahnhöfen und im Zuge Auskunft[7] über Zugverbindungen erteilt werden kann.

1. *Beschränkungen in der Benutzung bestimmter Züge oder der 1. Wagenklasse sind aus den Fahrplänen zu ersehen.*
2. *Im Zuge wird nur über den Lauf des Zuges und über seine wichtigeren Anschlüsse, auf kleineren Bahnhöfen nur über Zugverbindungen auf den angrenzenden Strecken Auskunft erteilt.*

Schrifttum: *Vollrath,* **EE 28** 23 ff.; *v. Rinaldini,* Haftung für Verspätung und Ausfall von Zügen, **EE 20** 95; *Fritsch,* **ER** S. 246; *Goltermann,* Nacherhebung und falsche Auskunft, **EE 41** 171 ff.

1. Für den **regelmäßigen Personenverkehr** im Sinne des § 3 (1) b und (3); die „nach Bedarf verkehrenden Züge“ des § 3 (3) werden darüber hinaus in die Fahrpläne aufgenommen, soweit dies zweckmäßig erscheint und der Bedarf sich bei Druck des Fahrplans bereits vorhersehen läßt; bei Entlastungszügen, die von Fall zu Fall eingelegt werden, ist dies nicht möglich. „Fahrpläne“ im Sinne des § 8 sind die **Sommer-** und **Winterfahrpläne** der DB und NE, nicht dagegen die Sonderpläne für einen beschränkten Teil-

nehmerkreis (Verwaltungssonderzüge, Gesellschaftssonderzüge, s. § 12), auch wenn dieser öffentlich, d. h. bis zum Ausverkauf der verfügbaren Plätze jedem zugänglich ist, was *Finger,* 1 c) zu § 8 zu verkennen scheint).

2. Dies geschieht herkömmlich in den **Kursbüchern, Taschenfahrplänen** und sonstigen amtlichen Fahrplanveröffentlichungen. Daß für diese eine Schutzgebühr erhoben wird, verstößt nicht gegen die (öffentlich-rechtliche) Pflicht zur Bekanntgabe.

3. Für den **Aushang** kommen hier nur **die den Bahnhof berührenden Züge** in Betracht. Wenn die Eisenbahn darüber hinaus die Fahrpläne angrenzender Strecken aushängt, tut sie dies freiwillig. Bahnhof im Sinne dieser Vorschrift ist jede Stelle, von der Züge des öffentlichen Personenverkehrs abfahren oder wo sie ankommen; unbesetzte Haltepunkte freilich nur dann, wenn dort die Möglichkeit eines Aushangs überhaupt besteht.

4. Richtig wäre „sollen", denn es handelt sich zweifellos um eine **Ordnungsvorschrift,** ebenso wie bei Satz 1. Die Terminologie der EVO unterscheidet leider nicht zwischen „Muß-" und „Sollvorschriften". Aus den Worten „größeren" und „wichtigeren" ergibt sich ein **Ermessensspielraum** der Bahn. Die Vorschrift gilt nur für die **Aushangfahrpläne,** für die Kursbücher erübrigt sie sich. **Abfahrttafeln,** die außer den Aushangfahrplänen aufgestellt werden, müssen **Abweichungen von der Regel** kenntlich machen, z. B. wenn ein Personenzug nicht auf allen Bahnhöfen hält, sonst zum Schadensersatz verpflichtende Irreführung, s. Anm. 5.

5. **Jede Verwaltung haftet für die Richtigkeit ihrer amtlichen Fahrpläne.** Haftung für Fehler vgl. *Senckpiehl* S. 129; **EE 28** 23; s. BGB § 122. Als amtlich sind lediglich die **Aushangfahrpläne** auf den Bahnhöfen anzusehen, nicht auch die im Buchhandel erscheinenden Fahrplanbücher, es sei denn, daß sie als amtliche bezeichnet sind. Fehler in den nichtamtlichen Büchern berechtigen nur zur Rückgängigmachung des Kaufes (BGB §§ 459, 462). Bei amtlichen **Kursbüchern** wird die Haftung durch den Satz **„ohne Gewähr"** nur dann ausgeschlossen, wenn dieser **so auffällig** angebracht ist, daß er auch von einem eiligen Leser **nicht übersehen** werden kann.

6. Ob ein solches besteht, unterliegt ausschließlich der Beurteilung durch die Eisenbahnverwaltung. Gegen ihre Entscheidung Beschwerde an die Aufsichtsbehörde. Frage ist der Nachprüfung durch den Richter entzogen.

7. **Vertragspflicht** aus dem Beförderungsvertrag, **daher verbindlich,** gleichgültig, ob Auskunft vor oder nach Vertragsschluß erfolgte. Abw. *Weirauch* in der Vorauflage, der sie nicht ganz folgerichtig nur bei Vorsatz anerkennen wollte.

Es ist nicht einzusehen, warum zwischen dem *falschen Aushang* und der *falschen Auskunft* ein Unterschied sollte gemacht werden können. Die (öffentlich-rechtliche) Pflicht zur Auskunfterteilung hat nur dann einen Sinn, wenn sie gleichzeitig eine (vertragliche) zur *richtigen Auskunft* ist, denn eine Auskunft, auf die man sich nicht verlassen kann, ist wertlos. Haftung nach § 4 bezieht sich freilich nur auf die *Fahrpläne und Auskünfte des § 8*. Im Gegensatz zu den Kursbüchern, wo man den Haftungsausschluß durch den Vermerk: „Ohne Gewähr" noch allenfalls für zulässig halten kann, weil hier die Vertragspflicht durch die Unmöglichkeit eingeengt ist, Änderungen in den dem Käufer bereits übergebenen Stücken ersichtlich zu machen oder sie diesen (Unbekannten) bekanntzugeben und nicht mehr gültige Fahrpläne zu entfernen, dürfte hier eine Außerkraftsetzung des § 4 unzulässig sein, s. Anm. 1 zu § 4 am Ende. Keinesfalls kann daraus, daß Fahrplanauskünfte an Hand der Kursbücher erteilt werden und diese (für ihren Leser) die Gewähr ausschließen, gefolgert werden, daß dies auch für die amtliche Auskunft selbst zuträfe (so *Finger,* 2 c) bb) zu § 4, vgl. aber 2 b) cc) daselbst).

§ 9. *Von der Beförderung ausgeschlossene oder nur bedingt zugelassene Personen*[1]

(1) Personen, welche die vorgeschriebene Ordnung[2] nicht beachten oder sich den Anordnungen der Bediensteten[3] nicht fügen, ferner betrunkene Personen und solche, die den Anstand verletzen, können von der Beförderung ausgeschlossen werden[4]. Sie haben keinen Anspruch auf Erstattung von Fahrpreis oder Gepäckfracht.

(2) Pestkranke oder -verdächtige dürfen nicht befördert werden[5].

(3) An Aussatz (Lepra), asiatischer Cholera, Fleckfieber (Flecktyphus), Gelbfieber oder Pocken (Blattern) erkrankte oder einer solchen Krankheit verdächtige Personen dürfen nur dann befördert werden, wenn der für den Zugangsbahnhof zuständige beamtete Arzt die Zulässigkeit der Beförderung bescheinigt und wenn ihnen ein besonderer Wagen — bei Aussatzkranken genügt ein abgeschlossenes Abteil mit besonderem Abort — angewiesen werden kann. An Fleckfieber erkrankte oder dieser Krankheit verdächtige Personen müssen zuverlässig entlaust sein[6].

(4) Personen, die an Typhus (Unterleibstyphus), Diphterie, Ruhr, Genickstarre, Rotz, Scharlach, Masern oder Keuchhusten leiden oder wegen einer anderen Krankheit die Gesundheit der Mitreisenden gefährden würden, werden nur dann befördert, wenn ihnen ein besonderes Abteil angewiesen werden kann.

(5) Unterwegs erkrankte Personen werden jedoch wenigstens bis zum nächsten geeigneten Bahnhof befördert, wo sie Pflege finden können; Fahrpreis und Gepäckfracht werden nach Abzug des Betrags für die durchfahrene Strecke gemäß § 24 erstattet. Die Mitreisenden sind in anderen Abteilen unterzubringen.

(6) Liegen Anzeichen dafür vor, daß jemand mit einer der in den vorstehenden Absätzen genannten Krankheiten behaftet ist, so kann die Eisenbahn die Vorlegung eines ärztlichen Zeugnisses verlangen[7].

(7) Für den besonderen Wagen oder das besondere Abteil ist die tarifliche Gebühr zu entrichten.

(8) Für die Rückgabe des Gepäcks gilt § 29 (3), (5) und (6)[8].

1. **Ausnahmen von der Regel** (§ 3) der **Beförderungspflicht.** Die Vorschriften befinden sich an dieser Stelle, weil sie schon vor der Lösung von Fahrausweisen beobachtet werden müssen. Da aber der Reisende seine Fahrkarte auch durch Dritte lösen lassen kann, so darf aus dieser Bestimmung kein Schluß auf den Abschluß des Beförderungsvertrages gezogen werden (s. *Rundnagel,* BefGesch. § 170 S. 503). § 9 gibt der Eisenbahn das Recht, entweder den Abschluß des Beförderungsvertrages zu verweigern oder vom Vertrage zurückzutreten. Abs. 2—4 machen **nicht** etwa den **Beförderungsvertrag** nach § 134 BGB **nichtig** (unklar *Goltermann,* 2 zu § 9), sondern befreien lediglich u. U. die Eisenbahn von ihrer Gegenleistung für Fahrpreis oder Gepäckfracht, Abs. 1 S. 2, daher auch keine Anwendung von § 812 BGB. § 9 ist **kein Schutzgesetz** für die anderen Reisenden (so *Finger,* 8 zu § 9 jedenfalls für die Abs. 2—4, *Goltermann* 2 zu § 9), sondern diese haben allenfalls Ansprüche aus dem Beförderungsvertrag, wenn die Bediensteten der Eisenbahn (§ 4) entgegen Abs. 2—4 und in Kenntnis (was der Anspruchsteller zu beweisen hätte) der Umstände die Beförderung zulassen; fahrlässige Nichtkenntnis wird kaum in Betracht kommen, da es nicht Aufgabe der Bahnbediensteten ist, Gesundheitskontrollen durchzuführen und für den Verdacht (Abs. 2 und 3) nicht die Kenntnisse eines Mediziners verlangt werden können.

2. D. h. die durch die **allgemeinen Ordnungsvorschriften** vorgeschriebene, im Gegensatz zu den Anordnungen der Bediensteten für den Einzelfall (**EE 2** 7, **3** 203). Hierzu gehören namentlich die Ordnungsvorschriften der EVO und BO (s. § 7 Anm. 1).

3. Vgl. § 7 Anm. 1 und 4. Die Bediensteten sind **Bahnpolizeibeamte** im Sinne des § 74 BO; sie müssen bei Ausübung ihres Dienstes *Uniform* tragen (die der hauptamtlichen Bahnpolizei oder Eisenbahneruniform) oder mit einem *Ausweis* über ihre Eigenschaft als Bahnpolizeibeamte versehen sein, *andernfalls* haben sie *keine Anordnungsbefugnis.* Züchtigungsrecht gegenüber Schülern vgl. **OLG Marienwerder EE 46** 56; Anwendung unmittelbaren Zwanges **RG VAE 36** 195. Bahnpolizeiliche Anordnungen sind zu befolgen, auch wenn dadurch Vertragsrecht beeinträchtigt wird (s. **EE 6** 251).

4. Daneben strafrechtliche Ahndung, neben derjenigen aus BO § 82, z. B. wegen Widerstandes (StGB § 113; **EE 2** 7, **3** 255, **6** 294), Hausfriedensbruchs (StGB § 123) auf Bahnsteigen (**EE 1** 375, **7** 326, **21** 287), Bahnhöfen (**EE 4** 156), in Empfangsgebäuden (**EE 4** 304 ff.), Wartesälen (**EE 25** 372; RGSt. **36** 188, **37** 260) und in Schlafwagen (**EE 25** 68); Beamtenbeleidigung (StGB § 196). Auf Handlungen in Abteilen ist StGB §§ 183, 186 nicht anwendbar (**VZ 97** 708, 779; a. M. *Coermann* ebendort **98** 885).

Der Ausschluß hindert sie **nicht,** bei nächster Gelegenheit die Fahrt **erneut** anzutreten oder sie **fortzusetzen,** wenn der Ausschließungsgrund **weggefallen** ist. Es handelt sind um **Ermessensentscheidungen** des Bahnpolizeibeamten, die zumeist schnell getroffen werden müssen, dagegen Anrufung des Aufsichtsbeamten oder Zugführers nach § 7 (2) und (ohne aufschiebende Wirkung, wie sich aus der Natur der Sache ergibt) Beschwerde nach § 7 (3). Schadensersatzklage gegen die Eisenbahn (*Finger,* 1 zu § 9) würde Verschulden des Bediensteten voraussetzen, nicht etwa nur objektive Unrichtigkeit oder Unangemessenheit der Entscheidung; es dürfte nur bei offenkundigem Ermessensmißbrauch oder Willkür anzunehmen sein. Außer in den (seltenen) Fällen, in denen der Verkauf einer Fahrkarte abgelehnt wird (§ 9 [1] geht davon aus, daß ein Vertrag bereits geschlossen ist), hat die Eisenbahn das Verhalten ihrer Bahnpolizeibeamten nach § 4 und nach Art. 34 GG zu vertreten, s. § 4 Anm. 1.

5. Vorschriften der Abs. 2—5 sind **zwingend.** Sie sind aber in Abs. 5 mit einer Ermessensentscheidung gekoppelt. Wegen Schadensersatzansprüchen bei Nichtbeachtung s. Anm. 1, wegen solcher wegen unberechtigten Ausschlusses Anm. 4. Abgesehen von den seltenen Fällen positiver Kenntnis des Bahnbediensteten von der Krankheit handelt es sich genau wie in den Fällen des Abs. 1 (trotz des theoretischen Unterschiedes zwischen „können" und „dürfen nicht" praktisch um Ermessensentscheidungen; obwohl das Wort „verdächtig" nur in den Abs. 2 und 3 vorkommt, gilt es auch für Abs. 4, d. h. der Bedienstete (evtl. von Mitreisenden aufmerksam gemacht) muß auf Grund eines **Verdachts** schnell entscheiden. Die Vorlegung eines ärztlichen Zeugnisses (Abs. 7) kommt nur für den Wiederholungsversuch in Betracht und setzt zunächst einen Ausschluß bis dahin voraus (s. Anm. 6). Vgl. § 24 BOKraft.

6. Bis zur Erfüllung dieser Bedingungen hat die Beförderung zu unterbleiben.

7. Eines jeden Arztes, Gegensatz Abs. 3.

8. Überflüssige Verweisung, im Hinblick auf Abs. 1, der § 29 (5) ausschließt, auch noch falsch.

§ 10. *Fahrausweise*

(1) Der Reisende muß bei Antritt der Fahrt mit einem Fahrausweis[1] versehen sein. Der Tarif kann Ausnahmen zulassen[2]. Die Angaben des Fahrausweises sind für die Beförderung maßgebend[3].

(2) Der Fahrausweis muß Strecke, Zuggattung, Wagenklasse und Fahrpreis angeben. Wenn die Benutzung verschiedener Wege oder Beförderungsmittel gestattet ist, so ist dies ersichtlich zu machen[4].

(3) Der Tarif bestimmt Geltungsbeginn und Geltungsdauer der Fahrausweise. Der erste Geltungstag des Fahrausweises gilt für die Berechnung der Geltungsdauer als voller Tag. Die Reise kann, wenn der Tarif nichts anderes bestimmt, an einem beliebigen Tage innerhalb der Geltungsdauer angetreten werden; sie muß vorbehaltlich der im

Tarif vorgesehenen Ausnahmen spätestens mit dem Zuge beendet sein, der an Bestimmungsbahnhof fahrplanmäßig spätestens um 24 Uhr des letzten Geltungstags eintrifft.

(4) Ein Fahrausweis ist, soweit der Tarif keine Ausnahmen zuläßt, nur übertragbar, wenn er nicht auf den Namen lautet und die Reise noch nicht angetreten ist[5].

(5) Die Fahrkartenschalter sind so rechtzeitig vor Abfahrt eines Zuges zu öffnen, wie es die örtlichen Verkehrsverhältnisse erfordern, mindestens aber eine Viertelstunde vor der Abfahrt[6].

(6) Der Anspruch auf Ausgabe eines Fahrtausweises erlischt fünf Minuten vor der Abfahrt des Zuges[7].

(7) Die Eisenbahn kann verlangen, daß der Fahrpreis abgezählt entrichtet wird[7].

(8) Sind die Beförderungspreise unrichtig erhoben worden, so ist der Unterschiedsbetrag nachzuzahlen oder zu erstatten. Die Eisenbahn hat, soweit dies möglich ist, alsbald nach Feststellung des Fehlers den Verpflichteten zur Nachzahlung aufzufordern oder dem Berechtigten den zuviel erhobenen Betrag zurückzuzahlen[8]. Der Anspruch auf Nachzahlung oder Erstattung erlischt, wenn er nicht binnen eines Jahres nach Ablauf der Geltungsdauer des Fahrausweises geltend gemacht wird[9].

Lösung

1. *Hat der Bahnhof keine Fahrkartenausgabe, so verkauft der Zugführer die Fahrausweise.*
2. *Der Reisende hat beim Empfang des Fahrausweises die Angaben über Bestimmungsbahnhof, Weg und Wagenklasse zur Richtigstellung etwaiger Irrtümer zu prüfen und, wenn er Geld zurückbekommt, sich sofort von der Richtigkeit des Betrages zu überzeugen.*

Abstempelung

3. *Auf den Fahrausweisen, auch auf solchen, die zur Rückfahrt gelöst und entsprechend gekennzeichnet sind, wird bei der Ausgabe der erste Geltungstag angegeben. Fahrausweise, die zwischen 23 und 24 Uhr gelöst werden, erhalten das Datum des folgenden Tages. Auf den vom Zugführer ausgegebenen oder aus Selbstgebern (Automaten) entnommenen Fahrausweisen braucht der Ausgabetag nicht angegeben zu werden. Weitere Ausnahmen bestimmen die Tarifteile II.*

Fernfahrten

3A. Fernfahrkarten werden bei den von der Eisenbahn bestimmten Fahrkartenausgaben und Reisebüros ausgegeben, wenn der Fahrpreis für mindestens 400 km bezahlt wird. Abweichungen bestimmen die Tarifteile II. Der Mindestfahrpreis gilt nicht, wenn Fernfahrkarten in Verbindung mit anschließenden Fahrausweisen, auch für Bahnbus-, Europabus-, Schiffs- und Flugstrecken, nach und von dem Ausland ausgegeben werden.

Fahrscheinhefte

4. Die von der Eisenbahn bestimmten Reisebüros können Fahrscheinhefte in Verbindung mit anschließenden Fahrausweisen, auch für Bahnbus-, Europabus-, Schiffs- und Flugstrecken, nach und von dem Ausland ausgeben.

Wege

5. Die Möglichkeit der Benutzung verschiedener Wege wird auf dem Fahrausweis durch Wegangabe oder durch Raumbegrenzungsnummern kenntlichgemacht. Die Raumbegrenzungsnummern sind in den Tarifteilen II (Entfernungszeiger) erläutert. Fahrausweise ohne Wegangabe und ohne Raumbegrenzungsnummer gelten nur für den kürzesten Weg.

6. Soweit die Tarifteile II nichts anderes bestimmen, kann der Reisende gegen Lösung von Umwegkarten längere Wege benutzen als die, für die sein Fahrausweis gilt.

An Kinder vom vollendeten vierten bis zum vollendeten zehnten Lebensjahr und für Hunde werden Umwegkarten zum halben gewöhnlichen Fahrpreis ausgegeben. In allen anderen Fällen werden Umwegkarten zum vollen gewöhnlichen Fahrpreis ausgegeben.

Die Umwegkarte gilt nur zu einer, auch mit Unterbrechung zurückgelegten Fahrt und nur so lange wie der zugehörige Fahrausweis. Berechtigt dieser Fahrausweis zu mehreren Fahrten in einer Richtung (Zeitkarte), so gilt die Umwegkarte trotzdem nur zu einer Fahrt und längstens vier Tage.

7. Fahrausweise, die zur Rückfahrt gelöst und entsprechend gekennzeichnet sind, gelten nur zur Fahrt in der Richtung von dem darin angegebenen Bestimmungsbahnhof nach dem Ausgabebahnhof.

Geltungsdauer

8. Es gelten

a) Fahrkarten zum gewöhnlichen Fahrpreis, auch die nach ABest. 7 zur Rückfahrt gelösten, 4 Tage;

b) Fernfahrten und Fahrscheinhefte 2 Monate, die außerhalb Europas — ausgenommen in Algerien, Tunesien und Marokko — ausgegebenen Fahrscheinhefte 6 Monate;

c) Beförderungsscheine für die eingetragenen Züge und Tage, längstens 2 Monate.

Die Geltungsdauer der Fahrausweise mit Fahrpreisermäßigung kann in den Tarifteilen II abweichend geregelt werden.

8A. Die Geltungsdauer beginnt mit dem im Fahrausweis angegebenen ersten Geltungstag, bei Beförderungsscheinen mit dem Tag, der für die erste Fahrt eingetragen ist. Für Fahrausweise, auf denen nach ABest. 3 der erste Geltungstag nicht angegeben wird, beginnt die Geltungsdauer mit dem Tag der ersten Lochung. Die Eisenbahnverwaltung kann jedoch durch Aushang allgemein oder für einzelne Züge bekanntgeben, daß die Fahrt am ersten Geltungstag des Fahrausweises angetreten werden muß.

9. Wegen der Zuschlagkarten vgl. § 11 ABest. B 5 und 6, wegen der Übergangskarten vgl. § 14 ABest 3.

Wegen Verlängerung der Geltungsdauer bei Versäumung der Abfahrt vgl. EVO § 19 (3) und ABest. 1 hierzu.

10. Bestimmungen über die Gültigkeit der Fahrausweise nach Orten mit mehreren Bahnhöfen enthalten die Tarifteile II (Entfernungszeiger). An Orten mit getrennten Bahnhöfen oder zwischen benachbarten Orten haben die Reisenden für ihre Beförderung zwischen den einzelnen Bahnhöfen selbst zu sorgen, auch wenn durchgehende Fahrausweise ausgegeben sind.

Schrifttum: *Rundnagel,* BefGesch. § 170 S. 503 und namentlich die dort Anm. 1 Angeführten; *Göppert,* Rechtliche Natur der Personenbeförderung, S. 67 ff.; *Beyersdorff,* **EE 20** 79 und „Die rechtliche Natur der Eisenbahnfahrkarte"; Juristische Seite der Fahrausweise: Monatsschr. d. Int. Kongreßvereinig. **38** 250; **IZ 38** 526; *Staks,* **VZ 41** 322; derselbe, Der Fahrkartenbetrug, **VZ 42** 142; derselbe, Die Rechtsnatur der Privatbahnfahrkarte, **VZ 41** 322; *Rumpf,* Nachzahlungsanspruch amtl. Reisebüros wegen unrichtig erhobener Beförderungspreise, **Die BB 58** 432.

1. Mit „einem" ist ungenau: Aus § 15 ergibt sich, daß er mit einem für die von ihm angetretene Fahrt **gültigen** Fahrausweis versehen sein muß. Die beiden §§ ergänzen sich und gehören organisch zusammen. Fahrausweis: Fahrkarte, geschriebener Fahrschein usw. **Fahrausweis** ist die **Grundlage** für den **regelmäßigen Personenbeförderungsvertrag;** er *beweist* zugleich den *Vertragsabschluß.* Keineswegs aber ist der Personenbeförderungsvertrag Formalvertrag in dem Sinne, daß ohne Fahrausweis kein Vertrag zustande kommt, s. § 15 (3) und (4) und Vorbem. III vor § 8; a. M. *Finger,* 1 zu § 10. Das „muß" in § 10 (1) und Satz 1 ist eine der terminologischen

Ungenauigkeiten der EVO und hat den Sinn von „soll" (wie der darauffolgende Satz deutlich macht); wird dieser *Sollvorschrift* nicht entsprochen, treten die Folgen aus § 15 ein, vgl. aber auch ABest. 6 zu § 15 mit seiner weitgehenden Befreiung von der Nachlösegebühr. Der Fahrausweis ist **Inhaberzeichen** im Sinne des § 807 BGB (sog. Inhabermarke), Ausn. in Abs. 4 (s. **RG JW 05** 426; **ArchfEis. 06** 657; **EE 22** 165; *Fritsch* S. 311 Anm. 7; *abw.:* **EE 20** 81, **22** 85, 221, **23** 101; *Senckpiehl* S. 148; **VZ 02** 148; diese sehen in ihm nur Quittung über Zahlung des Kaufpreises und damit Legitimation zur Fahrt). Bezüglich des Fahrscheins der Straßenbahnen s. *Seelmann,* **EE 22** 85, 221 (unverkürzt: **Arch. f. bürg. Recht 25** 186 ff.). Aus dem Charakter als Inhaberpapier folgt:

a) Die Eisenbahn kann die **Leistung verweigern, wenn** der **Inhaber** zur Verfügung über die Urkunde **nicht berechtigt** ist (Ausgabe von Schlafwagenkarten auf den Namen, um den Handel [z. B. durch Hoteldiener] zu verhindern) (BGB § 793 Abs. 1 Satz 1).

b) Auch **Leistung** an einen **nicht zur Verfügung berechtigten** Inhaber **befreit** (BGB § 793 Abs. 1 S. 2; **EE 9** 972).

c) Auch wenn der Fahrausweis gegen den Willen der Eisenbahn in den Verkehr gelangt ist (z. B. **gestohlen**), wird diese **zur Leistung verpflichtet;** selbstverständlich muß der Inhaber **gutgläubig** sein (§§ 794, 935 Abs. 2 BGB).

d) **Einwendungen gegen den Inhaber** eines Fahrausweises stehen der Eisenbahn nur zu, wenn sie die Gültigkeit der Ausstellung betreffen (z. B. Fälschung), sich aus der Urkunde selbst ergeben (Ablauf der Gültigkeit) oder der Eisenbahn unmittelbar gegen den Inhaber zustehen (z. B. EVO § 9, namentlich Abs. 3; s. BGB § 796).

e) Die Eisenbahn ist **nur gegen Aushändigung des Fahrausweises** zur Leistung verpflichtet (BGB § 797); das Wort **„vorweisen"** des § 15 (1) ist gleichbedeutend mit **„aushändigen"**, s. dort Anm. 4, a. M. *Finger,* 4 b) dd) zu § 10, während er 5 zu § 15 herausstellt, daß der Fahrausweis zur Prüfung *übergeben* werden muß; allerdings liegt in der Aushändigung zur Kontrolle keine Eigentumsübertragung wie bei der Abgabe am Ende der Reise.

f) Die *Kraftloserklärung* des Fahrausweises richtet sich nach Landesrecht (EG z. BGB Art. 102; für Preußen: AG z. ZPO § 7).

g) Der Eisenbahnfahrausweis *gehört zunächst dem Käufer;* **EE 39** 181. Fahrausweis ist nur nebenher zugleich Quittung über den Fahrpreis; es fehlt sogar im Text jeder Hinweis auf die Zahlung. **Verlust** des Aufweises bewirkt **Untergang des Rechts** aus dem Vertrag (auf Fahrt und ggf. auf Fahrgelderstattung, § 24 (5); wegen der Pflicht, den Fahrausweis „jederzeit" vorzuweisen, s. § 15 Anm. 3). Das gilt auch dann, wenn kein Zweifel daran besteht, daß der Reisende einen gültigen Fahrausweis besessen hatte, und zwar deshalb, weil der verlorene Fahrausweis von einem anderen benutzt werden kann, ohne daß er zum Beweise des Gegenteils zugelassen wird, a. M. **AG Kaltenkirchen VRS 7** 40 mit ablehnender Anm. von *Goltermann,* vgl. diesen § 10 Anm. 1 b) und *Finger,* 9 zu § 15 (wie hier). Anderes gilt nur, wenn die Eisenbahn selbst daran schuld ist, daß Reisender keinen gültigen Fahrausweis vorweisen kann, s. § 15 Anm. 3.

Ehemann kann aus dem von ihm durch Lösung des Fahrausweises für seine Ehefrau geschlossenen Beförderungsvertrag nicht Schaden geltend machen, den er z. B. durch ihren bei der Beförderung durch Überfahren erfolgten Tod erlitten hat; nur die Ehefrau ist aus dem Vertrag berechtigt und verpflichtet (s. Vorbem. E vor EVO § 8); *Pittner,* **VAE 41** 209.

Fahrausweise der Reichs- und Staatsbahnen sind *öffentliche Urkunden* (**RGSt. 8** 409); s. **EE 3** 48, **38** 282; **RGSt. 8** 409, **28** 42; **EE 4** 387; **RG JW 36** 662; **Staks, VZ 42** 142 (Versuch), **22** 151; s. aber **DJ 40** 1220; **VAE 39** 430; **VZ 40** 397; **VAE 40** 228. Als **Fälschung** (RStGB §§ 267, 268) ist anzusehen: Fälschung (Änderung) **des Datums, EE 3** 48; **VAE 42** 58; abw. *Kittel* § 13 Anm. 1; **EE 42** 177, **3** 394, **27** 325; **des Reiseweges EE 5** 60; auch **der Namensunterschrift** auf einer Zeitkarte (**JW 25** 2803; **RGSt. 28** 42; **EE 43** 296; *Kittel* Anm. 1 und **EE 43** 293 sehen hier nur private Urkundenfälschung; aber Karte und Unterschrift sind doch nicht zu trennen); des **Militärurlauberpasses, EE 23** 155; eines **Freifahrscheines, EE 26** 312; Durchlochung einer Bahnsteigkarte ist keine Urkunde, **RGSt. 29** 118; außerdem EVO § 15 Anm. 12 und 15.

2. Z. B. § 10 ABest. 1, § 15 ABest. 6; rote Nachlösescheine, die vom Zuschlag des § 15 (3) befreien: Personenbeförderungsvorschriften I §§ 14, 18.

3. Daher ABest. 2. Hat ihm der Schalterbeamte oder Zugschaffner einen offensichtlich für den von ihm erstrebten Zweck nicht gültigen Fahrausweis ausgegeben (**Mißverständnis, Hörfehler**), so muß der Reisende dies **unverzüglich reklamieren,** da für den, der später den Fahrausweis kontrolliert, nur dessen Angaben maßgebend sein können. Selbst dort, wo man dem Reisenden eine Reklamationspflicht nicht aufbürden kann (z. B. bei Raumbegrenzungsnummern, ABest. 5), muß er sich zunächst einmal gefallen lassen, daß er nach § 15 behandelt wird; ein **Verschulden der Bahn** (§ 4) kann er ggf. **im Erstattungswege** geltend machen, aber auch sonst kann ihm in Härtefällen nach § 24 ABest. 3 (Erstattung aus Billigkeit) geholfen werden. „Für die Beförderung" maßgebend ist ungenau ausgedrückt, gemeint ist: Für den **Beförderungsvertrag.** Von diesem kann er unter Rückgabe des Fahrausweises **zurücktreten,** s. § 24 Anm. 1; für die in Wirklichkeit angestrebte (und mit ungültigem Fahrausweis angetretene) Beförderung gilt der Vertrag (mit der zwingenden Kraft des § 6) mit dem sich aus § 15 ergebenden Inhalt als geschlossen, so daß, soweit keine **Anrechnungsmöglichkeit** besteht, für diese **neu gelöst** werden muß; eine **Aufrechnungsmöglichkeit** (§§ 387 ff. BGB) ist angesichts der Sonderregelung des § 15 (4) und des § 24 **nicht** gegeben.

4. S. ABest. 5—7. Ob „ersichtlich machen" bedeutet, daß dies in einer für jeden Laien verständlichen Form geschehen muß, oder ob dieser auf die Tarifteile II verwiesen werden darf, bleibt offen. Auch in Abs. 2 handelt es sich trotz des terminologisch falschen „ist ... zu" und „muß" nur um eine **Sollvorschrift.**

5. Wenn Fahrausweis **nicht übertragbar** ist, muß dies **aus ihm selbst zu ersehen** sein (z. B. Aufdruck: „Nicht übertragbar"; Anbringung eigenhändiger Namensunterschrift [z. B. bei Monatskarten]). Übertragbarkeit endet aber hier mit der Namensunterschrift, nicht erst mit dem Reiseantritt durch die Namensperson, d. h. der einmal geschriebene Name kann nicht durch einen anderen ersetzt werden (*Rundnagel,* BefGesch. § 170 S. 504; *Finger,* 17 zu § 10, a. M. *Weirauch* in der Vorauflage; s. **EE 15** 62, **18** 262). Über die Frage der Übertragbarkeit der Rückfahrkarten mit Preisermäßigung vgl. die umfangreiche Literatur, angegeben bei *Rundnagel,* BefGesch. § 170 S. 504 Anm. 4. Benutzung einer als nicht übertragbar bezeichneten Karte ist Betrug (**RGSt. 5** 243; **EE 5** 108. Über Kraftloserklärung der Fahrausweise s. Anm. 1.

6. **Nicht rechtzeitige** Öffnung macht die Eisenbahn **ersatzpflichtig,** wenn sie *schuldhaft* ist, also nicht bei unvorhersehbarem Andrang. Die Bahn schützt sich davor durch Ausgabe von *Nachlösezetteln,* s. Anm. 2. *Auch für* die *Bahnsteigsperre* wird man mit *Finger,* 18 zu § 10, eine *Pflicht zur rechtzeitigen Öffnung* anerkennen müssen.

7. Vgl. ABest. D 2 zu § 11 (Frist für Vorlage von Anträgen auf Zeitkartenermäßigungen). Das heißt natürlich nicht, daß damit ein Freibrief für Willkür oder Bürokratismus gegeben wäre. Abs. 6 und 7 sollen nur in Ergänzung des Abs. 5 dem Reisenden *korrespondierende Pflichten* auferlegen. Die rechtzeitige Öffnung des Schalters ist zwecklos, wenn der Andrang erst 5 Minuten vor Abfahrt einsetzt oder die Reisenden alle mit großen Geldscheinen an den Schalter kommen. Im Rahmen des hiernach Zumutbaren hat der Schalterbeamte aber Geld zu wechseln und auch noch 5 Minuten vor Abfahrt abzufertigen (§ 242 BGB). Er entscheidet hier sowie bei der *Ablehnung von Auskünften* oder des Verkaufs von *Fahrkarten, die nicht für den in Kürze ankommenden Zug benötigt werden,* nach *billigem Ermessen.* So kann er Reisende mit abgezähltem Fahrgeld *außer der Reihe abfertigen.* Reisende, die ihren Pflichten aus den Abs. 6 und 7 nicht gerecht werden, haben daher für einen Anspruch aus Abs. 5 die **Beweislast,** evtl. § 254 BGB gegenüber der culpa in contrahendo der Bahn.

8. Ohne Rücksicht darauf, ob ein Verschulden der Eisenbahn oder des Reisenden vorliegt oder nicht [s. auch § 70 (1)];**LG Trier VRS 4** 72, a. M. *Goltermann,* 5 zu § 10 mit dem **AG Ibbenbüren EE 56** 277, das eine Aufrechnung mit einer Schadensersatzforderung wegen falscher Auskunft über den Fahrpreis zulassen will (gegen diese Ansicht s. § 11 Anm. 2 und § 6 Anm. 19). Über den Umtausch von Fahrausweisen vgl. §§ 23, 24.

9. Ausschlußfrist. **LG Trier VRS 4** 72 will bei Betrug einen Schadensersatzanspruch der Bahn über § 263 RStGB, § 823 (2) BGB zulassen und die *Ausschlußfrist* des § 10 (8) *nur für den Vertragsanspruch* gelten lassen, für den Anspruch aus unerlaubter Handlung aber den § 852 BGB. Das ist bedenklich (*Goltermann* in der Anm. dazu aaO.), da *§ 10 (8) lex specialis,* entspricht aber der Tendenz des BGH, neben Ansprüchen aus der EVO solche aus unerlaubter Handlung zuzulassen, vgl. **BGH** in **NJW 57** 1150 = **VRS 13** 109 und § 82 Anm. 1. Über die Frage, *wer bei Sammelbestellung Schuldner der Nachzahlung* s. *Rumpf* aaO.

§ 11. *Fahrpreise. Fahrpreisermäßigungen*

(1) Auf jedem Bahnhof ist ein Tarifauszug auszuhängen oder auszulegen[1], der die Preise der dort verkäuflichen Fahrausweise für die gangbarsten Verbindungen enthält[2].

(2) Der Tarif bestimmt[3], ob und welche Preiszuschläge für die Benutzung von Schnellzügen und anderen Zügen mit besonderer Geschwindigkeit und Bequemlichkeit zu entrichten sind und welche Bedingungen für die Benutzung von Schlafwagen gelten.

(3) Kinder bis zum vollendeten vierten Lebensjahr, für die kein besonderer Platz beansprucht wird, werden ohne Fahrausweis frei befördert[4]. Kinder vom vollendeten vierten bis zum vollendeten zehnten Lebensjahr und jüngere Kinder, für die ein besonderer Platz beansprucht wird, werden zur Hälfte des gewöhnlichen Fahrpreises — vorbehaltlich der Aufrundung nach den Tarifbestimmungen — befördert[5]. Maßgebend ist das Lebensalter am Tage des Reiseantritts[6].

(4) Ob und welche sonstigen Fahrpreisermäßigungen gewährt werden, bestimmt der Tarif[7].

A. Bekanntgabe der Fahrpreise

Der Tarifauszug kann die Entfernungen und Preise getrennt angeben.

B. Schnellzüge. Fernschnellzüge. Trans-Europ-Expreß-Züge

1. *Für die Benutzung von Schnell- und Fernschnellzügen sind Zuschläge zu zahlen.*
2. *Die Zuschläge betragen für beide Wagenklassen und alle Entfernungen*
   für Schnellzüge (D) .... 2 DM
   für Fernschnellzüge (F) .... 4 DM zum Schnellzugzuschlag.
   Abweichungen werden in den Tarifteilen II veröffentlicht.
3. *Der Zuschlag ist auch dann zu zahlen, wenn ein Reisender die 2. Klasse eines zuschlagpflichtigen Zuschlages mit einem Fahrausweis 1. Klasse benutzt, der für die betreffende Zuggattung nicht gültig ist, sofern die Tarifteile II nichts anderes bestimmen.*
4. *Die Zuschlagkarten und die Zuschlagscheine der Fahrscheinhefte gelten bis zum Zielbahnhof des Fahrausweises, zu dem sie gelöst sind, auch wenn der Fahrausweis über Umwege gilt oder Umwegkarten gelöst werden; hält der Zug nicht auf diesem Zielbahnhof, gelten sie bis zum nächsten Haltebahnhof. Über den Zielbahnhof*

des Fahrausweises hinaus werden im übrigen Zuschlagkarten und Zuschlagscheine der Fahrscheinhefte nur gültig geschrieben,

a) vom Abgangsbahnhof, wenn der Reisende anschließende Fahrausweise bereits besitzt, oder wenn er ausnahmsweise den von ihm gewünschten Fahrausweis nicht bis zum Zielbahnhof seiner Reise erhalten kann und einen Fahrausweis bis zu einem Unterwegsbahnhof löst, der dem Zielbahnhof möglichst nahe liegt,

b) vom Zugschaffner, wenn der Reisende sich unterwegs entschließt, über den Zielbahnhof seines Fahrausweises hinauszufahren, diese Absicht vor dem ursprünglichen Zielbahnhof dem Schaffner mitteilt und zugleich einen Fahrausweis zur Weiterfahrt löst.

5. *Die Zuschlagkarte gilt nur zu einer, wenn auch mit Unterbrechung zurückgelegten Fahrt und so lange, wie der Fahrausweis, zu dem sie gelöst ist. Ist die Zuschlagkarte nach ABest. 4 über den Bestimmungsbahnhof eines Fahrausweises hinaus ausgegeben, so gilt sie — auch bei Fahrtunterbrechung — nur zu einer Fahrt und längstens 4 Tage. Hin- und Rückfahrt gelten als je eine Fahrt.*

6. *Die zu einer Zeitkarte (Monatskarte, Teilmonatskarte, Arbeiterwochenkarte, Bezirkskarte usw.) gelöste Zuschlagkarte gilt nur zu einer Fahrt. Die Fahrt ist am Lösungstag anzutreten und nach Ablauf des Lösungstages ohne Fahrtunterbrechung auszuführen. Am Lösungstag kann die Fahrt unterbrochen werden, wenn sie noch am gleichen Tag fortgesetzt wird.*

7. *Ohne Fernschnellzuschlag gelten auch in Fernschnellzügen*

   a) Fahrscheinhefte, die im Ausland ausgegeben sind,

   b) Fahrausweise zum gewöhnlichen Fahrpreis oder mit der Fahrpreisermäßigung für allgemeine Rückfahrkarten — auch für Kinder und für kinderreiche Familien —, wenn sie für aneinander anschließende Strecken bis oder ab Grenze in Verbindung mit anschließenden ausländischen Fahrausweisen ausgegeben sind.

8. *Die vorstehenden Bestimmungen gelten nicht für die Trans-Europ-Expreß-Züge (TEE). Die Bestimmungen hierüber sind im DPT II Bundesbahn, Anhang 1, enthalten.*

C. Schlafwagen. Liegewagen 2. Klasse. Schlafwagen

1. *Bettplätze*

   a) der Einbettklasse (großes Einbettabteil),

   b) der Spezialklasse (kleines Einbettabteil),

c) der Doppelbettklasse (Doppelbettabteil),

d) der Touristenklasse (Dreibettabteil),

können gegen Lösung einer Bettkarte benutzt werden. Der Reisende muß außerdem einen für die Fahrt gültigen Fahrausweis zu 1a) bis c) der 1. Klasse und zu 1d) der 2. Klasse besitzen. Für Bettplätze nach 1a) sind ferner Zuschläge zu zahlen; sie betragen: für Entfernungen

bis zu 300 km	3 DM,
von 301 bis 500 km	6 DM,
von 501 bis 700 km	9 DM,
über 700 km	12 DM.

Inhaber von Jahresnetzkarten 1. Klasse sind von der Zahlung dieser Zuschläge befreit.

2. Über die Schlafwagenläufe und die Preise der Bettkarten geben die Fahrkartenausgaben und Reisebüros Auskunft.

3. Der Bettkartenpreis und die Zuschläge zu 1a) werden von dem Ausgangsbahnhof des Schlafwagens berechnet, auch wenn der Bettplatz auf einer Teilstrecke, also erst von einem Unterwegsbahnhof aus benutzt wird. Bei einzelnen Schlafwagenläufen werden Bettkartenpreise und Zuschläge nur für die Teilstrecken berechnet.

4. Für Kinder bis zum vollendeten vierten Lebensjahr, die ohne Fahrausweis befördert werden, und für Kinder bis zum vollendeten zehnten Lebensjahr, die zum halben Fahrpreis befördert werden, brauchen keine Bettkarten gelöst zu werden, wenn für sie kein besonderes Bett beansprucht wird. Wird aber für ein solches Kind ein besonderes Bett beansprucht, so ist eine Bettkarte zum vollen Preis — für ein Kind unter vier Jahren außerdem ein Fahrausweis zum halben Preis — zu lösen. Für zwei Kinder bis zum vollendeten zehnten Lebensjahr, die zusammen ein Bett benutzen, ist nur eine Bettkarte zu lösen.

5. Bettkarten können bei den als Vorverkaufsstellen bestimmten Fahrkartenausgaben und Reisebüros oder beim Schlafwagenschaffner gelöst werden.

6. Bettplätze können auch bei allen übrigen Fahrkartenausgaben bestellt werden.

7. Bei Lösung oder Bestellung von Bettkarten ist anzugeben, ob sie für einen Herrn, eine Dame oder für eine Familie bestimmt sind. Ferner ist der Bahnhof zu bezeichnen, von dem ab der Reisende den Schlafwagen benutzen will.

8. *Der Bettkartenpreis ist bei unmittelbarer Bestellung postgeldfrei einzusenden, bei Bestellung durch Vermittlung einer Fahrkartenausgabe oder eines Reisebüros sofort bei Aufgabe der Bestellung zu zahlen.*

9. *Werden für die Ausführung der Bestellung Nachrichtenmittel benutzt, so trägt der Besteller die dadurch entstehenden Kosten.*
Wird für die Bestellung von Bettplätzen der Bahndienstfernsprecher benutzt, so sind die Gebühren nach Anlage 2 Ziff. 1a) zu zahlen.

Wird die Ausführung der Bestellung durch Bahndienstfernschreiben übernommen, so wird für Bestellung und Antwort zusammen ohne Rücksicht auf die Zahl der bestellten Plätze die Gebühr nach Anlage 2 Ziff. 1b) erhoben. Diese Gebühr ist auch zu entrichten, wenn nur telegraphische Bestellung oder telegraphische Antwort verlangt wird. Der Reisende kann bestimmen, daß die Antwort an einen anderen Bahnhof zu richten ist.

Konnten bestellte Bettplätze nicht bereitgehalten werden, so erhält der Besteller den Bettkartenpreis zurück. Bestellgebühren werden nicht erstattet.

10. *Ein Anspruch auf einen bestellten Platz wird erst nach Aushändigung der Bettkarte erworben und dem Schlafwagenschaffner gegenüber durch die Bettkarte nachgewiesen.*

11. *Ist der zugesagte Bettplatz eine Stunde nach Abfahrt des Zuges von dem in der ABest. 7 bezeichneten Bahnhof nicht eingenommen, so erlischt der Anspruch*[8] *auf den Bettplatz.*

12. *Der Aufenthalt von Reisenden ohne Bettkarten in den Schlafwagen ist nicht gestattet. Die Benutzung der Speisewagen in den aus Schlafwagen gebildeten Schnell- und Fernschnellzügen ist nur den Reisenden der Schlafwagen gestattet.*

Liegewagen 2. Klasse.

13. *Liegeplätze 2. Klasse können gegen Lösung einer Liegekarte benutzt werden. Der Reisende muß außerdem einen für die Fahrt gültigen Fahrausweis besitzen.*

14. *Für die Benutzung eines Liegeplatzes mit Zuteilung eines bezogenen Kissens und einer Decke wird eine Gebühr von 5,50 DM erhoben. Für die Platzvormerkung hat der Reisende außerdem eine Vormerkgebühr in der Höhe der in Anlage 2 Ziff. 2 festgesetzten Platzkartengebühr zu entrichten. Über die Liegewagenläufe geben die Fahrkartenausgaben und Reisebüros Auskunft.*

15. *Für Kinder gilt ABest. 4 entsprechend.*

16. *Liegekarten können bei allen Fahrkartenausgaben und Reisebüros oder beim Liegewagenschaffner gelöst werden.*
17. *Der Anspruch auf den bestellten Liegeplatz wird dem Liegewagenschaffner gegenüber durch die Liegekarte nachgewiesen.*
18. *Liegeplätze müssen auf dem Bahnhof eingenommen werden, von dem ab sie bestellt wurden, andernfalls erlischt der Anspruch[8] auf den Liegeplatz. Von mehreren Bahnhöfen eines Ortes gilt der letzte als Abgangsbahnhof.*
19. *Konnten bestellte Liegeplätze nicht bereitgehalten werden, so wird dem Besteller die Liegeplatzgebühr gegen Empfangsbescheinigung zurückgezahlt.*

D. Fahrpreisermäßigungen

1. *Für Kinder vom vollendeten vierten bis zum vollendeten zehnten Lebensjahr und für jüngere Kinder, für die ein Platz beansprucht wird, sind Fahrausweise, auch Zuschlagkarten für Schnell- und Fernschnellzüge zum halben Preis zu lösen. Der Preis wird für jeden Fahrausweis auf 5 Pfennig aufgerundet. Für zwei Kinder kann ein Fahrausweis zum vollen Preis gelöst werden. Jedes Kind, für das bezahlt wird, hat Anspruch auf einen ganzen Platz.*
2. *Die Bestimungen über sonstige Fahrpreisermäßigungen sind in den Tarifteilen II enthalten. Sie werden nur angewendet, wenn die Fahrausweise vor Antritt der Reise gelöst werden. Bei antragsgebundenen Fahrpreisermäßigungen kann die Eisenbahnverwaltung eine Frist für die Vorlage der Anträge vor der erstmaligen Lösung des Fahrausweises vorschreiben. Für Bahnhöfe ohne Fahrkartenausgabe gelten die durch Aushang bekanntgegebenen Anordnungen.*
3. *Bei Lösung von Zeitkarten oder anderen Fahrausweisen, die schon eine Ermäßigung enthalten, werden die in den Tarifteilen II aufgeführten Ermäßigungen nicht gewährt, soweit nicht bei den einzelnen Fahrpreisermäßigungen etwas anderes angegeben ist.*
4. *Die Eisenbahnverwaltung kann die Ermäßigungen vorübergehend außer Kraft setzen oder beschränken[3]. Sie kann insbesondere bestimmte Züge oder Zugarten ausschließen oder die Ermäßigungen auf bestimmte Züge oder Zugarten beschränken.*
5. *Auf Fernfahrkarten und Fahrscheinhefte werden nur die Fahrpreisermäßigung für Kinder (ABest. 1) und die Fahrpreisermäßigungen gewährt, bei denen dies in den Tarifteilen II besonders angegeben ist.*
6. *Fahrausweise für antragsgebundene Fahrpreisermäßigungen, ausgenommen Schul- und Jugendpflegefahrten, werden nur über*

verkehrsübliche Wege ausgegeben, soweit die Tarifteile II nichts anderes bestimmen. Welche Wege als verkehrsüblich anzusehen sind, entscheidet die Eisenbahn. Wegen Ausgabe von Umwegkarten zum vollen Preis vgl. § 10 ABest. 6.

1. **Fehler verpflichten nicht** zum Verkauf der Fahrausweise zum falschen Preis, s. § 6 Anm. 19; **maßgebend ist der derzeit gültige Tarif** und die EVO, **EE 57** 201. *Sollvorschrift,* deren Verletzung nur im Wege der Dienstaufsichtsbeschwerde gerügt werden kann. Auslegen an Stelle des Aushängens ist ebenso *Ermessenssache* der Eisenbahn wie die Entscheidung darüber, welche Verbindungen zu den „gangbarsten" zählen. Der Aushang ermöglicht dem Reisenden, das Fahrgeld abgezählt bereitzuhalten [§ 10 (7)] setzt die Kenntnis des Fahrgeldes voraus), er liegt deshalb wegen der schnelleren Abfertigung auch im Interesse der Eisenbahn. Ob dem „Auslegen", d. h. wohl auf Anforderung am Schalter vorrätig halten, praktische Bedeutung zukommt, ist zu bezweifeln. Das heutige Publikum hält mehr von der mündlichen Auskunft, über die analog § 8 (2) ein künftiger § 11 aussagen sollte; s. Anm. 2.

2. Erhält er sie nicht oder findet sich der Reisende nicht zurecht, erkundigt er sich zweckmäßig am Schalter oder, bei größeren Bahnhöfen, bei der Auskunftsstelle. Für die **Tarifauskunft** gilt § 676 BGB, sie ist im Hinblick auf EVO §§ 6 und 10 (8) stets unverbindlich, auch ohne daß dies besonders betont wird. Auskunft in Zeiten starken Andrangs am Schalter kann abgelehnt werden, s. § 10 Anm. 7.

3. Siehe die ABest. zu § 11. Da der Tarif leichter zu ändern ist als die EVO und sich den jeweiligen Anforderungen daher schneller anpassen kann, beschränkt sich die EVO auf einige Rahmenbestimmungen über Fahrpreisermäßigungen (Abs. 2 und 3 des § 11). Abschn. D Ziff. 4 der ABest. gibt sogar der Eisenbahn das Recht, die Ermäßigungen vorübergehend außer Kraft zu setzen oder zu beschränken; soweit dabei § 11 (3) angetastet werden sollte, bedürfte es dazu aber der Form des § 2 (2), im übrigen der Form des § 6 (5).

4. **VZ 06** 1020. Zahl nicht beschränkt, so lange kein Platz beansprucht wird; s. Vorbem. zu III B III. *Finger,* 10 zu § 11, will das Wort *„beansprucht"* so auslegen, daß es nicht darauf ankommt, ob das Kind tatsächlich einen Platz belegt, sondern ob (bei Überfüllung) anderen gegenüber der Platz ausdrücklich verlangt wird. Dagegen spricht aber der klare Wortlaut des § 14 (2) Satz 1 — „für die er einen Fahrausweis vorweisen kann" — und des § 15 (2) — „als ihm für sich und die mit ihm reisenden Personen zustehen" —. Da das alleinreisende Kind unter 4 Jahren (s. Anm. 5) einen Sitzplatz beansprucht — auf wessen Schoß soll es reisen? —, ist der Anspruch auf Fahrpreis auch nach dem Wortlaut des Abs. 3 gerechtfertigt, *a. M. Goltermann,* Anm. 6 zu § 11. Gestattet der Schaffner das Belegen des Platzes auf jederzeitigen Widerruf bei begleiteten Kindern, obwohl kein Fahrausweis vorgewiesen wird, vielleicht Analogie zu § 14 (3) S. 3.

5. Ein Kind, das im Alter unter vier Jahren allein reisen sollte, würde einen Fahrausweis zu lösen haben (**RG** in **VZ 06** 1020). Meinungsverschie-

denheiten bezüglich des Kindesalters vorläufig zu entscheiden nach § 7 (2); bewußt unrichtige Angabe des Kindesalters zur rechtswidrigen Erlangung ermäßigter Fahrausweise ist strafrechtlicher Betrug. Dasselbe gilt, wenn Alter nicht ausdrücklich falsch angegeben, aber das Kind ohne oder (über zehn) mit halbem Fahrausweis durch die Sperre gelotst oder der Zugkontrolle gegenüber stillscheigend (durch konkludente Handlung) durch Nichtvorzeigen eines Fahrausweises für dieses als unter 4 oder Vorzeigen eines halben als unter 10 deklariert wird. Der Schaffner usw. braucht also nicht erst Zweifel geäußert oder ausdrücklich nach dem Alter gefragt zu haben. § 265 a RStGB dort, wo keine Kontrolle stattgefunden hat und es sich um Kinder handelt, für die überhaupt kein Fahrausweis entrichtet wurde (nicht bei zu Unrecht benutzter Kinderfahrkarte).

6. Rückfahrt, auch wenn Rückfahrkarten ausgegeben werden, gilt als neue Reise (**DJZ 06** 644). Bestimmung gilt natürlich nicht für Zeitkarten, wohl aber für Fahrscheinhefte, Ferienkarten. Über die Berechnung des Alters s. BGB § 187 Abs. 2 (am zehnten Geburtstage muß bereits eine volle Karte gelöst werden).

7. Anspruch auf Schülermonatskarten:

Verneint für *Referendare,* **LG Kassel NJW 52** 752 mit zust. Anm. *v. Staks.* **Bejaht** für *Rechtsstudenten* zum Amtsgericht, **AG Stade, NJW 53** 1833; **AG Münster, NJW 55** 1759, dagegen einleuchtend *Staks* in der Anm.

8. *Hoffmann-Walldorf,* Zur Frage der Haftung für Handgepäck auf Bahnreisen **Die BB 52** Abschnitt Schlafwagen S. 526; *Reindl,* Haftung der Schlafwagengesellschaft, **EE 24** 195 und 319; *Fuld,* Zur Haftung der Schlafwagenges., **EE 24** 324; *Ruge,* Schlafwagenrecht, Greifswald 1930 (auch **ArchfEis. 30** 1474); Schlafwagen können Eisenbahnen selbst betreiben (so früher Preußen); dann liegt, wie bei der Bestellung ganzer Abteile, ein Personenbeförderungsvertrag besonderer — erweiterter — Art vor. Werden sie von besonderen Gesellschaften betrieben (DSG, JSG), so ändert sich hieran rechtlich nichts. Es liegt **nicht etwa ein besonderer Beherbergungsvertrag** neben dem Beförderungsvertrag vor, jetzt **herrschende Meinung,** s. *Hoffmann-Walldorf* aaO. Anm. 13 mit umfangreichem Schrifttumsverzeichnis, als neuestes *Palandt,* BGB 19. Aufl. **1960, 1** zu § 701. Diese Unternehmen gelten hinsichtlich der Beförderung als **Erfüllungsgehilfen der Eisenbahn. Schlafwagenbedienstete fallen unter EVO § 4** (s. *Rundnagel,* BefGesch. § 176 S. 513; **VZ 00** 622), *nicht aber das Personal der Speisewagen.* **Abweichend** nehmen an: **a)** Haftung der Schlafwagengesellschaft auf Grund des § 701 BGB; *Planck* (Vorbem. zu § 701 in den älteren Auflagen; a. A. 4. Aufl., Vorbem. II 4 vor § 701; *Cosack,* Lehrb. d. BR **1** 643; **DJZ 00** 227; **EE 24** 324; **b)** Haftung der Schlafwagengesellschaft als selbständiger Frachtführer: **EE 23** 394, **24** 196, **13** 127, **14** 207; **c)** Haftung aus allgemeinem Vertragsrecht: **DJZ 03** 294. Dem ist nicht beizutreten. Wageneinstellung bleibt interner Vorgang zwischen Eisenbahn und Gesellschaft hinsichtlich der Beförderung. Was die *Bedienung* anbelangt (Verkauf von **Speisen, Getränken** usw.), so liegt *Kauf* vor *zwischen Reisenden und Gesellschaft;* auch *außervertragliche Beziehungen* sind möglich, z. B. Beschädigung von Geschirr in Speisewagen. **Dagegen** ist die **Gestellung des Bettes** im Schlafwagen reine **Beförderungsangelegenheit.** Es haftet also nur die Eisenbahn (*a. M.* **EE 18** 367, **19** 88, **24** 195, 319 *[Reindl]*, **24** 324). Haftung der Schlafwagengesellschaft für den Zoll: **JW 02** 302; **EE 25** 68. Die Bettkarten der Schlafwagengesellschaften sind *beförderungssteuerpflichtig* (**RFH EE 46** 280; **VZ 27** 972); daraus ergibt sich klar der Charakter der Beförderungsleistung.

9. Zu ABest. C 11: Das **Erlöschen des Anspruchs** ist nur für den Fall von Bedeutung, daß über den Platz anderweitig verfügt wird. Geschieht das nicht, hat der Besteller trotz der Nichtausnutzung keinen Anspruch auf Erstattung von Bettkartenpreis oder Liegewagengebühr (§ 649 BGB). Nach Ablauf der Frist ist aber der Schlafwagenschaffner (als Erfüllungsgehilfe der Eisenbahn, Anm. 8) verpflichtet, sich zu bemühen, den Platz anderweitig zu vergeben, Rechtsgedanke des Satz 2 des § 649 BGB, d. h. er muß das Leuchtplakat ggf. von „besetzt" auf „Plätze frei" umstellen und, falls er noch andere Plätze frei hat, zunächst den bestellten, aber freigewordenen vergeben (Nichtbenutzung kann z. B. auf Anschlußversäumung zurückzuführen sein). **Bei anderweitiger Vergebung** ist der Betrag für **Bettkartenpreis** oder **Liegewagengebühr** in entsprechender Anwendung der Ziff. 9 letzter Abs. und 19 der ABest. C gem. 10 (8) **von Amts wegen zu erstatten.**

§ 12. *Sonderwagen und Sonderzüge*

Unter welchen Bedingungen auf Antrag Sonderwagen[1] oder Sonderzüge[2] gestellt werden, bestimmt der Tarif[3], [4].

1. Über die Einstellung von Sonderwagen und die Stellung von Sonderzügen entscheidet die dem Abgangsbahnhof vorgesetzte Eisenbahnverwaltung. Die näheren Bestimmungen sind in den Tarifteilen II enthalten.

2. Die Beförderungsbedingungen für Sonderwagen und Sonderzüge, die die Eisenbahn aus besonderem Anlaß für den allgemeinen Verkehr fährt (Verwaltungssonderfahrten), werden von Fall zu Fall veröffentlicht.

1. Sonderwagen: Wagen, die in Züge des öffentlichen Personenverkehrs für besondere Zwecke eingestellt werden. Unter den Begriff der „Sonderfahrten" in § 3 (3), der bei enger Auslegung eine besondere Fahrleistung voraussetzt, können die Sonderwagen unter dem Gesichtspunkt subsumiert werden, daß es schließlich gleichgültig ist, ob für einen besonderen Zweck ein besonderer Zug gebildet oder aus wirtschaftlichen Gründen nur bestimmte Wagen in sowieso verkehrende Züge eingestellt werden. Die Sonderwagen fallen **nicht unter die Beförderungspflicht,** d. h. der Zutritt zu ihnen wird von besonderen Fahrausweisen abhängig gemacht; diese können **vom Regeltarif abweichend** verausgabt werden. § 6 Anm. 4.

2. Sonderzüge: Vgl. § 3 Anm. 11. Während § 3 (3) zu eng nur von „Sonderfahrten auf Bestellung" spricht, fallen unter den Begriff der Sonderzüge außer denen **auf Bestellung (Gesellschaftssonderzüge** und -wagen, ABest. 1) auch die **Verwaltungssonderfahrten** (Verwaltungssonderzüge und -wagen) der ABest. 2 für den **allgemeinen Verkehr.** Auch die letzteren unterliegen „dem Ermessen der Eisenbahn" im Sinne von § 3 (3) Satz 2, was sich aus dem Gegenteilsschluß zu Satz 1 ergibt. Der Unterschied zwischen Verwaltungssonderzügen und Bedarfszügen liegt darin, daß die letzteren der Verstärkung des regelmäßigen Bedarfs dienen, während die ersteren aus besonderem Anlaß eingelegt werden.

3. **Weder Sonderwagen noch Sonderzüge unterliegen** nach dem zu 1 und 2 Gesagtem **dem Beförderungs- (und** daher auch nicht dem **Tarif-)Zwang.** Wenn § 12 trotzdem vorsieht, daß der Tarif die Bedingungen der Benutzung bestimmt, so geschieht dies aus dem natürlichen Bedürfnis der Eisenbahn heraus, die Bedingungen für die zahlreichen beteiligten Stellen zu generalisieren. Der Tarif kann aber hier unbedenklich vorsehen, daß **im Einzelfall abweichende Vereinbarungen** getroffen werden; er hat daher genau wie im Falle des § 53 (2) nur die Funktion eines Anhaltspunkts, von dem nach dem Ermessen und den Bedürfnissen der Verwaltung Abweichungen gestattet werden können. Dieser Teil des Personenverkehrs der Eisenbahn, in dem sie sich kaufmännisch frei betätigen kann und der nicht lebensnotwendigen Bedürfnissen dient, unterliegt daher auch nicht dem Schutz des PBefG (**BVerG 1**, 97, 165).

Die Bestimmungen der EVO gelten für den Sonderverkehr der Eisenbahn auch insoweit nicht, als sich dies aus der Natur der Sache ergibt, z. B. § 8 (*Finger,* 1 zu § 12); §§ 16 und 18 (s. dort Anm. 1).

4. Wenn Reisebüros als Besteller Reisende bedingungswidrig ohne Arrangement mitfahren lassen, ist für diese der Normalfahrpreis zu entrichten; **LG Frankfurt/M VRS 7** 340 mit zust. Anm. v. *Goltermann.*

§ 13. *Bestellung von Abteilen oder einzelnen Plätzen*

(1) Auf Verlangen der Reisenden werden Wagenabteile unter den im Tarif festgesetzten Bedingungen zur Verfügung gestellt, wenn keine Rücksichten des Betriebs oder Verkehrs entgegenstehen[1]. Die Abteile müssen mindestens eine Stunde vor der Abfahrtzeit bestellt werden.

(2) Für das Abteil sind höchstens so viel Fahrausweise zu bezahlen, wie es Plätze enthält. Es dürfen nur so viel Personen aufgenommen werden, als Fahrausweise gelöst sind.

(3) Bestellte Abteile sind kenntlich zu machen[1].

(4) Ob und unter welchen Bedingungen für einzelne Züge bestimmte Plätze bestellt werden können, bestimmt der Tarif[2].

(5) Der Tarif kann bestimmen, daß einzelne Züge nur gegen Lösung von Platzkarten benutzt werden können[3].

Bestellung von Abteilen

1. *Ganze Abteile können gegen Lösung von 6 Fahrausweisen, Halbabteile gegen Lösung von 3 Fahrausweisen der betreffenden Wa-*

genklasse und Zuggattung zum gewöhnlichen oder, falls eine Fahrpreisermäßigung in Anspruch genommen wird, zum ermäßigten Fahrpreis überlassen werden. Außerdem ist die in Anlage 2 Ziff. 2 festgesetzte Platzkartengebühr bei Bestellung von ganzen Abteilen für 6 Plätze, bei Bestellung von Halbabteilen für 3 Plätze zu entrichten. Fahrausweise, die zu mehr als einer Fahrt in einer Richtung gelten (Zeitkarten), werden hierbei nicht angerechnet. Als ganzes Abteil gelten auch zwei gegenüberliegende Bankreihen, die nicht durch Türen oder Zwischenwände abgeschlossen sind. Jeder in dem Abteil reisende muß einen Fahrausweis zum gewöhnlichen oder zum ermäßigten Fahrpreis haben.

Muß das Abteil schon von einem Bahnhof ab freigehalten werden, der vor dem Zugangsbahnhof liegt, so sind die Fahrausweise schon von diesem Bahnhof ab zu lösen.

2. *Über die Überlassung von Abteilen entscheidet die Abgangsdirektion, bei Zügen aus dem Ausland die Direktion, in deren Bereich der Grenzbahnhof liegt. Der Besteller wird verständigt, daß die Bestellung durchgeführt wurde oder aber nicht mehr berücksichtigt werden konnte.*

   Bestellte Abteile werden gekennzeichnet. Die Plätze eines bestellten Abteils müssen 15 Minuten nach Abfahrt des Zuges von dem Bahnhof, von dem ab das Abteil bestellt wurde, eingenommen sein, andernfalls erlischt der Anspruch auf das Abteil. Von mehreren Bahnhöfen eines Ortes gilt der letzte als Abgangsbahnhof.

3. *Ein Recht auf Freihaltung nicht bezahlter Plätze für die Dauer der ganzen Reise wird nicht eingeräumt. Bei Bedarf dürfen die nicht bezahlten Plätze zeitweise oder dauernd mit anderen Reisenden besetzt werden. Hierüber entscheidet auf den Bahnhöfen der Aufsichtsbeamte, während der Fahrt der Zugführer.*

4. *Konnten bestellte Abteile nicht zugeteilt oder zugeteilte Abteile nicht bereitgehalten werden, so werden dem Besteller die Platzkartengebühren gegen Empfangsbescheinigung zurückgezahlt.*

Bestellung von Plätzen

5. *Einzelreisende und die Teilnehmer an Gruppenfahrten können sich für einen bestimmten Zug von dessen Abgangsbahnhof oder vom Abgangsbahnhof einzelner planmäßig in solche Züge übergehender Wagen und von allen Haltebahnhöfen des Zuges bestimmte Plätze im voraus sichern. Die Platzbestellung kann auf bestimmte Wagen und Abteile beschränkt werden.*

6. *Die Züge, für die Platzkartenverkauf vorgesehen ist, oder die nur gegen Lösung von Platzkarten benutzt werden können, werden in den Fahrplänen bekanntgegeben.*

7. *Der Reisende hat die für die Platzvormerkung in Anlage 2 Ziff. 2 festgesetzte Platzkartengebühr zu entrichten.*

8. *Bestellte Plätze werden gekennzeichnet. Ein bestellter Platz muß 15 Minuten nach Abfahrt des Zuges von dem Bahnhof eingenommen sein, von dem ab der Platz bestellt wurde, andernfalls erlischt der Anspruch auf den Platz. Von Bahnhöfen eines Ortes gilt der letzte als Abgangsbahnhof.*

9. *Konnten bestellte Plätze nicht zugeteilt oder zugeteilte Plätze nicht bereitgehalten werden, so wird dem Besteller die Platzkartengebühr gegen Empfangsbescheinigung zurückgezahlt.*

10. *Für die Trans-Europ-Expreß-Züge (TEE) gelten die Bestimmunmungen des DPT II Bundesbahn, Anhang 1.*

Schrifttum: *Rückel,* Das neue Platzreservierungssystem, **Die BB 58** 1119; *Vogel,* Platzkarten, **Die BB 56** 883.

1. Ermessensentscheidung; ist dem Reisenden aber ein Abteil zur Verfügung gestellt , hat er ein **Recht auf alleinige Benutzung** bis zur Zahl der bezahlten Plätze, vgl. aber ABest. 2, 2. Abs. und 8 bei nicht rechtzeitiger Inanspruchnahme. Mitreisende, die als „bestellt" gekennzeichnete Plätze oder Abteile (ABest. 8 und 2) eingenommen haben, beachten die vorgeschriebene Ordnung nicht (§ 8 [1] S. 1) und können daher, wenn sie sich der *Räumungsanordnung* des Schaffners nicht fügen, *auf die der Besteller einen Anspruch hat,* von der Weiterfahrt ausgeschlossen werden; setzt der Schaffner die Räumung nicht durch, kann Besteller die **Bestellgebühr zurückverlangen,** § 812 BGB. Nach Verlassen des Bahnhofs, für den Abteil oder Platz bestellt waren, können sie aber die Plätze besetzen und brauchen sie, wenn der Besteller nachträglich auftaucht, nicht mehr zu räumen. Bei kurzem Aufenthalt des Zuges und Andrang wird man allerdings die Worte *„auf dem Bahnhof"* in ABest. 2 und 8 *nicht zu eng auslegen* dürfen und eine gewisse Karenzzeit für das Aufsuchen der bestellten Plätze einräumen müssen. Zuweisung eines besonderen Abteils oder Platzes (Platzkarte) bedeutet nicht etwa besonderer Vertrag (etwa Miete); sie ist eine **Zusatzvereinbarung zum Beförderungsvertrag** *Kittel,* § 14 Anm. 1; *Rundnagel,* BefGesch. § 177 S. 515; **RG 62** 119; **JW 06** 403; a. M. *Kommentar der RG-Räte,* Einl. zum VII. Titel (Werkvertrag); *Göppert,* Rechtliche Natur der Personenbeförderung S. 62. Vgl. auch § 14 Anm. 3.

2. ABest. 5 zu § 13, C zu § 11 für Schlafwagen und Liegewagen.

3. War nötig wegen der Triebwagen mit beschränktem Platzangebot. Rechtsgrundlage: § 3 (1) a).

§ 14. *Einnehmen der Plätze. Übergang in andere Wagenklassen*

(1) Die Eisenbahnbediensteten sind berechtigt[1], den Reisenden die Plätze anzuweisen. Auf Verlangen sind die Schaffner hierzu verpflichtet[2].

(2) Der Reisende darf beim Einsteigen für sich und für jede mit ihm reisende Person, für die er einen Fahrausweis vorzeigen kann, je einen noch verfügbaren Sitzplatz belegen[3]. Wer seinen Platz verläßt, ohne ihn deutlich sichtbar — nicht nur mit Zeitungen oder Zeitschriften — zu belegen, verliert den Anspruch darauf[4].

(3) Findet ein Reisender mit Fahrausweis erster Klasse keinen Sitzplatz[5] und kann ihm ein solcher auch nicht angewiesen werden, so kann er gegen Erstattung des Preisunterschiedes in der zweiten Klasse fahren oder die Fahrt gegen Erstattung von Fahrpreis und Gepäckfracht für die nicht durchfahrene Strecke aufgeben, ohne daß ihm eine weitere Entschädigung zusteht. Findet ein Reisender mit Fahrausweis zweiter Klasse in dieser Klasse keinen Sitzplatz, so ist ihm tunlichst in der ersten Klasse ein solcher anzuweisen, falls dort noch Sitzplätze frei sind. Der Reisende wird in der ersten Klasse, in der ihm ein Platz angewiesen wurde, ohne Zahlung des Preisunterschiedes so lange befördert, bis ihm in der zweiten Klasse ein Platz angewiesen werden kann oder bis der ihm zugewiesene Platz für einen Reisenden der ersten Klasse benötigt wird[6]. Erhält er auch in der ersten Klasse keinen Sitzplatz, so kann er, ohne daß ihm eine weitere Entschädigung zusteht, die Fahrt gegen Erstattung von Fahrpreis und Gepäckfracht für die nichtdurchfahrene Strecke aufgeben. Die Ansprüche auf Fahrpreiserstattung erlöschen, wenn sie nicht binnen sechs Monaten nach Ablauf der Geltungsdauer des Fahrausweises geltend gemacht werden.

(4) Soweit der Tarif nichts anderes bestimmt, ist dem Reisenden der Übergang in die erste Klasse oder in einen Zug mit höheren Fahrpreisen gegen Zahlung des Unterschiedsbetrags gestattet. § 15 (3) gilt entsprechend[7].

Einnehmen der Plätze

1. *Reisende mit Fahrausweis 2. Klasse, die nach EVO § 14 (3) in der ersten Klasse unterzubringen sind oder nach EVO § 14 (4) gegen Zahlung des Unterschiedsbetrages in die 1. Klasse übergehen wollen, dürfen erst dann in der 1. Klasse Platz nehmen, wenn ihnen der Schaffner oder Zugführer dort einen Platz anweist. Wer eigenmächtig in der 1. Klasse Platz nimmt, wird nach EVO § 15 (3) zweiter Satz als Reisender ohne gültigen Fahrausweis behandelt.*

Übergang in die 1. Klasse

2. Beim Übergang in die 1. Klasse mit einem Fahrausweis 2. Klasse ist der Unterschied zwischen den Preisen beider Klassen durch Lösen einer Übergangskarte zu entrichten. Für die Zahlung von Zuschlägen bei Benutzung zuschlagpflichtiger Züge gilt § 11 ABest. B.

3. Die Übergangskarte gilt nur zu einer, auch mit Unterbrechung zurückgelegten Fahrt und nur so lange wie der zugehörige Fahrausweis. Berechtigt dieser Fahrausweis zu mehreren Fahrten in eine Richtung (Zeitkarte), so gilt die Übergangskarte trotzdem nur zu einer Fahrt und längstens vier Tage.

1. Die Fassung „die Eisenbahnbediensteten" steht offenbar im bewußten Gegensatz zu „die Schaffner" in Satz 2, ebenso wie **„berechtigt"** in Satz 1 zu **„verpflichtet"** in Satz 2. Bei Satz 1 wie Satz 2 handelt es sich um „Anordnungen der Bediensteten" im Sinne von § 9 Satz 1; außer dem Schaffner kommen der Zugführer und ggf. der Aufsichtsbeamte (§ 7 [2] bei Meinungsverschiedenheiten), ferner Zugrevisoren und sonstige „Bahnpolizeibeamte" (s. § 9 Anm. 3) in Frage. Die Berechtigung nach § 14 (1) beruht auf den **Erfordernissen eines geordneten** und reibungslosen **Betriebs;** so kann z. B. der Bedienstete Reisende, auch wenn sie **bereits Platz genommen haben,** in einen anderen Wagen verweisen, z. B. wenn er feststellt, daß der Wagen, in dem sie sich befinden, vor dem Ziel abgehängt wird, oder um Kurswagen für Fahrgäste freizuhalten, die sonst im Zuge umsteigen müßten (*Finger,* 2 zu § 14); seine Aufgabe ist es auch, Sonderabteile oder -plätze und bestellte Abteile oder Plätze freizuhalten. **„Plätze"** im Sinne von Abs. 1 bedeutet **nicht** notwendig **„Sitzplätze",** vgl. Abs. 2 (a. M. offenbar *Finger* aaO.); bei Überfüllung ist es auch Sache des Bediensteten, *den* Reisenden die Sitzplätze zuzuweisen, die sie wegen Alters und Gebrechlichkeit in erster Linie benötigen.

2. Die **Verpflichtung** des Satz 2 ist **auf** die **Schaffner beschränkt,** um die sonstigen mit der Ordnung im Zuge betrauten Bediensteten in ihren speziellen Aufgaben nicht zu behindern. Der Schaffner hat notfalls (§ 77 [2] BO) unmittelbaren Zwang anzuwenden, um dem Reisenden, der z. B. einen Platz bestellt hat, diesen freizumachen; dasselbe gilt für nach § 14 (2) belegte Plätze. Wo der Schaffner den Reisenden unterbringt, bleibt seinem billigen Ermessen überlassen, selbstverständlich hat er unter mehreren Möglichkeiten die dem Reisenden genehmere zu bevorzugen; hat der Reisende auf bestimmte Plätze Anspruch, geht dieser dem Ermessen des Schaffners vor.

3. Die **Form des Belegens** bleibt dem Reisenden überlassen; Satz 2 sagt lediglich negativ, daß Zeitungen oder Zeitschriften dafür nicht ausreichen. Aus der Formulierung „Sitzplatz belegen" ist ferner zu entnehmen, daß es nicht genügt, wenn oberhalb des Sitzplatzes, also etwa im Gepäcknetz, ein Gepäckstück hingelegt wird: Der **Sitzplatz muß belegt werden,** also die **Sitzfläche. „Verfügbar"** heißt **nicht belegt** oder gem. § 13 (3) und ABest. 8

zu § 13 **gekennzeichnet** (über das neue Kennzeichnungsverfahren s. Schrifttum zu § 13; es macht die früheren am Platz befestigten Zettel, die leicht abgerissen werden konnten, weitgehend überflüssig). Wenn Platz von der Eisenbahn versehentlich nicht gekennzeichnet oder die Kennzeichnung abgerissen worden ist, will *Finger,* 7 zu § 14, den Platz als verfügbar im Sinne des § 14 (2) ansehen; dagegen könnte aber geltend gemacht werden, daß die Eisenbahn über den Platz dem Besteller gegenüber bereits verfügt hat; sind noch andere Plätze vorhanden, wird man den Schaffner für verpflichtet halten müssen, dem (wenn auch nicht gekennzeichneten) Recht des Bestellers den Vorrang einzuräumen und dem, der im gutem Glauben belegt hat, einen anderen Platz anzuweisen (das gilt erst recht, wenn der neue Inhaber verdächtig ist, die Kennzeichnung selbst entfernt zu haben, so z. B. wenn sonst im ganzen Zuge ordnungsmäßig gekennzeichnet worden ist, was bestellt war). Hat jemand, um allein zu reisen, mehr Plätze bestellt als gebraucht werden, so ist die **Zahl der bestellten Plätze entscheidend,** *nicht,* wie *Finger,* 6 zu § 14, meint, die Zahl der *tatsächlich reisenden* Personen, das ergibt sich klar aus ABest. 3 zu § 13 für die Abteilbestellung; das „eingenommen" nach ABest. 8 zu § 13 für bestellte Plätze heißt nicht „durch eine Person besetzt", *vielmehr genügt das Belegen.*

4. Gilt auch für die nach EVO § 13 (3) und (4) bestellten Plätze, wenn sie einmal eingenommen oder belegt waren.

5. Der tatsächliche Zustand entscheidet. Ob Eisenbahn, selbst schuldhaft, nicht für Vermehrung der Plätze gesorgt hat, ist unbeachtlich. Über Haftung bei Überfüllung s. Vorbem. Abschnitt V. **„Sitzplatz"** heißt der normal hierfür vorgesehene Raum; Reisender braucht sich nicht auf einen Platz zwischen zwei Sitzen verweisen zu lassen. Abs. 3 regelt die Ansprüche des Reisenden für diesen Fall **abschließend,** also keine Schadensersatzansprüche aus allgemeinen Rechtsgründen. **Erstattung ohne Abzug,** *Finger,* 15 zu § 14.

6. In diesem Augenblick hat dieser Reisende den *Vorrang* von dem mit dem Fahrausweis 2. Klasse, auch wenn der letztere jetzt nach Abs. 4 nachzulösen bereit ist.

7. *Übergang nur mit Zustimmung des Schaffners,* die im Falle der Anm. 6 zu versagen ist, wenn kein Platz vorhanden; s. ABest. 1.

§ 15. *Prüfung der Fahrausweise. Fahrpreiszuschläge. Bahnsteigkarten*

(1) Der Reisende ist verpflichtet, auf Verlangen[1] den Fahrausweis[2] jederzeit[3] zur Prüfung vorzuweisen und bei Beendigung der Fahrt abzugeben[4].

(2) Wer ohne gültigen Fahrausweis in einem zur Abfahrt bereitstehenden Zuge verweilt[5] oder mehr Plätze belegt, als ihm für sich und die mit ihm reisenden Personen zustehen, hat drei DM zu zahlen[6].

(3) Wer unaufgefordert[7] dem Schaffner oder Zugführer meldet, daß er keinen gültigen Fahrausweis habe, hat einen Zuschlag von 0,50 DM

zum tarifmäßigen Preis, jedoch nicht mehr als das Doppelte dieses Preises zu zahlen. Im übrigen hat ein Reisender[8], der keinen gültigen Fahrausweis[9] vorweisen kann, unbeschadet der strafrechtlichen Folgen für die von ihm zurückgelegte Strecke und, wenn der Zugangsbahnhof nicht sofort nachgewiesen werden kann[10], für die ganze vom Zuge zurückgelegte Strecke das Doppelte des Fahrpreises, mindestens jedoch drei DM zu zahlen[11, 12].

(4) Ein Reisender, der die sofortige Zahlung[13] verweigert, kann von der Weiterfahrt ausgeschlossen werden[14]; er hat keinen Anspruch auf Erstattung von Fahrpreis oder Gepäckfracht. Für die Auslieferung des Reisegepäcks gilt § 29 (3).

(5) Wer auf Bahnhöfen mit Bahnsteigsperre ohne gültigen Fahrausweis die abgesperrten Teile des Bahnhofs betreten will, hat eine Bahnsteigkarte zu lösen[15]. Diese Karte ist beim Durchschreiten der Sperre vorzuweisen und bei der Rückkehr abzuheben. Sie berechtigt nicht zum Betreten des Zuges. Wer ohne gültigen Ausweis die abgesperrten Teile des Bahnhofs betritt, hat 0,50 DM zu zahlen[16].

(6) Der Eisenbahn bleibt überlassen, mit Genehmigung des Reichsverkehrsministers[17] die Fälle durch den Tarif einheitlich zu regeln, wo aus Billigkeit von der Erhebung der in den Absätzen (2), (3) und (5) bezeichneten Beträge ganz oder teilweise abgesehen wird[18].

(7) Über jede Nachzahlung ist eine Bescheinigung zu erteilen.

(8) Fahrausweise, die nach dem Tarif als ungültig anzusehen sind, werden von den Bediensteten eingezogen[19].

Prüfung der Fahrausweise

1. *Werden mehrere aneinander anschließende Fahrausweise zu einer zusammenhängenden Fahrt benutzt, so sind sämtliche Fahrausweise bei Beendigung der Fahrt vorzuzeigen.*
2. *Als Reisender ohne gültigen Fahrausweis gilt auch,*
   a) *wer einen Fahrausweis benutzt, dessen Inhalt unbefugt geändert, unleserlich oder unkenntlich gemacht worden ist, gleichgültig, wer ihn geändert oder beschädigt hat;*
   b) *wer Scheine eines Fahrscheinhefts oder Fahrausweise in Buchform ohne Umschlag oder Scheine außer der Reihe vorzeigt;*
   c) *wer einen Ausweis vorzeigt, bei dem das Lichtbild fehlt, unkenntlich ist oder sich auswechseln läßt, gleichgültig, wer den Ausweis geändert oder beschädigt hat, wenn ein Fahrausweis oder Personenausweis mit Lichtbild vorgeschrieben ist[20];*

d) wer einen Fahrausweis oder Antrag ohne gültige Unterschrift, mit unleserlicher oder unvollständiger Unterschrift vorzeigt, wenn der Fahrausweis oder der mitzuführende Antrag die Unterschrift des Reisenden tragen muß, sofern der Reisende nicht nachweisen kann, daß er den Fahrausweis oder den Antrag zu Recht benutzt;

e) wer keinen auf seinen Namen lautenden, keinen gültigen oder keinen vollständig ausgefüllten Antrag oder Ausweis vorzeigen kann, wenn ein Antrag oder Personenausweis mitzuführen ist;

f) wer einen andern Fahrausweis nicht vorzeigen kann, wenn das Mitführen eines solchen Fahrausweises vorgeschrieben ist;

g) wer Züge, Wagenabteile oder Plätze, die nach dem Fahrplan oder durch besondere Kennzeichnung in der Benutzung beschränkt sind, unberechtigt benutzt. Die Eisenbahnbediensteten können solche Reisende auf andere Züge, in andere Wagenabteile oder auf andere Plätze verweisen. Kommt ein Reisender den Anordnungen der Bediensteten nicht nach, so kann er von der Weiterfahrt ausgeschlossen werden.

Bei a) bis d) wird der Fahrausweis, bei d) und e) auch der Antrag eingezogen.

3. Ob ein beschädigter Fahrausweis noch als gültig anzusehen ist, entscheidet auf den Bahnhöfen der Aufsichtsbeamte, während der Fahrt der Zugführer[21].

Fahrpreiszuschläge:

4. Ein zur Abfahrt bereitstehender Zug darf ohne gültigen Fahrausweis nur vorübergehend von Personen betreten werden, die den Reisenden das Handgepäck in die Wagen schaffen oder hilfsbedürftige Reisende sowie Frauen und Kinder unterbringen wollen. Wer zu anderen Zwecken den Zug betritt oder ohne gültigen Fahrausweis darin verweilt, hat die Gebühr von 3 DM nach EVO § 15 (2) zu zahlen.

5. Wer bei einer Fahrt nach ABest. 1 für eine Teilstrecke keinen gültigen Fahrausweis vorzeigen kann, hat für diese Teilstrecke das Doppelte des gewöhnlichen Fahrpreises, mindestens aber 3 DM nach EVO § 15 (3) zu zahlen.

6. Den Zuschlag nach EVO § 15 (3) erster Satz hat nicht zu zahlen, wer

a) auf einem Anschlußbahnhof wegen Verspätung seines Zuges oder eines anderen fahrplanmäßig von einer Eisenbahn be-

triebenen Verkehrsmittels (Omnibus, Schiff) oder wegen kurzer Übergangszeit keinen Fahrausweis für die Weiterfahrt hat lösen können und dies dem Schaffner unverzüglich meldet,

b) in demselben Zug über den Bahnhof, bis zu dem sein Fahrausweis gilt, hinausfahren will, dort aber keine Zeit oder Möglichkeit zum Lösen eines Fahrausweises hat und die Absicht der Weiterfahrt spätestens auf dem ursprünglichen Zielbahnhof dem Schaffner meldet,

c) mit Fahrausweis 2. Klasse in die 1. Klasse übergeht und dies vorher dem Schaffner meldet; wegen des Zuschlags beim eigenmächtigen Platznehmen in der 1. Klasse vgl. § 14 ABest. 1,

d) einen Zug mit höheren Fahrpreisen benutzt und dies dem Schaffner unverzüglich meldet,

e) eine Umwegkarte löst,

f) unfreiwillig oder unwissentlich eine Strecke mit einem dafür nicht gültigen Fahrausweis fährt oder einen seinem Fahrausweis nicht entsprechenden Zug mit höheren Fahrpreisen benutzt, sofern er zur sofortigen Zahlung des einfachen Fahrpreises oder des Fahrpreisunterschieds bereit ist.

7. *Auf den doppelten Fahrpreis, den Reisende ohne gültigen Fahrausweis, zu zahlen haben, wird der etwa schon gezahlte Fahrpreis angerechnet, wenn er aus dem Fahrausweis ohne weiteres erkennbar ist. Es müssen jedoch in jedem Fall gemäß EVO § 15 (3) mindestens 3 DM nachgezahlt werden.*

Bahnsteigkarten

8. *Der Inhaber einer Bahnsteigkarte darf den Bahnsteig und die in die Bahnsteigsperre einbezogenen Warteräume nur einmal betreten und nur solange die Sperre geöffnet ist. Er hat die abgesperrten Teile des Bahnhofs zu verlassen, wenn es der Aufsichtsbeamte anordnet.*

Die Bahnsteigkarte gilt nur an dem Tag, an dem sie der Bahnsteigschaffner entwertet hat. Die Eisenbahn kann Ausnahmen zulassen.

Eine zwischen 22 und 24 Uhr entwertete Karte gilt auch am folgenden Tag.

9. *Die Bahnsteigkarte kostet 0,20 DM. Für zwei Kinder vom vollendeten vierten bis zum vollendeten zehnten Lebensjahr braucht nur eine Bahnsteigkarte gelöst zu werden. Kinder bis zum vollendeten vierten Lebensjahr werden ohne Bahnsteigkarte zugelassen.*

10. Für jeden auf den Bahnsteig mitgenommenen Hund ist eine Bahnsteigkarte zu lösen.

Schrifttum: *Sautter,* Die rechtliche Natur der Fahrpreiszuschläge, **EE 29** 1 ff., 25 213; *Gordon* **20** 193. Zur Frage des „blinden Passagiers" vgl. Anm. 12.

1. Des zuständigen Bediensteten (s. § 7). Unter **„Verlangen"** ist hier nur die **ausdrückliche** diesbezügliche Aufforderung an einen bestimmten Reisenden zu verstehen; die Frage: „Noch jemand zugestiegen?", ist nicht in diesem Zusammenhang, sondern im Rahmen des Abs. 3 von Bedeutung, s. dort Anm. 7; *a. M. Finger,* 2 zu § 15. **„Vorweisen"** heißt: Zur Prüfung überlassen, **übergeben,** s. Anm. 1 zu § 10. *Bei Weigerung Zurückweisung, Ausschluß* von der Fahrt (§ 9), bahnpolizeiliche *Strafe* (BO §§ 72, 82), *außerdem* ggf. *Zahlung* nach Abs. 2 oder 3.

2. Wenn auch Abs. 1 nur von „dem" Fahrausweis spricht, so ist doch damit zweifellos alles das gemeint, was nach dem Tarif ergänzend dazugehört, z. B. *Zuschläge, Platzkarten, Bettkarten,* **EE 33** 185. Die Pflicht nach Abs. 1 erstreckt sich auf die Fahrausweise usw., die der Reisende für die „mit ihm reisenden Personen" [§ 14 (2), z. B. Kinder] verwahrt. Die Folgen einer Verweigerung (Anm. 1) treffen aucn diese.

3. Im Warteraum, beim Betreten und Verlassen des Bahnsteiges, beim Einsteigen in den Wagen, jederzeit während der Fahrt. Daher Aufbewahrungspflicht bis zum Verlassen des Bahnsteigs oder, wo eine Bahnsteigsperre nicht besteht, des Zuges. Die *Pflicht entfällt* selbstverständlich (ebenso Folgerungen nach Abs. 3), *wenn* der *Schaffner* die *Fahrausweise* nach einem unbesetzten Haltepunkt bereits bei der Fahrkartenkontrolle *abgenommen* hat und später ein Zugrevisor nochmals prüft.

4. Siehe § 797 BGB (vgl. § 10 Anm. 1), auch nur auf Verlangen. Bis dahin gehört der Fahrausweis dem Reisenden, **RG EE 39** 181. Das **Verlangen** kann auch in der Form geäußert werden, daß ein Kasten mit der An: schrift: *„Für abgefahrene Fahrkarten"* an der unbesetzten Sperre angebracht wird. Wenn der Reisende den Fahrschein *als Beleg* für andere Stellen *behalten* will, hat er dies vorzubringen und den Fahrschein durch entsprechenden Stempel kennzeichnen zu lassen. Eine Abforderung des Fahrscheins, nachdem der Reisende die Ausgangssperre passiert hat (*Finger,* 6 zu § 15) dürfte angesichts der Tatsache, daß ihm der Besitz nicht nachgewiesen werden kann, keinen großen praktischen Wert haben, doch ist Finger zugegeben, daß Abs. 1 die Pflicht nur **„bei** Beendigung der Fahrt" begründet. Gegen *Mißbrauch* auch abgefahrener Fahrscheine helfen die Bestimmungen der ABest. 2, die gem. Abs. 8 des § 15 eine **Einziehung** des Fahrausweises, ggf. darüber hinaus auch des Antrags vor Beendigung der Fahrt vorsehen. Über die Ablieferung der Monatskarten s. **EE 26** 306, auch **446.**

5. Die **Gefährdung,** nicht die tatsächliche Schädigung des Interesses der Eisenbahn und der anderen Reisenden wird mit einer Gebühr belegt. *Weirauch* in der Vorauflage, *Finger,* 13 zu § 15 und *Goltermann,* 5 zu § 15 wollen zwischen **„betreten"** und **„verweilen"** einen Unterschied machen und verlangen, daß der Verweilende sich eine „gewisse" (welche?) Zeit im Zuge aufhält. Dagegen spricht die ABest. 4, die **nur bestimmten Personen das Betreten gestattet,** wenngleich auch ihre Fassung nicht gerade ein Muster an Klarheit darstellt.

6. Nach *Weirauch* in der Vorauflage (*Goltermann,* 6 zu § 15, spricht von „Strafgebühr", *Finger,* 16 zu § 15 von einer Verbindlichkeit kraft Gesetzes) nicht Vertragsstrafe im Sinne des § 339 BGB (also keine Herabsetzung gemäß § 343 aaO.), auch keine Strafe des öffentlichen Rechts oder obligatio ex lege, sondern erhöhtes Fahrgeld, zivilrechtliche Verpflichtung, s. **VZ 94** 121, **10** 1547; **EE 21** 87, **27** 406; abw. *Senckpiehl* S. 155; *Rundnagel,* BefGesch. § 173 S. 508; *Kittel* § 18 Anm. 12. Der Verweilende fährt nicht, daher dürfte *Finger* zuzustimmen sein.

7. Vor der Prüfung der Fahrausweise; hierzu genügt auf die Frage: „Jemand zugestiegen?" die Meldung: „Nachlösen bitte" — so jedenfalls die heutige Praxis, hierfür *Finger,* 17 zu § 15. Vgl. ABest. 6.

8. Für Minderjährige haftet gesetzlicher Vertreter (s. **VZ 14** 877) nur, wenn Fahrt mit seinem Einverständnis erfolgte (BGB §§ 107 ff.), ohne daß die Mittel des Minderjährigen zur Bezahlung ausreichen; vgl. VI vor § 8

9. Für den betreffenden Zug, die benutzte Klasse; Sonntagskarte an Wochentagen, Kinderkarte für Erwachsene (s. **EE 26** 446; **VZ 20** 9).

10. Die Tatsache des **Nichtvorweisens** (Können oder Wollen) genügt (s. hierzu die Literatur bei *Rundnagel,* BefGesch. § 173 S. 508 Anm. 7; ferner **VZ 20** 9); maßgebend ist der Zeitpunkt des „Verlangens" nach Abs. 1. Weder der Nachweis, daß der Fahrausweis gelöst, aber verlorengegangen ist, noch sein Wiederauffinden befreit von der Zahlung (s. **EE 14** 241, 353; *Gorden,* **EE 16** 77); auch Irrtum über die Gültigkeit der Fahrausweise ist unbeachtlich (*a. M.* **VZ** 94 121; **EE 43** 204; **AG Kaltenkirchen VRS 7** 40). S. Anm. 1 zu § 10 wegen **Ausnahmen.**

11. Das **Fahrgeld** ist **nicht noch besonders zu berechnen.** Beträgt der Fahrpreis also z. B. 2 DM, ist ein Betrag von 4 DM zu erheben, nicht etwa daneben noch der Fahrpreis; beträgt der Fahrpreis nur 1 DM, so sind nicht etwa 2 DM, sondern 3 DM als Mindestgebühr zu zahlen; bei **unrechtmäßiger Benutzung einer höheren Wagenklasse** (diese liegt **auch dann** vor, **wenn kein Sitzplatz** in Anspruch genommen wird, also auch, wenn Reisender im Gang oder im Vorraum steht) ist ebenso der doppelte Fahrpreis zu zahlen. Über die **Anrechnung** des etwa schon gezahlten Fahrpreises s. ABest. 7. Kann danach der gezahlte Fahrpreis bei der Nacherhebung nicht angerechnet werden, weil er aus dem Fahrausweis nicht ohne weiteres erkennbar ist, bleibt dem Zahlenden insoweit der **Erstattungsweg offen;** die Nachzahlung sowie die Tatsache, daß der Fahrausweis nicht angerechnet wurde, müssen **bescheinigt** werden, Abs. 7.

12. Neben *Übertretung* der §§ 77, 82 BO kann noch der Tatbestand *strafrechtlicher Vergehen* vorliegen: eine Strafe schließt die andere nicht aus (vgl. *Sarter,* **EE 29** 146, **25** 213).

a) **Betrug.** Fahrt ohne Fahrausweis in der rechtswidrigen Absicht, ohne Entgelt befördert zu werden, wozu die herrschende Lehre noch Irrtumserregung in einem zuständigen Bediensteten verlangt. Betrug auch angenommen, wenn Schaffner einverstanden war; vgl. **EE 7** 214, **11** 227; **RGSt. 17** 217, **25** 412; aber auch **42** 40; *Hausmann,* **VZ 09** 1425. Benutzung einer nicht übertragbaren Monatskarte eines Dritten, eines fremden Freifahrscheines oder eines ungültigen Fahrausweises, **EE 25** 386.

b) **Beförderungserschleichung,** § 265 a RStGB. Daß infolge der strengen Auslegung des § 263 RStGB durch die Rechtsprechung zahlreiche Fälle ungeahndet blieben, war unbefriedigend. Daher Gesetz v. 28. 6. 35 (RGBl. S. 839):

> „Wer die Leistung eines Automaten, die Beförderung durch ein Verkehrsmittel oder einer Einrichtung in der Absicht erschleicht, das Entgelt nicht zu entrichten, wird, soweit die Tat nicht nach anderen Vorschriften mit schwerer Strafe bedroht ist, mit Gefängnis bis zu einem Jahre oder mit Geldstrafe bestraft. Der Versuch ist strafbar."

Damit sind zahlreiche Streitfragen entschieden. „Befördern" betrifft nur die betreffende Person, nicht etwa ihr Gepäck. Zur „Einrichtung" gehört auch der abgesperrte Bahnsteig; hat sie aber beim Durchgehen der Sperre die Absicht, den Zug zu benutzen, liegt echter Betrug vor (**RG „Recht" 26** Nr. 141).

c) **Bestechung:** RStGB §§ 332 f., **EE 3** 203, **4** 385, **6** 69, **7** 214.

13. Des Betrages nach Abs. 3; es genügt, wenn er die Zahlung eines **Teilbetrages,** etwa des Zuschlages, verweigert. In der Praxis wird man von dieser scharfen Bestimmung nur bei mittellosen Betrügern ohne festen Wohnsitz Gebrauch machen, sonst wird bei Meinungsverschiedenheiten das Nacherhebungsverfahren nach § 18 (8) auf Grund der einwandfrei festgestellten Personalien (das ist allerdings Voraussetzung!) eingeleitet. Solche Meinungsverschiedenheiten, bei denen nicht Zahlungsunfähigkeit, sondern andere Rechtsüberzeugung vorlagen, haben wiederholt die Gerichte beschäftigt: **AG Gießen, HS 1951** (Keine Nachzahlung für die im Schlaf durchfahrene Strecke, wenn Schaffner es übernommen hatte, Reisenden rechtzeitig zu wecken, sehr weitgehende Auslegung des § 4); **LG Köln VRS 4** 75 (bei Monatskarte doppelter Fahrpreis nur für den Tag der Kontrolle, wenn Unterschrift fehlt, teilweise überholt durch ABest. 2 d), siehe die Anm. 20), **AG Kaltenkirchen,** s. Anm. 10.

14. Auf Anfangs- und jedem Zwischenbahnhof. Der **Anspruch auf Zahlung** der verwirkten Beträge wird hierdurch **nicht berührt;** auch *vorläufige Festnahme* ist zulässig bei Fluchtverdacht oder mangelndem Ausweises der Person [BO § 75 (4)]; **OLG Neustadt VRS 15** 314.

15. Nach Ansicht von *Weirauch* in der Vorauflage entsteht durch Lösung einer Bahnsteigkarte kein Vertragsverhältnis zwischen Eisenbahn und Inhaber, daher keine Haftung aus Vertrag, sondern nur aus Haftpflichtgesetz und unerlaubter Handlung. Diese Meinung, der *Finger,* 29 zu § 15 zuneigt, während *Goltermann,* 10 zu 15 von „Vertrag eigener Art" spricht, steht im Gegensatz zu der Charakterisierung als Inhaberpapier; § 807 RGB gehört begrifflich und rechtssystematisch zum Vertragsrecht; die EVO wirkt erst dadurch, daß sie Vertragsbestandteil wird [sonst würde § 15 (5) EVO dem öffentlichen Recht angehören, eine unwahrscheinliche Anomalie], erst recht gilt das für die ABest. 8 bis 10. Der Anspruch des Inhabers auf Betreten des Bahnsteigs kann aber ohne Schadensersatzanspruch durch bahnpolizeiliche Regelung (Absperrung) oder Ausschließung aus den Gründen des § 9 (1) (der zwar unmittelbar nur für Reisende gilt, aber über § 77 BO auch anderen gegenüber Anwendung finden kann) gegenstandslos werden; er besteht nur im Rahmen der Ordnungsvorschriften. Eisenbahn ist zum Verkauf von Bahnsteigkarten nicht verpflichtet, kann aber Betreten des Bahnsteigs nicht immer versagen (z. B. Begleitung gebrechlicher Reisender) (§ 242 BGB). Die Bahnsteigkarte ist **Inhaberpapier** wie der **Fahrausweis** (§ 13 Anm. 1; s. *Weber,* **EE 25** 122 [Sonderheft]; *Kalckbrenner,* **EE 26** 211; **RG 24** 382; *a. M. Senckpiehl* S. 156; **VZ 08** 345). Personen mit gültigem Fahrausweis brauchen keine Bahnsteigkarte zu lösen, wenn sie den Bahnsteig bis zum Reiseantritt nicht wieder verlassen. Betreten des Zuges mit Bahnsteigkarte, ohne die richtige Fahrkarte lochen zu lassen, ist vollendeter Betrug im Augenblick des Reiseantritts, **RG DR 43** 901.

16. Zu dieser Strafe tritt **noch der Betrag einer Bahnsteigkarte,** nicht aber auch der Betrag Abs. 3, möglicherweise aber auch Abs. 2 (*a. M. Rundnagel,* BefGesch. § 174 S. 511). Außerdem kann Bestrafung aus §§ 77, 82 BBO sowie aus StGB erfolgen (**RGSt. 4** 295; **EE 7** 124); Hausfriedensbruch: **EE 1** 375.

17. Lies: Bundesminister für Verkehr.

18. ABest. 6, außerdem das nur durch Dienstvorschrift geregelte System der roten (zuschlagfrei) und weißen (50-Pf-Zuschlag) Nachlösescheine [Personenbeförderungsvorschriften §§ 8 (13) und (14), 18 (8) d)]; die roten werden ausgegeben, wenn der Reisende wegen Andrangs nicht mehr zum Lösen des Fahrausweises gekommen ist, die weißen, wenn er zu spät sich darum bemüht hat; man sollte diese Regelung in die ABest. 6 aufnehmen.

19. Vgl. **EE 33** 174, 293 und ABest. 2 letzter Satz. Der Reisende muß aber irgendeine Bescheinigung erhalten, um die Ausgangssperre passieren zu können oder vom Schaffner „durchgeschleust" werden. Rückgabe an den Eigentümer nach Beseitigung der Mängel folgt aus BGB §§ 226, 242; sie wäre zweckmäßig im Tarif zu regeln.

20. Die **Unterschrift** ist auf Verlangen **sofort nachzuholen,** das gehört zum Nachweis, daß der Reisende die Urkunde zu Recht benutzt. **Erfolgt der Nachweis,** so liegt **kein Fall des** § **15 (3)** vor; daß in der etwa schon zurückliegenden Zeit der Benutzung Mißbrauch getrieben werden konnte, setzt eine mangelhafte Kontrolle der Bahn voraus und kann nicht einfach unterstellt werden (so ist wohl **LG Köln VRS 4** 75 zu verstehen). Ist dagegen **Mißbrauch** festgestellt und kann die Bahn nachweisen, daß der unberechtigte Inhaber auch in der zurückliegenden Zeit gefahren ist, ist jeder einzelne Fall nach § 15 (3) zu behandeln, also **doppelter Fahrpreis der** normalen Rückfahrkarte **für jeden Tag** des Fahrens.

21. Entspricht dem § 7 (2) EVO und greift einer späteren gerichtlichen Klärung nicht vor. Gilt im übrigen ebenso für den Nachweis nach 2 d).

§ 16. *Unterwegsbahnhöfe. Fahrtunterbrechung*[3]

(1) Bei Ankunft eines Zuges auf einem Bahnhof sind der Name des Bahnhofs, ein etwa stattfindender Wagenwechsel sowie die Dauer des Aufenthalts, wenn er mehr als 4 Minuten beträgt, auszurufen[1], soweit möglich auch die Kürzung eines fahrplanmäßigen Aufenthalts.

(2) Innerhalb der Geltungsdauer des Fahrausweises kann die Fahrt beliebig lange unterbrochen[3] werden. Die Zahl der zulässigen Unterbrechungen sowie die sonstigen Bedingungen bestimmt der Tarif. Für Fahrausweise zu ermäßigten Fahrpreisen kann der Tarif das Recht auf Fahrtunterbrechung ausschließen[4].

(3) Die unterbrochene Reise kann auch von einem anderen, dem Bestimmungsbahnhof näher gelegenen Bahnhof desselben Weges oder, wenn es der Tarif zuläßt, auch eines anderen wahlweise benutzbaren Weges fortgesetzt werden.

1. Der Reisende hat selbst dafür zu sorgen, daß er auf dem Abgangsbahnhof und auf den Übergangsbahnhöfen in den richtigen Zug gelangt, und ihn am Ziel seiner Reise verläßt[2].

2. Auf Fahrausweise für einfache Fahrt darf die Fahrt nur einmal, auf Fahrausweise für Hin- und Rückfahrt je einmal unterbrochen werden, soweit in den Tarifteilen nicht anders bestimmt ist.

Auf Fernfahrkarten und Fahrscheinhefte darf die Reise innerhalb der Geltungsdauer der Fahrausweise beliebig oft unterbrochen werden, soweit in den Tarifteilen II nichts anderes bestimmt ist.

Die Geltungsdauer der Fahrausweise wird durch eine Fahrtunterbrechung nicht verlängert (vgl. jedoch EVO § 19 (3)).

3. Wird auf Fahrausweise, die nach § 10 ABest. 5 für mehrere Wege gelten, die Fahrt unterbrochen, so kann sie auch auf den wahlweise benutzbaren Wegen von jedem Bahnhof aus fortgesetzt werden, der vom Bestimmungsbahnhof nicht weiter entfernt ist als der Bahnhof, auf dem die Fahrt unterbrochen wurde. Die Fahrausweise müssen in diesem Falle vom Aufsichtsbeamten des Bahnhofs, von dem aus die Weiterfahrt angetreten wird, gültig geschrieben werden.

4. Als Fahrtunterbrechung wird nicht angesehen das lediglich durch den Fahrplan verursachte Erwarten des nächsten Anschlußzuges, selbst im Falle der Übernachtung. Hierzu gehört auch der Übergang aus einem Zug, der auf dem Bestimmungs- und Unterbrechungsbahnhof nicht hält, in den nächsten dort anhaltenden Anschlußzug sowie der Übergang in einen Zug, mit dem das Reiseziel früher oder billiger erreicht werden kann als mit dem vorher benutzten Zug.

1. *Finger,* 1 zu § 16, will darin *nur* eine *Ordnungsvorschrift* sehen und den Mangel einer Vertragspflicht der Eisenbahn aus ABest. 1 folgern. Das verkennt aber die Rangordnung zwischen EVO und ABest. [§ 6 (1) letzter Satz]. In der Praxis wird es allerdings schwerfallen nachzuweisen, daß das Ausrufen unterlassen wurde. Eine Klärung durch die Gerichte ist daher unwahrscheinlich, doch sollte sich der Gesetzgeber dieser und ähnlicher, aus dem Mangel einer klaren Terminologie resultierender Unklarheiten annehmen. **Abrufen** in Warteräumen und Bahnhofswirtschaften gehört nicht zu den Pflichten der Bahn, **LG Königsberg VAE 39** 319.

2. *Rechtzeitig;* bei kurzem Aufenthalt muß Reisender sich zum Aussteigen rechtzeitig rüsten (so auch *Kittel,* EVO § 23 Anm. 1).

3. Was eine **„Fahrunterbrechung“** ist, sagt der Tarif nicht, nur, was nicht als solche anzusehen ist. Diese negative Begriffsbestimmung ist nicht vollzählig, selbstverständlich gehören auch alle von der Eisenbahn zu vertretende [vgl. § 23 (3) 2. Satz] Unterbrechungen dazu. Positiv wäre „Fahrtunterbrechung“ zu definieren als **Verlassen des Zuges vor dem Reiseziel, soweit es nicht durch Abwarten von Anschlüssen oder durch Betriebsstörungen bedingt ist.**

4. Nicht nötig da, wo sich der Ausschluß *von selbst* ergibt, z. B. bei *Sonderzügen* (Messezug, Ferienzug).

§ 17. *Warteräume*

(1) Die Warteräume[1] sind auf Bahnhöfen[2] mit geringerem Verkehr mindestens eine halbe Stunde, auf Bahnhöfe mit größerem Verkehr mindestens eine Stunde vor der fahrplanmäßigen Abfahrtzeit eines Zuges zu öffnen[3]. Der Tarif kann Ausnahmen zulassen[4].

(2) Auf Übergangsbahnhöfen ist es den ankommenden Reisenden[5] gestattet, sich in dem Warteraum[6] der Bahn, die sie zur Weiterreise benutzen wollen, bis zur Abfahrt ihres Zuges aufzuhalten. Sie können aber nicht beanspruchen, daß der Warteraum ihretwegen in der Zeit von 23 bis 6 Uhr offengehalten wird. Beträgt jedoch die Zeit von der Ankunft des letzten bis zum Abgang des ersten Zuges[7] weniger als fünf Stunden, so sind auf Übergangsbahnhöfen oder auf Bahnhöfen, wo Züge über Nacht stehen bleiben, die Warteräume für Durchgangsreisende[5] offenzuhalten.

(3) Den in § 9 angegebenen Personen kann der Aufenthalt in den Warteräumen untersagt werden[8]. Gegenstände oder lebende Tiere,

deren Mitnahme in die Personenwagen verboten ist, dürfen auch in die Warteräume nicht mitgenommen werden[5].

(4) Das Rauchen in den Warteräumen kann verboten werden; ein solches Verbot ist durch Anschlag bekanntzugeben. Wer dem Verbot zuwiderhandelt, hat zwei DM zu zahlen.

Sind die Warteräume auf einzelnen Bahnhöfen nur kürzere Zeit geöffnet, so wird dies durch Aushang bekanntgemacht.

Schrifttum: *Gerland,* Die Eisenbahnpolizei, besonders in Bahnhofswirtschaften (**PrVerwBl. 95** 953). Über Polizeistunde s. *Gerstberger,* **VZ 05** 455; *Kröner,* **VZ 26** 529; *Holzbecher,* **VZ 07** 1421; *Weber* **05** 709. Über das Recht der Warenverkaufsstände *Pischel* in **„Reichsbahn" 27** 602; *Sarter-Kittel* S. 163; *Leibl,* Rechtliche Stellung der Bahnhofswirtschaften, **EE 52** 10 ff.; **Die BB 54** 79.

1. Warteräume dienen dem Reiseverkehr im weiteren Sinne; soweit sie daneben auch für Ortseingesessene (Nichtreisende) dienen, keine vom allg. Recht abweichende Regelung hinsichtlich Haftung der Eisenbahn oder des Pächters (**EE 21** 386; **JW 05** 48); **gegenüber Reisenden** mit Fahrkarten aber außerdem **Haftung aus Personenbeförderungsvertrag** (**RG 4** 192, **55** 335; **EE 2** 14, **5** 237, **20** 252, **21** 68, **22** 40, **24** 49, **25** 32; **ArchfEis. 08** 485); s. auch Vorbem. zu Abschn. III B Anm. IV und unter Anm. 9.

2. Unbefugtes Eindringen in nicht dem öffentlichen Verkehr freigegebene Räume oder Teile des Bahnhofs stellt Hausfriedensbruch dar (§ 123 StGB); s. **RG EE 1** 375, **7** 326 (Bahnsteig); ferner **EE 4** 156, 304 ff., **7** 12 (Wartesaal); **RG EE 25** 68 (Schlafwagenabteile). Das Hausrecht steht der Eisenbahn und deren Organen zu, kann aber auch auf den Bahnhofswirt zur Mitwahrnehmung übertragen werden. Das ist in der Regel anzunehmen (**RGSt. 36** 188, **37** 263; auch in **EE 20** 151; **JW 03** 320); **VZ 27** 397.

3. *Bei Verstoß Schadensersatz, soweit Beförderungsvertrag* abgeschlossen, dagegen nicht der Allgemeinheit gegenüber aus § 823 (2) BGB, wie *Weirauch* in der Vorauflage und *Finger,* 3 zu § 17, annehmen; die EVO regelt die Vertragsbeziehungen zwischen der Eisenbahn und ihren Kunden, § 17 (1) ist zu deren Vorteil so gefaßt, die Warteräume sind **keine Wärmehalle für jedermann;** die Eisenbahn kann daher über § 77 BO die Warteräume **von Nichtreisenden räumen** lassen (nur deshalb hat sie das ihr auch von Finger, 4 zu § 15, zugestandene Recht, im Warteraum Vorzeigung der Fahrausweise zu verlangen). Abs. 3 hat nur Sinn, wenn man dies voraussetzt, die Personen des § 9 also *trotz Fahrausweises* exmittiert werden können. S. auch Anm. 6 und 8.

4. Letzter Satz ist neu. S. die ABest. *(Aushang).*

5. Also solche **mit durchgehender Fahrkarte.** A. M. ohne Begründung *Weirauch* in der Vorauflage und *Finger,* 5 zu § 17.

6. Wieweit Warteräume einzurichten und wie sie auszustatten sind, ist nirgends in der EVO gesagt; es ist daher (Abs. 1 spricht von „die" Warteräume) anzunehmen, daß ihre **Einrichtung im Ermessen der Bahn** liegt

(a. M. *Finger,* 1 zu § 17), hiergegen allenfalls Dienstaufsichtsbeschwerde. Nur aus Abs. 2 Satz 2 könnte entnommen werden, daß die Eisenbahn zur Einrichtung von Warteräumen für Durchgangsreisende **auf Übergangsbahnhöfen** und solchen Bahnhöfen, **wo Züge über Nacht stehenbleiben, verpflichtet** ist; hier dürfte auch, um den Aufenthalt zu ermöglichen, **Heizung** im Winter zu den Verpflichtungen der Eisenbahn gehören, ebenso Vorhalten von **Sitzgelegenheiten.** Von den Warteräumen, in denen **kein Verzehrzwang** bestehen darf, zu unterscheiden sind die Räume der Bahnhofswirtschaften, die nichts mit dem Beförderungsvertrag zu tun haben, sondern dem Publikum allgemein (auch dem „Stadtpublikum") dienen, wenngleich sie natürlich vornehmlich das Reisen erleichtern und angenehm machen sollen, s. Anm. 9.

7. Nach dem **Fahrplan.**

8. Unter der Voraussetzung des § 9 EVO sind auch **Dauerverweise** zulässig; s. **VZ 27** 397; **EE 45** 290; **RGStr. 36** 188, und zwar gegen Besitzer eines Fahrausweises; gegen andere hilft § 77 BO, s. Anm. 3.

9. Siehe z. B. §§ 21, 22; zweiter Satz neu aufgenommen zur Klarstellung (Begr.). Strittig ist, ob Bahnhofswirtschaften, Bahnhofsbuchhandlungen, Wechselstuben, Friseurstuben, Wascheinrichtungen, Automaten, Speisewagen usw. den Vorschriften der Gewerbeordnung, namentlich §§ 33, 43 (Konzession), 41 a (Sonntagsruhe), 139 e (Ladenschluß), 120 (Fortbildungsschulunterricht für Lehrlinge) unterworfen sind. Zu verneinen ist dies mindestens insoweit, als derartige Einrichtungen tatsächlich dem Reiseverkehr dienen, daß nebenbei auch Nichtreisende von ihnen Gebrauch machen, ändert hieran nichts. Über den derzeitigen Stand s. **Die BB 54** 79.

§ 18. *Nichtraucher- und Frauenabteile*

(1) In jedem Zug ist für jede Wagenklasse eine angemessene Anzahl[1] von Wagen oder Abteilen für Nichtraucher vorzubehalten. In den übrigen Wagen oder Abteilen ist das Rauchen gestattet. Sofern im Zuge von einer Wagenklasse nur ein Abteil vorhanden ist, darf in diesem nur mit Zustimmung[2] aller Mitreisenden geraucht werden.

(2) Die Eisenbahn kann, soweit dafür ein Bedürfnis besteht, Frauenabteile einrichten. In diese dürfen Männer auch mit Einverständnis der darin fahrenden Frauen nicht zugelassen werden. Knaben bis zum vollendeten zehnten Lebensjahr können mitgenommen werden. Bei Überfüllung der andern Abteile kann der Schaffner auch Männern Plätze in Frauenabteilen anweisen.

(3) Nichtraucher und Frauenabteile sind durch Anschrift kenntlich zu machen[3]. In diesen Abteilen und in den Gängen, wo durch Anschlag das Rauchen verboten ist, darf auch mit Zustimmung der Mitreisenden nicht geraucht werden[4]. Wer dem zuwiderhandelt, hat zwei DM zu zahlen[5].

In den Triebwagen ohne Raucherabteil ist das Rauchen untersagt.

Schrifttum: *Friebe,* **VZ 28** 554; VO §§ 77, 82; vgl. auch: Rauchen im D-Zug und Schlafwagen, **VZ 07** 629.

1. Über die Angemessenheit entscheidet die Eisenbahn nach billigem Ermessen, doch darf sie, außer im Falle, daß nur 1 Abteil 1. Klasse vorhanden ist, von der Einrichtung von Nichtraucherabteilen nicht absehen, soweit es sich um die allgemeinen Züge handelt; für Sonderzüge können Sonderregelungen getroffen werden, vgl. § 12 Anm. 1. **Betroffener hat Beschwerderecht** [§ 7 (3)], wohl auch *Schadensersatzanspruch,* wenn er mit seinen Gegenvorstellungen beim Zugpersonal nicht durchdrang oder von diesem nicht gegen Übertretung des Rauchverbots geschützt wurde. Man wird ihm im letzteren Falle allerdings entgegenhalten, daß er woanders hätte Platz nehmen sollen, § 254 BGB.

2. Die §§ 183, 184 BGB unterscheiden zwischen vorheriger Zustimmung (Einwilligung) und nachträglicher Zustimmung (Genehmigung). Sind Reisende (auch nur einer) bereits im Abteil, so ist die *Einwilligung ausdrücklich einzuholen;* dem Schaffner gegenüber kann sich der Raucher nicht darauf berufen, der andere habe nichts gesagt; wird bereits geraucht und kommt jemand hinzu, so ist jedenfalls auf dessen Protest hin das Rauchen *sofort einzustellen.* Regelung durch ABest. wäre zweckmäßig.

3. § 9 (1) EVO (vorgeschriebene Ordnung).

4. Gilt für den Aufenthalt, **nicht für** ein bloßes **Durchschreiten.**

5. Die „Raucherbusse" berechtigt aber nicht etwa dazu, weiterzurauchen, vielmehr stehen dem Schaffner die Zwangsmittel des § 9 (1) zur Verfügung. Raucherbusse ist **zivilrechtlicher Anspruch** und vor den ordentlichen Gerichten einzuklagen, **AG Eitorf VRS 3** 42.

§ 19. *Abfahrt. Versäumung der Fahrt*

(1) Nach dem Abfahrzeichen[1] darf niemand mehr einsteigen.

(2) Wer die Abfahrt versäumt, hat daraus keinen Anspruch auf Entschädigung[2].

(3) Will der Reisende einen späteren Zug benutzen, für den sein Fahrausweis nicht ohne weiteres gilt, so hat er den Fahrausweis ohne Verzug dem Aufsichtsbeamten vorzulegen, um ihn gültig schreiben zu lassen. Die Geltungsdauer des Fahrausweises kann hierbei erforderlichenfalls um einen Tag verlängert werden. Bei Benutzung eines Zuges mit höheren Fahrpreisen hat der Reisende den Unterschiedsbetrag nachzuzahlen, bei Benutzung eines Zuges mit niedrigeren Fahrpreisen kann er den Unterschiedsbetrag binnen der in § 24 (7) vorgesehenen Frist zurückverlangen. Für Fahrausweise zu ermäßigten Preisen kann der Tarif abweichende Bestimmungen treffen.

(4) Für die Rückgabe des Gepäcks gelten die Vorschriften im § 29 (3), (5) und (6)[3].

1. Bei Fahrausweisen zu ermäßigten Preisen, mit Ausnahme der Kinderfahrausweise zum gewöhnlichen Fahrpreis (EVO § 11 (3)), wird die Geltungsdauer nicht verlängert.

2. Wird ein Fahrausweis, der durchlocht, aber zur Fahrt nicht benutzt worden ist, wieder gültig geschrieben, so wird der Preis einer Bahnsteigkarte nicht erhoben, selbst wenn der Fahrausweis gegen einen solchen für einen Zug mit höheren oder niedrigeren Fahrpreisen umgetauscht wird.

1. Das **Zeichen für den** Lok- oder Triebwagen**führer, abzufahren;** der **Verspätete** ist **verpflichtet,** darauf zu **achten.** Der *Achtungspfiff* ist nur eine *Vorwarnung (Finger,* 1 zu § 19), doch kann auch in seiner Mißachtung bereits ein Verschulden liegen, wenn der Reisende schwerfällig ist und damit rechnen muß, daß der den Abfahrtauftrag Erteilende sich nunmehr nicht mehr um den Zug kümmert, sondern dem Lokführer zuwendet; wenn er es trotzdem wagt, noch einzusteigen, dann *auf eigene Gefahr.* Das gleiche gilt von *Zurufen des Zugpersonals:* „Nicht mehr einsteigen!" Der Augenblick des Abfahrtauftrags entscheidet, auch wenn sich der Zug noch nicht in Bewegung gesetzt hat. Schließung der Bahnsteigsperre vor diesem Zeitpunkt ist unzulässig und verpflichtet ggf. zum Schadensersatz. Zuwiderhandlung: BO §§ 77, 82; eigenes Verschulden § 1 RHaftpflichtGes. und BGB § 254; **RG 50 88.**

2. **Außer bei Verschulden der Eisenbahn** [EVO § 4, 10 (5)]. **Abrufen verspäteter Züge** ist nicht Sache der Eisenbahn, **LG Königsberg, VAE 39** 319, ein vom einzelnen Bediensteten versprochnes Abrufen bei Verspätung fällt wohl nicht unter § 4, da offensichtlich über Verpflichtung der Eisenbahn hinausgehend (vgl. **OLG Koblenz VRG 3** 393, allerdings für einen anderen Fall, und Anm. 2 zu § 4), doch kann Verschulden verfassungsmäßig berufener Vertreter gegeben sein (§§ 31, 89 BGB), wenn Verpflichtung zum Abrufen verspäteter Züge im Warteraum durch Anschlag übernommen wurde; das gleiche muß gelten, wenn ein solches Abrufen durch Lautsprecher gewohnheitsmäßig (also mit Kenntnis des Vorstehers) geschieht und regelwidrig einmal unterbleibt.

3. Das **schon im Zuge befindliche Gepäck** muß er ggf. auf seine Kosten zurückbeordern.

§ 20. *Verhalten während der Fahrt. Verunreinigung und Beschädigung von Eisenbahneigentum*

(1) Wenn sich die Reisenden über das Öffnen und Schließen der Fenster, der Lüftungsvorrichtungen oder der Türen, über das An- und Abstellen der Beleuchtung oder der Heizung und dergleichen nicht verständigen können, so entscheidet der Schaffner[1].

(2) Bei einem Betriebsaufenthalt außerhalb eines Bahnhofs dürfen die Reisenden nur mit Zustimmung des Schaffners aussteigen. Sie müssen sich sofort von den Gleisen entfernen und auf das erste Zeichen des Zugführers[2] wieder einsteigen.

(3) Ein Reisender, der Anlagen, Fahrzeuge oder Ausrüstungsstücke der Eisenbahn verunreinigt[3], hat die Reinigungskosten zu erstatten. Wer diese Gegenstände beschädigt, hat die Instandsetzungskosten zu tragen, es sei denn, daß ihn kein Verschulden trifft. Die Eisenbahn kann sofortige Zahlung oder Sicherheitsleistung verlangen[4]. Sie kann für die Entschädigung feste Sätze[5] bestimmen, die durch Anschlag bekanntzumachen sind.

Für Verunreinigungen oder Beschädigungen bestehen feste Sätze. Trifft keiner dieser Sätze zu, so werden die Kosten abgeschätzt.

1. In zweiter Linie der Zugführer oder der Aufsichtsbeamte [EVO § 7 (2)]. Zuwiderhandlungen BO § 82.

2. *Finger,* 3 zu § 20, will § 20 (2) **entsprechend anwenden,** wenn der Zug **am Bahnsteig eines Bahnhofs** hält, wo er **fahrplanmäßig nicht zu halten hat.** Dem ist zuzustimmen, wenn die Reisenden durch das Personal darauf aufmerksam gemacht werden, da sonst hier die Evidenz, wie sie beim Halt auf freier Strecke für das Außergewöhnliche gegeben ist, fehlt. Hält ein Teil des Zuges wegen dessen Länge **außerhalb des Bahnsteigs,** aber sonst planmäßig, so ist jedenfalls beim Aussteigen besondere Vorsicht geboten, vgl. **OLG Oldenburg VkBl. 50** 29 (Mitverschulden), **OLG Stuttgart JW 28** 2332 (Beinamputierter). Bei eigenmächtigem Aussteigen **vor der Einfahrt** eigenes Verschulden, **RG VAE 40** 46.

3. Kenntlich am roten Lederband. Akustisch unterstützt durch Pfiff des Lokführers. **Abfahrtzeichen im Sinne von § 19.**

3. Auch ohne Verschulden.

4. §§ 232, 766 BGB, § 75 BO.

5. Sie müssen **der Billigkeit entsprechen,** § 315 (3) BGB.

§ 21. *Mitnahme von Handgepäck*

(1) Der Reisende darf leicht tragbare Gegenstände (Handgepäck)[1] unentgeltlich[2] in die Personenwagen mitnehmen[3]. Dem Reisenden steht für sein Handgepäck nur der Raum über und unter seinem Sitzplatz zur Verfügung[4]. Reisende, denen kein Sitzplatz angewiesen werden kann, haben wegen Unterbringung ihres Handgepäcks den Anordnungen der Bediensteten Folge zu leisten.

(2) In besonders gekennzeichneten Wagen zweiter Klasse dürfen auch Handwerkszeug, Traglasten in Körben, Säcken oder Kiepen und ähnliche Gegenstände mitgenommen werden, die ein Fußgänger tragen

kann[5]. Die Eisenbahn kann die Mitnahme solcher Gegenstände bei bestimmten Zügen ausschließen. Ein Reisender darf nur insgesamt 75 Kilogramm solcher Gegenstände mit sich führen. Gegenstände von mehr als 75 Kilogramm Einzelgewicht[6] werden auch dann nicht zugelassen, wenn mehrere Personen zusammen reisen. Die Eisenbahn kann im Tarif vorsehen, daß der Reisende diese Gegenstände auch im Gepäckwagen unterbringen kann, ohne daß eine Gepäckfracht erhoben wird.

(3) Gegenstände, die geeignet sind, den Mitreisenden lästig zu fallen oder die Wagen zu beschädigen, dürfen nicht in Personenwagen mitgenommen werden. Das gleiche gilt, wenn Zoll- oder sonstige Verwaltungsvorschriften es verbieten[7].

(4) Sind Gegenstände entgegen den vorstehenden Bestimmungen in Personenwagen mitgenommen worden, so werden sie in den Gepäckwagen gebracht und dort bis zur endgültigen Abfertigung verwahrt[8]. Für diese Gegenstände wird von dem Bahnhof an, wo der Reisende zugestiegen ist, oder wenn der Zugangsbahnhof nicht sofort nachgewiesen wird, vom Ausgangsbahnhof des Zuges an die Gepäckfracht mit einem Zuschlag von drei DM, jedoch nicht mehr als die doppelte Fracht erhoben. § 15 (4) und (6) gilt entsprechend.

(5) Der Reisende hat die von ihm mitgeführten Sachen selbst zu beaufsichtigen[9]. Die Eisenbahn haftet für die in Personenwagen mitgenommenen oder nach Abs. (2) im Gepäckwagen untergebrachten Gegenstände nur bei Verschulden[10].

Werden Handgepäck oder Gegenstände, die der Reisende an sich trägt, bei dem Betrieb[11] der Eisenbahn beschädigt, so haftet die Eisenbahn auch nach den gesetzlichen Bestimmungen über die Haftpflicht der Eisenbahnen für Sachschaden.

(6) Gefährliche Gegenstände, insbesondere geladene Schußwaffen, explosionsfähige, leicht entzündbare oder ätzende Stoffe dürfen, wenn der Tarif keine Erleichterungen vorsieht, nicht in Personenwagen mitgenommen werden. Wer dieser Vorschrift zuwiderhandelt, kann ohne Anspruch auf Erstattung von Fahrpreis oder Gepäckfracht von der Fahrt ausgeschlossen werden und haftet für jeden aus der Zuwiderhandlung entstehenden Schaden[12].

(7) Die Bediensteten sind berechtigt, sich von der Beschaffenheit der mitgenommenen Gegenstände in Gegenwart des Reisenden zu überzeugen, wenn triftige Gründe für den Verdacht einer Zuwiderhandlung gegen die Bestimmung des Abs. (6) vorliegen.

(8) Personen, die in Ausübung des öffentlichen Dienstes oder mit verwaltungsbehördlicher Genehmigung eine Schußwaffe führen, dür-

fen Handmunition mitnehmen. Den Begleitern von gefangenen, verhafteten oder festgenommenen Personen ist gestattet, geladene Schußwaffen mitzuführen[13]. Die Angehörigen der Polizei dürfen bei dienstlichen Fahrten auch sonstige, zu ihrer vorschriftsmäßigen Ausrüstung gehörige Munition mitnehmen. Die näheren Bestimmungen trifft der Tarif.

1. *Die zugelassene Traglast kann auch aus mehreren Stücken bestehen. Gegenstände, die wegen ihres Umfangs oder ihrer Anzahl ein einzelner Fußgänger nicht tragen kann, oder die sich wegen ihres Umfangs zur Mitnahme in die Personenwagen nicht eignen, werden auch dann nicht als Traglasten zugelassen, wenn mehrere Fahrausweise vorgezeigt werden.*
2. *Als Traglasten dürfen auch kleinere Tiere, ausgenommen Ferkel, mitgenommen werden; wegen der Mitnahme von Hunden vgl. jedoch § 22 ABest. 2.*
3. *Fahrräder — gleichviel ob zerlegt oder unzerlegt — dürfen in die Personenwagen nicht mitgenommen werden.*
4. *Skier und Rodelschlitten dürfen in die 2. Klasse mitgenommen werden, wenn Belästigungen der Reisenden und Beschmutzung der Wagensitze ausgeschlossen sind. In die 1. Klasse sowie in die Schlaf- und Liegewagen dürfen sie nicht mitgenommen werden, es sei denn, daß besondere Vorrichtungen für die Unterbringung in den Vorräumen oder Gängen der Wagen vorhanden sind. Die Eisenbahnverwaltung kann bei einzelnen Zügen auch die Mitnahme in die 2. Wagenklasse ausschließen oder die Reisenden in besondere Abteile oder Wagen verweisen.*
5. *a) Faltboote auf Bootswagen dürfen nur in Wagen für Reisende mit Traglasten mitgenommen werden. Die Räder der Bootswagen müssen abgenommen sein.*

   b) Für Bootswagen allein und für die einzelnen Packstücke gelten die allgemeinen Bestimmungen dieses Paragraphen. Die Räder der Bootswagen müssen abgenommen sein. Außerdem gelten für die sogenannten Stabtaschen (Taschen von ungefähr 1,30 m Länge, in denen die Längsstäbe der Boote und die Paddel verpackt sind) die gleichen Bestimmungen wie für Skier und Rodelschlitten (vgl. ABest. 4).
6. *Ohne Frachtzahlung dürfen in die Gepäckwagen gestellt werden, wenn besonders bezeichnete Wagen für Traglasten nicht geführt werden und der Raum im Gepäckwagen es zuläßt:*

   a) Traglasten bei zuschlagfreien Zügen, ausgenommen Eilzügen; ein Anspruch hierauf besteht nicht;

b) Kinderwagen für mitreisende Kinder bei allen zuschlagfreien Zügen; ist die Unterbringung im Gepäckwagen nicht möglich, so ist der Kinderwagen in einem vom Zugführer bestimmten Raum des Zuges unterzubringen;

zu a) und b): Bei Beförderung in Gepäckräumen müssen auf den einzelnen Stücken Name und Anschrift (Wohnort, Wohnung) des Reisenden sowie der Bestimmungsbahnhof genügend haltbar angegeben sein; Kinder dürfen nicht im Kinderwagen belassen werden.

7. *Amtliche Desinfektoren dürfen in den Personenwagen höchstens 9 kg Reinigungsmittel (und zwar höchstens 3 kg Ammoniak, 2 kg Spiritus und 4 kg Formalin) mit sich führen. Das Ammoniak und der Spiritus müssen in Behältern aus Kupferblech, das Formalin in einer verzinnten Blechflasche verpackt, die Gefäße außerdem in einem Koffer verwahrt sein.*

8. *Polizeibeamte, die außer Handmunition sonstige zu ihrer vorschriftsmäßigen Ausrüstung gehörige Munition mit sich führen, sind in besonderen Wagenabteilungen zu befördern. Die Mitnahme von Handgranaten ist jedoch nur dann zulässig, wenn dies nach pflichtmäßiger Erklärung des Dienstältesten der zu befördernden Polizeibeamten zur Wahrung der öffentlichen Ordnung und Sicherheit erforderlich ist.*

Für die Überlassung der Abteile ist die tarifmäßige Gebühr zu entrichten (vgl. § 13 (1)).

Schrifttum: *Hoffmann-Walldorf,* Zur Frage der Haftung für Handgepäck auf Bahnreisen, **Die BB 52 524**; *Weber,* Haftpflicht für Handgepäck, **IZ 39** 193; *Heinze,* Die Gepäckbeförderung im Bahnbus (Schienenersatzverkehr), **Eisenbahnfachmann** Heft 7/60.

1. Zum Handgepäck gehören alle Gegenstände, die der Reisende mit sich trägt, nicht auch die, die er auf dem Leibe hat, vgl. Abs. 7 und **SeuffArch. 48** 440, **24** 229. Es braucht nicht Reisebedarf zu sein, **EE 19** 138, **24** 229; doch legt § 21 den **Begriff** der **„leicht tragbaren Gegenstände"** authentisch **räumlich** (Abs. 1) und **sächlich** (Abs. 2 und 3) aus, wozu noch die **Gewichtsgrenze** des Abs. 2 kommt; Abs. 6 schließlich statuiert ein **Beförderungsverbot** unabhängig von 1—3. Vgl. Anm. 11.

2. Es entsteht **kein besonderer Vertrag;** nur Erweiterung des Personenbeförderungsvertrages (**EE 19** 140; **ZfHR 36** 270; **RGStr. 35** 226). Also auch keine entsprechende Anwendung der Abschn. IV ff. (**EE 24** 400; vgl. auch **EE 20** 80).

3. Auch Schlafwagen, (natürlich nach Maßgabe des dort verfügbaren Platzes; für Liegewagen gilt dasselbe; aus § 22 (1) ergibt sich, daß die EVO weder die Schlaf- noch die Speisewagen zu den „Personenwagen" rechnet, so daß für die Schlaf- (und Liege-)wagen nur eine entsprechende Anwendung in Frage kommt), **nicht** aber (a. M. *Weirauch* in der Vorauflage) **Speisewagen,** da diese nicht der Unterbringung der Reisenden, sondern ihrer Beköstigung dienen (so auch *Finger,* 5 b) zu § 21; *Goltermann,* 2 zu § 21). Wieweit die Bediensteten der Speisewagenges. Handgepäck zulassen, liegt in deren **freiem Ermessen.** Reisende, die ihr Gepäck im Abteil zurücklassen, um speisen zu gehen, **verzichten** freiwillig **auf** ihre **Aufsichtsmöglichkeit** während dieser Zeit (Abs. 5) und haben daher etwaige Folgen selbst zu verantworten. Für die Bediensteten der Schlafwagen als Erfüllungsgehilfen haftet die DB, nicht dagegen für die Bediensteten der Speisewagen, s. § 4 Anm. 3. **Keine Haftung aus § 701 BGB sowohl bei Schlafwagen** (s. § 12 Anm. 8) **wie bei Speisewagen,** da dort keine Beherbergung, vgl. **RG 109** 262 (Schankwirt).

4. Nicht auf den benachbarten Sitzplätzen, es sei denn bei Bestellung ganzer Abteile (§ 13).

5. **Nicht nur ein kurzes Stück,** etwa von der Sperre zum Wagen. „Mittlerer Maßstab und Üblichkeit der Last" ist zu verlangen. Die **Gewichtsgrenze** gilt **nur für Abs. 2.**

6. Bis 1. 10. 38 waren nur 50 kg zugelassen. Erhöhung geschah „zur Vermeidung von Härten" (Begr.); wegen der Höchstgrenze s. **EE 51** 69.

7. Postzwangpflichtige Gegenstände (Zeitungen; Mitnahme als Handgepäck im Umfang des Abs. 2 ist gestattet, **RGSt. 35** 220; **ArchfEis. 02** 1135, **07** 552; auch das Mitnehmen zur Verteilung auf einzelnen Bahnhöfen, **RGSt. 38** 136, 140); s. auch § 65 Anm. 2.

8. Haftung der Eisenbahn aus dem Beförderungsvertrag; vgl. auch Abs. 5 und Anm. 10.

9. **EE 22** 368.

10. Für den **vollen Schaden** nach §§ 276, 278 BGB, und zwar nach dessen § 249 (Naturalrestitution, doch kann nicht ohne weiteres für gebrauchte Gegenstände Neuanschaffung verlangt werden, vielmehr ist ein Abzug vom Wiederbeschaffungspreis angebracht, den, wenn sich Bahn und Geschädigter nicht einigen, der Richter nach § 287 ZPO zu ermitteln hat (*Finger,* 24 zu § 21 mit Hinweis auf **OLG Hamburg MDR 52** 224 und **OLG Kiel MDR 52** 747). *Verschulden eines Bediensteten muß Reisender nachweisen* und dabei die *Vermutung widerlegen, daß* er seine *eigene Beaufsichtigungspflicht verletzt* hat; das gilt auch dann, wenn er nicht der Eigentümer ist und der letztere nach § 823 (1) BGB gegen die Eisenbahn vorgeht, jedenfalls dann, wenn er dem Reisenden die Sache zum Besitz überlassen hat, **RG 77** 317; (hier wäre § 831 BGB zu beachten, s. im übrigen § 82 Anm. 1). Von einer Beaufsichtigung der **im Gepäckwagen** untergebrachten Gegenstände kann, da der Reisende sich dort nicht aufhalten darf, allerdings nur insoweit die Rede sein, als der Reisende für deren **rechtzeitige Abholung beim Um- und Aussteigen** selbst verantwortlich ist; er kann sich aber darauf verlassen, daß sein Gepäck nicht auf einer Unterwegsstation an einen Unberechtigten ausgehändigt wird. Wird das Gepäck **versehentlich durchgeschleppt** oder unterwegs mit dem Reisegepäck ausgeladen, so trägt der Reisende die Folgen,

wenn er die **Kennzeichnung** nach ABest. 6 letzter **Satz unterlassen** hat; die Packwagenbediensteten sind zwar berechtigt, nicht aber verpflichtet, auf die Innehaltung dieser Bestimmung zu achten. Obwohl Abs. 2 letzter Satz davon die Rede ist, daß „der Reisende diese Gegenstände im Gepäckwagen unterbringen kann", und obwohl ABest. 6 davon spricht, daß „sie in die Gepäckwagen gestellt" werden, ist die zweckmäßige Lagerung im Gepäckwagen doch wohl alleinige Sache des zuständigen Bediensteten, so auch *Finger,* 17 zu § 21. Wegen Verweilens im **Speisewagen,** während die Sachen im Abteil verbleiben, s. Anm. 3, wegen Haftung nach dem SGH Anm. 11. Das Recht der Kontrolle nach Abs. 7 schließt eine entsprechende Pflicht der Eisenbahnbediensteten nur insoweit in sich, als die Flüssigkeit der Abfertigung und des Betriebs Stichproben im Verdachtsfalle erlaubt, **KG VRS** 1 218.

11. Betrieb im Sinne des SHG. Hier also Haftung auch ohne Verschulden; s. Vorbem. zu Abschnitt III. In die Sachschädenhaftung nach dem SHG fallen daher auch die Gegenstände des Abs. 2 Satz 1 sowie die ohne Abfertigung nach Abs. 2 in die Gepäckwagen verbrachten Gegenstände (nicht dagegen die des Abs. 4, da diese als Reisegepäck nachbehandelt werden und gem. 10 (1) SHG von dessen Haftung ausgenommen sind), *Finger,* 25 zu § 21. a. M. *Staks,* **VZ 41** 378; die *Begriffsbestimmung des Abs. 1* ist für die dort vorgesehenen Fälle *in Abs. 2 erweitert,* denn Gegenstände von 75 kg Einzelgewicht sind nicht mehr „leicht tragbar", deswegen die besonderen *Traglasten*wagen.

12. Der **Ausschluß** setzt wegen der objektiven Gefährdung **kein Verschulden** voraus, **wohl aber die Schadenshaftung;** fahrlässige Unkenntnis der Gefährlichkeit genügt (so z. B. wenn ein anderer mit der geladenen Schußwaffe Schaden anrichtet).

13. Die Einschränkung, daß diese Personen in besonderen Wagen oder Wagenabteilen fahren müssen, ist weggefallen (Begr.), vgl. aber ABest. 8.

§ 22. *Mitnahme von Tieren*

(1) Lebende Tiere[1] dürfen in Personenwagen nicht mitgenommen werden, jedoch sind kleine zahme Tiere in Käfigen, Kisten, Körben oder anderen geeigneten Behältern — kleine Hunde auch ohne solche — zugelassen, soweit keine Polizeivorschriften entgegenstehen, kein Mitreisender widerspricht und diese Tiere auf dem Schoße getragen oder wie Handgepäck untergebracht werden können[2]. In Schlaf- oder Speisewagen dürfen keine Tiere mitgenommen werden; der Tarif kann Ausnahmen zulassen[3]. Tiere, die entgegen dieser Vorschrift in die Personen-, Schlaf- oder Speisewagen mitgenommen werden, sind aus diesen Wagen zu entfernen[4].

(2) Hunde jeder Größe dürfen mitgeführt werden, soweit Reisenden mit Hunden besondere Abteile zur Verfügung gestellt werden können.

(3) Der Reisende hat die in Personenwagen mitgenommenen Tiere selbst zu beaufsichtigen.

(4) Im übrigen werden Hunde, die von den Reisenden mitgenommen werden sollen, in besonderen Wagenräumen (Hundeabteilen)[5] befördert. Sind solche nicht vorhanden oder schon besetzt, so kann die Beförderung nicht verlangt werden. Für das Verladen und Ausladen sowie für das Umladen solcher Hunde auf Übergangsbahnhöfen hat der Reisende zu sorgen[6]. Die Eisenbahn ist nicht verpflichtet, Hunde, die nicht binnen angemessener Frist[7] nach Ankunft auf dem Bestimmungsbahnhof abgeholt werden, zu verwahren[8].

(5) Der Tarif bestimmt, ob und für welche Tiere ein Beförderungsausweis zu lösen ist. Der Tarif kann ferner für den Fall, daß ein gebührenpflichtiges Tier ohne Ausweis mitgeführt wird, die Zahlung eines Zuschlags vorsehen. § 15 (4) und (6) sowie § 23 gelten entsprechend.

(6) Wegen der Haftung für die nach den Vorschriften dieses Paragraphen beförderten Tiere gilt § 21 (5) entsprechend[9].

1. *Der Reisende muß für seinen Hund einen bißsicheren Maulkorb mit sich führen.*

   Er hat seinem Hund den Maulkorb anzulegen, wenn Mitreisende gefährdet oder belästigt oder Sachen beschädigt werden können.

   In den Bahnhöfen und Zügen sind Hunde kurz an der Leine zu führen.
2. *Für Hunde, die von Reisenden mitgeführt werden, ist der halbe gewöhnliche Fahrpreis 2. Klasse zu zahlen. Für zuschlagpflichtige Züge wird kein Zuschlag erhoben. Wegen der Beförderung von Hunden in Behältern im Packwagen vgl. § 27 ABest. 20, wegen der Gebührenfreiheit der Führhunde von Blinden vgl. DPT II ABest. zu § 11.*
3. *Für andere kleine Tiere und kleine Vögel in Käfigen, die von den Reisenden mitgeführt werden, ist keine Beförderungsgebühr zu zahlen. Ferkel dürfen in die Personenwagen nicht mitgenommen werden (vgl. § 21 ABest. 2).*
4. *Wegen Bahnsteigkarten für Hunde vgl. § 15 ABest. 10.*
5. *Für jedes gebührenpflichtige Tier, das ohne Ausweis mitgeführt wird, ist bei rechtzeitiger Meldung (EVO § 15 (3)), ein Zuschlag von 0,50 DM zu der tarifmäßigen Beförderungsgebühr, jedoch nicht mehr als das Doppelte dieser Gebühr zu zahlen. Ohne solche Meldung ist das Doppelte der Beförderungsgebühr, mindestens jedoch 3 DM zu zahlen. § 15 ABest. 6 und 7 gilt entsprechend.*

6. *Ausnahmsweise kann dienstlich reisenden Polizeibeamten, die Polizeidiensthunde mit sich führen, und Jägern gestattet werden, mit ihren Hunden im Dienstabteil oder im Gepäck- oder Güterwagen Platz zu nehmen, wenn keine Bedenken wegen der darin verladenen Gepäckstücke und Güter oder wegen der persönlichen Sicherheit der Reisenden bestehen. Unter denselben Voraussetzungen können auch Blinde mit Führhund im Dienstabteil Platz nehmen.*

7. *In Schlafwagen, Liegewagen und Speisewagen dürfen keine Tiere mitgenommen werden. Doch ist die Mitnahme von Hunden in die Schlafwagen zugelassen, wenn der Reisende Fahrausweise und Bettkarten für ein Schlafwagenabteil zur alleinigen Benutzung löst. Für die Beförderungsgebühr gilt ABest. 2.*

1. **Tote** Tiere (Jagdbeute) fallen **nicht** unter § 22, sondern sind, wenn sie nicht von der Beförderung überhaupt oder für eine bestimmte Beförderungsart wegen ihres Zustandes ausgeschlossen sind, als Reisegepäck, Expreßgut oder Frachtgut zu befördern, auch als Handgepäck sind sie unter den Voraussetzungen des § 21 möglich.

2. Tier also hier gleich **Handgepäck besonderer Art.** Tier bleibt Handgepäck, auch wenn z. B. Reisender und Hund sich trennen (so *Rundnagel,* BefGesch. § 183 S. 530; **EE 24** 400 [daher auch die Bestimmung Abs. 4 Satz 3]). Es liegt wie bei sonstigem Handgepäck nur eine **Erweiterung des Personenbeförderungsvertrages** vor. Hierin ändert auch die Erhebung einer Beförderungsgebühr nichts.

Verstoß: EVO § 9 (1); BO § 82. Im Falle des **Widerspruchs** auch nur *eines* Mitreisenden (keine Abstimmung!) keine Entscheidung des Schaffners oder Zugführers mehr, sondern **Verpflichtung zur Räumung des Abteils,** wenn Platz auf dem Gang oder der Versuch glückt, in einem anderen Abteil ohne Widerspruch unterzukommen, andernfalls Aussteigen auf dem nächsten Bahnhof, falls nicht Abs. 4. Hat allerdings bei Reiseantritt niemand widersprochen, wird man, wenn Abteil im Verhältnis zur Besetzung des gesamten Zuges angemessen besetzt, dem Neuankömmling, der nicht einverstanden ist, wohl zumuten können, sich ein anderes Abteil zu suchen; hier also Entscheidung nach § 7 (2). Tierbesitzer braucht sich **nicht** um **Zustimmung** zu bemühen, wie Raucher nach § 18 (1) Satz 2, **sondern** braucht nur auf **ausdrücklichen Widerspruch** zu reagieren.

3. ABest. 7.

4. Falls möglich, Behandlung nach Abs. (4).

5. S. **EE 24** 400.

6. Eisenbahn ist **nicht verpflichtet,** zur Umladung besonders **aufzufordern.** Laden Eisenbahnbedienstete um, weil Reisender sich nicht darum kümmert oder sie dazu auffordert, handeln sie als Beauftragte des Reisenden, **EE 32** 201.

7. Bisher: unverzüglich.

8. Kommt Reisender seiner Verpflichtung zur Ausladung nicht nach und meldet er sich auch anschließend nicht, erhebt sich die Frage, was die Eisenbahn mit dem Hunde anzufangen hat. Aus § 5 ergibt sich die Pflicht der Eisenbahn zur Verwahrung von Fundsachen. Diese ist hier begrenzt auf eine angemessene Frist. Was die Eisenbahn dann zu tun hat, bleibt offen. Verfahren nach § 5 (2) ist untunlich. Danach darf sie nach billigem Ermessen verfahren, wobei sie dem Reisenden gegenüber die Stellung eines **Geschäftsführers ohne Auftrag** einnimmt (§§ 677 ff. BGB). Offenbar hat sich noch kein Bedürfnis ergeben, die Angelegenheit wenigstens durch ABest. zu regeln, da die Hundeabteile nach Abs. 4 allmählich wegfallen.

9. Haftung des *Eigentümers* für *Tierschaden* s. BGB §§ 833, 834. **Verschulden der Eisenbahn** sieht **OLG Stuttgart VRS 4 66** darin, daß **Hundeabteil nicht** mit Vierkant **verschlossen**; Mitverschulden des Reisenden im fehlenden Hinweis auf hohen Wert des Tieres.

§ 23. *Verspätung oder Ausfall von Zügen*[1]. *Betriebsstörungen*[2]

(1) Die verspätete[3] Abfahrt oder Ankunft oder der Ausfall eines Zuges begründen keinen Anspruch auf Entschädigung[4]. Die Eisenbahn hat jedoch bei Ausfall oder verhinderter Weiterfahrt eines Zuges, soweit möglich[5], für die Weiterbeförderung der Reisenden über eine Hilfsstrecke oder auf andere Weise[6] zu sorgen.

(2) Wird infolge einer Zugverspätung der Anschluß an einen anderen Zug versäumt oder fällt ein Zug ganz oder auf Teilstrecken aus, so kann der Reisende entweder

a) auf die Weiterfahrt verzichten und von der Eisenbahn binnen der in § 24 (7) vorgesehenen Frist Fahrpreis und Gepäckfracht für die nicht durchfahrene Strecke ohne Abzug zurückverlangen[7]; oder

b) auf die Weiterfahrt verzichten und mit dem nächsten günstigen Zuge[8] zum Abgangsbahnhof zurückkehren; er kann dann binnen der in § 24 (7) vorgesehenen Frist Fahrpreis und Gepäckfracht ohne Abzug zurückverlangen, auch hat die Eisenbahn ihn und sein Gepäck frei zurückzubefördern; oder

c) seine Reise fortsetzen; die Eisenbahn hat ihn dann, soweit möglich, mit seinem Gepäck ohne Preiszuschlag mit einem Zuge zu befördern[8], der auf der gleichen oder auf einer anderen Strecke nach demselben Bestimmungsbahnhof fährt und es dem Reisenden ermöglicht, mit möglichst geringer Verspätung sein Reiseziel zu erreichen[9]. Der Rückgriff der Bahnen untereinander bleibt unberührt.

(3) In den Fällen des Abs. (2) hat der Reisende auf dem Bahnhof, wo er den Anschluß versäumt oder wo er auf die Weiterfahrt verzichtet, den Fahrausweis unverzüglich dem Aufsichtsbeamten zur Bescheinigung des Sachverhalts vorzulegen; andernfalls verliert er seine Ansprüche. In den Fällen b) und c) ist, soweit erforderlich, die Geltungsdauer des Fahrausweises zu verlängern und ein Gültigkeitsvermerk für den neuen Weg, für eine höhere Wagenklasse oder für einen Zug mit höheren Fahrpreisen anzubringen.

(4) Der Tarif kann weitere Erleichterungen vorsehen.

(5) Die Eisenbahn kann durch den Tarif oder durch die Fahrpläne einzelne Züge oder Zuggattungen von der hilfsweisen Benutzung ausschließen.

(6) Zugverspätungen von mehr als 15 Minuten und Betriebsstörungen sind durch Anschlag bekanntzumachen[10].

1. *Wenn in den Fällen nach EVO § 23 (3) der Fahrausweis einen Gültigkeitsvermerk für die erste Klasse oder für einen Zug mit höheren Fahrpreisen erhalten hat, muß der Reisende nach Einholung des Zuges, an den der Anschluß versäumt war, auf diesen Zug übergehen.*

2. *Ist der Betrieb auf einzelnen Strecken vorübergehend unterbrochen, so kann die Benutzung einer Hilfsstrecke nach EVO § 23 (2) auch solchen Reisenden gestattet werden, die die Fahrt nach einem auf dem geraden Wege nicht erreichbaren Bahnhof erst antreten wollen.*

3. *Die Benutzung der Trans-Europ-Expreß-Züge (TEE), der Fernschnelltriebwagen und der aus Schlafwagen gebildeten Schnell- und Fernschnellzüge ist in den Fällen nach EVO § 23 (2) und (3) ausgeschlossen.*

4. *Bei Anschlußversäumnis können Reisende auf kurze Strecken auch mit einem Güterzug in einem besonders eingestellten Personenwagen, im Gepäckwagen oder in einem geeigneten Güterwagen weiterbefördert werden. Wenn die Reisenden keine Fahrausweise für die Weiterfahrt besitzen, wird bei der Beförderung in einem Personenwagen der Fahrpreis der benutzten Wagenklasse für zuschlagfreie Züge, bei der Beförderung im Gepäck- oder Güterwagen der Fahrpreis der 2. Klasse für zuschlagfreie Züge erhoben.*

5. *Wenn infolge von Anschlußversäumnis usw. die Fahrt über eine Hilfsstrecke ausgeführt werden soll, wird das Gepäck je nach*

Wunsch des Reisenden über diese oder über den ursprünglichen Bahnweg weiterbefördert. Bei räumlich getrennten Bahnhöfen hat der Reisende für Überführung seines Gepäcks nach dem Anschlußbahnhof selbst zu sorgen.

Schrifftum: *Rinaldini,* **EE 20** 95 ff.; Zurückbleiben eines einzelnen Wagens (**EE 22** 258); *Staks,* Ansprüche des Reisenden bei Ausfall usw. von Zügen, **DR 41** 1937; s. auch **IZ 40** 459.

1. Haftungsausschluß bei Verspätung (die verspätete Abfahrt ist überflüssigerweise erwähnt, auf die Ankunft kommt es allein an!) **oder Ausfall** von Zügen ist **unabhängig von** einem etwaigen **Verschulden** wirksam, Pflichten der Eisenbahn sind in § 23 **abschließend geregelt.** Die Verspätung wird, worauf *Finger,* 1 zu § 23 zutreffend hinweist, nicht selten bewußt (vorsätzlich) in Kauf genommen, wenn durch Warten auf einen wichtigen Anschluß (pflichtgemäße Abwägung, welcher Anschluß wichtiger) ein anderer versäumt wird; die Wartezeiten werden innerdienstlich nach den Erfahrungen durch *Wartezeitvorschrift* festgelegt; wenn Reisender auf einen Anschluß ganz besonderen Wert legt, muß er sich ggf. danach erkundigen. Der frühere Streit, ob *Vorsatz* angesichts des § 276 (2) BGB (vgl. aber § 278 2. Satz) im voraus erlassen werden kann (vgl. *Rundnagel,* BefGesch. § 177 S. 516; **VZ 12** 510; *Vollrath,* **EE 28** 23) kann als überholt angesehen werden. Es handelt sich hier um einen *Interessenausgleich,* nicht um die vorsätzliche (boshafte) Schadenszufügung im Einzelfall, die (bei Organverschulden) unter § 276 (2) fallen könnte. Die Freistellung der Eisenbahn von Haftungsprozessen in solchen Fällen liegt auch im öffentlichen Interesse, vgl. für den **Omnibusverkehr** und **Straßenbahnen** die vom BMV aufgestellten **Allgemeinen Beförderungsbedingungen** (VkBL 10/1953) **§ 11.**

2. Gilt **nicht** für den **Güterverkehr** (**EE 22** 258).

3. Für **verfrühte Abfahrt haftet die Eisenbahn** nach allgemeinen Grundsätzen, also bei Verschulden gem. § 4 (unklar *Goltermann,* 1 zu § 23). Wenn Verspätung mit fester Zeitangabe (nicht, wie in der Regel, „voraussichtlich") angekündigt, ggf. frühere Abfahrt schuldhaft, s. Anm. 10.

4. Also weder für den wirklichen Schaden (Nachtquartier, Zehrkosten), noch für entgangenen Gewinn (z. B. bei Geschäftsreisenden), sondern nur Leistungen nach Satz 2; **EE 29** 156; **RG 46** 340.

5. Im Rahmen pflichtmäßigen Ermessens.

6. Vgl. ABest. 4. Bei Beförderung mit bahneigenen oder von ihr angemieteten **Omnibussen** bleiben die Reisenden solche des Schienenverkehrs, es **gelten** also die **Schienenfahrausweise.** Ein solcher Omnibusverkehr (**Notverkehr**), fällt nicht unter das PBefG, bedarf also keiner Genehmigung [§ 2 (4) PBef.G].

7. Bei Zeitkarten anteilige Erstattung (**RG EE 33** 309).

8. Auch wenn dieser Zug nur mit höheren Fahrpreisen benutzt werden könnte, vgl. ABest. 1—3 und Abs. 3 des § 23.

9. Weber, **VZ 02** 147.

10. **RG 46** 340; **VZ 09** 264; **EE 22** 8; das ist keine Änderung des Fahrplans, **VZ 09** 264. Zumeist *Lautsprecheranlage* im Gebrauch, **insoweit** ist der **Aushang** nach Abs. 6, der wahrscheinlich nur als Sollvorschrift gedacht ist, **überholt.** Wegen des **Abrufens** vgl. § 19 Anm. 2. Kommt ein unter Angabe der Dauer als verspätet angesagter Zug früher als angekündigt an und fährt er entsprechend früher ab, ohne daß in der Ansage diese Ankündigung als **„voraussichtlich"** bezeichnet wurde, kann haftungsbegründendes Verschulden vorliegen, *Goltermann,* 8 zu § 23, *Finger,* 32 zu § 23, ebenso bei nicht durch Lautsprecher angekündigter Abfahrt von anderem als dem im Aushangfahrplan angekündigten **Bahnsteig,** *Finger,* 31 zu § 23; vgl. auch § 8 Anm. 5.

§ 24. *Fahrpreiserstattung*

(1) Hat ein Reisender den Fahrausweis nicht zur Fahrt benutzt, so kann er vorbehaltlich der Abzüge nach Abs. (3) und (4) den Fahrpreis zurückverlangen[1]. Ist der Fahrausweis zum Betreten des Bahnsteigs benutzt worden, so wird außerdem der Preis einer Bahnsteigkarte abgezogen. Hat der Reisende den Fahrausweis zur Aufgabe von Reisegepäck benutzt, so kann er den Fahrpreis nur dann zurückverlangen, wenn er das Gepäck auf dem Versandbahnhof zurückgenommen hat[2].

(2) Ist ein Fahrausweis infolge von Tod, Krankheit oder Unfall des Reisenden oder wegen anderer zwingender Gründe[3] nur teilweise benutzt worden, so wird vorbehaltlich der Abzüge nach Abs. (3) und (4) der Unterschied zwischen dem gezahlten Gesamtpreis und dem gewöhnlichen Fahrpreis[4] für die zurückgelegte Strecke erstattet.

(3) Die Gebühren für Platzkarten werden nicht erstattet.

(4) Von dem zu erstattenden Betrag werden die Herstellungskosten für Fahrausweise in Heftform, die für den Verkauf der Fahrausweise gezahlten Vermittlungsgebühren, etwaige Postgebühren für die Zusendung des Erstattungsbetrags sowie eine Gebühr von 10 v. H., jedoch nicht weniger als 0,20 DM und nicht mehr als zwei DM, für den Fahrausweis abgezogen[5]. Diese Beträge dürfen nicht abgezogen werden, wenn ein unbenutzter Fahrausweis am Ausgabetag der Ausgabestelle zurückgegeben wird[6].

(5) Für verlorene Fahrausweise wird kein Fahrgeld erstattet[7].

(6) Der Tarif kann von den vorstehenden Bestimmungen Abweichungen vorsehen, die jedoch für die Reisenden nicht ungünstiger sein dürfen[8]. Bei Fahrausweisen zu ermäßigten Preisen kann der Tarif die Rückerstattung ausschließen[9] oder an bestimmte Bedingungen knüpfen; dies gilt jedoch nicht für die nach § 11 ausgegebenen Kinderfahrausweise.

(7) Alle Ansprüche auf Fahrpreiserstattung nach dieser Vorschrift erlöschen[10], wenn sie nicht binnen sechs Monaten nach Ablauf der Geltungsdauer des Fahrausweises bei der Eisenbahn geltend gemacht werden[11]; vgl. jedoch § 10 (8).

(8) Für die Erstattung der Gepäckfracht gilt § 29 (5).

1. Bei Fahrpreiserstattungen nach EVO § 14 (3) und § 23 (2) wird der Preis einer Bahnsteigkarte nicht abgezogen.

2. Bei Fahrausweisen zu ermäßigten Preisen, mit Ausnahme der Kinderfahrausweise zum gewöhnlichen Fahrpreis (EVO § 11 (3)), kann keine Erstattung verlangt werden.

3. Wenn kein Rechtsanspruch auf Erstattung besteht, kann die Eisenbahnverwaltung aus Billigkeit erstatten[12].

4. Der Reisende hat bei Erstattungsanträgen die Fahrausweise vorzulegen und die Tatsachen, die die Erstattung begründen, glaubhaft zu machen. Hat er einen Fahrausweis nur teilweise benutzt, so muß[8] dies vom Aufsichtsbeamten bestätigt sein.

1. Anspruch geht weiter als nach § 649 BGB, wird jedoch durch **Ausschlüsse** und **Abzüge** eingeschränkt. § 10 (8) gehört der Sache nach besser hierher. Der *Unterschied* liegt wie bei § 70 darin, daß in *§ 10 (8)* wie in § 70 (1) der Ausgleich (nach der negativen und positiven Seite, Nachzahlung und Erstattung) für die Fälle statuiert ist, die sich *aus* einer *unrichtigen Anwendung des Tarifs* von Amts wegen feststellen lassen, während in § 24 (wie in § 70 (2) die Fälle geregelt sind, in denen der Kunde der Eisenbahn geltend macht, **aus in seiner Person liegenden Gründen** [Nichtausnutzung der Fahrkarte in § 24, unzutreffende Frachtbriefangaben bei § 70 (2)] benachteiligt worden zu sein. § 24 setzt einen **Antrag** voraus, während eine Erstattung nach § 10 (8) theoretisch (praktisch kann sie allerdings ohne Kenntnis des Berechtigten nicht durchgeführt werden) von Amts wegen zu geschehen hat; bei § 10 (8) keine Abzüge wie nach § 24 (4), auch andere Ausschlußfrist für die Geltendmachung, s. Abs. 7.

Gegen die Fassung des Abs. 1 läßt sich einiges einwenden: In Abs. 3 handelt es sich nicht um einen Abzug, sondern um einen Ausschluß; ein Abzug und ein Ausschluß sind im 2. und 3. Satz des Abs. 1 enthalten, ebenso in Abs. 5 und 6 Satz 2 Ausschlüsse; sachgemäß wäre also die Fassung: „... so kann er nach Maßgabe der nachstehenden Bestimmungen ... zurückverlangen", womit der ganze § erfaßt wäre. Der **Hinweis in Abs. 1 Satz 1** nur auf zwei Absätze ist **irreführend.**

2. Aus Billigkeit sollte ihm der Unterschied zwischen Fahrpreis und Expreßgutfracht zu erstatten sein, s. § 27 (8).

3. Im Gegensatz zu Abs. 1 **(Nichtbenutzung)** wird bei der **Teilbenutzung** ein **Erstattungsanspruch nur „aus zwingenden Gründen"** anerkannt. Wenn hier gegenüber der Erstattung aus Billigkeitsgründen, wie sie ABest. 3 vorsieht, ein Unterschied bestehen soll, dann kann er nur in der **gerichtlichen Nachprüfbarkeit** der Ermessensentscheidung der Eisenbahn über

das, was sie als „zwingend“ anerkennt, bestehen. (Vgl. § 315 BGB). **Kein zwingender Grund** ist z. B. der Verzicht auf die Fahrt auf Teilstrecke wegen **Einladung** in den **PKW** eines Freundes.

4. Berechnung *nach dem Regeltarif,* d. h. ohne Ermäßigung.

5. Nicht aber die Beförderungsteuer.

6. Die Dienstvorschrift (Personenabfertigungsvorschriften § 22 (4)) kennt hier die **Rücknahme** und **den Umtausch** des zurückgegebenen Fahrausweises in einen anderen; die Fälle werden, obwohl in § 24 EVO unter Fahrpreiserstattung geregelt, nicht als solche, sondern **als Schalterreklamationen behandelt,** daher auch **keine Anwendung** des Abs. 6 Satz 2 und **der ABest. 2.**

7. Folgt aus dem Charakter des Fahrausweises; s. oben § 10 Anm. 1.

8. Daher dürfte **ABest. 4 Satz 2,** soweit dort durch das **„muß“** zum Ausdruck bringen soll, daß andere Beweismittel ausgeschlossen sind, **nichtig** sein.

9. **Satz 2** des Abs. 6 steht **im Gegensatz zu** seinem **Satz 1,** der — im Einklang mit EVO § 6 (1) letzter Satz — tarifliche Regelungen verbietet, die zu § 24 in Widerspruch stehen, insbes. soweit sie für den Reisenden ungünstiger sind. Die Abs. 1 letzter Satz, 3, 5 und 6 Satz 2 würden zweckmäßig in *einem* den Ausschluß von der Erstattung regelnden Abs. zusammengefaßt; dieser müßte bezgl. der Fahrkarten zu ermäßigtem Preise lauten wie ABest. 2 mit dem Zusatz: „Der Tarif kann Ausnahmen zulassen“. — Fahrkarten „zu ermäßigten Preisen“ sind **auch die Rückfahrkarten;** in der Praxis wird aber bei Nachweis nach § 24 (2) erstattet.

10. *Ausschlußfrist.* Berechnung der Frist BGB § 187. Eine **Verjährung,** die *Finger,* 22 zu § 24, in entsprechender Anwendung von §§ aus dem Güterverkehr annehmen will, ist **nicht** vorgesehen und kann daher auch nicht eingewandt werden, wenn die Eisenbahn den bei ihr innerhalb der Ausschlußfrist erhobenen Anspruch nicht befriedigt hat. Man wird daher aber von einer Geltendmachung im Sinne des Abs. 7 nur sprechen können, wenn der Reklamant innerhalb der Ausschlußfrist seinen Anspruch in der Form von ABest. 4 Satz 1 erhebt, die es der Eisenbahn ermöglicht, daraufhin sofort zu entscheiden; Reklamationen **ohne ausreichende Anschriftengabe oder ohne Material für die Glaubhaftmachung** sind **keine wirksame Geltendmachung.**

11. *Mündlich genügt;* bei Lösungsbahnhof oder Verkehrsamt; **EE 41 146;** s. aber ABest. 4.

12. Siehe § 6 Anm. 19. Eine solche Vorschrift gehört in die EVO und nicht in die ABest.

IV. Beförderung von Reisegepäck

§ 25. *Begriff des Reisegepäcks.*

Verantwortlichkeit des Reisenden für sein Gepäck

(1) Der Reisende[1] kann als Reisegepäck[2] Gegenstände aufgeben, die für seinen Gebrauch bestimmt und in Reisekoffern, Reise-

körben, Reisetaschen, Reisesäcken, Rucksäcken, Hutschachteln, handlichen Kisten oder dergleichen verpackt sind. Der Tarif kann Einschränkungen vorsehen.

(2) Ferner kann der Reisende folgende Gegenstände, und zwar soweit nachstehend nichts anderes bestimmt ist, auch unverpackt als Reisegepäck aufgeben:

a) Trag- und Fahrstühle sowie Selbstfahrer für Kranke, Krankenfahrstühle, Liegestühle;

b) Kinderwagen, Handwagen und Handkarren;

c) Warenproben- und Musterkoffer;

d) tragbare Musikinstrumente in Kasten, Futteralen oder anderen Umschließungen;

e) Geräte für Schaustellungen von wandernden Künstlern (Artisten) unter der Bedingung, daß ihre Beschaffenheit und Verpackung, ihr Umfang und ihr Gewicht ein rasches Verladen und Unterbringen im Gepäckwagen gestatten;

f) Vermessungsgeräte bis zu fünf Meter Länge und Handwerkzeug[3];

g) ein- und zweisitzige Hand- und Sportschlitten, Schneeschuhe, Skier, Schlittschuhsegel, Wasserfahrzeuge bis zu drei Meter Länge;

h) Fahrräder, Krafträder ohne Beiwagen.

Behälter von Kraftfahrzeugen dürfen Kraftstoff enthalten. Ist in die Leitung vor dem Vergaser ein Abschlußhahn eingeschaltet, so ist er zu schließen. Mit den Fahrzeugen festverbundene Vorratsbehälter dürfen ebenfalls Kraftstoff enthalten, wenn sie verschlossen sind.

Der Tarif kann die Menge, den Umfang und das Gewicht der zur Beförderung als Gepäck zugelassenen Gegenstände vorstehender Art beschränken, erforderlichenfalls weitere Einschränkungen vorsehen.

(3) Ob und unter welchen Bedingungen sonstige Gegenstände oder in sicheren Behältern ausgelieferte Tiere als Gepäck angenommen den, bestimmt der Tarif[4].

(4) Die von der Beförderung ausgeschlossenen oder die bedingt zur Beförderung zugelassenen Gegenstände[5] dürfen nicht als Gepäck aufgegeben werden[6]. Filme in der in der Anlage C für Eilstückgut vorgeschriebenen Verpackung sind jedoch zur Beförderung als Gepäck zugelassen. Gegebenenfalls[7] hat der Inhaber des Gepäckscheins Frachtzuschläge entsprechend den Vorschriften des § 60 (1) a) zu bezahlen; der Tarif kann Erleichterungen vorsehen.

(5) Der Reisende ist für die Beachtung der vorstehenden Vorschriften verantwortlich und trägt alle Folgen einer Zuwiderhandlung.

(6) Vermutet die Eisenbahn eine Zuwiderhandlung, so hat sie das Recht nachzuprüfen[8], ob der Inhalt der Gepäckstücke den Vorschriften entspricht. Der Reisende ist aufzufordern, bei der Nachprüfung zugegen zu sein. Stellt er sich nicht ein oder ist er nicht zu erreichen, so sind zwei Zeugen zur Nachprüfung zuzuziehen; als solche dürfen Eisenbahnbedienstete nur dann verwendet werden, wenn keine anderen Personen zur Verfügung stehen. Wird eine Zuwiderhandlung festgestellt, so hat der Reisende die Kosten der Nachprüfung zu bezahlen.

Beschränkungen

1. Gegenstände nach EVO § 25 (1), die nicht in Reisekoffer, Reisekörbe, Reisetaschen, Reisesäcke, Rucksäcke oder Hutschachteln, sondern in handliche Kisten oder auf ähnliche Weise verpackt sind, werden als Reisegepäck nur bis zum Einzelgewicht von 50 kg angenommen. Die Eisenbahn kann Ausnahmen zulassen.

2. Von den nachgenannten Gegenständen darf jeder Reisende nur je 2 Stück als Reisegepäck aufgeben:

Trag- und Fahrstühle sowie Selbstfahrer für Kranke,
Liegestühle,
Kinderwagen,
Hand- und Sportschlitten,
Wasserfahrzeuge,
Fahrräder.

Von Mopeds, Krafträdern und Krankenkraftfahrstühlen darf jeder Reisende nur 1 Stück als Reisegepäck aufgeben.

3. Krankenkraftfahrstühle werden nur bis zu einem Höchstgewicht von 100 kg angenommen. Die Annahme kann aber abgelehnt werden, wenn der Krankenkraftfahrstuhl sich nach dem Ermessen des Abgangsbahnhofs zur Beförderung im Gepäckwagen nicht eignet oder eine Ver- und Entladung innerhalb der Zugaufenthalte nicht möglich ist.

4. Die Beförderung von Fahrrädern, Mopeds und Krafträdern kann zu bestimmten Zeiten (z. B. im Wochenendverkehr) oder bei bestimmten Zügen beschränkt oder ausgeschlossen werden. Die Beschränkung oder der Ausschluß wird durch den Fahrplan oder durch Aushang bekanntgemacht.

In den Motorwagen der Triebwagenzüge ist die Beförderung von Fahrzeugen aller Art mit Verbrennungsmotor ausgeschlossen.

Annahme sonstiger Gegenstände

5. Als Reisegepäck werden nach EVO § 25 (3) angenommen:

a) Krankenkörbe, Traggestelle und Tragbetten, auch fahrbare, ferner Ausrüstungsgegenstände des Deutschen Roten Kreuzes;

b) Theatergeräte und andere Ausrüstungsgegenstände, die Theater- und Konzertunternehmen bei auswärtigen Vorstellungen mit sich führen, und Geräte (auch Marktschirme) von Schaustellern und Markthändlern, Geräte für Film- und Rundfunkaufnahmen;

c) zum Sport und zum Turnen mitgeführte Geräte, auch drei- und mehrsitzige Hand- und Sportschlitten;

zu a) bis c) wenn ihre Beschaffenheit und Verpackung, ihr Umfang und Gewicht ein rasches Verladen und Unterbringen im Gepäckwagen gestatten; der Aufgeber ist auf Verlangen verpflichtet, beim Ein-, Um- und Ausladen zu helfen;

d) Waren von Wanderhändlern;

e) gewerbliche, zur Ablieferung an die Unternehmer bestimmte Erzeugnisse im Gewicht bis zu 75 kg, die von Hausgewerbetreibenden in eigenen Betriebsstätten im Auftrage und für Rechnung anderer Gewerbeunternehmer hergestellt oder bearbeitet worden sind, nur in zuschlagfreien Zügen. Dasselbe gilt für die Beförderung der zur Bearbeitung erhaltenen Rohstoffe nach den Werkstätten des Hausgewerbetreibenden;

f) lebende Tiere in Käfigen, Kisten, Steigen und Körben, und zwar Hunde jeder Größe, sonstige kleine Tiere bis zum Höchstgewicht von 75 kg. Den Schutz der Tiere und ihre Fütterung und Tränkung regeln die §§ 3 und 5 der „Näheren Bestimmungen über die Beförderung von lebenden Tieren" (Anlage B zur EVO, Deutscher Eisenbahn-Tiertarif Teil I);

Die einschlägigen Bestimmungen der §§ 3 und 5 der Anlage B zur EVO sind:

§ 3 Schutz der Tiere

(1) Die zur Beförderung von Tieren dienenden Behälter müssen geräumig und luftdicht sein. Die Tiere dürfen nicht geknebelt aufgegeben werden.

(2) Käfige oder ähnliche Behälter müssen einen dichten Boden und soweit hinauf dichte Wände haben, daß eine Verunreinigung des Wagens durch Kot und Streu möglichst ausgeschlossen ist. Diese Vorschrift gilt nicht für Geflügel in Wagenladungen. Der Boden der Behälter muß mit Heu, Stroh, Sand, Torfmull oder Sägespänen bedeckt sein. Bei der Verladung ist darauf zu achten, daß zu den Tieren ausreichend frische Luft treten kann; insbesondere dürfen andere Güter nicht auf die Behälter und diese nur dann übereinander verladen werden, wenn durch Leisten oder dergleichen dafür gesorgt ist, daß zwischen dem Boden des oberen und dem Deckel des unteren Behälters ein Luftraum von 3 cm Höhe freibleibt. Behälter, die ganz oder zum Teil aus Latten

bestehen, müssen so beschaffen sein, daß die Tiere nicht einzelne Körperteile hindurchzwängen können, auch müssen sie so hoch sein, daß die Tiere zwanglos darin stehen können. Ferner müssen Käfige oder ähnliche Behälter, wenn die Beförderung voraussichtlich mehr als 36 Stunden dauert, mit zweckmäßigen Vorrichtungen zum Tränken und bei Kleinvieh auch zum Füttern der Tiere versehen sein, sofern nicht der Absender für die Fütterung und Tränkung auf Unterwegsbahnhöfen in anderer Weise gesorgt hat. Die Behälter dürfen beim Ein-, Um- und Ausladen nicht gestoßen, geworfen oder gestürzt werden. Gebrauchte Behälter dürfen nur nach gründlicher Reinigung wieder benutzt werden.

(3) Kleinvieh, auch solches in Käfigen, muß die Möglichkeit haben, sich zu legen. Die Entscheidung darüber, ob diesen Vorschriften entsprochen ist, steht dem Aufsichtsbeamten zu.

(4) Auch in Käfigen oder ähnlichen Behältern müssen die Tiere verschiedener Gattung durch Verschläge oder dergleichen voneinander getrennt werden.

§ 5 Fütterung und Tränkung

(1) Alle Tiere, deren Beförderung 36 Stunden oder länger in Anspruch nimmt, müssen vor der Verladung vom Absender gefüttert und getränkt werden.

(2) Kälber im Alter bis zu vier Wochen sowie Ferkel und Läuferschweine im Gewicht bis zu 35 kg brauchen unterwegs nicht gefüttert und getränkt zu werden, wenn die Tiere so rasch befördert werden, daß sie voraussichtlich ohne erhebliche gesundheitliche Schädigung auf dem Bestimmungsbahnhof eintreffen. Die Entscheidung hierüber hat nicht die Eisenbahn, sondern der Absender in eigener Verantwortung zu treffen. Alle übrigen unbegleiteten Tiersendungen sind — sofern ihre Beförderung länger als 50 Stunden dauert — spätestens nach je 50 Stunden zu füttern und zu tränken. Die Fütterung und Tränkung obliegt dem Absender. Er kann im Frachtbrief erklären, wo und wie die Tiere gefüttert und getränkt werden sollen. Geschieht dies nicht rechtzeitig oder fehlt eine Erklärung im Frachtbrief, so hat die Eisenbahn die Tiere auf Gefahr und Kosten des Absenders füttern und tränken zu lassen.

g) frisch geschossenes Wild. das die Jäger mit sich führen, wenn dafür gesorgt ist, daß andere Gegenstände nicht durch Blut beschmutzt werden können.

6. *Ob und unter welchen Bedingungen Personenkraftwagen mit und ohne Anhänger zur Beförderung in Reisezügen angenommen werden, bestimmt der DPT II Bundesbahn Anhang 3.*

Ausgeschlossene Gegenstände

7. *Folgende von der Beförderung als Frachtgut ausgeschlossene oder bedingt zur Beförderung zugelassene Gegenstände werden nach EVO § 25 (4) nicht als Reisegepäck angenommen:*
   a) die dem Postzwang unterliegenden Gegenstände[9],
   b) Gegenstände, deren Beförderung nach gesetzlicher Vorschrift oder aus Gründen der öffentlichen Ordnung verboten ist,

c) Gegenstände, die sich wegen ihres Umfangs, ihres Gewichts oder ihrer Beschaffenheit nach der Anlage oder dem Betrieb der beteiligten Eisenbahnen zur Beförderung nicht eignen;

d) explosionsgefährliche Gegenstände, das sind alle Gegenstände, die explosionsfähige Stoffe enthalten, nämlich:

1. Sprengstoffe (Spreng- und Schießmittel und ähnliche Stoffe); Stoffe, die nicht zum Sprengen oder Schießen geeignet sind, durch Flammenzündung nicht zur Explosion gebracht werden können und gegen Stoß oder Reibung nicht empfindlicher sind als Dinitrobenzol, gelten nicht als Sprengstoffe,

2. Munition,

3. Zündwaren, Feuerwerkskörper und dgl.,

4. verdichtete, verflüssigte oder unter Druck gelöste Gase,

5. Stoffe, die in Berührung mit Wasser entzündliche oder die Verbrennung unterstützende Gase entwickeln,

6. Ob und unter welchen Bedingungen Personenkraftwagen mit und ohne Anhänger zur Beförderung in Reisezügen angenommen werden, bestimmt der DPT II Bundesbahn Anhang 3.

e) selbstentzündliche Stoffe,

f) entzündbare Stoffe,

g) ekelerregende, übelriechende, giftige und ätzende Stoffe.

Schrifttum: *Roeder,* Haftung der Eisenbahn für Reisegepäck (**VR** 7 2).

1. Der Gepäckbeförderungsvertrag ist **Werkvertrag;** er kommt zustande durch Übergabe und Annahme des Gepäcks als Reisegepäck **(Realkontrakt).** *Aushändigung* des **Gepäckscheins** ist für Vertragsschluß *nicht bedingend* (s. § 27 Anm. 4). Da von der Ermächtigung des § 27 (1) Satz 1, Gepäckaufgabe ohne Fahrausweis zuzulassen, kein Gebrauch gemacht worden ist (die frühere diesbezügliche ABest. 4 ist weggefallen, ABest. 1 zu § 27 bestimmt ausdrücklich, daß Gepäck **nur gegen Vorlage von Fahrausweisen** angenommen wird), ist der Gepäckbeförderungsvertrag als ein **Nebenvertrag zum Personenbeförderungsvertrag** anzusehen; die Ansicht von *Weirauch* in der Vorauflage, der es wie bei Handgepäck lediglich als dessen Erweiterung ansah, wird aufgegeben, da, wie *Finger,* 1 d) zu § 25 zutreffend bemerkt, der Gepäckbeförderungsvertrag eine gewisse **Eigenständigkeit gegenüber dem Personenbeförderungsvertrag** aufweist (Abfertigung lediglich für Teilstrecke, vgl. § 27 ABest. 1); anders als bei Handgepäck wird der unmittelbare Besitz (Gewahrsam) beim Reisegepäck grundsätzlich aufgegeben, demzufolge entfällt für den Reisenden die Aufsichtspflicht des § 21 (5); außer bei Zollabfertigung nach § 28 (8) ist keine Präsenzpflicht des Reisenden gefordert (die Fälle der ABest. 18 zu § 27 sind Besonderheiten); Nachsendung ist unter den Voraussetzungen der ABest. 4 zu § 29 zulässig; § 30 (1) läßt eine Vierwochenfrist für die Abnahme zu. Gleichwohl ist sein ermäßigter Tarif **nur als Erleichterung für den wirklich Reisenden** gedacht, daher bei Dauerfahrausweis **keine** gesonderte **Aufgabe von Reisegepäck ohne Reise,** wenn diese nicht (was nach dem Gesagten zulässig) später angetreten wird, also nicht unter Übersendung des Gepäckscheins zur Einlösung an einen anderen durch die Post; ebensowenig zulässig die Überlassung des Dauerfahrausweises an einen anderen für diesen Zweck; dieser schon in der Vorauflage (2 zu § 25) vertretenen Ansicht hat sich *Finger* (34 zu § 27) angeschlossen. Ob man allerdings mit *Weirauch* in der Vorauflage und *Finger Betrug* annehmen kann, erscheint wegen des Nachweises einer Täuschungsabsicht und mangels ausdrücklichen Hinweises in der EVO und im Tarif *zweifelhaft;* so folgert z. B. *Goltermann,* 2 zu § 25, a maiore ad minus, daß der Reisende, der mit dem Gepäck auf den Dauerfahrschein ohne Zuzahlung für den Einzelfall auch fahren könnte, (der Eisenbahn) nur seine Beförderung erspare; das ist zwar ein Trugschluß, denn er erspart *sich* (die Eisenbahn fährt sowieso) die Fahrt und die damit verbundenen Nebenkosten oder, im Falle des Nichtfahrens, die Expreßgutfracht; eine ähnliche Vorstellung beim Reisenden kann aber den *Täuschungsvorsatz* ausschließen [§ 28 (3) verlangt vom Reisenden nur die Angabe, mit welchem Zug *das Gepäck* befördert werden soll, nicht die, mit welchem Zug *er* fährt]. Etwas anderes gilt freilich, wenn Aufgebender ausdrücklich gefragt wird, wann er fährt, und darauf eine falsche Antwort gibt, die das Nichtfahren verschleiern soll. Wegen mißbräuchlicher Ausnutzung frachtfreier Beförderung s. **OLG Breslau EE 21** 170.

2. Die ursprüngliche enge Fassung des Begriffs, die sich mit „Reisebedarf" deckte (s. *de Jonge* **ArchEis. 88** 488; **EE 36** 277) ist überholt. Über die *Entwicklung* bis zum heutigen Stand *Goltermann,* 1 zu § 25. Die jetzige **Legaldifinition** in § 25 (1) wird durch die Abs. 2 und 3 und den Tarif **kasuistisch erweitert;** der Tarif hat eine derartige Befugnis in dieser Hinsicht delegiert erhalten, daß man sich fragen kann, ob die Aufzählung in Abs. 2, die vom Tarif sowohl beschränkt (Abs. 2 letzter Satz) wie erweitert (Abs. 3) werden kann, noch einen Sinn hat. *Wird* ein *Gut, das* nach den Bestimmungen *dem Begriff des Reisegepäcks nicht entspricht,* in Unkenntnis dessen zur Beförderung *angenommen,* so greifen die §§ 119 ff. BGB durch, d. h. der Vertrag kann *angefochten* werden (vgl. Anm. 7 und 8). Die *Haftung* der Eisenbahn für das Gut wird aber, abgesehen von Abs. 5, dadurch nicht berührt, und zwar haftet nach Meinung des BGH die Eisenbahn sowohl aus Vertrag wie aus unerlaubter Handlung [**BGH NJW 57** 1150 = **VRS 13** 109, gegen diese Entscheidung s. Anm. 1 zu § 82; ein Verschulden der Bahn würde zwar die Berufung auf § 25 (5), nicht aber die Anfechtung des Vertrages berühren, doch ist der BGH auf diesen Punkt nicht näher eingegangen, insbesondere ob die Anfechtung rechtzeitig erklärt wurde].

3. Auch Malgerät der Kunstmaler.

4. Bezieht sich auf Abs. 2; s. ABest. 5.

5. Dazu ABest. 6 und **VZ 02** 890; **JW 05** 763; **RGSt. 3** 300.

6. Die Regelung der Haftung in § 31 (2) macht die bisherigen *Bestimmungen über Kostbarkeiten entbehrlich* (Begr.). *Diese Annahme* hat sich leider nach der in Anm. 2 angeführten Entscheidung des BGH als *irrig* erwiesen.

7. Soll heißen: werden derartige Gegenstände dennoch aufgegeben. **Werden sie** unrichtigerweise **angenommen, kommt ein Gepäckvertrag zustande,** vgl. § 54 Anm. 1; Haftung s. § 25 (5) und Anm. 2. Ob eine Anfechtung sinnvoll ist, obwohl der BGH (s. Anm. 2) jedenfalls aus § 823 (1) haften läßt, ist zweifelhaft, da damit wohl auch die Rechtsgrundlage für den Frachtzuschlag entfallen würde. Die Eisenbahn kann aber die **Weiterbeförderung ablehnen,** s. Anm. 8, auch wegen *Nacherhebung von Expreßgutfracht und Frachtzuschlag.*

8. Die Vorschrift **gilt, ebenso wie Abs. (5), für den ganzen §,** nicht etwa nur für Abs. 4 (so auch wohl die zu Anm. 2 zitierte BGH-Entscheidung). Welche Folgen sich aus der Feststellung einer Unzulässigkeit der Abfertigung als Reisegepäck ergeben, läßt 6 leider völlig offen, auch die ABest. schweigen sich darüber aus. Lediglich die Kostenfrage bei einer Nachprüfung, zu der die Eisenbahn bei offensichtlicher Gefahr im Verzug verpflichtet sein dürfte (s. § 21 Anm. 10), sind im letzten Satz des Abs. 6 geregelt. Eine Anfechtung (s. Anm. 2) würde nachträglich einen vertraglosen Zustand schaffen; Unmöglichkeit nach § 324 BGB befreit die Eisenbahn von der weiteren Leistungspflicht, damit ist aber nicht gesagt, wie sie praktisch weiter zu verfahren hat; sie befindet sich aber wohl in der Stellung eines *Geschäftsführers ohne Auftrag* gem. §§ 677 ff. BGB, s. insbesondere § 679 und 680. Die Eisenbahn hat das Gut also zu lagern oder, falls ihr dies nicht möglich, auf Kosten des Auflieferers anderweitig unterzubringen, ihm nach § 681 BGB — soweit möglich — Mitteilung zu machen und seine Weisung einzuholen; ggf. müßte **in entsprechender Anwendung des § 30 verfahren** werden.

Das vorstehend Gesagte gilt für *die* Fälle, in denen nach Abs. 4 die **Beförderung nicht tunlich** ist. **Stehen ihr keine Hindernisse entgegen,** so wird in Anwendung des § 6 das zu Unrecht als Reisegepäck abgefertigte Versandgut **nachträglich als Expreßgut** abgefertigt, § 140 BGB. Die Nacherhebung sowohl der Expreßgutfracht wie ggf. eines Frachtzuschlags (Abs. 4) erfolgt **zweckmäßig bei Auslieferung** des Gutes, kann jedoch innerhalb der Frist des § 10 (8), wenn der Empfänger bekannt ist, **auch noch danach** geschehen; die Ansicht von *Finger,* 18 zu § 25, der Frachtzuschlag könne dann nicht mehr erhoben werden, weil § 58 (3) nicht anwendbar sei, geht offenbar fehl; § 58 (3) handelt von dem Recht der Eisenbahn, nach Ablieferung noch den Nachweis der Richtigkeit von Frachtbriefangaben zu fordern, also etwas ganz anderem.

Wird **keine Zuwiderhandlung festgestellt,** so folgt aus Abs. 6 letzter Satz im Wege des Umkehrschlusses, daß die **Eisenbahn die Kosten** der Nachprüfung einschließlich der Wiederverpackung zu tragen hat; eine **gewaltsame Öffnung** von Behältnissen (Koffern), wie sie *Finger,* 24 zu § 25, unter Abs. 5 subsumiert, würde sie also ggf. nach Abs. 6 letzter Satz einiges kosten. Sie dürfte **nur im Falle von Abs. 4** zu rechtfertigen sein.

9. S. § 54 (1) a).

§ 26. *Verpackung. Bezeichnung*

(1) Gepäckstücke, deren Verpackung ungenügend oder deren Beschaffenheit mangelhaft ist oder die offensichtlich Spuren von Beschädigungen aufweisen, kann die Eisenbahn zurückweisen. Werden sie gleichwohl zur Beförderung angenommen[1], so kann die Eisenbahn im Gepäckschein den Zustand des Gepäcks vermerken[2]. Nimmt der Reisende den Gepäckschein mit dem Vermerk an, so erkennt er diesen Zustand an[3].

(2) Auf den Gepäckstücken müssen Name und Anschrift (Wohnort, Wohnung) des Reisenden genügend haltbar angegeben sein, auch kann der Tarif die Angabe des Versand- und Bestimmungsbahnhofs vorschreiben. Gepäckstücke ohne diese Angaben können zurückgewiesen werden. Der Reisende hat alte Beklebezettel, Namens- oder andere Anschriften, die sich auf frühere Beförderungen beziehen, zu entfernen oder unleserlich zu machen[4].

1. *Unverpackte oder ungenügend verpackte Gepäckstücke oder solche, die nicht ordnungsmäßig zur Beförderung hergerichtet sind, werden angenommen, wenn sie sich nach dem Ermessen des abfertigenden Beamten zur Beförderung eignen.*
2. *Wegen der Annahme unverpackter Kinderwagen, Fahrräder und Krafträder vgl. § 27 ABest. 10—19.*
3. *Name und Anschrift sowie der auffällige Vermerk „Gepäck" sind auf dem Gepäckstück selbst oder auf einem Beklebezettel, einer Tafel oder einem Anhänger aus haltbarem Stoff anzubringen, die dauerhaft befestigt sein müssen. Ein Doppel der Anschrift ist in das Gepäckstück obenauf zu legen. An den Gepäckstücken, in die infolge ihrer Beschaffenheit eine zweite Anschrift nicht hineingelegt werden kann, ist außen eine zweite Anschrift durch Beklebezettel oder Anhänger anzubringen. Ist das Gepäck nicht nach diesen Vorschriften oder nur undeutlich oder unvollständig bezeichnet oder genügen die Befestigung oder die Beschaffenheit der Beklebezettel oder Anhänger nicht diesen Anforderungen, so kann die Eisenbahn die Annahme ablehnen oder die vorgeschriebene Bezeichnung gegen die in der Anlage 2 Ziff. 3 festgesetzte Gebühr übernehmen. Der Reisende hat die aus der ungenügenden Bezeichnung oder dem Fehlen des Anschriftdoppels im oder am Gepäckstück entstehenden Nachteile zu vertreten.*

Schrifttum: Mangelhafte Verpackung von Gepäckstücken **VZ 03 297; EE 22 414, 22 28; GoltdArch. 49 322.**

1. Ohne Verpflichtung dazu.

2. Haftung s. § 31 (1), § 83 (1) b). Sind die Mängel äußerlich erkennbar, haftet Eisenbahn, es sei denn, daß sie die Mängel auf dem Gepäckschein vermerkt oder nachweist, daß Mangel oder Beschädigung bereits bei Aufgabe bestanden haben; **EE 39** 183; **JW 24** 204.

3. Die Verpflichtung des Reisenden, sich vom Inhalt des Gepäckscheins zu überzeugen, folgt aus § 27 (4) Satz 2. Daher kann Reisender, wenn Gepäckschein **ohne** entsprechenden mündlichen **Hinweis mit** dem **Vermerk versehen** worden ist, **dagegen Vorstellungen erheben,** obwohl er bereits bezahlt hat, und, wenn keine Einigung erfolgt, den Gepäckbeförderungsvertrag **rückgängig** machen. Das Verfahren nach § 62 (2) Satz 1 ist besser; ein Unterschied besteht im übrigen auch insofern, als § 26 (1) nur vom „Zustand" des Gepäcks, nicht von „Fehlen oder Mängeln der Verpackung" spricht. Die Feststellung der Gepäckabfertigung braucht daher kein zusätzliches Werturteil zu enthalten; gegen den Vermerk: **„Unverpackt"** bestehen keine Bedenken, außer bei den Gegenständen nach § 25 (2); hier ist die Notwendigkeit einer Verpackung in der EVO selbst entweder abgelehnt oder näher umrissen, und nur in den letzteren Fällen kann eine **ungenügende** usw. **Verpackung** vorliegen, deren Feststellung **Voraussetzung für den Vermerk** ist; a. M. *Finger,* 6 zu § 26. Der Vermerk muß selbstverständlich vor Aushändigung des Gepäckscheins erfolgen; das für den Auflieferer bestimmte Stück **(Gepäckempfangsschein) muß dem** im Durchschreibeverfahren hergestellten **Gepäckbegleitschein sowie dem** bei der Gepäckabfertigung zurückbleibenden **Stamm entsprechen,** ein einseitiger Vermerk auf den für den Dienstgebrauch bestimmten Stücken wäre dem Inhaber des Gepäckscheins gegenüber ohne Beweiskraft. Der **Auflieferer** ist nach § 164 BGB als **bevollmächtigt** anzusehen, den **Vermerk anzuerkennen,** falls er nicht mit dem Reisenden identisch ist. **Gegenbeweis gegen fingiertes Anerkenntnis** muß zumindest in dem Umfange **zulässig** sein wie gegen schriftliches, s. § 62 Anm. 8.

4. Tut er dies nicht, ist mit *Rundnagel,* BefGesch. S. 534 ein Verstoß des Reisenden gegen seine Vertragspflichten anzunehmen; es ist daher zu prüfen, ob § **254 BGB anwendbar;** vgl. **EE 22** 28, 414; **VZ 03** 38.

§ 27. *Aufgabe. Gepäckschein*

(1) Das Gepäck ist innerhalb der für die Lösung der Fahrausweise festgesetzten Zeit[1] bei der Gepäckabfertigung aufzugeben. Auf größeren Bahnhöfen braucht die Eisenbahn Gepäck für die einzelnen Züge nur bis zu einer Viertelstunde vor ihrer Abfahrt anzunehmen[2].

(2) Der Reisende kann bei der Aufgabe den Wert, den er der fristgemäßen Lieferung des unversehrten Gepäcks über den nach §§ 31 und 33 zu ersetzenden Betrag hinaus beimißt — Lieferwert (Interesse an der Lieferung)[3] — angeben. Der Betrag des Lieferwerts ist auf dem Gepäckschein[4] zu vermerken[5]. Bei Angabe des Lieferwerts wird für je angefangene zehn Kilometer eine besondere Gebühr von einem

Zehntel vom Tausend der angegebenen Summe erhoben. Der Tarif kann die Gebühr herabsetzen, auch einen Mindestbetrag festsetzen[6].

(3) Die Gepäckfracht ist bei der Aufgabe zu entrichten. § 10 (8) gilt entsprechend; die dort vorgesehene einjährige Frist beginnt mit dem Tage der Ausfertigung des Gepäckscheins.

(4) Bei der Aufgabe wird dem Reisenden ein Gepäckschein[4] ausgehändigt, dessen Angaben für die Beförderung maßgebend sind. Der Reisende hat sich beim Empfang des Gepäckscheins zu überzeugen, ob dieser seinen Angaben entsprechend ausgefertigt ist[7].

(5) Der Gepäckschein muß folgende Angaben enthalten:

a) den Aufgabe- und den Bestimmungsbahnhof;

b) erforderlichenfalls den Beförderungsweg;

c) den Tag der Aufgabe und den Zug, zu dem das Gepäck aufgegeben worden ist[2];

d) die Anzahl und das Gesamtgewicht der Gepäckstücke;

e) die Gepäckfracht und etwaige andere Gebühren;

f) gegebenenfalls den gemäß Abs. (2) angegebenen Betrag des Lieferwerts in Buchstaben.

(6) Für die Abfertigung von Fahrrädern, Sportgeräten und Tieren in Behältern kann der Tarif besondere Vorschriften treffen[8].

(7) Wird auf Bahnhöfen ohne Gepäckabfertigung oder sonst Gepäck unter Vorbehalt späterer Abfertigung angenommen, so gilt es gleichwohl mit dem Zeitpunkt der Annahme als zur Beförderung übernommen. Die Eisenbahn hat dem Reisenden den Empfang zu bescheinigen.

(8) Der Tarif bestimmt, ob bei der Aufgabe des Gepäcks der Fahrausweis vorzuzeigen ist[9] und ob und unter welchen Bedingungen Gepäck ohne Fahrausweis zur Beförderung angenommen wird. Wird Gepäck ohne Fahrausweis aufgegeben, so gelten die Bestimmungen dieser Ordnung über die Rechte und Pflichten eines Reisenden hinsichtlich seines Gepäcks auch für den Absender des ohne Fahrausweis aufgegebenen Gepäcks.

Annahme

1. Gepäck wird nur gegen Vorlage von Fahrausweisen angenommen. Der Reisende kann auf einen Fahrausweis einmal oder mehrmals Gepäck aufgeben, und zwar:

a) vom Abgangsbahnhof
nach dem Bahnhof, bis zu dem der Fahrausweis gilt oder nach einem Unterwegsbahnhof,

b) von einem Unterwegsbahnhof
nach einem anderen Unterwegsbahnhof
oder nach dem Bahnhof, bis zu dem der Fahrausweis gilt.

Auch auf Zeitkarten wird Gepäck einschließlich der Fahrräder und der sonstigen Gegenstände, die nach den ABest. 14—19 auf Fahradkarte aufgegeben werden angenommen, soweit die Tarifteile II nichts anderes bestimmen.

2. *Gilt der Fahrausweis wahlweise nach verschiedenen Bahnhöfen, so hat der Reisende bei Aufgabe des Gepäcks anzugeben, nach welchem Bahnhof es abgefertigt werden soll. Kommen verschiedene Bahnhöfe desselben Orts in Frage und kann der Reisende auf ausdrückliches Befragen den Bahnhof, nach dem das Gepäck befördert werden soll, nicht angeben, so wird das Gepäck nach dem in den Tarifteilen II (Entfernungsanzeiger) hierfür besonders gekennzeichneten Bahnhof abgefertigt.*

3. *Gepäck — auch auf Fahrradkarte — wird auch nach einem über den Bestimmungsbahnhof der vorgelegten Fahrausweise hinausgelegenen Bahnhof angenommen, wenn der Reisende ausnahmsweise keinen Fahrausweis bis zum Zielbahnhof seiner Reise erhalten konnte und einen Fahrausweis bis zu einem Unterwegsbahnhof gelöst hat, der dem Zielbahnhof möglichst nahe liegt.*

Frachtberechnung und Nebengebühren

4. *Die Gepäckfracht wird für mindestens 10 kg berechnet. Gewichte bis zu 20 kg werden auf volle 5 kg aufgerundet, bei höheren Gewichten wird die Fracht für je 10 kg berechnet, wobei Zwischenkilogramme auf volle 10 kg aufgerundet werden. Die Gepäckfracht wird bis 1 DM auf volle 5 Pfennig, darüber auf volle 10 Pfennig aufgerundet. Die Mindestfracht beträgt 0,45 DM.*

5. *Der Reisende hat beim Empfang des Gepäckscheins die Angaben über Bestimmungsbahnhof und Wegevorschrift zur Richtigstellung etwaiger Irrtümer zu prüfen, und wenn er Geld zurückbekommt, sich von der Richtigkeit des Betrages zu überzeugen.*

6. *Für Trag- und Fahrstühle sowie Selbstfahrer für Kranke, auch mit Hilfsmotor, Krankenkraftfahrstühle, Krankenkörbe, Traggestelle und Tragbetten, auch fahrbare, die mitreisende Kranke oder Körperbehinderte zu ihrer Fortbewegung oder zu ihrer Beförderung brauchen, werden bei Aufgabe als Reisegepäck der Frachtberechnung folgende Gewichte zugrunde gelegt:*

a) für Trag- und Fahrstühle für Kranke, Krankenkörbe, Traggestelle und Tragbetten .... 20 kg

b) für Selbstfahrer für Kranke — auch mit Hilfsmotor —, für fahrbare Krankenkörbe, Traggestelle und Tragbetten .... 30 kg

c) für Krankenkraftfahrstühle .... 70 kg

7. Für Schwerbeschädigte mit dem Ausweis der amtlichen Fürsorgestelle oder Hauptfürsorgestelle nach vorgeschriebenem Muster werden die in ABest. 6 aufgeführten, für den eigenen Gebrauch bestimmten Geräte gegen Vorlage der Fahrausweise frachtfrei auf Gepäckschein befördert. Wird der Selbstfahrer von dem Schwerbeschädigten selbst zum Gepäckwagen gebracht, so wird er — wenn es der Gepäckverkehr zuläßt — gegen Vorzeigen des Schwerbeschädigtenausweises ohne Gepäckschein befördert. Die Bezeichnung mit Namen und Anschrift (Wohnort, Wohnung) des Reisenden sowie des Bestimmungsbahnhofs muß an dem Selbstfahrer genügend haltbar angebracht sein. EVO § 21 (5) gilt sinngemäß. Für Krankenkraftfahrstühle gilt außerdem § 25 ABest. 3.

8. Für Angabe des Lieferwerts (Interesse an der Lieferung) wird die in der Anlage 2 Ziff. 4 festgesetzte Gebühr erhoben.

9. Wird Gepäck unabgefertigt mitgenommen, so wird auf dem Bahnhof, der die Nachbehandlung vornimmt, außer der tarifmäßigen Gepäck- oder Expreßgutfracht und den sonstigen Kosten die in der Anlage 2 Ziff. 5 festgesetzte Gebühr erhoben. Die Gebühr wird nicht erhoben, wenn die Einrichtungen der Eisenbahn die Nachbehandlung erforderlich machen, auch nicht in den Fällen der ABest. 18 h) und EVO § 21 (4).

Abfertigung von unverpackten Kinderwagen, Fahrrädern und Krafträdern

10. Der Frachtberechnung werden folgende Gewichte zugrunde gelegt:

a) für Kinderwagen .... 15 kg

b) für Fahrräder

für einsitzige Zweiräder .... 20 kg

für zweisitzige Zweiräder (Tandems) .... 30 kg

für einsitzige Zweiräder mit aufgebautem Hilfsmotor 30 kg

c) für einsitzige Mopeds .... 40 kg

d) für einsitzige Motorräder, die auch Pedalantrieb haben .... 50 kg

e) für andere ein- und zweisitzige Kraftzweiräder das auf dem Typenschild oder in einer behördlichen Bescheinigung angegebene Eigengewicht. Fehlt die Gewichtsangabe, so ist das Gewicht durch Verwiegen zu ermitteln.

Wenn bei den Gegenständen unter a) bis d) von dem Reisenden ausdrücklich Verwiegen beantragt und auf der Bahnhofswaage vorgenommen wird, so gilt das ermittelte Gewicht für die Frachtberechnung. Der Reisende muß bei der Feststellung des Gewichts mitwirken.

11. *In den Kinderwagen dürfen nur die zur Wartung und Pflege der Kinder nötigen Gegenstände untergebracht sein.*

12. *Werden mehrere unverpackte einsitzige Zweiräder für sich allein oder zusammen mit anderem Gepäck auf Gepäckschein abgefertigt, so werden als Mindestfracht der ganzen Sendung 0,45 DM für jedes Fahrrad erhoben.*

13. *Die Laterne und das am Rad befestigte Gepäck — außer der Satteltasche und der innerhalb des Rahmens befestigten Gepäcktasche — sind abzunehmen. Die Laterne kann am Rad belassen werden, wenn sie mit ihm fest verbunden (verschraubt) und nicht ohne weiteres abnehmbar ist.*

Besondere Bestimmungen für die Abfertigung von Kinderwagen, Fahrrädern, Mopeds, Motorfahrrädern, Skiern und Rodelschlitten sowie Faltbooten auf Fahrradkarte.

14. *Auf Wunsch des Reisenden werden gegen Lösung von Fahrradkarten als Gepäck abgefertigt:*
    a) unverpackte Kinderwagen,
    b) unverpackte ein- oder zweisitzige Zweiräder, Mopeds und Motorfahrräder, die auch Pedalantrieb haben, sofern die Beförderung nach § 25 ABest. 4 nicht beschränkt oder ausgeschlossen ist,
    c) Skier sowie ein- und zweisitzige Rodelschlitten,
    d) Faltboote, zerlegt und im Rucksack und in Taschen verpackt.

15. *Auf einen Fahrausweis können nur gelöst werden*
    a) eine Fahradkarte
    für einen Kinderwagen oder
    für ein zweisitziges Zweirad oder
    für ein oder zwei Paar zu einem Gepäckstück vereinigte Skier oder
    für einen Rodelschlitten oder
    für ein Faltboot im Gewicht bis 50 kg oder
    b) zwei Fahrradkarten
    für ein zweisitziges Zweirad (Tandem) oder
    für ein einsitziges Zweirad mit aufgebautem Hilfsmotor oder

für ein Moped oder ein Motorfahrrad, das auch Pedalantrieb hat oder
für ein Faltboot über 50 kg.

16. *Die Fahrradkarten kosten*

auf Entfernungen von 1 bis 100 km	....	*0,50 DM,*
auf Entfernungen von 101 bis 200 km	....	*1,20 DM,*
auf Entfernungen von 201 bis 300 km	....	*1,70 DM,*
auf Entfernungen über 300 km	....	*2,40 DM.*

17. *Die Geltungsdauer der Fahrradkarte beträgt vier Tage, den Lösungstag eingerechnet.*

18. *Für das auf Fahrradkarte abgefertigte Gepäck gilt folgendes:*

   a) In dem Kinderwagen dürfen nur die zur Wartung und Pflege der Kinder nötigen Gegenstände untergebracht sein.

   b) Ein Faltboot wird nur angenommen, wenn es entweder aus einem einzelnen Stück besteht oder aus mehreren, zu einem Faltboot gehörigen Einzelstücken, die — mit oder ohne Bootswagen — zu einem Gepäckstück fest zusammengeschnürt sind.

   c) Der Reisende hat das Gepäck auf dem Abgangsbahnhof nach dem Gepäckwagen zu bringen, es beim Zugwechsel auf Unterwegsbahnhöfen von Gepäckwagen zu Gepäckwagen überzuführen und auf dem Bestimmungsbahnhof am Gepäckwagen in Empfang zu nehmen.

   d) Vor der Aufgabe des Gepäcks hat der Reisende die Fahrradkarte nach Abtrennung des Abschnittes fest am Gepäck anzubinden, bei Fahrrädern, Mopeds und Motorfahrrädern an der Lenkstange. Den Abschnitt der Karte hat der Reisende bei Übergabe des Gepäcks am Gepäckwagen zur Annahmebescheinigung vorzuzeigen. Durch die Annahme des Abschnitts erkennt der Reisende an, daß das Gepäck im Sinne der EVO. §§ 31 und 83 unverpackt ist[7].
   Wegen Abnahme der Laterne und des Gepäcks vom Fahrrad vgl. ABest. 13.

   e) Das Gepäck wird gegen Rückgabe des Abschnitts ausgehändigt. Wird das Gepäck auf einen anderen Zug übergeführt, so hat der Reisende den Abschnitt beim Empfang des Gepäcks zur Entwertung der Annahmebescheinigung und bei der Übergabe am Gepäckwagen des Anschlußzuges zur Erteilung einer neuen Annahmebescheinigung vorzuzeigen.

   f) Wird das Gepäck auf dem Bestimmungsbahnhof oder Zugwechselbahnhof am Gepäckwagen nicht abgeholt, so ist die in der Anlage 2 Ziff. 6 festgelegte Ausladegebühr zu entrichten (vgl. h).

g) An Orten mit mehreren Bahnhöfen wird der Abschnitt der Fahrradkarte dem Reisenden bei Aushändigung des Gepäcks belassen, wenn die Fahrradkarte über diesen Ort hinaus gilt und die Fahrt von einem anderen Bahnhof aus fortgesetzt wird. Der Reisende hat den Abschnitt bei der neuen Übergabe des Gepäcks zur Annahmebescheinigung vorzuzeigen.

h) Die nachträgliche Abfertigung unabgefertigt mitgenommener Kinderwagen, Fahrräder, Mopeds, Motorfahrräder, Skier, Rodelschlitten und Faltboote ist ausgeschlossen. Jedoch wird auf Fahrradkarte abgefertigtes Gepäck nachträglich weiter abgefertigt, wenn der Reisende über den Zielbahnhof seines Fahrausweises hinaus weiterfährt oder sonst sein Reiseziel ändert und dies dem Aufsichtsbeamten oder Zugführer rechtzeitig meldet. In diesem Falle werden Fahrradkarten für die Strecke ausgegeben, auf der das Gepäck unabgefertigt befördert worden ist; Nachbehandlungs- und Ausladegebühren (Anlage 2 Ziff. 5 und 6) werden hierbei nicht erhoben.

19. Im übrigen gelten die allgemeinen Bestimmungen über Reisegepäck.

Besondere Bestimmungen über die Abfertigung von Hunden in Behältern

20. Hunde in Behältern, die von Reisenden mitgeführt werden, werden gegen dieselbe Gebühr wie bei Mitnahme im Personenwagen (§ 22 ABest. 4) auch im Gepäckwagen befördert. EVO § 22 (4) Satz 3 und 4 gilt sinngemäß. Angabe des Lieferwerts ist nicht gestattet. Auf den Behältern müssen Name und Anschrift (Wohnort, Wohnung) des Reisenden genügend haltbar angegeben sein.

Die Abfertigung von Hunden in Behältern auf Gepäckschein (vgl. § 25 ABest. 5 f) wird hierdurch nicht berührt.

Schrifttum: *Werneburg,* Die rechtliche Natur des Gepäckscheins, **EE 23** 309; *Rundnagel,* BefGesch. § 188 Anm. 4 und die darin Angeführten; *Gumprecht* **EE 23 309,** 413.

1. Siehe § 10 (5).

2. Nimmt sie doch an, läuft die Frist des § 29 (2), **VZ 07** 380, doch wird man der Eisenbahn den Beweis nicht abschneiden dürfen, daß das verspätete Aufliefern die Beförderung mit dem gewünschten Zug unmöglich gemacht hat; so mit *Weirauch* in der Vorauflage jetzt auch *Finger,* 5 zu § 27, *a. M. Goltermann,* 2 zu § 27 mit weiterer Schrifttumsangabe. Die Frage ist nur von Bedeutung, *wenn der Reisende von dem Rechte* aus § 28 (3), *den Zug anzugeben,* mit dem das Gepäck befördert werden soll, *Gebrauch gemacht* hat; hat die Gepäckabfertigung diesen gem. § 27 (5) c) in den Gepäckschein eingetragen, so wird ein *Vorbehalt,* daß für diesen Zug wegen der Verspätung keine Garantie übernommen werden könne (sowohl *Finger* wie *Goltermann* aaO. wollen einen solchen Vorbehalt offenbar anerkennen, selbst wenn er nicht im Gepäckschein vermerkt ist), jedenfalls schwer zu beweisen sein; **bei Annahme ohne Vorbehalt** aber kann sich der Reisende **auf die Eintragung** im Gepäckschein **verlassen** [§ 27 (4) Satz 2]. Will die Eisenbahn solche Schwierigkeiten vermeiden, muß sie dafür sorgen, daß bei Unsicherheit die Annahme für den von Reisenden gewünschten Zug abgelehnt oder ein **Vorbehalt** („nach Möglichkeit") **im Gepäckschein vermerkt** wird. Für den „nächsten geeigneten Zug" [§ 28 (3) Satz 2] kann die Annahme nicht abgelehnt werden, doch kann der Reisende aufgefordert werden, zunächst die Abfertigung solcher Reisender abzuwarten, die ihr Gepäck mit dem bald ankommenden Zuge, dessen Erreichung mit dem Gepäck die Gepäckabfertigung nicht mehr für sicher hält, ohne dessen Eintragung im Gepäckschein (also ohne verbindliche Zusage) auf das Risiko hin mithaben möchten, daß der Versuch mißlingt.

3. Als **Lieferwert** ist (ebenso EVO § 89) nur der Betrag anzusehen, der über die auch ohne Angabe des Lieferwertes zu zahlende Entschädigung beansprucht wird (Begr.), anders CIV Art. 22. S. im übrigen die Anm. 3 zu § 34.

4. **Gepäckschein** ist zunächst **Quittung** über die Aushändigung des Gepäcks, sodann **Beweisurkunde** über den Abschluß des Gepäckbeförderungsvertrages und **Legitimationspapier** für die Rückforderung des Gepäcks. Er ist kein Wert- oder Inhaberpapier; s. *Rundnagel,* BefGesch. S. 537. BGB §§ 794, 796 sind also nicht anwendbar. Der Gepäckschein der Reichsbahn (Bundesbahn) ist **öffentliche Urkunde (EE 21 385; RGSt. 37 318; JW 05 244, 25 2746)**; ebenso die Fahrradkarte (**EE 28 78**). S. § 29 Anm. 2.

5. Angabe in Buchstaben [siehe (5) f wie EVO § 89 (2)].

6. Die bisherige Beschränkung der Höhe des Lieferwertes ist nach Neuregelung der Ersatzpflicht für Verlust als gegenstandslos gefallen (Begr.).

7. Die **Prüfung** wird **unterstellt,** ihm obliegt der **Gegenbeweis** [z. B. § 26 (1) letzter Satz, ABest. 7], daß er damit nicht einverstanden war; **evtl. § 254 BGB;** rechtlich fragwürdig ABest. 18 d) Satz 3.

8. Fahrräder: Auflieferung wie jedes andere Reisegepäck (verpackt oder unverpackt). Daneben Aufgabe auf **Fahrradkarte** s. ABest. 16 ff. Hier erfolgt **Vertragsabschluß** nicht schon durch Lösung der Fahrradkarte, sondern **erst durch Auflieferung und Annahme,** diesmal am Packwagen (s. **EE 41 43**; a. A. **EE 44 191**); jedesmaliger **Neuabschluß bei Zugwechsel,** wenn dabei das Rad dem Reisenden wieder ausgehändigt wird (*a. M. Rundnagel* aaO. S. 542); teilweise abw. *Goltermann,* § 27 Anm. 7. § 29 (1) S. 2 und (6) gelten auch hier. Der Charakter der Fahrradkarte ist der gleiche wie der des Gepäckscheins (s. oben Anm. 5; *abw. Goltermann,* **EE 39 157**). Haftung der Eisenbahn vermindert sich, wenn der Reisende mit **Abholung** des Fahrrades in **Verzug** gerät (BGB § 300). *Finger,* 29 e) zu § 27, will statt dessen § 30 „entsprechend" anwenden, vgl. aber ABest. 18 c), die die Abnahmepflicht

ganz anders gestaltet als § 30 (1), wozu er nach § 27 (6) berechtigt ist. Vielmehr dürfte § 680 BGB anwendbar sein.

9. Siehe ABest. 1, die festlegt, daß Gepäck nur gegen Vorlage von Fahrausweisen angenommen wird.

§ 28. *Abfertigung. Beförderung. Zoll- und sonstige Verwaltungsvorschriften*

(1) Das Gepäck wird über den auf dem Fahrausweis angegebenen Weg[1] abgefertigt. Auf Antrag[2] wird es auch über einen anderen Weg befördert, wenn durchgehende Abfertigung möglich ist.

(2) Gilt der Fahrausweis über mehrere Wege[1] oder kommen am Bestimmungsort verschiedene Bahnhöfe in Frage, so hat der Reisende den Beförderungsweg oder den Bahnhof, nach dem das Gepäck abgefertigt werden soll, genau zu bezeichnen. Die Eisenbahn haftet nicht für die Folgen, wenn der Reisende diese Vorschrift nicht beachtet[1].

(3) Der Reisende kann[3] den Zug angeben, mit dem das Gepäck befördert werden soll. Macht er von diesem Rechte keinen Gebrauch, so wird es mit dem nächsten geeigneten Zuge befördert[4].

(4) Muß das Gepäck unterwegs auf einen anderen Zug übergehen, so kann die Weiterbeförderung mit dem Anschlußzug[5] nur verlangt werden, wenn dieser der Gepäckbeförderung dient und genügend Zeit zur Umladung vorhanden ist. Sonst ist es mit dem nächsten geeigneten Zuge weiterzubefördern.

(5) Die vorstehenden Bestimmungen gelten nur insoweit, als keine Zoll- oder sonstigen Verwaltungsvorschriften entgegenstehen[7].

(6) Die Eisenbahn ist berechtigt, die Beförderung von Gepäck bei einzelnen Zügen oder Zuggattungen auszuschließen oder zu beschränken. Anordnungen dieser Art sind durch den Tarif oder durch Aushang bekanntzumachen.

(7) Für die Behandlung des Gepäcks in besonderen Fällen gelten die §§ 9 (1) und (5), 15 (4) und 23 (2)[6].

(8) Der Reisende hat die Zoll- und sonstigen Verwaltungsvorschriften für seine Person und hinsichtlich der Untersuchung seines Reise- und Handgepäcks zu befolgen[7]. Er hat dieser Untersuchung beizuwohnen, wenn die einschlägigen Vorschriften keine Ausnahmen zulassen. Kommt der Reisende diesen Verpflichtungen nicht nach, so ist die Eisenbahn ihm gegenüber von jeder Haftung für die daraus entstehenden Folgen befreit[8]. Die Eisenbahn kann für ihre Tätigkeit bei der Ab-

fertigung durch die Zoll- oder sonstigen Verwaltungsbehörden außer der Vergütung ihrer Auslagen die tarifmäßige Gebühr erheben.

1. Ausschluß oder Beschränkung der Gepäckbeförderung ist aus den Fahrplänen zu ersehen.

2. Bei den nach den Tarifbestimmungen des innerdeutschen Verkehrs abgefertigten Ein-, Aus und Durchfuhrsendungen von und nach deutschen Bahnhöfen auf ausländischem Gebiet sowie den Gemeinschaftsbahnhöfen Kufstein und Salzburg Hbf. wird für die Mitwirkung der Eisenbahn bei Erfüllung der Zoll- und sonstigen Verwaltungsvorschriften die Gebühr nach Anlage 2 Ziff. 7 erhoben. Die Gebühr wird nicht erhoben, wenn der Reisende selbst an der Grenze die Abfertigung des Gepäcks zum freien Verkehr betreibt.

1. Vgl. § 10 (2) und ABest. 5—7 zu § 10. Sind nach § 10 ABest. 5 **mehrere Wege** möglich, muß die Gepäckabfertigung nach Abs. 2 durch Befragen des Aufgebenden klären, welchen Weg der Reisende nehmen will; erlangt sie keine Aufklärung, wird sie mit Rücksicht auf § 29 (2) den **zeitlich kürzesten Weg** zu wählen haben, wobei freilich nur ein kundendienstliches nobile officium vorliegt, da Abs. 2 Satz 2 die Eisenbahn von der Haftung für Fehler bei der Auswahl befreit. Die dem Reisenden nach Abs. 3 zustehende **Angabe des Zuges,** mit dem das Gepäck befördert werden soll, muß sich **im Rahmen des Abs. 1** halten; sie wird andererseits häufig einen **Hinweis auf** den vom Reisenden **gewünschten Weg** geben.

2. Der **„Antrag"** kann in der Angabe des Zuges nach Abs. 3 liegen, s. Anm. 1, in anderen Fällen wird er wegen § 29 (2) zweckmäßig **im Gepäckschein vermerkt.** Der **„andere** Weg" darf nur ein **kürzerer** sein als der nach Abs. 1 S. 1, wenn der Reisende nicht eine Umwegkarte nach ABest. 6 zu § 10 gelöst hat. Das folgt aus dem akzessorischen Charakter des Gepäckbeförderungsvertrages zum Personenbeförderungsvertrag, s. § 25 Anm. 1. Wird das Gepäck zufolge Antrags nach Abs. 1 Satz 2 auf einem kürzeren Wege dem Bestimmungsbahnhof zugeführt, so **entfällt die Möglichkeit,** es auf einem **Unterwegsbahnhof ausliefern** zu lassen, **der nicht auf der Reiseroute** des Reisenden **liegt** [§ 29 (3) Satz 2]. Für Gepäckbeförderung auf Fahrradkarte (ABest. 16 ff. zu § 27) entfällt die Möglichkeit, einen anderen Weg zu beantragen, wenn dabei ein Zugwechsel nötig ist; das folgt aus der Verpflichtung des Reisenden nach ABest. 18 c) zu § 27, das Gepäck bei Zugwechsel zum Gepäckwagen zu überführen; davon ganz abgesehen, ist überhaupt **bei Abfertigung auf Fahrradkarte** schon aus technischen Gründen (kein Raum für die Eintragung von Wünschen) **für Eintragungen nach Abs. 1 Satz 2 und Abs. 3 Satz 1 keine Möglichkeit** gegeben.

3. In dem Antrag nach Abs. 1 Satz 2 und der Angabe des Beförderungswegs wird zumeist auch eine Angabe des Zuges liegen, mit dem das Gepäck befördert werden soll, umgekehrt in der Angabe des Zuges zumeist (nicht notwendig, a. M. *Finger,* 3 zu § 28) die Wahl des Beförderungswegs. Die

Angabe muß sich im Rahmen des Abs. 1 halten (s. Anm. 1), d. h. der Vorteil des (gegenüber dem Expreßguttarif ermäßigten) Gepäcktarifs kommt dem Reisenden nur im Rahmen seines Fahrausweises zugute. **Nicht möglich bei Fahrradkarten,** s. Anm. 2. Der Zug braucht nicht identisch zu sein mit dem, den der Reisende selbst benutzen will, er kann das Gepäck auch **vorausschicken, auch nach Unterwegsbahnhof** (ABest. 1 zu § 27). Macht Reisender von der Möglichkeit, den Zug anzugeben, Gebrauch, so ist der von ihm genannte (und nach § 27 Abs. 5 c) **in den Gepäckschein einzutragende)** Zug derjenige, „mit dem das Gepäck zu befördern war" [§ 29 (2) Satz 2], ist also **maßgebend für die Lieferfrist.** Abs. 3 Satz 1 geht dabei von dem Idealfalle aus, daß der Reisende mit dem von ihm in Aussicht genommenen Zug ohne Umsteigen den Zielbahnhof erreicht. Ist **Umsteigen,** sogar mehrmaliges, erforderlich, so greift **Abs. 4** durch; da hier auf „genügend Zeit zum Umladen" abgestellt ist, was nicht vorhergesehen werden kann, **erstreckt sich das Recht des Reisenden nicht** über den von ihm gewählten Anfangszug hinaus etwa auch noch **auf die Angabe von Anschlußzügen.** Wegen der Möglichkeit, bei verspäteter Aufgabe des Gepäcks die Eintragung des vom Reisenden gewünschten Zuges abzulehnen, s. § 27 Anm. 2.

4. Über die **„Eignung"** wird man natürlich im Einzelfall verschiedener Ansicht sein können; **LG Stettin EE 54 64** stellt heraus, daß es **nicht Sache des Gepäckbediensteten** ist, **fahrplantechnische Raffinessen auszuklügeln** (dafür hat der Reisende das Recht aus Abs. 1) und womöglich einen Zug entgegen der geographischen Richtung zum Reiseziel (Gegenrichtung) wegen günstiger Anschlüsse auszuwählen, zumal wenn er tariflich teurer (weitere Entfernung) ist; das würde (s. Anm. 3) auch gar nicht mehr durch den Fahrschein gedeckt werden. Da der von dem Bediensteten (an Stelle des Reisenden) gewählte Zug genau wie der vom Reisenden benannte **in den Gepäckschein eingetragen** wird, hat ein Fahrplankenner Gelegenheit, die Wahl zu beanstanden [§ 27 (4) Satz 2]. Tut er dies nicht, ist **der von der Gepäckabfertigung eingetragene** Zug **derjenige, „mit dem das Gepäck zu befördern war"** im Sinne von § 29 (2).

5. Der **„Anschlußzug"** geht aus dem **Fahrplan hervor** (ABest. 1), in dem die Anschlüsse [§ 8 (1) Satz 2] vermerkt sind; sie sind aber **auf Umsteigen** und **nicht auf Gepäckumladung abgestellt,** Verspätungen können vorkommen, ohne daß die Eisenbahn dafür haftbar gemacht werden kann [§ 23 (1)]; das dort Gesagte gilt auch für die **Anschlußversäumung** für Gepäck, nur daß dazu noch **„genügend Zeit zum Umladen"** nach § 28 (4) einzurechnen ist, so daß es möglich ist, daß zwar noch gerade der Reisende, nicht aber sein Gepäck den Anschluß erreicht. **OLG Naumburg EE 55 273** geht über diesen Tatbestand auf Grund falscher Auskunft über Umladung des Gepäcks und Fehlern in der Fernsprechübermittlung für eine Ersatzlösung hinweg; das Urteil eignet sich also wenig zur Beurteilung anders gelagerter Fälle.

6. Überflüssige Verweisung.

7. Die Vorschrift spricht nicht mehr von „betreiben", sondern von befolgen und beiwohnen. Dies entspricht der tatsächlichen Handhabung (Begr.).

Eisenbahn haftet für die bei der Verzollung tätigen Eisenbahnbeamten (§ 4), **nicht** aber **für** die **Zollbeamten;** der **Zollfiskus haftet** nach Art. 34 GG **für unterlassene Aufklärung,** wenn bei zollamtlicher Vorabfertigung nicht auf das Erfordernis der **Beigabe von Kofferschlüsseln** für die Grenzabfertigung hingewiesen wurde, **BGH VRS 11** 86.

8. Z. B. Überschreitung der **Lieferfrist;** zwischenzeitliche Erhöhung der **Zolltarife** (vgl. auch **EE** 32 298).

§ 29. *Auslieferung*

(1) Das Gepäck wird gegen Rückgabe des Gepäckscheins und Entrichtung der etwa noch nicht bezahlen Kosten ausgeliefert[1]. Die Eisenbahn ist berechtigt, aber nicht verpflichtet, die Berechtigung des Inhabers zu prüfen[2].

(2) Der Reisende ist berechtigt, auf dem Bestimmungsbahnhof[3] nach Ablauf der Lieferfrist die Auslieferung des Gepäcks an der Gepäckausgabe[3] zu verlangen. Die Lieferfrist endet, sobald nach Ankunft[4] des Zuges, mit dem das Gepäck zu befördern war, die zur Bereitstellung und etwa zur Zoll- oder sonstigen verwaltungsbehördlichen Abfertigung erforderliche Zeit abgelaufen ist. Auf Verlangen ist das Gepäck gegen die tarifmäßige Gebühr nachzuwiegen.

(3) Das Gepäck ist auf dem Bahnhof[3] auszuliefern, nach dem es abgefertigt war. Auf rechtzeitiges Verlangen kann es jedoch, wenn die Umstände es gestatten und keine Zoll- oder sonstigen Verwaltungsvorschriften entgegenstehen, gegen Rückgabe des Gepäckscheins auf dem Versandbahnhof zurückgegeben oder auf einem Unterwegsbahnhof ausgeliefert werden. Der Tarif kann bestimmen, daß hierbei auch der Fahrausweis vorzuzeigen ist[5].

(4) Unter welchen Bedingungen eine Weitersendung des Gepäcks nach einem anderen Bahnhof zulässig ist, bestimmt der Tarif[5].

(5) Wird das aufgegebene Gepäck zurückgenommen, ehe es den Versandbahnhof verlassen hat, so kann die bezahlte Gepäckfracht zurückverlangt werden. Wird das Gepäck auf einem Unterwegsbahnhof zurückgenommen, so kann die Erstattung der Mehrfracht verlangt werden[6]. § 24 (7) gilt entsprechend; die sechsmonatige Frist beginnt mit dem Tage der Ausfertigung des Gepäckscheins.

(6) Wird der Gepäckschein nicht beigebracht, so braucht die Eisenbahn das Gepäck nur demjenigen auszuliefern, der seine Berechtigung glaubhaft macht[7], sie kann Sicherheitsleistung verlangen[8].

(7) Bei nicht rechtzeitiger Auslieferung des Gepäcks hat die Eisenbahn auf Verlangen Tag und Stunde der Abforderung auf dem Ge-

päckschein zu bescheinigen und etwaige Kosten für den Versuch der Abholung zu erstatten[9].

(8) Wenn einzelne der im Gepäckschein verzeichneten Stücke bei der Auslieferung fehlen, so kann der Reisende, ehe er die anderen annimmt, von der Eisenbahn eine Bescheinigung hierüber verlangen[10].

(9) Bei Verlust von Gepäckstücken ist der Reisende zur Erleichterung der Nachforschungen der Eisenbahn verpflichtet, eine möglichst genaue Beschreibung der verlorenen Stücke zu geben.

1. *Auf Bahnhöfen, die keine Gepäckabfertigung haben, muß der Reisende das dahin beförderte Gepäck unmittelbar nach Ankunft am Zuge abnehmen. Sonst wird es bis zur nächsten Gepäckabfertigung weiterbefördert und dort zur Abnahme bereitgehalten. Für die Strecke, auf der das Gepäck unabgefertigt mitgenommen worden ist, wird die Gepäckfracht besonders berechnet[3].*

2. *Die Gebühr für die verlangte Nachwiegung ist in der Anlage 2 Ziff. 8 festgesetzt. Sie wird nur erhoben, wenn kein von der Eisenbahn zu vertretendes Mindergewicht festgestellt worden ist.*

3. *Das Gepäck wird auf dem Versandbahnhof nur dann zurückgegeben oder auf einem Unterwegsbahnhof ausgeliefert, wenn der Fahrausweis vorgezeigt wird.*

4. *Anträgen auf Nach- oder Weitersendung von Gepäck wird entsprochen, wenn keine Zoll- oder sonstigen Verwaltungsvorschriften entgegenstehen. Die Nach- oder Weitersendung ist bei der Gepäckabfertigung zu beantragen, bei der das Gepäck lagert. Solche Anträge vermittelt jeder Bahnhof. Für die Weitergabe durch Bahndienstfernsprecher oder -fernschreiber werden die Gebühren nach Anlage 2 Ziff. 9 erhoben. Anträge, die von Reisenden ohne gleichzeitige Vorlage des Gepäckscheins gestellt werden, wird nur entsprochen, wenn kein Zweifel darüber besteht, daß der Antragsteller verfügungsberechtigt ist. Das Gepäck wird, wenn der Reisende nichts anderes bestimmt, als Reisegepäck nach- oder weitergesandt. Der ursprüngliche Gepäckschein wird dem Reisenden erst bei der Auslieferung des nach- oder weitergesandten Gepäcks abgenommen. Für die neue Beförderungsstrecke wird die Fracht nach den Bestimmungen und Frachtsätzen für Expreßgut berechnet, wenn der Reisende keinen Fahrausweis für diese Strecke vorzeigt.*

   Außer der Gepäck- oder Expreßgutfracht und den übrigen Kosten wird die Gebühr nach Anlage 2 Ziff. 5 erhoben.

   Soll das Gepäck als Expreßgut, Fracht- oder Eilstückgut oder mit der Post nachgesandt werden, so wird dem Antrag nur bei gleichzeitiger Ablieferung des Gepäckscheins entsprochen. Bei Nachsendung mit der Post müssen die Gebühren und Auslagen vorher bezahlt werden.

5. *Wird der Gepäckschein nicht beigebracht, so hat der Reisende auf vorgeschriebenem Vordruck zu erklären, daß er die Auslieferung des Gepäcks anerkennt, auf alle Rechte aus dem Gepäckschein verzichtet und sich verpflichtet, die Eisenbahn gegen Ansprüche Dritter schadlos zu halten. Für die Ausfertigung dieser Erklärung wird die Gebühr nach Anlage 2 Ziff. 10 erhoben.*

1. **Rückgabe** des Gepäckscheins nur *gegen Auslieferung der* **ganzen** *Sendung.* Fehlen Stücke, so erhält ihn der Reisende mit einem Vermerk über die ausgelieferten Stücke zurück, *a. M. Finger,* Bem. 1. Bei Weiterabfertigung als Reisegepäck nach Abs. 4 bleibt gem. ABest. 4 die Eisenbahn im Besitz des Gepäcks, der Reisende im Besitz des Gepäckscheins. Daher besagt **„Auslieferung"** wohl **„Übertragung des unmittelbaren Besitzes"** gem. § 854 BGB, während die *„Ablieferung"* nach § 75 (1) Satz 2 auch in der Übertragung mittelbaren Besitzes bestehen kann, vgl aber die Neuaufgabe nach ABest. 4 letzter Abs. zu § 29. Ob zwischen Auslieferung (auch in § 46) und Ablieferung (auch in § 41) auch künftig unterschieden werden sollte, erscheint fragwürdig; zumindest aber sollte dann im Rahmen der EVO für die Übertragung unmittelbaren Besitzes immer derselbe Ausdruck verwendet werden, während jetzt noch z. B. in § 75 (1) „übergeben", in dessen Abs. 4 „ausgehändigt" wird. **Rollfuhrunternehmer** ist hier nicht Erfüllungsgehilfe (§ 4; **EE 38** 208), sondern selbständiger Landfrachtführer, **EE 35** 365. Besitzt die Eisenbahn den Gepäckschein, spricht Vermutung für Auslieferung, s. **VZ 68** 577; Pfandrecht § 440 HGB.

2. *Entgegen* dem klaren „aber **nicht verpflichtet"** halten *Finger* Bem. 4 und *Goltermann* Anm. 3 die Eisenbahn doch für gehalten nachzuprüfen, wenn ihr Unregelmäßigkeiten gemeldet oder sonst bekanntgeworden sind *(Goltermann)* oder sich eine Prüfungspflicht „aus dem Umständen des Falles" *(Finger)* ergibt. *Gumprecht* **EE 23** 416 will sie auf Fälle vorsätzlicher und sittenwidriger Schädigung beschränken. Nach dem Rechtsgedanken des § 808 BGB, der in den wesentlichen Punkten (Leistung mit befreiender Wirkung an den Inhaber, dieser aber nicht berechtigt, die Leistung zu fordern, ohne sich auf Wunsch zu legitimieren) mit § 29 (1) übereinstimmt (Unterschiede s. *Finger* § 27 Bem. 11 c) *darf die vom Gesetzgeber gewollte befreiende Wirkung nicht auf dem Umweg über Schadensersatzansprüche vereitelt werden* (**BGH 28** 368). Abgesehen von den wohl mehr theoretischen Fällen von *Vorsatz* wird *Fahrlässigkeit* entsprechend dieser BGH-Entscheidung wohl nur dann als Grundlage eines Schadensersatzanspruchs dienen können, wenn sie *zeitlich vor dem Herausgabevorgang* liegt, beispielsweise in der Nichtweiterleitung einer Diebstahlsanzeige des Reisenden an die zuständige Gepäckabfertigung.

Auch an Eigentümer wird *nur gegen Gepäckschein* ausgehändigt; im Falle des Abs. 6 muß Eigenschaft als „Reisender" glaubhaft gemacht werden, was bei Gegenständen des persönlichen Bedarfs allerdings wohl meist zusammenfallen wird. Bei gerichtlicher *Pfändung* und Überweisung des Herausgabeanspruchs nach § 29 ist die Eisenbahn der Prüfung der Berechtigung enthoben. Erachtet die Eisenbahn zu Unrecht die Glaubhaftmachung nach Abs. 6 für bewirkt, so haftet sie, da ihr die befreiende Wirkung der Vorlage des Gepäckscheins nach Abs. 1 nicht zugute kommt.

3. Nicht am Packwagen. Die ABest. 1 sieht allerdings **ausnahmsweise** bei solchen Bahnhöfen, die keine Gepäckabfertigung haben, die Abnahme unmittelbar nach Ankunft am Zug vor (z. B. unbesetzten Haltepunkten). Der Reisende muß aber darauf bei der Aufgabe des Gepäcks aufmerksam gemacht werden, daß der „Bahnhof", dem er zustrebt, sein Gepäck nicht in Empfang nehmen kann, und es dürfte für die Eisenbahn zweckmäßig sein, dies im Gepäckschein („Abholung am Zuge") zu vermerken, da dem Reisenden die Kenntnis nicht ohne weiteres zugemutet werden kann. § 29 (2) ist auch nicht anwendbar bei Abfertigung auf Fahrradkarte, wie sich aus ABest. 20 c) zu § 27 ergibt.

4. EVO § 28 (3). Es gilt die **tatsächliche, nicht die fahrplanmäßige Ankunft.** Über den Begriff des „Zuges, mit dem das Gepäck zu befördern war" s. § 28 Anm. 4, bei Notwendigkeit der Umladung Anm. 5. Da die Anschlüsse wegen der Unsicherheit, ob „genügend Zeit zur Umladung vorhanden ist" [§ 28 (4)], nicht oder jedenfalls nicht verbindlich im Gepäckschein vermerkt werden können, kann sich also der Reisende bei Notwendigkeit von Umladungen nur sehr bedingt auf die — ohnehin nicht in Stunden ausgedrückte — „Lieferfrist" des § 29 (2) verlassen.

5. S. ABest. 3 und 4. Der Fahrausweis ist nach ABest 3 immer vorzuzeigen, offenbar um zu verhindern, daß — da auf einen Fahrausweis mehrmals Gepäck aufgegeben werden kann, ABest. 1 zu § 27 — durch Übersendung des Gepäckscheins an einen Dritten die teurere Expreßgutfracht umgangen wird. Die Voraussetzungen („rechzeitig", d. h. wenn es unter Ausnutzung der Möglichkeiten des Fernsprechers oder Telegramms noch für den Unterwegsbahnhof oder den Bestimmungsbahnhof noch möglich ist, die erforderlichen Anordnungen zu treffen, bevor der Zug mit dem Gepäck weitergefahren ist, „wenn die Umstände es gestatten", d. h. der normale Betriebsablauf es zuläßt) sind derart, daß eine gerichtliche Nachprüfung des bahnseitigen Ermessens wohl kaum möglich ist; der Reisende tut gut, die Bestätigung abzuwarten, daß es „geklappt hat".

6. Ohne Abzüge (Begr.). Die Vorschrift gilt nur für den Normalfall, wenn nicht der Erstattungsanspruch ausgeschlossen ist, wie z. B. in § 9 (1), 15 (4), 21 (4).

7. Eidesstattliche Versicherung (§ 156 StGB) ist weder zu verlangen, noch rechtsbedeutsam (s. *Ebermayer-Lobe-Rosenberg* § 156). Auslieferung an einen Unberechtigten ist Verlust. S. auch Anm. 2.

8. BGB §§ 232 ff., regelmäßig also Hinterlegung.

9. Nur unmittelbare Kosten; sonst § 33.

10. Auf dem Gepäckschein, s. Anm. 1.

§ 30. *Verzögerung der Abnahme*

(1) Wird das Gepäck nicht binnen 24 Stunden nach seiner Ankunft auf dem Bestimmungsbahnhof abgenommen, so ist das tarifmäßige Lagergeld zu entrichten. Wird es nicht binnen vier Wochen[1] nach dem genannten Zeitpunkt abgenommen, so hat die Eisenbahn nur noch für die Sorgfalt eines ordentlichen Kaufmanns einzustehen[2]. Die Eisenbahn kann solches Gepäck unter Einziehung der etwa noch nicht bezahlten Kosten auch bei einem Spediteur oder in einem öffentlichen Lagerhaus auf Gefahr und Kosten des Berechtigten hinterlegen[3].

(2) Die Eisenbahn ist ferner berechtigt, Gepäck, das nicht abgenommen worden ist, drei Monate nach seiner Ankunft auf dem Bestimmungsbahnhof ohne Förmlichkeit bestmöglich zu verkaufen[4]. Sie ist hierzu schon früher berechtigt, wenn der Wert des Gepäcks durch längeres Lagern unverhältnismäßig vermindert oder in keinem Verhältnis zu den Lagerkosten stehen würde. Die Eisenbahn hat dem Reisenden den Verkaufserlös nach Abzug der etwa noch nicht bezahlten Kosten zur Verfügung zu stellen. Reicht der Erlös zur Deckung dieser Beträge nicht aus, so ist der Reisende zur Nachzahlung des ungedeckten Betrags verpflichtet.

(3) Die Eisenbahn hat den Reisenden, wenn sich sein Aufenthalt ermitteln läßt, von dem bevorstehenden Verkauf des Gepäcks zu benachrichtigen[5].

Das Lagergeld für Reisegepäck, das länger als 24 Stunden nach der Ankunft lagert, ist in der Anlage 2 Ziff. 11 festgesetzt.

1. Frist gegen früher verdoppelt.

2. D. h. nur noch für Verschulden nach dem Vorbild von § 390 HGB (Begr.); **abweichend von § 82 (5) bis dahin Haftung aus dem Gepäckbeförderungsvertrag.** Eisenbahn hat Pfandrecht für Lagerkosten.

3. Hinterlegung braucht dem Reisenden nicht mitgeteilt zu werden. Weiteres nach HGB §§ 389 ff., 407, 417. **Unmittelbares Vertragsverhältnis zwischen Reisendem und Hinterleger, RG 100 162.**

4. Formlos; bei wertlosem Gepäck kann vom Verkauf abgesehen werden (**VR** 6 87).

5. Tunlichst. Verfahren: § 78 (3). Besitz des Benachrichtigungsschreibens genügt regelmäßig, das Gepäck in Empfang zu nehmen, **VR** 1 461; *Goltermann,* § 30 Anm. 5, doch ist bei wertvollem Gepäck Vorsicht geboten, **RG EE** 41 266.

§ 31. *Haftung für Verlust oder Beschädigung*

(1) Für Reisegepäck[1] haftet die Eisenbahn wie für Güter nach Bestimmungen der §§ 81 bis 83 und 92 bis 94 dieser Ordnung[2]. Für die

Geltendmachung der Rechte aus dem Beförderungsvertrag[3] und der Haftung mehrerer an der Beförderung beteiligter Eisenbahnen gelten die Bestimmungen der §§ 95 und 96 entsprechend[4].

(2) Hat die Eisenbahn auf Grund der Bestimmungen dieser Ordnung[5] Entschädigung für gänzlichen oder teilweisen Verlust von Reisegepäck zu leisten, so hat sie den nachgewiesenen[6] Schaden bis zur Höhe von 100 DM für jedes fehlende Kilogramm des Rohgewichts[7] zu ersetzen. Außerdem sind die Gepäckfracht, die Zölle und sonstige aus Anlaß der Beförderung des verlorenen Gepäcks bezahlten Beträge zu erstatten[8].

(3) Bei Beschädigung hat die Eisenbahn den Betrag der Wertverminderung[9] des Gepäcks zu zahlen. Die Entschädigung darf jedoch nicht übersteigen:

a) wenn das ganze aufgegebene Gepäck durch Beschädigung entwertet ist,
den Betrag, der im Falle seines gänzlichen Verlustes zu zahlen wäre;

b) wenn nur ein Teil des Gepäcks durch die Beschädigung entwertet ist,
den Betrag, der im Falle des Verlustes des entwerteten Teiles zu zahlen wäre.

(4) Eine höhere Entschädigung kann nur bei Angabe des Lieferwerts oder bei Vorsatz oder grober Fahrlässigkeit der Eisenbahn nach § 34 beansprucht werden[10].

Schrifttum: *Olbäke*, Schadensersatzansprüche bei Verlust und Beschädigung im Reisegepäckverkehr, **DR 39** 298; *Röder*, Haftung für Reisegepäck, **VR 07** 62; *Hertzer*, Der Gepäckbeförderungsvertrag, **VZ 07** 379.

1. **Den Begriff des Reisegepäcks** umreißt § 25 und die ABest. 1—6 dazu. Wird **Gut, das nicht unter diese Begriffsbestimmung fällt,** trotzdem als Reisegepäck aufgegeben, so liegt ein **Fall des § 83 (1)** e) auch dann vor, wenn es sich nicht um die nach ABest. 6 zu § 25 ausgeschlossenen oder nur bedingt zur Beförderung zugelassenen Gegenstände handelt und eine förmliche „Bezeichnung" nach § 83 (1) e) nicht stattgefunden hat; eine Anwendung des § 83 (1) e), die an sich nach § 31 (1) gegeben wäre, scheidet aber gem. § 83 (3) **bei Verschulden der Eisenbahn aus, BGH NJW 57** 1150, und zwar auch **trotz § 25 (5).** Der BGH aaO. will außerdem §§ 823 ff. BGB zusätzlich durchgreifen lassen; über die — abzulehnende — Konkurrenz zwischen Vertrags- und Deliktshaftung s. § 82 Anm. 1. **Verlust oder Beschädigung:** § 82 Anm. 3—5. Es greift also die vom Verschulden unabhängige verschärfte, aber durch Haftungsausschließungsgründe gemilderte [§§ 82 (1), 83] Haftung für das der Eisenbahn anvertraute Beförderungsgut **von der Annahme zur Beförderung** (in § 27 (1) „Aufgabe" genannt, Beginn s. § 25 Anm. 1) **bis zur Ablieferung** (§ 29 nennt sie „Auslieferung", s. dort Anm. 1) durch. Ob trotz der Nichterwähnung des § 85 in § 31 (1) Geld- oder ob Na-

turalersatz zu leisten ist, darüber s. Anm. 6. Verschulden des Reisenden kann die Haftung ausschließen oder, wenn es mit Verschulden der Bahn zusammentrifft, vermindern, §§ 82 (1), 31 (1) EVO, 254 BGB. **Beweislast:** Höhe des Schadens hat Reklamant (derjenige, mit dem der Vertrag geschlossen wurde, der „Reisende", regelmäßig [§ 29 (1)] der Inhaber des Gepäckscheins oder, nach dessen Rückgabe, der *Tatbestandsaufnahme* [§ 31 (1), § 81 (2)] zu beweisen, ebenso, daß Schaden zwischen Annahme zur Beförderung und Ablieferung eingetreten, **OLG Gera VRS 1** 51, ein Beweis, der ihm bei äußerlich erkennbaren Schäden durch § 26 (1) Satz 2 erleichtert wird.

2. Soweit sich nicht aus der Natur des Gutes sowie der Verschiedenheit der Abfertigungs- und Beförderungsweise Unanwendbarkeit ergibt (z. B. § 83 (1) a), c) und g).

3. Durch den vertragschließenden Reisenden (s. § 95). Haftung gegenüber dem dinglich Berechtigten (**Eigentümer**) regelt BGB *(Rundnagel,* BefGesch. 549). *Kernfrage* ist, *ob* nach § 991 (2) BGB *auch im Verhältnis zum Eigentümer* die *Vorschriften der EVO* über die Gepäckbeförderung zum Zuge kommen *und* die Bestimmungen der *§§ 823 ff. BGB ausschließen.* Der **BGH** (s. Anm. 1) macht § 991 (2) BGB dadurch illusorisch, daß er die Eisenbahn zusätzlich aus Delikt haften läßt, dagegen s. Anm. 1 zu § 82. **SHG** § 10 (1) **schließt** hingegen die **Sachhaftung bei Reisegepäck** ausdrücklich **aus.**

4. Die frühere Streitfrage, *ob* Reisender *nur die Bahn* gerichtlich in Anspruch nehmen konnte, *mit der* er den *Vertrag abgeschlossen* hat (s. *Reindl,* **EE 17** 361) ist damit erledigt. Nach dem Vorbild von Art. 29 § 2 CIV ist die „entsprechende" Anwendung des § 96 (2) dahin zu verstehen, daß beim Gepäckbeförderungsvertrag, der Realvertrag (nicht Formalvertrag) ist (s. § 25 Anm. 1), nicht die Übernahme des Gepäckbegleitscheins durch die nachfolgende Bahn *entscheidend* ist, sondern die *Übernahme des Gepäcks (Finger,* 3 zu § 31). Dementsprechend wäre die *Empfangsbahn,* wenn sie das Reisegepäck nicht erhalten hat, entgegen § 96 (3) Satz 1 nicht in Anspruch zu nehmen, auch wenn sie den Gepäckbegleitschein erhalten hat. Art. 29 § 2 CIV bestimmt jedoch (und dem wäre auch hier zu folgen), daß Art. 43 § 2 unberührt bleibt, d. h. daß im Bereich des § 96 EVO dessen Abs. 3 eine Haftung der Empfangsbahn begründet, auch wenn diese das Gut nicht erhalten hat, außer natürlich in den Fällen, in denen dies auf eine Handlung des Reisenden, die den Vertrag abändert [§ 29 (3)], zurückzuführen ist.

5. § 31 (1) und die dort genannten Bestimmungen.

6. Die EVO hat nach der Begr. die *Höchstbeträge zur Anpassung an das internationale Recht* eingeführt, freilich mit dem sehr wesentlichen *Unterschied,* daß der Reklamant den **Schaden nach Grund und Höhe nachweisen** muß, während Art. 33 CIV sowohl dieses System wie einen Pauschalbetrag von 20 Franken je fehlendes kg ohne Schadensnachweis kennt. Aus der Höchstbegrenzung des Schadensersatzes in einer **Geldsumme** ergibt sich deutlich, ohne daß es einer „entsprechenden" Anwendung des in § 31 (1) nicht genannten § 85 (**LG Kassel IZ 51** 334) bedürfte, daß der Schadensersatz in Geld und nicht gem. § 249 BGB als Naturalrestitution durchzuführen ist; *a. M.* **OLG Koblenz IZ 51** 150 = **VRS 3** 54, weitere Rechtsprechungsübersicht über diese nach der Währungsumstellung 1948 aktuell gewordene Frage bei *Goltermann,* 9 zu § 31. Mit dieser Abwandlung des § 251 BGB ist aber für den Schadensersatz der Grundsatz des § 249 Satz 2 (freilich nicht als Wahlrecht des Schuldners, sondern als gesetzlicher Schuldinhalt) maßgebend, d. h. der **Schadensersatz umfaßt den zur Schadlosstellung erforderlichen Geldbetrag einschließlich** (§ 252 BGB) des **entgangenen Gewinns** bis zu den Höchstbeträgen in § 31 (2), § 34 (4), bei Lieferwertangabe § 34 (2) und (5); der letztgenannte Abs. 5 des § 34 gewährt als einziger vollen (geldlichen) Schadensersatz ohne Höchstbegrenzung. Für **Beschädigung** gelten **andere Grundsätze,** s. Anm. 10.

7. Im Gepäckschein vermerktes, d. h. einschließlich der Verpackung (Koffer).

8. Für Ansprüche aus Verlust galt bis 1938 eine Ausschlußfrist von zwei Wochen. Diese Vorschrift ist gestrichen; es gelten die **allgemeinen Verjährungsvorschriften des Güterverkehrs** (§ 94; Begr.). Da es sich bei dieser **„Erstattung"** in Wahrheit um einen **Teil der Entschädigung** handelt, kommt § 29 (5) letzter Satz (Ausschlußfrist) hier nicht in Betracht.

9. **Hier** also **kein Schadensersatz** im Sinne von Abs. 1, **sondern,** wie in § 85 (2), Bezahlung der **„Wertminderung",** s. Anm. 13 zu § 85. Die Meinung von *Goltermann,* 10 zu § 31, diese könne „natürlich" nie größer sein als der Verlustwert des ganzen oder des verlorengegangenen Teils, würde, wenn sie zuträfe, den 2. Satz des Abs. 3 überflüssig machen. Wenn auch der Minderwert, genau wie der „gemeine Wert" des § 85 (1), sich **nach objektiven und nicht nach subjektiven Gesichtspunkten** bestimmt, so ist für den Wert einer beschädigten Sache, insbesondere bei Reisegepäck mit persönlichen Gebrauchsgegenständen, ein **objektiver Anhaltspunkt** oft **schwer zu finden.** Wenn sich der Reklamant auch bei der Regelung nach Abs. 2 (s. Anm. 6) im allgemeinen besser stehen wird, weil beim Schadensersatz dort das subjektive Moment und der mittelbare Schaden in Betracht kommen, so schieben die **Höchstbeträge** des Abs. 2 doch dem (z. B. bei Kostbarkeiten, die zum persönlichen Bedarf gehören, bei gehobener Lebensführung) einen **Riegel** vor, der **auch gegenüber** dem Betrag der **Wertminderung** zum Zuge kommen muß, gerade um nicht im besonderen Fall das paradoxe Ergebnis zu zeitigen, daß eine Wertminderung durch Beschädigung mehr an Entschädigung einbringt als ein Totalverlust vermittelt haben würde.

10. Der **Inhaber des Gepäckscheins** kann also **nicht** etwa **in seiner Eigenschaft als Eigentümer** der beschädigten Sache bei Diebstahl von Reisegepäck durch Bahnbedienstete (deren Vorsatz wäre über § 4 der Eisenbahn anzurechnen) **mehr** als das Doppelte der Höchstbeträge des § 31 (2) **verlangen** [§ 34 (4)], weil er seine Ansprüche auf § 823 (1) BGB stützt und damit erreichen möchte, daß er genauso gestellt würde, als habe er die Lieferwert angegeben [§ 34 (5)]; a. M. der *BGH* (s. Anm. 1 und 3), der darauf abstellt, daß hierzu noch Organverschulden (§§ 31, 89 BGB) oder Vernachlässigung der Aufsichtspflicht (§ 831 BGB) kommen müßten, da § 4 nicht

für unerlaubte Handlungen gilt, s. dort Anm. 1. Hat Reklamant eine **Reisegepäckversicherung** am Gepäckschalter abgeschlossen, verweist Eisenbahn an diese, für die ihre eigenen Bedingungen und nicht die der EVO gelten; vgl. *Goltermann*, 6 zu § 31.

§ 32. *Vermutung*[1] *für den Verlust des Reisegepäcks. Wiederauffinden des Gepäcks*

(1) Ein fehlendes Gepäckstück gilt nach Ablauf einer Woche nach der Abforderung[2] als verloren[3].

(2) Wird das Gepäck später wiedergefunden, so ist der Reisende, wenn sich sein Aufenthalt ermitteln läßt, hiervon zu benachrichtigen[4]. Er kann innerhalb eines Monats[5] nach Empfang der Nachricht verlangen, daß ihm das Gepäck auf einem inländischen Bahnhof kostenfrei ausgehändigt wird. Die erhaltene Entschädigung hat er nach Abzug[6] einer etwa wegen Überschreitung der Lieferfrist zu gewährenden Entschädigung zurückzuzahlen. Wird die Rückgabe auf dem Aufgabebahnhof verlangt, so wird von dem zurückzuzahlenden Betrag die ursprünglich bezahlte Gepäckfracht abgezogen[7].

1. S. § 87 Anm. 2.

2. **„Abforderung“** s. § 29 (7).

3. Verlangt der Berechtigte nach Ablauf der Woche nach Abforderung Entschädigung und findet sich das Gepäck dann wieder an, so hat **nur er, nicht die Eisenbahn ein Wahlrecht** im Sinne des § 262 BGB, und zwar als Gläubiger, ob er die Entschädigung behalten oder statt ihrer sein Gepäck wiedererlangen will, **RG EE 40** 131. Die Fiktion des Abs. 1 wird im letzteren Falle, wenn er sein Verlangen nach Abs. 2 fristgemäß äußert, kraftlos; macht er von der Möglichkeit der Rückforderung keinen Gebrauch, so kann die Eisenbahn gleichwohl einen Teil der Entschädigung zurückverlangen, wenn sich (beim Öffnen des Koffers) herausstellt, daß er sie über Vorhandensein oder Wert der verlorenen Gegenstände arglistig getäuscht hat (§ 123 BGB; außerdem Strafanzeige wegen Betrugs, § 263 StGB); sie hat aber lediglich diese Möglichkeit, kann also nicht einmal in einem solchen Falle verlangen, daß der Reisende die Entschädigung gegen Rückgabe des Gepäcks zurückgibt (ob der Berechtigte sich mit ihr freiwillig dahin einigt, um die Strafanzeige zu vermeiden, ist ebenso keine Rechts-, sondern eine Zweckmäßigkeitsfrage wie die, ob er sich zur Rücknahme bereiterklärt, wenn ihm [wegen der inzwischen eingetretenen Wertminderung] ein Teil der Entschädigung belassen wird). Vgl. im übrigen § 87 Anm. 2 und 5. Die **Frist des Abs. 1** entspricht der des § 33 (1). Sie **wirkt auch dann**, wenn die **Eisenbahn, obwohl** ihr der **Verbleib bekannt** ist, **das Gepäck in dieser Frist nicht zur Verfügung** stellt, **RG EE 41** 266 (Beschlagnahme).

4. Ohne zeitliche Beschränkung und ohne, daß es verlangt wurde; abweichend von § 87 (2). Sein Aufenthalt wird sich regelmäßig ermitteln lassen,

wenn er das Gepäck unter Hinterlassung seiner Anschrift vergeblich abgefordert oder einen Entschädigungsantrag gestellt hat. **Bei Unterlassung Schadensersatzpflicht** ohne die Höchstgrenzen des § 31, **RG EE 41** 266.

5. Nach Ablauf der Frist erwirbt die **Eisenbahn** rückwirkend (Abs. 1) **Eigentum** kraft Gesetzes, wenn Berechtigter sein Verlangen nicht geltend gemacht hat; das folgt aus der zeitlichen Begrenzung dieses Rechts. Ein Hinweis auf § 87 (4) wäre angebracht gewesen, s. dort Anm. 9, seine Unterlassung schließt jedoch dessen sinngemäße Anwendung *(Finger,* 12 zu § 32) nicht aus. Da nach § 87 (4) die Eisenbahn über das Gut „frei verfügen kann", hat sie das Eigentum erworben; frei verfügen und „nach Belieben verfahren" (Legaldefinition des Eigentums in § 903 BGB) ist dasselbe, der Unterschied, den *Goltermann,* 4 zu § 32, konstruieren will, leuchtet nicht ein. So, wie **Berechtigter** nach Empfang der Nachricht — der ihm im Streitfalle nachgewiesen werden muß, es gilt keine Präsumption der Bewirkung wie in § 78 (3); der Fall des § 30 (3) liegt wesentlich anders, s. dort Anm. 5, weil Verursachung dort beim Reisenden, hier bei der Eisenbahn — **frei entscheiden** kann, ob er das Gepäck gegen Rückgabe der Entschädigung wieder haben will, **kann** die **Eisenbahn nach Ablauf der Frist frei entscheiden,** ob sie dem Reisenden, wenn er sich nachher noch meldet, das Eigentum wieder übertragen will.

Anders dürfte der Fall liegen, **wenn** der **Reisende nicht benachrichtigt werden kann,** weil sein Aufenthalt unbekannt ist. Hier sowie in den Fällen, in denen wegen Verderbgefahr der freihändige Verkauf im Interesse des Berechtigten liegt, dürfte sinngemäß nach § 30 (2) und (3) zu verfahren sein.

6. Der **Abzug** hat — natürlich nach Schadensnachweis, § 33 — **von Amts wegen** zu geschehen, anders CIV Art. 32 § 2. Auch hinsichtlich des Ausgabebahnhofs ist die CIV kleinlicher.

7. Nur dann. Bei Aushändigung auf dem Bahnhof der freien Wahl wird sie mit zurückgezahlt, gilt also als Entgelt für die damit etwa verbundene Beförderung ohne Rücksicht auf die tatsächliche Gepäckfracht, also nur Anwendung von § 29 (5) Satz 1, nicht Satz 2, aber auch keine Mehrfracht bei weiterer Entfernung — auch hier großzügiger als in der CIV.

§ 33. *Haftung für Überschreitung der Lieferfrist*

(1) Bei Überschreitung der Lieferfrist[1] hat die Eisenbahn, wenn nachgewiesen wird, daß dadurch ein Schaden[2] entstanden ist, eine Entschädigung bis zu 0,60 DM für das Kilogramm des Rohgewichts des verspätet ausgelieferten Gepäcks für je angefangene 24 Stunden von der Abforderung angerechnet, höchstens aber für eine Woche, zu zahlen[3]. Beträge unter einer DM werden nicht erstattet.

(2) Diese Entschädigung wird nicht neben der bei gänzlichem Verlust zu leistenden Entschädigung gewährt. Bei teilweisem Verlust wird sie für den nicht verlorengegangenen Teil entrichtet. Bei Beschädigung tritt sie neben die dafür vorgesehene Entschädigung.

(3) In keinem Falle wird beim Zusammentreffen von Lieferfristüberschreitung mit Beschädigung oder teilweisem Verlust des Gepäcks eine höhere Gesamtentschädigung gewährt als beim gänzlichen Verlust[4].

(4) Die Haftung der Eisenbahn ist ausgeschlossen, wenn die Überschreitung der Lieferfrist durch Umstände herbeigeführt worden ist, die sie nicht abzuwenden und denen sie auch nicht abzuhelfen vermochte[5].

1. Haftung für Lieferfristüberschreitung ist in §§ 33, 34 **erschöpfend geregelt;** keine Ergänzung aus Abschn. VIII der EVO [etwa § 93 (2) b)]. Durch vorbehaltlose Annahme des Gepäcks geht Ersatzanspruch unter. Berechnung der Lieferfrist s. § 29 Anm. 4.

2. Auch entgangener Gewinn; § 254 BGB ist möglich, **EE 29** 154. Vgl. § 31 Anm. 1. Der Schaden [ohne einen solchen keine Entschädigung, anders § 34 (1) a) und CIV Art. 35 (1)] muß **durch die Überschreitung der Lieferfrist entstanden** sein, vgl. **OLG Naumburg, EE 55** 275 (Künstlergepäck nicht rechtzeitig zur Vorstellung); **OLG Stettin EE 40** 284 (Hunde nicht rechtzeitig zur Hundeausstellung). Der Reisende darf aber **nicht ohne weiteres neue Sachen kaufen,** da nach § 32 (1) erst nach Ablauf einer Woche die Verlustvermutung zu seinen Gunsten durchgreift, vgl. **OLG Hamburg EE 29** 154 (Mitverschulden des Reisenden, der die unnötig gekauften neuen Sachen nicht versucht hat wieder umzutauschen). Dem Reisenden muß zugemutet werden, sich notwendige Kleidung (Fest-, Trauerkleidung) für den vorgesehenen einmaligen Gebrauch notfalls zu leihen, bis der Verlust nach einer Woche feststeht; auf alle Fälle muß er sich bei rechtzeitigem Wiederauffinden des Gepäcks den Neuwert, soweit für ihn vorteilhaft, anrechnen lassen (**OLG Hamburg** aaO.). Gepäck, das durch **Lieferwertangabe** als besonders eilig und wertvoll für den Reisenden gekennzeichnet ist, muß die Eisenbahn bei überfülltem Packwagen notfalls vor anderem **bevorzugen, OLG Stettin** aaO. Die Gerichte neigen dazu, an den Entlastungsbeweis des Abs. 4 strenge Anforderungen zu stellen. Der **BGH IZ 57** 180 will unter dem **Gesichtspunkt des „kommerzialisierten Genusses"** auch für Beeinträchtigung der Urlaubsfreude durch Vorenthaltung des Reisegepäcks in Geld entschädigen; dagegen mit Recht *Schrag* aaO. S. 184.

3. Siehe § 32 (1).

4. Regelung (neu) entspricht der Billigkeit (Begr.).

5. S. § 3 Anm. 7 und § 82 Anm. 19.

§ 34. *Haftung bei Angabe des Lieferwerts oder bei Vorsatz oder grober Fahrlässigkeit der Eisenbahn*

(1) Hat der Reisende nach § 27 (2) einen Lieferwert[1] für das Gepäck angegeben, so kann bei Überschreitung der Lieferfrist[2] beansprucht werden:

a) wenn nicht nachgewiesen wird[3], daß durch die Überschreitung der Lieferfrist ein Schaden entstanden ist,

30 Pfennig für das Kilogramm Rohgewicht für je angefangene 24 Stunden von der Abforderung an gerechnet, höchstens aber für eine Woche und höchstens bis zum Lieferwert;

b) wenn nachgewiesen wird, daß durch die Überschreitung der Lieferfrist ein Schaden entstanden ist, Ersatz des Schadens bis zum Lieferwert.

Ist der Lieferwert geringer als die in § 33 (1) vorgesehene Entschädigung, so kann diese verlangt werden[4]. Beträge unter einer Mark werden nicht erstattet.

(2) Bei gänzlichem oder teilweisem Verlust oder bei Beschädigung von Gepäck, für welches der Lieferwert angegeben ist, können beansprucht werden:

a) die in § 31 (2) und (3) vorgesehenen Entschädigungen, außerdem[5]

b) der Ersatz des nachgewiesenen weiteren Schadens bis zum Lieferwert.

(3) Wird nachgewiesen, daß neben einem Schaden aus Lieferfristüberschreitung ein von der Eisenbahn zu vertretender Schaden aus teilweisem Verlust oder aus Beschädigung entstanden ist, so können beansprucht werden

a) die in § 31 (2) und (3) vorgesehenen Entschädigungen, außerdem[5]

b) der Ersatz des nachgewiesenen weiteren Schadens einschließlich des durch die Überschreitung der Lieferfrist entstandenen bis zum Lieferwert.

(4) In allen Fällen, in denen gänzlicher oder teilweiser Verlust, Beschädigung oder Überschreitung der Lieferfrist auf Vorsatz[6] oder grobe Fahrlässigkeit[7] der Eisenbahn zurückzuführen sind, hat die Eisenbahn den nachgewiesenen Schaden jeweils bis zum Doppelten der im § 31 (2) und (3), im § 33 (1) und im Abs. (1) dieses Paragraphen vorgesehenen Höchstbeträge zu ersetzen.

(5) Hat der Reisende einen Lieferwert für das Gepäck angegeben, so hat die Eisenbahn einen durch Vorsatz herbeigeführten Schaden in voller Höhe zu ersetzen[8].

1. S. § 27 Anm. 3.

2. S. § 33 Anm. 1 und § 29 Anm. 4

3. Diese Vorschrift enthebt den Reisenden nicht nur des Schadensnachweises, sondern gibt ihm **einen vom etwaigen Schaden unabhängigen Anspruch, Konventionalstrafe für die verspätete Auslieferung,** gegen die ein (praktisch ohnehin schwieriger) Gegenbeweis nicht in Frage kommt, a. M.

Finger, 3 zu § 34; der Reklamant braucht also gar nicht zu behaupten, daß ein Schaden entstanden sei (und macht sich daher bei der Reklamation ohne tatsächlichen Schaden auch keines Betruges schuldig); eine Klage wäre schlüssig begründet mit der Behauptung: Die Lieferfrist ist überschritten; den Schaden zu behaupten (und zu beweisen, wie jede klägerische Behauptung) braucht er nur im Falle b). Vgl. *v. Nanassy,* CIM, Art. 34 Anm. 1 (der Text ist im entscheidenden Punkte in der CIV derselbe wie in der CIM). Wenn die Begr. zu § 27 (2) schreibt, die Anpassung an das internationale Recht sei insoweit durchgeführt, als Lieferwert nur der Betrag sei, der über die auch ohne seine Angabe zu zahlende Entschädigung beansprucht wird, so ist § 34 (1) hierbei ganz offensichtlich übersehen worden, denn eine Entschädigung ohne Schadensnachweis gibt es in der EVO im Gegensatz zur CIV sonst nicht.

4. Die beiden letzten Sätze des Abs. 1 sprechen, wenn man sie der zu Anm. 3 zitierten Begr. gegenüberstellt, für ein *Redaktionsversehen,* da sie der in § 27 (2) enthaltenen Begriffsbestimmung des Lieferwerts offensichtlich widersprechen.

5. In Abs. 2 *ein* Haftungsgrund, *zwei* Berechnungsarten für den Höchstbetrag, also zunächst nach dem Gewicht [§ 31 (2)], dann zu der so ermittelten Höchstsumme der Lieferwert hinzuzuzählen; das **Ergebnis der Addition die Höchstsumme.** In Abs. 3 dagegen ggf. *zwei* Haftungsgründe (Teilverlust oder Beschädigung *und* Lieferfristüberschreitung).

6. S. § 91 Anm. 3.

7. S. § 91 Anm. 4.

8. Hier der **einzige Fall ohne Höchstgrenze,** „in voller *Höhe*" (des Geldwertes), also auch hier keine Naturalrestitution. „Einen" Lieferwert — Höhe spielt demnach keine Rolle. Wegen der Haftung aus unerlaubter Handlung s. § 31 Anm. 1 und 3; der **BGH** will in dem dort zitierten Grundsatzurteil *volle Haftung auch bei leichtem Organverschulden oder Aufsichtspflichtverletzung* geben.

§ 35. *Gepäckträger*

(1) Auf Bahnhöfen, wo dafür ein Bedürfnis besteht, sind Gepäckträger[1] zu bestellen[2], die Reise- und Handgepäck nach den von den Reisenden bezeichneten Stellen[3] zu bringen haben[4]. Die Beförderung außerhalb des Bahnhofsbereichs kann nur dann verlangt werden, wenn dies nach den örtlichen Vorschriften zulässig ist.

(2) Die Gepäckträger müssen durch Dienstabzeichen[5] erkennbar sein und ihren Gebührentarif[6] bei sich tragen. Auf Verlangen haben sie dem Reisenden den Tarif vorzuzeigen und ihm bei Übernahme des Gepäcks eine mit ihrer Nummer versehene Marke zu übergeben[7].

(3) Der Tarif muß[8] an den Gepäckannahme- und -ausgabestellen und in den zur Gepäckaufbewahrung dienenden Räumen aushängen.

(4) Für das den Gepäckträgern übergebene[9] Reise- oder Handgepäck haftet die Eisenbahn wie für das ihr zur Beförderung übergebene Gepäck[10].

Schrifttum: **EE 17** 282, **17** 373, **18** 182 *(Gorden)*, **17** 363, **19** 81 *(Reindl)*, **19** 285, **20** 164, **28** 8; **ArchfEis. 04** 211.

1. Das Schrifttum, das sich mit der Rechtsstellung der Gepäckträger auseinandergesetzt hat, ist z. T. dadurch überholt, daß die frühere Begrenzung von deren Tätigkeit auf den Bahnhofsbereich in der EVO 1938 weggefallen ist (s. Anm. 3). Theoretisch können sich mit der Gepäckbeförderung nach *Weirauch* in der Vorauflage dreierlei Arten von Personen beschäftigen: a) Selbständige Unternehmer (Dienstmänner, Gepäckunternehmer u. ä.). Diese sind Frachtführer, vielleicht auch von der Eisenbahn zugelassen, nicht aber bestellt. Sie haften für ihre Handlungen selbst, verpflichten die Eisenbahn nicht. b) Gepäckarbeiter. Sie verrichten unmittelbar Eisenbahndienste, z. B. Annahme des Gepäcks zur Abfertigung, Beförderung zum Zuge, Verladung in den Packwagen, Entladung, Ausgabe. Auf diese Tätigkeit ist § 4 anzuwenden. c) Die eigentlichen Gepäckträger [§ 35 (1)], für die Abs. 4 die Haftung klärt. Es ist im Schrifttum umstritten, inwieweit die Gepäckträger, sofern es sich um Aufträge im Rahmen des Abs. 1 handelt, als Bedienstete der Eisenbahn (§ 4) oder als selbständige Frachtführer anzusehen sind. Zu einem befriedigenden Ergebnis kommt man aber nur, wenn man **Gepäckträger** zu den **Personen** rechnet, **deren sich die Eisenbahn** gemäß § 4 **bedient** (vgl. *Cosack*, HR § 14 S. 509; **VZ 01** 356; *Gorden*, **EE 17** 377, **18** 182, **19** 285 **ff.** und *Senckpiehl*, S. 185; *Reindl*, **EE 17** 362, **19** 81; *Coermann*, **EE 12** 166). Der Reisende kann sich in diesen Fällen **nur an die Eisenbahn halten;** der Gepäckträger ist passiv nicht legitimiert (s. aber Anm. 3 und 9). Ob die Gepäckträger von der Eisenbahn „bestellt" oder nur „zugelassen" sind, kann der Reisende nicht unterscheiden, wenn nicht gerade der Quittungsschein den Vermerk trägt „Ohne Haftung der Eisenbahnverwaltung" **(OLG Hamburg EE 40** 188). Im Zweifel wird man von Gepäckträgern annehmen müssen, daß sie im Rahmen des § 35 tätig sind, so wohl auch *Finger* 2 zu § 35, *Goltermann* 1 zu § 35.

2. Öffentlich-rechtliche Verpflichtung; Aufsichtsbeschwerde, aber kein Schadensersatz, wenn dies nicht geschehen **(EE 17** 382; *Holzbecher*, **VZ 00** 173, **42** 232).

3. Bisher „innerhalb des Bahnhofsbereichs". Fortgelassen, „da es an manchen Orten üblich ist, daß die Gepäckträger das Gepäck auch nach Stellen außerhalb des Bahnhofsbereichs verbringen, sofern dies nach den örtlichen Verwaltungsvorschriften zulässig ist. Auch in diesen Fällen soll die Haftungsvorschrift des Abs. (4) zur Anwendung kommen" (Begr.). Ist also die Beförderung verwaltungsseitig nicht zugelassen, soll nach *Weirauch* in der Vorauflage die Haftung nach Abs. 4 nicht durchgreifen; diese Meinung (die wohl auch *Finger*, 2 c) zu § 35, teilt) kann aber **nur dort** vertreten werden, **wo dem Reisenden die Unterscheidung zugemutet werden kann;** nachdem die EVO den Bahnhofsbereich nicht mehr als Grenze der Tätigkeit des Gepäckträgers festgelegt hat, wird man vom Reisenden nicht verlangen können, daß er sich nach den örtlichen Verwaltungsanordnungen erkundigt (dies forderte schon im alten Rechtszustand *Gorden,* **EE 17** 380).

4. Und ordnunggemäß **dem Reisenden zu übergeben,** auch im Abteil (**RG 106** 169 = **EE 40** 202), es sei denn, daß dieser dies schuldhaft unmöglich macht (**VZ 23** 338).

5. Sollvorschrift; die Terminologie der EVO ist ungenau; **Fehlen des Dienstabzeichens verhindert** also **nicht** einen die Eisenbahnen nach Abs. 4 **verpflichtenden Vertrag.** Umgekehrt allerdings **bewirkt** das Dienstabzeichen, **auch wenn** es **unrechtmäßig getragen** wird, die **Haftung nach Abs. 4;** der Reisende muß sich darauf verlassen können.

6. Ortspolizei ist dafür unzuständig, s. *Kittel,* § 38 Anm. 3.

7. Die **Übergabe der Marke** ist nicht etwa zum wirksamen Vertragsschluß erforderlich, sondern **dient lediglich dem leichteren Auffinden** des Gepäckträgers.

8. Lies: Soll.

9. Das **körperlich übergebene** wie das in Gegenwart des Reisenden vom Gepäckträger (etwa aus dem Abteil) aufgenommene; kein Eintritt der Haftung, wenn Reisender dem Gepäckträger nur den ungefähren Lageplatz anweist und dieser das Gepäck nicht findet; der **Reisende muß sich davon überzeugen, daß** der **Gepäckträger das Gepäck übernommen hat; anders bei Übergabe des Hinterlegungsscheins** [§ 36 (6)], die nach § 870 BGB dem Gepäckträger die Rechtsposition des Reisenden überträgt. Abs. 4 begründet **Haftung nur für das Gepäck,** nicht für außerhalb des Gepäcktragens liegende (in den Rahmen fallen noch Verbringen des Gepäcks in den angegebenen Zug und Auftrag zur Hinterlegung bei der Gepäckaufbewahrung) Tätigkeiten wie Besorgen von Fahrausweisen, Verzollung von Gepäck, Auskunft über Gepäckfracht oder Fahrplan (**OLG Kiel EE 20** 164; **RG EE 40** 202). Ob der Auftrag, das Gepäck zum nächsten, erst nach einiger Zeit abgehenden Anschlußzug zu bringen, einen selbständigen Verwahrungsvertrag darstellt, also nicht unter § 35 (1) fällt, ist Tatfrage. Bei **Verwahrung** während drei Stunden (**OLG Augsburg** Urt. v. 1. 2. 23 — II 122) oder während der Nacht (**EE 39** 12) ist Verwahrungsvertrag mit Recht angenommen worden. Hier **nur Haftung des Gepäckträgers** (s. Anm. 1).

10. Vertragliche **Einschränkung** der Haftung ist **nichtig.** Der **Reisende ist aber verpflichtet,** den Gepäckträger darauf aufmerksam zu machen, **wenn das Gepäck besonderer Wartung bedarf** (Zerbrechlichkeit, Kostbarkeit); **RG EE 40** 202; sonst BGB § 254; Haftung **bis zur ordnungsmäßigen Rückgabe, EE 40** 202; **RG 106** 369.

§ 36. *Aufbewahrung des Gepäcks*

(1) Auf Bahnhöfen, wo dafür ein Bedürfnis besteht[1], sind Aufbewahrungsstellen für Reise- und Handgepäck einzurichten. Soweit im folgenden nichts anderes bestimmt ist, regelt der Tarif die Bedingun-

gen für die Aufbewahrung. Die Gebühren sind durch Aushang bekanntzumachen.

(2) Die Eisenbahn haftet für dieses Gepäck als Verwahrer[1]. Der Tarif kann die Haftung auf einen Höchstbetrag beschränken[1].

(3) Wer das Gepäck zur Aufbewahrung übergibt, erhält einen Hinterlegungsschein[3]..

(4) Gepäck, das nicht oder nur mangelhaft verpackt ist, kann zurückgewiesen[1] werden. Wird es gleichwohl angenommen, so kann die Eisenbahn den Mangel auf dem Hinterlegungsschein vermerken. Nimmt der Hinterleger den Schein mit dem Vermerk an, so erkennt er den mangelhaften Zustand an.

(5) Die Eisenbahn haftet nicht für Gegenstände, die in unverpackt oder mangelhaft verpackt zur Aufbewahrung übergebenen Kleidungsstücken enthalten sind.

(6) Die hinterlegten Gegenstände können jederzeit innerhalb der für die Annahme und Auslieferung von Gepäck bestimmten Zeiten gegen Rückgabe des Hinterlegungsscheins[2] und Entrichtung der Aufbewahrungsgebühr zurückgefordert werden. § 29 (1) und (6) gilt entsprechend.

(7) Wird das hinterlegte Gepäck nicht binnen der im Tarif festgesetzten Aufbewahrungsfrist abgeholt, so gilt § 30 (2) und (3) entsprechend[4].

1. *Das Gepäck wird bis zu vier Wochen aufbewahrt[4], darüber hinaus nur auf ausdrücklichen Antrag des Auftraggebers.*
2. *Geld, Münzen und Papiere mit Geldwert, auch amtliche Wertzeichen, ferner leicht verderbliche, feuergefährliche und übelriechende Gegenstände dürfen[1] nicht zur Aufbewahrung übergeben werden.*
3. *Wird der Hinterlegungsschein nicht beigebracht[2], so braucht die Eisenbahn das Gepäck nur demjenigen auszuliefern, der seine Berechtigung glaubhaft macht und auf vorgeschriebenem Vordruck erklärt, daß er die Auslieferung des Gepäcks anerkennt, auf alle Rechte aus dem Hinterlegungsschein verzichtet und sich verpflichtet, die Eisenbahn gegen Ansprüche Dritter schadlos zu halten. Für die Ausfertigung dieser Erklärung wird die Gebühr nach Anlage 2 Ziff. 10 erhoben.*
4. *Für die Aufbewahrung werden die Gebühren nach Anlage 2 Ziff. 12 erhoben.*

   Gebührenfrei ist die Aufbewahrung von Krankenfahrstühlen, Selbstfahrern, auch mit Hilfsmotor, und Krankenkraftfahrstüh-

len Schwerbeschädigter, die auf Monats- oder Wochenkarte fahren und eine Bescheinigung der Fürsorge- oder Versorgungsbehörde beibringen, daß ihnen die Krankenfahrstühle, Selbstfahrer oder Krankenkraftfahrstühle von den vorgenannten Behörden wegen ihrer Beschädigung geliefert worden sind.

5. *Für Nach- oder Weitersendung von aufbewahrtem Gepäck gilt § 29 ABest. 4.*
6. *Nach Ablauf der Aufbewahrungsfrist werden die aufbewahrten Gegenstände als Fundsachen*[4] *nach den dafür geltenden Bestimmungen behandelt.*
7. *Für gänzlichen oder teilweisen Verlust, Beschädigung oder verspätete Auslieferung der aufbewahrten Gegenstände wird der nachgewiesene Schaden, jedoch nur bis zum Höchstbetrag von 500 DM für das Stück ersetzt*[3].
8. *Soweit auf Bahnhöfen, wo keine besonderen Aufbewahrungsstellen eingerichtet sind, laut Bekanntmachung andere Stellen Gepäckstücke aufbewahren, haften nur diese; im übrigen gelten die vorstehenden Bedingungen.*

Schrifttum: **VZ 01** 728, 1117; **ArchfEis. 22** 750; Haftungsbeschränkung (**EE 39** 10); *Coermann*, Verjährung (**VZ 02** 387).

1. Handelt **nur** von **amtlichen** (nichtamtliche ABest. 8) **Aufbewahrungsstellen, nicht Schließfächern** (*dort Mietvertrag*, **LG München I**, Beschluß v. 28.12.58 — **HS 1959** Heft 5). **Bei Nichteinrichtung Aufsichtsbeschwerde** (s. § 35 Anm. 2); Haftung als Verwahrer nach BGB §§ 688 ff. für Verschulden; für ihre Leute nur nach BGB § 278 (**RG 98** 33); keine Haftung für besondere Aufbewahrungsstellen nach ABest. 8. Ein Lagergeschäft im Sinne des HGB § 416 liegt nicht vor (vgl. *Gorden*, **EE 22** 317; a. M. *Senckpiehl*, **EE 22** 113); Verjährung § 195 BGB. Die **Gepäckaufbewahrung unterliegt nicht dem § 3,** da es sich um keine Beförderung handelt, **OLG Koblenz VRS 3** 393, **daher** auch **kein Schadensersatz bei Ablehnung.** Die **Ablehnung** ungeeigneter Gegenstände liegt **im Ermessen** der Eisenbahn; die Erwähnung von Reise- und Handgepäck in Abs. 1 bedeutet nicht, daß die als solches zugelassenen Gegenstände zur Gepäckaufbewahrung angenommen werden müßten, gibt vielmehr lediglich der Eisenbahn eine **Handhabe, Verwahrungen abzulehnen, die nicht mit einem Beförderungsvertrag in Zusammenhang** stehen, auch wenn die Gegenstände sich an und für sich zur Verwahrung eignen; es kann also **Vorzeigen des Fahrausweises** verlangt werden; das gilt insbesondere für die Fälle der ABest. 5 (Nach- oder Weitersendung); bei Mißbrauch hier nach § 29 ABest. 4 Berechnung der Expreßgutfracht. *Schadensersatzpflicht* bei Gegenständen, die Schaden anrichten können, folgt *für den Hinterleger aus § 694 BGB;* sie beschränkt sich nicht auf die in ABest. 2 genannten Gegenstände; eine Heranziehung des Beförderungsverbots für gewisses Reisegepäck [so *Finger,* 4 d) zu § 36] bedarf es nicht. In Unkenntnis (§ 694 BGB) angenommene Gegenstände, die Gefahr für die anderen

Hinterlegungsgegenstände mit sich bringen, kann die Eisenbahn anderweitig unterbringen (§§ 692, 697 BGB). Über die Beschränkung der Haftung auf einen Höchstbetrag s. ABest. 7 und Anm. 3.

2. **Hinterlegungsschein** ist **Quittung** und **Legitimationspapier.** Vermerke auf ihm haben rechtliche Bedeutung nur, insoweit sie den Tarifbestimmungen entsprechen (**EE 43** 426); sie gelten auch, wenn sie der Hinterleger nicht liest. Über das Recht und u. U. die Pflicht, die **Berechtigung des Inhabers nachzuprüfen,** s. § 29 Anm. 2 und § 36 ABest. 3. Aushändigung an einen Unberechtigten ohne Hinterlegungsschein geht zu Lasten der Bahn.

3. **Haftungsbeschränkung** ist **zulässig,** da es sich nicht um einen Beförderungsvertrag handelt, und verstößt auch bei grober Fahrlässigkeit nicht gegen die guten Sitten, **OLG Celle VRS 1** 64; Höchstbetrag bindet auch bei Anwendung des Deliktrechts, **LG Hannover IZ 57** 217. Also kein Verstoß gegen HGB § 458; für altes Recht **EE 37** 162, 343, **38** 50; **RG 98** 31.

4. Ob **ABest.** 6 mit § 30 (2) vereinbar ist, erscheint **zweifelhaft.**

V. Beförderung von Expreßgut[1]

§ 37. *Beförderungsvertrag*

(1) Als Expreßgut[2] werden nur Gegenstände angenommen, die sich nach dem Ermessen des Versandbahnhofs zur Beförderung im Gepäckwagen eignen[3], wenn die Abfertigungsbefugnisse des Versand- und Empfangsbahnhofs diese Beförderungsart zulassen.

(2) Von der Beförderung ausgeschlossen[4] sind die in § 54 (1) dieser Ordnung aufgeführten Güter. Die in der Anlage C dieser Ordnung genannten Güter sind, soweit sie als Eilstückgut oder beschleunigtes Eilstückgut angenommen werden dürfen, unter den in der Anlage C vorgeschriebenen Bedingungen[4] zur Beförderung als Expreßgut zugelassen. Ob noch andere Güter von der Beförderung als Expreßgut ausgeschlossen oder nur bedingt zur Beförderung zugelassen werden, bestimmt der Tarif.

(3) Jede Expreßgutsendung muß[5] von einer Expreßgutkarte begleitet sein. Der Absender hat[5] auf ihr anzugeben:

a) den Versand- und den Bestimmungsbahnhof,

b) Namen und Anschrift des Absenders und des Empfängers,

c) Inhalt, Stückzahl und Verpackung der Sendung.

Das Muster der Expreßgutkarte bestimmt der Tarif, er enthält auch die näheren Bestimmungen darüber, welche Angaben außerdem auf der Expreßgutkarte vorgeschrieben oder zugelassen sind.

(4) Jedes Stück muß die genaue Anschrift des Empfängers und die Angabe des Versand- und des Bestimmungsbahnhofs tragen; sonst kann es zurückgewiesen werden. Alte Beklebezettel, Namens- oder andere Anschriften, die sich auf frühere Beförderungen beziehen, hat der Absender zu entfernen oder deutlich durchzustreichen. Soll die Sendung dem Empfänger nicht zugeführt werden, so hat der Absender der Anschrift jedes Stückes noch den Vermerk „Zur Selbstabholung" oder „bahnlagernd" beizufügen.

(5) Der Absender kann auf der Expreßgutkarte den Lieferwert (Interesse an der Lieferung) angeben. § 89 (1) gilt entsprechend. Die Gebühr für die Angabe des Lieferwerts bestimmt der Tarif.

(6) Ob und unter welchen Bedingungen der Absender das Gut mit einer Nachnahme oder einem Barvorschuß belasten kann, bestimmt der Tarif[6].

(7) Expreßgut ist bei den von der Eisenbahn bestimmten Annahmestellen während der durch Aushang bekantzumachenden Dienststunden aufzuliefern.

(8) Der Beförderungsvertrag ist abgeschlossen, sobald die Versandabfertigung das Gut mit der Expreßgutkarte zur Beförderung angenommen hat. Als Zeichen der Annahme ist der Expreßgutkarte nach Entrichtung der Fracht und der sonst etwa nach § 39 vorauszuzahlenden Beträge der Tagesstempel der Versandabfertigung aufzudrücken.

(9) Die Eisenbahn ist verpflichtet, bei Annahme des Gutes das Gewicht gebührenfrei festzustellen. Dem Absender oder dessen Beauftragten steht es frei, der Feststellung beizuwohnen.

(10) Auf Verlangen des Absenders ist die Annahme des Gutes in einer von der Versandbahn zu bestimmenden Form zu bescheinigen[7].

(11) Für die Erfüllung der Zoll- und sonstigen Verwaltungsvorschriften gilt § 65 entsprechend, soweit der Tarif nichts anderes bestimmt.

(12) Der Tarif bestimmt, ob und unter welchen Bedingungen der Absender den Beförderungsvertrag durch nachträgliche Verfügung abändern kann.

(13) Das Verfügungsrecht des Absenders erlischt, sobald das Gut dem Empfänger abgeliefert ist[8].

Abfertigungsstellen

1. *Expreßgut wird von und nach solchen Bahnhöfen angenommen, die für den Expreßgutverkehr eingerichtet sind und zwischen denen durchgehende Frachtsätze nach den Tarifen errechnet werden können.*

Nach den für den Expreßgutverkehr nicht eingerichteten Bahnhöfen — soweit sie in den Tarifteilen II (Entfernungstafel für den Expreßgutverkehr) enthalten sind — wird Expreßgut angenommen, wenn die Fracht und etwaige Nebengebühren vom Absender bei der Aufgabe bezahlt werden, das Gut nicht mit Nachnahme belastet ist und Gut und Expreßgutkarte den Vermerk „Selbstabholung am Zug" tragen.

Von der Beförderung ausgeschlossene Gegenstände

2. Nicht angenommen werden, soweit nach ABest. 3 nicht Ausnahmen zugelassen sind:

a) die dem Postzwang unterliegenden Gegenstände,*

b) Gegenstände, deren Beförderung nach gesetzlicher Vorschrift oder aus Gründen der öffentlichen Ordnung verboten ist,

c) Gegenstände, die sich wegen ihres Umfangs, ihres Gewichts oder ihrer Beschaffenheit nach der Anlage oder dem Betrieb der beteiligten Eisenbahnen zur Beförderung nicht eignen;

d) Stoffe und Gegenstände, die nach der Anlage C zur EVO von der Beförderung ausgeschlossen sind,

e) Sendungen, die über Orte mit getrennten Bahnhöfen befördert werden müssen, zwischen denen die Eisenbahn Expreßgut nicht überführt,

f) Gegenstände, die nach ihrer Beschaffenheit innerhalb des fahrplanmäßigen Aufenthalts der Züge nicht ver- oder entladen werden können,

g) leere Behälter, in denen Leichen enthalten waren.

Bedingungsweise zugelassene Gegenstände

3. Stoffe und Gegenstände der Anlage C zur EVO werden unter den dort für die Beförderung als Expreßgut ausdrücklich vorgeschriebenen Bedingungen angenommen, jedoch nicht von und nach Bahnhöfen, die nach den Tarifteilen II (Entfernungstafel für den Expreßgutverkehr) für ihre Annahme oder Auslieferung nicht geeignet sind.

Die Beförderung mit einem bestimmten Zuge kann nur verlangt werden, wenn das Gut so rechtzeitig vor Abgang des Zuges aufgeliefert wird, daß die zur Prüfung dieser Bedingungen erforderliche Zeit gewährleistet ist.

Verpackung

4. Der Absender hat Gegenstände, die ihrer Natur nach zum Schutze gegen gänzlichen oder teilweisen Verlust oder Beschädigung oder

*) Siehe § 54 ABest. 1.

zur Verhütung einer Beschädigung von Personen, Betriebsmitteln oder anderen Gütern einer Verpackung bedürfen, sicher und dauerhaft zu verpacken. Hat der Absender dies verabsäumt, so kann die Eisenbahn die Annahme des Gutes ablehnen oder verlangen, daß der Absender auf der Expreßgutkarte das Fehlen oder die Mängel der Verpackung anerkennt. Der Absender haftet für alle Folgen des Fehlens oder des mangelhaften Zustandes der Verpackung. Er hat insbesondere der Eisenbahn den Schaden zu ersetzen, der ihr aus solchen Mängeln ensteht. Sofern das Fehlen oder der mangelhafte Zustand der Verpackung in der Expreßgutkarte nicht anerkannt ist, hat die Eisenbahn die Mängel nachzuweisen.

Lebende Tiere

5. *Lebende Tiere müssen in Käfigen, Kisten, Steigen oder Körben verpackt sein. Den Schutz der Tiere und ihre Fütterung und Tränkung regeln die §§ 3 und 5 der „Näheren Bestimmungen über die Verladung und Beförderung von lebenden Tieren" (Anlage B zur EVO, Deutscher Eisenbahn-Tiertarif Teil I).*

Zustand

6. *Nimmt die Eisenbahn ein Gut an, das offensichtlich Spuren von Beschädigungen aufweist, so kann sie verlangen, daß der Absender den Zustand des Gutes in der Expreßgutkarte besonders bescheinigt.*

Kennzeichnung

7. *Die Kennzeichnung ist auf dem Stück selbst oder auf einem an ihm befestigten Beklebezettel oder einer Tafel oder einem Anhänger aus haltbarem Stoff mit dem auffallenden Vermerk „Expreßgut" dauerhaft anzubringen. Hat der Bestimmungsort mehrere Bahnhöfe und hat der Absender einen bestimmten Bahnhof in der Expreßgutkarte vorgeschrieben, so hat er diesen Bahnhof auch auf jedem Stück anzugeben.*

   Auf Expreßgutstücken, die mit Nachnahme belastet sind, hat der Absender einen rosafarbenen Beklebezettel oder Anhänger nach vorgeschriebenem Muster, der von ihm nach Vordruck auszufüllen ist, anzubringen.

   Die Anhänger müssen mit geglühtem oder verzinktem Eisendraht von mindestens 0,5 mm Stärke oder kräftiger Hanfschnur, aufgenagelte Tafeln und Anhänger durch mindestens vier breitköpfige Nägel befestigt werden.

Genügt die Kennzeichnung oder die Befestigung nicht diesen Vorschriften oder ist die Kennzeichnung undeutlich, so kann die Annahme abgelehnt werden (Anlage 2 Ziff. 14).

Der Absender hat die aus der ungenügenden oder nicht dauerhaften Kennzeichnung der Stücke entstehenden Nachteile zu vertreten.

Expreßgutkarte

8. *Jede Expreßgutsendung muß mit einer Expreßgutkarte nach Anlage 3 a, jede Nachnahme-Expreßgutsendung mit einer Nachnahme-Expreßgutkarte nach Anlage 3b oder 3c aufgeliefert werden. Die Expreßgutkarten müssen zum Nachweis, daß sie den Vorschriften entsprechen, den Prüfungsstempel der Eisenbahn tragen. Der Absender hat die stark umrahmten Teile der Expreßgutkarte und der Nachnahme-Expreßgutkarte mit Tinte, Tintenstift, Kugelschreiber, Schreibmaschine oder Druck auszufüllen. Die gepauste Schrift muß deutlich sein. Bei der Nachnahme-Expreßgutkarte hat der Absender außerdem die angebogene Zahlkarte oder Postanweisung nach den Bestimmungen der Deutschen Bundespost auszufüllen und als Absender des Nachnahmebetrags die Empfangsabfertigung anzugeben.*

   Auf eine Expreßgutkarte — auch Nachnahme-Expreßgutkarte — können bis zu 10 Stück aufgeliefert werden. Die Eisenbahnverwaltung kann für Sendungen besonderer Art Ausnahmen zulassen und sie an besondere Bedingungen knüpfen[9].

9. *Auf der Expreßgutkarte ist bei den in der Anlage C aufgeführten Gütern der Inhalt nach der dort gebrauchten, bei allen anderen Gütern nach ihrer handelsüblichen Benennung anzugeben.*

10. *(gestrichen)*

Lieferwert

11. *Für die Angabe des Lieferwertes (Interesse an der Lieferung) ist die Gebühr nach Anlage 2 Ziff. 4 zu zahlen.*

Expreßgutfracht

12. *Die Fracht wird für mindestens 5 kg berechnet. Gewichte bis zu 20 kg werden auf volle Kilogramm aufgerundet, bei höheren Gewichten wird die Fracht für je 10 kg berechnet, wobei Zwischenkilogramme auf volle 10 kg aufgerundet werden. Die Mindestfracht beträgt bei gewöhnlichem Expreßgut 1,50 DM.*

Sperrige Expreßgüter

13. *Für die in der Anlage 1 genannten sperrigen Güter wird die Fracht nach doppelten wirklichen Gewicht, mindestens für 10 kg berechnet. Die Mindestfracht betragt 3 DM.*

13A. Abweichend von der ABest. 13 wird jedoch der Frachtberechnung das wirkliche Gewicht — mindestens 5 kg — zugrunde gelegt, wenn nachstehende Bedingungen erfüllt sind:

a) Das Raumgewicht des Frachtstücks muß mehr als 75 kg/m³ betragen;

b) Der Absender muß in Spalte „Inhalt" der Expreßgutkarte vermerken „Raumgewicht über 75 kg/m³".

13B. Sind sperrige und nichtsperrige Expreßgüter zu einem Frachtstück vereinigt, so wird das ganze Frachtstück als sperrig behandelt.

Besteht eine Sendung aus sperrigen und nichtsperrigen Gütern in getrennten Frachtstücken, so wird der Frachtberechnung die Summe der frachtpflichtigen Teilgewichte — mindestens 10 kg — zugrunde gelegt. Erst die Summe der frachtpflichtigen Teilgewichte wird nach ABest. 12 aufgerundet. Die Mindestfracht beträgt 3 DM.

Sperrige Expreßgüter, die die Bedingungen der ABest. 13A erfüllen, gelten in diesen Fällen als nichtsperrige Expreßgüter.

Nachnahmen

14. Der Absender kann das Gut bis zur Höhe des Wertes mit Nachnahme belasten. Ob eine Nachnahme in der angegebenen Höhe zulässig ist, entscheidet die Versandabfertigung.

Die Nachnahme wird dem Empfangsberechtigten nach Wahl des Absenders durch Postanweisung oder Zahlkarte überwiesen. Bei Überweisung durch Postanweisung darf sie höchstens 1000 DM betragen.

Der Betrag der Nachnahme ist in der Expreßgutkarte an der hierfür vorgesehenen Stelle mit Buchstaben einzutragen. Dieser Eintrag ist auch bei einer Abweichung von einem Eintrag in Ziffern maßgebend.

Für die Belastung einer Sendung mit Nachnahme wird die Gebühr nach Anlage 2 Ziff. 13 erhoben. Bei Umbehandlung einer Sendung oder bei Änderung des Bestimmungsbahnhofs auf nachträgliche Verfügung des Absenders (vgl. ABest. 16) wird die Nachnahmegebühr nicht nochmals erhoben. Der Bestimmungsbahnhof sendet die Nachnahme an die von dem Absender in die anhängende Postanweisung oder Zahlkarte eingetragene Anschrift durch die Post ab. Dem Absender ist freigestellt, zu diesem Zweck die mit der Nachnahme-Expreßgutkarte verbundene Postanweisung oder Zahlkarte freizumachen. Wird sie nicht freigemacht, so ist in der Nachnahme-Expreßgutkarte als Nach-

nahmebetrag der in der Postanweisung oder Zahlkarte angegebene Betrag, erhöht um die Postgebühr, einzutragen. Der Absender kann die Überweisung der Nachnahme verlangen, sobald sie eingezahlt ist. Ist das Gut ohne Einziehung der Nachnahme ausgeliefert worden, so hat die Eisenbahn dem Absender den Schaden bis zum Betrag der Nachnahme zu ersetzen. Der Anspruch des Absenders gegen den Empfänger geht alsdann auf die Eisenbahn über.

Anträge an die Eisenbahn wegen Nachnahme sind nach Wahl des Absenders an die Versand- oder Empfangsbahn zu richten. Wegen der gerichtlichen Geltendmachung der Ansprüche gegen die Eisenbahn vgl. EVO § 96 (3)[10].

Gebühren für die Erfüllung der Zoll- usw. Vorschriften

15. Bei den nach den Tarifbestimmungen des innerdeutschen Verkehrs abgefertigten Ein-, Aus- und Durchfuhrsendungen von und nach deutschen Bahnhöfen auf ausländischem Gebiet sowie den Gemeinschaftsbahnhöfen Kufstein und Salzburg Hbf wird für die Mitwirkung der Eisenbahn bei der Erfüllung der Zoll- und sonstigen Verwaltungsvorschriften die Gebühr nach Anlage 2 Ziff. 7 erhoben.

Nachträgliche Verfügung des Absenders

16. Der Absender hat das Recht, den Beförderungsvertrag nachträglich abzuändern, indem er verfügt, daß das Gut

a) auf dem Versandbahnhof zurückgegeben,
b) auf dem Bestimmungsbahnhof zurückgehalten,
c) an einem anderen Empfänger abgeliefert,
d) auf einem anderen Bestimmungsbahnhof abgeliefert,
e) nach dem Versandbahnhof zurückgesandt
oder daß
f) eine Nachnahme nachträglich aufgelegt, erhöht, herabgesetzt oder aufgehoben werden soll,
g) überwiesene Beträge von ihm selbst anstatt vom Empfänger eingezogen werden sollen.

Verfügungen anderer Art sind unzulässig.

17. Die Rückbeförderung oder Weitersendung kann nur verlangt werden, wenn zwischen dem Bahnhof, von dem die Rückbeförderung oder die Weiterbeförderung stattfinden soll, und dem neuen Bestimmungsbahnhof Expreßgutverkehr nach den ABest. 1, 2 und 7 zulässig ist.

18. *Jede derartige Verfügung muß sich auf die sämtlichen, auf eine Expreßgutkarte aufgelieferten Stücke erstrecken und für alle Stücke gleich sein.*

19. *Die Verfügung, eine Sendung zurückzuhalten oder nach dem Versandbahnhof zurückzusenden oder an den ursprünglichen Empfänger auf einem anderen Bestimmungsbahnhof abzuliefern oder nachträglich eine Nachnahme aufzulegen oder zu erhöhen, kann unmittelbar bei der Empfangsabfertigung[11] — auch telegraphisch — angebracht werden. Bei telegraphischer Übermittlung ist ein etwaiger Nachnahmebetrag in Worten anzugeben. Verfügungen anderen Inhalts sind schriftlich bei der Versandabfertigung anzubringen. Gehen sie dennoch unmittelbar bei der Empfangsabfertigung ein, so werden sie erst nach Bestätigung durch die Versandabfertigung ausgeführt. Auf welche Weise sich die Empfangsabfertigung die Bestätigung verschafft, bleibt ihr überlassen. Für die dadurch entstehenden Verzögerungen hat die Eisenbahn nicht zu haften; die entstehenden Kosten werden bei Auslieferung des Gutes vom Empfänger eingezogen. Für die — auch nur versuchte — Ausführung nachträglicher Verfügungen wird außer den baren Auslagen die in der Anlage 2 Ziff. 15 festgesetzte Gebühr erhoben, bei Weitergabe durch Bahndienstfernsprecher oder Bahndienstfernschreiber außerdem die Gebühr nach Anlage 2 Ziff. 14. Daneben wird bei nachträglicher Auflegung oder Erhöhung von Nachnahmen die in der Anlage 2 Ziff. 13 festgesetzte Gebühr für Nachnahmen berechnet, bei Erhöhungen für den zugesetzten Betrag besonders. Bei nachträglicher Ermäßigung oder Zurückziehung einer Nachnahme bleibt die bereits berechnete Gebühr für Nachnahmen unverändert.*

20. *Bei nachträglicher Auflegung, Erhöhung oder Herabsetzung einer Nachnahme hat der Absender eine freigemachte Postanweisung oder Zahlkarte zu übergeben, die bei Erhöhung auf den zugesetzten, bei Ermäßigung auf den neuen Nachnahmebetrag zu lauten hat. Postanweisung oder Zahlkarte können ebenso wie die neu angefallenen Gebühren unmittelbar der Empfangsabfertigung überwiesen werden.*

21. *Für die Rückbeförderung oder Weitersendung wird Fracht berechnet. Darüber hinaus bleibt die Frachtberechnung bis zum ursprünglichen Bestimmungsbahnhof auch dann bestehen, wenn das Expreßgut von einem vor dem Bestimmungsbahnhof liegenden Zwischenbahnhof aus zurück- oder weiterbefördert wird. Dagegen wird die Fracht von der Annahmestelle erstattet, wenn die Sendung auf dem Versandbahnhof noch nicht abgegangen war.*

Schrifttum: *Joseph,* **VZ 28** 225 ff., 261 ff., **31** 208, **36** 507. Die Entwicklung in Deutschland behandelt: *Benz,* **ArchfEis. 30** 115; *Coermann,* Internationales Expreßgut, **EE 57** 157; **ArchfEis. 34** 856; Die rechtliche Natur der Expreßgutbeförderung, **IZ 37** 349 *(Mark).*

1. Die EVO 1938 hat eine eingehendere Regelung getroffen „wegen der zunehmenden Wichtigkeit dieses Verkehrs" (Begr.). Sie hat deshalb zahlreiche Bestimmungen übernommen, die bisher in den ABest. enthalten waren. Auch die **jetzige Regelung** ist noch **unbefriedigend,** weil die ABest. jetzt noch zahlreiche in Abschn. VIII der EVO enthaltene Bestimmungen wörtlich wiederholen, während bei einer Unterbringung der Expreßgutbeförderung in Abschn. VIII nur, und zwar in der EVO selbst, auf die **Unterschiede** hingewiesen werden könnte. Diese liegen im wesentlichen in der unterschiedlichen Funktion von Expreßgutkarte und Frachtbrief, aber auch bei den Nachnahmen (keine Barvorschüsse) und den nachträglichen Verfügungen; die Lieferfrist [§ 41 (1) Satz 2] ähnelt der für Gepäck [§ 29 (2) Satz 2, vgl. aber § 40 Anm. 2].

2. **Rechtlich ist Expreßgut „Gut".** Der Beförderungsvertrag ist **Frachtvertrag** nach §§ 37—43. Abschn. VIII gilt nur insoweit, als in Abschn. V darauf verwiesen wird. Es liegt ein Vertrag zugunsten Dritter vor [§ 41 (1)]. An Stelle des Frachtbriefes tritt die **Expreßgutkarte** (s. **RG 109** 165). Durch Aufnahme in EVO, s. Abs. 3, beruht sie jetzt nicht mehr wie früher auf vertraglicher Grundlage, sondern nähert sich sehr dem Frachtbrief (s. *Rundnagel,* BefGesch. S. 564, abw. *Reindl,* **EE 27** 259). Mitteilungen, die nicht die Sendung betreffen, sind auf der Karte nicht zugelassen (*Fritsch* S. 325).

3. **Ermessensfrage: beförderungstechnisch ist Expreßgut Gepäck,** es muß also geeignet sein, wie dieses hinsichtlich der Ein-, Um- und Ausladung, auch Stapelung im Gepäckwagen behandelt zu werden, und zwar auch dann, wenn es z. B. in besonderen Expreßzügen befördert wird. **Überholt** ist die Fragestellung des **RG,** ob ein Verschulden darin liegen könne, daß die Eisenbahn leichtverderbliches Gut statt im Gepäckwagen im Expreßgutzug mit G-Wagen befördert, und zwar durch die Änderung des § 40 (1) und (2) durch die 68. VO zur EVO; das übersieht *Goltermann,* 1 zu § 40; vgl. **JW 38** 2616; **VAE 38** 443. **Zeitungen** als Expreßgut s. **RGSt. 3** 300.

4. Bei Verstoß **Frachtzuschläge,** § 38 (3) und ABest. 3—6 dazu, vgl. wegen der **übrigen Folgen** § 54 Anm. 1.

5. Karte ist unbedingtes **Formerfordernis;** ohne diese kein Expreßgutvertrag (**RGJW 37** 2615; **VAE 37** 441). Wie *Booß,* **JW 38** 2616 dazu richtig hervorhebt, ist damit allerdings nicht geklärt, wie die **rechtliche Situation** sich darstellt, **wenn die Eisenbahn,** statt unter Hinweis auf den Formmangel **die Beförderung** abzulehnen, sie versehentlich **trotzdem durchführt.** *Booß* plädiert für eine Anwendung des § 677 BGB (Geschäftsführung ohne Auftrag), *Finger,* 1 d) zu § 37, für „schlichten" Beförderungsvertrag, § 675 BGB; beiden Ansichten kann schon mit Rücksicht auf § 6 EVO nicht zugestimmt werden, da die Parteien es dann ja ggf. in der Hand hätten, von der EVO abweichende Beförderungsbedingungen zu schaffen. Vielmehr wird in An-

lehnung an den Rechtsgedanken des § 141 (2) BGB **nach Ausführung der Beförderung** [ein entgegenstehender Wille der Parteien kommt wegen § 6 (2) Satz 1 nicht in Betracht] die **Expreßgutfracht** zu erheben sein; auch die **Folgen von Verlust und Beschädigung** werden **wie im Normalfall** zu regeln sein, vgl. **RG 115** 12; auch **Frachtzuschläge** wegen Außerachtlassung der Sicherheitsvorschriften der Anlage C sind zu erheben und setzen [arg. § 38 (3)] einen zumindest durch nachträgliche Bestätigung zustandegekommenen Vertrag voraus. Auch **bei unvollständigen Angaben** in der Expreßgutkarte (Fehlen von Angaben nach Abs. 3) **gültiger Vertrag, RG VAE 36** 195. Karte bleibt in der Hand der Eisenbahn. Deshalb erkennt **RG** sie nicht als öffentliche Urkunde an; **VAE 36** 196. Empfänger erhält nur den Abschnitt. Auch dieser ist keine öffentliche Urkunde (bezüglich des Abschnitts der Postpaketadresse s. **RG Rechtspr. 7** 390 u. **RGSt. 17** 141; **Rechtspr. 10** 104).

6. S. ABest. 14.

7. Bescheinigung ist weder Doppel noch Ausweispapier, sondern **lediglich Quittung.**

8. Abweichend von § 72 (11), weil die Expreßgutkarte bei der Eisenbahn verbleibt (Begr.). S. § 42 Anm. 2.

9. Z. B. bei ganzen Wagenladungen, **VAE 38** 441.

10. S. § 43 Anm. 3.

11. Abweichend von § 72 (3).

§ 38[1]. *Haftung des Absenders für seine Angaben. Nachprüfung des Inhalts der Sendung. Frachtzuschläge*

(1) Der Absender haftet für die Richtigkeit der Angaben und Erklärungen in der Expreßgutkarte, die er entweder selbst eingetragen hat oder die nach seinen Angaben von der Eisenbahn aufgenommen worden sind[1]. Er trägt alle Folgen, die daraus entstehen, daß diese Angaben oder Erklärungen unrichtig, ungenau oder unvollständig sind[2].

(2) Die Eisenbahn ist berechtigt, die Übereinstimmung der Sendung mit den Angaben in der Expreßgutkarte jederzeit nachzuprüfen. Die näheren Bestimmungen trifft der Tarif in entsprechender Anwendung von § 58 (1) und (2)[3].

(3) Die Eisenbahn kann bei unrichtiger, ungenauer oder unvollständiger Angabe des Inhalts oder bei Außerachtlassung der Sicherheitsvorschriften der Anlage C durch den Absender Frachtzuschläge erheben; die näheren Bestimmungen trifft der Tarif in entsprechender Anwendung von § 60[4].

1. *Für die Prüfung, ob die Sendung mit den Angaben in der Expreßgutkarte übereinstimmt, werden Gebühren nicht erhoben. Zur Prüfung des Inhalts ist auf dem Versandbahnhof der Absender, auf dem Bestimmungsbahnhof der Empfänger einzuladen. Erscheint der Berechtigte nicht oder wird die Prüfung auf einem Unterwegsbahnhof vorgenommen, so sind zwei Zeugen zuzuziehen; als solche dürfen Eisenbahnbedienstete nur dann verwendet werden, wenn keine anderen Personen zur Verfügung stehen. Wenn die Sendung den Eintragungen in der Expreßgutkarte nicht entspricht, so sind die durch die Feststellung etwa verursachten Kosten der Eisenbahn zu erstatten. Weicht das Ergebnis der Prüfung von den Angaben in der Expreßgutkarte ab, so ist es in dieser zu vermerken.*
2. *Die Eisenbahn kann auch nach Ablieferung des Gutes den Nachweis der Richtigkeit der Angaben in der Expreßgutkarte fordern, wenn der Verdacht besteht, daß sie unrichtig sind. Absender und Empfänger haben hierzu der Eisenbahn die Einsichtnahme in ihre Geschäftsbücher und sonstigen Unterlagen zu gestatten.*

Frachtzuschläge

3. *Bei unrichtiger, ungenauer oder unvollständiger Angabe des Inhalts oder bei Außerachtlassung der Sicherheitsvorschriften der Anlage C für EVO durch den Absender sind außer dem etwaigen Frachtunterschied Frachtzuschläge nach den folgenden Bestimmungen zu entrichten:*
   a) *wenn die nach der Anlage C für EVO von der Beförderung ausgeschlossenen Stoffe und Gegenstände zur Beförderung aufgegeben oder die nur bedingt zur Beförderung zugelassenen Stoffe und Gegenstände unter unrichtiger, ungenauer oder unvollständiger Bezeichnung zur Beförderung aufgegeben oder wenn die Sicherheitsvorschriften der Anlage C zur EVO nicht beachtet werden, beträgt der Frachtzuschlag für jedes Kilogramm Rohgewicht des ganzen Versandstückes 3,20 DM (einschließlich 0,20 DM Beförderungssteuer).*
   b) *in allen anderen Fällen, wenn hierdurch zu wenig Fracht berechnet werden kann, beträgt der Frachtzuschlag das Doppelte des Unterschieds zwischen der sich aus dem unrichtigen, ungenauen oder unvollständigen Angaben ergebenden und der richtig berechneten Fracht vom Versand- bis zum Bestimmungsbahnhof. Mindestens werden 1,10 DM (einschl. 10 Pfennig Beförderungssteuer) erhoben.*

   Die unter a) und b) erwähnten Frachtzuschläge werden nebeneinander erhoben, wenn gegen mehrere Vorschriften gleichzeitig verstoßen wird. Außerdem ist der entstandene Schaden zu ersetzen. Die durch andere gesetzliche oder sonstige verwaltungsbehördliche Bestimmungen vorgesehenen Strafen werden hierdurch nicht berührt.

4. *In den Fällen der ABest. 3 b) wird ein Frachtzuschlag nicht erhoben, wenn eine Frachtverkürzung nicht beabsichtigt war und der Absender nachweist, daß er die Angaben mit der im Verkehr erforderlichen Sorgfalt gemacht hat.*

Im übrigen kann die Eisenbahn von Erhebung der Frachtzuschläge absehen oder geringere Zuschläge erheben, wenn der Verstoß gegen die Vorschriften auf entschuldbarem Versehen beruht, ein Schaden für die Eisenbahn nicht oder nicht in Höhe des Frachtzuschlags entstanden und eine erhebliche Gefährdung des Betriebes nicht herbeigeführt worden ist, wenn die Höhe des Zuschlags eine unverhältnismäßige Härte in sich schließt oder wenn andere Billigkeitsgründe vorliegen. Aus diesen Gründen zurückgezahlte Beträge werden nicht verzinst.

5. *Der Frachtzuschlag ist verwirkt, sobald der Beförderungsvertrag abgeschlossen ist. Zur Zahlung ist der Absender verpflichtet. Hat er den Zuschlag nicht bezahlt, so liefert die Eisenbahn das Gut an den Empfänger nur ab, wenn dieser den Zuschlag bezahlt.*

6. *Die Höhe des Frachtzuschlags und der Grund für seine Erhebung sind auf der Expreßgutkarte zu vermerken.*

1. Vgl. § 37 ABest. 8. Der **Absender muß sich** im eigenen Interesse davon **überzeugen, daß** die von der Eisenbahn vorgenommenen **Eintragungen mit seinen Angaben übereinstimmen.** Da es sich um eine gebührenpflichtige Leistung der Eisenbahn handelt, würde sie für Verschulden ihrer Bediensteten als Erfüllungsgehilfen nach §§ 276, 287 BGB haften, wenn diese Haftung nicht in § 38 (1) Satz 1 dadurch ausgeschlossen wäre, daß der Absender für die nach seinen Angaben von der Eisenbahn aufgenommenen Angaben und Erklärungen haftet, und § 38 Satz 2 ihn für alle Folgen mangelhafter Eintragungen verantwortlich macht [§ 57 (2) besagt sachlich dasselbe; eine Verweisung wäre zweckmäßig gewesen]. Die bei § 57 in gleicher Weise auftretende **Frage, inwieweit trotz des Wortlauts der EVO die Eisenbahn verpflichtet** ist, den **Absender auf Fehler aufmerksam zu machen,** hat nichts damit zu tun, wer die Expreßgutkarte ausgefüllt hat; vgl. im einzelnen dazu die Anm. 5 und 15 zu § 57. **Dafür** allerdings, **daß** die **Eintragungen an richtiger Stelle** und entsprechend ihren eigenen ABest. erfolgen, **haftet bei Ausfüllung durch Eisenbahnbedienstete** nicht der Absender, sondern **die Eisenbahn.**

2. § 57 nennt darüber hinaus noch **„unzulässige"** Eintragungen, vgl § 56 Anm. 18. Da der Satz 2 des § 38 (1) genau wie der des § 57 (1) eigentlich überflüssig und nur eine Erläuterung des Satz 1 ist, spielt der Unterschied keine Rolle und beweist nur eine mangelhafte Redaktion des EVO-Textes.

3. Ein Hinweis auf § 58 (1), (2) und (3) wäre besser gewesen. Jetzt ist in der ABest. 2 zu § 38 der Abs. 3 des § 58 wiederholt, nicht aber die ABest. 1 dazu; bei dem sonst wörtlich abgeschriebenen § 58 (1) hat die ABest. 1 zu § 38 dessen Einschränkung der Unterwegsnachprüfung nicht übernommen, warum nicht, ist nicht zu ersehen; über § 38 (2) dürfte § 58 (1) trotzdem voll Anwendung finden.

4. S. ABest. 3—6. Da die Expreßgutkarte im Gegensatz zum Frachtbrief nicht in die Hände des Empfängers gelangt, besteht hier im Gegensatz zu § 60 (4) **kein Zweifel** darüber, **daß** der **Empfänger nach Übernahme des Expreßguts** ohne Einziehung des Frachtzuschlags nachträglich **nicht mehr** für diesen **haftbar** gemacht werden kann [§ 70 (3) entfällt; § 60 (4) Satz 3 gilt nur für den Güterverkehr des Abschn. VIII]. Der dem Empfänger auszuhändigende **„Empfängerabschnitt"** der Expreßgutkarte hat keine selbständige Funktion im Rahmen des Frachtvertrages, sondern hat **lediglich** die Bedeutung einer **Quittung** über gezahlte Fracht.

§ 39. *Zahlung der Fracht*

(1) Der Absender hat die Kosten (Fracht, Nebengebühren und die sonstigen während der Beförderung erwachsenden Unkosten), die vom Versandbahnhof in Rechnung gestellt werden können, bei der Aufgabe zu bezahlen, wenn der Tarif nichts anderes bestimmt[1]. Die übrigen Kosten hat der Empfänger zu bezahlen[2].

(2) Sind die Unkosten unrichtig oder gar nicht erhoben worden, so hat der Absender zu wenig bezahlte Beträge nachzuzahlen, wenn das Gut vom Empfänger nicht angenommen worden ist. Hat der Empfänger das Gut angenommen, so hat er die Kosten nachzuzahlen[2], zu deren Zahlung der Absender nach Abs. (1) nicht verpflichtet war[1], die Nachzahlung der übrigen Kosten obliegt dem Absender. Für die Erstattung zu viel erhobener Kosten gilt § 70 entsprechend[3].

I. 1. Der Absender kann die Kosten, die vom Versandbahnhof in Rechnung gestellt werden können, auch auf den Empfänger überweisen. Die Überweisung der Kosten ist nur für Sendungen im Bereich der Bundesrepublik Deutschland zugelassen[4].

2. Will[5] der Absender die Kosten bei der Aufgabe zahlen, so hat er dies in der dafür bestimmten Spalte der Expreßgutkarte anzugeben (Freivermerk). Durch Eintragung des Vermerks „frei" verpflichtet sich der Absender zur Zahlung der Fracht und derjenigen Nebengebühren, die nach Maßgabe des Tarifs von der Versandabfertigung in Rechnung gestellt werden können.

3. Bei Gütern, die nach dem Ermessen des Versandbahnhofs schnellem Verderben ausgesetzt sind oder wegen ihres geringen Werts oder ihrer Natur nach die Kosten nicht sicher decken, sowie bei lebenden Tieren wird die Vorauszahlung der Kosten verlangt[5]*, sofern nicht ein den Kosten entsprechender Betrag oder eine allgemeine Sicherheit in ausreichender Höhe hinterlegt wird. Die Eisenbahn kann auf die Hinterlegung verzichten. In der Expreßgutkarte ist in der Spalte „Freivermerk" zu vermerken: „Von Vorauszahlung der Kosten befreit". Wegen Vorauszahlung der Kosten bei Auflieferung nach Bahnhöfen, die nicht für den Expreßgutverkehr eingerichtet sind, vgl. § 37 ABest. 1.*

II. 1. Die Eisenbahn hat unverzüglich nach Feststellung des Fehlers den Verpflichteten zur Nachzahlung aufzufordern oder dem Berechtigten den zuviel erhobenen Betrag zu erstatten.

2. Hat die Eisenbahn auf Grund der Angaben des Absenders in der Expreßgutkarte über die Art des Gutes oder das Gewicht der Sendung eine höhere Fracht erhoben, als sich auf Grund der tatsächlichen Beschaffenheit und des wirklichen Gewichts aus dem Tarif ergibt, so kann, wenn die Unrichtigkeit der Angaben des Absenders nachgewiesen wird, die Mehrfracht zurückverlangt werden. Beträge unter zwei DM für die Expreßgutkarten werden nicht erstattet. Der Anspruch erlischt, wenn er nicht binnen sechs Monaten bei der Eisenbahn geltend gemacht wird.

3. Zur Geltendmachung von Ansprüchen auf Erstattung von Fracht, Frachtzuschlägen, Nebengebühren oder sonstigen Kosten sowie zur Empfangnahme zuviel erhobener Beträge ist berechtigt, wer die Mehrzahlung an die Eisenbahn geleistet hat.

4. Der Unterschiedsbetrag ist mit Ausnahme der auf Grund der ABest. 2 zu erstattenden Beträge vom Tage des Eingangs des Erstattungsanspruchs oder der Zahlungsaufforderung an mit 5 % zu verzinsen; Beträge unter zehn DM für die Expreßgutkarte werden nicht verzinst.

5. Ansprüche auf Rückzahlung von Fracht, Frachtzuschlägen, Nebengebühren oder sonstigen Unkosten können nur bei der Eisenbahn, die den Betrag erhoben hat, geltend gemacht werden. Ist die Fracht auch nur teilweise an die Empfangsbahn entrichtet worden, so können Ansprüche auf Rückzahlung nur gegen diese gerichtet werden. Wegen der gerichtlichen Geltendmachung der Ansprüche gegen die Eisenbahn vgl. EVO § 96 (3).

1. Der **Tarif** (ABest. I 2) **hat** die **Ausnahme zur Regel** und die Regel zur Ausnahme **gemacht**, indem er bestimmt, daß der Absender seinen Willen, die Kosten bei der Aufgabe zu zahlen, durch Eintragung in die Spalte „Freivermerk" kundzutun hat. Damit ist auch für den Expreßgutverkehr eine Angleichung an den Güterverkehr des Abschnitts VIII (§ 69) erfolgt. **Ohne**

Eintragung greift § 39 (1) Satz 2 durch, d. h. die Kosten gelten als **auf den Empfänger überwiesen.** Der **Unterschied** zwischen **„Kosten“** und **„Unkosten“** ist schon durch das Wörtchen „sonstigen“ als **gegenstandslos** gekennzeichnet und sollte aufgegeben werden. Zu den Kosten, die vom Versandbahnhof in Rechnung gestellt werden können, gehören **Frachtzuschläge** in der Regel nicht [a. M. anscheinend *Finger*, 2 zu 39]; für sie bestimmt der Tarif abweichend von der Regel des § 39 (1) Satz 2, aber im Rahmen der ihm durch § 38 (3) erteilten Ermächtigung in ABest. 5 zu § 38, daß zu ihrer Zahlung der **Absender** verpflichtet ist und die Eisenbahn gegen den Empfänger lediglich ihr Frachtführerpfandrecht insoweit geltend machen kann, als sie das Gut nur gegen Zahlung des Frachtzuschlags ausliefert, s. § 38 Anm. 4. Die Modulationsmöglichkeiten der ABest. 2 zu § 69 für den Freivermerk bestehen nach ABest. I 2 zu § 39 für den Expreßgutverkehr nicht; hier beschränkt sich die Freimachungsmöglichkeit auf die Kosten, die der Versandbahnhof berechnen kann.

2. Der **Empfänger** wird also hier — anders als nach § 75 (2), wo auf die Annahme des Frachtbriefs abgestellt wird — **durch die Annahme des Gutes zur Zahlung verpflichtet,** was Abs. 2 für den Fall der Nacherhebung wiederholt, und zwar in der Form des Negativs. Obwohl **Frachtzuschläge** nicht zu den Kosten gehören, die gemeinhin schon vom Versandbahnhof in Rechnung gestellt werden können, können sie nachträglich nicht mehr vom Empfänger erhoben werden, wenn er das Gut bereits in Händen hat, was allerdings zweckmäßig in Abs. 2 Satz 2 des § 39 vermerkt werden sollte, s. Anm. 1; wegen des **Frachtführerpfandrechts** nach HGB s. § 75 Anm. 21.

3. Nicht anwendbar § 70 (3) und (5), da Expreßgutkarte nicht „angenommen“ wird, s. Anm. 2. ABest. II 1—5 wiederholen ganze Teile aus § 70, ABest. 2 allerdings nicht § 70 (2) Satz 2, wohl deshalb, weil er für das Gebiet des Expreßgutverkehrs nicht praktisch wird, sonst würde die **Nichterwähnung eine entsprechende Anwendung nicht ausschließen.**

4. Also nicht im Falle des § 1 ABest. II b).

5. Im Falle der ABest. I 3 ist dieser Wille eingeschränkt; die **Eintragung** ist aber auch dort **erforderlich, um Zahlungspflicht zu begründen.**

§ 40. *Beförderung. Beförderungshindernisse*

(1) Expreßgut wird im Gepäckwagen der Personenzüge befördert, sofern nicht[1] besondere Expreßgutzüge und -kurswagen eingerichtet sind.

(2) Expreßgut wird mit dem nächsten geeigneten[2] Zug befördert. Der Absender kann bei Aufgabe die Benutzung eines bestimmten Zuges beantragen[3]. Die Eisenbahn soll dem Antrag tunlichst entsprechen.

(3) Das Verfahren bei Beförderungshindernissen regelt der Tarif in entsprechender Anwendung von § 73[4].

Züge

1. Die Beförderung von Expreßgut mit einem bestimmten Zuge kann nur beansprucht[3] werden, wenn es spätestens eine halbe Stunde vor dessen Abgang aufgeliefert wird.

Beförderungshindernisse

2. Stellen sich der Beförderung des Expreßgutes Hindernisse entgegen, die durch Umleitung behoben werden können, so ist es dem Bestimmungsbahnhof auf einem Hilfsweg zuzuführen, ohne daß hierfür eine Mehrfracht erhoben wird; dagegen wird die Lieferfrist über den Hilfsweg berechnet. Den Eisenbahnen bleibt es überlassen, gegeneinander Rückgriff zu nehmen.

3. Bei Beförderungshindernissen, die nicht durch Umleitung behoben werden können, hat die Eisenbahn den Absender um Anweisung zu ersuchen. Der Absender kann in diesem Fall auch vom Vertrag zurücktreten, hat aber dann der Eisenbahn die Fracht für die bereits zurückgelegte Strecke zu zahlen, es sei denn, daß die Eisenbahn ein Verschulden trifft.

4. Der Absender hat seine Anweisung durch Vermittlung der Versandabfertigung zu geben.

5. Erteilt der Absender innerhalb angemessener Frist keine ausführbare Anwendung, so ist nach § 41 ABest. 13 zu verfahren. Vom Zeitpunkt der Säumigkeit des Absenders an ist das tarifmäßige Lagergeld verwirkt.

6. Fällt das Beförderungshindernis vor dem Eintreffen einer Anweisung des Absenders weg, so ist das Gut dem Bestimmungsbahnhof zuzuleiten, ohne daß Anweisungen abgewartet werden; der Absender ist hiervon unverzüglich zu benachrichtigen.

1. Die 68. VO zur EVO hat den Hinweis auf die besonderen Expreßgutzüge- und kurswagen, auf den die EVO 1938 verzichten zu können glaubte, wieder aufgenommen und die § 28 (3) angelehnte **Expreßgutbeförderung in den Gepäckwagen** zwar bestehen lassen, aber — s. Anm. 2 — *wesentlich gelockert*. Wenn *Goltermann*, 2 zu § 40, hinsichtlich der für an Stelle der Gepäckwagen zugelassenen Ersatzlösungen verlangt, daß diese die Beförderung zur Vermeidung der Lieferfristhaftung „ebenso schnell durchführen" müßten wie Personenzüge, so trifft dies insoweit zu, als die Eisenbahn nach Abs. 2 Satz 1 verpflichtet ist, das Expreßgut mit dem nächsten geeigneten Zuge zu befördern; der **Expreßgutzug muß** daher **der „nächste geeignete" Zug sein**, s. Anm. 2. **Überholt RG JW 38** 2614, s. § 37 Anm. 3.

2. Vgl. § 28 Anm. 4. Die **Eignung** kann sich auch daraus ergeben, daß der Gepäckwagen des sonst in Frage kommenden Personenzugs überfüllt ist. Die besonderen Expreßgutzüge dienen namentlich in den Zeiten der Reisehochsaison, aber auch denen der Expreßguthochsaison, z. B. vor den Weih-

nachtsverkäufen, der Bewältigung des einen „Mitläuferverkehr" dann übersteigenden Expreßgutverkehrs, der den Raum der Gepäckwagen sprengen würde; das nur als Analogon zum Reisegepäck gedachte **Expreßgut muß** auch **ggf. vor dem Raumbedarf des** für persönliche Bedürfnisse bestimmten **Reisegepäcks weichen.** Aus diesem Grunde wird man der Eisenbahn **in Hochbedarfsweiten** eine gewisse **Auswahltätigkeit** bei der Subsumierung unter den Begriff des nächsten geeigneten Zuges ebenso zustehen müssen wie im Güterverkehr bei der Güterwagenstellung, s. § 3 Anm. 5. Das in Anm. 4 zu § 29 für die Umlademöglichkeiten Gesagte gilt auch hier; der Auflieferer von Expreßgut kann sich bei **Notwendigkeit von Umladungen auf Anschlußverbindungen nicht unbedingt verlassen,** vgl. auch ABest. 2—5.

3. Hier ein Antrag, dem **„tunlichst"** entsprochen werden soll, also Einschaltung des **billigen Ermessens** im Rahmen des Möglichen, in ABest. 1 hingegen der durch die Änderung des Abs. 2 überholte Ausdruck „beansprucht"; es muß heißen: „beantragt". Über das Rangverhältnis von Reisegepäck und Expreßgut s. Anm. 2. Anders als in § 27 (5) c) ist die **Eintragung** eines solchen Antrags **in der Expreßgutkarte nicht vorgesehen,** § 37. Entfallen, weil nicht mehr durchführbar, sind angesichts des Umfangs des Expreßgutverkehrs die früher innerdienstlich vorgesehenen Beförderungsvermerke.

4. S. ABest. 2—6. Auch hier bedingt die Ausweitung des Expreßgutverkehrs eine zunehmende Angleichung an die Regelung des Abschnitts VIII.

§ 41. *Ablieferung. Ablieferungshindernisse*

(1) Der Empfänger[1] ist berechtigt[2], auf dem Bestimmungsbahnhof nach Ablauf der Lieferfrist die Ablieferung[1] des Expreßgutes bei der Ausgabestelle zu verlangen. Die Lieferfrist endet, sobald nach Ankunft[2] des Zuges, mit dem das Gut zu befördern war[3], die zur Bereitstellung und etwa zur Zoll- oder sonstigen verwaltungsbehördlichen Abfertigung erforderliche Zeit abgelaufen ist.

(2) Wird das Gut vom Empfänger nicht alsbald nach Ablauf der Lieferfrist abgeholt, so wird es nach näherer Bestimmung des Tarifs dem Empfänger angemeldet oder ihm im Ortsbereich des Bestimmungsbahnhofs oder nach benachbarten Orten gegen eine durch Aushang bekanntzumachende Gebühr zugeführt. Die Eisenbahn kann die Zuführung selbst besorgen oder Rollfuhrunternehmer dafür bestellen; in beiden Fällen haftet sie als Frachtführer nach den Vorschriften dieser Ordnung. Das Recht des Empfängers, Expreßgut selbst abzuholen oder durch andere als die von der Eisenbahn bestellten Fuhrunternehmer abholen zu lassen, wird hierdurch nicht berührt. § 77 (5) und (6) gelten entsprechend.

(3) Die Anmeldung oder Zuführung muß innerhalb der Fristen vorgenommen werden, die in den §§ 77 und 78 für Eilgut vorgesehen sind.

(4) Die Anmeldung unterbleibt, wenn der Empfänger schriftlich darauf verzichtet hat oder wenn sie nach den Umständen nicht möglich ist; bei bahnlagernd gestellten Gütern unterbleibt die Anmeldung auch dann, wenn der Absender in der Expreßgutkarte darauf verzichtet hat.

(5) Das Verfahren bei Ablieferungshindernissen regelt der Tarif in entsprechender Anwendung von § 80.

Zuführung

1. *Die Eisenbahn kann Expreßgut dem Empfänger im Ortsbereich des Bestimmungsbahnhofs oder nach benachbarten Orten gegen Erhebung der bahnamtlich festgesetzten Gebühr in die Wohnung oder die Geschäftsstelle selbst zuführen oder Rollfuhrunternehmer dafür bestellen. In beiden Fällen haftet die Eisenbahn als Frachtführer nach den Vorschriften der EVO.*
2. *Die Fristen, innerhalb deren Expreßgut dem Empfänger zugeführt wird, werden durch Schalteraushang bekanntgemacht.*
3. *Auch an Orten, wo die Eisenbahn für die Zuführung sorgt, ist der Empfänger, soweit nichts anderes bestimmt ist, berechtigt, alle für ihn eingehenden Sendungen auf dem vom Absender vorgeschriebenen Bestimmungsbahnhof selbst abzuholen oder sie durch einen von ihm beauftragten Fuhrunternehmer abholen zu lassen. Er hat dies der Empfangsabfertigung schriftlich anzuzeigen.*
4. *Müssen Güter nach Räumen der Zoll- oder Steuerverwaltung gebracht werden, die außerhalb des Bahnhofs liegen, so kann dies die Eisenbahn gegen Erstattung der Kosten selbst besorgen oder unter ihrer Verantwortung auf Kosten des Verfügungsberechtigten besorgen lassen, auch wenn sich der Empfänger die Selbstabholung vorbehalten hat.*

Anmeldung

5. *Wird das Gut nicht zugeführt, so hat es die Eisenbahn dem Empfänger spätestens 2 Stunden nach Ankunft des Zuges nach ihrer Wahl durch die Briefpost, durch Fernsprecher, durch Telegramm oder schriftlich durch Boten anzumelden. Dabei ist die Frist anzugeben, innerhalb der das Gut abzunehmen ist. Expreßgut, das an Werktagen nach 18 Uhr oder an Sonn- und Feiertagen nach 12 Uhr ankommt, muß spätestens am folgenden Tage 2 Stunden nach Beginn der Dienststunden der Abfertigung angemeldet werden. Der Empfänger kann mit der Empfangsabfertigung eine besondere Art der Benachrichtigung vereinbaren.*

6. *Die Anmeldung gilt als bewirkt:*
   a) bei Übermittlung durch die Briefpost 4 Stunden, bei telegraphischer Übermittlung 1 Stunde nach der Aufgabe,
   b) bei Übermittlung durch Fernsprecher mit dem Gespräch,
   c) bei anderer Übermittlung mit der Übergabe des Benachrichtigungsschreibens.

   Die Anmeldung wird unentgeltlich ausgefertigt, für ihre Übermittlung werden die Gebühren nach Anlage 2 Ziff. 6 erhoben.

Abnahme

7. *Expreßgut ist innerhalb 24 Stunden nach der Anmeldung in den bekanntgemachten Dienststunden abzunehmen. Die Frist beginnt mit dem Zeitpunkt, in dem die Anmeldung als bewirkt gilt (vgl. ABest. 6).*

   Hat der Absender bei bahnlagernd gestellten Gütern in der Expreßgutkarte oder hat der Empfänger schriftlich auf Anmeldung verzichtet oder ist eine Anmeldung nach den Umständen nicht möglich, so beginnt die Abnahmefrist mit der Bereitstellung des Gutes.

   Mit Kosten oder Nachnahme belastete Sendungen werden dem Empfänger erst nach Erfüllung der sich für ihn aus dem Beförderungsvertrag ergebenden Verpflichtungen ausgeliefert.

   Die Eisenbahn kann Abweichungen von dieser Frist zulassen. Sie werden auf den Bahnhöfen durch Aushang bekanntgemacht.

8. *Der Lauf der Abnahmefrist ruht an Sonn- und Feiertagen sowie für die Dauer einer Behandlung durch die Zoll- oder sonstigen Verwaltungsbehörden, soweit die Behandlung nicht durch den Absender oder Empfänger verzögert wird.*

9. *Der Empfang ist auf der Expreßgutkarte zu bescheinigen, soweit nicht die Eisenbahn für einzelne Bahnhöfe eine Empfangsbescheinigung in einer anderen Form vorschreibt.*

Lagergeld

10. *Wird eine Sendung nicht innerhalb der in den ABest. 7 und 8 festgesetzten Frist abgenommen, so ist für je auch nur angefangene 24 Stunden nach Ablauf der Abnahmefrist und für jedes Stück Lagergeld nach Anlage 2 Ziff. 17 zu entrichten.*

    Bei Sendungen, deren Annahme bei der Zuführung verweigert wird, oder die sonst nicht zugeführt werden können, endet die Abnahmefrist 24 Stunden nach der Bereitstellung des Gutes.

Verzögerung der Abnahme

11. Sendungen, die auf den für Expreßgutverkehr nicht eingerichteten Bahnhöfen ankommen, und die nicht bei Ankunft des Zuges in Empfang genommen werden, gehen auf Kosten des Absenders an den nächsten zur Vornahme der Frachtberechnung geeigneten Bahnhof weiter. Der neue Bahnhof gilt dann als Bestimmungsbahnhof. Die Fracht wird in diesem Fall von dem Abgangsbahnhof bis zum neuen Bestimmungsbahnhof durchgerechnet. Ausnahmen werden von der Eisenbahnverwaltung durch Aushang bekanntgegeben.

Ablieferungshindernisse

12. Ist der Empfänger des Gutes nicht zu ermitteln, oder verweigert er ausdrücklich die Annahme, oder nimmt er es nicht binnen 3 Tagen ab, oder ergibt sich ein sonstiges Ablieferungshindernis, so hat die Empfangsabfertigung unverzüglich den Absender durch die Versandabfertigung von der Ursache des Hindernisses zu benachrichtigen und seine Anweisung einzuholen. Der Absender hat die Anweisung durch Vermittlung der Versandabfertigung oder unmittelbar der Versandabfertigung zu erteilen. Bei telegraphischer Übermittlung der Anweisung ist ein etwaiger Nachnahmebetrag in Worten anzugeben. Bei nachträglicher Auflegung, Erhöhung oder Ermäßigung einer Nachnahme hat der Absender eine freigemachte Postanweisung oder Zahlkarte zu übergeben, die bei Erhöhung auf den zugesetzten, bei Ermäßigung auf den neuen Nachnahmebetrag zu lauten hat. Die Postanweisung oder Zahlkarte kann ebenso wie die neu angefallenen Gebühren unmittelbar der Empfangsabfertigung überwiesen werden.

Der Absender kann auch in der Expreßgutkarte vorschreiben, daß

a) er auf seine Kosten ohne Vermittlung der Versandabfertigung telegraphisch oder brieflich benachrichtigt wird,

b) ihm das Gut bei Eintritt eines Ablieferungshindernisses ohne vorherige Benachrichtigung sofort oder nach Ablauf einer bestimmten Frist, aber längstens nach 7 Tagen, nach einem von ihm bezeichneten Bahnhof zugeschickt wird,

c) ein anderer zur Erteilung von Anweisungen bevollmächtigt ist, und daß die Empfangsabfertigung diesen an seiner Stelle ohne Vermittlung der Versandabfertigung zu benachrichtigen und seine Anweisung einzuhalten hat,

d) das Gut am Bestimmungsbahnhof an einen zu bezeichnenden anderen als an den in der Anschrift genannten Empfänger ab-

geliefert werden soll. In diesem Fall ist der Absender von der Ablieferung des Gutes unmittelbar zu verständigen.

Die Anträge sind in folgender Form zu stellen:

zu a: „Bei Ablieferungshindernis unmittelbar telegraphische (briefliche) Benachrichtigung durch die Empfangsabfertigung auf meine Kosten“ oder

zu b: „Bei Ablieferungshindernis sofortige Zusendung ohne vorherige Benachrichtigung an .... nach Bahnhof ....“ oder

„Bei Annahmeverweigerung sofort Zusendung, bei anderem Ablieferungshindernis .... Tage lagern lassen, dann Zusendung ohne vorherige Benachrichtigung an .... nach Bahnhof ....“

Sonst darf das Gut ohne Anweisung des Absenders nicht zurückgeschickt werden;

zu c: „Bei Ablieferungshindernis unmittelbare Benachrichtigung von .... in ...., der zur Erteilung von Anweisungen über das Gut bevollmächtigt ist“;

zu d: „Bei Ablieferungshindernis Ablieferung der Sendung auf dem Bestimmungsbahnhof an .... in ....“

Die erwähnte Frist von 3 Tagen beginnt mit der bewirkten Anmeldung (vgl. ABest. 6). Ist das Gut nicht anzumelden [vgl. EVO § 41 (4)], so beginnt die Frist mit der Ankunft des Zuges, mit dem das Gut befördert wurde. Die Kosten der Anmeldung hat der Absender zu ersetzen.

Ist das Ablieferungshindernis nicht durch ein Verschulden der Eisenbahn veranlaßt, so wird neben den erwachsenen Frachtkosten, Nebengebühren, Auslagen und den Benachrichtigungsgebühren nach Anlage 2 Ziff. 18 für die Ausführung der Anweisung des Absenders oder seines Bevöllmächtigten eine Gebühr nach Anlage 2 Ziff. 19 erhoben. Bei Weitergabe der Anweisung durch Bahndienstfernsprecher oder Bahndienstfernschreiber wird außerdem die Gebühr nach Anlage 2 Ziff. 14 erhoben.

Einem Antrag auf frachtfreie Auslieferung wird nur dann entsprochen, wenn der auf der Sendung lastende Betrag bei der Empfangsabfertigung eingezahlt ist oder dieser die Zahlung an die Versandabfertigung nachgewiesen wird.

Bei nachträglicher Auflegung oder Erhöhung von Nachnahmen wird die in der Anlage 2 Ziff. 19 festgesetzte Gebühr für Nachnahmen berechnet, bei Erhöhungen für den zugesetzten Betrag besonders. Bei nachträglicher Ermäßigung oder Zurückziehung einer Nachnahme bleibt die bereits berechnete Gebühr für Nachnahmen unverändert.

Fällt das Ablieferungshindernis weg, so wird dem Empfänger, wenn er zur Annahme bereit ist, das Gut abgeliefert, sofern keine entgegenstehende Anweisung des Absenders oder seines Bevollmächtigten bei der Empfangsabfertigung eingegangen ist. Von der nachträglichen Ablieferung ist der Absender oder sein Bevollmächtigter, soweit diesem das Hindernis schon mitgeteilt war, unmittelbar zu benachrichtigen.

13. Ist die Benachrichtigung des Absenders oder des in der Expreßgutkarte bezeichneten Bevollmächtigten nach den Umständen nicht möglich, oder geht binnen 3 Tagen keine Anweisung des Absenders oder seines Bevollmächtigten ein oder ist die Anweisung nicht ausführbar, so hat die Eisenbahn das Gut auf Gefahr und Kosten des Absenders auf Lager zu nehmen. Sie ist jedoch auch berechtigt, das Gut unter Einziehung der etwa noch nicht gezahlten Kosten bei einem Spediteur oder in einem öffentlichen Lagerhaus auf Gefahr und Kosten des Absenders zu hinterlegen.

14. Die Eisenbahn ist ferner berechtigt,

a) Güter, die nicht abgeliefert werden können, wenn sie nach dem Ermessen des Bestimmungsbahnhofs schnellem Verderb unterliegen oder nach den örtlichen Verhältnissen weder einem Spediteur oder Lagerhaus übergeben noch eingelagert werden können, sofort,

b) Güter, die nicht abgeliefert werden können und die vom Absender nicht zurückgenommen werden, einen Monat nach Ablauf der Abnahmefrist, wenn aber ihr Wert durch längere Lagerung unverhältnismäßig vermindert werden würde oder wenn die Lagerkosten in keinem angemessenen Verhältnis zum Werte des Gutes stehen würden, schon früher ohne Förmlichkeit bestmöglich zu verkaufen. Von dem bevorstehenden Verkauf ist der Absender zu benachrichtigen, soweit dies nach den Umständen möglich ist.

Für den Verkauf unanbringlicher Expreßgüter durch die Eisenbahn wird außer den baren Auslagen die in Anlage 2 Ziff. 20 festgesetzte Gebühr berechnet.

15. Von der Hinterlegung und vom Verkauf des Gutes hat die Eisenbahn den Absender zu benachrichtigen, soweit dies den Umständen nach möglich ist. Dem Absender ist der Verkaufserlös nach Abzug der noch nicht bezahlten Kosten sowie der mit dem Verkauf verbundenen Auslagen zur Verfügung zu stellen. Reicht der

Erlös zur Deckung dieser Beträge nicht aus, so ist der Absender zur Nachzahlung der ungedeckten Beträge verpflichtet. Das gleiche gilt, wenn das Gut auf Grund von polizeilichen oder verwaltungsbehördlichen Vorschriften vernichtet werden muß oder aus sonstigen Gründen unverwertbar ist.

Ablieferungsnachweis

16. *Der Absender kann einen Ablieferungsnachweis verlangen. Er hat dafür die Gebühren nach Anlage 2 Ziff. 21 und etwaige Post-, Telegramm- und Fernsprechgebühren, bei Weitergabe durch Bahndienstfernsprecher oder -fernschreiber außerdem die Gebühr nach Anlage 2 Ziff. 21 zu entrichten und auf Verlangen vorauszuzahlen. Die Gebühr wird nicht erhoben oder wird auf Antrag erstattet, wenn das Gut infolge eines von der Eisenbahn zu vertretenden Verschuldens innerhalb der Lieferfrist auf dem Bestimmungsbahnhof nicht eingegangen ist.*

Anweisungen des Empfängers

17. *Soweit nicht eine nach § 37 ABest. 16 zulässige Verfügung des Absenders entgegensteht, kann der in der Expreßgutkarte bezeichnete Empfänger Anweisung erteilen,*
   a) *daß das Expreßgut mit dem Empfängerabschnitt der Expreßgutkarte gegen Zahlung der sich aus dem Frachtvertrag ergebenden Beträge auf dem Bestimmungsbahnhof einem Dritten ausgeliefert wird,*
   b) *daß ihm der Empfängerabschnitt der Expreßgutkarte, das Gut aber gegen Zahlung der sich aus dem Frachtvertrag ergebenden Beträge auf dem Bestimmungsbahnhof einem Dritten ausgeliefert wird,*
   c) *daß das Gut nach einem anderen Bestimmungsbahnhof weitergesandt wird. Bei Sendungen, die mit Nnachnahme belastet sind, darf die Anweisung erst ausgeführt werden, wenn der Nachnahmebetrag eingezahlt ist. Die Fracht und die sonstigen auf dem Gut lastenden Kosten kann der Empfänger selbst zahlen oder auf den neuen Empfänger überweisen, sofern nicht die Vorauszahlung der Kosten nach § 39 ABest. I 3 verlangt wird.*

Die Anweisung kann auch in der Form gegeben werden, daß sie sie sich auf alle für einen Empfänger ankommenden Expreßgutsendungen erstreckt (Daueranweisung), zu c) jedoch nur, wenn die Sendung an den ursprünglichen Empfänger nach einem anderen Bestimmungsbahnhof gesandt wird. Eine Daueranweisung gilt für das Kalenderjahr.

18. Für die Weitersendung gelten die Bestimmungen in § 37 ABest. 17 und 18.

19. Für die — auch nur versuchte — Ausführung dieser Anweisungen werden außer den baren Auslagen die in der Anlage 2 Ziff. 15 festgesetzten Gebühren erhoben.

20. Die Ausführung der Anweisung kann abgelehnt werden.

1. Vgl. § 75 Anm. 2 und 3.

2. Die **Verspätung** des Zuges hat **also niemals Lieferfristüberschreitung** zur Folge. Bei **Umladen** gilt § 28 (4); s. auch § 40 Anm. 1. Der Hinweis von *Goltermann*, 1 zu § 41, dem Empfänger sei das Recht „schon nach Ablauf der Lieferfrist ohne Rücksicht auf die wirkliche Ankunft" gegeben, während er nach § 75 (3) erst nach Ankunft des Gutes ein Recht auf Ablieferung an ihn erwerbe, verkennt doch wohl, daß ein solches „Recht", solange das Gut nicht vorhanden, illusorisch ist. Praktisch ist dieses Recht für den Empfänger in solchen Fällen, da eine dem § 29 (7) entsprechende Bestimmung fehlt, lediglich eine Pflicht zur Abforderung, um sich die Rechte aus § 42 (1) Satz 2 in Verbindung mit §§ 33, 34 bei Lieferfristüberschreitung zu sichern, da die Lieferfrist erst zusammen mit der Abforderung den zeitlichen Multiplikator für den Entschädigungshöchstbetrag nach dem Gewicht bestimmt.

3. S. § 40 Anm. 2.

§ 42. *Haftung der Eisenbahn. Verjährung*

(1) Für gänzlichen oder teilweisen Verlust oder für Beschädigung von Expreßgut haftet die Eisenbahn wie bei Gütern[1] entsprechend den Bestimmungen der §§ 82 bis 85, 90 bis 92. Für Überschreitung der Lieferfrist haftet die Eisenbahn wie bei Reisegepäck entsprechend den Bestimmungen der §§ 33 und 34.

(2) Für die Feststellung des Tatbestandes bei gänzlichem oder teilweisem Verlust oder bei Beschädigung des Expreßgutes gilt § 81 entsprechend.

(3) Der Verfügungsberechtigte[2] kann das Expreßgut ohne weiteren Nachweis als verloren betrachten, wenn es nicht innerhalb eines Monats nach Aufgabe abgeliefert oder zur Ablieferung bereitgestellt worden ist.

(4) Der Entschädigungsberechtigte[2] kann bei Empfang der Entschädigung für das verlorene Expreßgut in der Empfangsbescheinigung verlangen, daß er sofort benachrichtigt wird, wenn das Gut binnen dreier Jahre nach Zahlung der Entschädigung wieder aufgefunden wird. Hierüber ist ihm eine Bescheinigung zu erteilen. Innerhalb eines

Monats nach erhaltener Nachricht vom Wiederauffinden des Gutes kann der Entschädigungsberechtigte verlangen, daß ihm das Gut nach seiner Wahl auf dem in der Expreßgutkarte angegebenen Versand- oder Bestimmungsbahnhof kostenfrei ausgeliefert wird. Die erhaltene Entschädigung hat er nach Abzug der ihm für Überschreitung der Lieferfrist zustehenden Entschädigung zurückzuzahlen.

(5) Mit der Annahme[3] des Expreßguts durch den Empfänger sind alle Ansprüche aus dem Beförderungsvertrag gegen die Eisenbahn erloschen. § 93 (2) gilt entsprechend[4].

(6) Für die Verjährung der Ansprüche aus dem Beförderungsvertrag gilt § 94 entsprechend.

1. *Für die Überschreitung der Fristen für Zuführung und Anmeldung von Expreßgut (vgl. § 41 ABest. 2, 5 und 6) haftet die Eisenbahn wie bei Überschreitung der Lieferfrist.*
2. *Wird gänzlicher oder teilweiser Verlust oder eine Beschädigung des Gutes von der Eisenbahn entdeckt oder vermutet oder vom Verfügungsberechtigten behauptet, so hat die Eisenbahn die Ursachen und den Zeitpunkt des Schadens ohne Verzug durch eine Tatbestandsaufnahme festzustellen. Bei teilweisem Verlust oder bei Beschädigung ist ferner der Zustand, erforderlichenfalls das Gewicht des Gutes und soweit möglich auch der Betrag des Schadens festzustellen; hierbei sind unbeteiligte Zeugen oder Sachverständige und, wenn möglich, auch der Verfügungsberechtigte hinzuzuziehen.*
3. *Dem Verfügungsberechtigten ist auf sein Verlangen unentgeltlich eine Abschrift der Tatbestandsaufnahme auszuhändigen und das Ergebnis der Feststellungen schriftlich bekanntzugeben.*
4. *Ergibt die vom Verfügungsberechtigten veranlaßte Untersuchung keinen oder nur einen von der Eisenbahn schon erkannten Schadensfall, so wird außer den etwa erwachsenen Kosten die Gebühr nach Anlage 2 Ziff. 27 erhoben.*
5. *Der Absender oder Empfänger kann den teilweisen Verlust oder die Beschädigung des Gutes auch durch amtlich ernannte Sachverständige feststellen lassen. Zu dieser Feststellung ist die Eisenbahn einzuladen. Die Vorschriften der Zivilprozeßordnung über die Sicherung des Beweises bleiben unberührt.*

1. Die Zwitterstellung des Expreßguts in seiner jetzigen rechtlichen Konstruktion (einerseits Gut, andererseits beförderungsmäßig Reisegepäck) kommt in dieser Unterteilung der Entschädigungsansprüche bei einerseits Verlust und Beschädigung, andererseits Lieferfristüberschreitung sinnfällig zum Ausdruck. Auf die Anm. zu den entsprechenden Bestimmungen der EVO kann verwiesen werden.

2. Das ist nach § 37 (13) der **Absender solange, bis** das Gut dem Empfänger **abgeliefert** worden ist; dem wird das Wirksamwerden einer **Empfängeranweisung** nach § 41 ABest. 17 gleichzusetzen sein; ist in dieser ein neuer Empfänger bestimmt, hat der frühere (durch die Expreßgutkarte ausgewiesene) Empfänger die Stellung des Absenders. Bei **Teilablieferung** einer aus mehreren Stücken bestehenden Sendung will *Finger*, 32 zu § 37, die Rechte des Absenders für die ganze Sendung zugunsten des Empfängers erlöschen lassen. Dem kann zugestimmt werden, da die ganze Sendung ein einheitliches rechtliches Schicksal haben muß (arg. ABest. 18 zu § 37). Zwischen dem „Verfügungsberechtigten" des Abs. 3 und dem „Entschädigungsberechtigten" des Abs. 4 besteht kein Unterschied; der überflüssige Bezeichnungswechsel rührt aus § 87 her, der in § 42 fast wörtlich übernommen wurde. Obwohl Expreßgut beförderungsmäßig wie Reisegepäck angesehen wird, wurde die Frist des § 32 (1) nicht zum Vorbild genommen.

3. S. § 93 Anm. 2.

4. **EE 42** 75, **44** 55.

§ 43. *Geltendmachung der Rechte aus dem Beförderungsvertrag. Haftung und Inanspruchnahme mehrerer an der Beförderung beteiligter Eisenbahnen*

(1) Zur Geltendmachung der Rechte aus dem Beförderungsvertrag gegenüber der Eisenbahn ist nur[1] der befugt, dem das Verfügungsrecht über das Gut zusteht[2]. Im übrigen gilt § 95 (3) entsprechend.

(2) Für die Haftung und Inanspruchnahme mehrerer an der Beförderung beteiligter Eisenbahnen gilt § 96 entsprechend[3].

1. **Ungenau:** richtig müßte es heißen: „... soweit nicht für den Einzelfall in dieser Ordnung anders geregelt". Das ist z. B. der Fall bei § 39 (2) Satz 3 und ABest. 3 dazu und ABest. 15 vorletzter Abs. zu § 37. Man hat offenbar bei der Übernahme des § 95 (1) übersehen, den dortigen Vorbehalt durch einen für das Expreßgut passenden zu ersetzen.

2. S. § 42 Anm. 2.

3. Der letzte Abs. der ABest. 14 zu § 37 ist daher überflüssig.

VI. Beförderung von Leichen

§ 44. *Auflieferung*

(1) Leichen[1] werden nach dem Ermessen der Eisenbahn[2] mit Zügen befördert, die dem Personen- oder dem Güterverkehr dienen; die Benutzung von Schnellzügen kann ausgeschlossen werden.

(2) Leichensendungen müssen[3] auf dem Ausgangsbahnhof des Zuges mindestens 6 Stunden, auf anderen Bahnhöfen mindestens 12 Stunden vor der Abfahrzeit angemeldet werden.

(3) Jede Leiche muß[4] in einem widerstandsfähigen Metallbehälter oder in einem in Innern mit Blech vollständig abgedichteten Sarg verschlossen und dieser in einem Holzbehälter*) so fest eingesetzt sein, daß er sich darin nicht verschieben kann.

(4) Bei der Aufgabe ist der Eisenbahn ein von der zuständigen Behörde ausgestellter Leichenpaß nach dem Muster der Anlage A[5] zu übergeben[6], der bei Auslieferung der Leiche dem Empfänger ausgehändigt wird. Bei Leichensendungen aus ausländischen Staaten, mit denen eine Vereinbarung wegen gegenseitiger Anerkennung der Leichenpässe abgeschlossen ist, genügt ein Leichenpaß der zuständigen ausländischen Behörde. Der Leichenpaß gilt für den ganzen Beförderungsweg.

(5) Leichen sind mit Eilfrachtbrief aufzuliefern[7].

(6) Das Verladen hat der Absender zu besorgen[8].

(7) Leichensendungen dürfen nicht mit Nachnahme belastet werden[9].

(8) Die Eisenbahn ist berechtigt, Vorauszahlung der Fracht zu verlangen[10].

(9) Wer Leichen unter unrichtiger Bezeichnung aufliefert, hat den Frachtunterschied vom Aufgabe- bis zum Bestimmungsbahnhof nachzuzahlen und das Vierfache der Gesamtfracht als Frachtzuschlag zu entrichten[11].

1. *Ob Leichen mit den dem Personenverkehr dienenden Zügen befördert werden dürfen, entscheidet die dem Aufgabebahnhof vorgesetzte Eisenbahnverwaltung.*
2. *Die Abfertigung besorgt je nach Anweisung der Verwaltung die Gepäck- oder Eilgutabfertigung des Aufgabebahnhofs. Bei dieser Stelle wird auch die Wagenbestellung angenommen.*
3. *Bei der Auflieferung von Leichen nach Orten mit mehreren Bahnhöfen ist im Eilfrachtbrief der Bahnhof zu bezeichnen, nach dem die Sendung befördert werden soll.*
4. *Leichen dürfen nicht bahnlagernd gestellt werden und werden nicht in Verwahrung genommen.*
5. *Wird die Beförderung einer Leiche mit einem Schnellzug gewünscht, so hat der Absender oder unterwegs der Begleiter den*

---

*) Bis auf Widerruf sind auch feste, gut abgedichtete Holzsärge zugelassen, deren Böden mit einer 5—10 cm hohen Schicht aufsaugender Stoffe (Torfmull, Sägemehl, Holzkohlenpulver u. dgl.) versehen sind.

Die Ausnahmebestimmung findet auf Personen, die an ansteckenden Krankheiten verstorben sind, keine Anwendung (16. VO z. EVO).

Antrag in den Eilfrachtbrief unter „zulässige oder vorgeschriebene Erklärungen" aufzunehmen und zu unterschreiben.

6. *Für Angabe des Lieferwerts*[12] *wird die Gebühr nach Anlage 2 Ziff. 6 erhoben.*

7. *Inwieweit die Abfertigung von Leichen nach und von einzelnen Bahnhöfen ausgeschlossen oder beschränkt ist, ist bei der Abfertigungsstelle zu erfahren*[2].

8. *Für eine oder mehrere auf einen Eilfrachtbrief aufgegebene und in einem Wagen verladene Leichen wird eine Fracht von 0,50 DM für das Tarifkilometer erhoben.*

   Zu der hiernach für die Gesamtentfernung berechneten Fracht tritt bei Beförderung in Schnellzügen ein Zuschlag von 0,25 DM für das Tarifkilometer der Schnellzugstrecke.

   Außerdem wird eine Abfertigungsgebühr von 7,50 DM für den Wagen erhoben.

9. *Die Fracht für Leichen wird nach den Entfernungen für den Personenverkehr berechnet und ist bei der Aufgabe zu bezahlen.*

10. *Werden Leichen vor dem Abgang des Zuges vom Absender zurückgenommen oder die bereitgestellten Wagen nicht innerhalb der für den Güterverkehr festgesetzten Frist beladen, so wird für jeden Eisenbahnwagen Wagenstandgeld nach dem Eisenbahn-Gütertarif Teil I Abt. B, Abschnitte VIII und VII des Nebengebührentarifs erhoben.*

1. Zu unterscheiden: a) Beförderung zur Beisetzung (§ 44), b) Versendung zu wissenschaftlichen Zwecken (§ 47). Die Behandlung in einem besonderen Abschnitt der EVO erweist, daß **Leichen** sowohl aus Gründen der Pietät wie auch aus hygienischen Gründen **nicht schlechthin** als **„Gut"** im Sinne des Abschnitts VIII behandelt werden können; noch weniger allerdings können sie als „Personen" im Sinne des Abschnitts III angesehen werden, weil die diesbezüglichen Vorschriften auf lebende und handelnde Menschen zugeschnitten sind; werden sie begleitet [§ 45 (2) und ABest. 2], liegt hinsichtlich des Begleiters ein Personenbeförderungsvertrag vor, s. § 45 Anm. 5. Nach Maßgabe des VI. Abschnittes aber und mit den aus der Natur der Sache sich ergebenden Einschränkungen gelten nach § 47 (1) „entsprechend" den besonderen Umständen die Vorschriften des Abschnitts VIII, s. § 47 Anm. 1.

2. Das **Ermessen** bezieht sich auf die **Auswahl** zwischen Personen- und Güterzügen, nicht etwa auf die Annahme zur Beförderung überhaupt, doch kann nach § 3 (1) a) die Beförderung abgelehnt werden, wenn den **Beförderungsbedingungen** nicht entsprochen wird. **Abfertigungsbeschränkungen** von und nach einzelnen Bahnhöfen (ABest. 7) sind als zulässig anzusehen, da § 53 (1) nur sinngemäße Anwendung findet [§ 47 (1)] und ein durch die besonderen Umstände des Leichentransports gerechtfertigter Ausschluß sinngemäß wäre. Daß Leichen, auch wenn sie mit Personenzügen befördert werden, in Güterwagen zum Versand kommen, bestimmt § 45.

3. Besser: Die Beförderung kann abgelehnt werden, wenn nicht ...

4. Im Falle des Abs. 3 richtet sich die Vorschrift auch an die Eisenbahn (Seuchengefahr!); Leichen sind daher insoweit den **bedingt zur Beförderung zugelassenen Gütern gleichzustellen,** vgl. § 54 Anm. 1 wegen der Auswirkungen auf den Beförderungsvertrag. Wegen des **Frachtzuschlags** s. Anm. 11. Art. 4 § 16 CIM führt Leichen unter den bedingungsweise zur Beförderung zugelassenen Gegenständen auf.

5. Der Leichenpaß lautet: Die nach Vorschrift eingesargte Leiche d... am ...ten ......19... zu ...... an ...... (Todesursache) verstorbenen ......jährigen ...... (Stand, Vor- und Zuname des Verstorbenen, bei Kindern Stand der Eltern) soll mit der Eisenbahn von ...... über ...... nach ...... zur Bestattung gebracht werden. Nachdem die Überführung der Leiche genehmigt worden ist, werden sämtliche Behörden, deren Bezirke durch die Beförderung berührt werden, ersucht, sie ungehindert und ohne Aufenthalt weitergehen zu lassen. Ort, Datum, Siegel, Unterschrift.

6. Ohne diesen muß Abfertigung verweigert werden, vgl. Anm. 4.

7. Anwendbar § 67 (3), soweit nicht § 45 (3) Satz 1 entgegensteht, s. § 45 Anm. 5, wegen der Frachtberechnung ABest. 9 Abs. 2.

8. Vorschrift im Sinne des § 59 (1).

9. **Ebensowenig** natürlich mit **Barvorschuß.**

10. ABest. 9.

11. *Weirauch* in der Vorauflage will in Übereinstimmung mit *Kittel,* 5 zu § 44 hier die §§ 339 ff. BGB anwenden; das widerspricht aber der in Anm. 1 zu § 60 entwickelten Auffassung des Frachtzuschlags als obligatio ex lege und kann daher nicht aufrechterhalten werden. Mit *Finger,* 16 zu § 44 und *Goltermann,* 6 zu § 44 wird man gem. § 47 (1) auch den **§ 60 sinngemäß** anzuwenden haben, wobei dessen Abs. 1 b) in der Höhe des Frachtzuschlags durch § 44 (9) verändert ist; **ist durch** die **unrichtige Bezeichnung keine Frachtverkürzung** möglich, so kann jedenfalls kein Frachtunterschied nacherhoben werden; ob auch in solchen Fällen wegen des Verstoßes gegen § 44 (3) und (4) **das Vierfache der Gesamtfracht** erhoben werden kann, ist aus § 44 Abs. 9 nicht eindeutig zu entnehmen, aber wohl anzunehmen, da eine Berechnung gem. § 60 (1) a) nach dem kg des Rohgewichts für Leichensendungen wohl nicht in Frage kommt, anderseits aber solche Fälle der Ahndung durch Frachtzuschlag mindestens so dringend bedürfen wie die der Frachtverkürzung. Eine Erhebung aus beiden Gründen gem. § 60 (1) letzter Satz ist allerdings wohl auf Grund der Höhe des Zuschlags nach § 44 (9) nicht berechtigt.

12. Die Angabe des **Lieferwerts** kommt bei Leichen sinngemäß nur **für** die **„fristgemäße** Lieferung" des § 89 in Frage, abgesehen von den „Anatomieleichen" des § 47 (3). Über Lieferfrist s. § 46 Anm. 7.

§ 45. *Beförderung*

(1) Leichen sind in gedeckten Wagen zu befördern[1]. Gegenstände, die nicht zur Leiche gehören[2], dürfen nicht beigeladen werden. Die Eisenbahn kann verlangen, daß mehrere Leichen, die gleichzeitig von demselben Versandbahnhof nach demselben Bestimmungsbahnhof aufgegeben werden[3], zusammen in einen Wagen verladen werden. Leichen, die in geschlossenen Leichenfuhrwerken[4] aufgeliefert werden, dürfen in offenen Wagen befördert werden.

(2) Jeder Sendung ist ein Begleiter beizugeben[5], der einen Fahrausweis zu lösen und denselben Zug zu benutzen hat. Begleitung ist nicht erforderlich, wenn der Absender beim Versandbahnhof die schriftliche oder telegraphische Erklärung des Empfängers hinterlegt, daß er die Sendung sofort nach Empfang der Nachricht von ihrem Eintreffen abholen lassen werde[6]. Bei Sendungen an Beerdigungsanstalten und Feuerbestattungsanlagen ist diese Erklärung nicht erforderlich.

(3) Leichen sind möglichst schnell[7] und ohne Unterbrechung zu befördern. Läßt sich auf einem Bahnhof ein längerer Aufenthalt nicht vermeiden, so ist der Wagen mit der Leiche tunlichst auf ein abseits liegendes Gleis zu stellen. Wird die Beförderung einer unbegleiteten Leiche mit den in Aussicht genommenen Zügen unmöglich, so hat der Bahnhof, wo das Hindernis eintritt, dem Empfänger kostenfrei telegraphisch mitzuteilen, mit welchem Zuge die Leiche befördert wird[8].

1. *Zur Leiche gehörige Gegenstände werden bis zu einem Höchstgewicht von 500 kg in dem Wagen, in dem die Leiche verladen ist, unentgeltlich mitbefördert. Für diese Gegenstände übernimmt die Eisenbahnverwaltung keine Haftung[9].*
2. *Wenn die Begleiter von Leichen in dem Wagen Platz nehmen, in dem die Leichen verladen sind oder im Güterzug mitfahren, haben sie Fahrausweise 2. Klasse für zuschlagfreie Züge zu lösen. Sonst haben sie Fahrausweise der benutzten Wagenklasse und Zuggattung zu lösen.*
3. *Wird die Leiche in einem besonderen geschlossenen Leichenfuhrwerk oder -kraftwagen aufgeliefert, so wird neben der Fracht für die Leiche selbst (vgl. § 44 ABest. 8) für das Leichenfahrzeug keine besondere Fracht berechnet.*

1. **Ausnahmen** von der Regel des Satz 1 in Satz 4 und § 47 (3) Satz 2.

2. **Gegensatz: Zur Leiche gehörige Gegenstände** (ABest. 1) wie Blumen, Kränze, wohl auch Grabstein; Kleinlichkeit bei der in das Ermessen der Eisenbahn gestellten Auslegung dieses Begriffs wäre fehl am Platze, zumal ohnehin ein ganzer G-Wagen gestellt wird. Sind die Gegenstände einmal beigeladen, kann die Eisenbahn nur bei den in § 47 (3) genannten Gegen-

ständen die Ausladung verlangen und für nicht zur Leiche gehörige Gegenstände allenfalls gesonderte Fracht berechnen, während die zugelassenen nach ABest. 1 unentgeltlich mitbefördert werden.

3. Nicht erforderlich gleicher Absender oder Empfänger. **Frachtermäßigung** tritt durch die Zusammenladung **nicht** ein.

4. S. ABest. 3 (keine Frachtberechnung, trotzdem aber im Gegensatz zu ABest. 1 **kein Haftungsausschluß**).

5. Ausnahme § 47 (3). Die Begleitung hat nicht die Bedeutung von § 83 (1); so *Rundnagel,* Haftung § 19 S. 161; *Finger,* 7 zu § 44; *Goltermann,* 3 zu § 44; abw. *Senckpiehl,* Haftung S. 63; s. auch § 83 Anm. 29. **Beförderungsbedingung,** bei deren Nichterfüllung Abfertigung abgelehnt werden muß, ein Beförderungsvertrag aber trotzdem zustandekommen kann, s. § 44 Anm. 4. Hinsichtlich des Begleiters liegt besonderer **Personenbeförderungsvertrag** vor, ABest. 2. Während § 45 (2) von *einem* Begleiter spricht, enthält ABest. 2 Vorschriften über *die* Begleiter; es muß danach angenommen werden, daß *ein* Begleiter die Mindestzahl ist, aber **mehrere zugelassen** sind.

6. Da für beides keine Beglaubigung gefordert wird, dürfte auch **fernmündliche** Zusicherung genügen.

7. **Beförderung mit Schnellzügen** jedoch **nur auf Antrag** (§ 44 ABest. 5).

8. **Bei Unterlassung Schadensersatzpflicht der Eisenbahn** nach §§ 276, 278 BGB für vergebliche Abholung, ggf. auch Nichtabbestellung der Trauerfeierlichkeiten, s. § 46 Anm. 7.

9. **Haftungsausschluß** kein Verstoß gegen § 459 (2) Satz 2 HGB, da die Beigabe nur geduldet wird, also insoweit **kein Frachtvertrag** vorliegt; will Absender hierauf nicht eingehen, kann er die Gegenstände frachtpflichtig aufgeben.

§ 46. *Auslieferung*[1]

(1) Die Ankunft einer unbegleiteten Leiche am Bestimmungsbahnhof ist dem Empfänger auf seine Kosten ohne Verzug durch Telegramm, Fernsprecher oder besonderen Boten mitzuteilen. Bei begleiteten Leichen unterbleibt die Benachrichtigung[2].

(2) Der Empfänger hat die Leiche innerhalb sechs Stunden, nachdem die Benachrichtigung von der Ankunft der Leiche als bewirkt gilt[3], auszuladen und abzuholen, falls eine Benachrichtigung unterbleibt[4], spätestens sechs Stunden nach der Ankunft. Geschieht dies nicht, so kann die Leiche der Ortspolizeibehörde überwiesen werden[5]. Kommt die Leiche nach 18 Uhr an, so gilt die Benachrichtigung nicht vor dem nächsten Morgen 8 Uhr als bewirkt. Bei Überschreitung der Abholungsfrist ist die Eisenbahn berechtigt, das tarifmäßige Wagenstandgeld[6] zu erheben.

(3) Der Empfänger hat für die Erfüllung der Zoll-, gesundheitspolizeilichen und sonstigen verwaltungsbehördlichen Bestimmungen zu sorgen.

(4) Die Auslieferung von Leichen kann zu dem in § 29 (2) bestimmten Zeitpunkt verlangt werden[7].

(5) Der Empfänger hat den Empfang der Leiche zu bescheinigen.

Bei nicht rechtzeitiger Abholung oder Entladung von Leichen wird für die Fristüberschreitung Wagenstandgeld nach dem Deutschen Eisenbahn-Gütertarif Teil I Abteilung B, Abschnitt VII des Nebengebührentarifs erhoben.

1. Bedeutet sachlich dasselbe wie Ablieferung, s. § 29 Anm. 1.

2. *Finger,* 1 zu § 46, verweist in diesem Zusammenhang auf die für Tiersendungen getroffene Entscheidung des **OLG Frankfurt/M. EE 45** 313, nach welcher bei begleiteter Sendung eine Benachrichtigung auch bei nachträglicher Vfg. unterbleiben kann; im Leichenverkehr dürfte aber eine nachträgliche Vfg. ohnehin kaum vorkommen, ja, es ist fraglich, ob sie überhaupt zulässig wäre.

3. Vgl. § 78 (3). Die Benachrichtigungsfrist für Eilgut *(Finger,* 3 zu § 46) gem. § 78 (2) ist durch das viel schärfere „ohne Verzug" des § 46 (1) gegenstandslos.

4. Gemeint ist: Nach Abs. 1 Satz 2, nicht etwa, wenn sie versehentlich unterbleibt.

5. **Keine Anwendung von § 80 (1),** wenn untunlich; die übrigen Abs. des § 80 sind ohnehin für eine sinngemäße Anwendung [§ 47 (1)] nicht geeignet; für eine Benachrichtigung nach § 80 (2) bedürfte es kier keines Antrags im Frachtbrief.

6. Siehe § 79 Anm. 5; hier auch Standgeld für Sonn- und Feiertage. Erfolgt Abholung trotz Zusage nach § 45 (2) Satz 2 nicht, will *Goltermann,* 1 zu § 46, den Empfänger über das Wagenstandgeld hinaus für alle Schäden haften lassen, falls Verschulden (§ 276 BGB) vorliegt; solche Schäden sind aber schwer denkbar. Nimmt Empfänger den Frachtbrief nicht an, haftet Absender für das Wagenstandgeld [§ 70 (3)].

7. **Lieferfrist** ist dem Reisegepäckverkehr nachgebildet, obwohl Abfertigung auf Eilgutfrachtbrief erfolgt [§ 44 (5)]. Mit dem **„möglichst schnell"** in § 45 (3) dürfte — s. aber wegen der Schnellzüge § 45 Anm. 3 — der **nächste geeignete Zug** gemeint sein, wobei, da Beförderung der Leichen mit G-Wagen erfolgt [§ 45 (1)], ggf. die betrieblichen Möglichkeiten einer Umstellung zu berücksichtigen sind. *Weirauch* in der Vorauflage will **Lieferfristhaftung** mangels ausdrücklicher Bestimmungen darüber nur bei Verschulden eintreten lassen, übersieht dabei aber, daß eine ausdrückliche Bestimmung nach § 47 (1) nicht erforderlich ist, da § 82 (2) eine Haftung für Überschreitung der Lieferfrist statuiert; in Frage kommt aber nur § 88 (1),

nicht etwa § 33. Wegen **Lieferwertangabe** s. § 44 ABest. 6 und Anm. 11. Wird ein besonderer Zug „in Aussicht genommen" [§ 45 (3)], so ist dies im Sinne von § 29 (2) der Zug, mit dem die Leiche „zu befördern war"; unabhängig von Lieferfristhaftung hier ggf. Haftung wegen unterlassener Benachrichtigung, s. § 43 Anm. 8.

§ 47. *Weitere Vorschriften*

(1) Im übrigen gelten für die Beförderung von Leichen die Vorschriften für die Beförderung von Gütern (Abschnitt VIII) entsprechend[1].

(2) Für die Beförderung von Leichen nach dem Bestattungsplatz des Aufgabeorts kann die Eisenbahn mit Genehmigung des Reichsverkehrsministers[2] abweichende Bestimmungen erlassen.

(3) Bei Leichen, die von Polizeibehörden, Strafanstalten, Krankenhäusern oder dergleichen an öffentliche höhere Lehranstalten gesandt oder von diesen weiterversandt werden, ist keine Begleitung erforderlich. Die Leichen dürfen in dicht verschlossenen und undurchlässigen Kisten aufgeliefert und in offenen Wagen befördert werden[3]. Güter von fester Beschaffenheit (Holz, Metall oder dergleichen) oder in fester Verpackung (Kisten, Fässer oder dergleichen) dürfen beigeladen werden; es ist aber Vorsorge zu treffen, daß die Leichenkisten nicht beschädigt werden[4]. Von der Beiladung sind ausgeschlossen: Nahrungs- und Genußmittel sowie deren Rohstoffe, ferner die in der Anlage C aufgeführten Gegenstände[5]. Leichenpässe sind für diese Sendungen nicht erforderlich[6].

1. *Soweit nicht im Abschnitt VI besondere Bestimmungen getroffen sind, gelten für die gleichen Nebenleistungen der Eisenbahn die Gebühren im Nebengebührentarif des Deutschen Eisenbahn-Gütertarifs, Teil I Abt. B.*
2. *Die in EVO § 47 (3) bezeichneten Leichen werden zum Satze von 0,40 DM für den Wagen und das Tarifkilometer als Eilgut befördert, auch wenn eine Beiladung geeigneter Güter[4] nicht möglich ist[6]. Sie werden bei den Eilgutabfertigungen abgefertigt. Abfertigungsgebühr wird nicht erhoben. Die Fracht wird nach den Entfernungen des Gütertarifs berechnet. Die Mindestfracht für eine Sendung beträgt 6,40 DM.*

1. Leichen sind ein **„Gut" besonderer Art,** s. § 44 Anm. 1; die Vorschriften des VIII. Abschnitts finden daher nur insoweit Anwendung, als im VI. nichts anderes verordnet ist oder „Mangel an kommerziellem Wert, Pietätsgründe und Rücksichten auf die öffentliche Gesundheit" *(v. Nanassy,* S. 69) eine sinngemäße, den besonderen Umständen des Leichentransports entsprechende Anwendung ausschließen. Die Vorschriften des VI. Abschnitts

[z. B. § 44 (7) und ABest. 4 dazu] nennen solche Fälle nur beispielhaft und nicht erschöpfend, aus der Erwähnung der Nachnahme in § 44 (7) darf also nicht etwa der Gegenteilsschluß gezogen werden, daß Barvorschuß zugelassen ist. Dabei wurde gelegentlich übersehen, die Sonderregelung des Abschnitts VI und die „entsprechende Anwendung" des Abschnitts VIII zu koordinieren, so z. B. in § 44 (9), s. Anm. 11 dazu, auch § 46 (4), s. Anm. 7 dazu (vgl. auch Anm. 5 zu der „entsprechenden Anwendung" des § 80). Daß Zurückbehaltungs- und Pfandrecht und sonstige einen materiellen Wert voraussetzende Vorschriften des Abschnitts VIII, wie die über Verlust und Beschädigung, nicht anwendbar sind, ergibt sich ohne weiteres aus der Natur der Sache, dagegen ist Lieferfristüberschreitung ggf. Haftungsgrund, s. § 46 Anm. 7. **Für beigegebene Gegenstände,** sofern sie nicht nach ABest. 1 zu § 45 zur Leiche gehören, so z. B. Leichenfuhrwerke der ABest. 3 zu § 45 oder die Gegenstände des § 47 (3) **haftet die Eisenbahn** freilich nach §§ 82 ff. unabhängig davon, ob diese frachtfrei befördert werden oder nicht (sofern nicht, wie bei den zur Leiche gehörigen Gegenständen der ABest. 1 zu § 45 die Haftung ausgeschlossen und damit die Ausdehnung des Leichenfrachtvertrages auf die Gegenstände abgelehnt ist, § 45 Anm. 9), da Fracht keine unbedingte Voraussetzung des Güterbeförderungsvertrages, s. Vorbem. 7 vor § 53. **Bei Anatomieleichen** des Abs. 3 **auch Haftung für Verlust und Beschädigung** denkbar, da hier kommerzieller Wert gegeben, wenn käuflich für medizinische Zwecke erworben.

2. Lies: Bundesminister für Verkehr.

3. Ausnahme von § 44.

4. **Hier erstreckt sich der Frachtvertrag,** anders als bei den zur Leiche gehörigen Gegenständen des § 45 ABest. 1, **auf die beigegebenen Gegenstände,** wobei § 83 (1) c) anwendbar ist.

5. S. § 54 Anm. 1.

6. Die Beigabe ist danach keine unentgeltliche „Zugabe", sondern in den Tarif einkalkuliert, wenngleich ihr Fehlen keine Ermäßigung bewirkt.

VII. Beförderung von lebenden Tieren[1]

§ 48. *Auflieferung*

(1) Unverpackte Tiere sind mit Tierfrachtbrief nach dem Muster der Anlage F, verpackte Tiere mit Eilfrachtbrief nach dem Muster der Anlage E aufzuliefern.

I. Jedem verwendeten Wagen ist ein besonderer Frachtbrief beizugeben. Werden für unverpackte Tiere an Stelle eines rechtzeitig bestellten mehrbödigen Wagens zwei ein- oder zweibödige gestellt, so können diese mit e i n e m Frachtbrief aufgegeben werden.

Die Zusammenaufgabe verpackter und unverpackter Tiere auf einen Frachtbrief ist unzulässig. Bei Zusammenladung von verpackten und unverpackten Tieren sind die verpackten Tiere mit Tierfrachtbrief je besonders aufzugeben.

Tiere in besonders für sie eingerichteten Straßenfahrzeugen sind mit Tierfrachtbrief aufzuliefern.

II. Die Abfertigungsstellen, bei denen Tiere aufzuliefern sind, bestimmt die Eisenbahn.

Die Bahnhöfe und die außerhalb des Bahngebietes eingerichteten Güternebenstellen (§ 63 [9] EVO) sowie deren Abfertigungsbeschränkungen und anderen Besonderheiten sind aus dem Deutschen Eisenbahn-Gütertarif Teil II Heft D (Bahnhofstarif) zu ersehen.

III. Im Tierfrachtbrief hat der Absender die Stückzahl, Gattung und — soweit zur Frachtberechnung erforderlich — das Alter und das Gewicht der Tiere anzugeben, ferner bei Beförderung in Viehkurswagen auch die Kennzeichnung der Tiere (vgl. ABest. XI).

IV. Der Preis des Vordrucks zu Tierfrachtbriefen und die Gebühr für die Ausfüllung ist im Nebengebührentarif (Abschnitt C) festgesetzt. Wegen der Gebühr für die Stempelung der Vordrucke zu Tierfrachtbriefen, wegen der Preise für Eilfrachtbriefe und sonstige Vordrucke sowie wegen der Gebühren für ihre Ausfüllung und Stempelung siehe den Nebengebührentarif (Abschnitt I) des Deutschen Eisenbahngütertarifs, Teil I Abteilung B.

(2) Die Eisenbahn hat den Beteiligten die Züge, mit denen Tiere befördert werden, auf Verlangen bekanntzugeben[2].

V. Bei Zügen, die im allgemeinen für die Beförderung von unverpackten Tieren oder für die Beförderung der in Betracht kommenden Tierart nicht bestimmt sind, kann die Eisenbahn auf Antrag des Absenders — auf Unterwegsbahnhöfen auch des Begleiters — nach ihrem Ermessen die Beförderung von unverpackten Tieren sowie von Tieren in besonders eingerichteten Straßenbahnfahrzeugen gegen Zahlung eines Zuschlages (vgl. Abschnitt B) zulassen. Der Antrag ist in den Tierfrachtbrief an der hierfür vorgesehenen Stelle aufzunehmen und unterschriftlich zu bestätigen.

VI. Wird von der Eisenbahn auf Antrag zugelassen, daß auf einem Bahnhof ein sonst fahrplanmäßig durchfahrender Zug zur Aufnahme von Tierwagen anhält, so wird die im Nebengebührentarif (Abschnitt C) festgesetzte Gebühr erhoben.

(3) An Sonn- und Feiertagen[3] werden keine Tiere angenonmmen. Ausnahmen sind durch Aushang bekanntzumachen.

VII. Welche Tage als Feiertage gelten, wird durch Aushang bekanntgemacht.

(4) Die Beförderung kranker oder gebrechlicher Tiere kann abgelehnt werden, wenn sie nicht durch einen Tierarzt für zulässig erklärt wird.

VIII. Ersichtlich kranke oder gebrechliche Tiere sind, wenn ihre Beförderung wegen der Gefahr einer Verschleppung von Seuchen nicht ohnehin ausgeschlossen ist, zur Beförderung nur dann zuzulassen, wenn sie sich nach dem pflichtmäßigen Ermessen der Versandabfertigung ohne Qualen für die Tiere selbst und ohne Gefahren für mitzuverladende Tiere oder Gegenstände ausführen läßt. In zweifelhaften Fällen ist die Beförderung von der Vorlage eines tierärztlichen Zeugnisses abhängig zu machen.

(5) Zur Beförderung wilder[4] Tiere ist die Eisenbahn nur verpflichtet, wenn die von ihr aus Gründen der Sicherheit gestellten Bedingungen erfüllt sind.

IX. Fremdländische[5] Tiere, insbesondere wilde Tiere, werden zur Beförderung angenommen, wenn die Gefahr einer Beschädigung von Menschen, Tieren und Gütern durch die Art und Weise der Verpackung oder Verladung nach dem Ermessen der Versandabfertigung[6] ausgeschlossen ist. Größere Raubtiere werden nur in dauerhaften Behältnissen — Käfigen, Kästen, Kisten oder in besonders eingerichteten Fahrzeugen — aus starkem, hartem Holz mit fest verankerten Gitterstäben und durch Blechbeschläge oder Eisenklammern befestigten Ecken zur Beförderung angenommen; die Gitter müssen mit Lattenverschlägen verkleidet oder mit fest angeschlossenen Holzwänden oder Holzrahmen mit Drahtgeflecht versehen sein. Behältnisse für Bären, mit Ausnahme ganz junger Tiere, müssen ferner innen vollständig mit Blech ausgeschlagen sein. Bei Einzelsendungen von Raubtieren sind die Behältnisse außen mit der Bezeichnung „Raubtier" in auffallender Schrift zu versehen. Wenn der Beförderungsgebühren für Schaustellungen wilder Tiere in Sonderzügen vgl. Abschnitt B § 18.

(6) Die Tiere müssen rechtzeitig zur Verladung bereitgestellt werden; unverpackte Tiere, die nicht in einen besonderen Wagen verladen werden, mindestens eine Stunde vor Abgang des Zuges.

X. 1. Für die Verladung lebender Tiere gelten die gleichen Fristen wie für die Verladung von Wagenladungsgütern (§ 63 [5] EVO und ABest. hierzu).

2. Die Bestellung von Wagen zur Verladung von Tieren ist — in der Regel schriftlich — an die Versandabfertigung zu richten. In der mit Tag und Unterschrift zu versehenden Bestellungen sind Anzahl und Gattung der Wagen — gedeckte oder offene, Stallungs- oder mehrbödige Wagen —, der Bestimmungsbahnhof, der Tag sowie tunlichst sowohl die Stunde der Verladung wie Zahl und Gattung der zu verladenden Tiere anzugeben.

3. Das Verlangen auf ausschließliche Benutzung eines Wagens zur Beförderung von Tieren hat der Absender bei der Wagenbestellung zu erklären. Späterem Verlangen nachzukommen ist die Eisenbahn nicht verpflichtet. Ebenso ist die Eisenbahn nicht verpflichtet, eine Zurückziehung des Antrages nach der Ladebereitstellung des Wagens anzuerkennen.

4. Ist ein mehrbödiger Wagen bestellt oder ein Wagen zur ausschließlichen Benutzung verlangt worden, so hat der Absender in dem Tierfrachtbrief und im Abschnitt zum Tierfrachtbrief an den hierfür vorgesehenen Stellen das Wort „ja“ einzutragen.

(7) Der Absender hat die viehseuchenpolizeilichen Vorschriften zu erfüllen und alle dazu erforderlichen Begleitpapiere beizugeben[7].

(8) Der Absender muß das Einladen unverpackter Tiere und ihre sichere Unterbringung im Wagen besorgen und die erforderlichen Befestigungsmittel stellen[8].

XI. Unverpackte Tiere (ausgenommen Schweine), die in Viehkurs-, Stückgutkurs- oder Gepäckwagen befördert werden, sind mit Tafeln oder Anhängern aus Pergament, Leder, Blech oder Holz zu versehen. Tafeln oder Anhänger aus Papier oder Pappe sind nicht zugelassen. Die Tafeln oder Anhänger müssen in dauerhafter Weise die genaue Anschrift des Empfängers, ferner den Namen des Versand- und Bestimmungsbahnhofs sowie den Tag der Auflieferung enthalten. In Orten mit mehreren Bahnhöfen hat der Absender auch den Versandbahnhof in der Zeichnung der einzelnen Tiere anzugeben. Hat der Bestimmungsort mehrere Bahnhöfe und hat der Absender einen bestimmten Bahnhof im Frachtbrief vorgeschrieben, so hat er diesen Bahnhof auch in der Zeichnung der Tiere anzugeben. An Stelle der Anschrift des Empfängers können auch Zeichen und Namen angegeben werden.

Schweine müssen durch Aufbrennen von Zeichen und Nummern oder Stempeln mit Eisenlack oder sonstigen schnelltrocknenden haltbaren Farbstoffen auf den Rücken oder durch Ätzen oder Einbrennen an den Ohren gekennzeichnet werden. Anilin- oder sonstige leicht verwischbare Farben dürfen nicht verwendet werden.

Die Zahl der Stücke ist auf den Tafeln oder Anhängern zu vermerken. Hat der Absender die Tiere nicht nach diesen Vorschriften oder nur undeutlich und unvollständig gezeichnet, oder hat er unvorschriftsmäßige Tafeln oder Anhänger verwendet, so kann die Annahme zur Beförderung abgelehnt werden.

XII. *Für alle außergewöhnlichen, d. h. nicht als natürliche Abnutzung anzusehenden Beschädigungen, die durch Tiere an den Eisenbahnfahrzeugen oder Bahnanlagen bei der Ein-, Um- sowie Ausladung oder während der Beförderung angerichtet werden, haftet der Absender, sofern nicht ein Verschulden der Eisenbahn vorliegt*[9]. *Durch den Eintritt in den Frachtvertrag geht die Haftung auf den Empfänger über*[10].

XIII. *Zum Verpacken einzelner Stücke Kleinvieh, zum Verstellen der Türöffnungen und zur Trennung von Groß- und Kleinvieh und von Tieren verschiedener oder derselben Gattung (§ 2* [5] *§ 3* [4] *der Anlage B) stellt die Eisenbahn — soweit vorrätig — Käfige, Vorlegebäume, Abtrenngitter (Lattengitter) und Vorsatzgitter (Bretterverschläge) gegen Erhebung der im Nebengebührentarif (Abschnitt C) festgesetzten Gebühren*[11].

XIV. 1. *Das Futter, das während der Beförderung zur Fütterung der unverpackt oder in besonders eingerichteten Straßenfahrzeugen aufgelieferten Tiere benötigt wird, ferner die zu ihrer Wartung notwendigen Geräte, das vor der Verladung der Tiere benutzte Geschirr und das Handgepäck der Tierbegleiter werden unentgeltlich im Tierwagen mitbefördert (vgl. § 21 EVO)*[12]. *Diese beigeladenen Güter sind von den Tierbegleitern selbst zu beaufsichtigen.*

2. *Sonstige Gegenstände dürfen, soweit nicht von der Eisenbahn Ausnahmen zugelassen werden, von dem Absender in den mit Tieren beladenen Wagen nicht untergebracht werden. Sie sind vielmehr der Versandabfertigung zur regelrechten Abfertigung zu übergeben. Bei Aufgabe als Eilgut sind derartige Gegenstände auf Antrag tunlichst mit dem zur Beförderung der der Tiere benutzten Zuge zu befördern.*

3. Für Gegenstände, deren Beiladung in die mit Tieren beladenen Wagen die Eisenbahn ausnahmsweise zugelassen hat, wird die Fracht nach den Bestimmungen für Frachtstückgut berechnet.

4. Wenn unzulässigerweise andere Gegenstände mitgeführt werden, so ist, wenn der Einladebahnhof nachgewiesen werden kann, hierfür die tarifmäßige Eilgutfracht für die Beförderungsstrecken, andernfalls die Eilgutfracht für die ganze von der Tiersendung zurückgelegte Strecke zu entrichten; daneben wird als Frachtzuschlag das Doppelte der Eilgutfracht erhoben[13].

Handelt es sich um Gegenstände, die nach EVO § 54 (1) d und e und (2) a von der Beförderung ausgeschlossen oder nur bedingt zur Beförderung zugelassen sind, so wird Frachtzuschlag nach EVO § 60 (1) a erhoben[13].

(9) Die Eisenbahn ist berechtigt[14]**, Begleitung**[15] **der Tiersendungen zu fordern. Stellt der Absender die Begleitung nicht, so kann die Eisenbahn sie gegen die tarifmäßigen Gebühren selbst stellen. Bei kleinen Tieren, die in tragbaren, gut verschlossenen Behältern aufgegeben werden, kann keine Begleitung verlangt werden.**

XV. 1. Für unverpacktes Großvieh ist Begleitung zu stellen[16]*, für je 3 Wagen eines oder mehrerer Absender nach demselben Bestimmungsbahnhof ist mindestens ein Begleiter zu stellen. Auf Antrag des Absenders kann jedoch die Eisenbahn von der Begleitung absehen. Der Antrag ist vom Absender bei der Aufgabe im Tierfrachtbrief unter „Andere vorgeschriebene oder zulässige Erklärungen" wie folgt zu stellen: „Ich beantrage, auf Begleitung zu verzichten (Unterschrift des Absenders)." Wegen der weiteren Erklärung über die Fütterung und Tränkung von Tieren vgl. § 5 (2) der Anlage B.*

2. Bei Sendungen lebender Tiere, die auf Tierfrachtbrief befördert werden, ist die Anzahl der beigegebenen Begleiter im Tierfrachtbrief an der hierfür vorgesehenen Stelle anzugeben.

3. Wenn mehrere Wagen von verschiedenen Sendungen e i n e s Absenders nach demselben Bestimmungsbahnhof unterwegs in einem Zuge vereinigt werden, so kann die Zurückziehung so vieler Begleiter zugelassen werden, daß auf jeden verbleibenden Begleiter nicht mehr als 3 Wagen entfallen. Der Fahrgeldunterschied wird nachträglich auf Antrag erstattet.

4. Die Gebühr für die Gestellung von Tierbegleitern durch die Eisenbahn ist im Nebengebührentarif (Abschnitt C) festgesetzt.

5. Die Haftung der Eisenbahn für Verlust oder Beschädigung wird nicht geändert, falls von der Beigabe eines Begleiters abgesehen wird. Die Eisenbahn haftet insbesondere nicht für den Schaden, für den sie bei Begleitung nicht aufzukommen gehabt hätte[17].

XVI. 1. Zu jeder Sendung unverpackter Tiere und — wenn zwei ein- oder zweibödige Wagen statt eines rechtzeitig bestellten mehrbödigen Wagens gestellt werden — zu jedem Wagen wird 1 Begleiter zugelassen.

2. Zu jeder Sendung verpackter Bienen, Brieftauben, lebender Fische und — wenn eine Sendung aus mehr als einer Wagenladung besteht — zu jedem Wagen wird 1 Begleiter zugelassen.

3. Bei anderen verpackten Tieren ist Begleitung nur mit Genehmigung des Versandbahnhofs zulässig.

4. Über die in ABest. XV 1 und 3 festgesetzte Zahl hinaus werden nach Bedarf Begleiter zur Fahrt in den Güter-, Eilgüter- und Viehwagen zugelassen, soweit Platz vorhanden ist.

5. Für jeden der nach ABest. XV 1 zu stellenden oder nach ABest. XVI 1 und 2 zugelassenen Begleiter ist für die der Frachtberechnung zugrunde gelegte Entfernung ein Fahrgeld von 4 Pf. je km zu zahlen, wenn sie im Tierwagen, im Packwagen oder nach Weisung der Eisenbahn in der niedrigsten Klasse des Zuges fahren, sonst das Fahrgeld der benutzten Klasse.

Für jeden der nach ABest. XVI 3 und 4 zugelassenen Begleiter ist für die der Frachtberechnung zugrunde gelegte Entfernung das Fahrgeld der 2. Klasse Personenzug, wenn jedoch Personenwagen benutzt werden, das Fahrgeld der benutzten Klasse zu bezahlen. •

6. Als Fahrausweise der Begleiter dienen nach näherer Bestimmung der Eisenbahnverwaltung entweder besondere Fahrscheine oder Fahrausweise des allgemeinen Personenverkehrs.

7. Das Begleiterfahrgeld ist, wenn nicht Fahrausweise des allgemeinen Personenverkehrs gelöst werden, auf dem Tierfrachtbrief, bei verpackten Tieren auf dem Eilfrachtbrief zu verrechnen. Soweit der Fahrpreis der 3. Klasse Personenzug oder einer höheren Klasse zu zahlen ist, ist das Begleiterfahrgeld aus der Preistafel für Personen usw. (Anhang zu den Entfernungstafeln für den Personen- und Gepäckverkehr) zu entnehmen.

Tierbegleiter mit Fahrkarten erhalten einen besonderen Ausweis, Tierbegleiter ohne Fahrkarten einen Fahrschein, der auch als Ausweis gilt.

XVII. Bei unbegleiteten Tiersendungen kann der Absender im Tierfrachtbrief oder im Frachtbrief vorschreiben, daß er oder der Empfänger benachrichtigt wird, wenn ein Tier in der Zeit von der Annahme zur Beförderung bis zur Ablieferung beschädigt oder getötet worden oder verendet ist. Das Verfügungsrecht aes Absenders und das des Empfängers wird durch diese Frachtbriefvorschrift nicht berührt.

Die Verpflichtung zur Abgabe der Benachrichtigung tritt ein, sobald die Eisenbahn die Beschädigung oder den Tod des Tieres entdeckt. Eine besondere Verpflichtung der Eisenbahn, dafür zu sorgen, daß diese Kenntnis erlangt werde, wird durch diese Bestimmung nicht begründet.

Der Absender kann vorschreiben, wie die Benachrichtigung erfolgen soll; mangels einer Vorschrift erfolgt sie nach Wahl der Eisenbahn.

Die Barauslagen werden nachgenommen.

Eine Verpflichtung, die Verfügung des benachrichtigten Absenders oder Empfängers abzuwarten, wird durch die Frachtbriefvorschrift und die Benachrichtigung nicht begründet.

XVIII. Wegen der Gebühr für Angabe des Lieferwerts siehe den Nebengebührentarif (Abschnitt C).

(10) Der Tarif kann bestimmen, daß die Fracht vorauszubezahlen ist.

XIX. Die Fracht ist vorauszubezahlen, sofern nicht der Absender den Frachtbetrag hinterlegt. Die Verwaltung der Versandbahn kann jedoch dem Absender auf Antrag gestatten, daß Tiersendungen ohne Sicherheistleistung oder gegen Hinterlegung einer allgemeinen Sicherheit in Frachtüberweisung zur Beförderung angenommen werden.

(11) Die näheren Bestimmungen über die Verladung von lebenden Tieren sind in der Anlage B unter I enthalten.

Schrifttum: *Scheu,* Tierversendung und Tierseuchenschutz, Berlin 1927; *Meyer,* **VR 9** 447, 490.

1. Abschn. VII regelt die Beförderung von lebenden Tieren aller Art, soweit sie nicht fallen unter: § 22 (Mitnahme in Personenwagen), § 25 (Reisegepäck), § 37 (Expreßgut). Lebende Tiere, ob verpackt oder unverpackt, sind **Gut;** der Beförderungsvertrag ist **Frachtvertrag,** wenn auch infolge Aufnahme in Abschnitt VII besonders geartet. Tote Tiere, z. B. erlegtes Wild (Kadaver), sind Gut im Sinne des Abschn. VII. Bei ihnen finden die Vorschriften des Abschnitts VIII unmittelbare, bei lebenden Tieren nur „entsprechende" Anwendung, s. § 52.

2. Die Auskunft ist **Vertragspflicht** und demzufolge genau wie nach § 8 (2) **verbindlich,** s. dort Anm. 7.

3. Gesetzliche **Feiertage** sind **in den einzelnen Ländern** der Bundesrepublik teilweise (unter konfessionellen Gesichtspunkten) **verschieden** festgelegt. Der Interessent kann sich an den Aushang (ABest. VII) orientieren. *Finger,* 5 zu § 48, will die Bestimmung auf unverpackte Tiere beschränkt wissen; hierfür bietet aber § 63 ABest. 2 keinen hinreichenden Anhalt, da § 48 (3) als Spezialregelung vorgeht. Die dort ausdrücklich vorgesehenen Ausnahmen sind durch Aushang bekanntzumachen.

4. § 960 BGB, **Gegensatz Haustiere,** § 833 Satz 2 BGB. *Weirauch* in der Vorauflage und *Finger,* 8 zu § 48 wollen den Begriff „wild" = „gefährlich" auslegen; ungezähmte Tiere sind indes schon wegen der fehlenden Domestizierung generell gefährlicher als zahme, im übrigen ist es **Sache der Eisenbahn, welche Sicherungen** sie für **erforderlich** hält, s. auch Anm. 5 und 6.

5. Hier wird ein **Begriff** verwendet, **den** die **EVO** selbst **nicht kennt** und der, soll er ihr nicht widersprechen und daher nach § 6 ungültig sein, auf **dasselbe** hinauslaufen muß **wie „wilde" Tiere,** die in der ABest. IX als Unterfall von „fremdländische" behandelt werden. Gemeint ist bei dieser methodischen Ungereimtheit offenbar ein und dasselbe: Tiere, die nicht zu den bekannten Haustieren (vgl. § 481 BGB) gehören; „zahme" Tiere" im Sinne des § 22 (1) hier der begriffliche Gegenpol.

6. Gültigkeit dieser Bestimmung „nach dem Ermessen" ist zu bejahen, da ja die Abfertigung zunächst allein darüber befinden kann, ob die Bedingungen erfüllt sind; sie könnte als selbstverständlich allerdings auch fehlen. Werden Tiere angenommen, ohne daß diese Bedingungen erfüllt sind, ist Eisenbahn dennoch verpflichtet, sie gemäß Abschn. VII zu befördern.

7. Entseuchungsvorschriften s. Kundmachung 7 des Deutschen Eisenbahn-Verkehrs-Verbandes; Viehseuchengesetz v. 26. 6. 09 (RGBl. S. 519) und Gesetz v. 13. 11. 33 (RGBl. I 969) und Gesetz betr. Beseitigung von Ansteckungsstoffen bei Tierbeförderung v. 25. 2. 1876 (RGBl. S. 163); s. AVO v. 22. 4. 40 (RGBl. I 724) und Ges. v. 23. 8. 56, RGBl. I 743. S. auch *Fritsch,* **ER** S. 345 ff. und *Scheu,* Tierversendungen und Tierseuchenschutz bei der Deutschen Reichsbahn. Ein Tierseuchenanzeiger (früher vom REisAmt) wird nicht mehr herausgegeben. Anordnungen und Verbote des Viehseuchengesetzes fallen unter StGB § 326 (**EE 20** 214; **VAE 36** 112). Falsche Bezeichnung als Beobachtungsvieh macht Eisenbahn schadensersatzpflichtig, **OLG München JW 28** 2331. Für Beachtung der Vorschriften im Bereich der Eisenbahn ist diese selbst zuständig, nicht die allgemeine Polizei, **KG EE 34** 79.

8. Wegen der Haftungsbeschränkung s. § 83 (1) f. Über Verpflichtung der Eisenbahn zur Gestellung geeigneter Wagen s. § 63 Anm. 10. Nachprüfung des Wagenverschlusses ist Sache des Absenders, **OLG München EE 42** 339. Zu enge Verladung kann Verstoß gegen § 360 (13) RStGB sein; Tierschutzgesetz v. 23. 5. 38. (RGBl. I 598). Tierquälerei durch zu enge Verladung von Schweinen s. **LG Verden** 20. 9. 50 (*Goltermann,* Anm. 16 zu § 48). Verlademittel s. ABest. XIII. Ausnahmegenehmigung für die grundsätzlich verbotene Ausfuhr von Schlachtpferden s. BGBl. 1961 Teil I Nr. 68 S. 1360 und EVBl. Nr. 428/1961.

9. *Mit Recht bezweifelt Goltermann,* 9 zu § 48, die *Rechtsgültigkeit* dieser ABest., soweit sie über §§ 833, 834 BGB hinausgeht, da eine ABest. nach § 6 (1) Satz 3 die Pflichten des Absenders nicht über den Rahmen des § 48 hinaus erweitern kann; für Verschulden haftet der Absender ohnehin nach allgemeinen Vertragsgrundsätzen (wegen des Begleiters s. § 49 Anm. 2).

10. Empfänger wird Halter des Tieres im Sinne des § 833 BGB, sobald er verfügungsberechtigt darüber wird; im übrigen ist in §§ 69, 70, 75 geregelt, welche Rechtsstellung der Empfänger hat und welche Zahlungspflichten ihm erwachsen; auch § 60 (4) und §§ 440 ff., 457 HGB gehören hierher. Eine ABest. kann hieran nichts ändern.

11. **Erweiterung des Beförderungsvertrages;** nicht etwa Miete oder Leihe; a. M. *Goltermann* Anm. 10.

12. Alle diese Gegenstände gelten also als „Handgepäck"; die Eisenbahn haftet für sie nur in dem Umfange wie für sonstiges Handgepäck, also nicht für Schäden, die aus mangelnder Beaufsichtigung durch die Eisenbahn oder deren Bedienstete entstehen.

13. Überflüssig, da § 60 ohnehin über § 52 anwendbar ist; die Eilgutfracht ergibt sich aus § 48 (1).

14. **Nicht verpflichtet,** also kein Mitverschulden, wenn die Unterlassung der Begleitung sich als Verschulden des Absenders herausstellt (**RG EE 37** 225); Eisenbahn kann aber **Annahme** oder (unterwegs) Weiterbeförderung **ablehnen,** wenn keine Begleitung gestellt wird (**AG Aurich EE 44** 82), die Weiterbeförderung jedenfalls dann, wenn die Begleitung tariflich vorgeschrieben ist. Ausnahme Abs. 9 Satz 3. Soweit Begleitung weder tariflich angeordnet noch durch Satz 3 des Abs. 9 ausgeschlossen ist, handelt es sich um eine „Vereinbarung", die nach § 83 (1) g) der Aufnahme in den Frachtbrief bedarf, s. ABest. XV Ziff. 2. Ebenso ist der im Tarif zugelassene Verzicht der Eisenbahn auf eine an sich vorgeschriebene Begleitung im Frachtbrief zu vermerken, um rechtswirksam zu werden, ABest. XV Ziff. 1. Unabhängig davon, ob Begleitung gestellt wird oder nicht, hat Eisenbahn im zumutbaren Rahmen dafür zu sorgen, daß Tierquälerei unterbleibt (vgl. **RG EE 55** 169, **LG Stuttgart VAE 37** 17); sie darf sich allerdings darauf verlassen, daß Begleiter die in § 49 (2) umschriebenen besonderen Pflichten erfüllen (s. dort Anm. 2). **Stellt** die **Eisenbahn** den oder die **Begleiter,** so **haftet sie** für dessen Handlungen oder Unterlassungen nach § 278 BGB (also nur bei Verschulden, nicht nach § 4, da die Ersatzgestellung von Begleitern nicht zur Ausführung der Beförderung gehört); da es sich nach ABest. XV Ziff. 4 um eine gebührenpflichtige Nebenleistung der Eisenbahn aus dem Frachtvertrag handelt, die sie freiwillig übernommen hat, haftet sie und **nicht der Absender,** als dessen Vertreter und Erfüllungsgehilfe nur der von ihm selbst gestellte Begleiter angesehen werden kann (a. M. *Weirauch* in der Vorauflage, 2 zu § 49 und *Finger,* 3 b) zu § 49); es wäre **absurd,** wollte sich beispielsweise die Eisenbahn dem Absender gegenüber bei unterlassener Sorgfalt des von ihr selbst gestellten Begleiters auf § 83 (1) g) berufen. Diese Berufung ist im übrigen in den Fällen, in denen der Tarif oder eine in den Frachtbrief aufgenommene Vereinbarung die Begleitung vorsieht, **unabhängig davon** zulässig, **ob** diese **tatsächlich erfolgt** ist oder nicht, **RG EE 37** 225, **OLG Zweibrücken EE 42** 333; verzichtet allerdings die Eisenbahn gem. ABest. XV Ziff. 1 durch Annahme einer mit entsprechendem Frachtbriefantrag versehenen Tiersendung auf die Begleitung, so entfällt für sie diese Möglichkeitt (offengelassen von **OLG Zweibrücken EE 42** 333, a. M. *Finger,* 13 e) zu § 48); § 83 (1) g) schreibt unmißverständlich dafür vor, daß die Tiere nach den Vorschriften des Tarifs begleitet werden *müssen,* wovon nicht mehr die Rede sein kann, wenn der Tarif selbst Ausnahmen ausdrücklich zuläßt und ein solcher Ausnahmefall unzweifelhaft vorliegt, s. auch Anm. 17.

15. Begleiter: s. § 49 (2), auch § 83 (1) g.

16. Abweichungen sind weder dem Versand- noch den Unterwegsbahnhöfen gestattet; wird das Fehlen eines Begleiters festgestellt, hat der betreffende Bahnhof, und zwar nicht nur der Versandbahnhof, sondern jede mit dem Transport befaßte Stelle, entweder einen neuen Begleiter auf Kosten des Absenders zu stellen oder bis zur Gestellung eines Begleiters durch den Absender die Beförderung zu verweigern (s. auch **EE 44** 82); abw. *Richter,* § 48 Anm. 5.

17. Soweit diese ABest. den § 83 (1) g) abändern soll, ist sie gem. § 6 (1) Satz 3 **nichtig,** im übrigen überflüssig. **RG EE 37** 225 geht von anderen ABest. aus, als sie heute bestehen; das Urteil bejahte die von der Revision angegriffene Rechtsgültigkeit einer der heutigen Ziff. 5 der ABest. 15 entsprechenden ABest. nur insoweit, als in dem zur Entscheidung stehenden Fall damals die Begleitung von Großvieh in Wagenladungen vom Tarif unabdingbar vorgeschrieben war; die Rüge der Revision brauchte also „im übrigen nicht nachgeprüft zu werden". Vgl. auch **LG Bochum VAE 36** 111 und **LG Stuttgart VAE 37** 17.

§ 49. *Beförderung*

(1) Der Absender kann den Beförderungsweg vorschreiben. Solche Vorschriften muß die Eisenbahn beachten[1]; sie kann aber die Fracht für den vorgeschriebenen Weg verlangen.

I. Die Vorschrift ist in den Frachtbrief aufzunehmen, und zwar in den Tierfrachtbrief und in den Abschnitt zum Tierfrachtbrief an der hierfür vorgesehnen Stelle, in den Eilfrachtbrief unter „Andere vorgeschriebene oder zulässige Erklärungen" und in beiden Fällen unterschriftlich zu bestätigen. Die Fracht wird für den vorgeschriebenen Weg nach der besonderen Tarifvorschrift im Abschnitt B § 5 erhoben.

(2) Die Begleiter[2] haben während der Beförderung die Tiere zu warten und für die Erfüllung der viehseuchenpolizeilichen Bestimmun-

gen zu sorgen. Der Absender kann im Frachtbrief erklären, daß der Begleiter befugt sein soll, unterwegs etwa notwendig werdende Anweisungen[3] an seiner Stelle zu treffen. Ist ein Frachtbriefdoppel ausgestellt, so kann jedoch der Bestimmungsbahnhof oder die Person des Empfängers nur geändert werden, wenn das Doppel vorgelegt und auch darin die Änderung eingetragen wird (vgl. § 61 (4) und (5) sowie § 72 (7)).

II. Etwaige Anweisungen des Begleiters sind schriftlich im Frachtbrief zu erteilen und unterschriftlich zu bestätigen.

(3) Der Aufsichtsbeamte hat den Begleitern auf Verlangen[4] einen Platz im Gepäckwagen oder in einem Personenwagen anzuweisen[5]. Ist zum Schutze der Tiere oder zur Abwendung von Betriebsgefahren die Gegenwart der Begleiter im Viehwagen notwendig, so müssen sie sich auf Verlangen des Aufsichtsbeamten oder Zugführers darin aufhalten.

(4) Werden Tiere unterwegs[6] verletzt oder krank, so kann die Eisenbahn ein tierärztliches Gutachten darüber einholen, ob die Tiere ohne Schaden für ihre Gesundheit weiterbefördert werden können oder ob sie sofort getötet oder in Pflege gegeben werden müssen. Der Absender ist hiervon unverzüglich zu benachrichtigen und um weitere Anweisung zu ersuchen, falls nicht der Begleiter gemäß Abs. (2) hierzu ermächtigt ist. Trifft der Absender binnen angemessener Frist keine Anweisung[7], so handelt die Eisenbahn nach seinem mutmaßlichen Willen und teilt ihm die getroffenen Maßnahmen mit. Die Kosten für das Gutachten, die Tötung oder die Verpflegung der Tiere hat der Verfügungsberechtigte[8] zu tragen.

(5) Die näheren Bestimmungen über die Beförderung von lebenden Tieren sind in der Anlage B unter II enthalten[9].

1. **Sonst Ersatz des entstandenen Schadens,** selbst bei gewahrter Lieferfrist (**EE 32** 201, **33** 329, **46** 59). Mangels einer nach ABest. I in den Frachtbrief aufgenommenen Wegevorschrift kann sich der Absender nicht auf einen — wenn auch üblichen — Beförderungsweg verlassen, **OLG Hamm EE 44** 356. Die Eintragung von Zügen durch den Abgangsbahnhof, die dieser Formvorschrift (Unterschrift des Absenders) nicht entspricht, ersetzt die Wegevorschrift nicht, eine vom Abgangsbahnhof gegebene **Auskunft** ist **unverbindlich,** § 6 (2), **AG Münster (Westf.) VAE 37** 88.

2. **Aufgabe der Begleiter** ist hauptsächlich: schädigende äußere Einwirkungen fernzuhalten (**VZ 22** 553), Füttern, Tränken, Ausladen erkrankter Tiere (**EE 18** 344, **32** 311, **33** 329; **RG EE 37** 225); Beleuchtung des Wagens (**RG EE 22** 121, **15** 108), Verhindern des Entweichens, Abwendung der Diebstahlsgefahr (**EE 39** 187); abw. *Kittel,* Anm. 28. Dagegen hat er nicht dafür zu sorgen, daß die Eisenbahnbediensteten ihre Pflicht tun (**EE 14** 169), z. B. den Wagen in den richtigen Zug einstellen (**EE 17** 115, **15** 108,

27 89, **28** 163; **VAE 39** 322). Eisenbahn hat nicht nachzuprüfen, ob Anordnung des Begleiters dem wirklichen oder mutmaßlichen Willen des Absenders entspricht. **Für Verschulden des Begleiters haftet Absender** gem. § 278 BGB, **RG EE 22** 121; er ist zur Führung der Aufsicht gem. § 843 BGB ververpflichtet, **RG EE 22** 45, gegebenenfalls Schadensausgleich (§ 254 BGB), s. auch *Rundnagel-Sperber*, § 19. Über Haftung der Bahn wegen Verletzung des Begleiters beim Rangieren s. **EE 25** 289, **42** 339; **VZ 09** 392; **EE 22** 45. Begleiter ist **nicht zur Empfangnahme der Tiere berechtigt**, es sei denn, er ist als Empfänger im Begleitpapier angegeben. **Stellt Eisenbahn** selbst **Begleiter, ist er ihr Erfüllungsgehilfe** für eine freiwillig und kostenpflichtig übernommene Vertragspflicht, § 48 Anm. 14.

3. Anweisung ist **keine nachträgliche Verfügung** im Sinne des § 72 EVO (*Kittel* § 49 Anm. 4). Solche kann der Absender natürlich treffen; im Falle des Widerspruches gehen sie den Anweisungen des Begleiters vor, Entziehung der Vollmacht des Begleiters kann dem Absender nicht versagt werden; Form hierfür ist nicht vorgeschrieben (abw. *Richter*, EVO § 49 Anm. II, *Finger*, 5 e), s. BGB §§ 171 (2), 173, EVO § 56 (2) t), § 49 ABest. II); wie er allerdings die in Betracht kommende Eisenbahnstelle erreicht, ist Sache des Absenders. Die Anweisungsbefugnis des Begleiters **ersetzt als Spezialvorschrift** die Möglichkeit des § 73 (3) **bei Beförderungshindernissen; bei Ablieferungshindernissen** fällt sie indes **nicht** unter § 80 (4), wenn dies im Frachtbrief nicht ausdrücklich vermerkt ist, da der Begriff „unterwegs" sich nur auf die Zeit bis zur Ankunft auf dem Bestimmungsbahnhof bezieht (vgl. *v. Nanassy*, 4 zu Art. 15 § 1); *Finger*, 5 c) zu § 49 will eine „Fortdauer der Anweisungsbefugnis" trotzdem unterstellen, da die Pflichten des Begleiters bzgl. der Wartung der Tiere bis zur Ablieferung andauern, was angesichts des formalen Charakters der Ermächtigungen nach § 49 (2) Satz 2 und § 80 (4) — Aufnahme in den Frachtbrief mit bestimmtem Wortlaut — nicht vertretbar erscheint. Es ist zuzugeben, daß es zweckmäßig wäre, die Befugnisse des Begleiters — auch für den Fall des Abs. 4 bei unterwegs eingetretenen Verletzungen oder Erkrankungen — auf die Fälle des Ablieferungshindernisses zu erstrecken; das wäre bei einer Neufassung zu berücksichtigen. Die **Anweisungsbefugnis deckt** auch (Abs. 2 Satz 2) **Änderungen des Bestimmungsbahnhofs und der Person des Empfängers** und (Abs. 4) die Entscheidung über etwaige **Tötung der Tiere; ob** die Anweisungen **notwendig** geworden sind, wird die Eisenbahn **nur insoweit nachzuprüfen** haben, als sie eine **offensichtlich unzutreffende** Begründung nicht anerkennen darf, während sie im Zweifelsfall die in Vollmacht des Absenders getroffene Entscheidung des Begleiters wird respektieren müssen.

4. Des Begleiters; Ausnahme Satz 2.

5. Beförderungsvertrag des Begleiters ist Akzessorium des Tierfrachtvertrages. Also Haftung des Absenders für Fahrgeld und Verschulden des Begleiters; **Ansprüche** auf **Fahrgeldrückerstattung hat** der **Absender,** nicht der Begleiter (**VR 3** 544; **EE 33** 194).

6. Begriffsbestimmung für **„unterwegs"** s. Anm. 3.

7. Oder kann eine solche wegen Gefahr im Verzuge gar nicht erst eingeholt werden, § 681 BGB. „Mutmaßlicher Wille" s. §§ 683, 679 BGB, Haftungsbeschränkung auf Vorsatz und grobe Fahrlässigkeit § 680 BGB.

8. S. § 72 (11).

9. Anl. B ist Bestandteil der EVO, kann deren Bestimmungen aber nur ergänzen, nicht aufheben zum Beispiel für Lieferfrist (**VR** 6 81). Folgen eines unterlassenen Fütterns und Tränkens von Tieren gem. Anlage B s. **LG Stuttgart HS 1950** § 83 (1) f) Nr. 1; Verletzung der Verpflichtung des Absenders, für Luftzufuhr zu sorgen, **AG Bünde** (Westf.) **HS 1960** S. 307.

§ 50. *Auslieferung*[1]

(1) Tiersendungen sind nach Ankunft auf dem Bestimmungsbahnhof[3] unverzüglich zur Abnahme bereitzustellen[1]. Meldet sich nach Eintreffen unbegleiteter[2] Tiersendungen auf dem Bestimmungsbahnhof[3] kein zum Empfang Berechtigter, so ist der Empfänger unverzüglich, jedenfalls aber innerhalb der für Eilgut festgesetzten Frist (§ 78 (2)) zu benachrichtigen[4].

I. Wird von der Eisenbahn auf Antrag zugelassen, daß auf einem Bahnhof ein sonst fahrplanmäßig durchfahrender Zug zur Abstellung von Tierwagen anhält, so wird die im Nebengebührentarif (Abschnitt C) festgesetzte Gebühr erhoben.

II. Die Dienststelle, die die Sendungen ausliefert, wird von der Empfangsbahn bestimmt.

III. Für die Entseuchung der Eisenbahnwagen, die zur Beförderung von Pferden, Maultieren, Eseln, Rindvieh, Schafen, Ziegen, Schweinen, lebendem Geflügel, fremdländischen oder wilden Tieren verwendet worden sind und für die Entseuchung der bei der Beförderung benutzten bahneigenen Käfige werden die im Nebengebührentarif (Abschnitt C) festgesetzten Gebühren erhoben. Diese Gebühren sind zugleich mit der Fracht, für die unter VII Ziff. 2 des Nebengebührentarifs (Abschnitt C) fallenden Sendungen bei Ankunft auf dem Bestimmungsbahnhof, zu zahlen. Übernimmt die Eisenbahn auf Antrag des Empfängers einer Tiersendung die Reinigung und Entseuchung nicht bahneigener Ladegeräte und Packmittel (Käfige, Kisten, Körbe u. dgl.), so ist Entseuchungsgebühr nach dem Nebengebührentarif (Abschnitt C) zu zahlen.

(2) Der Empfänger hat die Tiere spätestens zwei Stunden nach dem Zeitpunkt, zu dem die Benachrichtigung als bewirkt gilt [§ 78 (3)], abzunehmen, falls aber eine Benachrichtigung unterbleibt [§ 75 (10)], spätestens zwei Stunden nach der Bereitstellung. Der Tarif kann eine längere Frist vorsehen. Werden die Tiere nicht innerhalb der Abnahme

fristen abgenommen, so kann die Eisenbahn sie auf Gefahr und Kosten des Verfügungsberechtigten in Pflege geben[4] oder ihren ferneren Aufenthalt im Wagen oder auf dem Bahnhof gegen Entrichtung der tarifmäßigen Gebühren gestatten[5]. Die Abnahmefrist ruht während einer Zoll- oder sonstigen verwaltungsbehördlichen Abfertigung[5], soweit diese nicht durch den Absender, Empfänger oder Begleiter verzögert wird.

IV. Ausnahmen von diesen Fristen werden durch Aushang bekanntgemacht.

V. Für unverpackt oder in besonders eingerichteten Straßenfahrzeugen aufgelieferte Tiere wird Standgeld und Wagenstandgeld nach den Bestimmungen im Nebengebührentarif (Abschnitt C), für verpackte Tiere Lagergeld oder Wagenstandgeld nach den Bestimmungen im Nebengebührentarif des Deutschen Eisenbahn-Gütertarifs, Teil I Abteilung B, berechnet.

Endet die Entladefrist in der Nachtzeit vor Beginn der Dienststunden[6] der Güterabfertigungen, so ist bei unbegleiteten Tiersendungen Wagenstandgeld erst dann zu erheben, wenn der Wagen nach Ablauf von zwei Stunden nach Beginn der Dienststunden nicht entladen ist; bei begleiteten Sendungen ruht die Entladefrist während der Nachtstunden, in denen der Entladebahnhof unbesetzt ist.

1. Zum Begriff der **„Auslieferung“** s. § 29 Anm. 1; er deckt sich mit dem der „Ablieferung“ nach § 75, s. dort Anm. 2. **„Abnahme“** s. § 79 Anm. 3. **„Bereitstellen“** ist gleichbedeutend mit „zur Verfügung stellen“ in § 75 (12), s. dort Anm. 42. **„Unverzüglich“** = ohne schuldhaftes Zögern, § 121 BGB. Bei **schuldhaftem Verstoß Schadensersatzpflicht** immer **dann, wenn Lieferfrist überschritten** [keine Berufung auf § 83 (1) f, § 83 (3) schließt es bei Verschulden der Eisenbahn aus]; Höhe der Entschädigung: §§ 85 ff., für Verzögerungsschaden (Überschreitung der Lieferfrist) §§ 88 ff. Die Bereitstellung ist nach § 51 (2) Satz 2 Voraussetzung für die Wahrung der Lieferfrist; während deren Laufzeit kann Verletzung der Pflicht zu unverzüglicher Bereitstellung daher **keinen selbständigen Haftungsgrund** abgeben, **RG JW 27** 686, (von *Goltermann,* 1 zu § 50, zu Unrecht für die gegenteilige Ansicht zitiert); **RG 100** 50, **OLG Kiel EE 44** 80, **OLG Breslau EE 44** 210; a.M. *Finger,* 2 zu § 50, dessen Beweisführung von der Außerkraftsetzung der Lieferfrist ausgeht, einem Zustand, den es selbst im Kriege insofern nicht gegeben hat, als an die Stelle der **Lieferfrist** dann die den Umständen nach angemessene Frist getreten ist; diese aber **kann die Bahn voll ausnutzen** [*Finger,* 1 d) zu § 74], alle einschlägigen Vertragsverletzungen werden durch Ablieferung innerhalb der Lieferfrist geheilt, **OLG Breslau EE 44** 210. **OLG München EE 33** 194 will hiervon eine Ausnahme machen, wenn Berufung auf Lieferfrist gegen Treu und Glauben verstoßen würde, verneint dies jedoch für den Fall, daß Eisenbahn die **Bereitstellung** innerhalb der

Lieferfrist von **Begleichung hinterzogenen Fahrgeldes für Begleiter** abhängemacht hat. **Positive Vertragsverletzung durch falsche Bereitstellung** auf Anschlußgleis eines Schlachthofs mit der Folge, daß Quarantäne durchgreift: **OLG Frankfurt (Main) VAE 39** 321; für Eingreifen der **Behörden, die Entladung trotz rechtzeitiger Bereitstellung nicht gestatten,** ist **Eisenbahn** sonst aber **nicht verantwortlich** (*Calmberg,* Verweigerung der Auslieferung von Vieh an den Empfänger auf Grund des Öffentlichen Rechts, **VZ 11** 249); **sie haftet** aber, wenn durch ihr Verschulden **Seuche** eingeschleppt wird, **KG EE 51 159.**

2. Bei begleiteten entfällt Benachrichtigung; **OLG Frankfurt/Main EE 45** 313; „unbegleitet" sind auch solche Sendungen, bei denen die Eisenbahn Begleitung erlassen hat, **LG Bochum VAE 36** 111.

3. Die **Benachrichtigung fällt** hier, anders als nach § 74 (6) Satz 2, **nicht unter die zur Wahrung der Lieferfrist erforderlichen Handlungen der Eisenbahn** [§ 51 (2) Satz 2]. Infolgedessen gilt das zu Anm. 1 für die Bereitstellung Gesagte für die Benachrichtigung nicht; **schuldhafte Verzögerung der Benachrichtigung** (eine solche wird bei Nichtinnehaltung der Frist des § 78 (2) unterstellt) **kann** also **auch inerhalb der Lieferfrist die Eisenbahn** über § 83 (3) **haftpflichtig machen, AG Münster EE 19** 210; **LG I Berlin EE 33** 289, 296 nimmt zu Unrecht selbständigen Haftungsgrund an. **„Auf dem Bestimmungsbahnhof"** bezieht sich auf die „betriebliche" Ankunft, **nicht etwa** auf die „verkehrliche" Ankunft der Begleitpapiere **auf der Güterabfertigung, LG Bochum VAE 36 111, was** in dort entschiedenen Fall für die Frist des § 78 (2) b — Feiertag — von entscheidender Bedeutung war.

4. Ohne vorherige Benachrichtigung [abw. von § 80 (1) (8)]. ***An die Stelle des Frachtvertrages tritt*** ein *Verwahrungsvertrag* zugunsten und Lasten des Verfügungsberechtigten (**EE 50** 200). Eisenbahn haftet für die Sorgfalt eines ordentlichen Kaufmanns (HGB § 347, vgl. § 80 Anm. 22; **EE 45** 313).

5. Hier hält die frachtrechtliche Haftung so lange an, bis Ablieferung erfolgt ist oder die Eisenbahn sich auf andere Weise [§ 80 (9) b), wenn nicht möglich, Tiere in Pflege zu geben] davon befreit; vgl. aber § 80 Anm. 16, wonach u. U. auch hier bereits ein auf-Lager-Nehmen nach § 80 (8) mit der Folge aus § 82 (5) vorliegen kann (die ABest. V sieht ausdrücklich die Erhebung von Lagergeld vor).

6. Natürlich Tagesdienststunden, auch bei Nachtdienst (abw. **EE 55** 161).

§ 51. *Lieferfrist*

(1) Die Lieferfristen[1] für unverpackte Tiere[2] betragen, sofern der Tarif keine kürzeren Fristen vorsieht, bei einer Entfernung bis zu 150 Tarifkilometern

einen Tag

bei größeren Entfernungen für je weitere angefangene 400 Tarifkilometer

einen weiteren Tag.

Die Lieferfristen für unverpackte Tiere gelten auch für solche Tiere, die in besonders eingerichteten Straßenfahrzeugen aufgegeben werden.

(2) Die Lieferfrist beginnt für Sendungen, die zu einem vormittags abgehenden Zuge aufgegeben werden, um 12 Uhr mittags, bei Sendungen, die zu einem nachmittags abgehenden Zuge aufgegeben werden, mit der auf die Annahme folgenden Mitternacht. Sie ist gewahrt, wenn vor ihrem Ablauf die Tiere auf dem Bestimmungsbahnhof zur Abholung bereitgestellt sind[3].

(3) Der Lauf der Lieferfristen ruht außer in den Fällen des § 74 (7)[4] auch für die Aufenthaltsdauer auf den Tränkbahnhöfen.

(4) Die Auslieferung der mit Personenzügen beförderten Pferde und Hunde kann zu dem in § 29 (2) bestimmten Zeitpunkt verlangt werden. Bei Pferden[5], die unterwegs auf einen anderen Zug übergehen müssen, ist für den Ablauf der Lieferfrist noch nicht die Ankunft des Anschlußzuges, sondern erst des nächsten geeigneten Zuges maßgebend.

(5) Für verpackte Tiere gelten die für Eilgut festgesetzten Lieferfristen (§ 74).

(6) Werden die Tiere über einen vom Absender gemäß § 49 (1) vorgeschriebenen Weg befördert, so wird die Lieferfrist über diesen Weg berechnet[6].

1. Begriff s. § 74 Anm. 2.

2. Zu ihnen gehören nach der ABest. auch solche Tiere, die in besonders eingerichteten Straßenfahrzeugen aufgegeben werden; **für verpackte** Tiere gelten **nicht** die Bestimmungen des § 51, sondern die des § 74 für Eilgut (Abs. 5); für die **mit Personenzügen** beförderten Pferde und Hunde **gilt** § 29 (2), wie Abs. 4 bestimmt.

3. Benachrichtigung des Empfängers ist also zur Wahrung der Frist nicht erforderlich, s. aber § 50 Anm. 3.

4. Darunter fällt auch die Viehbeschau (so ausdrücklich EVO von 1908).

5. Neufassung zur Klarstellung (Begr.).

6. Vgl. § 67 (3) und § 73 (1).

§ 52. *Weitere Vorschriften*

Im übrigen gelten für die Beförderung von Tieren die Vorschriften für die Beförderung von Gütern (Abschnitt VIII der Eisenbahn-Verkehrsordnung) entsprechend[1].

I. Soweit für Tiersendungen die Vorschriften der Eisenbahn-Verkehrsordnung über die Beförderung von Gütern gelten, gelten sinngemäß auch die zugehörigen Ausführungsbestimmungen.

II. Die besonderen Verkehrsbeschränkungen sind im Deutschen Eisenbahn-Gütertarif Teil II Heft D aufgeführt

III. Bei Überlastung eines mit unverpackten lebenden Tieren oder mit Tieren in besonders eingerichteten Straßenfahrzeugen beladenen Wagens wird für je angefangene 125 kg des Übergewichts eine Stufe gerechnet und die so gefundene Fracht für das Übergewicht sechsfach genommen. Für verpackte lebende Tiere gelten die Bestimmungen des § 60 EVO nebst Ausführungsbestimmungen.

IV. Erleiden Tiersendungen deshalb eine Verzögerung, weil die zur Erfüllung etwa bestehender Zoll-, Steuer-, Polizei- oder sonstiger verwaltungsbehördlicher Vorschriften erforderlichen Begleitpapiere ohne Verschulden der Eisenbahn fehlen oder unzugänglich sind, so wird, falls die Verzögerung mehr als 48 Stunden beträgt, für unverpackte oder in besonders eingerichteten Straßenfahrzeugen aufgelieferte Tiere Standgeld oder Wagenstandgeld nach dem Nebengebührentarif (Abschnitt C), für verpackte Tiere Lagergeld oder Wagenstandgeld nach dem Nebengebührentarif des Deutschen Eisenbahn-Gütertarifs, Teil I Abteilung B, erhoben.

V. Die Gebühren für die Ausführung nachträglicher Verfügungen, für die Unterbringung von Tieren in überdeckten Räumen, für die Anweisungen des Absenders, die Sendung von einem Dritten zur Beförderung anzunehmen, für die Anweisungen des Empfängers, für die Mitwirkung der Eisenbahn bei der zollamtlichen Abfertigung und bei der Untersuchung durch den Grenztierarzt, die Ladegebühren, die Gebühren für die von der Eisenbahn verauslagten Zoll- oder Steuerbeträge, für Nachnahmen, für Barvorschüsse, für Ablieferungsnachweis und für die Nachprüfung der Übereinstimmung der Sendung mit den Angaben im Frachtbrief sind für unverpackt oder in besonders eingerichteten Straßenfahrzeugen aufgelieferte Tiere im Nebengebührentarif (Abschnitt C), für verpackte Tiere im Nebengebührentarif des Deutschen Eisenbahn-Gütertarifs, Teil I Abteilung B, festgesetzt.

1. Sonderregelung im VI. Abschnitt geht der allgemeinen in VIII. vor, s. § 50 Anm. 3.

VIII. Beförderung von Gütern

Vorbemerkungen

1. „**Gut** im Sinne des Abschn. VIII **umfaßt** nicht Handgepäck, Reisegepäck, Expreßgut, Leichen und lebende Tiere, wohl aber die **Verpackung** und die vom Absender beigegebenen **Lademittel,** einschließlich der **Wagendecken.** Auch **Lokomotiven** und **Wagen** können Frachtgut sein (§ 54); über

Privatwagen s. § 3 Anm. 8. Zu unterscheiden: Stückgut und Wagenladungen; gewöhnliches Frachtgut, Eilgut. Während Handgepäck und, wegen der Bindung an den Fahrausweis für die Personenbeförderung [§ 28 (1) und § 27 ABest. 1] auch das Reisegepäck (obwohl es hinsichtlich der Entschädigung nach § 31 sich stark an die Bestimmungen des Güterverkehrs anlehnt), zweckmäßig im Zusammenhang mit der Personenbeförderung behandelt werden, erscheint es schon beim Expreß*gut* angebracht, zumal sich dessen frühere Bindung an den Gepäckwagen stark gelockert hat, es im Zusammenhang mit dem Güterverkehr als eine Unterart zu behandeln, schon deshalb, weil dadurch die zahlreichen Vorwegnahmen von Vorschriften des Güterverkehrs in den Bestimmungen für den Expreßgutverkehr vermieden werden; die zu diesem Zwecke z. Z. vorhandenen zahlreichen ABest. sind der Übersichtlichkeit der Materie keineswegs dienlich. Auch bei Leichen [besonders in den Fällen des § 47 (3), aber im Hinblick auf § 47 (1) überhaupt] und lebenden Tieren (§ 52) drängt die Entwicklung dazu, sie im Rahmen der EVO als Unterarten an die generelle Regelung des Güterverkehrs anzuschließen, was auch der internationalen Regelung [CIM Art. 59 § 3; Art. 4 § 1 b); daselbst d)] entsprechen würde.

2. Frachtvertrag ist **Werkvertrag** (BGB §§ 631 ff.; **RG 66** 12; **VAE 39** 432, **40** 67). Für die Tragung der Gefahr folgt hieraus:

Die **Gefahr trägt bis zur Ablieferung** (oder deren Ersatz) **die Eisenbahn.** Sie **verliert** also den **Anspruch auf Fracht,** wenn die Beförderung durch Umstände unmöglich wird, die weder der Absender noch das Gut zu vertreten hat (wie nachträgliche Verfügung oder innerer Verderb). Nur in diesen Ausnahmefällen hat Eisenbahn Anspruch auf Teilfracht; s. (teilweise abw.) *Boethke* **EE 24** 302 ff.; *Reindl,* **VZ 03** 1233, **04** 68; *Rundnagel,* Haftung S. 153; *Nehring,* AllgTarAnz. **42** Nr. 302, **43** Nr. 145; Frachtanspruch bei Verlust usw. s. § 85 EVO. Der Eisenbahn wurde für bei Kriegsausbruch angehaltenes und auf Verfügung zurückgehendes Gut Fracht zugesprochen; VAE **41** 46; s. dazu *Staks,* VAE **41** 229; **Z 43** 379.

Bestritten ist, ob der Frachtvertrag auch eine **Geschäftsbesorgung** zum Gegenstand hat (BGB § 675); s. *Rundnagel-Sperber* § 1 S. 2. *Weirauch* in der Vorauflage verneint dies ohne Begründung, soweit nicht Nebenleistungen aus dem Frachtvertrag in Betracht kommen; es ist indes nicht einzusehen, warum nicht **ergänzend** neben den Vorschriften des HGB und der EVO auch die über die Geschäftsbesorgung sinngemäße Anwendung finden sollten (**RG JW 38** 2316; *Goltermann,* 2 vor § 53; *Finger,* 1 b) vor § 53, *Richter,* 1 vor § 53). Zugleich ist er ein **Vertrag zugunsten Dritter** (BGB § 328) (s. *Rundnagel,* BefGesch. S. 141; RG **73** 148; *Hellwig,* Vertrag auf Leistungff S. 152, 477; **RG 99** 245; **EE 1** 132, **4** 412; a. A. *Blume,* JÜ Art. 15 S. 103); dies auch, wenn Absender und Empfänger identisch sind, nicht aber, wenn Eisenbahn Empfänger ist. Vertragsparteien sind zunächst Eisenbahn und frachtbriefmäßiger Absender; **Tod des Absenders** läßt Frachtvertrag unberührt (§ 672 BGB), derjenige **des Empfängers** verhindert seine Rechte aus § 75 EVO. **Konkurs** des Absenders beendet an sich, wenn das Gut zur Konkursmasse gehört, den Frachtvertrag (§ 23 Abs. 2 KO). Eisenbahn hat aber Beförderung oder Verwahrung fortzusetzen (BGB § 674). Verfügungsrecht des Absenders geht auf den Konkursverwalter über. Im Konkurs hat Eisenbahn Absonderungsrecht (HGB § 440; KO § 49); die nach der Konkurseröffnung entstandenen Ansprüche muß Eisenbahn als Konkursgläubiger geltend machen (KO § 27). Über den Einfluß des Konkurses auf den Eisenbahnfrachtvertrag s. auch *Seybold* **VR** 4 790. Neben die gesetzlichen Vorschriften tritt das Vertragsrecht der Tarife. Der **Dienstgutbeförderung** liegt Frachtvertrag nicht zugrunde (**VZ 21** 649).

3. Frachtvertrag ist insoweit **Formalvertrag,** als kein Frachtvertrag zustande kommt, ohne daß ein Frachtbrief ausgestellt ist; s. § 55 Anm. 2, aber auch Abs. 6 des § 55, der beweist, daß es sich dabei nicht um eine das Wesen des Frachtvertrages berührende Voraussetzung handelt, ohne die ein Frachtvertrag überhaupt undenkbar wäre; es handelt sich vielmehr um eine **Regelung,** die **aus Zweckmäßigkeitsgründen** getroffen ist. Demgemäß läßt sich darüber streiten, **welche Frachtbriefangaben unbedingt erforderlich** sind, um einen Frachtvertrag entstehen zu lassen, vgl. *v. Nanassy,* 3 zu Art. 6 § 7 mit Schrifttumsverzeichnis; Näheres § 55 Anm. 2, § 37 Anm. 5 (bei trotz Fehlen eines Frachtbriefs vorgenommener Beförderung sinngemäße Anwendung der Bestimmungen über den Frachtvertrag); **RG JW 38** 2615 mit Anm. von Booß. In dem Sinne, daß (wie beim Wechsel) die **Beobachtung** der vorgeschriebenen Form conditio sine qua non des Vertrages ist, ist der Frachtvertrag also nicht auszulegen (kein Formalvertrag im üblichen Sinne, *v. Nanassy,* Vorbem. zu Art.8 Anm. 2 am Ende mit Schrifttumsangaben); **RG 99** 246 bezeichnet ordnungsgemäßen Frachtbrief aber als wesentliche Voraussetzung des Frachtvertrags.

4. Frachtvertrag ist **Realvertrag** (§ 61 EVO). Abschluß durch Hingabe von Gut und Brief sowie Annahme durch Abfertigung an ordentlicher Annahmestelle, das sind Güter- und Eilgutabfertigung, Güternebenstelle. Abstemplung mit dem Annahmestempel auf dem Frachtbrief ersetzt nicht die Übergabe des Gutes (§ 61 Anm. 4). Für CIM vgl. *v. Nanassy,* 5 zu Art. 8 § 1. Annahme des Gutes zu anderen Zwecken (Verwahrung, Einlagerung) kann höchstens nachträglich [§ 854 (2) BGB] Bedeutung erlangen.

5. Zahl der Briefe ergibt Zahl der selbständigen Frachtgeschäfte (**EE 34** 217; *Rundnagel,* BefGesch. S. 310); Zahl der Güter auf einen Brief beschränkbar [§ 56 (7) (8)].

6. **Erfüllungsort** ist der **Ablieferungsort** (**RG 9** 52; **EE 5** 64, **21** 390; **JW 05** 147; VZ 169). Bei Beförderungsverweigerung gilt Recht des Ortes des Auflieferungsversuches (**RG 48** 122, **57** 145).

7. **Entgeltlichkeit ist keine Voraussetzung** für den Eisenbahnfrachtvertrag; Schienentransport ebenfalls nicht [Fährdampfer, Überführung zwischen Bahnhöfen und Stadt bei Güternebenstellen [§ 63 (9)]; s. auch § 2 (7) und § 3 (4).

8. Über die **Rechtsstellung des dinglich Berechtigten** zum rollenden Gut s. *Jacoby,* **EE 33** 119; *Lemke,* Verfügungsrecht bei Frachtgeschäft. Rechte aus dem Frachtvertrag stehen nur den Vertragsbeteiligten zu (Absender.

Empfänger, Eisenbahn). RG gibt dem am Frachtvertrag beteiligten **Eigentümer** außerdem noch dingliche Rechte (s. **RG 102** 38; aber auch **77** 217, **92** 8), ebenso *Richter* auf Grund BGB § 986 Abs. 1 Satz 2. Dagegen mit Recht *Rundnagel-Sperber* S. 15 Anm. 10 (**JW 22** 574; *Senckpiehl* **23** 179). Ist der Eigentümer am Frachtvertrag nicht beteiligt, stehen ihm die Rechte aus §§ 985 ff. BGB zu, zu beachten aber §§ 991 ff.; wegen der Schadensersatzpflicht s. § 82 Anm. 1; **VAE 39** 41, **43** 218, **44** 347. Dritte, die Anspruch auf Frachtgut erheben, müssen sich den Anspruch an die Eisenbahn pfänden und überweisen lassen (*Hellmann*, **EE 27** 23; **JW 25** 1395). Zustellung derartiger Gerichtsbeschlüsse, soweit gegen die Bundesbahn gerichtet, nur an die Bundesbahndirektion.

9. Für **Verlust, Beschädigung und Beförderungsverzögerung** (Lieferfristüberschreitung) haftet die Eisenbahn nach den **§§ 82 ff.**; diese **Sonderregelung schließt** sowohl eine gleichzeitige **Haftung aus unerlaubter Handlung aus (a. M. der BGH,** s. § 82 Anm. 1), als **auch** eine **darüber hinausgehende Vertragshaftung,** d. h. auch ein schuldhafter Verstoß gegen Vertragspflichten nach der EVO und (ergänzend) dem HGB oder BGB richtet sich nach dieser Sonderregelung. Daher bleibt Verschulden der Eisenbahn, das zur Beförderungsverzögerung führt, außer Betracht, solange die Lieferfrist gewahrt bleibt, die die Eisenbahn voll ausnutzen darf, vgl. § 74 Anm. 1, auch § 83 Anm. 39. Lediglich **außerhalb dieses** festgesteckten **Rahmens** kann die Eisenbahn **bei Verstoß gegen Vertragspflichten** oder **positiver Vertragsverletzung** durch **schuldhaftes** Handeln zum **vollen Schadensersatz** verpflichtet sein; wegen der Anwendung des § 4 s. dort Anm. 1, wegen der Haftung für auf Lager genommenes Gut § 82 Anm. 24, wegen Fundverwahrung § 5 Anm. 3. **Ausübung öffentlicher Gewalt** mit entsprechender Haftung nach Art. 34 GG **kommt,** nachdem der **BGH** (6 304) eine solche auch für die Frachturkunden abgelehnt hat, **im Rahmen des Frachtvertrags** wohl **nicht** mehr **in Betracht** (s. § 6 Anm. 2). Das **SHG findet** nach seinem § 10 **keine Anwendung** auf Sachen, die der Eisenbahn zur Beförderung oder Aufbewahrung übergeben worden sind oder die bei der Bundespost aufgegeben sind und mit der Eisenbahn befördert werden. — Obwohl nach § 75 (15) die Reinigung des Güterwagens Sache des Empfängers ist und eine Pflicht der Eisenbahn dazu nur insoweit (letzter Satz) besteht, als dies durch „viehseuchenpolizeiliche oder sonstige Verwaltungsvorschriften" behördlich angeordnet worden ist, hat der **BGH** eine **„Verkehrssicherungspflicht"** der Eisenbahn erfunden, **kraft** deren **sie sogar Dritten gegenüber** nach §§ 823 ff. BGB haften soll, wenn er schädigende Rückstände enthält; ein Verschulden des neuen Absenders, der den Wagen ungeprüft für Viehfutter gestellt hat, soll demgegenüber nicht in Betracht kommen, **BGH 17** 214, s. dagegen § 63 Anm. 10 und § 75 Anm. 47.

10. Der Frachtvertrag **endet durch Erfüllung,** d. h. regelmäßig durch Übergabe von Gut und Frachtbrief an den Empfänger (Ablieferung EVO § 75). Eisenbahn haftet nach Frachtrecht weiter, bis sie eine Handlung vornimmt, die als Ablieferung anzusehen ist; **RG 102** 206; **EE 26** 114. Gerät der **Empfänger nach der Ablieferung** in **Verzug** (Nichtentladung ihm zugewiesener Wagenladung), haftet Eisenbahn nur für Vorsatz und grobe Fahrlässigkeit (BGB § 300). Annahmeverzug des Empfängers **vor Ablieferung** § 80. Bezüglich des vom Empfänger auf dem Güterboden **nach Ablieferung ohne Wissen der Eisenbahn zurückgelassenen Gutes** entsteht kein Verwahrungsvertrag, Eisenbahn haftet nicht (vgl. *v. d. Leyen,* **JW 26** 797, **21** 1318; **ArchfEis.** 21 999; s. ferner **VZ 21** 787, **22** 213; **RG 98** 32, **99** 245, **102** 206) S. im übrigen § 82 Anm. 8.

11. Über **Pfandrecht** der Eisenbahn s. § 75 Anm. 21. Über die **Rechtsstellung des Empfängers** s. § 75 Anm. 12.

12. Nicht der VIII. Abschnitt der EVO, sondern der VI. Abschnitt des 3. Buches des HGB gilt für gewisse Beförderungen innerhalb eines Gütertarifbahnhofs, s. § 53 Anm. 6.

§ 53. *Durchgehende Beförderung. Sonderzüge*

(1) Die Eisenbahn ist verpflichtet[1], Güter zur durchgehenden[2] Beförderung von und nach allen Bahnhöfen[6] und Güternebenstellen nach Maßgabe ihrer Abfertigungsbefugnisse[3] anzunehmen[4].

I. 1. Die Bahnhöfe[6] und die außerhalb des Bahngebietes eingerichteten Güternebenstellen (§ 63 [9]) sowie deren Abfertigungsbeschränkungen und andere Besonderheiten sind aus dem Tarifteil II (Heft D) zu ersehen.

2. Auf unbesetzten Bahnhöfen ist die Annahme und Auslieferung von Gütern, die von der Eisenbahn zu verladen oder von ihr auszuladen sind, auf solche Gegenstände beschränkt, die ohne besondere Vorrichtungen ver- und entladen werden können. Ausnahmen werden durch Aushang beim unbesetzten Bahnhof bekanntgemacht.

3. Sendungen von unbesetzten Bahnhöfen nach unbesetzten Bahnhöfen sind ausgeschlossen, soweit nicht Ausnahmen besonders zugelassen sind. Diese sind durch Aushang beim unbesetzten Versandbahnhof bekanntgemacht.

(2) Unter welchen Bedingungen auf Antrag Sonderzüge für Güter bestellt werden, bestimmt der Tarif, sofern nicht eine besondere Vereinbarung zwischen der Eisenbahn und dem Besteller getroffen wird[5].

II. Wegen der Bedingungen und Gebühren für die Beförderung von Gütern in Sonderzügen siehe die Allgemeinen Tarifvorschriften im Deutschen Eisenbahn-Gütertarif, Teil I Abteilung B.

Schrifttum: *Coermann,* Der Beförderungszwang der Eisenbahn, **EE 22** 204; **JW 87** 355; **EE 44** 264; *v. Kieniz,* Kontrahierungszwang, **VZ 71** 43; *Leffer,* der Kontrahierungszwang der Eisenbahn, Diss. Köln 1935; s. im übrigen das Schrifttum zu § 3.

1. Über das **Verhältnis zu § 3** s. Anm. 1 zu § 3: Die **Beförderungspflicht** (§ 3) bezieht sich **nur** auf die **eigene Bahn** (a. M. *Finger,* 4 zu § 53), der **Kontrahierungszwang auf das ganze Geltungsgebiet der EVO,** wobei für anschließende Bahnen deren Beförderungspflicht die der kontrahierenden Bahn ablöst, sobald die Sendung deren Gebiet verläßt § [96 (2), für CIM vgl. Art. 5, dessen § 1 im Gegensatz zu § 53 EVO nicht auf den Beförderungsvertrag abstellt, woraus *v. Nanassy,* 4 zu § 1 des Art. 5, folgert, daß die Verpflichtung auch der nachfolgenden Bahnen nicht davon abhängt, ob zwischen Antragsteller und Eisenbahn ein Vertragsverhältnis besteht].

2. Auf **durchgehenden Frachtbrief,** d. h. ohne daß es für den Übergang von einer Bahn auf die andere einer Neuaufgabe (Reexpedition) bedarf, und ohne Rücksicht darauf, ob die Bahnen untereinander im Verbandsverkehr stehen. Das Bestehen **durchgehender Tarife** ist sonach **nicht** erforderlich, ebensowenig gleiche Spurweite. Verhältnis der Eisenbahnen untereinander s. § 96; **VZ 41 347.** Programmatisch § 6 AEG.

3. **Einschränkungen der Abfertigungsbefugnisse,** z. B. für Sprengstoffe; Einrichtung von Bahnhöfen nur für Personen- oder nur für Güterverkehr; nur für Stückgut- oder Ladungsverkehr oder den Verkehr der angeschlossenen Werke u. a. m., s. § 54 (1) c. Auch nicht für Sendungen innerhalb des Bahnhofs (Anm. 6) oder nach der freien Strecke.

4. Keine Verpflichtung aus EVO zur Annahme nach Bahnhöfen außerhalb deren Geltungsbereichs (vgl. § 1 Anm. 4 und 5; s. aber CIM Art. 5 § 1); Rechtsfolgen wie in Anm. 2 zu § 3 dargelegt.

5. Abs. 2 (neu) soll eine Grundlage bilden für die tarifarischen Bestimmungen über Sonderzüge (Begr.). Daß der **Tarif hier** entgegen der Regel des § 6 (2) gegenüber Sondervereinbarungen eine **subsidiäre Stellung** einnimmt, erklärt sich aus § 3 (3) Satz 2, der die Sonderfahrten auf Bestellung aus der Beförderungspflicht und damit auch aus der Tarifpflicht ausnimmt, vgl. § 6 Anm. 4.

6. Es handelt sich nicht um den Bahnhofsbegriff der BO, sondern um **jede für die Güterabfertigung des öffentlichen Verkehrs vorgesehene Stelle** der Eisenbahn, also auch z. B. Agenturen an der Strecke [Gegensatz: Güternebenstelle nach § 63 (9) außerhalb des Bahngebiets]. **Für** Beförderungen ausschließlich innerhalb eines Gütertarifbahnhofs **(Bahnhofsendungen) gilt** die **EVO nicht;** diese sowie die sog. **Umstellungen** (Beförderungen innerhalb eines Gütertarifbahnhofs *nach* der Bereitstellung für Be- oder Entladung) hat die Eisenbahn **freiwillig** im **DEGT** Teil II (zusammen mit den unter die EVO fallenden Beförderungen zwischen zwei Gütertarifbahnhöfen desselben Orts) im Heft F geregelt, wobei einzelne §§ der EVO für anwendbar erklärt werden, während im übrigen der VI. Abschnitt des 3. Buches des HGB Anwendung findet. Beförderung nach **Privatgleisanschlüssen** wird **freiwillig** auf Grund Vertrages übernommen; vgl. **RG EE 44 349;** zur **Stellung an besonderen Plätzen,** für die nach Heft F Abschnitt A II b 4 Stellgebühr erhoben wird, ist Eisenbahn **gleichfalls nicht** verpflichtet.

§ 54. *Von der Beförderung ausgeschlossene oder nur bedingt zur Beförderung zugelassene Gegenstände*

(1) Von der Beförderung ausgeschlossen[1] sind, soweit nicht in Abs. (2) Ausnahmen zugelassen sind:

a) die dem Postzwang unterliegenden Gegenstände[2];

I. Die einschlägigen Bestimmungen des Gesetzes über das Postwesen des Deutschen Reiches vom 28. Oktober 1871 mit den Ergänzungen durch das Gesetz vom 20. Dezember 1899 lauten:

„§ 1. Die Beförderung

1. aller versiegelten, zugenähten oder sonst verschlossenen Briefe;

2. aller Zeitungen politischen Inhalts, die öfter als einmal wöchentlich erscheinen,

gegen Bezahlung von Orten mit einer Postanstalt nach anderen Orten mit einer Postanstalt des In- und Auslandes auf andere Weise als durch die Post ist verboten. Hinsichtlich der politischen Zeitungen erstreckt dieses Verbot sich nicht auf den zweimeiligen Umkreis ihres Ursprungsorts.

Wenn Briefe und Zeitungen (Nr. 1 und 2) vom Auslande eingehen und nach inländischen Orten mit einer Postanstalt bestimmt sind oder durch das Gebiet des Deutschen Reiches transitieren sollen, so müssen sie bei der nächsten inländischen Postanstalt zur Weiterbeförderung eingeliefert werden.

Unverschlossene Briefe, die in versiegelten, zugenähten oder sonst verschlossenen Paketen befördert werden, sind den verschlossenen Briefen gleichzuachten. Es ist jedoch gestattet, versiegelten, zugenähten oder sonst verschlossenen Paketen, die auf andere Weise als durch die Post befördert werden, solche unverschlossenen Briefe, Fakturen, Preiskurante, Rechnungen und ähnliche Schriftstücke beizufügen, die den Inhalt des Pakets betreffen.

§ 1a. Die §§ usw. dieses Gesetzes finden auch Anwendung auf verschlossene und solchen gleichzuachtende Briefe, die innerhalb der Gemeindegrenzen ihres mit einer Postanstalt versehenen Ursprungsortes verbleiben."

b) Gegenstände, deren Beförderung nach gesetzlicher Vorschrift oder aus Gründen der öffentlichen Ordnung verboten[3] ist;

c) Gegenstände, die sich wegen ihres Umfangs, ihres Gewichts oder ihrer Beschaffenheit nach der Anlage oder dem Betrieb der beteiligten Eisenbahnen zur Beförderung nicht eignen[4];

II. Die besonderen Verkehrsbeschränkungen sind im Tarifteil II (Heft D) aufgeführt.

d) Stoffe und Gegenstände, die nach der Anlage C[5] von der Beförderung ausgeschlossen sind.

(2) Bedingt[6] sind zur Beförderung zugelassen[7]:

a) die in der Anlage C[5] bezeichneten Stoffe und Gegenstände unter den dort angegebenen Bedingungen;

III. Über die Bahnhöfe, von und nach denen bestimmte Gegenstände der Anlage C[5] nicht angenommen werden können, geben die Güterabfertigungen Auskunft.

b) Gegenstände, deren Verladung oder Beförderung nach der Anlage oder dem Betrieb einer beteiligten Eisenbahn außergewöhnliche Schwierigkeit verursacht[8].

Ihre Beförderung kann die Eisenbahn von besonderen Bedingungen abhängig machen[9].

IV. Die besonderen Bedingungen werden von Fall zu Fall festgesetzt. Die Eisenbahn ist berechtigt, neben der Fracht für die Beförderung besondere Zuschläge und Gebühren zu berechnen.

c) Gegenstände, die nur mit besonderen Vorrichtungen verladen, umgeladen oder ausgeladen werden können. Die Eisenbahn braucht sie nur anzunehmen, wenn die Vorrichtungen auf den in Betracht kommenden Bahnhöfen vorhanden sind[10].

V. Zur Beförderung als Eilstückgut werden nur solche Güter angenommen, die nach Form, Umfang, Gewicht und sonstiger Beschaffenheit hierzu geeignet sind. Wegen der Annahme der in der Anlage C verzeichneten Güter als Eilstückgut oder beschleunigtes Eilstückgut vgl. die Bestimmungen dieser Anlage.

d) Eisenbahnfahrzeuge, die auf eigenen Rädern befördert werden sollen[11].

Sie müssen sich in lauffähigem Zustand befinden. Lokomotiven, Tender und Triebwagen müssen von einem sachverständigen Beauftragten des Absenders begleitet sein, der sie auch zu schmieren hat.

VI. 1. Eisenbahnfahrzeuge, die auf eigenen Rädern befördert werden sollen, werden zur Beförderung nur angenommen, wenn die Eisenbahn die Lauffähigkeit festgestellt hat und die Bescheinigung hierüber dem Frachtbrief beigefügt ist.

2. Eisenbahnfahrzeuge, dürfen nur mit Genehmigung der Versandabfertigung beladen werden. Für das aufgeladene Gut ist die tarifmäßige Fracht zu zahlen.

3. Anderen Eisenbahnfahrzeugen als Lokomotiven, Tendern und Triebwagen kann ein Begleiter[12] beigegeben werden. Dieser hat das Schmieren zu besorgen. Ist kein Begleiter beigegeben, so übernimmt die Eisenbahn das Schmieren auf Kosten des Absenders.

4. Die Begleiter von Eisenbahnfahrzeugen werden frei befördert. Sie haben auf oder in den begleitenden Fahrzeugen Platz zu nehmen. Ausnahmsweise kann ihnen der Zugführer den zeitweiligen Aufenthalt im Packwagen oder in einem im Zuge fahrenden Personenwagen gestatten.

Schrifttum: *v. d. Leyen,* **ZfHR 49** 388; **EE 38** 205; *Käß,* Außergewöhnliche Sendungen, **VZ 41** 117 ff.

1. D. h. die **Eisenbahn ist** im Falle des Abs. 1 c) **berechtigt** und in den übrigen Fällen des Abs. 1 sogar **verpflichtet,** die **Annahme** zur Beförderung **abzulehnen.** Wird der die Beförderung ausschließende Umstand erst **unterwegs** entdeckt, so kann gleichwohl die **Weiterbeförderung** im Falle 1 c) jedenfalls dann noch **abgelehnt** werden, wenn sie sich als unmöglich herausstellt (§ 306 BGB); die Eisenbahn ist aber in einem solchen Falle verpflichtet zu prüfen, ob die Beförderung noch unter besonderen Bedingungen (Abs. 2 b) möglich ist (§ 308 BGB). In den anderen Fällen des Abs. 1 muß die Weiterbeförderung, da **gegen** ein **gesetzliches Verbot verstoßend, unterbleiben,** sobald die Eisenbahn feststellt, daß die Sendung von der Beförderung auszuschließen gewesen wäre. Wird erst **nach beendeter Beförderung** festgestellt, daß einer der Fälle des Abs. 1 a), b) und d) vorlag, so wird dadurch die **Gültigkeit des Frachtvertrages** nicht berührt; § 134 BGB erklärt ein Rechtsgeschäft, das gegen ein gesetzliches Verbot verstößt, nur dann für nichtig, wenn sich nicht aus dem Gesetz ein anderes ergibt. Die EVO läßt aber [§ 60 (1), § 83 (1) e)] deutlich erkennen, daß sie keine Nichtigkeit eintreten lassen will. Eine *Anfechtung* wegen Irrtums oder arglistiger Täuschung (*Weirauch,* in der Vorauflage, *Finger,* 1 b) zu § 54, *Goltermann,* 2 zu § 54) ist demnach jedenfalls dann *ausgeschlossen,* wenn die Beförderung durchgeführt worden ist; wird die Weiterbeförderung durch Entdeckung eines die Beförderung nach § 54 (1) ausschließenden Umstandes unmöglich, so dürfte § 73 (2) die dem Eisenbahnfrachtvertrag gerecht werdende Sonderregelung liefern mit der Maßgabe, daß die Anweisung des Absenders nicht auf eine weitere Berförderungsleistung (einschließlich der Rückbeförderung, ausgenommen vielleicht Fälle des Abs. 1 c) lauten darf; wegen Empfängeranweisung [§ 72 (12), 75 (6) und ABest. VI] gilt dasselbe. Eine Anwendung des § 307 BGB dürfte angesichts der Sondervorschriften der EVO über Wagenstand- und Lagergeld kaum je praktisch werden. Für Schaden durch positive Vertragsverletzung greift § 57 und § 60 (1) vorletzter Satz (vgl. § 60 Anm. 10) durch. Vgl. **RG 103 185.** Für den Bereich der CIM hat die Einheitliche Zusatzbestimmung zu Art. 3 eine Regelung im vorstehenden Sinne getroffen, s. auch *v. Nanassy,* 7 zu Art. 3.

2. S. **DJZ 26** 731. Durch Beförderung im Eisenbahnpostwagen entstehen keine Rechtsbeziehungen zwischen Eisenbahn und den Versendern der Postsachen (**RG 92** 12; **EE 29** 29).

3. **Verbot muß sich** — zumindest auch — **gegen** die **Eisenbahn richten, RG VZ 23** 274, **VR 3** 127; es kann nicht von ihr verlangt werden, die Einhaltung lediglich an das Publikum gerichteter Verbringungsverbote zu überwachen. Wegen der Beförderung zur Kriegführung bestimmter Waffen [Art. 26 (2) GG] s. B Anz. Nr. 233/1957 und 40/1958, von Kernbrennstoffen Atomgesetz vom 23. 12. 59 (BGBl. I, 814) und ausführlich *Goltermann,* 4 zu § 54.

4. Entscheidung nach pflichtmäßigem Ermessen des Versandbahnhofs, s. Anm. 1.

5. Anlage C ist nicht abgedruckt; sie ist bei den Abfertigungen käuflich.

6. Es handelt sich um **Beförderungsbedingungen** nach § 3 (1) a); ihre Erfüllung ist also **Voraussetzung der Beförderungspflicht.** Im Falle des Abs. 2 a) ist die Eisenbahn an sie gebunden; liegen sie nicht vor, ist die Rechtslage dieselbe wie nach Abs. 1 d). Anders die Fälle b)—d) des Abs. 2: Hier kann die Eisenbahn auf die zu ihren Gunsten vorgesehenen Beschränkungen ihrer Beförderungspflicht verzichten. **Abs. 2 a)** ist insofern **unvollkommen,** als nicht nur in der Anlage C, sondern auch in **Sondergesetzen** analog Abs. 1 b) Beförderungsbedingungen enthalten sind.

7. Die Annahmebeschränkung für Kostbarkeiten ist weggefallen. Unter Kostbarkeiten fielen Edelmetalle, Geld, Papiere mit Geldwert, Kunstgegenstände, Kostbarkeiten i. e. S., Altertümer. Der Begriff, der Anlaß zu zahlreichen Entscheidungen bot, ist nunmehr aus der EVO verschwunden, wie schon früher aus dem JÜG (s. *Friebe,* **VZ 28** 142). Der Optimismus des Gesetzgebers, nach Einführung eines allgemeinen Entschädigungshöchstbetrages sei kein Bedürfnis für eine diesbezügliche Annahmebeschränkung mehr vorhanden (Begr.) hat sich leider als nicht ganz gerechtfertigt erwiesen, s. § 31 Anm. 3 und § 82 Anm. 1; der BGH läßt die Eisenbahn bei Organverschulden oder Verletzung der Aufsichtspflicht aus unerlaubter Handlung in voller Höhe haften, das übersehen *Finger,* 6 zu § 54 und *Goltermann,* 8 zu § 54.

8. Entscheidung zunächst bei der annehmenden Abfertigung; dagegen Aufsichtsbeschwerde; letzten Endes entscheidet der Richter (s. § 53 Anm. 4); s. auch §§ 63, 64 und § 74 Anm. 12.

9. Die Bedingungen können **beliebig** sein, auch bezüglich der Haftung (*Rundnagel,* BefGesch. S. 306; *Käß,* **VZ 41** 117 u. 130); abw. bezüglich der Haftung *Coermann,* **EE 22** 323. Wie hier *Finger,* 8 zu § 54, *Goltermann,* 10 zu § 54. **Anders** für **CIM** Art. 4 § 1 e), der nur besondere Bedingungen technischer und betrieblicher Natur sowie besondere Lieferfristen zuläßt, dagegen mit Recht unter Bezugnahme auf die Argumente der deutschen Delegierten auf der V. Revisionskonferenz *v. Nanassy,* Art. 4 § 1 E 4 (Vertragsfreiheit der Eisenbahn liegt im Interesse der Verfrachter).

10. Zusammenstellung im „Stationsverzeichnis". Haftung s. § 83 Anm. 14, 15.

11. Laufen sie nicht auf eigenen Rädern, sind sie gewöhnliches Frachtgut. Wegen Privatwagen vgl. § 3 Anm. 8.

12. Dieser ist Begleiter im Sinne des § 83 (1) g.

§ 55. *Form des Frachtbriefs*

(1) Der Absender muß[1] jeder Sendung einen Frachtbrief[2] beigeben, der für Frachtgut dem Muster[3] der Anlage D, für Eilgut dem Muster der Anlage E zu entsprechen hat.

I. Zu den Frachtbriefen ist weißes Schreibpapier in der von der Eisenbahnverwaltung festgesetzten Beschaffenheit zu verwenden

(2) Die Frachtbriefe[4] müssen zum Nachweis, daß sie den Vorschriften entsprechen, den Prüfungsstempel einer inländischen Eisenbahn[5] tragen[6]. Für die Stempelung ist die im Tarif festgesetzte Gebühr zu zahlen. Die Stempelung kann abgelehnt werden, wenn nicht gleichzeitig mindestens 100 Frachtbriefe vorgelegt werden.

II. Die Preise der Vordrucke zu Frachtbriefen und die Gebühr für die Stempelung sind im Nebengebührentarif (Teil I Abteilung B) festgesetzt.

(3) Alle Güterabfertigungen sind verpflichtet, Frachtbriefe zu den im Tarif festgesetzten Bedingungen abzugeben.

(4) Die Eisenbahn kann mit Genehmigung des Bundesministers für Verkehr Abweichungen von den Frachtbriefmustern zulassen.

(5) Für besondere Fälle, wie regelmäßig wiederkehrende Sendungen oder für Sendungen in durchgehender Beförderung mit anderen Verkehrsmitteln, kann der Bundesminister für Verkehr Abweichungen von den vorstehenden Bestimmungen genehmigen[7].

Schrifttum: *v. d. Leyen,* **ZfHR 65** 8; *Reindl,* **EE 16**, 4, 25 5.

1. **Zwingend;** ohne Übergabe eines Frachtbriefs kein Eisenbahnfrachtvertrag im Sinne des Abschn. VIII EVO; s. Einleitung zu Abschn. VIII Anm. 3; **RG JW 38** 2615; *abw.* **EE 25** 374. Die Nichtbeachtung der sonstigen Formvorschriften der Abs. 1—4 (Verwendung unrichtigen Musters, Papiers, Fehlen des Prüfungsstempels, Herstellung des roten Eilgutrandes mit Buntstift) beeinflußt die Gültigkeit des Vertrags nicht; sie gibt der Eisenbahn aber das Recht und dem Beamten die innerdienstliche Pflicht, die Annahme zu verweigern.

2. Der Frachtbrief ist seiner geschichtlichen Entwicklung nach eine der Sendung beigefügte Mitteilung des Absenders an den Empfänger (offener Brief). Diese Form besaß er früher nach dem Muster der EVO. Im neuen Muster der EVO ist diese Fassung geändert, so daß nunmehr der Frachtbrief mehr die Form eines Begleitpapiers zeigt. Der Frachtbrief ist **Urkunde**

(StGB § 267; **RGSt. 3** 169; **EE 32** 181), ferner ist er Vertragsurkunde im Sinne des BGB § 126 und zugleich Beweisurkunde (**EE 7** 397, **18** 343), d. h. er liefert Beweis dafür, daß die in ihm enthaltenen Erklärungen von dem Aussteller abgegeben sind. **Gegenbeweis** ist **möglich** (s. **EE 18** 343, **26** 298, **44** 202, **31** 367, **34** 99, **42** 75); Frachtbrief und Frachtbriefdoppel sind **weder Inhaber- noch Legitimationspapiere,** vor allem aber **nicht Traditionspapier;** Übergabe vertritt also niemals diejenige des Gutes; s. § 56 (1) e, § 61 (5). Ob er auch den Beweis für seinen Inhalt liefert, ist Tatfrage (**EE 7** 397, **18** 343). Nach **RGSt. 32** 23 wird der Frachtführer Eigentümer des Frachtbriefs (s. *Senckpiehl,* SpedSchiffZtg. **12** 29); das widerspricht der geschichtlichen Entwicklung und dem Parteiwillen (*Finger,* 2 e) zu§ 55). Da, wo der Absender die Wahl hat zwischen deutschem und internationalem Recht (s. EVO § 1, ABest. II b), vollzieht er diese durch die Übergabe des entsprechenden Musters; das gleiche gilt für die Unterscheidung von Fracht- und Eilgut. Wird ein internationaler Frachtbrief verwendet, obwohl von vornherein feststeht, daß das Gut nur auf deutschen Strecken befördert wird, gilt EVO, nicht CIM. Eine dem gewählten Muster nicht entsprechende Frachtbriefangabe ist ungültig (vgl. EVO § 56 Anm. 1). Bezüglich der strafrechtlichen Seite vgl. **EE 23** 181. Frachtbrief der Bundesbahn ist **öffentliche Urkunde,** ebenso seine einzelnen wichtigen Eintragungen (**RGSt. 3** 169, **46** 290, **65** 433; *Stenglein,* Lexikon des deutschen Strafrechtes: **2** 1190, 1469, 1528; **EE 43** 1, 77, **46** 175, **49** 338, **57** 27; **IZ** 1935, Sonderdruck Oktober). S. auch § 61 Anm. 10. Öffentliche Urkunde ist aber **nicht** gleichbedeutend mit **Ausübung öffentlicher Gewalt;** der BGH hat mit der diesbezüglichen früheren Rechtsprechung des RG gebrochen, vgl. **BGH 6** 304 und im einzelnen *Heinze,* **Die BB 59** 751; **LG Kaiserslautern IZ 56** 114. Für die Eintragungen des Absenders gilt der Charakter als Bestandteil einer öffentlichen Urkunde nur insoweit, als sie durch den Annahmestempel der Bundesbahn mit öffentlichem Glauben versehen werden, **RGSt. 67** 247; *Finger,* 2 d) zu § 55.

3. Die Muster sind wegen ihrer allgemeinen Zugänglichkeit nicht abgedruckt.

4. Auch die Frachtbriefdoppel.

5. Begriff s. § 1 Anm. 2.

6. Vertrauenswürdigen Druckereien wird vertraglich das Recht eingeräumt, für Private Frachtbriefe mit amtlichem Stempel zu versehen. Stempelung ohne Genehmigung s. StGB § 360 Ziff. 4, 5; **EVBl. 78** 274.

7. Z. B. Milch, Arzneiwaren. Siehe Vorbemerkung zum Abschn. VIII Anm. 3; **VZ 29** 305.

§ 56. *Inhalt des Frachtbriefs*

(1) Der Frachtbrief muß[1] folgende Angaben enthalten:

a) Ort und Tag der Ausstellung;

b) die Bezeichnung des Bahnhofs oder der Güternebenstelle, wohin das Gut befördert werden soll (Bestimmungsbahnhof[2]); die Bezeichnung soll möglichst dem Tarif entsprechen;

I. 1. Für Sendungen nach Orten mit mehreren Bahnhöfen hat der Absender den Bahnhof, auf dem das Gut abgenommen werden soll, im Frachtbrief in der für die Angabe des Bestimmungsbahnhofs vorgesehenen Zeile anzugeben. Fehlt diese Bahnhofsbezeichnung oder ist sie an einer nicht zugelassenen Stelle des Frachtbriefs eingetragen, so wird, sofern nicht in den Tarifteilen II etwas anderes bestimmt ist, die Sendung nach dem Bahnhof abgefertigt, nach dem sich die billigste Fracht ergibt; bei gleichen Frachten wählt die Eisenbahn den Bestimmungsbahnhof.

2. Der Absender kann bei Wagenladungen und bei den von ihm ververladenen Stückgutsendungen im Frachtbrief unter „Andere vorgeschriebene oder zulässige Erklärungen" eine im Deutschen Eisenbahn-Gütertarif, Teil II Heft D (Bahnhofstarif) genannte öffentliche Lade- oder Umschlagstelle ohne eigene Tarifentfernung bezeichnen, auf der die Sendung bereitgestellt werden soll. Die Sendungen werden nach nach dem im Deutschen Eisenbahn-Gütertarif, Teil II Heft D (Bahnhofstarif) angegebenen Gütertarifbahnhof abgefertigt. Kommen nach diesem Heft für eine öffentliche Lade- oder Umschlagstelle mehrere Güterbahnhöfe in Betracht, so wird, sofern nichts anderes bestimmt ist (vgl. z. B. Allg. ABest. 1 zu § 68), nach dem Gütertarifbahnhof abgefertigt, nach dem sich die billigste Fracht ergibt; bei gleichen Frachten wählt die Eisenbahn den Bestimmungsbahnhof.

3. Der Absender kann bei Wagenladungen und bei den von ihm verladenen Stückgutsendungen ohne Verbindlichkeit für die Eisenbahn im Frachtbrief unter „Andere vorgeschriebene oder zulässige Erklärungen" die gewünscht Entladestelle des Bestimmungsbahnhofs und bei Gleisanschlüssen auch die des gewünschten Gleisanschlusses bezeichnen.

c) Namen, Wohnort und soweit erforderlich auch Wohnung oder Geschäftsstelle des Empfängers[3]; Drahtanschrift und Fernsprechnummer können beigefügt werden. Als Empfänger darf nur eine Einzelperson, Firma, juristische Person oder öffentliche Dienststelle angegeben werden. Anschriften, die den Namen des Empfängers nicht bezeichnen, wie „an Order von . . . . ." oder „an den Inhaber des Frachtbriefdoppels" sind unzulässig[4];

II. Frachtbriefe, die an die Güterabfertigung des Bestimmungsbahnhofs gerichtet sind, werden nur angenommen, wenn die Berechtigung zur Benutzung dieser Anschrift nachgewiesen wird oder aus dem Tarif hervorgeht.

d) Die Bezeichnung der Sendung nach ihrem Inhalt[5], die Angabe des Gewichts[6] oder statt dessen eine den Tarifvorschriften[7] entsprechende Angabe [vgl. jedoch § 58 (4) und (5)], ferner:

bei Stückgut:

Anzahl[8], Art der Verpackung sowie Buchstaben (Zeichen) und Nummer, mit denen die Versandstücke versehen sind[9].

bei den vom Absender verladenen Gütern:

Gattung, Nummer, Eigentumsmerkmal und Lastgrenze der maßgebenden Streckenklasse oder Ladegewicht des Wagens[9].

Bei den im Tarif und in der Anlage C aufgeführten Gütern ist der Inhalt nach der dort gebrauchten[10], bei den übrigen Gütern nach ihrer handelsüblichen Benennung anzugeben. Der Tarif kann Erleichterungen vorsehen. Will der Absender der tarifmäßigen oder handelsüblichen Benennung des Gutes noch eine andere Bezeichnung oder eine besondere Inhaltsangabe beifügen, so hat er diese Angaben in der Frachtbriefspalte „Inhalt" in Klammern zu machen[11].

Reicht der für die Bezeichnung der Güter und die Angabe des Gewichts vorgesehene Raum auf der Vorderseite des Frachtbriefs nicht aus, so sind dem Frachtbrief gleich große Blätter anzuheften und dann besonders zu unterzeichnen. Im Frachtbrief ist auf sie zu verweisen. Wird das Gesamtgewicht angegeben, so ist es im Frachtbrief an der hierfür vorgesehenen Stelle einzutragen;

III. Ist im Warenverzeichnis eines Ausnahmetarifs auf Güter bestimmter Tarifstellen der Gütereinteilung des Deutschen Eisenbahn-Gütertarifs, Teil I Abteilung B, verwiesen, so ist der Inhalt nach der in diesen Tarifstellen gebrauchten Bezeichnung anzugeben.

IV. Die Bezeichnung „Drogen", „chemische Präparate zum wissenschaftlichen Gebrauch" und „pharmazeutische Präparate (auch Arzeneiwaren)" werden als Inhaltsangabe zugelassen, wenn der Absender im Frachtbrief erklärt, daß die Frachtstücke keinen Gegenstand enthalten, der nach den Bestimmungen der Eisenbahn-Verkehrsordnung von der Beförderung ausgeschlossen oder nach dieser Ordnung oder der Anlage II zum Deutschen Eisenbahn-Gütertarif, Teil I Abteilung A, nur bedingt zur Beförderung zugelassen ist. Bei regelmäßigem Versand können allgemeine Erklärungen nach einem von der Eisenbahn festzusetzenden Wortlaut bei der Versandabfertigung hinterlegt werden. Im Frachtbrief ist in diesen Fällen auf die Erklärung hinzuweisen.

V. Bei Gütern, die eingestanzte oder aufgezeichnete Zeichen und Nummern tragen, wie z. B. Stahlflaschen oder Privatwagendecken, sind die eingestanzten oder aufgeschriebenen Bezeichnungen — abgesehen von Marken- oder Herkunftsbezeichnungen — im Frachtbrief anzugeben.

VI. Fehlt im Frachtbrief die Angabe der Gattung, der Lastgrenze oder des Ladegewichts des verwendeten Wagens, so trägt die Versandabfertigung die fehlenden Angaben ein.

VII. Bei den vom Absender verladenen Sendungen aus ungleich tarifierten Gütern sind, wenn getrennte Frachtberechnung beansprucht wird, außer dem Gesamtgewicht die Gewichte der einzelnen Güter, nach Tarifklassen zusammengefaßt, an der im Frachtbreif hierfür vorgesehenen Stelle einzutragen. Wird bei Wagenladungen oder bei den vom Absender verladenen Stückgtusendungen aus ungleich tarifierten Gütern das Gewicht für einen Teil der Sendung nicht angegeben und Feststellung des Gesamtgewichts beantragt, so gilt die Allg. ABest. VIII zu § 58.

VIII. Ergänzt der Absender den Frachtbrief, so hat er jedem Frachtbriefteil ein von ihm unterzeichnetes Ergänzungsblatt beizufügen.

e) Name und Vorname oder Firma des Absenders[12] sowie seine Wohnung oder Geschäftsstelle, nach seinem Ermessen auch Drahtanschrift und Fernsprechnummer. Als Absender darf nur eine Einzelperson, Firma, juristische Person oder öffentliche Dienststelle angegeben werden.

(2)[13] Außerdem sind zutreffendenfalls in den Frachtbrief alle sonstigen Angaben und Erklärungen aufzunehmen, für die dies in dieser Ordnung vorgesehen oder im Tarif vorgeschrieben ist, so insbesondere:

a) der Verzicht auf das Frachtbriefdoppel [§ 56 (11), § 61 (4)];

b) die Angabe der durch die Zoll- oder sonstigen Verwaltungsbehörden vorgeschriebenen Begleitpapiere, die dem Frachtbrief beigefügt oder bei einer bestimmten Stelle hinterlegt sind [§ 65 (1)];

c) die Angabe der Kosten, die der Absender übernehmen will (Freivermerk, § 69);

d) die Höhe einer Nachnahme oder eines Barvorschusses (§ 71);

e) die Angabe „bahnlagernd"[14], gegebenenfalls mit einem Verzicht auf die Benachrichtigung des Empfängers gemäß § 75 (10);

f) der Betrag des Lieferwerts (§ 89);

g) die Bezeichnung der Bahnhöfe, wo die Zoll- oder sonstige verwaltungsbehördliche Behandlung stattfinden soll, oder der amtlichen Stellen, die sie vornehmen sollen (§ 67 (3))[15];

h) die Angabe, daß der Absender oder sein Bevollmächtigter zur Zoll- oder sonstigen verwaltungsbehördlichen Behandlung zugezogen werden soll [§ 65 (6) und (7)][16];

IX. Wegen des Wortlauts der Erklärung vgl. Allg. Best. V 1 zu § 65 (6).

i) Anträge wegen der Art der Zollbehandlung [§ 65 (3)];

k) bei Eilgut die Angabe des Beförderungswegs [§ 67 (3)][17];

X. Vgl. hierzu Allg. Best. zu § 67 (3).

l) der Antrag auf Beförderung im offenen oder gedeckten Wagen [§ 66 (1)] oder auf Zulassung eines Begleiters [§ 66 (4)];

m) der Antrag auf Beförderung von Gütern in Personen- oder Gepäckwagen [§ 66 (6)];

n) der Antrag, daß die Eisenbahn auf dem Versandbahnhof das Gewicht oder die Stückzahl feststellen soll [§ 58 (4) und (5)];

XI. Für unbesetzte Bahnhöfe darf nicht vorgeschrieben werden, Güter nachzuzählen oder nachzuwiegen.

o) der Antrag, daß die Eisenbahn auf dem Bestimmungsbahnhof das Gewicht oder die Stückzahl nachprüfen soll (§ 76);

p) eine Vorschrift über die Weiterbeförderung des Gutes mit einem anderen Verkehrsmittel (z. B. Kraftwagen) vom Bestimmungs-Bahnhof bis zum Bestimmungsort, wenn dort kein für den Güterverkehr eingerichteter Bahnhof oder keine Güternebenstelle vorhanden ist [§ 75 (7)];

XII. Sollen Sendungen nach Kraftwagenhilfsstellen, mit denen kein durchgehender Tarif besteht, weiterbefördert werden, so muß der Absender im Frachtbrief als Bestimmungsbahnhof den Übergangsbahnhof zur Kraftwagenhilfsstelle angeben und an der hierfür vorgesehenen Stelle vorschreiben: „Mit Kraftwagen weiter nach . . .“

q) eine Vorschrift über die Weiterbeförderung des Gutes mit dem Kraftwagen vom Bestimmungsbahnhof nach einem anderen Ort, wo ein für den Güterverkehr eingerichteter Bahnhof oder eine Güternebenstelle vorhanden ist, sofern der Tarif dies zuläßt [§ 75 (8)];

r) eine Vorschrift über die Zuführung von Stückgut durch die Eisenbahn oder einer mit Namen und Anschrift zu bezeichnenden Spediteur oder Fuhrunternehmer zur Wohnung oder Geschäftsstelle des Empfängers [§ 77 (2)];

XIII. Wegen des Wortlauts der Erklärung vgl. Allg. Best. II zu § 77 (2).

s) Erklärungen gemäß § 3 (4) (Ausschluß der Beförderung mittels Kraftwagens), § 62 (2) (mangelhafte Verpackung), § 59 (1) und § 75 (9) (Vereinbarung über Verladen oder Entladen), § 64 (vorläufige Einlagerung), § 80 (2) (Benachrichtigung bei Ablieferungs-

hindernissen), § 86 (1) (Anwendung ermäßigter Tarife mit besonderer Haftungsbeschränkung);

t) im Tierverkehr Erklärungen nach § 49 (1) und (2);

u) eine Vorschrift für den Empfänger, den Wagen sorgfältig zu reinigen [§ 75 (15)].

(3) Andere Angaben oder Erklärungen[18] dürfen in den Frachtbrief nur aufgenommen werden, wenn diese Ordnung oder der Tarif sie für zulässig erklären; das gleiche gilt für die Beifügung von Schriftstükken zum Frachtbrief[19]. Die Eintragungen und Schriftstücke dürfen nur das Frachtgeschäft betreffen[20]. Nimmt die Eisenbahn einen Frachtbrief mit unzulässigen Angaben oder Erklärungen an, so sind diese für die Eisenbahn unverbindlich[21].

XIV. Bei empfindlichen Gütern, die mit direktem Frachtbrief nach oder von dem Auslande oder im Durchfuhrverkehr durch Deutschland aufgegeben sind, kann der Absender im Frachtbrief vorschreiben, daß die Sendung auf einem der hierfür freigegebenen deutschen Bahnhöfe beeist werden soll. Dem Verlangen ist zu entsprechen, wenn die Betriebsverhältnisse es gestatten. Die Eisenbahn kann entweder selbst beeisen oder unter ihrer eigenen Verantwortung von einem Dritten beeisen lassen. Wird nicht oder unsachgemäß beeist, so haftet die Eisenbahn nicht für den daraus entstandenen Schaden[18]. Für die Kosten der Beeisung haftet der Absender. Sie sind im Frachtbrief als Barauslage der Eisenbahn aufzunehmen und bei der Einlösung des Frachtbriefs vom Empfänger zu begleichen.

(4) Soweit das Frachtbriefmuster für die Angaben keine besonderen Spalten vorsieht, sind sie, wenn der Tarif nichts anderes bestimmt, in die Spalte „Andere vorgeschriebene oder zulässige Erklärungen" einzutragen[22].

(5) Auf die Rückseite des Frachtbriefes darf auch die Firma des Ausstellers gedruckt werden.

(6) In der für unverbindliche Absendervermerke vorgesehenen Spalte sowie auf der Rückseite des Frachtbriefs können kurze Vermerke für den Empfänger, welche die Sendung betreffen, nachrichtlich angebracht werden, z. B. „Von Sendung des N. N.". „Im Auftrage des N. N." „Zur Verfügung des N. N." „Zur Weiterbeförderung an N. N." Für Schiffahrtslinie N. N." „Für Schiff N. N." „Von der Schiffahrtslinie N. N." „Aus Schiff N. N." „Für Kraftfahrlinie N. N." „Von Kraftfahrlinie N. N." „Für Flugstrecke N. N." „Von Flugstrecke N. N." „Zur Ausfuhr nach N. N." „Versichert bei N. N." Für die Eisenbahn sind diese Vermerke unverbindlich.

(7) Jeder Wagenladung muß ein besonderer Frachtbrief beigegeben werden, es sei denn, daß das Gut nach seinen Abmessungen zur Verladung mehr als einen Wagen beansprucht oder der Tarif die Aufgabe mehrerer Wagen mit einem Frachtbrief zuläßt.

XV. 1. Güter gleicher Art und Tarifklasse (Kohlen, Koks, Kalk, Erze u. dgl.) können mit Genehmigung der Eisenbahnverwaltungen in geschlossenen Zügen gleichzeitig mit einem Frachtbrief aufgeliefert werden, wenn sie an einen Empfänger und an einen Bestimmungsbahnhof gerichtet sind. Sendungen unter Zoll- oder Steuerkontrolle sind hiervon ausgeschlossen.

2. Dem Frachtbrief sind gleich große Nachweisungen der Einzelsendungen gemäß Anlage VI in dreifacher Ausfertigung anzuheften und vom Absender besonders zu unterzeichnen. In der Frachtbriefspalte „Inhalt" ist zu vermerken: „Nachweisung der Einzelsendungen beigefügt". Werden in den Nachweisungen die wirklichen Rohgewichte aller Einzelsendungen angegeben, so ist ihr Gesamtbetrag in die Frachtbriefspalte „Wirkliches Rohgewicht" einzutragen.

3. Die Fracht wird für die Summe der aufgerundeten frachtpflichtigen Einzelgewichte nach dem Frachtsatz der für Einzelgewichte maßgebenden Gewichtsklasse (20-t-, 15-t-, 10-t- oder 5-t-Klasse) berechnet. Sind Frachtsätze für verschiedenen Gewichtsklassen anzuwenden, so wird für jeden Frachtsatz die Summe der aufgerundeten frachtpflichtigen Einzelgewichte besonders ermittelt.

(8) Mit einem und demselben Frachtbrief dürfen nicht[23] aufgegeben werden:

a) Güter, die nach ihrer Beschaffenheit nicht ohne Nachteil zusammengeladen werden können,

b) Güter, durch deren Zusammenladung Zoll- oder sonstige Verwaltungsvorschriften verletzt würden,

c) Güter, die von der Eisenbahn zu verladen sind, mit Gütern, die der Absender zu verladen hat.

(9) Für die in der Anlage C aufgeführten Gegenstände müssen besondere Frachtbriefe ausgestellt werden, soweit es sich um Gegenstände handelt, die miteinander oder mit anderen Gütern nicht zusammengeladen werden dürfen.

XVI.Auf den schmalspurigen Strecken der Deutschen Bundesbahn werden auf einen Frachtbrief mehrere Schmalspurwagen bis zu 21 t, Schmalspurschemelwagen bis zu 31,5 t Gesamtlastgrenze oder -ladegewicht zugelassen.

XVII. Im Verkehr zwischen Voll- und Schmalspurbahnen werden auf einen Frachtbrief Schmalspurwagen bis zu einer Gesamtlast-

grenze oder einem -ladegewicht von 31,5 t zugelassen, wenn ein Vollspurwagen mit entsprechender Lastgrenze oder entsprechendem Ladegewicht verwendet wird oder verwendet worden ist.

(10) Alle Eintragungen des Absenders im Frachtbrief und im Doppel müssen in deutscher Sprache deutlich in unauslöschbarer Schrift geschrieben[24] oder gepaust sein[25]. Sie dürfen auch durch Druck oder Stempel oder mit der Schreibmaschine bewirkt werden. Für Vermerke nach Abs. (6) sind auch fremde Sprachen zulässig. Die Eintragungen müssen in allen Einzelteilen des Frachtbriefs übereinstimmen.

(11) Der als „Frachtbriefdoppel" bezeichnete Teil des Frachtbriefs ist nicht erforderlich, wenn der Absender in der Spalte „Andere vorgeschriebene oder zulässige Erklärungen" erklärt hat: „Verzicht auf Frachtbriefdoppel."

(12) Frachtbriefe mit Abänderungen, Radierungen oder Überklebungen sind nur zulässig, wenn der Absender sie mit seiner Unterschrift anerkennt. Handelt es sich um die Zahl oder das Gewicht der Stücke, so sind außerdem die berichtigten Mengen in Buchstaben zu wiederholen.

Schrifttum: *Gerstner,* JüG, S. 110; *Fritsch,* **ArchfEis. 24** 598; *v. d. Leyen,* **ZfHR 49** 408; *Wilhelmy,* **VZ 23** 135; *Heinze,* **VZ 41** 157 (Die Pflicht zur tarifmäßigen Bezeichnung) .

1. Abs. 1 enthält „**Muß**"-, 2 „**Kann**"-Vorschriften. Fassung ist nicht glücklich. **Nicht alle** in Abs. 1 **vorgeschriebenen Angaben** sind zur Gültigkeit des Frachtvertrags **unbedingt erforderlich;** so kann z. B. die Angabe zu 1 a) — Tag der Ausstellung — durch den Annahmestempel ersetzt werden, der ja nach § 61 (1) den Vertragsabschluß beurkundet und deswegen eine anderslautende Datumsangabe des Absenders sogar berichtigt, **RG 104** 345; 1 d) verweist selbst auf § 58 (5), wonach Fehlen der Gewichtsangabe unschädlich; s. auch ABest. VI und I, 1. Fehlen einer durch Mußvorschrift vorgeschriebenen Angabe berechtigt die Eisenbahn zur Zurückweisung; **VAE 37** 15. Nichtigkeit des Frachtvertrages nur, wenn eine wesentliche Angabe fehlt. Welche Angaben unbedingt erforderlich sind, darüber läßt sich im Einzelfall streiten, vor allem im Hinblick auf mögliche Ergänzung und Berichtigung; vgl. 3 vor § 53. Verstoß z. B. gegen die Bestimmung 1 b führt nur u. U. zur Nichtigkeit [*arg.* § 75 (7)]; vergl. **EE 34** 90; **RG 37** 10. Wegen der „Kann"-Vorschrift s. Anm. 13. Die Eintragung zu 1 d) soll der Eisenbahn die Abfertigung erleichtern, maßgebend aber ist nicht die Angabe im Frachtbrief, sondern die tatsächliche Beschaffenheit, §§ 58, 60, 70. Man sollte daher nicht von „Muß"-, sondern von „Soll"vorschriften sprechen.

2. Vgl. dazu die ABest. I (ohne Not und im Gegensatz zum bis dahin geübten Verfahren zitieren sie sich plötzlich selbst als „Allg." ABest.). Warum zwar die Bezeichnung der Güternebenstelle, nicht aber die der Entladestelle für die Eisenbahn verbindlich sein soll (ABest. I 3), ist nicht motiviert.

3. **Empfänger ist, wer im Frachtbrief als solcher bezeichnet** ist, ohne Rücksicht darauf, ob er auch das Beförderungsgut zur freien Verfügung erhält oder vom Absender für den Empfänger gehalten wird (**EE 44** 213; **RG JW 27** 2418). Er muß aber wirklich existieren, **VAE 38** 279; s. auch § 57 Anm. 10. Bei Vollkaufmann genügt Angabe der im Handelsregister eingetragenen Firma (Literatur: *Rundnagel,* BefGesch. § 32 S. 125 Anm. 3). Angabe des Vornamens des Empfängers ist nicht ausdrücklich verlangt. Ist sie aber zur Individualisierung erforderlich, und entstehen durch ihr Fehlen Nachteile, so trägt Absender alle Folgen. Deutsche Bezeichnung kann nicht verlangt werden, wenn Firma in fremder Sprache eingetragen ist; s. Abs. 10. Bezüglich Sendungen an Güterabfertigungen s. ABest. II.

Ungenaue Angaben über Empfänger gehen zu Lasten des Absenders (**OLG Naumburg EE 47** 360). Zu weitgehend belastet die Eisenbahn **RG** in **EE 47** 173; ebenso **EE 39** 206. S. im einzelnen § 57 Anm. 5.

4. Siehe § 55 Anm. 3. Begebbare Frachtbriefe kennt die EVO nicht, **VZ 35** 480.

5. **Benennung** der Güter **nach** der Aufführung im **Tarif;** s. auch Anm. 10. Die Güterklassifikation des deutschen Eisenbahngütertarifs ist drucktechnisch jetzt so gestaltet, daß der Absender daraus die für die Inhaltsangabe im Frachtbrief zutreffende Wortfassung unmittelbar ablesen kann; sonst **handelsübliche Bezeichnung,** diese aber **ihrer Art entsprechend (nicht Phantasienamen).** Gebräuchliche **Abkürzungen** sind gestattet, müssen aber erkennen lassen, was der Absender gewollt hat (**EE 44** 216, **45** 216; **RG 107** 262, **113** 274; **JW 26** 687). **Verwendungszweck** ist anzugeben, wenn der Tarif es verlangt (**EE 30** 529, **44** 78, **46** 302; **JW 14** 533, **26** 1355). **Angabe in den Begleitpapieren genügt nicht** (**EE 22** 378); vgl. hierzu § 57 Anm. 2, § 70 (2), namentlich Anm. 8 und 11.

6. Die Angabe des Gewichts ist im Gegensatz zu der Unterbringung in Abs. 1 des § 56 entweder gar nicht Sache des Absenders (Stückgüter, die von der Eisenbahn verladen werden, § 58 (4), Gewichtsangabe durch den Absender höchstens freiwillig) oder kann von ihm auf Antrag, aber auch schon durch bloße Nichtangabe auf die Eisenbahn abgewälzt werden, § 58 (5); Ausnahme nur, wenn Verwiegung betrieblich, nach der Beschaffenheit des Gutes oder den vorhandenen Wiegeeinrichtungen nicht möglich. Richtig müßte es also heißen: . . . „die Angabe des Gewichts, soweit nicht die Eisenbahn nach § 58 (4) und (5) zur Verwiegung verpflichtet ist". Berücksichtigt man auch noch § 58 (5) letzter Satz, so gehört die Gewichtsangabe überhaupt zu den „Kann"-Vorschriften in Abs. 2, außer bei Gütern von außergewöhnlicher, die Verwiegung ausschließender Beschaffenheit.

7. Wenn nicht das Gewicht, sondern z. B. die volle Auslastung für die Anwendung des Tarifs wesentlich ist, z. B. Vermerk: „Laderaum voll ausgenutzt" in DEGT Teil II Heft C Abschn. B Ziff. 27 c).

8. Der Vorbehalt des § 58 (4) und (5), der die Vorschrift als „Muß"-bestimmung hinfällig macht, gilt selbstverständlich auch hier, vgl. das über die Gewichtsangabe zu Anm. 6 Gesagte.

9. Vgl. § 62 (1) und (7), für die auf den Güterwagen bezogenen Angaben § 56 ABest. VI.

10. Benennung muß bei Gütern der Anlage C **wörtlich** übereinstimmen (**RG 96** 277), sonst braucht sie nach einer durch die Änderung des § 70 überholten und dem Massenbetrieb der Eisenbahn nicht gerecht werdenden Rechtsprechung (*Heinze,* **VZ 41** 157) nur so genau zu sein, daß sie dem Beamten bei sorgfältiger Prüfung eine genügende Unterlage für die Anwendung der entsprechenden Tarifstelle bietet und bei vernünftiger Auslegung Zweifel über die anzuwendende Tarifstelle ausschließt (**RG 107** 26, 113, 274; **EE 40** 287, **44** 78, **46** 302, **48** 284). Da die EVO in den Anforderungen zwischen Gütern der Anlage C und den im Tarif aufgeführten nicht mehr unterscheidet, ist eine solche Differenzierung nicht haltbar, so auch *Goltermann,* Anm. 13. Bezüglich der Benennung der Hölzer vgl. **RG 64** 123; **VZ 27** 580, **32** 184. Bezüglich Sammelladungen vgl. **EE 23** 137, 251, 257, **24** 291, **25** 147. Eine **Rückfragepflicht** des annehmenden Beamten ist **zu verneinen** (**RG Recht** 1919 Nr. 2166; a. M. **RG 113** 274).

Über die Gültigkeit des Frachtvertrags bei unrichtiger Inhaltsangabe s. *Wilhelmy,* **VZ 23** 135. Über **nachträgliche Berichtigung** der Inhaltsangabe s. *Nottebohm,* **VZ 25** 1348, **EE 40** 40.

11. Zur Inhaltsangabe gehört, wenn ermäßigter Tarif beansprucht wird, ggf. der Verwendungszweck, **RG 84** 237, auch sonstige vom Tarif hierfür geforderte Angaben [§ 70 (2) Satz 2, dort als **„Erklärungen"** bezeichnet], s. § 70 Anm. 11.

12. Für die Unterschrift gilt Abs. 10 (**EE 38** 212). Zugelassen ist auch Unterzeichnung mit dem Namen des Vertretenen durch einen bevollmächtigten Vertreter (Plenarentscheidung **RG 74** 69). Für diese **Vollmacht** ist eine Form nicht vorgeschrieben; sie kann auch nachträglich erklärt werden. Geschieht dies nicht, so wird nicht etwa der Unterschreibende Absender; **JW 27** 864 (unrichtig **EE 33** 76, **34** 99); **RG 99** 245 (richtig **RG** in ZfKleinb. **20** 325; **EE 34** 90, **35** 353). Der **ohne Vollmacht** mit fremdem Namen Unterschreibende haftet der Eisenbahn nach § 179 BGB (Erfüllung oder Schadensersatz; **VR 1** 51; *Seybold,* Der Absender im Eisenbahnstrafrecht, **VR 4** 4). **Rollkutscher** sind grundsätzlich **nicht Vertreter** des Absenders; sie sind also zur Abänderung von Frachtbriefen nicht bevollmächtigt. Doch s. oben **RG 74** 69. Unzulässig ist die Unterschrift Spediteur A. für Firma B. oder Firma A. und Spediteur B. (s. **EE 10** 173, **19** 144, **21** 127, **23** 10). Schriftgetreue Nachbildung wird nicht verlangt (s. auch Abs. 10). Beifügung von reklameartigen Zusätzen (z. B. Geschäftsumfang, Preismedaillen) unstatthaft. Firmen unterzeichnen lediglich mit der **Firma,** die der **Eintragung ins Handelsregister entsprechen** muß (**EE 34** 90), **Prokuristen** mit Zusatz *p. p.* (HGB § 51), **Handlungsbevollmächtigte** „In Vollmacht" oder „Als Bevollmächtigter". Fälschung der Unterschrift des Absenders strafrechtlich verfolgbar (s. **EE 31** 230). Über Mißbrauch von Frachtbriefen mit Blankounterschriften s. *Seybold,* aaO. **Ausfüllung durch Eisenbahn,** s. EVO § 57.

Gegenbeweis, daß frachtbriefmäßiger Absender nicht der wirkliche Absender ist, ist **nicht zulässig,** auch wenn der Eisenbahn der Sachverhalt bekannt ist (*Kittel,* § 56 Anm. 15; *Beck,* **EE 53** 101; **EE 38** 132, **34** 90, **35** 335, **44** 212).

Im Sammelladeverkehr gilt der Verkehrsführer als alleiniger Absender; s. **VAE 36** 260.

13. Kannvorschrift. Abs. 2 bezieht sich nicht nur auf „Kannvermerke", sondern **auch** auf **solche,** die in EVO oder den Tarifen **für einen bestimmten Zweck vorgeschrieben** sind (Begr.). Werden sie nicht eingetragen, treten die entsprechenden rechtlichen Wirkungen nicht ein.

14. Es genügt der Vermerk: „Bahnstation" in der Spalte Erklärungen; **OLG Hamm EE 41** 45; *Goltermann,* Anm. 19, *Finger,* Anm. 18, a. M. *Weirauch,* in der Vorauflage; eine andere Deutung kann in dieser Spalte wohl kaum dafür gefunden werden, doch ist *Weirauch* zuzugeben, daß Zweifel nach § 57 zu Lasten des Absenders gehen und die Eisenbahn bei der Annahme verlangen kann, daß der Absender eine dem Wortlaut des Tarifs nicht entsprechende Angabe oder Erklärung in den tarifmäßigen Wortlaut umändert (was selbstverständlich — § 226 BGB — nicht zur Schikane führen darf, wenn auch bei der von Absender gewählten Fassung Zweifel ausgeschlossen sind).

15. Wegevorschrift bis dorthin auch hier **unbeachtlich** (*Reindl,* **VZ 98** 1165, **99** 213, 449, 681; **RG 18** 171; **VAE 37** 88).

16. Aufhebung nur durch nachträgliche Verfügung des Absenders [§ 76 (1)]. **Gegenwart des Empfängers** kann **nicht** vorgeschrieben werden (**EE 30** 102).

17. S. **VAE 37** 88. Vorschrift geschieht durch Angabe von Bahnhöfen, auf denen z. B. eine Zollbehandlung, oder Tränkung und Fütterung von Tieren stattfinden soll, oder die als Unterwegsstationen bezeichnet werden. Der **Vermerk „Frei bis** Bahnhof" ist **keine Wegevorschrift** (s. § 69 Anm. 7).

18. Unzulässig sind vor allem **Eintragungen, die mit** den Bestimmungen **der EVO im Widerspruch** stehen, z. B. Vermerke über Haftung, Frachtberechnung; auch **Anweisungen über** die **Behandlung** des Gutes sind **unbeachtlich** (s. **EE 30** 190, **31** 113, **35** 63, **40** 290); s. dazu *Kittel,* § 56 Anm. 23. Früher war dies durch eine ABest. XI zu § 56 ausdrücklich gesagt; **KG EE 31** 314 (114) trug dem Rechnung, verpflichtete aber die Eisenbahn zur Beachtung auf dem Gut angebrachter Hinweise wie „nicht stürzen", was bei dem Massenbetrieb der Eisenbahn zu weit geht, s. § 83 Anm. 39. *Finger,* Bem. 20 zu § 56, will dieser Entscheidung entnehmen, daß auch „tariflich zugelassene" Frachtbriefvorschriften über die Verlade- oder Beförderungsweise unverbindlich seien, was in Widerspruch zu § 56 (3) stehen würde.

Die **Einstellungsbedingungen für Privatwagen** sehen in ihrem § 7 (3) einen in die Spalte „Andere vorgeschriebene oder zulässige Erklärungen" des Frachtbriefs aufzunehmenden Antrag auf „besondere Gewährleistung der fristgemäßen Ablieferung" vor, der, da die Einstellungsbedingungen nicht zum Tarif gehören (vgl. Anm. 8 zu § 3), **streng genommen unzulässig** ist. Im übrigen ist das **System** der bis zum Buchstaben u reichenden, aber trotzdem nicht abschließenden Aufführung tariflich zugelassener Angaben oder Erklärungen in § 56 **wenig glücklich;** wegen der dauernden Änderungen gehören sie besser in eine ABest. Die jetzige **ABest. XIV,** die nur eine der vielen in § 56 nicht aufgeführten Erklärungen (weitere bei *Finger,* Anm. 20) enthält, birgt eine **kaum dorthin gehörige Regelung der Beeisung,** die im übrigen den auffälligen **Widerspruch** aufweist, daß einmal von einer „eigenen Verantwortung" der Eisenbahn gesprochen, kurz darauf aber jede Haftung für unsachgemäße Beeisung abgelehnt wird, was mit § 458 (2) Satz 2 **HGB kaum vereinbar** sein dürfte.

19. Auch der sog. **Ursprungsfrachtbrief** darf nur beigefügt werden, wenn der Tarif es zuläßt, z. B. bei Reexpeditionstarifen (*Rundnagel,* BefGesch. S. 316). **Durch diese Vorschrift soll die Eisenbahn** vor unzumutbarer Belastung durch mitgegebene Schriftstücke **geschützt werden; sie kann aber** auf die zu ihren Gunsten erlassene Beschränkung aus kundendienstlichen Gründen **verzichten,** muß dies freilich (§ 6) allen Kunden gegenüber gleichmäßig tun. Auf einem ganz anderen Blatt steht die Beschränkung durch das Postregal, s. Anm. 20, 21.

20. *Weirauch* in der Vorauflage und *Finger,* Bem. 22, auch *Goltermann,* Anm. 23 halten die Beifügung von **Rechnungen** für unzulässig, und zwar sowohl wegen Nichtaufführung im Tarif (s. dazu Anm. 19 und 21) und wegen Verstoßes gegen das Postregal. Das letztere trifft aber nur zu, wenn die Rechnungen in verschlossenen Briefen enthalten sind; bei unverschlossenen verbietet Art. 3 des Änderungsges. zum Postges. nur spezielle „Anstalten" zur Beförderung unverschlossener Briefe. Welchen Sinn **die Worte „dürfen nur das Frachtgeschäft betreffen"** haben, ist **dunkel;** wenn lediglich die im Tarif zugelassenen in Frage kommen, wäre das eine (unverständliche) Bindung des Tarifs selbst, nicht aber des Absenders, der ja ohnehin durch den Tarif eingeschränkt ist. Sollen aber andere gemeint sein, die außerhalb des Tarifs zugelassen werden (s. Anm. 21), dann ist die Auslegung von Finger (Bem. 22), nach der die Eintragungen und Schriftstücke **nur das Verhältnis Absender—Eisenbahn** betreffen dürfen, **zu eng.** Für die Eintragungen wird sie, was auch *Finger* aufgefallen ist, durch § 56 (6), den er als „Ausnahme" bezeichnet, widerlegt (offenbar ist es doch eine durch Beispiele erhärtete Regel!); für die Schriftstücke besteht jedenfalls kein kundendienstliches Interesse der Eisenbahn an einer so engen Auslegung, zumal § 1 (3) des Postges. von beigefügten Schriftstücken spricht, die „den Inhalt der Sendung" betreffen.

21. Das beweist, daß die **Eisebahn nicht gehindert** ist, **solche Frachtbriefe anzunehmen;** sie wird nur nicht daraus verpflichtet. Was für die Angaben und Erklärungen gilt, muß **auch für** die **Schriftstücke** zutreffen, soweit nicht das Postregal entegegensteht. **Inwieweit** die **Eisenbahn für** die beigegebenen **Schriftstücke haftet,** darüber besagt § 56 nichts, s. § 65 (2). Nach *v. Nanassy,* 3 zu Art. 6 § 8 haftet die Eisenbahn für Schriftstücke, die im Tarif nicht zugelassen sind, nicht, selbst wenn sie im Frachtbrief aufgeführt sind; dazu kommt man, wenn man § 56 (3) (wie Art. 6 § 8 CIM) als gesetzliches Verbot ansieht, dessen Übertretung nach § 134 BGB Nichtigkeit des stillschweigend (durch Duldung) zustande gekommenen Beförderungsvertrags über das Schriftstück nach sich zieht; zu demselben Ergebnis kommt man zwangloser durch die Annahme (Gefälligkeit!) eines stillschweigenden Haftungsausschlusses; *v. Nanassy* bezieht sich auf Art. 13 § 2 CIM = § 65 (2) EVO, der aber nicht direkt, sondern nur analog anwendbar wäre.

22. Für gewisse Eintragungen sind **im Frachtbrief „Stellen" vorgesehen;** diese hat der Absender zu benutzen. Nichtbeachtung einer an falscher Stelle eingetragenen wesentlichen Vorschrift (z. B. Nachnahme) begründet keine Haftung der Eisenbahn. **Absender haftet** gemäß § 57 **für die örtlich falsche Eintragung.** Da, wo keine besondere „Stelle" vorgeschrieben, genügt deutliche Eintragung; s. § 67 Anm. 7. Die **Begr.** zur EVO § 57 besagt: „Zur Erleichterung für die Verfrachter ist es bei dem bisherigen deutschen Rechtszustand verblieben, wonach der Absender abweichend von Art. 7 § 1 S. 2 JÜG nicht für die Folgen haftet, die daraus entstehen, daß Angaben und Erklärungen nicht an der für sie vorgesehenen Stelle eingetragen sind." Die bisherige Rechtsansicht *entsprach dem nicht;* s. *Richter,* § 56 Anm. 2 b, aber auch § 57 Anm. 1. Bei der Hast des Massenbetriebs wird man auch weiterhin die Haftung des Absenders für örtlich falsche Eintragungen und Nichthaftung der Eisenbahn beim Übersehen für richtig halten. In besonders gelagerten Fällen Teilung des Schadens nach § 254 BGB; s. **EE 41 45, 25 379.** Wie hier *Finger,* 10 zu § 57, a. M. *Goltermann,* 7 zu § 57. Eine falsche Rechtsansicht der Begr., die in der EVO selbst nicht zum Ausdruck gekommen ist, ist jedenfalls nicht bindend. Für CIM vgl. *v. Nanassy,* 6 zu Art. 7 § 1.

23. Also Stückgut sowie Wagenladungen in den Ausnahmefällen (es sei denn ...) des Abs. 7. Die besonderen ABest. enthalten nähere Vorschriften.

24. Tintenstift und Kugelschreiber sind zugelassen; nicht aber Bleistift.

25. Pause auch auf Urstück zugelassen, nicht wie bisher nur auf dem Doppel (Begr.).

§ 57. *Haftung für die Angaben im Frachtbrief*

(1) Der Absender haftet[1] für die Richtigkeit der von ihm in den Frachtbrief aufgenommenen Angaben und Erklärungen[2—8]. Er trägt alle Folgen[9], die daraus entstehen, daß sie unrichtig[10], ungenau[11], unvollständig[12] oder unzulässig[13] sind.

(2) Die Haftung des Absenders[14] ändert sich nicht, wenn die Güterabfertigung auf seinen Antrag den Frachtbrief ausfüllt[15].

Schrifttum: (älteres durch die Änderung des § 70 z. T. überholt); *Bendix,* **EE 38** 97, **28** 144; *Weber,* **IZ 41** 125; *Heinze,* **VZ 42** 99, s. auch ebendort **41** 160.

1. Da Frachtbrief einseitige Erklärung des **Absenders** über den von ihm beabsichtigten Frachtvertrag (s. § 55 Anm. 3), **haftet** er für seine Angaben **auch ohne Verschulden** (*Rundnagel,* BefGesch. S. 132; **RG 96** 281, **108** 408, **37** 11).

2. Haftung gilt vor allem hinsichtlich der Bezeichnung des Empfängers, der Bestimmungsstation und des Gutes. Falsche Bezeichnung des Gutes hat entsprechende **Frachtberechnung** zur Folge (**VZ 26** 921; **EE 46** 70, **35** 163; **VAE 36** 323); *Nottebohm* (**VZ 26** 1252, **28** 387); bezüglich der Tarife s. § 56 Anm. 5 u. 10; bezüglich Frachtzuschlags § 60 Anm. 2; **RG 104** 345. Bezüglich der erhobenen Fracht enthält § 70 Abs. 2 eine wesentliche Milderung der Haftung des Absenders für seine Angaben. Er schließt dann auch den Gegenbeweis aus, soweit er die Frachterstattung einschränkt, s. Anm. 3.

3. Schon § 56 unterscheidet zwischen **„Angaben"** und **„Erklärungen"** im Frachtbrief, wobei allerdings der Begriff „Angaben" gelegentlich die „Erklärungen" mit umfaßt; so fällt unter die Angaben nach dessen Abs. 1 Satz 1 auch eine etwaige Erklärung über den Verwendungszweck des Inhalts, s. dort Anm. 11. Begrifflich sind Angaben Benennungen von Tatsachen, Erklärungen Willensäußerungen; als solche können die Tatsachenangaben berichtigt, die Erklärungen angefochten werden. § 70 (2) meint aber mit den von ihm erwähnten „besonderen Erklärungen" für eine günstigere Frachtberechnung auch Tatsachenangaben wie „Laderaum voll ausgenutzt" (s. § 56 Anm. 7, § 70 Anm. 10); für solche „Erklärungen" gilt das von Tatsachen Gesagte. **Berichtigung** oder Gegenbeweis gegen die Tatsachenangaben des Frachtbriefs sind **nur in dem von der EVO gesteckten Rahmen** (§§ 60, 70) zulässig (lex specialis). **Dasselbe** gilt von der **Anfechtung von Willenserklärungen,** wobei auch hier die Grenze zwischen solchen und Tatsachenangaben nur im Einzelfall zu bestimmen ist. So sind z. B. „Angaben" über Empfänger oder Bestimmungsbahnhof im Rahmen des Frachtvertrags wohl als Willensäußerungen anzusehen, doch ist dies praktisch ohne Belang, da dem Absender hier nur der Weg der nachträglichen Verfügung (§ 72) offensteht, der als Spezialregelung die Irrtumsanfechtung ausschließt. Wegen Berichtigung s. auch Anm. 7.

4. Der in der EVO von 1928 gemachte Versuch einer besonderen Irrtumsregelung bei Vertragsstrafe (§ 60) und Frachtberechnung (§ 70) ist wieder aufgegeben worden. Sie hat sich nicht bewährt (Begr. zu §§ 60 und 70); *Wißmann,* Verkehrstechnik 1928 S. 783; *v. d. Leyen,* **JW 28** 2313; *Friebe,* **VZ 33** 833; *Nießen,* **VZ 36** 492.

5. **Inwieweit Eisenbahn** eine **Prüfungspflicht** hat, ist nur nach den Besonderheiten des Einzelfalls unter Berücksichtigung des Massenbetriebs der Eisenbahn zu beurteilen (§ 254 BGB, s. auch Anm. 15), vgl. *Rundnagel,* BefGesch. S. 320; *Adolph,* S. 32, **RG 96** 278; **EE 43** 316, **24** 291, **23** 114; **RG 37** 12, **67** 276, 288, 289; s. auch **IZ 27** 340, **39** 55, **42** 222. Annahme eines Frachtbriefes mit nicht genauer Bahnhofsangabe ist noch kein Verschulden der Eisenbahn (*Senckpiehl,* Verkehr 21 Nr. 1; **EE 16** 14, **20** 161, **47** 367, s. auch **EE 26** 253, **32** 65, **RG EE 40** 125: Annahme in *Kenntnis* der falschen Adressierung *grobes* Verschulden der Eisenbahn, die nach § 254 den *überwiegenden* Teil des Schadens zu tragen hat).

6. Über **Eintragungen an unrichtiger Stelle** s. § 56 Anm. 22.

7. Über **Berichtigung** des Frachtbriefes s. **EE 13** 65, **23** 237, **25** 237.

8. Angaben des Absenders im Frachtbrief **liefern Beweis gegen die Eisenbahn** nur dann, wenn diese Nachprüfung vorgenommen hat oder dazu verpflichtet war (EVO § 58, **EE 25** 194, **24** 372, **21** 164, 251, **42** 75; auch **21** 265).

9. Zwischen „haftet" in Satz 1 und „trägt alle Folgen" in Satz 2 besteht kein sachlicher Unterschied; aus beiden Sätzen könnte unter Weglassung eines der beiden Zeitwörter einer gemacht werden. Die **Folgen müssen** aber **im ursächlichen Zusammenhang stehen** mit der Unrichtigkeit, Ungenauigkeit usw. der Angaben (**RG 104** 345). Es fallen hierunter: Frachtunterschiede (s. **EE 21** 9, **23** 137, 237, **24** 291, **25** 120); Frachtzuschlag; Ersatz des der Eisenbahn oder Dritten (**EE 3** 289), alleinige Tragung des ihm selbst entstandenen Schadens; strafrechtliche Folgen; Zollstrafen (**EE 18** 261) usw.; zum Teil abw. *Rundnagel,* Haftung S. 86 Anm. 14. *Senckpiehl* (Der Verkehr Nr. 39/1922) will als „Folgen" nur diejenigen anerkennen, die von der Eigenart des Gutes herrühren, nicht aber falsche Frachtberechnung. Eine derartige Unterscheidung entbehrt jeder Begründung. Streitig ist, ob Absender auch für die durch seine Angaben verursachten Folgen des Verlustes, der Beschädigung und der Lieferfristüberschreitung haftet. Dies wird unter Hinweis auf die erschöpfende Regelung des § 82 EVO verneint von *Rundnagel,* BefGesch. § 136 Anm. 7; **EE 40** 2; *Rundnagel-Sperber,* S. 67 Anm. 14; a. A. *Kittel,* § 57 Anm. 3. Weitere Schrifttumsangaben bei *v. Nanassy,* 8 zu Art. 7 § 1, der es als selbstverständlich bezeichnet, daß gleichzeitig die Haftung der Eisenbahn für die aus diesem Grunde verursachten Transport- oder Verzugsschäden entfällt. Der Streit dürfte gegenstandslos sein, soweit es sich um Sachschäden aus der Beförderung handelt, da § 82 (1) die Haftung für durch Verschulden des Verfügungsberechtigten und seine von der Eisenbahn nicht verschuldete Anweisung ausschließt, was auch (s. Anm. 12) eine unterlassene Anweisung mit einbeziehen dürfte. Für die Lieferfrist fordert allerdings § 82 (2), daß ihre Überschreitung von der Eisenbahn nicht abgewendet werden konnte. Mit *Weirauch* in der Vorauflage und wohl auch *Finger,* Anm. 4, muß hier der Spezialregelung der §§ 82 ff. der Vorrang zuerkannt werden, doch wird die Anwendung des § 254 BGB auch hier die Streitfrage kaum je praktisch werden lassen.

10. = **Objektiv falsch, RG 67** 276, **107** 26; **EE 57** 3 u. 376. Falsche Inhaltsangabe zwecks Erschleichung der Beförderung ist, da nur Vermögensgefährdung vorliegt, kein Betrug (**RGSt 9** 168). Absichtlich falsche Angabe über Gewicht und Stückzahl ist Betrug, **VZ 39** 345; **RGSt. 42** 40; **IZ 39** 250, **40** 110. Daß im Falle unvollständiger oder unrichtiger Frachtbriefangabe ein Frachtvertrag nicht zustande kommt, ist der EVO nicht zu entnehmen (**RG 104** 345). Demgemäß ist sogar ein Frachtvertrag und Haftung der Eisenbahn angenommen worden, wenn Absender das Gut falsch bezeichnet (Zigaretten als Papier) oder gar nicht im Frachtbrief aufgeführt hat (Kognak in Pferdefutter); s. **EE 40** 2.

11. Die **Ungenauigkeit darf** aber **nicht auf unklarer Fassung der Tarife fußen** (s. **EE 21** 15, 30 u. 78, **19** 55). Diese hat Eisenbahn zu vertreten (s. § 6 Anm. 5).

12. Vervollständigungen oder Änderungen durch Dritte, namentlich Eisenbahnbedienstete, gehen dann nicht zu seinen Lasten, wenn er keine Kenntnis von ihnen hat oder ihnen nicht zustimmt (Literatur bei *Rundnagel,* BefGesch. § 99 Anm. 4); s. **EE 13** 65, **23** 237, **28** 145; **RG 37** 10. Bezüglich der Kutscher s. § 56 Anm. 12. **Unvollständig** sind die Angaben des Frachtbriefs **auch** dann, **wenn einzelne** völlig **fehlen.** Der Satz 1 des Abs. 1, der nur von „aufgenommenen" Angaben und Erklärungen spricht, wird insoweit durch Satz 2 ergänzt.

13. S. § 56 Anm. 18.

14. § 57 spricht nur von der **Haftung des Absenders,** doch ist dies **nicht so zu verstehen, daß** nur er und **nicht auch** der **Empfänger** nach Annahme des Frachtbriefs die Folgen trägt. Hinsichtlich des **Frachtzuschlags** ist der Empfänger nach der Sonderregelung des § 60 (4) sogar der allein Verpflichtete, wenn er die Anwendungsbedingung eines nach der Inhaltsangabe im Frachtbrief in Anspruch genommenen ermäßigten Tarifs (dazu gehört auch die Erklärung des Absenders über den Verwendungszweck, § 56 Anm. 11) nicht erfüllt. Für **Frachtnachzahlung und -erstattung** s § 70 (3) und (4).

15. Güterabfertigung gilt als **Beauftragte des Absenders** (**EE 20** 161), unentgeltlicher Vorvertrag. Haftung nach § 278 BGB, aber § 57 Abs. 1 gilt daneben und zwar insoweit, als die Eintragungen auf mangelhaften Absendermitteilungen an den Beauftragten beruhen, ohne daß dieser in der Lage war, die Mangelhaftigkeit zu erkennen und ihr durch Befragung des Absenders abzuhelfen, wozu er verpflichtet ist (**RG EE 40** 125).

§ 58. *Prüfung des Inhalts der Sendung, Feststellung von Anzahl und Gewicht*

(1) Die Eisenbahn ist berechtigt[1] nachzuprüfen[2], ob die Sendung mit den Eintragungen im Frachtbrief übereinstimmt und ob die Sicherheitsvorschriften der Anlage C eingehalten sind. Gebühren darf sie hierfür nicht erheben[3]. Auf einem Unterwegsbahnhof darf die Eisenbahn den Inhalt jedoch nur dann nachprüfen, wenn die Erfordernisse des Betriebs oder Vorschriften der Zoll- oder sonstigen Verwaltungsbehörden es verlangen[4].

(2) Zur Prüfung des Inhalts ist auf dem Versandbahnhof der Absender, auf dem Bestimmungsbahnhof der Empfänger einzuladen[5]. Erscheint der Berechtigte nicht oder wird die Prüfung auf einem Unterwegsbahnhof vorgenommen, so sind zwei Zeugen zuzuziehen; als solche dürfen Eisenbahnbedienstete nur dann verwendet werden, wenn keine anderen Personen zur Verfügung stehen[5]. Weicht das Ergebnis der Nachprüfung von den Eintragungen im Frachtbrief ab, so ist es auf diesem zu vermerken. Geschieht die Nachprüfung auf dem Versandbahnhof, so ist der Vermerk auch auf das etwa ausgestellte

Frachtbriefdoppel zu setzen, wenn es sich noch in den Händen der Eisenbahn befindet. Wenn die Sendung den Eintragungen im Frachtbrief nicht entspricht, so haften die durch die Nachprüfung verursachten Kosten auf dem Gute, falls sie nicht sofort beglichen werden[5].

(3) Die Eisenbahn kann auch nach der Ablieferung des Gutes den Nachweis der Richtigkeit der Frachtbriefangaben fordern, wenn der Verdacht besteht, daß sie unrichtig sind[6]. Absender und Empfänger haben hierzu der Eisenbahn die Einsicht in ihre Geschäftsbücher und sonstigen Unterlagen zu gestatten.

I. Die Einsichtnahme in die Geschäftsbücher und sonstigen Unterlagen darf nur in den Geschäftsräumen oder der Wohnung des Absenders oder Empfängers gefordert werden.

(4) Bei Stückgütern[7], die von der Eisenbahn verladen werden, ist diese verpflichtet, Anzahl und Gewicht bei der Annahme gebührenfrei festzustellen[8]. Dem Absender oder dessen Beauftragten steht es frei, der Feststellung beizuwohnen[9]. Die Eisenbahn kann von der Verwiegung absehen oder bei gleichartigen Stücken Probeverwiegungen vornehmen, wenn der Absender das Gewicht in den Frachtbrief eingetragen und die Nachwiegung nicht im Frachtbrief verlangt hat.

(5) Bei allen anderen Sendungen[10] ist die Eisenbahn auf Antrag des Absenders im Frachtbrief verpflichtet, das Gewicht und die Stückzahl[11] festzustellen, es sei denn, daß die vorhandenen Wiegevorrichtungen nicht ausreichen oder die Beschaffenheit des Gutes oder die Betriebsverhältnisse die Feststellung nicht gestatten. Das Gewicht[12] hat die Eisenbahn auch ohne Antrag festzustellen, wenn es im Frachtbrief nicht angegeben ist. Für die Feststellung des Gewichts und der Stückzahl ist die tarifmäßige Gebühr zu zahlen. Kann das Gewicht auf dem Versandbahnhof nicht festgestellt werden, so geschieht es auf einem anderen Bahnhof[13].

II. Der Antrag auf Feststellung des Gewichts oder der Stückzahl ist im Frachtbrief unter „Andere vorgeschriebene oder zulässige Erklärungen" zu vermerken[11]. Das Wiegegeld und die Zählgebühr sind im Nebengebührentarif(Teil I Abteilung B) festgesetzt.

III. Bei den vom Absender verladenen Sendungen aus ungleich tarifierten Gütern ist die Eisenbahn nur zur Feststellung des Gesamtgewichts verpflichtet, auch wenn das Gewicht für die einzelnen Güter getrennt angegeben ist. Weicht des amtlich ermittelte Gesamtgewicht von der Summe der angegebenen Einzelgewichte ab, so ist zur Frachtberechnung als Mehrgewicht dem Gewicht des höchsttarifierten Gutes zuzuschlagen, das Mindergewicht von dem Gewicht des niedrigsttarifierten Gutes und, wenn dieses nicht ausreicht, der Rest des Minder-

gewichts von dem Gewicht der nächst höher tarifierten Güter abzuziehen.

(6) Der Absender kann bei der Aufgabe verlangen, daß ihm Gelegenheit geboten wird, der Feststellung der Stückzahl und des Gewichts beizuwohnen[14], wenn dies auf dem Versandbahnhof geschieht. Stellt er ein solches Verlangen nicht oder versäumt er die ihm gebotene Gelegenheit, so hat er, wenn die Feststellung auf seinen Antrag wiederholt wird, die tarifmäßige Gebühr nochmals zu zahlen.

(7) Die Eisenbahn kann die Wagenladungen sowie Stückgüter, die der Absender zu verladen hat, auf der Gleiswaage verwiegen. Als Eigengewicht des Wagens kann hierbei das am Wagen angeschriebene Gewicht zugrunde gelegt werden. Jedoch ist einem Antrag des Verfügungsberechtigten auf Verwiegung des leeren Wagens zu entsprechen, wenn nicht zwingende Gründe des Betriebs entgegenstehen. Ob und welche Gebühr zu erheben ist, bestimmt der Tarif. Ergibt die ohne Antrag des Absenders vorgenommene Nachwiegung der Güter keine größere Abweichung als zwei vom Hundert des im Frachtbrief angegebenen Gewichts, so wird dieses Gewicht für die Frachtberechnung als richtig angenommen[15].

IV. Ergibt die bahnamtliche Gewichtsfeststellung gegenüber dem im Frachttarif eingetragenen Gewicht eine Abweichung und ist diese offenbar durch Witterungseinflüsse währen der Beförderung oder durch die eigentümliche natürliche Beschaffenheit des Gutes verursacht, so wird das im Frachtbrief eingetragene Gewicht für die Frachtberechnung als richtig angenommen[15].

V. Ergibt die von dem Verfügungsberechtigten beantragte Feststellung des Eigengewichts eines Wagens keine größere Abweichung als zwei vom Hundert des angeschriebenen Eigengewichts, so wird Wiegegeld erhoben.

VI. Für Güter in Behälterwagen wird die Ermittlung des wirklichen Rohgewichts der Sendung, wenn das durch Verwiegung auf der Gleiswaage ermittelte Gewicht des Wagens einschließlich etwaiger Ladungsrückstände das angeschriebene Eigengewicht um nicht mehr als zwei vom Hundert übersteigt, das ermittelte Gewicht des Wagens, bei größeren Mehrgewichten das angeschriebene Eigengewicht zugrunde gelegt.

In beiden Fällen wird, wenn der Verfügungsberechtigte Antrag auf Verwiegung gestellt hat, Wiegegeld erhoben.

VII. Die Eisenbahn kann Verwiegungen auf Privatgleiswagen durch Gefolgschaftsmitglieder des Absenders oder des Empfängers zulassen, die von ihr auf das Eisenbahninteresse verpflichtet sind[8].

Ist das Gewicht der Wagenladungsgüter oder der vom Absender verladenen Stückgüter auf einer Privatgleisanlage mit bahnamtlicher Gültigkeit ermittelt und ergibt eine auf dem Versandbahnhof von der Eisenbahn auf der Gleiswaage vorgenommene Nachwiegung eine größere Abweichung als zwei vom Hundert des im Frachtbrief angegebenen Gewichts, so wird das bei der Nachwiegung durch die Eisenbahn ermittelte Gewicht für die Frachtberechnung als richtig angenommen[15].

(8) Die Feststellung des Gewichts und der Stückzahl hat die Eisenbahn auf dem Frachtbrief zu bescheinigen[16]. Geschieht die Feststellung auf dem Versandbahnhof, so ist die Bescheinigung auch auf das Frachtbriefdoppel zu setzen, wenn es sich in den Händen der Eisenbahn befindet[17].

VIII. Die Feststellung des Gewichts oder der Stückzahl wird handschriftlich oder durch Stempel bescheinigt[18]. *Wird das Gewicht durch Probeverwiegung ermittelt, so ist dies in der Bescheinigung auzudrükken. Die Bescheinigung des festgestellten Gewichts gilt auch dann nur für das Gesamtgewicht der Sendung, wenn der Absender das Gewicht nur für einen Teil der Sendung im Frachtbrief angegeben hat und die Eisenbahn auf Antrag das Gewicht des anderen Teils der Sendung dadurch ermittelt, daß das im Frachtbrief angegebene Teilgewicht von dem amtlich ermittelten Gesamtgewicht abgezogen wird. Für das Eintragen eines solchen Teilgewichts in dem Frachtbrief durch die Eisenbahn gilt § 57 (2).*

Schrifttum: *Reindl*, **VZ 00** 221; *Jahnke*, ebenda 27 107; *Senckpiehl*, **EE 22** 303; *Coening*, **EE 41** 1; *Mogk*, **VZ 31** 352; *Dichgans*, **VAE 37** 497; *Senckpiehl*, **EE 54** 7 (Nachprüfung nach Ablieferung).

1. Berechtigt ist jede an der Beförderung beteiligte Verwaltung; über den **Umfang der Prüfung** s. **EE** 22 17, 24 58; sie **erstreckt sich auch auf die Tragfähigkeit** des verwendeten Wagens (**EE** 22 17), **ferner** auf **alle** für die Frachtberechnung oder die Beachtung der Sicherheitsvorschriften oder den Eisenbahnbetrieb **erheblichen** sonstigen **Frachtbriefeintragungen,** z. B. ob die nach § 63 (1) b) oder c) gegebenen Anordnungen beachtet sind, also „gewisse Sendungen" den Frachtbriefangaben entsprechen. Unabhängig hiervon Nachprüfung der Innehaltung von Lademaß und Beladevorschriften sowie polizeilich, gerichtlich oder behördlich angeordnete Prüfungen. Da die Eisenbahn **nur das Recht, nicht die Pflicht zur Prüfung** hat, können ihr aus Nichtausübung dieses Rechtes keine Nachteile erwachsen (**EE 16** 38, **34** 107). **Prüfung vor Annahme** fällt nicht hierunter (vor Vertragsschluß). Sie ist aber zuzulassen wegen etwaiger Ablehnung der Beförderung. Der Charakter des Frachtvertrages als **Realvertrag** (4 vor § 53) hat zur Folge, daß er bei Diskrepanz zwischen Frachtbriefangaben und **Tatsachen** sich nach den letzteren richtet (vgl. § 54 Anm. 1), jedenfalls **zugunsten der Eisenbahn**; der Absender wird durch § 57 für seine **Frachtbriefeintragungen**

verantwortlich gemacht und kann daher deren Abweichung von den Tatsachen nur in dem von der EVO zugelassenen Umfange geltend machen (vgl. § 57 Anm. 3).

2. Form der Nachprüfung liegt im **Ermessen** der Eisenbahn, **EE 22** 17, **24** 58; sie muß aber **auf** die **Belange des Absenders Rücksicht nehmen** (s. Anm. 4); **Lieferfrist** wird **nicht verlängert,** außer in den Fällen des § 74 (7) a), e) und f). Besondere **Verdachtsgründe** brauchen nicht vorzuliegen, noch weniger nachgewiesen zu werden. Vgl. auch Anm. 6 am Ende.

3. Wohl aber Auslagen (Zeugengebühren).

4. Eingeführt im Interesse der Verfrachter (Begr.).

5. Empfänger ist zu laden auch vor Annahme des Frachtbriefes. Absender und Empfänger können Vertreter senden. *Weirauch* in der Vorauflage erklärt bei Verstoß gegen die Formvorschriften des Abs. 2 das Verfahren als *„nicht wirksam", Goltermann,* Anm. 4 und *Finger,* Bem. 5, meinen, der Verpflichtete brauche die Feststellung nicht gegen sich gelten zu lassen; *Weirauch* nahm hiervon allerdings ohne Begründung die „zwecks richtiger Frachtberechnung" vorgenommene Nachprüfung aus. Eine *„ordnungsgemäße Wiederholung" (Finger* aaO.) kann verlangt werden, solange sich das Gut noch im Besitze der Eisenbahn befindet, wobei ggf. an die Stelle des Absenders der Empfänger tritt. Geschieht dies nicht, so kann der im Frachtbrief beurkundeten Feststellung die Beweiskraft trotzdem kaum abgesprochen werden; die Verpflichtung, auf Eisenbahner nur im Notfall zurückzugreifen, ist ohnehin so auslegungsfähig, daß man das Ganze nicht als Form-, sondern als *Ordnungsvorschrift* ansehen muß, deren Folgen bei Nichtbeachtung sich aus *allgemeinen Regeln der Beweiswürdigung* ergeben. Die **Kosten** einer nicht ordnungsgemäß vorgenommenen Nachprüfung kann die Eisenbahn allerdings **nur** dann verlangen, **wenn** der Berechtigte sich **nachträglich** damit **einverstanden** erklärt. Zweifelnd **RG 62 276.** Die Verfahrensvorschriften für die aus anderm Anlaß vorgenommenen Nachprüfungen, z. B. Zoll-Polizei-Devisenkontrolle, richten sich nach den einschlägigen anderweiten Bestimmungen.

6. Ist der Verpflichtete dazu nicht in der Lage, folgt daraus noch nicht die Unrichtigkeit der Frachtbriefangaben (s. *Richter,* § 58 Anm. 1). Zur Offenlegung sind **nur die am Frachtvertrag Beteiligten** verpflichtet. Nach Ablauf der **Verjährungsfrist** kein Nachprüfungsrecht mehr. Hinsichtlich des *„Verdachts"* entbehrt die Bestimmung jeglicher Klarheit darüber, ob und welche Folgen eintreten, wenn er sich als ungerechtfertigt erweist, oder ob der Verpflichtete Glaubhaftmachung verlangen kann. Seine Erwähnung ist also überflüssig, vgl. auch **EE 54 7.**

7. Begrifflich sind **Stückgüter** einzelne Frachtstücke, die in der Regel auf dem Güterschuppen zur Beförderung übergeben werden. Gegensatz: **Wagenladungen,** für die ein Wagen zur Beladung gestellt wird. Doch ist die Abgrenzung, die nur abfertigungs- und frachttechnische Bedeutung hat, nicht scharf. Vgl. DEGT I B.

8. Die Verpflichtung zur Verwiegung ist nur eine **Nebenverpflichtung;** die Verwiegung erfolgt lediglich **zum Zwecke der Frachtberechnung** und zur Sicherung des Beweises über die Identität des Gutes, namentlich dessen Gewicht bei beendeter Beförderung (§§ 76, 93; **RG 106** 267). Daher stellt ein Versehen bei der Gewichtsfeststellung auch keine Verletzung der durch den Frachtvertrag begründeten Verpflichtungen dar, auch dann nicht, wenn z. B. nach Bahngewicht verkauft ist (s. § 70 Anm. 6); dies selbst bei Gewichtsfeststellung gegen Gebühr; auch nicht, wenn dadurch Zollschwierigkeiten entstehen [*arg.* EVO § 61 (3)]; s. *Senckpiehl,* **EE 22** 303, **26** 410, **20** 317, **32** 296; **SeuffArch. 69** 279, **76** 193. Abw. *Senckpiehl,* Haftung S. 77; *Reindl,* aaO., *Goltermann,* Anm. 7. Verwiegung bildet keinen besonderen Werkvertrag, für dessen nicht ordnungsmäßige Erfüllung die Bahn nach §§ 631 ff. BGB **haftet; VAE 39** 320, a. M. **OLG Hamm,** 13. 3. 53 — 6 U 291/52 — **DVZ** Nr. **66/53,** wie hier *Finger,* Bem. 13. **RG 106** 266 bejaht Haftung, wenn Eisenbahn wußte, daß infolge eines Fehlers der Waage das Gewicht falsch war, und sie dies dem Absender nicht mitteilte (vgl. dazu **EE 41** 1; ferner **EE 41** 143 und v. K. in **EE 42** 70). Bei **Abweichungen** der Gewichtsfeststellungen **im Versand und Empfang** muß die Eisenbahn beweisen, daß sie das ihr zur Beförderung übergebene Gut vollständig abgeliefert hat (s. **EE 14 357, 20 175, 317, 17 207, 11 114, 13 46). Für die Frachtberechnung** muß, wenn sich der Unterschied nicht aufklären läßt, das **geringere** Gewicht gelten. Denn vor allem liefert **bahnamtliche Gewichtsfeststellung** (auch auf Privatgleiswaagen nach ABest. VII) **Beweis** gem § 61 (3) **gegen die Eisenbahn selbst,** so etwa für Schadensersatzansprüche aus Gewichtsminderung während der Beförderung (**BGH 16** 217 = **IZ 1955** 317 mit Anm. von *Heinze).* Außervertragliche Ansprüche entfallen; Regelung dur EVO lex specialis. **Verwiegung außerhalb des Frachtvertrages** (z. B. Verwiegung von Vieh auf bahnamtlicher Waage für jedermann) ist **Werkvertrag;** Haftung nach BGB §§ 631 ff., 278 bei Verschulden.

9. Einladung nicht vorgeschrieben, außer bei Antrag nach § 58 (6). Wird dem Antrag nicht entsprochen, gilt das zu Anm. 5 Gesagte.

10. Den vom Absender verladenen, also hauptsächlich Wagenladungen.

11. Je nach Antrag, eins oder beides; nur das tatsächlich Festgestellte liefert Beweis, **EE 40 33, 30 198,** 453, s. § 61 Anm. 9.

12. Nicht auch die Stückzahl.

13. Einschließlich des Bestimmungsbahnhofs,

14. S. **EE** 40 33 und Anm. 5.

15. Anderenfalls gilt das durch Eisenbahn ermittelte Gewicht. Ausnahme: ABest. IV. Deren Inhalt gehört nicht in eine ABest, s. auch § 60 (2) c. Die **Vermutungen** (nicht Fiktionen) in Abs. 7 und ABest. IV und VII **gelten** über den Wortlaut „für die Frachtberechnung" hinaus **für den ganzen Frachtvertrag,** a. M. *Finger,* Bem. 27, hinsichtlich der Haftung der Bahn für Gewichtsverlust. Aber beides kann nicht verschieden gehandhabt werden; die Feststellung eines Gewichtsverlusts wäre nur bei Nachwiegung auf dem Bestimmungsbahnhof nach § 76 oder einer Erstverwiegung nach § 58

(5) letzter Satz möglich. Bei beiden müßte der Absender erst einmal nachweisen, welches Gewicht er verladen hat; das kann er mit Beweiskraft gegen die Verwiegung der Bahn nach § 61 (3) nur, wenn eine Eisenbahnverwiegung vorausgegangen ist (vgl. **BGH 16** 217). Hier gilt das zu Anm. 8 über das Abweichen der Versand- von der Empfangsverwiegung Gesagte. Beweist die Bahn, daß sie das zu Beförderung übergebene Gut vollständig abgeliefert hat (vgl. **IZ 1955** 317 mit Anm. v. *Heinze* als Sonderfall, wo das nicht möglich war), so ist die Frage, welche Verwiegung einheitlich für die Frachtberechnung maßgebend sein soll, eine solche der Beweiswürdigung . Haftet die Bahn für Gewichtsverlust, dann auch nach § 85 (1) für die Frachtdifferenz.

16. Fälschung s. **RGSt. 3** 169. Im übrigen s. Anm. 18.

17. **EE 43** 80.

18. Gegenbeweis **EE 21** 265; *Rundnagel,* BefGesch. S. 347.

§ 59. *Beladung der Wagen. Überlastung*

(1) Ob die Güter durch die Eisenbahn oder durch den Absender zu verladen sind, bestimmt der Tarif, soweit nicht diese Ordnung[1] Vorschriften darüber enthält oder eine besondere Vereinbarung[2] zwischen dem Absender[3] und der Eisenbahn[4] im Frachtbrief getroffen ist.

I. Welche Güter die Eisenbahn und welche der Absender zu verladen hat, ist im Abschnitt II der Allgemeinen Tarifvorschriften (Teil I Abteilung B) bestimmt.

(2) Für die Beladung der Wagen sind die angeschriebenen Höchstgrenzen (Lastgrenze oder Ladegewicht) maßgebend. Die Einzelheiten regelt der Tarif.

II. Die Vorschriften über die bei der Beladung zu beachtenden Höchstgrenzen (Lastgrenze oder Ladegewicht) sind in der Anlage I (Beladevorschriften) enthalten.

III. Wenn durch Absender weder der Laderaum onch das Ladegewicht (die Lastgrenze) des Wagens ausgenutzt wird, so hat die Eisenbahn das Recht, Zuladungen vorzunehmen.

(3) Wird auf dem Versandbahnhof bei einer vom Absender verladenen Sendung eine Wagenüberlastung, festgestellt, so kann die Eisenbahn vom Absender die Abladung des Übergewichts verlangen[5]. Geschieht dies nicht alsbald oder wird eine Überlastung auf einem Unterwegsbahnhof festgestellt, so wird das Übergewicht von der Eisenbahn auf Gefahr des Absenders abgeladen[6]. Der abgeladene Teil wird auf Lager genommen und dem Absender zur Verfügung gestellt[7]. Trifft dieser binnen der im Tarif vorgesehenen Frist keine Anweisung[8], so gilt § 80 (8) bis (10).

(4) Für das auf dem Wagen verbleibende Gewicht wird die Fracht vom Versand- bis zum Bestimmungsbahnhof berechnet. Für den abgeladenen Teil wird die Fracht für die durchlaufene Strecke nach dem Frachtsatz berechnet, der vom Versand- bis zum Unterwegsbahnhof für die Hauptsendung gilt. Wenn auf Anweisung des Absenders der abgeladene Teil weiter- oder zurückbefördert wird, so ist er als besondere Sendung[9] zu behandeln und für ihn die tarifmäßige Fracht zu berechnen.

IV. Dem Absender kann die Zuladung des abgeladenen Übergewichts zu einer anderen, von demselben Versandbahnhof kommenden, den Unterwegsbahnhof berührenden Sendung gestattet werden, wenn die Verwiegung ausdrücklich oder durch Unterlassung der Gewichtsangabe im Frachtbrief beantragt war, jedoch mangels einer geeigneten Wiegevorrichtung nicht ausgeführt werden konnte. Der Absender muß dann den zweiten Wagen um dasjenige Gewicht, das er auf dem Unterwegsbahnhof zuladen will, weniger belasten und das Anhalten auf dem Unterwegsbahnhof im Frachtbrief beantragen. Die Fracht wird in diesem Falle für die ganze Sendung, also einschließlich des unterwegs zuzuladenden Teils von dem Versand- bis zum Bestimmungsbahnhof berechnet.

(5) Für das Ausladen und Verladen, die Einlagerung und den Wagenaufenthalt sind die tarifmäßigen Gebühren zu zahlen.

V. 1. Muß eine Wagenladung oder eine vom Absender verladene Stückgutsendung ohne Verschulden des Absenders umgeladen oder zurechtgeladen werden, so wird dies durch die Eisenbahn kostenlos bewirkt und ein etwa abgeladener Teil der Sendung ohne besondere Frachtberechnung weiterbefördert. Ist jedoch die Umladung oder Zurechtladung vom Absender durch mangelhafte Verladung veranlaßt, so hat der Absender oder Empfänger die Kosten zu tragen. Für einen etwa abgeladenen Teil der Sendung gilt Abs. 4.

2. Enthält der Wagen Güter, deren Umladung besondere Sorgfalt oder Sachkenntnis erfordert (z. B. lose verladenes Obst, unverpacktes Glas, Porzellan u. dgl.), so ist die Eisenbahn berechtigt, vom Absender Anweisung 8 über die Umladung einzuholen.

3. Der Absender kann die Umladung übernehmen; er haftet dann für die ordnungsmäßige Ausführung nach § 83 (1) c. Hat der Absender die Umladung durch mangelhafte Verladung veranlaßt, so kann er den Ersatz seiner Kosten nicht verlangen; andernfalls werden ihm die tarifmäßigen Ladegebühren als Entschädigung gewährt.

4. Ist die Umladung oder Zurechtladung vom Absender durch mangelhafte Verladung veranlaßt, so wird für den Wagenaufenthalt das trafmäßige Wagenstandgeld erhoben.

VI. Für die Einlagerung des abgeladenen Übergewichts wird erhoben:

a) Platzgeld für das auf einem Unterwegsbahnhof abgenommene Übergewicht, wenn es im Freien lagert und die Verwiegung der Sendung ausdrücklich oder durch Unterlassung der Gewichtsangabe im Frachtbrief beantragt war, jedoch mangels einer geeigneten Wiegevorrichtung auf dem Versandbahnhof nicht ausgeführt werden konnte;

b) Lagergeld in allen anderen Fällen.

VII. Die Ladegebühren, das Lagergeld, Platzgeld und Wagenstandgeld sowie das Krangeld und die Leihgebühren für Dornkeile und Vorsetzdrahtgitter sind im Nebengebührentarif (Teil I Abteilung B) festgesetzt.

Schrifttum: *Ammann,* **EE 22** 456; *Boller,* ebenda **29** 239; *Nolte,* **VZ 4** 620; *Schultz,* **Reichsbahn 38** 965; *Dichgans,* **VAE 37** 497.

1. Dem **Absender** obliegt beispielsweise die Verladung: *bei Wagenladungen* (§ 58 Anm. 7), ferner bei Leichen [§ 44 (6)] und bei lebenden Tieren [§ 48 (8)], *bei gewissen Stückgütern* der Anl. C, endlich *in besonderen Fällen* [§ 62 (6), § 63 (10]. Eisenbahn kann Selbstverladung verlangen — Form nicht vorgeschrieben — bei unhandlichen Stückgütern oder solchen, die einzeln mehr als 500 kg wiegen (DEGT I B § 37); **EE 20** 335, **28** 185. Für die Entladung s. § 75 (7).

2. S. § 56 (2) s. Es genügt **jede Frachtbrieferklärung, aus der zu erkennen ist, daß** der **Absender verladen will oder hat.** *Unterschrift* ist *nicht vorgeschrieben* (**EE 28** 185, **33** 73; **34** 314; aber auch **EE 27** 219, 415; bezüglich *Weiterabfertigung* s. **EE 39** 50, **40** 275, **44** 192). Vgl. auch § 83 Anm. 16.

3. Hat der **Absender** verladen, **haftet** er **für seine Leute,** auch für den in seinem Auftrage verladenden Spediteur (**RG 66** 402). Bedient sich der Absender hierbei der **Leute der Eisenbahn,** gelten sie als **seine Leute, EE 20** 351, **22** 1; wenn Eisenbahn **Geräte** stellt, haftet sie für deren Beschaffenheit, wenn dies **unentgeltlich** geschieht, nach den Vorschriften über die Leihe (§ 599 BGB) nur für Vorsatz oder grobe Fahrlässigkeit; bei **entgeltlicher** Hergabe (Miete) der Geräte (z. B. des Ladekrans **EE 2** 235, **25** 381, **40** 289), haftet Eisenbahn nach §§ 535 ff., 276 BGB, d. h. für Verschulden, wenn sie den Bedienungsmann stellt, nur für Verschulden bei der Auswahl, nicht nach § 278 BGB (**RG 52** 172; **OLG Stettin IZ 43** 375; s. auch *Rundnagel-Sperber,* § 20 Anm. 9).

4. Bei Verladung durch den **Absender** ist **Eisenbahn nicht verpflichtet,** sie auf ihre **Ordnungsmäßigkeit nachzuprüfen, EE 47** 73, auch wenn sie dies zur Wahrung der Betriebssicherheit tut (z. B. Langholz, Möbelwagen usw.), s. *Käß,* **VZ 41** 134. Es gilt § 83 (1) c). Für **Zustand** der **Ladestraßen** oder sonstiger öffentlicher Ladewege, auch Viehrampen Haftung der Eisenbahn aus Verkehrswidmung nach § 823 BGB (**OLG Köln EE 58** 209, **37** 497).

5. Liegt ein **Verschulden** vor, **außerdem** Haftung aus dem Frachtvertrag auf **Schadensersatz** (§ 276 BGB); s. auch *Sautter,* **EE 28** 378, **30** 129. **Frachtzuschlag** s. § 60, Lieferfrist § 74 (7) e).

6. Geschäftsführung ohne Auftrag, wobei § 678 BGB ausscheidet, dagegen wohl die verminderte Haftung (beschränkt auf Vorsatz oder grobe Fahrlässigkeit) des § 680 BGB zum Zuge kommt, zumindest über § 300 BGB. Welchen Sinn die Worte „auf Gefahr des Absenders" in diesem Zusammenhang haben, ist unklar; offenbar ist an § 300 (2) BGB gedacht, wobei bei der Unterwegsabladung der Gläubigerverzug unterstellt wird. Indessen ist die Gefahr des Verlustes und der Beschädigung in den §§ 82 ff. abschließend geregelt, eine Haftung außerhalb dieser Vorschriften käme nur bei positiver Vertragsverletzung in Frage, vgl. **RG 108** 50 (57).

7. Damit endet die strenge Haftung nach § 82 (1) zugunsten der nach § 82 (5) für den abgeladenen Teil (jetzt allgemeine Ansicht, früher anders *Richter,* Anm. IV). Eisenbahn haftet als Lagerhalter mit den Pflichten und Befugnissen aus § 80 (8)—(10). Bei Weitersendung des abgeladenen Teils neuer Frachtvertrag, im Falle ABest. IV Einbeziehung in den Vertrag über die Sendung, der er zugeladen wird.

8. Anweisung ist **keine nachträgliche Verfügung** im Sinne des § 72; **daher** bedarf es der **Vorlage des Frachtbriefdoppels nicht** (s. *Kittel,* Anm. 8, *Goltermann,* Anm. 7 unter Hinweis darauf, daß die Änderung der Fassung von „Verfügung" in „Anweisung" so auszudeuten ist; a. M. *Richter,* Anm. IV. *Finger,* Bem. 9, will in Analogie zur Absenderanweisung nach § 73 (2) Satz 3 Vorlage des Frachtbriefdoppels dann verlangen, wenn die Person des Empfängers oder der Bestimmungsbahnhof geändert wird [noch weitergehend § 80 (6) für jede Anweisung]. Dem kann nicht gefolgt werden, gerade weil § 59 (3) letzter Satz im Gegensatz zu den anderen genannten Stellen keinen Hinweis auf das Erfordernis eines Frachtbriefdoppels enthält und für einen Gegenteilsschluß und gegen eine Analogie der Umstand spricht, daß es sich in den anderen Fällen um die ganze Sendung, hier aber nur um das „Übergewicht" handelt.

9. Neuer Frachtbrief; Ausnahme: ABest. IV; hier zählt das zugeladene Übergewicht auch lieferfristmäßig zur zweiten Sendung, ohne daß es des § 74 (7) e) bedarf.

§ 60. *Frachtzuschläge*[1]

(1) Bei unrichtiger[2], ungenauer[3] oder unvollständiger[2] Angabe des Inhalts, bei unrichtiger Angabe des Gewichts oder der Stückzahl einer Sendung, der Gattung [vgl. § 56 (1) d)] oder des Ladegewichts des verwendeten Wagens, bei Wagenüberlastung eines vom Absender beladenen Wagens oder bei Außerachtlassung der Sicherheitsvorschriften der Anlage C durch den Absender sind außer dem etwaigen Frachtunterschied[4] Frachtzuschläge nach den folgenden Bestimmungen zu entrichten:

a) **Wenn die nach der Anlage C dieser Ordnung von der Beförderung ausgeschlossenen Stoffe und Gegenstände zur Beförderung aufgegeben oder die nur bedingt zur Beförderung zugelassenen Stoffe und Gegenstände unter unrichtiger[2], ungenauer[3] oder unvollständiger[2] Bezeichnung zur Beförderung aufgegeben oder wenn die Sicherheitsvorschriften der Anlage C nicht beachtet werden, beträgt der Frachtzuschlag 3 Deutsche Mark für jedes Kilogramm Rohgewicht[5] des ganzen Versandstückes.**

I. Bei Einrechnung der nach dem Beförderungssteuergestz vom 13. Juni 1955 zu erhebenden Beförderungssteuer erhöht sich der Frachtzuschlag für jedes Kilogramm Rohgewicht der ganzen Versandstücke von 3,— DM auf 3,20 DM.

b) **In anderen Fällen unrichtiger[2], ungenauer[3] oder unvollständiger[2] Inhaltsangabe oder bei unrichtiger Angabe der Stückzahl oder des Gewichts einer vom Absender verladenen Sendung oder bei unrichtiger Angabe der Gattung oder des Ladegewichts des verwendeten Wagens beträgt, wenn hierdurch eine Frachtverkürzung herbeigeführt werden kann[6], der Frachtzuschlag das Doppelte des Unterschieds zwischen der sich aus den unrichtigen, ungenauen oder unvollständigen Angaben ergebenden und der richtig berechneten Fracht vom Versand- bis zum Bestimmungsbahnhof. Mindestens wird eine DM erhoben. Sind Güter verschiedener Tarifklassen zu einer Sendung vereinigt und kann ihr Einzelgewicht ohne besondere Schwierigkeit festgestellt werden, so wird für die Ermittlung des Frachtzuschlags die Fracht getrennt berechnet, wenn sich dies billiger stellt[7].**

c) **Bei Wagenüberlastung eines vom Absender beladenen Wagens beträgt der Frachtzuschlag das Sechsfache der Fracht vom Versand- bis zum Bestimmungsbahnhof für das Gewicht, das die in § 59 (2) festgesetzten Belastungsgrenzen übersteigt[8]. Diese Vorschrift gilt nach näherer Bestimmung des Tarifs entsprechend auch für solche Gegenstände, deren Fracht nicht nach dem Gewicht zu berechnen ist.**

II. Bei den vom Absender verladenen Sendungen aus ungleich tarifierten Gütern wird bei getrennter Gewichtsangabe der Frachtzuschlag für Wagenüberlastung auf Grund des höchsten für einen Teil der Sendung geltenden Frachtsatzes berechnet.

III. Die näheren Bestimmungen über die Erhebung von Frachtzuschlägen bei Überlastung eines Wagens im Tierverkehr sind in den Tarifteilen II enthalten.

Die unter a bis c erwähnten Frachtzuschläge werden nebeneinander erhoben, wenn gegen mehrere dieser Vorschriften gleichzeitig ver-

stoßen wird[9]. Außerdem ist der entstandene Schaden zu ersetzen[10]. Die durch andere gesetzliche oder verwaltungsbehördliche Bestimmungen vorgesehenen Strafen werden hierdurch nicht berührt[11].

(2) Ein Frachtzuschlag darf nicht erhoben werden:

a) in Fällen des Abs. (1) b, wenn der Absender nachweist, daß er die Angaben mit der im Verkehr erforderlichen Sorgfalt gemacht hat[12];

b) bei unrichtiger Gewichtsangabe oder bei Überlastung, wenn die Eisenbahn zur Verwiegung verpflichtet war oder wenn der Absender die Verwiegung durch die Eisenbahn[13] im Frachtbrief beantragt hat, ferner bei unrichtiger Angabe der Stückzahl, wenn der Absender deren Feststellung im Frachtbrief beantragt hat;

c) bei einer während der Beförderung eingetretenen Gewichtszunahme ohne Überlastung, wenn der Absender nachweist, daß die Gewichtszunahme auf Witterungseinflüsse zurückzuführen ist;

d) bei einer während der Beförderung durch Witterungseinflüsse verursachten Überlastung, wenn der Absender nachweist, daß er bei der Beladung des Wagens die Bestimmungen des § 59 Abs. 2 eingehalten hat.

IV. Wird einer der in Abs. (2) a, c und d aufgeführten Gründe für Nichterhebung des Frachtzuschlags geltend gemacht, aber der erforderliche Nachweis vom Absender nicht bis zur Annahme des Frachtbriefs[17] erbracht, so ist die Eisenbahn berechtigt, Hinterlegung eines Betrages in Höhe des Frachtzuschlags zu fordern.

(3) Die Grundsätze, nach denen etwa aus Billigkeit[14] von der Erhebung der in Abs. (1) festgesetzten Frachtzuschläge abgesehen wird, oder geringere Zuschläge erhoben werden, bestimmt der Tarif.

V. Die Eisenbahn kann von der Erhebung der Frachtzuschläge absehen oder geringere Zuschläge erheben, wenn der Verstoß gegen die Vorschriften auf entschuldbarem Versehen beruht[15], ein Schaden für die Eisenbahn nicht oder nicht in Höhe des Frachtzuschlags entstanden und eine erhebliche Gefährdung der Betriebssicherheit nicht herbeigeführt worden ist, wenn die Höhe des Zuschlags eine unverhältnismäßige Härte in sich schließt oder wenn andere Billigkeitsgründe vorliegen.

Zurückzuzahlende Beträge werden nicht verzinst.

(4) Der Frachtzuschlag ist verwirkt, sobald der Frachtvertrag abgeschlossen ist[16]. Zur Zahlung ist der Absender verpflichtet. Hat er den Zuschlag noch nicht bezahlt, so liefert die Eisenbahn das Gut dem Empfänger nur ab, wenn dieser den Zuschlag bezahlt[17]. Wenn der

Empfänger eine Anwendungsbedingung eines nach der Inhaltsangabe im Frachtbrief in Anspruch genommenen ermäßigten Tarifs nicht erfüllt, so ist er an Stelle des Absenders zur Zahlung eines hierdurch verwirkten Frachtzuschlags verpflichtet[18].

(5) Die Höhe des Frachtzuschlags und der Grund für seine Erhebung sind im Frachtbrief zu vermerken.

Schrifttum: *Nehring,* **AllgTarAnz. 39** 934; *Baumgart,* **EE 22** 333; *Schmitt,* ebenda s. 195, 328; derselbe, Der Frachtzuschlag im Eisenbahnrecht, Berlin 1905; *Gußmann,* **EE 30** 277; *Heinze,* Die unrichtige Erklärung im Frachtzuschlagrecht, **VZ 42** 264; derselbe **VAE 41** 150. *Für CIM*: Gutachten des Zentralamts in **IZ** Nr. 1/2/1959; **DVZ** Nr. 64/1959 S. 11 mit Kritik des Gutachtens.

1. Die EVO von 1938 brachte in der Neufassung der Bestimmungen über den Frachtzuschlag **eine der wenigen wesentlichen Änderungen.** Das davor liegende *Schrifttum* ist daher *insoweit überholt.* Die bisherige Fassung „der Frachtzuschlag entfällt, wenn der Absender nachweist, daß seine Angaben auf Irrtum beruhen", hat sich nicht bewährt; zahlreiche Prozesse waren die Folge. Die Neufassung hat den Begriff des „Irrtums" vermieden; sie geht davon aus, daß der Absender nur dann von der Zahlung eines Frachtzuschlages befreit sein soll, wenn ihn bei der Ausfüllung des Frachtbriefes kein Verschulden trifft, d. h. ihm weder Vorsatz noch Fahrlässigkeit zur Last fällt (Begr.). Dabei sieht man Verschulden in der Außerachtlassung derjenigen Aufmerksamkeit und Sorgfalt, welche zur Wahrnehmung jedem ordentlichen und verständigen Menschen obliegt, um Schaden zu vermeiden (RGR-Kommentar § 254 Anm. 1).

Frachtzuschläge waren ursprünglich privatrechtliche Vertragsstrafen (Konventionalstrafen). Nunmehr (seit 1899) enthält die EVO Rechtsvorschriften; die **Verpflichtung zur Zahlung gründet sich auf Gesetz** (*Rundnagel,* BefGesch. S. 361; *Blume,* BernFracht. Art. 7 S. 67; *v. d. Leyen,* **JW 28** 2315; *Richter,* Anm. 1; *Goltermann,* Anm. 1; *Finger,* Bem. 7 a); **EE 25 119**), a. A. die früher herrschende Meinung (vgl. **RG 47** 38, **64** 286, **96** 281, **108** 408, **119** 151; *Kittel,* Anm. 2; **EE 46** 303; *Schmitt,* **EE 22** 196; *Reindl,* **EE 17** 331), die allerdings sich zum größten Teil auf das alte Recht stützt; aber auch sie erklärt fast alle Bestimmungen des BGB über die Vertragsstrafe (BGB § 339 ff., HGB § 348) für unanwendbar (vgl. *Senckpiehl,* S. 233, **EE 22** 16, 125, 168, **26** 352, **51** 259; *Rundnagel,* BefGesch. S. 361; **JW 28** 558). Daß eine **Herabsetzung durch das Gericht** (BGB § 343) **nicht** stattfinden darf (**EE 51** 259), ist fast unbestritten (a. A. *Schmitt,* aaO. § 6).

Die EVO v. 1928 enthielt [Abs. (1)] die Bestimmung, „ohne Rücksicht darauf, ob ein Verschulden des Absenders vorliegt oder nicht"; sie ist gestrichen. Dadurch ist der Charakter der Legalobligation noch mehr herausgestellt. **Es genügt** also die **Tatsache der falschen Angabe oder der Außerachtlassung; nicht erforderlich** ist der **Eintritt eines Schadens, EE 16** 305, **33** 312 (wohl aber kann Nichteintritt eines Schadens nach ABest. V Grund dafür sein, von der Erhebung abzusehen) **oder Verschulden** des Absenders (die entgegenstehenden Entscheidungen des RG gründen sich auf altes Recht; s. *Schmitt,* **EE 22** 330); Absender braucht nicht einmal Kenntnis von der z. B. durch seinen Auftraggeber oder seine Leute herbeigeführten Unrichtigkeit zu haben (**VZ 05** 434). Ob **Mitverschulden der Eisenbahn befreit,** ist **Tatfrage,** jedenfalls **entfällt** der Zuschlag, **wenn** die **Eisenbahn** die falsche Angabe **„wider Treu und Glauben selbst veranlaßt hat"** (**ROHG 23** 304; **EE 33** 75; abw. **EE 36** 278); nach herrschender Meinung entfällt er **auch dann, wenn** die **Eisenbahn** bei der Annahme zur Beförderung die **wirkliche Beschaffenheit** der Güter usw. **gekannt hat** (s. *Rundnagel,* BefGesch. S. 359; *Finger,* Bem. 7 b); *Goltermann,* Anm. 1; **EE 22** 331; **RG EE 22** 74; **VZ 01** 309, **05** 29). Abweichend **OLG Celle EE 41** 134; **OLG Frankfurt EE 42** 315. *Gegen* die — an sich einleuchtende — *herrschende Meinung,* daß Kenntnis der Eisenbahn Frachtzuschlag ausschließe, *spricht die Fassung des Abs. 1 b):* „Wenn ... **kann"**, s. Anm. 6. **Kennen müssen steht** hierbei der **Kenntnis nicht gleich** (**EE 17** 331, **16** 305); also ist Frachtzuschlag auch bei unverpacktem Gute nicht ausgeschlossen (**RG 67** 276). Zur Klarstellung der Frachtbriefangaben ist Eisenbahn nicht verpflichtet (**EE 33** 75), ebensowenig dazu, den Empfänger auf die unrichtige Angabe des Inhaltes im Frachtbrief hinzuweisen (**JW 28** 557); *Düringer-Hachenburg* verlangt, daß Eisenbahn wenigstens auf **offensichtliche Irrtümer und Unrichtigkeiten** aufmerksam macht (S. 959 Anm. 3). Dies geht zu weit, wenn man daraus eine allgemeine Nachprüfungspflicht der Eisenbahn herleiten will; auch offensichtliche Fehler können bei dem Massenbetrieb der Eisenbahn übersehen werden, ohne daß dies gegen Treu und Glauben verstößt (vgl. § 57 Anm. 5), *Finger,* Bem. 7 b), a. M. **RG 119** 146.

2. Siehe § 57 Anm. 10—12. Unrichtigkeit muß sich bei Abs. 1 b) auf **frachtwichtige Punkte** erstrecken (s. **EE 22** 176). Hierzu kann **Herkunftsort und Verwendungszweck** gehören, wobei nicht nötig ist, daß die unrichtige Verwendung bereits bei der Aufgabe beabsichtigt war (*Nottebohm,* **VR 3** 4; **RG 84** 237; **EE 44** 83; abw. *Senckpiehl,* **EE 43** 262); vgl. auch § 57 Anm. 2, 19, § 56 Anm. 10. Bei falscher Angabe **eines Teils der Ladung** [außer (1) b Satz 2] wird Frachtzuschlag für die ganze Sendung erhoben (**EE 23** 152), ebenso, wenn verkehrsüblicher Benennung irreführende Zusätze beigefügt werden. **Maßgebend** ist die Angabe auf dem **Frachtbrief,** nicht dem Frachtstück (**RG EE 14** 345) oder den Zollpapieren (**EE 22** 378). Bei **Sammelladungen** kann sich bei Angabe eines zu hohen Gewichts eine günstigere Frachtberechnung ergeben (also Frachtzuschlag!). S. auch Anm. 6. Im übrigen ist die *jetzige Fassung,* die auf Angabe des Inhalts abstellt, *zu eng;* sie sollte allgemein auf unrichtige Angaben abstellen, die zu einer niedrigeren Frachtberechnung führen könnten.

3. Richtige Inhaltsangaben können **durch irreführende Zufügungen ungenau** werden, **EE 32** 312.

4. **Verpflichtung aus dem Frachtvertrag** (§ 6); fällt unter § 70 (1), s. dort Anm. 2 und § 75 Anm. 4; ferner **VAE 37** 503; **RG 120** 102.

5. D. h. **einschließlich der Verpackung und der anderen darin enthaltenen Gegenstände.** Abw. **EE 22** 234 und **RG 108** 408, wenn der an sich richtig

bezeichneten Sendung trotz strenger Aufsicht von der Beförderung ausgeschlossene Güter in kleinen Mengen versehentlich beigemengt sind; das ist aber ein Fall von Abs. 2 a).

6. Nicht „herbeigeführt ist" (s. **EE 31** 358), also auch dann, wenn die Fracht sofort richtig berechnet worden ist (so auch *Kittel,* Anm. 5). Nach *Finger,* Bem. 11, soll damit der Fall, daß die Bahn von vornherein die Unrichtigkeit der Angaben kannte, nicht getroffen werden. Aber warum soll der Betrugsversuch nicht mit Frachtzuschlag belegt werden? **§ 60 stellt nicht auf den Schaden, sondern auf die Gefährdung** ab, wie das Wörtchen „kann" unzweideutig zeigt. Es ist auch für ihn unwichtig, ob bereits der Annahmebeamte oder später der der Empfangsabfertigung die Unrichtigkeit bemerkte. Wesentlich ist, ob Absender seine Angaben mit der im Verkehr erforderlichen Sorgfalt gemacht hat, Abs. 2 a); der dolose oder leichtfertige Absender bedarf nicht des Schutzes; mildere Ahndung des erfolglosen Versuchs ermöglicht ABest. V. Die subjektiven Momente des Abs. 2 sollten nicht in den Abs. 1 verlegt werden. S. auch Anm. 8.

7. S. **EE 23** 152.

8. Grund: Betriebsgefährdung (Begr. zur EVO v. 1928); **EE 25** 172. Der Zuschlag für die Überlastung wird **auch dann** erhoben, **wenn** das **Gewicht** für die Sendung im Frachtbrief **richtig angegeben** worden ist, und er wird auch dann nach der Fracht von dem Aufgabe- bis zum Bestimmungsbahnhof berechnet, wenn die Eisenbahn nach EVO § 59 (3) das Übergewicht auf dem Versand- oder auf einem Unterwegsbahnhof abgeladen hat (**EE 30** 277).

9. Über die **Berechnung des Frachtzuschlages** s. **VZ 01** 389, 997, **10** 1411; **EE 20** 357.

10. Diese Bestimmung paßt nicht hierher. Haftung aus dem Frachtvertrag, also nur für Verschulden (*Kittel,* Anm. 8; *Senckpiehl,* **EE 26** 352, **28** 144; **RG 7** 108, 408; **EE 42** 196). Gemeint ist der Schaden, der der Eisenbahn, ihren Bediensteten, ihren eigenen oder ihr von Dritten anvertrauten Sachen entstanden ist. Dritte haben keinen Anspruch gegen den Schädiger aus § 60 (1). Frachtnachzahlung: § 70.

11. Z. B. *Betrug* (**EE 1** 999, **3** 377; **VAE 37** 520; **RGSt 9** 168, **15**, 267, **8** 242; **JW 91** 234), *Urkundenfälschung* (**EE 1** 334), *Transportgefährdung,* Polizei-, Post-, Zollstrafen, Devisengesetzgebung, Viehseuchengesetz usw. Diese öffentlich-rechtlichen Strafen können nur den Absender treffen, oder auch nur dessen Leute oder Auftraggeber. Voraussetzung für strafrechtliches Einschreiten ist Verschulden; nicht so bei Zoll- und polizeilichen Übertretungen (ZfdgesStrafrechtswiss. **29** 799).

12. Bisher: „daß seine Angaben auf Irrtum beruhen", s. Anm. 1. Die im Verkehr erforderliche Sorgfalt" entspricht dem BGB § 276; sie ist diejenige, die der gesunde, normale Verkehr von einem ordentlichen Menschen in dem in Frage kommenden Verhältnis erwartet (**RG JW 04** 357; **RG 68** 423, **95** 16, **119**, 397). Dabei darf die Individualität des einzelnen nicht berücksichtigt werden, wohl aber die Verschiedenheit ganzer Gruppen von Menschen (Alter, Beruf usw.), **RG 102** 49, **131** 12; **JW 12** 856, **28** 1049. Dies meint wohl auch die Begründung (zu § 60), wenn sie sagt, es sei nunmehr möglich, „die Umstände des Einzelfalles, namentlich auch die unterschiedliche Gewandtheit und Erfahrung der einzelnen Verfrachter bei der Ausfüllung der Frachtbriefe zu berücksichtigen". **Nicht die übliche, sondern die erforderliche Sorgfalt** soll angewandt werden. Im Verkehr eingerissene Nachlässigkeiten, Unsitten und Mißbräuche dürfen nicht anerkannt werden (**RG 102** 49, **105** 83, **128** 44, **138** 325; **JW 04** 356). Sorgfaltspflicht bezieht sich nur auf Inhaltsangabe, Stückzahl und Gewicht (nicht bei Abs. 1a). Da nur auf die *Sorgfalt des Absenders* abgestellt ist, würde ein gutgläubiger Absender nach der Fassung des Abs. 2a) auch einen *dolosen Empfänger* im Falle des Abs. 4 Satz 3 *entlasten,* ein offenbares *Redaktionsversehen,* s. *Heinze,* **VZ 42** 264. Verhältnis des Abs. 2 a) zu ABest. V s. Anm. 15.

13. Auf dem Annahmebahnhof, **EE 49** 351, **50** 66, jedenfalls bei Überlastung.

14. Da Frachtzuschlag nicht tarifmäßige Fracht, verstößt Erlaß aus Billigkeit nicht gegen EVO § 6. Billigkeit darf aber nicht zur Willkür werden *(Adolph,* S. 35 f.). S. auch Anm. 15.

15. Ein **völlig neuer** rechtlicher **Begriff,** der aber jedenfalls nicht wieder mit dem als unpraktisch erwiesenen (s. Anm. 1) Irrtumsbegriff identifiziert werden sollte, auch nicht mit § 119 BGB (a. M. *Weirauch* in der Vorauflage). Erstattung des Frachtzuschlages aus Billigkeit ist ohnehin **nicht gerichtlich nachprüfbar,** da darauf ebenso wie auf das „Absehen von der Erhebung" (das eine vor, das andere nach Bezahlung) kein Anspruch (§ 194 BGB) besteht; § 315 BGB kommt nicht zum Zuge. Es ist daher **Ermessenssache** der Eisenbahn, wann sie ein Versehen als entschuldbar ansieht; **begrifflich ausgeschlossen** sind nur Fälle von **Vorsatz,** auch bedingtem. Bei Vertretung kommt es dabei auf den an, auf dessen Initiative die beanstandete Eintragung im Frachtbrief zurückgeht oder der für ihren Mangel verantwortlich zu machen ist. Da nach Abs. 2 a) ein Frachtzuschlag nicht erhoben werden darf [im Falle der Erhebung Anspruch auf Erstattung nach § 70 (1) durchsetzbar], kann der Begriff des entschuldbaren Versehens **nur solche Fälle** erfassen, **die nicht schon durch Abs. 2 a) ausgeräumt werden;** ob solche Fälle überhaupt praktisch werden, wäre bei einer Neufassung der EVO ebenso zu prüfen wie die Frage, ob die allgemeinen Richtlinien der ABest. V nicht besser in den Abs. 3 aufgenommen würden; darin wäre auch der *Erstattung* zu gedenken, *die jetzt* in der EVO *nicht legalisiert,* sondern lediglich durch den letzten Satz der ABest. V angedeutet ist; sie gehört wohl in § 70 (2). Als **„Schaden"** im Sinne der ABest. V ist, da bei der Betriebssicherheit schon „erhebliche Gefährdung" die Anwendung der Billigkeitsgrundsätze ausschließt, wohl auch solcher anzusehen, der vom Frachtzuschlagpflichtigen wiedergutgemacht worden ist; **zuwenig erhobene Fracht** gehört **nicht** hierher (s. Anm. 10). Da Schaden nach Abs. 1 am Ende unabhängig vom Frachtzuschlag zu ersetzen ist, ist der Zusammenhang beider („nicht in Höhe des Frachtzuschlags entstanden") in ABest. V nicht recht verständlich.

16. Siehe § 61. Ob eine Beförderung ganz oder teilweise ausgeführt, ob das Gut noch vorhanden, ist gleichgültig. Tatfrage ist, ob **Berichtigung der**

Inhaltsangabe befreit. *Rundnagel,* BefGesch. S. 360 verneint dies; a. A. **EE 28** 114. Man wird dem Absender das Recht auf Berichtigung (die keinen Rücktritt vom Vertrage zu bedeuten braucht, s. § 57 Anm. 14) wohl nicht streitig machen können, vorausgesetzt, daß Unrichtigkeit seiner Angabe noch nicht entdeckt ist.

17. Zuschlag haftete auf dem Gut; er gehört eben zu den aus dem Frachtbrief sich ergebenden Beträgen [s. § 60 Abs. (5); **VAE 40** 175]. Nimmt Empfänger dann nicht ab, kann Eisenbahn sich nur an Absender halten; **EE 48** 71. Hat Empfänger den **Frachtbrief angenommen,** den Frachtzuschlag aber **mangels Eintragung im Frachtbrief** nicht bezahlt, so **haftet er dafür nicht** [*arg.* § 70 (3) Satz 2, § 60 (4); **EE 48** 71; a. M. *Goltermann,* Anm. 17 mit Schrifttumsangabe]. S. auch § 75 Anm. 4.

18. Z. B. Verwendung des Gutes im Inland, das nach einem Seehafenausfuhrtarif befördert worden ist. Die Verwendung hat Empfänger zu beweisen (**EE 44** 83).

§ 61. *Abschluß des Frachtvertrags*

(1) Der Frachtvertrag[1] ist abgeschlossen, sobald die Güterabfertigung[2] das Gut mit dem Frachtbrief[3] zur Beförderung angenommen[4] hat. Als Zeichen der Annahme ist dem Frachtbrief nach vollständiger Auflieferung des Gutes und nach Entrichtung der vom Absender übernommenen Kosten[5] oder nach Hinterlegung einer Sicherheit nach § 69 (5) unverzüglich der Tagesstempel[6] der Güterabfertigung aufzudrükken; auf Verlangen des Absenders hat dies in seiner Gegenwart zu geschehen[7]. Mit diesem Stempel ist auch jedes der nach § 56 (1) d dem Frachtbrief etwa angefügten Blätter zu versehen.

I. Auf unbesetzten Bahnhöfen gilt der Frachtvertrag schon mit der Annahme von Frachtbrief und Gut durch den Zugführer als abgeschlossen, bei den vom Empfänger verladenen Gütern jedoch erst mit der Abholung des Wagens von der Beladestelle.

II. Aus dem Tagesstempel muß zu ersehen sein, ob das Gut vormittags oder nachmittags aufgeliefert worden ist.

III. Der Absender kann bei Übergabe des Frachtbriefes die Anweisung erteilen, das Gut von einem Dritten zur Beförderung anzunehmen. Für die — auch nur versuchte — Ausführung dieser Anweisung wird außer den erwachsenden baren Auslagen die im Nebengebührentarif (Teil I Abteilung B) festgesetzte Gebühr erhoben. Die Ausführung der Anweisung kann abgelehnt werden.

(2) Der abgestempelte Frachtbrief dient als Beweis für den Frachtvertrag[8].

(3) Bei den vom Absender verladenen Gütern dienen die Angaben des Frachtbriefs über das Gewicht und die Anzahl der Stücke nur

dann als Beweis gegen die Eisenbahn, wenn sie das Gewicht und die Stückzahl festgestellt und dies im Frachtbrief vermerkt hat[9].

(4) Die Eisenbahn ist verpflichtet, auf Verlangen des Absenders die Annahme des Gutes unter Angabe des Tages, an dem sie es zur Beförderung angenommen hat, auf einem ihr mit dem Frachtbrief vorgelegten Frachtbriefdoppel[10], das als solches zu bezeichnen ist, zu bescheinigen. Die Ausstellung eines Doppels ist auf dem Frachtbrief durch Stempelaufdruck zu beurkunden.

(5) Das Doppel hat nicht die Bedeutung des Frachtbriefs oder eines Ladescheins[11], [12].

(6) Auf Verlangen des Absenders ist die Annahme des Gutes auch in anderer Form, z. B. durch Unterstempeln einer Eintragung in einem Quittungsbuch[13] oder dergleichen, zu bescheinigen. Eine solche Bescheinigung hat nicht die Bedeutung eines Frachtbriefdoppels.

Schrifttum: *Boethke,* Frachtbriefduplikat, **EE 26** 247; *Soelling.* **JR 25** 273; *Werneburg,* **EE 34** 217, **35** 270, **54** 296; *Nottebohm,* **VZ 24** 69, **VR 6** 370.

1. Siehe Vorbem. zu Abschn. VIII Anm. 2—4.

2. Auch Güternebenstellen (§ 63, 9), nicht aber der bahnamtliche Rollfuhrunternehmer, s. aber § 63 Anm. 20. Für unbesetzte Bahnhöfe tritt an die Stelle der Güterabfertigung der Zugführer, ABest. I, dort etwas umständlich ausgedrückt. Überflüssig, wenn anstatt „die Güterabfertigung" eingefügt würde: „die Eisenbahn".

3. Der die wesentlichen Erfordernisse der §§ 55 und 56 enthalten muß (**EE 34** 90; s. auch **RG 99** 245, **114** 387, 390 u. Anm. 1).

4. **Ohne Annahme kein Frachtvertrag,** trotz Abstempelung des Briefes (**EE 45** 298). Annahme ist zweiseitiger Akt, durch den der Besitz auf den zuständigen Annahmebediensteten mit dessen Einwilligung übergeht und ihn in den Stand setzt, die tatsächliche Gewalt über das Gut auszuüben; **RG 108** 55 (für den umgekehrten Fall der Ablieferung); **OLG Stettin IZ 1942** 98; **EE 45** 79, **29** 100, **33** 73, **36** 174. **Vorläufiges Einstellen von Stückgütern auf der Rampe** des Güterbodens **genügt nicht** [**LG Elberfeld EE 50** 391, **22** 248 (**OLG Dresden**), abw. **EE 41** 43 (**OLG Kiel**, Fall aus Fahrradbeförderung); **VZ 34** 298]; **auch nicht Annahme zur Verwahrung** nach § 64, **RG 47** 40; **ebensowenig** das bloße **Einladen in einen bereitgestellten Wagen, OLG Kiel EE 40** 187, **OLG Hamburg EE 23** 54. Im übrigen s. zum Begriff der Auflieferung § 63 Anm. 5, § 82 Anm. 7 (gleichbedeutend mit Annahme). Beförderung von Stückgut zur Annahmestelle (Rampe vor der Annahmeluke) ist Sache des Absenders. Bei Wagenladung übernimmt der **Annahmebeamte,** meist der Lademeister den Wagen, aber erst nach vollständiger Auflieferung (**EE 22** 356, **36** 174, **33** 197, 295, **45** 78; **VAE 41** 174). **Plombierung** des Wagens ist **nicht Voraussetzung** der Annahme (abw. *Kittel,* Anm. 3; **VR 26** 414), ist aber ein Anzeichen dafür, ebenso wie das **Abziehen von der Ladestraße, EE 22 356 (OLG Marienwerder).** Bei **Privatanschluß-**

gleisen wird in den **Anschlußverträgen** Ort und Zeit der Übergabe festgelegt (**RG 114** 390); s. ferner § 82 Anm. 7.

5. Ist dem **Absender Frachtstundung** gewährt, **gilt** die **Fracht mit** dem Zeitpunkt der **Annahme als bezahlt,** s. § **69** Anm. 3. **Zahlung** der Freibeträge **soll, nicht muß vorher erfolgen;** Frachtvertrag kommt trotzdem zustande; Eisenbahn muß Vorsorge treffen, daß Zahlung erfolgt.

6. Die Neufassung dieses Absatzes sollte klarstellen, daß auf dem Frachtbrief lediglich der Tagesstempel der Güterabfertigung aufzudrücken ist (Begr.).

7. Sollvorschrift.

8. Annahmestempel bezeugt, nicht erzeugt den Frachtvertrag; er ist nicht wesentlicher Bestandteil der Annahme; **EE 51** 255; **VAE 36** 322. **Gegenbeweis** [Bestehen des Vertrags trotz Fehlens des Stempels (**EE 16** 16) und Nichtabschluß trotz Abstempelung (**RG 114 387, 390; KG EE 36** 174; **EE** 10 131, **22** 162, 356, **24** 303] **zugelassen; s.** § **57** Anm. 3; außerdem **EE 19** 328, **23** 357, **2** 372, **44** 202, **45** 298, **57** 208; **VAE 36 323**; unrichtig **32** 62. Ausdrückliche Ablehnung der Anbringung des Annahmestempels beweist, daß Frachtvertrag noch nicht abgeschlossen, **OLG Dresden EE 22** 248.

9. Beweisvermutung hängt lediglich **von** der **Tatsache der Nachwiegung und Nachzählung** durch die Eisenbahn **ab;** unerheblich ist, ob Eisenbahn dazu verpflichtet war (**EE 19** 194, 328, **24** 372, **36** 181; **KG EE 40** 33). A. M. *Finger,* Bem. 1 b) bb), *Goltermann,* Anm. 9 am Ende (anders am Anfang) unter Bezugnahme auf **OLG Düsseldorf JW 1923** 416 und **OLG Köln VRS 7** 282, aber diese Auslegung *tut* dem *klaren Wortlaut des § 61 (3) Gewalt an.* Der Argumentation *Fingers,* die Eisenbahn dürfte aus ihrer Versäumnis keinen Vorteil ziehen, steht die Erwägung entgegen, daß der Absender möglicherweise gerade deswegen die Feststellung durch die Eisenbahn beantragt hatte, weil er sich seiner Angabe nicht sicher war; hat er gar nicht angegeben [§ 58 (5) Satz 2], besteht ohnehin keine als richtig zu unterstellende Behauptung. Es wird vielmehr auf die Umstände des Einzelfalles ankommen, ob Absender seine Angaben anderweitig beweisen oder wenigstens glaubhaft machen kann, wobei man ihm seinen Beweisnotstand gegebenenfalls zugute halten kann; irgendwie wird er ja darlegen können, wie er zu seinen Angaben gekommen ist; im übrigen liegt z. B. in der *Unterlassung des Antrags nach § 58 (6) ein Mitverschulden* an einem Beweisnotstand, zumal die Verpflichtung des § 58 (5) ohnehin keine unbedingte, sondern von den Betriebsverhältnissen abhängig ist, der Absender sich also nie darauf verlassen darf, daß seinem Antrag auf Feststellung auch wirklich stattgegeben wird. **Über die Beweiskraft der von der Eisenbahn bezeugten Angaben für Reklamationen BGH 16** 217 und § 58 Anm. 15. Die Nachprüfung muß durch zuständiges Organ der Eisenbahn erfolgen (**EE 19** 328), wobei (vgl. Anm. 2) die Zuständigkeit im allgemeinen nicht zweifelhaft sein wird; für einen Ausnahmefall (Fahrradbeförderung) soll nach **OLG Kiel EE 41** 43 der Anschein der Zuständigkeit genügen, vgl. § 4 Anm. 2.

10. Frachtbriefdoppel: **Doppel ist** als solches bezeichnete **zweite Ausfertigung des Frachtbriefes; EE 35** 57; **JW 26** 2186; doch ist bestritten, ob die Bezeichnung als „Frachtbriefdoppel" wesentlich ist (s. **RG EE 40** 34). Es ist, sofern es vom Absender unterschrieben und von der Eisenbahn mit Annahmebescheinigung versehen ist (Stempel steht der Annahmebescheinigung nicht gleich, **JW 26** 1438, **27** 1352), **Beweispapier** für die Aufgabe des Gutes und den Abschluß des Frachtvertrages; nicht aber hinsichtlich der Richtigkeit dessen Inhalts (**EE 52** 71); es ist ferner **Sperrpapier** hinsichtlich des Verfügungsrechts des Absenders (**JW 27** 1353; **EE 45** 417), bestritten, ob **„steckengebliebenes Wertpapier"** (s. **ZfHR 39** 42); im Hinblick auf HGB § 455 bezeichnet das **RG** (**SpedSchiffZtg. 22** 1324) das Frachtbriefdoppel als **unvollkommenes Transportpapier.** Bei Abweichungen gilt Angabe im Frachtbrief (**Warneyers Jahrb. 09** 302; *Boethke,* **EE** 26 427); **bei Verlust des Frachtbriefs** spricht **Vermutung für Frachtbriefinhalt gemäß Doppel** (*Boethge,* **EE 25** 430); Verfügungsrecht des Absenders geht nicht auf Inhaber des Doppels über. **Übergabe** des Frachtbriefdoppels ist **für Eigentums- und Besitzverhältnisse ohne Bedeutung** (**RG 27** 85), es sei denn, daß besondere Umstände einen anderen Vertragswillen annehmen lassen (z. B. Vertrag „Netto Kasse gegen Frachtbriefdoppel"; s. BGB §§ 929, 931; **RG 102 96, 110 199; SpedSchiffZtg. 22 1324**). Häufig üblich „Zahlung gegen Doppel". Der Eisenbahn gegenüber sind im Hinblick auf die Ablieferungspflicht gemäß § 75 diese Klauseln gegenstandslos.

Abstempelung des Doppels durch eine *Bundesbahnstelle* macht dieses zur *öffentlichen Urkunde* (**RG 107** 272; **EE 24** 353, **48** 295; **JW 27** 1352; § 55 Anm. 6), doch geschieht dies **nicht in Ausübung öffentlicher Gewalt** (**LG Kaiserslautern IZ 1956** 114); der BGH hat die frühere Rechtsprechung des RG, wonach in Ausstellung einer öffentlichen Urkunde stets eine Ausübung öffentlicher Gewalt liege, ausdrücklich in bezug auf den zivilrechtlichen Charakter der Beziehungen zwischen der Bundesbahn und ihren Kunden aufgegeben, **BGH 6** 304; **dagegen** *Goltermann* **in seiner** Anmerkung zu dem BGH-Urteil **NJW 52** 1211, s. *Heinze,* **Die BB 59** 572 Anm. 16 a. Die **Rechtsprechung** ist daher **z. T. überholt.** Ist Doppel **erschlichen,** liegt kein Frachtvertrag vor. Über **Fälschung** des Doppels nach Abstempelung durch die Eisenbahn **s. EE 40 16.** Das Doppel **kann nicht für kraftlos erklärt werden.** Bei Verlust muß Absender Sicherheit leisten oder Genehmigung des Empfängers beibringen, wenn er verfügen will; vgl. auch EVO § 72 (9). Bei Abtretungen vgl. BGB § 402. **Eisenbahn haftet, wenn Annahmebediensteter nicht** mit der erforderlichen Sorgfalt Urschrift und Doppel **vergleicht oder Annahmebescheinigung auf dem Doppel** bereits **vor Annahme des Gutes erteilt** und dadurch ein Schaden entsteht (§ 4; **EE 45** 414, **46** 88; s. auch **EE 48** 290, 295; **RG 27** 414 und *v. Kienitz,* **EE 48** 291); ob auch gegenüber dem Absender, der das Doppel ausgestellt hat, ist sehr zweifelhaft. Entweder liegt bei diesem Arglist vor (dann *exceptio doli*) oder Mitverschulden (dann § 254 BGB., Teilung des Schadens). **LG Kaiserslautern** aaO. will Bahn aus *culpa in contrahendo* haften lassen, *dagegen Heinze* aaO. und Anm. **IZ 1956** 119 unter Hinweis auf Mitverschulden (Angestellter der Absenderin hatte dolos gehandelt). Indes erscheint der **Schutz gutgläubiger**

Dritter unter dem Gesichtspunkt des erweckten **Rechtsscheins** geboten (vgl. **BGH 12** 109). Die Einrede der Arglist des Absenders wirkte nach früherer Rechtsprechung gegen jedermann, also auch gegen den Empfänger, die Einrede des Mitverschuldens nur gegen Absender (s. auch **ZfBinnSchiff. 22** 253; vgl. **EE 41** 120).

11. Für die **CIM** vgl. Art. 59 § 4 als Ausnahme von Art. 8 § 5 letzter Absatz, der statt des Ladescheins in EVO § 61 (5) das Konnossement negativ erwähnt, vgl. *v. Nanassy,* S. 191 (6 zu Art. 8 § 5).

12. Ob die Ausfolgung des Frachtbriefdoppels nicht unter besonderen Umständen als Abtretung des Herausgabeanspruchs aufzufassen ist, vgl. **EE 25** 164, **39** 51. Die Regel ist dies nicht (s. auch **JW 21** 837). Das **Frachtbriefdoppel** besagt nur über den formellen Abschluß eines Frachtvertrages, nicht aber z. B. über den wirklichen Inhalt der aufgelieferten Güter (*Nottebohm,* **VR 6** 369); es **„verkörpert keine dinglichen Rechte am Gut"** (*v. Nanassy,* s. Anm. 11) **und ersetzt** auch **nicht** den **Frachtbrief** als Vertragsurkunde z. B. in § 75 (4). Unzulässig Frachtbriefadressierung „an den Inhaber des Doppels", s. § 56 Anm. 4.

13. **Form** der Annahmebescheinigung ist **nicht vorgeschrieben.** Möglich ist z. B. Versandbuchauszug. Das Quittungsbuch hat nur die Bedeutung einer Quittung; durch diese wird das *Verfügungsrecht des Absenders nicht beeinflußt.* Quittung ist öffentliche Urkunde (s. **RG EE 24** 353), wenn sie von der Bundesbahn ausgestellt ist (**EE 1** 334, **3** 48; **RG 107** 272; s. aber Anm. 10 wegen der Haftung.

§ 62. *Verpackung*[1]. *Zustand und Bezeichnung des Gutes*

(1) Der Absender hat das Gut[2], soweit dessen Natur eine Verpackung[3] erfordert, zum Schutze gegen gänzlichen oder teilweisen Verlust oder gegen Beschädigung[4] sowie zur Verhütung einer Beschädigung von Personen, Betriebsmitteln oder anderen Gütern sicher zu verpacken[5].

(2) Ist der Absender dieser Vorschrift nicht nachgekommen, so kann die Eisenbahn die Annahme des Gutes ablehnen[6] oder verlangen, daß der Absender im Frachtbrief[7] das Fehlen oder die Mängel der Verpackung anerkennt[8]. Pflegt ein Absender gleichartige der Verpackung bedürftige Güter unverpackt oder mit den gleichen Mängeln der Verpackung bei derselben Güterabfertigung aufzugeben, so kann er eine allgemeine Erklärung nach dem Muster der Anlage G abgeben. In diesem Falle muß[7] der Frachtbrief einen Hinweis auf die allgemeine Erklärung enthalten.

1. Nur mit Anerkenntnis der Erklärung oder Erklärung nach Absatz (2) werden z. B. angenommen: unverpackte, nur verschnürte Felle, Zucker in losen Broten und gefüllte Fässer, deren Beschaffenheit wegen Schmutzes oder aus anderen Gründen nicht erkennbar ist, namentlich beschmutzte Öl- und Sirupfässer, ferner gebrauchte Packmittel, die andere, nicht fest und sicher verpackte Packmittel enthalten.

(3) Der Absender haftet[9] für alle Folgen des Fehlens oder des mangelhaften Zustands der Verpackung. Er hat insbesondere der Eisenbahn den Schaden zu ersetzen, der ihr aus solchen Mängeln entsteht. Sofern das Fehlen oder der mangelhafte Zustand der Verpackung im Frachtbrief nicht anerkannt ist, hat die Eisenbahn die Mängel nachzuweisen.

(4) Die Eisenbahn ist zur Annahme von Gütern, die offensichtlich Spuren von Beschädigungen aufweisen, nur verpflichtet, wenn der Absender den Zustand des Gutes im Frachtbrief besonders bescheinigt[10].

(5) Die Eisenbahn kann verlangen, daß kleine Stückgüter (Kleineisenzeug oder dergleichen), deren Annahme und Verladung sonst nicht ohne erheblichen Zeitverlust möglich wäre, durch Verbindung oder Verpackung zu größeren Einheiten zusammengefaßt werden.

(6) Der Eisenbahn bleibt überlassen, für Güter, die nicht zu den in § 54 (2) a aufgeführten gehören, die aber wegen ihrer Eigenschaften Unzuträglichkeiten während der Beförderung herbeiführen können, mit Genehmigung des Reichsverkehrsministers[10a] durch den Tarif einheitliche Vorschriften über die Verpackung und Verladung zu treffen.

II. Die Vorschriften über die Beladung der Wagen sind in der Anlage I, die Vorschriften über die Verpackung und Verladung bestimmter Güter in der Anlage II enthalten.

(7) Der Absender hat die Stückguter übereinstimmend mit den Angaben im Frachtbrief zu bezeichnen. Die Bezeichnung muß deutlich und haltbar sein. Sie muß enthalten: Versand- und Bestimmungsbahnhof, die Anschriften des Absenders und Empfängers, Buchstaben (Zeichen) und Nummer sowie den Tag der Aufgabe. Ist die Sendung mit Nachnahme belastet, so ist bei jedem Stück über der Anschrift des Empfängers der Nachnahmebetrag der ganzen Sendung (volle D-Mark-Beträge in Buchstaben) zu vermerken und außerdem in Rot ein gleichschenkliges Dreieck mit der Spitze nach oben anzubringen. Der Tarif kann weitere Bedingungen vorschreiben. Alte Anschriften und Zettel hat der Absender zu entfernen oder deutlich zu durchstreichen[11].

III. 1. Hat der Bestimmungsort mehrere Bahnhöfe und hat der Absender einen bestimmten Bahnhof im Frachtbrief vorgeschrieben, so hat er diesen Bahnhof auch in der Bezeichnung des Gutes anzugeben.

Stückgüter nach Kraftwagenhilfsstellen, mit denen kein durchgehender Tarif besteht, müssen mit dem im Frachtbrief angegebenen Bestimmungsbahnhof (Übergangsbahnhof zur Kraftwagenhilfsstelle) gezeichnet werden.

Einfache Striche oder Kreuze sowie besondere Zeichen, die nicht leicht wiedergegeben werden könen, dürfen zum Zeichnen der Güter nicht gebraucht werden. Tragen Güter eingebrannte, eingestanzte oder mit Farbe dauerhaft angebrachte Buchstaben oder besondere Zeichen und Nummern und werden sie außer mit diesen noch mit anderen Zeichen versehen, so müssen sie im Frachtbrief neben der letzteren auch die eingebrannten, eingestanzten oder mit Farbe fest angebrachten Zeichen angegeben werden. Auch bei Auflieferung mehrerer Stücke auf einen Frachtbrief muß jedes Stück gezeichnet werden.

Die Bezeichnung ist auf dem Gut selbst oder auf einem an dem Gute dauerhaft befestigten Beklebezettel oder einer Tafel oder einem Anhänger aus haltbarem Stoff nach den von der Eisenbahn vorgeschriebenen Mustern anzubringen. Beklebezettel oder Anhänger müssen den von der Eisenbahn festgesetzten und bekanntgegebenen Mustern entsprechen und außerdem den von der Eisenbahn vorgeschriebenen Mindestanforderungen genügen.

Die Beklebezettel und Anhänger müssen für Frachtstückgüter weißen Grund, für Eilstückgüter weißen Grund mit einem 0,4 cm breiten roten Rand an den beiden Längsseiten aufweisen. Soweit zur Befestigung der Anhänger nicht geglühter Draht vorgeschrieben ist, darf auch kräftige Hanfschnur verwendet werden. Für Metallanhänger darf nur geglühter oder verzinkter Eisendraht von wenigstens 0,5 mm Stärke verwendet werden. Werden Tafeln oder Anhänger auf das Gut genagelt, so muß dies durch mindestens vier breitköpfige Nägel und in der Weise geschehen, daß die Anhänger nicht über die Kanten der Gegenstände hinausragen. Auf den Beklebezetteln, Tafeln oder Anhängern ist die Zahl der Stücke zu vermerken. Wird die Bezeichnung auf dem Gute selbst durch Einbrennen oder Einstanzen oder mit Farbe angebracht, so sind Eilstückgüter durch den auffälligen Vermerk „Eilgut" mit roter Farbe besonders zu kennzeichnen.

Beim Versand nachstehend aufgeführter Güter sind noch folgende Vorschriften zu beachten:

a) Auf unverpackten Eisen-, Stahl-, Messing-, Blei- oder Zinkwaren (auch Stahlflaschen) sind die Bezeichnungen, soweit sie auf dem Gute selbst angebracht sind, einzustanzen oder mit Öl-, Lack- oder Mennigfarbe auszuführen. Beklebezettel dürfen nur verwendet werden, wenn sie an einer gegen Abscheuern geschützten Stelle angebracht werden können. Werden zum Bezeichnen dieser Güter

Tafeln oder Anhänger gewählt, so dürfen nur solche aus Metall, starker Pappe oder Karton verwendet werden. Anhänger aus Karton müssen durch Metallschutzrahmen gegen Abreißen hinreichend gesichert sein. Zur Befestigung sind Klammern oder geglühter Draht zu verwenden.

b) An eisernen Fässern, in denen Petroleum, Benzin, Öl oder andere fetthaltige Flüssigkeiten enthalten sind oder enthalten waren, sind Buchstaben (Zeichen) und Nummern entweder einzuprägen oder auf einem dauerhaft befestigten Metallschild oder in mindestens 10 cm hohen Schriftzeichen mit schwarzer Öl- oder Lackfarbe auf dem einen Boden des Fasses anzubringen. Dieser Boden muß, wenn das Faß nicht verzinkt ist, mit heller Farbe gestrichen sein. Für die übrigen Angaben der Bezeichnung sind Metallanhänger zu verwenden.

c) Auf hölzernen Fässern, in denen Petroleum, Benzin, Öl oder andere fetthaltige Flüssigkeiten, Sirup oder Teer enthalten sind oder enthalten waren, sind die Bezeichnungen einzubrennen oder mit Farbe auf den einen Boden oder auf einer an dem einen Boden dauerhaft befestigten Tafel aus Holz, Pappe oder anderen haltbaren Stoffen anzubringen.

d) Auf Körben, namentlich Reisekörben, sowie auf Ballen darf die Bezeichnung nicht aufgeklebt, sondern sie muß, wenn nicht ein Anhänger benutzt wird, mit starkem Faden aufgenäht oder durch Farbe oder Druck angebracht sein.

e) An unverpackten trockenen Fellen und Häuten sind die Zeichen entweder mit Farbe auf der Innenseite oder auf einer an dem Gute dauerhaft befestigten Tafel oder einem Anhänger anzubringen. Bei gesalzenen oder grünen Fellen und Häuten sind Anhänger aus Metall (ausgenommen solche mit Papierbezug) oder Holz nach dem von der Eisenbahn festgesetzten und bekanntgegebenen Muster zu verwenden.

f) An gefüllten Säcken sind die Bezeichnungen auf einer am Kopfende (Blume oder Kropf) befestigten Tafel oder einem Anhänger aus haltbarem Stoff nach dem von der Eisenbahn festgesetzten und bekanntgegebenen Muster anzubringen.

2. An Stückgütern, die in Seehafenplätzen aufgegeben werden, ist das Zeichen durch den Absender nicht erforderlich, wenn die Güter ohne dessen Mitwirkung unmittelbar aus den Seeschiffen in die Eisenbahnwagen umgeladen werden.

3. Hat der Absender Stückgüter nicht nach diesen Vorschriften oder nur undeutlich bezeichnet, oder hat er unvorschriftsmäßige Beklebezettel, Tafeln oder Anhänger verwendet oder diese mit unvorschrifts-

mäßigen Befestigungsmitteln befestigt, so kann die Annahme zur Beförderung abgelehnt werden. Als ungenügendes Zeichen ist auch anzusehen, wenn alte Zeichen nicht entfernt oder nicht deutlich durchgestrichen sind, ferner wenn in Versandorten mit mehreren Bahnhöfen der Abgangsbahnhof oder bei Sendungen nach einem Ort mit mehreren Bahnhöfen ein bestimmter Empfangsbahnhof zwar im Frachtbrief, nicht aber auch in der Bezeichnung des Gutes angegeben ist.

Schrifttum: (infolge Neufassung teilweise veraltet, s. Anm. 1); *Senckpiehl,* Die mangelhafte Verpackung und ihr Anerkenntnis, **EE 42** 131; *Sommerfeld,* **VZ 21** 165; *Derlien,* Das Anerkenntnis mangelhafter Verpackung, **Zeitschr. f. Verkehrswissensch. 26** 27 u. 89 ff.; *Classen,* **JW 24** 1131; *Fritsch,* **ArchfEis. 24** 597; *Starck,* **JW 22** 569; *Schultz,* **VZ 30** 426; ferner **VZ 37** Heft 28.

1. Die Neufassung der EVO von 1938 unterscheidet nicht mehr nach anerkannten, auch nicht zwischen äußerlich erkennbaren und nicht erkennbaren Mängeln der Verpackung, sondern spricht grundsätzlich die **Haftung des Absenders für alle Folgen des Fehlens oder** des **mangelhaften Zustandes der Verpackung** aus (Begr.); s. die inhaltsgleiche Vorschrift § 83 (1) b; auch § 82 (1) Anm. 2; § 83 Anm. 9.

2. Betrifft **Stückgut und Wagenladung** (s. auch **VZ 29 1121**). S. § 83 Anm. 8—11. Der verwendete Wagen selbst kann „Verpackung" darstellen, so für Kesselwagen **BGH 16** 217 = **IZ 1955** 317 (323).

3. Verpackung ist nur die **äußere Schutzhülle,** alles andere ist Gut, also auch eine innere Hülle. **Glasballons** in Weidenkörben sind Gut; nur die Körbe sind Verpackung (**EE 16** 123, **24** 341, **18** 159; s. auch **EE 25** 292; abw. *Richter,* § 62 Anm. I). Flüssigkeiten in **Behälterwagen** galten als unverpackt; **EE 38** 49, **44** 209; diese Rechtsprechung hat der BGH allerdings aufgegeben, s. hier Anm. 2 und § 83 Anm. 10.

4. Hierzu rechnet einmal die **Empfänglichkeit für äußere Einwirkungen** (Erschütterungen, Schrammen, Licht, Kälte, Hitze, Umfallen, die Hast und Eile im Eisenbahnbetrieb), sodann die **Gefährlichkeit für andere Güter** (Verbreitung von Feuchtigkeit, Geruch); endlich auch wirtschaftliche Eigenschaften (Wert, Anziehungskraft auf Dritte), **Diebstahlsgefahr, Verstreuen, Verschütten** u. ä.; s. im einzelnen und wegen der Rechtsprechung § 83 Anm. 9—11. Zu beachten ferner Zoll- und Steuervorschriften. Mit *Einwirkungen, die über das gewöhnliche Maß hinausgehen,* braucht der Absender nicht zu rechnen (**EE 49** 51). Doch sind Rangierstöße nicht zu vermeiden (s. § 83 Anm. 39).

5. D. h. derart, daß sie gegen die Anm. 4 beispielsweise aufgeführten Gefahren geschützt sind. Ob dieser Forderung genügt ist, hat die annehmende **Eisenbahndienststelle nach** billigem **Ermessen** unter Berücksichtigung der Zeit- und Eisenbahnverhältnisse, insbesondere der dem Eisenbahnbetriebe eigentümlichen Gefahren, **zu entscheiden** (**JW 23** 231; **RG EE 40** 123, 190;

EE 46 393, 48 177, 49 51; VAE 41 193, 42 24). Für Expreßgut s. § 37 ABest. 4; **JW 23** 231 u. 597. **Einheitliche Vorschriften sind praktisch unmöglich,** die Umstände des Einzelfalles (Art und Dauer der Beförderung) spielen eine wesentliche Rolle, **OLG Frankfurt/Main EE 48** 177. **Für typisierte Sendungen** eignet sich **Einheitsverpackung,** die von der Eisenbahn vertragsmäßig anerkannt wird. Der Auffassung der Verkehrskreise über Zulänglichkeit (**Handelsbrauch**) kommt **keine ausschlaggebende Bedeutung** zu (**EE 40** 123, 191, **46** 393, **55** 69; *Stark,* **JW 22** 569; *Roeder,* **VR 4** 415). Die Eisenbahn kann in Zeiten unsicherer Verkehrsverhältnisse höhere Anforderungen an die Verpackung stellen, als sie es in früheren Zeiten getan hat. **Nicht entscheidend** ist, ob die **Höhe der Kosten** sich für den Absender lohnt (*Roeder,* **VR 4** 415; *Starck,* **JW 22** 569; **RG** v. 11. 11. 22; **JW 23** 231 u. 597), doch dürfen Anforderungen nicht überspannt werden, **RG 98** 339, **OLG München 22** 40 201 (dagegen unter Hinweis auf außergewöhnliche Zeiten **RG EE 42** 73). Gegen Entscheidung der Annahmestelle **Aufsichtsbeschwerde.** Letzten Endes **Klage auf Annahme** oder auf Schadensersatz (*Fuld,* **EE 19** 170, **44** 264; **JW 24** 161; **EE 41** 335; abw. **EE 40** 190; s. auch *v. d. Leyen,* **JW 23** 231). **Allgemeine Feststellungsklage** wird wohl auch künftig **nicht** zuzulassen sein, da ein Vertragsverhältnis nicht besteht (**JW 88** 135; **RG 18** 166; **EE 41** 67). Auch eine einstw. Verfügung ist nicht zulässig (**EE 39** 267).

Die Prüfung kann nur eine äußere sein; meist wird sie sich auf das „Sehen" beschränken (*Rundnagel,* Haftung § 16 S. 133 ff.). Hierbei ist Sorgfalt eines ordentlichen Frachtführers anzuwenden. Kenntnisse eines Fachmannes sind nicht zu verlangen (**EE 12** 338, **19** 193, **24** 241); ebensowenig Beriechen, Behorchen, Befühlen (*Senckpiehl,* S. 241). Noch schwieriger ist die Prüfung bei Wagenladungen (s. *Rundnagel-Sperber,* S. 82; VR 6 396).

6. D. h. es entfällt die Beförderungspflicht, § 3 (1) a).

7. Wichtig wegen § 83 (1) b) als **Beweismittel für die Eisenbahn:** Die *Ansicht* von *Weirauch* in der Vorauflage, es handle sich um eine *zwingende Formvorschrift,* die eine anderweitig abgegebene Erklärung nichtig mache (ebenso *Finger,* Bem. 6 und 7 d), *muß aufgegeben werden.* **OLG Kassel EE 40** 113 bezieht sich auf den alten Rechtszustand; damals sah § 86 (heute 83) (1) Ziff. 2 vor, daß die Eisenbahn sich auf die Erklärung des Absenders nur berufen könne, wenn sie im Frachtbrief eingetragen war; vgl. *Hamburger,* Das Anerkenntnis der mangelhaften Verpackung im Frachtbrief, **EE 41** 20 (24) und **Öster. ObGH EE 32** 59. **Für** einen solchen **Formalismus** liegt **kein** vernünftiger **Grund mehr** vor, noch weniger, nachdem der Absender (s. § 62 Abs. 2 Satz 2) eine allgemeine Erklärung über Fehler oder Mängel der Verpackung nach Anlage G zur EVO außerhalb des Frachtbriefs abgeben kann. Der letzte Satz des § 62 (2) entspricht mit dem „muß ... enthalten" dem in der EVO allgemein zu beklagenden Unvermögen, zwischen Muß- und Sollvorschriften zu unterscheiden. Da das Anerkenntnis (s. Anm. 8) nur *ein* Beweismittel unter vielen darstellt und der tatsächliche Zustand entscheidet, ist nicht einzusehen, warum die Eisenbahn sich auf eine Erklärung des Absenders nach Anlage 9 nicht sollte berufen können. wenn im Einzelfall der Hinweis im Frachtbrief gefehlt hat. Über die **Stelle der Eintragung** [§ 56 (4)] s. *Senckpiehl,* **JW 23** 241; *Starck,* **VR 22** 268; **RG 40** 193,

42 321 (an anderer Stelle eingetragene Hinweise auf die Verpackung unterliegen der Beweiswürdigung). Eisenbahn hat das Recht, **trotz Anerkenntnisses Annahme zu verweigern** (a. A. *Senckpiehl,* S. 240); s. *Fuld,* **EE 19** 172.

8. Mängel sollen ihrer Art nach einzeln aufgeführt sein, z. B. „Unverpackt", „Nur in Papier verpackt", „Nur zum Teil mit Stroh umwickelt"; doch genügt auch ein in Spalte „Zulässige Erklärungen" enthaltener Hinweis wie: „Ohne Decken", „In Papier" (**JW 22** 915, **25** 477; **EE 40** 139, **39** 111, **41** 65, **42** 73 u. 321; **RG 109** 165); abw. *Kittel,* Anm. 4; **EE 42** 320, **50** 196; die allgemeine Erklärung „Mangelhaft verpackt" sollte vermieden werden, genügt aber schließlich. Dagegen genügt nicht die bloße Bezeichnung der Verpackung in der Frachtbriefspalte „Art der Verpackung" (**JW 23** 241; **RG 109** 165; **EE 43** 400; *Starck,* **VR 1** 269); ferner genügt nicht, „Ein Waggon", denn auch Wagenladungen bestehen oft aus verpackten Einzelstücken (s. *Derlien* aaO. S. 34); Mängel der Verpackung werden nicht vermutet (**EE 46** 294).

Das **Anerkenntnis** ist kein besonderer Vertrag, der neben dem Frachtvertrag einhergeht; abw. *Starck,* **JW 22** 569; *Maier,* **EE 38** 263; *Schmidt-Ernsthausen,* **JW 24** 204; mit Recht sieht **EE 41** 25 in ihm **nur eine Vorleistung des Absenders,** durch die eine Tatsache bezeugt wird (s. auch *Senckpiehl,* **EE 42** 134). *Rundnagel-Sperber* S. 87/88 sieht in ihm ein **Beweissicherungszugeständnis** (s. auch **EE 41** 67). Es hat jetzt nur noch die Wirkung, daß es die Eisenbahn vom Nachweis der Verpackungsmängel befreit (Begr.). Gegenüber der Erklärung ist **Gegenbeweis,** daß das Gut trotz des Anerkenntnisses ordnungsmäßig verpackt war, **zulässig** (s. *Derlien* aaO. S. 92); *Starck,* **JW 22** 569 u. **24** 204; *Rundnagel-Sperber* S. 88; **EE 39** 183, **41** 56, 145, 362; *Roeder,* **JW 24** 161); abw. **JW 23** 231; *v. d. Leyen,* ebendort; *Brandis,* **JW 22** 1510. Nicht zu beweisen ist, daß die Abgabe des Anerkenntnisses unbillig und daher unverbindlich verlangt worden sei (vgl. **JW 23** 231, 507; abw. *Roeder* aaO.; **JW 23** 597; **EE 41** 362). Da Anerkenntnis kein Rechtsgeschäft, ist **Anfechtung** wegen irriger oder erzwungener Abgabe **nicht möglich** (abw. *Rundnagel-Sperber,* S. 88 Anm. 15), auch praktisch wegen § 139 BGB kaum von Wert. **Beweis für die Abgabe** des Anerkenntnisses **liegt der Eisenbahn ob** *(Rundnagel-Sperber,* S. 88). Es braucht nicht unbedingt im Frachtbrief abgegeben zu sein, s. Anm. 7.

Das Anerkenntnis muß besonders unterzeichnet sein, wenn es nicht offensichtlich vom Aussteller des Frachtbriefes herrührt. Wer neben diesem berechtigt ist, bestimmt § 164 BGB; s. § 56 Anm. 12.

9. **Auch ohne Verschulden** (**RG 105** 343; a. M. für den durch die Beschaffenheit der Sache entstandenen Schaden *Senckpiehl,* **EE 26** 352). Eisenbahn, die für die durch Mängel des Gutes an mitverladenen Gütern entstandenen Schäden haftet, braucht für den Rückgriff gegen den Absender nur die Beschädigung nachzuweisen (**EE 45** 301); s. auch § 82 Anm. 2, § 83 (1) b.

10. „**Gut**" ist hier **im Gegensatz zur Verpackung** gebraucht. **Bei Verweigerung** des Vermerkes **kann Eisenbahn den Abschluß des Frachtvertrages ablehnen.** Macht sie von der Befugnis keinen Gebrauch, so soll das Fehlen des Vermerks die Vermutung begründen, daß das Gut bei der Auflieferung

offensichtliche Spuren von Beschädigung nicht aufgewiesen habe (*Fritsch*, **ArchfEis.** 24 597). Dem ist nicht beizutreten, da für die Eisenbahn nur ein **Recht, keine Pflicht, den Vermerk zu verlangen,** festgelegt ist. Sie hat übrigens nur das abzuliefern, was ihr zur Beförderung übergeben wurde; wie sie das beweist, ist ihre Sache. Aus Abs. 4 ist nicht etwa zu entnehmen, daß die Eisenbahn beschädigte Güter, bei denen die Bescheinigung abgegeben wird, unter allen Umständen annehmen muß; es **gilt auch hier Abs. 1 mit** dem alternativen **Ablehnungsrecht** des Abs. 2, **wenn das Gut nicht sicher verpackt** ist. Bei Gütern, die sich ihrer Natur nach nicht zur Verpackung eignen, besteht **trotz der Bescheinigung nach Abs. 4** jedenfalls dann **keine Beförderungspflicht,** wenn die **Gefahren,** denen nach Abs. 1 durch die Verpackung vorgebeugt werden soll, **infolge der Beschädigung drohen.** Das ergibt sich zwar aus einer sinngemäßen Auslegung des Abs. 1, sollte aber bei einer Neufassung ausdrücklich gesagt werden. **Keine Beförderungspflicht** auch, wenn infolge **Verletzung von Zollvorschriften** (Zollamtlicher Beschluß beseitigt) Gefahr der Haftung für die Eisenbahn besteht.

10a. S. § 2 Anm. 2.

11. Folgen s. ABest. III, 3. **Bei Verstoß** gegen Abs. 7 letzter Satz, **den sie nicht gerügt hat** (wozu sie **berechtigt, aber nicht verpflichtet** ist), **kann Eisenbahn sich** gegenüber Schadensanspruch **auf Verschulden des Absenders berufen;** *Weirauch* in der Vorauflage und *Finger*, Bem. 20, sprechen von Mitverschulden, *Goltermann*, Anm. 11, bei Fehlleitung von überwiegendem oder Mitverschulden; bei ihrem Massenbetrieb muß sich aber die Eisenbahn auf die Bezeichnung durch den Absender verlassen können, Irreführung geht zu seinen Lasten.

§ 63. *Annahme zur Beförderung. Verladung. Wagenstandgeld*

(1) Wenn[1] zwingende Gründe des Betriebs[2] oder des öffentlichen Wohls es erfordern, kann die Eisenbahn anordnen[3], daß

a) die Annahme oder die Beförderung von Gütern ganz oder teilweise gesperrt wird[3];

b) gewisse Sendungen vorübergehend ausgeschlossen oder nur unter bestimmten Bedingungen zugelassen werden[3],

c) gewisse Sendungen vorübergehend vorzugsweise zur Beförderung angenommen werden[3].

Die Eisenbahn kann Güter, die infolge einer solchen Einschränkung nicht befördert werden können, zurückweisen[4].

(2) Die Güter müssen[5] während der Dienststunden der Versandabfertigung ausgeliefert werden. Der Tarif kann Erleichterungen zulassen. Die Eisenbahn hat die Dienststunden durch Aushang bekanntzumachen. An Sonn- und Feiertagen[6] braucht die Eisenbahn keine

Güter anzunehmen. Wo dies doch geschieht, ist es durch Aushang bekanntzumachen.

I. An Sonn- und Feiertagen wird Frachtgut nicht angenommen. Nach besonderer Vereinbarung der Eisenbahn mit den Absendern — gegebenenfalls auch über die Gebührenfrage[5] — werden jedoch Ladungsgüter, die in regelmäßig verkehrenden geschlossenen Zügen von einem Absender an einen Empfänger aufgeliefert werden, auch an Sonn- und Feiertagen als Frachtgut angenommen. Welche Tage als Feiertage gelten, wird durch Aushang bekanntgemacht.

(3) Der Absender hat dafür zu sorgen, daß Sendungen, die von der Eisenbahn zu verladen sind, spätestens 24 Stunden[7] nach Beginn der Auflieferung abgefertigt werden können. Verzögert er die Abfertigung dadurch, daß er innerhalb dieser Frist nicht alle zum Frachtbrief gehörigen Güter aufliefert oder den wegen Unrichtigkeit oder Unvollständigkeit beanstandeten Frachtbrief nicht berichtigt zurückgibt oder die etwa zu zahlenden Freibeträge nicht begleicht[8], so kann die Eisenbahn die Güter auf Lager nehmen[9].

II. Für das Einlagern wird Lagergeld erhoben.

III. Zum Ansammeln von Wagenladungen kann das Lagern von Gütern auf verfügbaren Plätzen der Bahnhöfe im Freien gestattet werden[9].

In solchen Fällen wird statt des Lagergeldes Platzgeld erhoben.

Lagergeld und Platzgeld sind im Nebengebührentarif (Teil I Abteilung B) festgesetzt.

(4) Hat der Absender die Güter selbst zu verladen, so muß er die Wagen unter Angabe des Gutes, des ungefähren Gewichts und des Bestimmungsbahnhofs für einen bestimmten Tag bei der Versandabfertigung bestellen[10]. Können die Wagen nicht gestellt werden, so ist der Besteller soweit möglich hiervon kostenfrei zu benachrichtigen[11]. Werden schriftlich zugesagte[12] Wagen nicht rechtzeitig gestellt, so hat die Eisenbahn die Kosten des vergeblichen Versuchs der Auflieferung, mindestens aber den Betrag des Wagenstandgelds für einen Tag zu erstatten. Wird ein Wagen vor der Bereitstellung[13] wieder abbestellt, so hat der Besteller die tarifmäßige Gebühr zu zahlen. Wird ein Wagen nach der Bereitstellung[13] unbeladen zurückgegeben oder nach Ablauf der Beladefrist wegen Nichtbeladung dem Besteller wieder entzogen, so ist vom Zeitpunkt der Bereitstellung an das tarifmäßige Wagenstandgeld[14] zu zahlen. Bei Bestellung eines Wagens kann die Eisenbahn Sicherheit[15] in Höhe des tarifmäßigen Wagenstandgelds für einen Tag verlangen. Auf die Stellung von Wagen besonderer Bauart, von bestimmtem Ladegewicht oder bestimmter Lade-

fläche hat der Besteller vorbehaltlich der Bestimmung in § 66 keinen Anspruch[16].

IV. 1. Die Bestellung von Wagen ist in der Regel schriftlich an den Versandbahnhof und, wenn dort eine besondere Güterabfertigung besteht, an diese zu richten, es sei denn, daß für Massengüter wie Kohle, Erze usw. die Annahme und Ausführung der Wagenbestellung anderen Dienststellen übertragen ist.

2. Auf unbesetzten Bahnhöfen sind Wagen zur Verladung von Gütern bei dem nächstgelegenen besetzten Bahnhof oder bei dem Zugführer schriftlich zu bestellen. Die schriftliche Bestellung kann dem Zugführer in unverschlossenem Brief zur unentgeltlichen Beförderung übergeben werden.

3. Bei der Bestellung ist anzugeben, wieviel Wagen, ob gedeckte oder offene, sowie ob Wagen besonderer Bauart, bestimmter Lastgrenze, bestimmten Ladegewichts oder bestimmter Ladefläche gewünscht werden.

4. Bei Bestellung von Wagen besonderer Bauart, bestimmter Lastgrenze, bestimmten Ladegewichts oder bestimmter Ladefläche kann der Besteller erklären, daß die Bestellung nicht für einen bestimmten Tag, sondern erst dann gelten soll, wenn ein entsprechender Wagen am Bedarfsort verfügbar wird; die Vorschrift § 63 (4) letzter Satz wird hierdurch nicht berührt.

V. Die Gebühr für die Abstellung von Wagen und das Wagenstandgeld sind im Nebengebührentarif (Teil I Abteilung B) festgesetzt.

(5) Der Absender hat die Güter in der Regel während der Dienststunden der Versandabfertigung zu verladen. Die Frist, innerhalb deren die Verladung regelmäßig beendet sein muß, ist durch Aushang bekanntzumachen. Wird die Frist überschritten oder wird der wegen Unrichtigkeit oder Unvollständigkeit beanstandete Frachtbrief nicht innerhalb der Ladefrist berichtigt übergeben oder werden die etwa vom Absender zu zahlenden Freibeträge nicht innerhalb derselben Frist beglichen, so hat der Absender das tarifmäßige Wagenstandgeld[14] zu zahlen. Wagenstandgeld[14] ist bei Überschreitung der Fristen auch für Sonn- und Feiertage zu zahlen; hierbei werden jedoch unmittelbar aufeinanderfolgende Sonn- und Feiertage[6] stets nur als ein Tag gerechnet. Läuft die Frist erst nach 14 Uhr eines Werktags ab, so ist für einen oder mehrere auf den Werktag unmittelbar folgende Sonn- oder Feiertage[6] kein Standgeld zu zahlen. Die Eisenbahn kann, wenn die Ladefrist[19] um mehr als 24 Stunden überschritten wird, das Gut auf Gefahr und Kosten des Absenders ausladen und auf Lager nehmen[19]. Sie kann es auch bei einem Spediteur oder in einem öffentlichen Lagerhaus auf Gefahr und Kosten des Absenders hinterlegen[19].

VI. Wegen der Neuaufgabe beladener Wagen auf dem Bestimmungsbahnhof zur Weiterbeförderung vgl. Allg. ABest. IV zu § 79 (6).

(6) Der Lauf der Fristen in Abs. (3) und (5) ruht an Sonn- und Feiertagen[6] sowie für die Dauer einer Behandlung durch die Zoll- oder sonstigen Verwaltungsbehörden[17], soweit die Behandlung nicht durch den Absender verzögert wird[18].

VII. Welche Tage als Feiertage gelten, wird durch Aushang bekanntgemacht.

(7) Wenn die ordnungsmäßige Abwicklung des Verkehrs durch Güteranhäufungen gefährdet wird, so kann die Eisenbahn die Beladefristen und die lagergeldfreie Zeit, soweit nötig, abkürzen sowie das Wagenstandgeld[14], das Lagergeld und die Gebühr für die Abbestellung von Wagen erhöhen. Auch können die erleichternden Bestimmungen über die Berechnung des Wagenstandgeldes in Abs. (5) außer Kraft gesetzt werden. Solche Maßnahmen sind durch Aushang bekanntzumachen, auch soll in der Presse auf sie hingewiesen werden.

(8) Die Eisenbahn kann auf Antrag des Absenders Stückgüter im Ortsbereich des Versandbahnhofes oder in benachbarten Orten gegen eine durch Aushang bekanntzumachende Gebühr beim Absender selbst abholen oder Rollfuhrunternehmer[20] dafür bestellen. In beiden Fällen hat die Eisenbahn die Rechte und Pflichten eines Frachtführers im Sinne des Handelsgesetzbuchs. Die Rollfuhrleute haben ihren Gebührentarif bei sich zu tragen und auf Verlangen vorzuzeigen.

VIII. Sind für die Anfuhr von Stückgütern zum Bahnhof aus dem Ortsbereich des Versandbahnhofs oder aus benachbarten Orten Rollfuhrunternehmer bestellt, so ist dies durch Aushang bekanntgemacht. Der Aushang enthält auch die näheren Bestimmungen über die Abholung der Güter.

(9) Für die Abfertigung von Gütern kann die Eisenbahn Güternebenstellen außerhalb des Bahngebiets einrichten[21].

(10) Die Eisenbahn kann im Tarif vorschreiben, daß Güter, die auf dem Versandbahnhof von anderen Verkehrsmitteln unmittelbar auf die Eisenbahn umgeladen werden sollen, gegen Zahlung der im Tarif oder durch Aushang bekanntzumachenden Gebühren durch ihre Bediensteten oder durch besondere von ihr bestellte Unternehmer umgeladen werden. In beiden Fällen hat die Eisenbahn die Pflichten eines Spediteurs[22].

IX. Die Bahnhöfe, auf denen die Eisenbahn Güter von Schiffen durch ihre Bedienstete oder durch Unternehmer umladet, sind in den Tarifteilen II genannt.

Schrifttum: ***Friebe,*** Erhebung von Wagenstandgeld, **Reichsbahn 31** 260; *Witt,* Wagenstandgeld, **VR 36** Heft 8, *Heinze,* **Die BB 51** 692 (697), Rechtsfragen der Einlagerung, daselbst, S. 700, Gestellung ungeeigneter Wagen; derselbe, **Die BB 59** 747 (749), Wagengestellung und Verkehrssicherungspflicht.

1. und nur so lange, als die besonderen Verhältnisse vorliegen (Begr.).

2. Betrieb im weiteren Sinne, d. h. einschließlich des Abfertigungs- und Beförderungsdienstes, Verstopfung der Strecke, eines Bahnhofs, eines Güterbodens, Anschlußgleises usw.; *Fritsch,* **ArchfEis. 24** 591; **RG 87** 244; **ArchfEis. 24** 591.

3. Es handelt sich um **Zweckmäßigkeitsmaßnahmen (RG 105** 276), mit denen die Eisenbahn ihre Leistungsfähigkeit (durch Einschränkung) erhalten oder wiederherstellen will **(innerbetriebliche Gründe) oder** durch die sie **im öffentlichen Interesse** innerhalb der von ihr verlangten Leistungen eine Auswahl trifft. Es sind „allgemeine Anordnungen" gem. § 3 (1) a), also **Einschränkungen der Beförderungspflicht,** die von § 453 HGB gedeckt werden. Das gleiche gilt für die nach § 67 (2) unter denselben Voraussetzungen zulässigen **Eingriffe in die Reihenfolge der Beförderung.** § 63 (1) unterscheidet zwischen

a) **Annahmesperren** und Beförderungs(**Rückhalt-**)sperren; bei den letzteren wird die Beförderung des schon angenommenen Gutes ausgesetzt, die Lieferfrist ruht während dieser Zeit [§ 74 (7) d)]. Die Sperren können sich auf einzelne Strecken oder ganze Gebiete, aber auch einzelne Bahnhöfe beziehen (letzteres insbesondere bei den Rückhaltsperren, wenn ein Bahnhof „überläuft"), auch auf einzelne Beförderungsarten;

b) **Ausschluß oder bedingungsweiser Annahme „gewisser Sendungen",** d. h. im Gegensatz zu a) **Arten von Gütern;** hier wird nur in die Annahme, nicht in die Beförderung eingegriffen; die Maßnahme wird im allgemeinen weniger aus betrieblichen als aus Gründen des öffentlichen Wohls angeordnet werden und findet ihr **Gegenstück** in

c) der **vorzugsweisen Annahme** bestimmter Gutarten. Die Maßnahmen zu b) und c) werden für Wagenladungen in Zeiten der Wagenknappheit dadurch getroffen, daß eine Dringlichkeitseinstufung vorgenommen wird.

Daß diese allgemeine Ergänzung des § 3 in den §§ 63 und 67 vorgenommen wird, ist zwar äußerlich dadurch gerechtfertigt, daß sie nur für den Güter-, nicht für den Personenverkehr in Betracht kommt, doch wird dadurch unnötig Zusammengehöriges auseinandergerissen.

Bei derartigen „Anordnungen" unterliegt die Eisenbahn der **allgemeinen Aufsicht** nach § 5 AEG oder § 14 Bundesbahnges.; eine Genehmigung durch den Bundesminister für Verkehr ist nicht vorgesehen, doch kann sich die Aufsichtsbehörde immer dann einschalten, wenn ihrer Ansicht nach die Eisenbahn die Voraussetzungen zu Unrecht annimmt. Ein Anlaß hierzu wird jedoch kaum je vorliegen, da heutzutage die Eisenbahnen im Wettbewerb stehen und daher von sich aus daran interessiert sind, solche Maßnahmen so selten und so kurzfristig wie möglich anzuordnen. Es handelt sich **nicht um Verwaltungsakte,** da zivilrechtlicher Geschäftskreis, a. M. *Goltermann,* Anm. 3, **Gerichte** sind **nicht befugt,** solche Maßnahmen auf ihre sachtliche Berechtigung **nachzuprüfen** (*Klewitz,* **HansRZeit.** 6 133; **EE** 42 192). Vgl. § 67 Anm. 4.

4. Da es sich bei den **Anordnungen nach Abs. 1** nur um **allgemeine, an alle gerichtete** handeln darf, nicht um solche gegen einzelne Kunden der Eisenbahn [§ 6 (1) Satz 2], erscheint der letzte Satz des Abs. 1 befremdlich; allgemeine Anordnungen verlangen auch allgemeine Befolgung. Daß in der Anwendung der allgemeinen Anordnungen eine durch sie sachlich gerechtfertigte unterschiedliche Behandlung der einzelnen Eisenbahnkunden enthalten sein kann (*Goltermann,* Anm. 7 mit dem Beispiel umfangreichen und kleinen Guts), rechtfertigt nicht eine Kannvorschrift für die Anwendung von Annahmesperren oder -einschränkungen, soweit sie nicht in der Anordnung selbst enthalten ist. Gedacht ist vielleicht an die Rückhaltsperren des Abs. 1 a), die sich auf Beförderung, nicht Annahme beziehen; gegen diese Annahme spricht, daß sie sich wohl auf unterwegs befindliches Gut beziehen, da für Neuaufgabe die Annahmesperre viel zweckmäßiger ist. Man wird daher in diesem unklaren Satz wohl eine **Ergänzung des** § 64 sehen müssen; dann aber gehörte er besser dorthin. Als Erläuterung zu a) und b) wäre er überflüssig.

5. Sollvorschrift: Gültigkeit des Frachtvertrages davon nicht abhängig. Amtlichem Rollfuhrmann oder bahnamtlich verpflichteter Kraftverkehrsgesellschaft kann gestattet werden, auch außerhalb der Dienststunden aufzuliefern (s. *Rundnagel,* BefGesch. S. 332). Als Dienststunden rechnen natürlich nur die für den öffentlichen Verkehr, d. h. mit dem Publikum. Gebührenregelung außerhalb des Tarifs dürfte gegen § 6 verstoßen, ABest. I ist insofern kaum als gültig anzusehen.

6. Feiertage s. § 48 Anm. 3.

7. Nachtstunden rechnen mit, nicht aber Sonn- und Feiertage (BGB § 193).

8. Siehe § 61 Anm. 5. Zur Vorauszahlung von Freibeträgen kann der Absender nicht nur durch seinen Freivermerk, sondern auch durch diese Ordnung oder durch den Tarif verpflichtet sein.

9. Haftung für die Sorgfalt eines ordentlichen Kaufmanns [s. § 82 (5)]. Eisenbahn hat aber auch das **Recht der Zurückweisung.** Ein Verschulden des Absenders wird nicht verlangt. Läßt der Absender **ohne Einverständnis der Eisenbahn** Gut auf der Annahmerampe stehen, liegt **kein Vertrag** vor. Gegen Eisenbahn dann nur Klage aus ungerechtfertigter Bereicherung (vgl. § 61 Anm. 4 und § 64). Wegen des tarifmäßigen Lagergeldes s. § 68 (2) und ABest. III; **VZ 27 674, 28 1379, 1448;** vgl. auch Anm. 19 **(weitere Rechte!).** Über das Verhältnis zu § 64 s. dort Anm. 1 und im einzelnen *Heinze,* **Die BB 51** 697. Das „Auf-Lager-Nehmen" bezeichnet nur den **Anfang der Lagergeldpflicht, nicht** den **der Haftung.** Zweifelhaft der Umfang der Vertragshaftung nach ABest. III, *Heinze* aaO.

10. Bestellung eines Wagens durch den Absender ist ein tatsächlicher Vorgang mit dem Ziele, die Bereitstellung eines Wagens zu ermöglichen. Wird die Bestellung durch die Eisenbahn angenommen, was formlos geschehen kann, kommt ein **Wagengestellungsvertrag** zustande (s. **RG EE** 42 88; *Zoller,* **EE** 29 239; *Huber,* **IZ** 42 464; *Ammann,* **EE** 26 456; ferner **VAE** 41 174;**RG** 66 403, 99 245, 109 150; **EE** 49 59; **JW** 25 620; s. auch **EE** 57 75; **DJZ** 25 241; endlich *Meyer,* **EE** 57 80). Mit der Gestellung des Wagens ist der Vertrag seitens der Bahn erfüllt (abw. *Rundnagel,* BefGesch. S. 344, der jede rechtliche Bindung bestreitet; *Kittel,* § 63 Anm. 16 und *Richter,* Anm. IV. **EE** 79 59, 50 249 wollen diesen Vertrag bis zum Abschluß des Frachtvertrages oder Rückgabe des Wagens andauern lassen, so offenbar auch *Finger,* Bem. 19 b und *Goltermann,* Anm. 15); darüber hinaus ist die **Eisenbahn** jedenfalls **verpflichtet, sich jeder störenden Einwirkung** bis zum Abschluß des Frachtvertrages **zu enthalten, OLG München VAE 1940** 160, **OLG Stettin IZ 1942** 98. Sie haftet bei Zuwiderhandlung nach § 278 BGB (a. M. *Weirauch* in der Vorauflage). Der **Besteller kann** vom Wagengestellungsvertrage **zurücktreten,** und zwar vor Bereitstellung (wofür er die Abbestellgebühr zu entrichten hat) oder nachher (mit Wagenstandgeldpflicht). Er ist verpflichtet, den Wagen sorgfältig zu beladen (**RG** 66 406; a. M. *Finger* aaO., **Goltermann** aaO.), und zwar während der tarifmäßigen Frist [§ 63 (5) vorletzter und letzter Satz], andernfalls kann die **Eisenbahn** wegen Nichterfüllung (§§ 326, 346 BGB) **zurücktreten.** Die **Rechtsfolgen** sind in § 63 (4) und (5) **hinsichtlich des Schadensersatzes wegen Nichterfüllung** für beide Vertragsteile **abschließend geregelt** (ebenso *Finger* aaO.). Offengeblieben, aber zu bejahen ist das **Rücktrittsrecht** des Bestellers **wegen Schlechterfüllung** (Gestellung eines ungeeigneten Wagens). Eine Schadensersatzpflicht auch in der Form der Entrichtung von Wagenstandgeld besteht für den Besteller hier zweifellos nicht; er kann nach § 326 BGB der Eisenbahn zur Bewirkung der Leistung eine Frist setzen und nach deren erfolglosem Ablauf vom Vertrage zurücktreten, jedoch Schadensersatz wegen Nichterfüllung nur im Fall des § 63 (4) Satz 3 in engen Grenzen (bei der praktisch kaum je vorkommenden schriftlichen Zusage) verlangen. Hat er nach ABest. IV 4 nicht für einen bestimmten Tag, sondern für den Zeitpunkt des Verfügbarwerdens bestellt und damit zu erkennen gegeben, daß er auf etwas ganz Bestimmtes reflektiert, so wird man ihm ein Ablehnungsrecht für andere Wagen unbeschadet des Abs. 4 letzter Satz zugestehen müssen, s. Anm. 16.

Eisenbahn hat einen **geeigneten Wagen** zu stellen; s. *Weber,* **IZ** 1940 Heft 2; § 83 Anm. 39. Maßgebend sind dafür die Angaben des Bestellers (z. B. Angabe der Bestimmungsstation) wegen der zu durchfahrenden Strecke (Achsdruck und Lademaß); Inhalt, Gewicht usw.; **RG JW** 26 573; **EE** 39 267, 52 88, 92. Daneben hat **Absender Wagenprüfungspflicht; EE** 42 93; s. im einzelnen § 83 Anm. 39. Kann Eisenbahn den Wagen nicht stellen, **soll** sie den Besteller benachrichtigen; ein Anspruch auf Schadensersatz wegen Nichtgestellung besteht nicht (**RG** 109 150), s. auch **RG** 66 402; **EE** 23 21, 26 456, 29 328; abw. **EE** 23 368).

Mit der Gestellung des Wagens übernimmt Eisenbahn **keinen Verwahrungsvertrag,** auch keine Überwachungspflicht (**EE 37** 240, **40** 187, **51** 348).

Fraglich ist, ob die Eisenbahn verpflichtet ist, zu prüfen, ob der frachtbriefmäßige Absender zur Aufgabe des von einem Dritten bestellten Wagens berechtigt ist. *Kittel,* Anm. 16, verneint dies; s. auch *Kayser,* **EE 50** 250 (dem wird man zustimmen müssen; abw. **EE 49** 59; **RG 109** 150, **111** 335; **VZ 25** 391; **EE 49** 59; wie hier: *Huber,* **IZ 42** 741; *Well,* **VR 30** 325, 361, **31** 113; *Finger,* Bem. 19 f), **EE 51** 161.

11. Sollvorschrift.

12. Bestellung braucht nicht schriftlich zu sein (abw. **EE 34** 91).

13. D. h. Laderechtstellung auf dem Ladegleis. Stehen auf dem Bahnhof genügt nicht.

14. Wagenstandgeld s. § 79 Anm. 5.

15. Draufgabe (BGB §§ 336 ff.).

16. Doch ist Bestellung zulässig, ABest. IV 3 und 4. Besteller kann zumindest im Falle der Ziff. 4 **Ersatzgestellung** ablehnen, wenn er dadurch tariflich schlechter gestellt wird. Er kann dies immer, wenn Wagen für den Zweck untauglich, s. Anm. 10.

17. Frist vor und nach der Unterbrechung wird zusammengezählt.

18. Was Eisenbahn zu beweisen hat.

19. Ladefrist s. Abs. 5 Satz 2 (jetzt der Einfachheit halber durch Aushang bekanntzumachen, früher bestimmte sie der Tarif). **„Auf-Lager-Nehmen“** s. Anm. 9. Über das schon in Abs. 3 für die von der Eisenbahn zu verladende Güter dieser zugestandene Recht hinaus gibt ihr Abs. 5 letzter Satz für vom Absender zu verladende Sendungen auch noch die Möglichkeit, sie zu **hinterlegen,** was eine Angleichung an § 80 (8) bedeutet (die Möglichkeit der Rücksendung scheidet hier aus); s. dort Anm. 16 und 17. Dasselbe Recht wird man ihr aber, zumindest wenn sie keinen Platz hat, auch für die Güter des Abs. 3 zugestehen müssen. Schließlich ist nicht einzusehen, warum nicht auch hier, wie im Falle des § 80 (9) die Möglichkeit des **Verkaufs** einräumen sollte (leichtverderbliches Gut!). Man sollte daher beide Fälle gleichmäßig durch eine Verweisung auf § 80 (8) bis (11) in sinngemäßer Anwendung regeln.

20. Bahnamtliche Anrollung (über Zuführung vgl. § 77); Einrichtung steht im freien Ermessen der Eisenbahn; über Anfuhr von Wagenladungen enthält EVO keine Bestimmung; sie ist aber nicht verboten, so mit Recht *Rundnagel,* BefGesch. S. 350; **EE 47 364.**

Die Anfuhr liegt vor dem Abschluß des Frachtvertrages (EVO § 61); Haftung der Eisenbahn, und zwar lediglich der Versandbahn [EVO § 96 (2)], nur für Verschulden nach Landfrachtrecht § 429, § 431 HGB, nicht §4 EVO. Eisenbahn kann also Güter, die die von ihr bestellten Bahnroller angebracht haben, zurückweisen, wenn sie nicht in Ordnung sind. Auch die Anrollbedingungen können von den eisenbahnfrachtrechtlichen Bedingungen abweichen, sogar hinsichtlich der Haftung. Im Rahmen des Bahnspeditionsvertrages hat die Bahn die **Haftung aus EVO auch für Anrollung** der Stückgüter und der einbezogenen Wagenladungen übernommen. Das ist aber nur Vertragsrecht..

Bahnspediteur (ein nicht als bahnamtlicher Rollfuhrunternehmer tätiger Spediteur ist nicht berechtigt, sich als Bahnspediteur zu bezeichnen, **OLG Stuttgart VRS 5** 96) steht zum Absender in keinem Vertragsverhältnis (s.*Rundnagel,* S. 350; **EE 23** 359, **26** 258, **27** 65, **28** 192; **RG 66** 406). Er und seine Leute sind **Erfüllungsgehilfen der Eisenbahn,** nicht Unterfrachtführer (a. A. *Senckpiehl,* S. 246 und **EE 45** 346; *Goltermann,* Anm. 27 b). Beförderung **von der Güternebenstelle zur Eisenbahnabfertigung** unterliegt dem **Eisenbahnfrachtrecht;** denn das Gut ist bereits angenommen (a. A. *Senckpiehl,* S. 246).

21. Siehe § 61 Anm. 2.

22. Sie haftet also für ihre **Bediensteten** nicht nach EVO § 4, sondern HGB § 431, BGB § 278; s. **VZ 24** 703, **29** 430; dasselbe gilt hinsichtlich der von ihr bestellten **Unternehmer** („in **beiden Fällen**"); ebenso *Goltermann,* Anm. 28; a. M. *Finger,* Bem. 35, der für diese § 408 HGB anwenden will. Vgl. § 65 Anm. 17.

§ 64. *Vorläufige Einlagerung des Gutes*

Auf Verlangen[1] des Absenders hat die Eisenbahn Güter, die nicht alsbald befördert werden können, gegen Empfangsbescheinigung einstweilen auf Lager zu nehmen[2], soweit es die Räumlichkeiten gestatten[3]. Der Absender hat sein Einverständnis auf dem Frachtbrief zu erklären[4] und auf dem etwa ausgestellten Doppel zu wiederholen. In diesem Fall hat die Eisenbahn bis zum Abschluß des Frachtvertrags für die Sorgfalt eines ordentlichen Kaufmanns einzustehen[5]. Die Eisenbahn kann für die Einlagerung das tarifmäßige Lagergeld erheben. Der Frachtvertrag wird erst abgeschlossen[6], wenn das Gut befördert werden kann. Die Einlagerung von Gütern, die nach dem Ermessen des Versandbahnhofs leicht verderben, und der in § 54 (2) aufgeführten Gegenstände kann abgelehnt werden[7].

I. Das Einverständnis[4] des Absenders mit dem Einlagern ist im Frachtbrief unter „Andere vorgeschriebene oder zulässige Erklärungen" auszusprechen.

II. Für das Einlagern wird Lagergeld erhoben.

III. Leicht verderbliche Güter und die in § 54 (2) aufgeführten Güter werden nicht eingelagert.

Schrifttum: *Friebe,* Haftung für eingelagerte Güter, **VZ 29** 323; *Stockhammer,* ebendort S. 173; *Rundnagel,* BefGesch. § 111 S. 351; *Gordon,* **EE 15** 75, **22** 312; *Janzer,* **VZ 04** 704; *Senckpiehl,* **EE 21** 323, **22** 107; *Sommer-*

feld, **VZ 22** 6, **EE 23** 391; *Heinze,* **Die BB 51** 692 (697), Rechtsfragen der Einlagerung, derselbe **AVW 51** 459.

1. Nach § 63 (3) und (5) **kann** Eisenbahn Güter auf Lager nehmen, wenn der Abschluß des Frachtvertrages vom Absender verzögert wird; nach § 64 **muß** sie es unter den dort angegebenen Voraussetzungen, zu denen gehört, daß die Güter nicht „alsbald" (früher: „sofort", Begr.) befördert werden können; in den Fällen des **§ 63** geschieht dies **aus eigener Veranlassung, § 64** setzt einen **Antrag** des Absenders voraus. Nach § 543 (2) HGB ist die Eisenbahn **nur insoweit verpflichtet,** Güter zur Beförderung anzunehmen, **als die Beförderung alsbald erfolgen kann;** die EVO bestimmt, inwieweit sie verpflichtet ist, solche Güter in „einstweilige Verwahrung zu nehmen". § 64 kommt dieser Auflage des HGB für die EVO nach und bestimmt, welche Voraussetzungen für die Verpflichtung der Bahn zur „vorläufigen Einlagerung" im einzelnen vorliegen müssen. **§ 3 (1),** der lediglich den § 453 (1) HGB in verkürzter Form wiedergibt, hat versäumt, die **Beförderungspflicht** der Eisenbahn im Sinne des § 453 (2) ausdrücklich einzuschränken; der Sache nach ergibt sich diese Einschränkung allerdings schon aus § 3 (1) b) „wenn die Beförderung mit regelmäßigen Beförderungsmitteln möglich ist". Dies ist **nicht** der Fall **bei Überbelastung der regelmäßigen Beförderungsmittel** im Einzelfall oder bei Maßnahmen aus § 63 (1); nach dessen letzten Satz kann die Eisenbahn aber Güter, die infolge einer solchen Einschränkung nicht befördert werden können, „zurückweisen". Damit dürfte die Verpflichtung aus § 64 für solche Fälle entfallen (vgl. **§ 63** Anm. 4). Im übrigen ist die **Entscheidung** über den Begriff **„alsbald"** eine **Ermessens**angelegenheit der Eisenbahn; nimmt sie die Güter vorbehaltlos an, so läuft mit der unverzüglichen Aufdrückung des Annahmestempels [§ 61 (1)] die Lieferfrist gem. § 74 (5).

2. Rechtsfolgen regelt **§ 82 (5).** Nach der Begr. sollte vom Verwahrungsvertrag abgerückt und auf Haftung des Lagerhalters (§ 417 HGB) abgestellt werden, doch ist durch die Anwendung der Vorschriften des HGB über den Lagerhalter die ergänzende Anwendung der §§ 688 BGB nicht ausgeschlossen. Nach § 695 BGB kann der Hinterleger die Sache vom Verwahrer **jederzeit zurückfordern.** Es bestehen keine Bedenken, diese Bestimmung auch hier anzuwenden, allerdings mit der Maßgabe, daß dieses Recht entfällt, wenn die Eisenbahn durch den Annahmestempel auf dem Frachtbrief den Abschluß des Frachtvertrages bekundet hat. Damit erlischt das Vertragsverhältnis aus der vorläufigen Einlagerung, der Absender kann jetzt nur noch nach § 72 (1) a) in den Besitz des Gutes gelangen. Es ist ohnehin nur ein **Vorvertrag zum Frachtvertrag** (s. auch Anm. 6), der Hinterleger schließt ihn nicht als solcher, sondern als präsumptiver Absender; man kann daher wohl nicht (so *Weirauch* in der Vorauflage und *Finger,* Bem. 5 b) von einem selbständigen Vertrage sprechen (wie hier *Goltermann,* Anm. 1, anders Anm. 4), s. auch Anm. 4 und § 67 Anm. 2.

3. Die **für diesen Zweck bestimmten Räume;** Eisenbahn ist nicht verpflichtet, andere Räume heranzuziehen oder gar anzumieten oder zu errichten. Dem Antragsteller, den sie abschlägig bescheidet, wird sie gestatten müssen, sich von der Richtigkeit ihrer Behauptung, daß die Räumlichkeiten die vorläufige Einlagerung nicht gestatten, zu überzeugen. Rechtsmittel s. Anm. 7.

4. Die **Eintragung** des Einverständnisses mit der vorläufigen Einlagerung (der Ausdruck ist nicht ganz folgerichtig, nachdem § 64 Satz 1 von einem Verlangen des Absenders gesprochen hat; mit einem solchen könnte allenfalls die Eisenbahn einverstanden sein!) in der Spalte „Andere vorgeschriebene oder zulässige Erklärungen" (ABest. I) **bedeutet ein Beweismittel für die Eisenbahn,** daß als Vorvertrag zum Frachtvertrag, für den die Besitzübertragung an dem Gut Voraussetzung ist (§ 688 BGB), ein Abkommen über vorläufige Einlagerung geschlossen ist, das sie einseitig (Anm. 6) in einem Frachtvertrag überführen kann. **Nur wenn** der (zukünftige, § 64 nennt ihn schon vorschußweise so) **Absender** den **Antrag im Frachtbrief stellt, ist** die **Eisenbahn** zur vorläufigen Einlagerung **verpflichtet.** Verzichtet sie darauf, so ist deswegen nicht etwa die Vereinbarung über vorläufige Einlagerung nichtig (so *Weirauch* in der Vorauflage, *Goltermann,* Anm. 6); es entspricht nicht dem Sinn des § 125 BGB, ihn auch dann anzuwenden, wenn die Form nur der Beweiserleichterung dient; selbst eine Formvorschrift wäre auslegungsfähig, **RG 73** 74. Hier würde durch den Verzicht der Eisenbahn auf eine zu ihrer Sicherung vorgesehene Form nicht ihr, sondern ihrem Vertragspartner ein Nachteil erwachsen, der (so *Goltermann* aaO.) auf die §§ 812 BGB angewiesen wäre (vgl. auch **Die BB 51** 697, wo darauf hingewiesen wird, daß § 64 nur einen der vielen Fälle vorläufiger Einlagerung regelt, die zwischen Auflieferung und Annahmestempel liegen). Wie hier (gegen **OLG Dresden EE 22** 249) *Finger,* Bem. 5. **Zeitpunkt der vorläufigen Einlagerung** rechnet **von der Übergabe des Guts,** nicht etwa von der Übergabe des Frachtbriefs **ab.** Macht Absender vom Recht aus § 695 BGB Gebrauch, hat Eisenbahn ihm den Frachtbrief zurückzugeben.

5. Überflüssiger Satz, folgt ohnehin aus § 82 (5). Haftung s. dort Anm. 24.

6. Wenn Absender das Gut mit ihrem Einverständnis der Eisenbahn übergibt, ist eine der Voraussetzungen des Frachtvertrages, die Besitzübertragung (s. § 61 Anm. 4) erfüllt, nur daß die **Annahme** zwar schon zur Beförderung, jedoch **unter** der **aufschiebenden Bedingung** erfolgt, daß die Beförderung erst vorgenommen wird, wenn sie der Eisenbahn möglich ist. In der vorläufigen Einlagerung liegt zugleich das (jederzeit zurücknehmbare, Anm. 3) **Angebot des Absenders an die Eisenbahn,** mit ihm den Frachtvertrag abzuschließen. Den Zeitpunkt der **Annahme dieses Angebots** bestimmt sie selbst (schuldhafte Verzögerung Verstoß gegen § 3); sie macht ihn offenkundig durch den Annahmestempel, doch kann er auch durch andere schlüssige Handlungen offenbar werden (s. § 61 Anm. 8, zu eng *Finger,* Bem. 8). Streichung der Absendererklärung über die Einlagerung (*Finger* aaO.) wohl nicht erforderlich. Zeitpunkt wichtig für Haftpflicht, Lieferfrist, Frachtsatz, Anspruch des Empfängers, Verjährung; s. **RG 2** 57; teilweise abw. *Senckpiehl* S. 251.

Gegenüber Ansprüchen aus dem nachfolgenden Frachtvertrag wegen Beschädigung, Minderung usw. ist Eisenbahn beweispflichtig, wenn sie behauptet, der Schaden sei während der Verwahrung eingetreten; bei vorhergehender Beförderung s. § 75.

7. Gegen die Ablehnung der vorläufigen Einlagerung Dienstaufsichtsbeschwerde; wegen Klage s. § 3 Anm. 2, vgl. auch § 69 Anm. 9.

§ 65. *Zoll- und sonstige Verwaltungsvorschriften*[1, 2]

(1) Der Absender[3] ist verpflichtet, dem Frachtbrief alle Begleitpapiere beizugeben[4], die zur Erfüllung der Zoll- und sonstigen Verwaltungsvorschriften vor der Ablieferung an den Empfänger erforderlich sind[5]; sie sind im Frachtbrief einzeln und genau zu bezeichnen[5]. Diese Papiere dürfen nur Güter umfassen, die den Gegenstand des gleichen Frachtbriefs bilden, sofern nicht in Verwaltungsvorschriften oder im Tarif etwas anders bestimmt ist. Wenn die Begleitpapiere dem Frachtbrief nicht beigegeben werden können, weil sie bei einem Bahnhof, einem Zollamt oder einer anderen amtlichen Stelle hinterlegt sind, so muß der Frachtbrief die Angabe enthalten, wo sie hinterlegt sind. Die Eisenbahn ist nicht verpflichtet[6], die beigegebenen Papiere auf ihre Richtigkeit und Vollständigkeit zu prüfen[7]. Der Absender haftet der Eisenbahn, sofern sie kein Verschulden[6] trifft, für alle Folgen, die aus dem Fehlen, der Unzulänglichkeit oder der Unrichtigkeit der Papiere entstehen[8]. Auch ist für die Dauer eines durch solche Mängel verursachten[9] Aufenthalts in der Beförderung von mehr als 48 Stunden das tarifmäßige Lager- oder Wagenstandgeld zu zahlen.

I. Die für die Einfuhr nach dem deutschen Zollgebiet oder für die Durchfuhr durch das deutsche Zollgebiet erforderlichen Absendererklärungen sind in doppelter Fertigung offen beizulegen oder zu hinterlegen, und zwar für die Ein- und Durchfuhr aus dem Ausland auf dem Vordruck „Internationale Anmeldung", für die Ein- und Durchfuhr aus deutschen Zollausschlüssen auf dem Vordruck „Zollbegleitschein B". Die Absendererklärungen müssen deutlich geschrieben sein.

Massengüter, die gleichzeitig an denselben Empfänger und nach demselben Bestimmungsort aufgeliefert werden, können in eine Absendererklärung aufgenommen werden, auch wenn sie in mehreren Wagen und mit mehreren Frachtbriefen aufgeliefert werden.

II. Zollamtliche Begleitpapiere zu unter Zoll- oder Steuerüberwachung stehenden Gütern dürfen nicht hinterlegt, sondern müssen stets dem Frachtbrief beigegeben werden.

III. Das Lagergeld und Wagenstandgeld sind im Nebengebührentarif (Teil I Abteilung B) festgesetzt.

(2) Die Eisenbahn haftet für die Folgen des Verlusts oder der unrichtigen Verwendung der im Frachtbrief bezeichneten und ihm entweder beigegebenen oder bei der Eisenbahn hinterlegten Papiere wie ein Spediteur[10]; sie hat aber in keinem Falle einen höheren Schadensersatz zu leisten als bei Verlust des Gutes.

(3) Hat der Absender für die Erfüllung der Zoll- oder sonstigen Verwaltungsvorschriften einen Bahnhof bezeichnet, wo nach den geltenden Bestimmungen die Ausführung nicht möglich ist, oder hat er sonst ein Verfahren vorgeschrieben, das nicht ausführbar ist[11], so handelt die Eisenbahn so, wie es ihr für den Berechtigten am vorteilhaftesten erscheint und teilt dem Absender die getroffenen Maßnahmen mit.

IV. Hat der Absender die Verzollung in einem Unterwegsbahnhof vorgeschrieben, für den die Zollstelle sich entfernt vom Bahnhof befindet, so entscheidet die Eisenbahn darüber, ob das Gut nach dem Zollamt zu überführen oder die Zollabfertigung auf dem Bahnhof zu veranlassen ist. Die Kosten haften auf dem Gut.

Hat der Absender die Verzollung auf dem Bestimmungsbahnhof vorgeschrieben, und befindet sich hier keine für die Abfertigung zuständige Zollstelle, so ist das Gut auf dem Bestimmungsbahnhof nur zu stellen, wenn der Absender im Frachtbrief erklärt hat, daß die zuständige Zollstelle bereit ist, die Abfertigung auf dem Bestimmungsbahnhof vorzunehmen, oder daß der Empfänger bereit ist, das Gut zur Vorführung bei der zuständigen Zollstelle zu übernehmen und auf Verlangen der Eisenbahn Sicherheit zu leisten.

(4) Schreibt der Absender im Frachtbrief „frei Zoll" („franko Zoll") vor, so gilt dies als Antrag auf Besorgung der Zollbehandlung durch die Eisenbahn, wobei es ihr überlassen bleibt, die Zollbehandlung unterwegs oder auf dem Bestimmungsbahnhof zu besorgen.

(5) Der Absender ist verpflichtet, für die Verpackung und Bedekkung der Güter entsprechend den Zoll- oder sonstigen Verwaltungsvorschriften zu sorgen. Sendungen, deren amtlicher Verschluß verletzt oder mangelhaft ist, kann die Eisenbahn zurückweisen. Hat der Absender die Güter nicht vorschriftsmäßig verpackt oder nicht mit Decke versehen, so kann die Eisenbahn dies besorgen. Die Kosten haften auf dem Gute.

(6) Solange das Gut unterwegs[12] ist, hat die Eisenbahn die Zoll- und sonstigen Verwaltungsvorschriften für den Absender zu erfüllen[13]. Hat der Absender im Frachtbrief erklärt, daß er selbst oder ein Bevollmächtigter zu dieser Behandlung zugezogen werden soll, so ist dem

hiernach Berechtigten die Ankunft des Gutes auf dem Bahnhof, wo die Behandlung stattfindet, mitzuteilen. Der Absender oder sein Bevollmächtigter ist berechtigt[14], alle nötigen Aufklärungen über das Gut zu geben und sachdienliche Erklärungen vorzubringen; er ist jedoch nicht befugt, das Gut in Besitz zu nehmen oder die Behandlung selbst zu betreiben[15]; erscheint er nicht binnen der im Tarif hierfür vorgesehenen Frist, so ist die Behandlung ohne ihn zu veranlassen.

V. 1. Die Erklärung des Absenders in der Spalte „Andere vorgeschriebene oder zulässige Erklärungen" im Frachtbrief hat zu lauten:

„Ich beantrage, den .... (genaue Wohnungsangabe)
mich
zur Zoll .... behandlung in .... hinzuzuziehen.
....
Unterschrift."

2. Wenn der Absender nicht eine bestimmte Art der Benachrichtigung vorgeschrieben hat, so wählt die Eisenbahn die Art der Verständigung nach ihrem Ermessen. Die Kosten der Benachrichtigung haften auf dem Gut.

3. Die Frist für das Erscheinen des Absenders oder seines Bevollmächtigten endet mit dem Zeitpunkt, in dem unter Berücksichtigung der Entfernung und der Art der Benachrichtigung sein Eintreffen erwartet werden kann, frühestens jedoch 24 Stunden nach dem vermutlichen Eingang der Benachrichtigung bei ihm oder seinem Bevollmächtigten.

VI. Wenn — entsprechend dem im Frachtbrief gestellten Antrag — der Absender oder sein Bevollmächtigter der Zollbehandlung beiwohnt, können sie den Zollbetrag bezahlen und die Bescheinigung hierüber entgegennehmen. Der Empfang der Bescheinigung ist auf dem Frachtbrief zu bestätigen.

(7) Auf dem Bestimmungsbahnhof hat, wenn der Absender im Frachtbrief nichts anderes bestimmt, der Empfänger das Recht[16], die Zoll- oder sonstige verwaltungsbehördliche Behandlung zu betreiben, sofern er den Frachtbrief angenommen hat. Nimmt er den Frachtbrief nicht binnen der tarifmäßigen Frist an oder betreibt er nach der Annahme des Frachtbriefs die Zoll- oder sonstige verwaltungsbehördliche Behandlung nicht binnen der tarifmäßigen Frist, so kann die Eisenbahn je nach Lage des Falles entweder die Behandlung selbst veranlassen oder nach § 80 verfahren. Hat der Absender im Frachtbrief erklärt, daß er selbst oder ein von ihm bezeichneter Bevollmächtigter auf dem Bestimmungsbahnhof der Zoll- oder sonstigen verwal-

tungsbehördlichen Behandlung beiwohnen will, so ist dem hiernach Berechtigten die Ankunft des Gutes mitzuteilen; erscheint er nicht binnen der im Tarif hierfür vorgesehenen Frist, so kann die Behandlung ohne ihn vorgenommen werden.

VII. Dem Empfänger werden unter Zollüberwachung stehende Güter zur Vorführung bei der Zollstelle nur gegen Sicherheitsleistung und nur dann ausgeliefert, wenn sie unter zollamtlichem Verschluß stehen. Die Empfangsbahn kann Ausnahmen zulassen.

VIII. Wenn bei den unter Steuerüberwachung stehenden Gütern die Eisenbahn die Verpflichtungen des Begleitscheinnehmers übernommen hat (z. B. bei nachträglicher Änderung des Empfangsamtes auf dem Steuerbegleitschein), werden diese Güter dem Empfänger nur gegen Sicherheitsleistung ausgeliefert.

IX. Güter, die mit einem von der Eisenbahn erwirkten Zollschuldüberweisungsschein ankommen, werden nur ausgeliefert, wenn nachgewiesen wird, daß der Zollbetrag gezahlt, gestundet oder ein Zahlungsaufschub gewährt ist. Die Eisenbahn kann Ausnahmen zulassen.

X. Innerhalb welcher Fristen die Frachtbriefe anzunehmen sind, ist in der Allg. ABest. zu § 80 (1) bestimmt. Der Empfänger hat die Zollbehandlung spätestens innerhalb zweier Tage nach Annahme des Frachtbriefs zu betreiben.

Die Bestimmungen in § 79 (5) und (6) über die Erhebung von Lagergeld oder Wagenstandgeld bleiben unberührt.

XI. Für die Hinzuziehung des Absenders oder eines von ihm bezeichneten Bevollmächtigten zur Zollbehandlung auf dem Bestimmungsbahnhof gelten sinngemäß die Bestimmungen in Allg. ABest. V und VI.

(8) Die Eisenbahn hat bei der ihr nach Abs. (6) und (7) obliegenden Tätigkeit die Pflichten eines Spediteurs[17]. Sie kann hierfür die tarifmäßigen Gebühren erheben und kann auch die Zoll- oder sonstigen verwaltungsbehördliche Behandlung unter ihrer Verantwortlichkeit auf Kosten des Verfügungsberechtigten durch einen Spediteur vornehmen lassen.

XII. Die Preise der Vordrucke zu Zollpapieren, die Gebühr für ihre Ausfüllung sowie für die Erfüllung der Zoll- und sonstigen verwaltungsbehördlichen Vorschriften durch die Eisenbahn sind im Nebengebührentarif (Teil I Abteilung B) festgesetzt.

(9) Bei den über die Grenze des deutschen Wirtschaftsgebiets ein- und ausgehenden Gütern hat der inländische Empfänger oder Absender die durch die Bestimmungen über die Statistik des Warenverkehrs

vorgeschriebenen Anmeldescheine zu beschaffen[18]. Werden die Anmeldepapiere nicht rechtzeitig beigebracht, so kann die Eisenbahn diese Papiere gegen Erstattung der tarifmäßigen Gebühren selbst ausstellen, soweit sie nach den genannten Bestimmungen zur Ausstellung befugt ist[19].

XIII. Der Preis der Anmeldescheine für die Statistik, die Gebühren für ihre Ausfüllung und für die Erfüllung der statistischen Vorschriften durch die Eisenbahn sind im Nebengebührentarif (Teil I Abteilung B) festgesetzt.

Schrifttum: *Blume,* **ArchfEis. 13** 1201; **VZ 05** 256, 1241, 548; *Fuld,* **EE 21** 304;*Pechtold,* Haftung der Eisenbahn für Zölle und Zollnachforderungen, **VZ 26** 510; *Seybold,* **EE 44** 132; *Fischer,* Stellung der Reichsbahn im Zolldienst, **Reichsbahn 30** 66, **86** 105; derselbe **VAE 39** 238; *Piper,* **Reichsbahn 31** 673; *Heinze,* **Die BB 59** 747 (752) (Warenbegleitpapiere); *Trierenberg,* **VZ 30** 113 ff., 331 ff.

1. Von der früheren längeren Überschrift, die außer den Zoll noch eine Reihe anderer Verwaltungsvorschriften namentlich aufführte, sind jetzt nur noch die Zollvorschriften besonders erwähnt; über die Vorgeschichte s. *v. Nanassy* vor Art. 13 § 1, wo mit Recht darauf hingewiesen wird, daß auch darauf hätte verzichtet und einfach von Verwaltungsvorschriften hätte gesprochen werden können. **Im Verkehr mit dem Ausland** wird ohnehin zumeist hinsichtlich der Zollvorschriften **die CIM** und nicht die EVO zum Zuge kommen, so daß diese noch mehr Anlaß gehabt hätte, die Überschrift radikal zu vereinfachen. Die Änderungen der EVO von 1938 dienten der Anpassung an die internationale Regelung. Für den innerdeutschen Verkehr sind die im Verkehr mit der sowj. Zone (DDR) vorgeschriebenen **Warenbegleitscheine** eine wenig erfreuliche Bereicherung des Katalogs an in Frage kommenden Verwaltungsvorschriften.

2. Neue Rechtsgrundlage durch Zollges. v. 21. 6. 61 (BGBl. I, 737), in Kraft getreten nebst Allg. Zollordnung und Wertzollordnung (BGBl. I S. 1937 und 1983) am 1. 1. 62.

Ferner bestehen für zahlreiche Güter polizeiliche Vorschriften, die die Beförderung beeinflussen, z. B. Devisenvorschriften, solche über den Verkehr mit Sprengstoffen, Branntwein, Tabak, Zucker, Zündwaren u. a.; s. auch § 54 Anm. 4.

3. Die Zoll- usw. Vorschriften zu erfüllen ist **Sache des Absenders** (oder **Empfängers**). Eisenbahn erfüllt nach (6) für ihn die Zoll- usw. Pflichten; sie wird dadurch „Zollbeteiligter" nach § 10 Zollges. jedoch nur dann, wenn sie nicht in Vertretung des Absenders (Empfängers) handelt. Eisenbahn haftet nicht für Richtigkeit und Vollständigkeit der mitgegebenen Papiere (s. Anm. 8); auch nicht für falsche Auskunft ihrer Bediensteten in Zollfragen, desgleichen nicht für Handlungen der Zollbeamten, auch wenn diese in zollamtlichem Auftrag tätige Eisenbahnbeamte sind (**EE 32** 298).

Über Nachforderung von Zollkosten s. *de la Massue,* **IZ 1939** S. 148 und *Nehring* ebendort S. 450.

4. Die **Verpflichtung** der Beigabe der erforderlichen Papiere besteht **bis zur Ablieferung.** Werden z. B. die Gesetze während der Beförderung geändert, sind die neuen Papiere nachzuliefern.

5. Siehe § 56 (2) g. Eisenbahn ist beweispflichtig, daß ihr die im Frachtbrief aufgeführten Papiere nicht übergeben sind. Pflicht, die Papiere zu verwahren, s. **EE 10** 192. Vgl. auch Anm. 10.

6. Dem Absender gegenüber; ob auch der Zollverwaltung gegenüber, bestimmen die Zollvorschriften. Eine solche Verpflichtung kann **auch nicht mittelbar dadurch** erzeugt werden, daß von der Eisenbahn **Auskunft** über die Richtigkeit und Vollständigkeit der Papiere verlangt wird, s. *Heinze,* **Die BB 59** 753 (Warenbegleitpapiere), ebenso *Goltermann,* Anm. 3; eine Haftung aus unerlaubter Handlung für Auskünfte (*Finger,* Bem. 9) entfällt, da Haftungsausschluß durch EVO festgelegt („ist nicht verpflichtet"); Bedienstete können durch Auskunft EVO nicht abändern, § 6; *v. Nanassy,* Art. 13 § 2 A 3. Über mögliches **Verschulden der Eisenbahn** s. Anm. 5; **keineswegs** gehört hierzu das **Verhalten nach Abschluß** des Frachtvertrages (Verlust, unrichtige Verwendung, **das** ja **in Abs. 2 besonders geregelt** ist), a. M. *Finger,* Bem. 9 und *v. Nanassy* aaO. Wegen der aus Treu und Glauben folgenden Pflicht, auf (nachweislich!) bekanntgewordene Mängel aufmerksam zu machen, s. Anm. 8.

7. Sie ist aber hierzu berechtigt, da die Zoll- und sonstigen Verwaltungsvorschriften zu den **Beförderungsbedingungen** des § 3 (1) a) gehören, zu deren Erfüllung der Absender nach § 65 (1) verpflichtet ist, und zwar der Eisenbahn gegenüber im Rahmen des Frachtvertrages, unabhängig von öffentlich-rechtlichen Verpflichtungen aus den Verwaltungsvorschriften selbst.

8. Absender trägt die Gefahr **auch ohne Verschulden** (**ROHG 24** 213); s. auch **EE 14** 105, **40** 53; *Seybold,* **EE 44** 135; BGB § 254 (bei beiderseitigem Verschulden) ist nicht ausgeschaltet (*Sperber,* **VR 3** 472; **RG 77** 317). Die Zollpapiere braucht Eisenbahn nicht zu prüfen (**IZ 40** 385); die herrschende Meinung verlangt aber, daß Eisenbahn den Absender *auf den Mangel der Papiere, der ihr bekannt ist, aufmerksam macht* (s. *Rundnagel,* BefGesch. 373; *Richter,* Anm. I; *v. Nanassy,* Art. 13 § 2 A 3 mit Schrifttumsverzeichnis; *Goltermann,* Anm. 4; *Finger,* Bem. 7 c); **EE 24 41**; **JW 95** 16; **VR 3** 472). *Kennenmüssen* ist der Kenntnis *nicht* gleichzusetzen. **Kein Verschulden,** wenn Zollfolgen sich auf bahnamtliche **Verwiegung** gründen (**EE 22** 303). Unrichtig **EE 14** 109, **41** 1, **42** 69; s. auch **IZ 23** 271.

Für den Frachtvertrag ist der Inhalt der Zollpapiere gleichgültig (**EE 22** 378). An **Folgen** können entstehen: Kosten, Gebühren, Beschlagnahme, d. i. frachtvertraglich Verlust i. S. v. §§ 82 ff., **BGH VRS 10** 435; auch Zollstrafen (**RG 20** 78, **15** 51; **EE 2** 461, **4** 41, 82, 177, 391); Ausladung **ROHG 13** 6, **16** 30. Über Schadensersatz bei unrichtiger Frachtbriefangabe s. **VAE 36** 472.

9. D. h. Absender haftet nicht, wenn der Aufenthalt nicht auf solchen Mängeln, sondern auf Maßnahmen der Zollbehörden zurückzuführen ist, die mit ihnen nicht im Zusammenhang stehen oder nicht durch sie gerechtfertigt werden, **AG Saarbrücken EE 43** 106.

10. D. h. Sorgfalt eines ordentlichen Kaufmannes, also für Vorsatz und jede Fahrlässigkeit, aber nicht für Zufall. Nach Abs. 8 hat Eisenbahn die Pflichten eines Spediteurs auch für die in den Abs. 6 und 7 bezeichnete Tätigkeit, s. Anm. 17. Beide Bestimmungen, die sich („Verwendung") überschneiden, sollten zusammengefaßt werden. **Für Begleitpapiere, die nicht im Frachtbrief bezeichnet** sind (Abs. 1 Satz 1) soll nach *Finger,* Bem. 12, die Haftung nicht durch Abs. 2 geregelt sein; dem ist nur insoweit zuzustimmen, als die Unterlassung der Eintragung ein Verschulden des Absenders darstellen kann, das die Eisenbahn nach § 82 (1) von der Haftung befreit; *Finger* nimmt, Bem. 7 d), eine Prüfungspflicht der Eisenbahn dafür an, daß die im Frachtbrief verzeichneten Begleitpapiere auch tatsächlich beigegeben sind; bei dieser Gelegenheit müßte sie aber auch umgekehrt feststellen, daß beigegebene Papiere nicht im Frachtbrief verzeichnet sind. Auf alle Fälle **haftet** die **Eisenbahn** auch bei nicht im Frachtbrief verzeichneten Papieren **nicht etwa höher** als nach §§ 82 ff.

11. **Abweichung,** nur **um günstigere Abfertigung zu erreichen,** ist **nicht gestattet** (a. M. **ArchfEis. 13** 1207); s. auch **EE 34** 362.

12. **„Unterwegs"** heißt **„nach der Auflieferung"** (**EE 43** 102; a. M. *Rundnagel,* BefGesch. S. 373 (Verlassen des Versandbahnhofs). Weiteres Schrifttum s. *v. Nanassy,* Art. 75 § 1 (4).

13. **Klarierungsmonopol** (**RG 67** 214). **Pflicht** ist **nicht abwälzbar; EE 21** 254, **43** 102; s. aber (7) und *v. Nanassy* aaO.

14. **Ohne** das **Frachtbriefdoppel** besitzen oder vorzeigen zu müssen (*Rundnagel,* BefGesch. S. 376). Im übrigen ABest. I.

15. Er hat aber das Recht, die Zollgebühren zu entrichten; ABest. VI.

16. Die **Eisenbahn hat nicht die Pflicht,** den **Empfänger dazu aufzufordern** (**EE 43** 102). Das Recht des Empfängers erstreckt sich auch auf polizeiliche oder statistische Vorschriften, anders CIM Art. 15 § 2. Zur Frage, ob Eisenbahn berechtigt ist, dem Empfänger das Gut zwecks Vornahme der Verzollung zu überlassen (auch wenn sie den Zollbegleitschein beantragt hat und die Abfertigung auf einem Amte erfolgen muß, das nicht mit der Empfangsabfertigung in räumlicher Verbindung steht, die Überführung aber durch den Empfänger erfolgt) s. ABest VII u. VIII.

17. Ansprüche gegen Eisenbahn fallen unter § 93 (1); abw. **EE 29** 47. Eisenbahn hat Sorgfalt eines ordentlichen Spediteurs anzuwenden (**RG 38** 26; **EE 14** 46). Eisenbahn hat aber auch die Rechte, s. **EE 18** 34; abw. *v. Nanassy,* Art. 15 § 1 Anm. 7 mit Schrifttumsübersicht. Bedeutung dieser **Bestimmung** zweifelhaft; **soll** wohl **nur die Haftung für diese Tätigkeit verringern** (z. B. BGB § 278, nicht EVO § 4); abw. *Richter,* Anm. II. Haftung für Verlust, Beschädigung und Lieferfristüberschreitung bleibt unverändert,

v. Nanassy aaO. mit Schrifttumsverzeichnis; *Finger,* Bem. 30. Sie kann für ihre Tätigkeit außer den in Abs. 8 genannten Gebühren auch ihre **Auslagen** vom Zahlungspflichtigen [§ 69 (2) und (3) und ABest. II dazu] erstattet verlangen, so insbesondere die von ihr auszulegenden (s. § 68 Abs. 3) Zölle. Bestellt sie **Spediteur,** so ist dieser **ihr Erfüllungsgehilfe** („unter ihrer Verantwortlichkeit"), sie haftet also für ihn nach § 278 BGB, nicht etwa nur für culpa in eligendo nach § 408 HGB.

Zu ihren Pflichten gehört den Zoll- usw. -Behörden gegenüber die **Wahrnehmung der Interessen des Verfügungsberechtigten** nach dessen **Weisungen** (**OLG Colmar EE 29 47**) und seine **Benachrichtigung, wenn sich unterwegs eine Änderung der Vorschriften,** z. B. über Warenbegleitscheinpflicht, ergibt und ihr diese bekannt wird (wozu es nicht die Heranziehung des § 242 BGB bedarf, *Heinze,* **Die BB 1959 753 gegen LG Bonn IZ 1954** 122, vgl. auch *Goltermann,* daselbst S. 125, *Müllner,* ebenda S. 114). Erfährt sie von einer **bevorstehenden Zollerhöhung,** hat sie, um diese zu vermeiden, die **Zollbehandlung** tunlichst zu **beschleunigen** (**OLG Hamburg MDR 58 243**). Zur **Nachprüfung der Zollgebühren** ist sie allerdings **nicht** verpflichtet. **OLG Posen OLGE 38 210.**

18. Gesetz über die Statistik des grenzüberschreitenden Warenverkehrs v. 1. 5. 57 (BGBl. I S. 413).

19. Bedienstete der Zollverwaltung fallen nicht unter § 4; **EE 32 298.**

§ 66. *Art der Wagen. Begleitung von Sendungen*

(1)[1] Soweit diese Ordnung nichts anderes vorsieht, bestimmt der Tarif, ob und unter welchen Bedingungen die Güter in offenen oder in gedeckten Wagen zu befördern sind. Der Absender kann jedoch, wenn nicht Bestimmungen dieser Ordnung oder Zoll- und sonstige Verwaltungsvorschriften oder zwingende Gründe des Betriebs entgegenstehen, im Frachtbrief verlangen:

a) daß Güter, für die der Tarif offene Wagen vorsieht, in gedeckten Wagen befördert werden;

b) daß Güter, für die der Tarif gedeckte Wagen vorsieht, in offenen Wagen befördert werden.

I. Die Luftklappen und Türen gedeckter Wagen müssen vom Absender geschlossen werden; er kann im Frachtbrief unter „Andere vorgeschriebene oder zulässige Erklärungen" vorschreiben, daß die Luftklappen oder Türen oder die Luftklappen und Türen geöffnet bleiben sollen.

(2) Als offen gelten solche Wagen, die ohne festes Dach gebaut sind[2].

(3) Für die Beförderung in gedeckten Wagen kann der Tarif eine höhere Fracht vorsehen[3].

(4) Die Eisenbahn kann auf Antrag zulassen, daß die Sendung von einem Beauftragten des Absenders begleitet wird[4]. Die näheren Bedingungen regelt der Tarif.

(5) Ob und unter welchen Bedingungen die Eisenbahn Decken für offene Wagen überläßt, bestimmt der Tarif[5].

II. Die Bestimmungen über die Beförderung der Güter in gedeckten oder offenen Wagen, über die Frachtberechnung für Güter, die auf Verlangen des Absenders in gedeckten Wagen befördert werden, und über die Überlassung von Wagendecken befinden sich im Abschnitt A III der Allgemeinen Tarifvorschriften (Teil I Abschnitt B).

III. Die Deckenmiete, die Verzögerungsgebühr für verspätete Rückgabe von Decken und die Gebühr für Abbestellung von Decken sind im Nebengebührentarif (Teil I Abteilung B) festgesetzt.

(6)[6] Der Absender kann nach näherer Bestimmung des Tarifs beantragen, daß Güter in Personenwagen — auch in besonderen Abteilen — oder in Gepäckwagen befördert werden; er hat auf Verlangen der Eisenbahn für solche Sendungen einen Begleiter zu stellen[4].

IV. Die näheren Bestimmungen über die Beförderung von Gütern in Personenwagen, in Abteilen von Personenwagen und in Gepäckwagen sind im Abschnitt A V der Allgemeinen Tarifvorschriften (Teil I Abteilung B) enthalten.

Schrifttum: *Reindl*, **EE 32** 349, *Loening*, **EE 48** 19; *Eger*, **EE 51** 126; derselbe **VZ 93** 26.

1. Abs. 1 neugefaßt; die Vorschrift „geht der tatsächlichen Rechts- und Sachlage entsprechend davon aus, daß der Tarif die Vorschriften enthält, ob die Güter in offenen oder gedeckten Wagen zu befördern sind" (Begr.). In der EVO selbst ist in § 45 (1) die Verwendung gedeckter Wagen vorgeschrieben (Leichentransport); in den Anlagen B für lebende Tiere und C für Gefahrengüter; die ABest. II verweist auf die ATV des Teil I Abt. B. Das **Wahlrecht des Absenders** zwischen O- und G-Wagen geht der Regelung des Tarifs vor, sofern es sich nicht um Bestimmungen

a) der EVO selbst (samt Anlagen) handelt oder

b) Verwaltungsvorschriften (s. § 65 Anm. 2) oder

c) zwingende Gründe des Betriebs

entgegenstehen. Letztere kann der Absender im allgemeinen wohl kaum voraussehen, was damit gemeint ist, ist unklar; denkbar ist z. B. Wagenmangel der vom Absender gewünschten Art, während von der anderen Überfluß vorhanden ist; unterrichtet ihn die Eisenbahn hierüber, muß er ggf. seinen Frachtbriefantrag streichen [dieser ist wichtig wegen § 83 (1) a), vgl. dort Anm. 7]. Nur im Rahmen des § 66 (1) hat der Absender ein durch die EVO festgelegtes Wahlrecht, d. h. nur zwischen O- und G-Wagen; im übrigen hat er auf Gestellung von bestimmten Wagentypen keinen Anspruch [§ 63 (4) letzter Satz, vgl. aber ABest. IV 3 und 4 dazu, auch Anm. 16 zu § 63]. Die Regelung an zwei verschiedenen Stellen der EVO ist unpraktisch.

2. Die frühere EVO kannte **„offene"** [§ 66 (2)] und **„offen gebaute"** (§ 83 (1) a) Wagen. Letzterer Begriff umfaßte auch alle die Wagen mit Dach, die nicht ringsherum abgeschlossen sind. Die jetzige EVO kennt auch in § 83 (1) a nur noch „offene Wagen". **Beide Begriffe decken sich offenbar nicht;** oder man bezieht § 66 (2) nur auf Tarifvorschriften (so *Kittel,* § 66 Anm. 4), wenn man nicht Abs. 2 ergänzt: „und seiner Bauart nach nicht ringsherum abgeschlossen (so **VR 1** 3; *Rundnagel-Sperber,* S. 109). Nach *v. Nanassy,* Art. 27 § 3 A 1 a) (S. 539) herrscht im Schrifttum und Gerichtspraxis jetzt „nahezu Einverständnis" hierüber; s. auch Anm. 3 zu § 83. *Finger,* Bem. 3 zu § 66 und *Goltermann,* Anm. 5 zu § 66, neigen zu der engeren Auslegung. **Kesselwagen** und **Topfwagen** allerdings sind auch im Sinne der weiteren Begriffsbestimmung **keine offenen Wagen,** da sie geradezu eine Verpackung darstellen [**BGH 16** 217; **VRS 8** 348; **NJW 55** 628; **IZ 1955** 317 (323)]. Klärung und einheitliche Begriffsbestimmung sind wünschenswert.

3. Aber nur dann, wenn der gedeckte Wagen gestellt wird auf Grund der bestehenden Vorschriften oder eines im Frachtbrief [siehe Abs. (1)] gestellten Antrags. Z. Zt. nicht aktuell.

4. Abs. 4 ist 1938 aufgenommen worden, „einem Verkehrsbedürfnis entsprechend". Über die Rechte dieses Begleiters ist nichts gesagt. Er soll offenbar nur die Eisenbahnbediensteten darauf aufmerksam machen, daß die von ihm begleitete Sendung wichtig ist und vielleicht in einem bestimmten Plan befördert werden soll. Keinesfalls darf er in den Betrieb oder in den Frachtvertrag eingreifen. In dringenden Fällen wird er für den Absender handeln dürfen und müssen [z. B. § 65 (5)]. Das in § 49 Anm. 2 Gesagte gilt nur mit der Maßgabe, daß die besonderen Befugnisse, die dem Tierbegleiter eingeräumt sind, sich auf diesen beschränken. S. im übrigen § 83 (1) g) und ATV § 47.

5. S. ABest. II u. III. **Antrag** des Absenders **notwendig;** Schriftlichkeit oder Angabe im Frachtbrief ist nicht vorgeschrieben. Antrag ist **auch** erforderlich, **wenn Zoll- und Steuervorschriften Bedeckung verlangen;** a. M. *Weirauch* in der Vorauflage.

Die Überlassung erfolgt in der Regel nur „gegen Gebühr"; es liegt jedoch **kein Mietvertrag** vor; Hergabe der Decken liegt *innerhalb des Eisenbahnfrachtvertrags* (*Rundnagel,* BefGesch. S. 338 ff.; **EE 8** 324; *Senckpiehl,* TranspGesch. S. 275; **RG EE 7** 14, **14** 49, **22** 294, **24** 141, **26** 89). **Privatdecken** des Absenders (oder von Dritten gemietete) **sind Gut** (**EE 40,** 1, **41** 63, **42** 327; s. auch **EE 44** 196). Haftung s. § 83 Anm. 8. Für *bahneigene* Decken gilt (ABest. II) § 41 (3) ATV, nach dem § 81 (1) entsprechende Anwendung findet, s. § 81 Anm. 2.

6. Abs. 6 soll besondere tarifarische Bedingungen für hochwertige Güter ermöglichen (Begr.).

§ 67. *Art und Reihenfolge der Beförderung. Beförderungsweg*

(1) Das Gut ist je nach der Art der Aufgabe[1] als Frachtgut oder Eilgut zu befördern.

I. Das Verlangen, eine Sendung nur auf einem Teil der Beförderungsstrecke als Eilgut zu befördern, ist unzulässig.

(2) Güter, die auf gleiche Art befördert werden sollen, sind in der Reihenfolge zu befördern, in der sie zur Beförderung angenommen wurden[2], wenn nicht zwingende Gründe des Eisenbahnbetriebs[3] oder des öffentlichen Wohles[4] eine Ausnahme rechtfertigen[5]. Bei Nichtbeachtung dieser Vorschriften hat die Eisenbahn den daraus entstehenden Schaden zu ersetzen[6].

(3) Hat der Absender im Frachtbrief den Bahnhof[7], auf dem die Zoll- oder sonstige verwaltungsbehördliche Behandlung stattfinden soll, oder die dafür zuständige Amtsstelle angegeben (§ 56 [2] g), oder bei Eilgut den Beförderungsweg vorgeschrieben (§ 56 [2] k), so hat die Eisenbahn diese Wegevorschrift zu beachten, sofern nicht § 56 (3) Anwendung findet. Die Eisenbahn hat das Gut über diesen Weg zu befördern und kann Fracht[8] und Lieferfrist hiernach berechnen[9].

II. Ist bei Eilgut der Beförderungsweg vorgeschrieben, so wird die Fracht nach der besonderen Bestimmung zu den Abschnitten A und B (besondere Bestimmung zu § 5) der Allg. Tarifvorschriften (Teil I Abt. B) erhoben. Wegevorschriften in allgemeiner Form, wie „kürzester Weg“, sind für die Eisenbahn nicht verbindlich.

Ist im Frachtbrief der Bahnhof, auf dem die Zoll- oder sonstige verwaltungsbehördliche Behandlung stattfinden soll· oder die dafür zuständige Amtsstelle vorgeschrieben, so wird die Fracht für den sich hiernach ergebenden Weg berechnet. Die Bezeichnung des Bahnhofs oder der Zoll- usw. Stelle lediglich in den nach § 65 (1) dem Frachtbrief beizugebenden Begleitpapieren ist für die Eisenbahn unverbindlich.

III. Frachtbriefe, die unzulässige Vorschriften über den Weg oder für die Behandlung durch die Zoll- oder Steuerbehörde enthalten, werden dem Absender oder seinem Beauftragten zurückgeben. Er hat diese Vorschriften zu streichen und die Streichung unterschriftlich zu bestätigen. Ist die Rückgabe nicht tunlich, so werden die unzulässigen Vorschriften von der Versandabfertigung „von Amts wegen gestrichen“.

1. D. h. nach der Art des verwendeten Frachtbriefs, § 55 (1), s. auch ABest. I.

2. **Frachtvertrag** muß **abgeschlossen** sein [§ 61 (1)]. *Teubner*,**VZ 07** 263, auch **EE 28** 200. *Gilt auch im Falle des § 64*, **EE 27** 205. **Aber auch** die **Annahme** zur Beförderung darf **nicht willkürlich** sein, sonst Verstoß gegen § 3, Gegenteilsbeschluß aus § 63 (1) c), wo Ausnahmen unter bestimmten Voraussetzungen auf Grund allgemeiner Anordnung zugelassen. Die Ermächtigung des § 453 (3) HGB, die sich wörtlich nur auf die Beförderung, nicht auf die Annahme dazu bezieht, ist sinngemäß damit auch auf die letztere erstreckt worden, s. § 63 Anm. 2. Haftung wie bei Verstoß gegen § 3 auf vollen Schaden, vgl. aber Anm. 6.

3. Abrichtung bestimmter Wagen (Orts-Umlade- usw.) oder Züge (Viehzüge, Fischzüge usw.); s. auch Anm. 6 u. § 63 Anm. 2.

4. Mobilmachung, Katastrophen, Versorgung mit lebenswichtigen Gütern. Die rechtliche Bedeutung des Sperrens im Güterverkehr der Eisenbahn s. **D. Recht 1939** S. 220.

5. Absender, der kurz vor Tariferhöhung Gut aufliefern will, kann nicht besonders beschleunigte Abfertigung verlangen (**EE 41** 359; **VR 4** 107).

6. **Haftung** nach allgemeinen Grundsätzen, d. h. **nur für Verschulden** (*Coermann*, **EE 22** 326; abw. **EE 21** 47), dann aber auch für entgangenen Gewinn, **RG EE 21** 47. Abs. 2 gilt aber **nur bei Überschreitung der Lieferfrist**; wie hier *Goltermann*, Anm. 4, *Kittel*, Anm. 8, a. M. *Richter*, Anm. II; *Finger*, Bem. 8, unter Berufung auf **OLG München EE 43** 401. Der Gegenansicht ist zuzugeben, daß bei Beschränkung auf Lieferfristüberschreitungen nur ein ohnehin durch die §§ 88 ff. geregelter Haftungstatbestand erweitert würde. Andererseits kann sich niemand beklagen, wenn Sendung innerhalb der Lieferfrist abgeliefert, s. § 82 Anm. 18, vgl. auch § 6 Anm. 8: *Ausnahme* vorsätzliche sittenwidrige Schädigung (§ 826 BGB) und § 1 UWG. Die strikte Innehaltung der Reihenfolge der Güter in der Beförderung entsprechend der Annahme würde bei dem Massenbetrieb sowohl im Stückgutwie im Ladungsverkehr unmöglich sein. Die Fahrlässigkeit würde auch den schuldhaften Irrtum über die Voraussetzungen zu Anm. 3 und 4 umfassen, so daß letzten Endes die Gerichte eine unmögliche Aufgabe hätten, s. auch § 63 Anm. 3.

7. Nicht aber den Weg dorthin (sonst § 56 Anm. 18), außer da, wo er auch sonst den Beförderungsweg vorschreiben kann (Eilgut, Tiere). Vorschrift muß **deutlich im Frachtbriefe vermerkt** sein; § 56 (2) k; s. **EE 44** 357; daß sie an der vorgeschriebenen Stelle steht, wird nicht unter allen Umständen verlangt (**VZ 04** 1063). **Bei Zuwiderhandlung** kann Eisenbahn jedenfalls nicht Fracht und Lieferfrist ungünstiger berechnen; vgl. Art. 10 § 3 CIM. Daß sie bei schuldhafter Zuwiderhandlung [ohne durch § 65 (3) und § 73 gedeckt zu sein] auch dann schadensersatzpflichtig sein soll, wenn die Lieferfrist gewahrt ist, und zwar nach § 249 BGB (so *Finger*, Bem. 11), ist nicht anzuerkennen; das würde den §§ 82 ff. widersprechen, s. auch Anm. 18 zu § 82. Anders im Falle des § 49 (1) wegen der Besonderheiten der Beförderung lebender Tiere, s. dort Anm. 1.

8. Absender kann Anwendung eines direkten Frachtsatzes verlangen, wenn er eine vom Leitungsweg abweichende Beförderung vorschreibt (**RG EE 33** 68; s. auch 22 270); a. M. *Weirauch* in der Vorauflage. Vgl. Anm. 7.

9. **Zusicherungen** auf Einhaltung eines bestimmten Weges sind wegen § 6 (2) rechtlich **unbeachtlich**; abw. **EE 41** 256.

§ 68. *Berechnung der Fracht*

(1) Die Eisenbahn hat die Frachtberechnung[1] vorzunehmen, die nach dem am Tage des Abschlusses des Frachtvertrags[2] geltenden Tarif die billigste Fracht ergibt[3]. Sind am Frachtvertrag mehrere Eisenbahnen beteiligt, so kann der Tarif vorsehen, daß die Fracht über die kürzeste Entfernung berechnet wird[4]. Die Eisenbahn hat die tarifmäßigen Beträge für Fracht, Nebengebühren[5] und etwaige Frachtzuschläge[6] in den Frachtbrief einzutragen[7].

I. Im Verkehr mit solchen Bahnhöfen der Kleinbahnen, die in die direkten Tarife nicht einbezogen sind, wird die Fracht über den kürzesten Weg berechnet.

II. Wird eine Sendung mit demselben Frachtbrief neu abgefertigt, so ist für die Berechnung der Fracht der am Tage der Neuabfertigung geltende Tarif maßgebend.

Die Grundsätze für die Frachtberechnung, die Gütereinteilung und den Nebengebührentarif enthält Teil I Abteilung B.

Für die Gütersendungen wird die Fracht von und nach allen Bahnhöfen der in den Deutschen Eisenbahn-Gütertarif einbezogenen Eisenbahnen (s. das Verzeichnis im Tarifteil Heft D) durchgehend berechnet, soweit in den Heften B (Entfernungsanzeiger) und in den Binnen- und Wechselgütertarifen der Privat- und Kleinbahnen direkte Entfernungen zwischen Versandbahnhof und Bestimmungsbahnhof oder in Ausnahmetarifen Sonderfrachtsätze bestehen und Abfertigungsbeschränkungen nicht entgegenstehen.

Ebenso wird die Fracht für Sendungen von und nach allen Güternebenstellen durchgehend berechnet. Der Frachtberechnung werden hierbei die Entfernungen des im Heft D (Bahnhofstarif) bezeichneten Bahnhofs zugrunde gelegt.

(2) Nimmt die Eisenbahn nach den Vorschriften dieser Ordnung oder des Tarifs ein Gut auf Lager, so kann sie das tarifmäßige Lagergeld erheben[8].

III. Das Lagergeld ist im Nebengebührentarif (Teil I Abteilung B) festgesetzt.

(3) Außer diesen Beträgen darf die Eisenbahn nur ihre Auslagen[9] in Rechnung stellen, z. B. für Zölle und Steuern, für notwendige Arbeiten zur Erhaltung des Gutes[10], statistische und Postgebühren. Auch diese Beträge sind, soweit möglich, unter Beifügung der Belege, im Frachtbrief ersichtlich zu machen[7]. Wenn die Bezahlung dieser Auslagen dem Absender obliegt[11], sind die Belege nicht dem Empfänger mit dem Frachtbrief, sondern dem Absender mit der Kostenrechnung zu übergeben[12].

(4) Hat die Eisenbahn Beträge ausgelegt[13], so darf sie hierfür die tarifmäßige Gebühr erheben, soweit es sich nicht um Rollgelder[14], Vorfrachten[15] oder Postfrachten handelt.

IV. Die Gebühr wird nur für die von der Eisenbahn verauslagten Zölle und Steuern erhoben, sofern nicht der Absender den voraussichtlichen Betrag bei der Versandabfertigung hinterlegt hat und diese einer deutschen Verwaltung untersteht. Die Gebühr ist im Nebengebührentarif (Teil I Abteilung B) festgesetzt.

V. Die Gebühren für verauslagte Zölle und Steuern, für Nachnahmen oder Barvorschüsse werden getrennt berechnet. Wird eine Sendung mit demselben Frachtbrief neu abgefertigt, oder wird der Bestimmungsbahnhof durch nachträgliche Verfügung des Absenders geändert, so wird die Gebühr nicht nochmals erhoben.

Schrifttum: S. § 6; *Reindl*, **VZ 99** 545; *Blume*, **IZ 13** 280, 310; *Senckpiehl*, **EE 40** 86; *Goltermann*, **EE 41** 171; *Heider*, **EE 49** 20.

1. Fracht ist Beförderungspreis; Eisenbahn berechnet ihn und setzt den Betrag in den Frachtbrief ein; dieser Betrag ist maßgebend **unter der Voraussetzung, daß er dem Tarif entspricht**; s. § 70 Anm. 6. **Wenn nicht, ist er für beide Teile unverbindlich** (*Rundnagel*, BefGesch. S. 163, 363; **ROHG 9** 73, **21** 181, 185), s. § 70. Beweislast hat der, der einen anderen Tarif verlangt (a. A. **EE 23** 372, **13** 100, **14** 325). Vgl. Anm. 7.

2. Vorher: der Abfertigung; soll zur Klarstellung dienen (Begr.). Vgl. § 61; ferner § 72 Anm. 9 (Tarifanwendung bei Umbehandlung). Liegt zwar Übergabe des Gutes vor dem Stichtag, aber Zahlung der Kosten mit Annahmestempel dahinter, so **gilt der letzte Zeitpunkt**; ebenso bei § 64 oder Verzögerung nach § 63 (3). Beispiele aus der Zeit der Währungsumstellung bei *Goltermann*, Anm. 1.

3. Maßgebend ist der durchgehende Tarif zwischen Versand- und Empfangsbahnhof. Eisenbahn braucht **von Amts wegen keine Umabfertigung** vorzusehen, d. h. Handlungen vorzunehmen, durch die es möglich wird, indirekte Tarife anzuwenden. **JW 27** 2323; *Adolph*, S. 40 ff.; *Kittel*, Anm. 2; ferner **VZ 31** 925; **RG 18** 172, 110, 234, 102, 94; **EE 15** 255, **24** 2, **51** 355, **45** 66; falsch: *Richter*, § 68 II. Die Abfertigungen sind gar nicht in der Lage, die zahlreichen, teilweise aus rein örtlichen Gründen eingeführten Spezial-

tarife zu kennen; s. auch **EE 33** 68. Über Umbehandlung im Wege der Reklamation aus Billigkeit s. *Adolph,* S. 41; § 6 Anm. 19. Umbehandlung im Sinne des Tarifs ist aber nicht Abschluß eines neuen Frachtvertrags, z. B. im Anstoßtarif; bei der sog. **Reexpedition** liegen **zwei selbständige Frachtverträge** vor; abw. *Kittel,* § 68 Anm. 2, wie hier *Adolph,* S. 43; jetzt wohl geklärt durch ABest. II.

4. Eingefügt „im Hinblick auf die Aufnahme der Kleinbahnen in die EVO" (Begr.); s. ABest. I.

5. Vergütungen für besondere Leistungen, die nicht unmittelbar zur Beförderung gehören (Wiegen, Zählen, Deckenmiete, Nachnahmegebühr usw.); **VAE** 1936 S. 264 ff. S. § 6 Anm. 7. Hierzu müssen **aber auch** die **Beträge für Leistungen** der Eisenbahn außerhalb des Tarifs gerechnet werden, zu deren Bezahlung der Absender oder Empfänger **kraft Vertrages** verpflichtet ist, soweit sie sich auf den anhängigen Frachtvertrag beziehen, z. B. **Behältermiete; ebenso Tarifgebühren, die nicht im Nebengebührentarif,** sondern in anderen Tarifteilen enthalten sind, wie z. B. **Stellgebühr.** A. M. ohne Begründung *Goltermann,* Anm. 6. Zuzugeben ist, daß Abs. 1 zu eng gefaßt ist, wenn man den Begriff der Nebengebühren im Sinne des NGT einengt; andererseits kann aber das Verbot des Abs. 3, weitere Beträge außer Auslagen zu erheben, sich nicht auf vertragliche Zusatzleistungen beziehen, die durch § 6 (2) nicht verboten, sondern allgemein zulässig sind. Besser würde der Begriff der „sonstigen Kosten" [§§ 69 (1), 70 (1)] auch hier verwendet.

6. § 60.

7. *Ordnungsvorschrift.* Frachtbrief besagt: „Für den Frachtvertrag gelten EVO und die in Betracht kommen Tarife." Beträge müssen also gezahlt werden, auch wenn sie versehentlich nicht eingetragen sind (s. §§ 70, 75 (3)) oder nachträglich erst entstehen (Wagenstandgelder); *Dankwerth,* **VZ** 32 681. Den Charakter als Ordnungsvorschrift bejahen auch *Finger,* Bem. 7 *Goltermann,* Anm. 3, letzterer allerdings mit dem Vorbehalt einer Schadensersatzpflicht der Eisenbahn, s. dazu § 70 Anm. 6. Hier wie an zahlreichen anderen Stellen verwischt allerdings die EVO durch die unterschiedslose Verwendung des imperativischen „hat ... zu" den Unterschied zwischen „muß" und „soll"; ganz klar gefaßt wäre hier „soll ... tunlichst". Die rechtzeitige Eintragung solcher Gebühren und Auslagen, die sie vom Empfänger erheben will, liegt ja vor allem im Interesse der Eisenbahn selbst.

8. Überflüssig samt ABest. III, da an den einschlägigen Stellen (z. B. § 63 ABest. II, III) ohnehin schon gesagt und Lagergeld zu den Nebengebühren des Abs. 1 gehört.

9. Auslagen gehören zu den „Kosten" im Sinne der §§ 69 (1), 70 (1). Im Sinne des BGB sind sie „Aufwendungen" des Beauftragten, § 670, auch § 683. S. § 69 Anm. 1.

10. Aufwendungen, die die **Eisenbahn** den Umständen nach **für erforderlich halten durfte** (BGB §§ 677, 683).

11. §§ 69 (1), 70 (3).

12. § 69 (5).

13. **Keine Auslagen** sind z. B. Ansprüche aus Beschädigung des Wagens durch das Gut (**EE** 20 64, 163), Forderungen aus anderen Frachtverträgen (**EE** 32 54).

14. D. h. die **Kosten für** die **Zurollung** [§ 63 (8)] **und Abrollung** [Zuführung, § 77 (1)]; hierfür dürfen Gebühren auch nicht in der Form erhoben werden, daß Rollfuhrunternehmer die Kosten der Zurollung als Barvorschuß erhält. Die von den Bahnspediteuren nachgenommenen Kosten für die Anrollung von Gütern ihrer **Privatkunden** sind **gebührenpflichtig** [§ 71 (9) und ABest. VII dazu].

15. Der Eisenbahn.

§ 69. *Zahlung der Fracht*

(1)[1] Der Absender hat die Wahl[2], ob er die Kosten (Fracht, Nebengebühren und die sonstigen während der Beförderung erwachsenden Unkosten[1]) bei Aufgabe des Gutes bezahlen[3] oder auf den Empfänger überweisen will. Der Tarif kann vorsehen, daß der Absender auch außerhalb der Beförderung erwachsende Kosten[1] (z. B. die Kosten für die Zuführung des Gutes in die Wohnung oder Geschäftsstelle des Empfängers) bei der Aufgabe des Gutes bezahlen kann.

I. Auf unbesetzten Bahnhöfen werden die Sendungen nur bei Überweisung der Kosten auf den Empfänger angenommen. Für Sendungen nach unbesetzten Bahnhöfen sind die Kosten bei der Aufgabe des Gutes zu bezahlen. Ausnahmen bestimmt der Tarifteil II (Heft D).

(2) Die Beträge[4], die der Absender übernehmen will[5], hat er in der dafür bestimmten Spalte des Frachtbriefs anzugeben (Freivermerk). Durch Eintragung des Vermerks „frei" („franko") ohne Beifügung eines Zusatzes oder einer Beschränkung verpflichtet[6] sich der Absender zur Bezahlung der ganzen Fracht und derjenigen Nebengebühren, die nach Maßgabe des Tarifs von der Versandabfertigung in Rechnung gestellt werden können. Auf andere Nebengebühren sowie auf sonstige Unkosten bezieht sich der Freivermerk nicht. Will der Absender auch diese Unkosten[1] oder nur die Fracht bis zu einem bestimmten Bahnhof[7] oder einen bestimmten Betrag oder nur einzelne Kosten[1] übernehmen, so hat er dies mit den im Tarif hierfür festgesetzten näheren Bezeichnungen auszudrücken. Der Frachtbrief kann mehrere einander ergänzende Freivermerke enthalten. Die Angabe „frei Zoll" („franko Zoll") bedeutet, daß der Absender alle Beträge übernimmt, welche die Zollbehörden von der Eisenbahn erheben sowie die Neben-

gebühren und sonstigen Unkosten[1], welche die Eisenbahn für die Besorgung der Verzollung zu beanspruchen hat.

II. Der Freivermerk hat wie folgt zu lauten:

1. wenn der Absender die ganze Fracht sowie alle Kosten, die nach dem Tarif von der Versandabfertigung in Rechnung gestellt werden können, übernehmen will: „frei";

2. wenn der Absender neben den Kosten zu Punkt 1 noch weitere Kosten übernehmen will:

„frei einschließlich ...."

(Bezeichnung der Kosten)

z. B. „frei einschließlich Zoll",

„frei einschließlich aller Nebengebühren und Auslagen" oder dgl.;

3. wenn der Absender die ganze Fracht, jedoch von den in Punkt 1 angeführten übrigen Kosten bestimmte Gebühren nicht übernehmen will:

„frei, ausgenommen ...."

(Bezeichnung der Gebühren)

z. B. „frei, ausgenommen Nachnahmegebühr" oder dergleichen;

4. wenn der Absender nur die Fracht oder nur bestimmte Kosten übernehmen will:

„frei ...."

(Bezeichnung der Kosten)

z. B. „frei Fracht",

„frei Gebühr für Angabe des Lieferwerts",

„frei Zoll" oder dgl.;

5. wenn der Absender nur die Fracht und auch diese nur bis zu einem bestimmten Bahnhof übernehmen will:

„frei Fracht bis ...."

(Bezeichnung des Bahnhofs);

6. wenn der Absender im Falle des Punktes 5 außer der Teilfracht noch die den Freivermerk einschließenden Nebenkosten nach Punkt 1 mit übernehmen will:

„frei bis ...."

(Bezeichnung des Bahnhofs);

7. wenn der Absender einen bestimmten Betrag übernehmen will:

„frei .... DM .... Pf.".

(Betrag in Buchstaben)

(3) Kosten, die der Absender nicht laut Frachtbriefvorschrift übernommen hat, gelten[8] als auf den Empfänger überwiesen.

(4) Die Eisenbahn kann bei Gütern, die nach dem Ermessen des Versandbahnhofs schnellem Verderben ausgesetzt sind oder wegen ihres geringen Wertes oder ihrer Natur nach die Kosten nicht sicher decken, deren Vorausbezahlung verlangen[9]. Der Tarif kann ferner bei Gewährung von Ermäßigungen gegenüber den gewöhnlichen Frachtsätzen bestimmen, daß die Fracht bei Aufgabe des Gutes zu bezahlen oder auf den Empfänger zu überweisen ist.

III. Bei Gütern, die nach dem Ermessen des Versandbahnhofs schnellem Verderben ausgesetzt sind oder wegen ihres geringen Wertes oder ihrer Natur nach die Kosten nicht sicher decken, wird Vorausbezahlung der Kosten verlangt, sofern nicht ein den Kosten entsprechender Betrag oder eine allgemeine Sicherheit in ausreichender Höhe hinterlegt wird[10]. Die Eisenbahn kann auf die Hinterlegung verzichten. In diesen Fällen ist im Frachtbrief in der Spalte „Freivermerk" zu vermerken: „Von Vorausbezahlung der Kosten befreit".

Als Güter der bezeichneten Art sind z. B. anzusehen:

Ballons, gebrauchte, in Körben,	*Kisten, gebrauchte,*
Christbäume (Weihnachtsbäume),	*Körbe, gebrauchte,*
Eis,	*Krabben,*
Fische, frische,	*Kränze,*
Fleisch, frisches,	*Obst, frisches, bei Aufgabe in der Zeit vom 1. Oktober bis 30. April,*
Geflügel, geschlachtetes,	
Gemüse, frisches,	*Pflanzen, lebende,*
Girlanden,	*Wildbret,*
Hefe,	*Zweige, frische.*

IV. Wenn bei Gewährung ermäßigter Tarife Vorausbezahlung oder Überweisung der Kosten verlangt wird, ist dies in den Tarifteilen II bestimmt. (Zu vgl. auch Allg. ABest. I).

(5) Wenn der Betrag der Kosten, die der Absender übernehmen will, bei der Aufgabe nicht genau festgestellt werden kann, so kann die Eisenbahn gegen Quittung die Hinterlegung eines die Kosten etwa deckenden Betrags als Sicherheit fordern[11]. Über diese Kosten wird eine besondere Rechnung (Freibetragrechnung) ausgestellt, über die

spätestens zwei Wochen nach Annahme des Frachtbriefs durch den Empfänger mit dem Absender abzurechnen ist[12].

V. Für Freibeträge, deren Höhe bei der Aufgabe des Gutes nicht berechnet werden kann, sowie für die vom Absender übernommenen sonstigen Kosten ist eine Sicherheit zu hinterlegen. Die Abrechnung erfolgt nach Feststellung der zu zahlenden Beträge.

(6) Der Versandbahnhof hat, abgesehen von dem in Absatz (5) erwähnten Falle, die als Freibetrag erhobenen Kosten im Frachtbrief und dem etwa ausgestellten Doppel einzeln aufzuführen. Auf Verlangen des Absenders hat die Eisenbahn, soweit es die Abfertigungsverhältnisse gestatten, auf dem Doppel auch die Höhe der auf den Empfänger überwiesenen Fracht anzugeben.

Schrifttum: *Boethke,* Die Frachtforderung der Eisenbahn, **EE 24** 362; *Hay,* Teilfrankatur, **D.WirtschZtg. 29** 253; *Paetzold,* **VZ 29** 503; *v. Schaepen,* Die Verkehrskreditbank, **VZ 26** 417; *Micke,* Rechtsverhältnisse der Frachtstundung, **VZ 36** 283 und **EE 58** 34; *Malotki,* Frachtstundung der deutschen Reichsbahn, Königsberg 1936.

1. Abs. 1 Satz 1, dem JÜG nachgebildet, führte den allgemeinen **Oberbegriff „Kosten"** ein und erläutert ihn in der Klammer durch **2 Beispiele,** faßt aber auch den Umstand, daß die Kosten **während der Beförderung** entstanden sein müssen, in die definierende Klammer, womit er **in Gegensatz zu Satz 2** gerät, der auch solche Kosten für freivermerkgeeignet erklärt, die **außerhalb der Beförderung** erwachsen. Das Beispiel, das Satz 2 anführt, gehört aber zu den „während der Beförderung erwachsenden" Kosten, denn bei der Zuführung an den Empfänger nach § 77 (2) erfolgt die Ablieferung erst mit der Übergabe; für den von ihm erwähnten Zweck also war der Satz 2 unrichtig und überflüssig (vgl. *v. Nanassy,* 4 zu Art. 17 § 2). Art. 17 § 2 CIM nennt unter den Beispielen auch noch die Zölle, ersetzt auch den Begriff „während der Beförderung" durch die **klarere Formulierung" von der Annahme zur Beförderung bis zur Ablieferung; „Unkosten"** hat dem Wort „Kosten" Platz gemacht, was methodisch richtig ist, denn „sonstige ... Unkosten" läßt zu unrecht vermuten, es sei etwas anderes gemeint als der Oberbegriff „Kosten". **Frachtzuschläge** kommen für den Freivermerk nicht in Betracht, da § 60 (4) kein dispositives Recht darstellt; ebenso für die CIM (Art. 7 § 7) *v. Nanassy,* 5 zu Art. 17 § 1. Begrifflich gehören Frachtzuschläge wegen ihres Strafcharakters nicht zu den normalen „Kosten". Eine Bestimmung für Nebengebühren, die durch Nachlässigkeit des Empfängers entstehen, hat aus ähnlicher Erwägung § 6 des Art. 17 CIM eingeführt (Mängel s. *v. Nanassy,* Anm. 3 dazu).

2. Sie geschieht gemäß Abs. 2 Satz 1, auch im Ausnahmefall des Abs. 4 muß er den Freivermerk ausfüllen, sonst Überweisung der Fracht gem. Abs. 3. Die Ausnahmen des Abs. 4 und der ABest. I [die wohl im Hinblick auf § 6 (1) Satz 3 besser in die EVO selbst aufgenommen werden sollte], schränken dieses Wahlrecht ein. Die Formulierung in Art. 17 § 2 CIM ver-

zichtet mit Recht auf die überflüssige Proklamierung eines (doch nicht lückenlosen) Wahlrechts.

3. **Bar** oder **nach Vereinbarung** mit der Eisenbahn **unbar** (Scheck). Die Eisenbahn kann auch die Zahlung **stunden;** hierüber sind vertragliche Vereinbarungen zu treffen (z. B. bei Privatanschlußgleisbesitzern; s. § 75 ABest. III). Seit 1923 besteht ein besonderes **Frachtstundungsverfahren** durch Vermittlung der Deutschen Verkehrskreditbank; mit dieser haben die DB und auch Privatbahnen Abmachungen getroffen. Die geschuldeten Beträge gelten als gezahlt (BGB § 364 Abs. 1), sobald die Stundungswirkung nach den getroffenen Vereinbarungen als eingetreten zu betrachten ist; *Rundnagel,* S. 161; *Richter,* § 69 Anm. III, s. auch **EE 41** 136. Auch Fracht**vorauszahlungen** für einen gewissen Zeitraum kommen vor.

4. Einen festen „Betrag" übernimmt er nur im Falle 7 der ABest. II; die CIM spricht richtig und im Einklang mit dem 1. Abs. von „Kosten".

5. Zu ergänzen: „... oder muß"; nach Abs. 4 und ABest. I „muß" er „wollen".

6. *An sich haftet* der *Absender aus* dem Beförderungs-(*Werk*-)*vertrag* (§ 641 BGB) für die sich aus dem Vertrage ergebenden Ansprüche der Eisenbahnen (s. **EE 38** 284, **46** 200, auch **43** 404), also auch für Nachtragsforderungen (**EE 57** 208, **58** 351). Grenze seiner Zahlungspflicht s. § 70 (3) Satz 2. Absender kann aber Eisenbahn anweisen, die Forderungen [s. § 75 (1)] vom Empfänger einziehen [§ 69 (3), aber auch § 80].

Zahlt der **Absender trotz Freivermerks** die übernommenen Beträge **nicht,** so ist die **Annahme** des Gutes **abzulehnen** oder nach § 63 (3) zu verfahren. Wird Zahlung nur **versehentlich nicht** geleistet, kommt Frachtvertrag trotzdem zustande, s. **EE 42** 69, **VR 5** 314. Gut ist sodann entweder **zurückzuhalten** bis zur Zahlung [mit der erst die **Lieferfrist beginnt,** § 74 (5) Satz 2] oder, wenn die Beförderung bereits beendet ist, **dem Empfänger** gegen Bezahlung **anzubieten.** *Weigert sich dieser, ist an* den *Absender heranzutreten.* Die Regelung des § 69 und auch die des § 70 (3) verpflichtet die Eisenbahn aber nicht, auf ihr kaufmännisches **Zurückbehaltungsrecht und** ihr **Pfandrecht** an dem Gut (s. § 75 Anm. 21) **dem Empfänger gegenüber** zu verzichten. Macht sie davon keinen Gebrauch, so haftet ihr der Absender. *Dieser ist* zur Zahlung *auch dann verpflichtet, wenn er* das *Gut* vor Beginn oder Beendigung der Beförderung *zurücknimmt* (BGB § 649; EVO läßt hier jedoch Erleichterungen zu, s. § 72 ABest. VII); auch *Reindl,* Frachtforderung bei unterwegs eingetretenem Untergang; **VZ 03** 1233; *Boethke,* **EE** 24 302, 404. Eine **Änderung der** nach § 69 (2) getroffenen **Wahl dahin, daß** auf den Empfänger **überwiesene Beträge vom Absender eingezogen** werden sollen, ist **statthaft** [§ 72 (1) h]. **Dagegen** ist es dem Absender **nicht** möglich, seinen **Freivermerk nachträglich** zu **annullieren** und die Fracht auf den Empfänger zu überweisen, s. § 72 Anm. 11.

7. Sog. **Teilfrankatur.** Bahnhof braucht nicht am Beförderungsweg zu liegen; s. *Paetzold,* **VZ 29** 503. Dadurch keine gebrochene Abfertigung.

8. Nach der klaren Fassung eine **Fiktion**, nicht nur eine Vermutung (a. M. *Finger,* Bem. 12 im Gegensatz zu Bem. 11); auch wenn Absender zur Freimachung verpflichtet war, aber die Eisenbahn übersehen hatte, von ihrem Recht nach Abs. 4 Gebrauch zu machen, ist der Empfänger verpflichtet [wenn er den Frachtbrief angenommen hat, § 75 (2), ohne daß es auf eine im Frachtbrief nicht vermerkte Zahlung des Absenders ankommt], die nicht durch einen Freivermerk gedeckten Kosten zu bezahlen; Erstattungsanspruch des Absenders ggf. nach § 70 (3). Über die Entwicklungsgeschichte der aus dem IÜG in die CIM übernommenen Fassung s. *v. Nanassy,* 5 zu Art. 17 § 5. Absender kann aber durch nachträgliche Verfügung nach § 72 (1) h) den Irrtum reparieren.

9. **Frankaturzwang; ist bei der Auflieferung** geltend zu machen (**EE** 17 388). Weitere Fälle des Frankaturzwanges s. § 27 (3) (Gepäck); § 39 (Expreßgut); § 44 (8) (Leichen); § 48 (10) (Tiere). Privatwagendecken (DEGT I Abt. B). Ob Vorauszahlung zu verlangen ist, darüber entscheidet der Versandbahnhof nach seinem **Ermessen**, soweit nicht der Tarif (s. ABest. III) ihm diese Entscheidung abnimmt. Der Ermessensspielraum ist den **Eisenbahnstellen** deshalb zugebilligt und zum ausdrücklichen Faktor der Beförderungspflicht gemacht worden, weil sie aus ihrer Erfahrung die voraussichtlich größte **Sachkunde** haben. **Nur bei Ermessensmißbrauch** hätte daher eine **Klage** auf unfrankierte Annahme, die ausgerechnet bei leichtverderblichen Gütern denkbar unpraktisch ist, Erfolgsaussichten; für eine Schadensersatzklage müßte ein Schaden nachgewiesen werden, der durch das Verlangen der Vorauszahlung entstanden ist, eine ziemlich theoretische Angelegenheit. S. im übrigen § 3 Anm. 2.

10. **Oder Bankstundung,** s. Anm. 3 und 11.

11. Ein **Rechtsgebilde eigener Art,** mit **Recht der** endgültigen **Vereinnahmung bei Abrechnung** für die Eisenbahn. Früher (s. *v. Nanassy* zu § 8) als Frachtvorauszahlung angesehen, sog. Frankaturvorschüsse. Da nunmehr Betrag „als Sicherheit" hinterlegt wird, wird man ihn wohl nicht mehr als Vorschußzahlung ansehen können. Also **Sicherheitsleistung nach frachtrechtlichen Rechtsregeln. Verjährung** läuft **erst von Abrechnung ab** (**EE** 16 135, 19 204).

12. **Verzinsung** des Überschusses bei Verzug: BGB § 288, nicht § 70 (6).

§ 70. *Frachtnachzahlung und -erstattung*

(1) Sind Fracht, Frachtzuschläge, Nebengebühren oder sonstige Kosten[1] unrichtig[2] oder gar nicht[3] erhoben worden, so ist der Unterschiedsbetrag nachzuzahlen[4] oder zu erstatten[5]. Die Eisenbahn hat unverzüglich nach Feststellung[6] des Fehlers den Verpflichteten zur Nachzahlung aufzufordern oder dem Berechtigten den zuviel erhobenen Betrag zu erstatten.

(2) Hat die Eisenbahn auf Grund der Angaben des Absenders im Frachtbrief[7] über die Art des Gutes oder das Gewicht der Sendung[8] eine höhere Fracht erhoben, als sich auf Grund der tatsächlichen Beschaffenheit und des wirklichen Gewichts aus dem Tarif ergibt, so kann, wenn die Unrichtigkeit der Angaben des Absenders nachgewiesen wird[9], die Mehrfracht zurückverlangt werden. Hat der Absender bei der Inhaltsangabe im Frachtbrief eine im Tarif als Bedingung für eine günstigere Frachtberechnung vorgeschriebene besondere Erklärung[10] überhaupt nicht oder ungenügend abgegeben[11], so wird die dadurch erwachsene Mehrfracht ganz oder zum Teil erstattet, wenn Billigkeitsgründe vorliegen[12].

(2a) In den Fällen des Abs. 2 werden Beträge unter 10 DM* für den Frachtbrief nicht erstattet. Der Anspruch[13] erlischt, wenn er nicht binnen sechs Monaten nach der Abnahme des Gutes bei der Eisenbahn geltend gemacht wird.

(3) Zu wenig gezahlte Beträge hat der Absender nachzuzahlen, wenn der Frachtbrief vom Empfänger nicht angenommen wird[14]. Hat der Empfänger den Frachtbrief angenommen, so ist der Absender nur zur Nachzahlung der Kosten verpflichtet, deren Vorauszahlung er entweder nach dem Freivermerk oder des Tarifs übernommen hat; den Restbetrag hat der Empfänger nachzuzahlen[15].

(4) Zur Geltendmachung von Ansprüchen auf Erstattung von Fracht, Frachtzuschlägen, Nebengebühren oder sonstigen Kosten sowie zum Empfang zuviel erhobener Beträge ist berechtigt, wer die Mehrzahlung an die Eisenbahn geleistet hat[16].

(5) Bei Geltendmachung dieser Ansprüche ist der Frachtbrief vorzulegen. Hat der Absender die Mehrfracht bezahlt, so kann er die Erstattung des Unterschiedsbetrags auch auf Grund des etwa ausgestellten Frachtbriefdoppels beantragen; die Eisenbahn kann jedoch bei der endgültigen Erledigung des Erstattungsanspruchs die Vorlage der Urschrift des Frachtbriefs verlangen, um auf ihm die Erledigung zu beurkunden[17].

(6) Der Unterschiedsbetrag ist mit Ausnahme der auf Grund des Abs. (2) zu erstattenden Beträge vom Tage des Eingangs des Erstattungsanspruchs oder der Zahlungsaufforderung an mit fünf vom Hundert zu verzinsen[18]; Beträge unter zehn D-Mark für den Frachtbrief werden nicht verzinst.

---

*) Fassung der 20. VO zur EVO; vorher wurden Beträge unter 2 RM nicht erstattet, was nach Finger, Sternchenanmerkung, der jetzigen Praxis der DB (2 DM Mindestgrenze) entspricht.

(7) Ansprüche auf Rückzahlung von Fracht, Frachtzuschlägen, Nebengebühren oder sonstigen Unkosten[1] können, soweit der Tarif keine Ausnahmen vorsieht, nur bei der Eisenbahn, die den Betrag erhoben hat, geltend gemacht werden[19]. Ist die Fracht auch nur teilweise an die Empfangsbahn entrichtet worden, so können Ansprüche auf Rückzahlung nur bei dieser geltend gemacht werden. Für die gerichtliche Geltendmachung der Ansprüche gilt § 96 (3)[20].

Schrifttum: *Reindl,* **VZ 99** 545; **EE 21** 318; **DJZ 03** 100; *Schmidt,* **EE 22** 195, 328, 423; *Epstein,* **EE 21** 95; **22** 320; **VZ 02** 386, 553, 627; *Neugebauer,* **JW 24** 399; *Rundnagel,* BefGesch. § 114, namentlich S. 363 Anm. 3; *Goltermann,* **EE 41** 171. Fast alle infolge Neufassung (Abs. 2) **veraltet,** s. ferner *Nießen,* **VAE 36** 537; *Platz* aaO. **37** 373. Zur Neufassung der EVO 1938 *Heinze,* Das neue deutsche Frachterstattungsrecht, **VZ 42** 97; s. auch *Felber,* **Die BB 1954** 148; derselbe, **IZ 1953 41,** *Heinze,* **Die BB 1951** 698.

1. Durch die verschiedenen Änderungen ist in der EVO die Fassung korrespondierender Begriffszusammenstellungen leider nicht einheitlich. § 68 (1) Satz 3 nennt **Fracht, Nebengebühren** und **Frachtzuschläge** als Inbegriff dessen, was in den Frachtbrief einzutragen ist; § 69 wählt als Oberbegriff die **Kosten** mit beispielhafter Unterteilung in Fracht und Nebengebühren; die in § 68 (3) erwähnten **Auslagen** fallen in § 69 unten den Begriff Kosten. § 70 (1) wiederum führt als Anwendungsgebiet die Erhebung von Fracht, Frachtzuschlägen, Nebengebühren oder sonstigen Kosten an. Gemeint ist alle dreimal dasselbe mit der einzigen Ausnahme, daß die Frachtzuschläge nicht zu dem gehören, was in § 69 der Dispositionsbefugnis des Absenders unterliegt. Eine einheitliche Begriffswahl und -folge in den 3 Paragraphen wäre erwünscht; am Rande sei noch vermerkt, daß der überflüssige Begriff der **„Unkosten"** in § 69 (1) eine ebenso überflüssige Wiederholung in § 70 (7) gefunden hat: Begriffliches Unkraut, das ausgejätet werden sollte. **Gemeint ist** mit den Kosten **alles, was als Entgelt für die Beförderung** (einschließlich Frachtzuschläge, die sich allerdings unter den Begriff der Kosten nur etwas gewaltsam bringen lassen) oder **Auslagenersatz** an die Eisenbahn entrichtet worden ist oder hätte werden müssen; hinzu kommt die **Vergütung für Sonderleistungen,** die sich nicht in den Nebengebühren des NGT zu erschöpfen brauchen (s. § 68 Anm. 5), und die Entrichtung von **Sondergebühren** auf Grund der EVO oder des Tarifs [z. B. § 65 (1) letzter Satz, § 63 (3) und (4), § 73 (5), § 79 (6), § 80 (8—10) und ABest. V]. **Nicht hierher gehören** Ansprüche nach § 68 Anm. 13, auch nicht aus **Nachnahmen** [§ 71 (6)] oder **Freibetragrechnungen** [§ 69 (5)]; ferner nicht die aus § 85 (1) letzter Satz zu leistenden Entschädigungen.

2. Z. B. falsche Berechnung infolge eines **Wiegefehlers (EE 22** 305, **RG 106** 267); **Anwendung** eines **falschen (BGH IZ 1961 69),** eines noch nicht oder **nicht mehr geltenden Tarifs (EE 21** 387 s. auch *Reindl,* **VZ 99** 546; vgl. ferner **EE 24 291, 20 59, 25 47); Nichtanwendung direkter Sätze (EE 20 59, 21 128; RG EE 33** 68);**ungerechtfertigte** Erhebung von **Nebengebühren (EE 21 114) oder Frachtzuschlägen (EE 22 16, 23 134, 296)**; hierbei geht ungenaue oder unklare Fassung des Tarifs zuungunsten der Eisenbahn

(§ 6 Anm. 8; **EE 21** 30, 78). **Druckfehler im Tarif, EE 2** 236; **RG 6** 100; **EE 31** 318; *Senckpiehl,* **EE 40 90.** Sind Beträge entgegen § 69 statt vom Absender vom Empfänger eingezogen worden, so ist dies „unrichtig", s. § 94 Anm. 14.

Keine unrichtige Berechnung im Sinne des § 70 (1) **bei Rückzahlungen auf Grund tarifarischer Vorschriften** (z. B. bei nachträglichem Nachweis der Verwendung oder Ausfuhr; s. *Reindl,* **VZ 99 545; EE 22** 27, 74, **23** 296; **RG 64** 284) sowie Ansprüchen auf **nachträgliche Bewilligung einer billigeren Abfertigungsart** (*Senckpiehl,* S. 267; **EE 24** 70, **329**) und auf **Rückzahlung von Gebühren aus Sonderverträgen,** z. B. Gleisanschluß- oder Frachtstundungsverträgen (**EE 15** 208). **Dagegen wohl** bei unrichtiger Anwendung von Vereinbarungen im Rahmen eines **Margentarifs** [§ 6 (1) Satz 2].

3. Begrifflich gehört „gar nicht" vor „unrichtig", soweit die Nacherhebung in Frage kommt; für die Erstattung scheidet der Fall, daß gar nicht erhoben wurde, von vornherein aus. **Daß Nacherhebung und Erstattung** in Abs. 1 **zusammen** behandelt werden, hat seinen **entwickungsgeschichtlichen Grund darin,** daß es sich **hier** um **die Fälle** handelt, bei denen die **Eisenbahn nicht so berechnet** hat, **wie sie es** auf Grund ihrer Unterlagen, insonderheit des Frachtbriefs **hätte** nach § 68 **tun sollen;** soweit hierbei entgegen der tariflichen Regelung gehandelt wurde, fordert der in § 6 verankerte Grundsatz der Tarifgleichheit einen Ausgleich, s. Anm. 4 und 7.

4. Diese **Sonderregelung gründet sich auf** die (öffentlich-rechtliche) Bestimmung im **§ 6.** Die Tarife sind aufgestellt, veröffentlicht und jedermann gegenüber in gleicher Weise anzuwenden. Eine Abweichung (Preisermäßigung und sonstige Begünstigung) ist verboten und nichtig. Daher herrscht **Einigkeit darüber, daß** Absender oder Empfänger die **zu wenig gezahlten Beträge nachzahlen** muß. **Streitig ist, ob er gegen den Nachzahlungsanspruch** der Eisenbahn **mit** einem **Schadensersatzanspruch aufrechnen** kann, darauf gegründet, daß er z. B. die niedrigere Fracht seiner Weiterverkaufskalkulation zugrunde gelegt habe.

Dies ist **zu verneinen:** Die **Eisenbahn hat nicht** etwa neben der **Pflicht** zur Beförderung auch noch **die der richtigen Frachtberechnung;** vgl. **EE 43** 209, **53** 75. Irrtum des abfertigenden Beamten ist noch **kein Verschulden der Eisenbahn;** dann wäre § 70 (1) überflüssig; s. *Gerstner,* § 31 S. 222; *Dankwerth,* **VZ 33** 681; *Platz,* **VAE 37** 373; **OLG Breslau EE 43** 209; **OLG Hamburg EE 42** 335; **EE 9** 196, **24** 348, **25** 135, **44** 59, 349, **53** 75; **VAE 36** 472, **38** 12, **39** 133, 147, 196; *Platz,* **VAE 37** 373; **IZ 39** 127; *Spieß,* **VAE 42** 165; *Heinze,* **VZ 42** 590; *Kittel,* Anm. 3; **EE 19** 214, **56** 275, **58** 72; **VAE 37** 86, **43** 91; **IZ 26** 253, **42** 273, **44** 43; *Finger,* Bem. 2; *Eger,* **IZ 1943** 126 (de lege lata, aber für Zulassung einer Aufrechnung durch Änderung der Bestimmungen, ebenso *v. Nanassy,* 4 zu Art. 18 § 3 mit weiteren Schrifttumsangaben); zahlreiche amtsgerichtliche Entscheidungen (**Cottbus HS 1939** 2; **Emden VAE 13/45 = HS 1941** 2; **Chemnitz HS 1942** 1 = **IZ 1942** 274; **Liegnitz HS 1942** 3; **Emden IZ 1942** 273; **Kiel HS 1950** 3 = **VRS** Bd. 3 397; **Norden HS 1950** 5).

Für Aufrechnung: *Huber,* **IZ 38 340;** *Goltermann,* Anm. 10 und **EE 41** 171; **VR 10** 167; *Nehring,* **VR 36** 235; **37** 409, **38** 817; s. auch **EE 40** 189, **42** 172;

auch **IZ 35 97, 39 14, 43 24 (OLG Köln)**; Amtsgerichte: **München HS 1949** 2; **Rosenheim HS 1950** 7; **Bielefeld HS 1950** 6. Das ist unrichtig. Es wäre ein Verstoß gegen den Grundsatz des § 6 und gegen die Bestimmung des § 70 (1), der dadurch wenigstens hinsichtlich der Frachtnachforderungen praktisch fast unanwendbar werden würde (*Dankwerth,* **VZ 33** 681).

Soweit die vorgenannten Entscheidungen eine Aufrechnung im Grundsatz billigen, lassen sie gegenüber dem von ihnen unterstellten Verschulden der Eisenbahn den Einwand des mitwirkenden Verschuldens des Frachtzahlers zu, wodurch der Tarifkundige schlechter gestellt wird als der Unkundige und der Modulierung des § 6 je nach Meinung des gerade erkennenden Gerichts alle Möglichkeiten geöffnet sind, ein mit dem Prinzip gleichmäßiger Tarifanwendung unvereinbares Ergebnis, das auch nicht damit zusammenpaßt, daß nach Abs. 2 Frachterstattung bewußt ohne die subjektive Seite gehandhabt wird; vgl. **EE 47** 162, **56** 275; *Nehring,* **VR 37** 409, **38** 94; *Adolph,* S. 38. Dagegen auch *Spieß,* **ArchfEis. 30** 890.

Auch auf § 823 BGB kann der Anspruch nicht gegründet werden, da keines der dort genannten Rechtsgüter verletzt ist (**EE 24** 184, **19** 214). So wie hier: *Kittel,* Anm. 3; **RG VZ 23** 595; **EE 43** 209, **44** 59; **VR 6** 133, 293; *Rundnagel,* BefGesch. S. 364; *Reindl,* **VZ 99** 546, **98** 363; **VAE 39** 320; dagegen *Nehring,* **VR 39** 1173.

Mit Recht beklagt *v. Nanassy* aaO. die Rechtsunsicherheit und fordert eine klare Regelung im Gesetz. Leider hat der **BGH** in seinem Urteil v. 21. 4. 60 — **IZ 1961** 69 — eine Stellungnahme dadurch vermieden, daß er auf das weitaus überwiegene Mitverschulden des Beklagten abstellte, das selbst bei einer — vom BGH offengelassenen — Anerkennung einer Schadenersatzpflicht der Eisenbahn einen diesbezügl. Aufrechnungsanspruch gem. § 254 BGH vernichten würde.

5. Der **Pflicht** der Eisenbahn zur Erstattung **entspricht** ein **Anspruch** des nach Abs. 4 Berechtigten. Es handelt sich also der Sache nach um dieselben Ansprüche wie in Abs. 2, nur daß nach Abs. 1 die Eisenbahn von Amts wegen zu handeln hat, während sie nach Abs. 2 nur auf Antrag tätig wird; doch ist dieser Unterschied nicht so wesentlich, daß es nicht möglich wäre, beides zusammenhängend in Abs. 2 zu regeln. Abs. 6 geht für Erstattungen nach Abs. 1 geradezu von einem Erstattungsanspruch aus, s. Anm. 18.

6. Läge in falscher Frachtberechnung ein von der Eisenbahn nach § 68 (1) Satz 3 zu vertretendes Verschulden, dann wäre es überflüssig, sie auch noch zu verpflichten, den Fehler nach Entdeckung **unverzüglich** wieder gutzumachen, da sie für dessen Folgen ohnehin haften und somit nur im eigenen Interesse handeln würde, wenn sie den möglichen Schaden durch Eile in der Wiedergutmachung verringert. Da dies aber nach der hier (zu Anm. 4) vertretenen Ansicht nicht so ist, bedeutet der 2. Satz des Abs. 1 (der sprachlich im übrigen mühelos im ersten Satz mit unterzubringen wäre) **einen selbständigen Verpflichtungsgrund,** dessen Mißachtung die Eisenbahn schadensersatzpflichtig machen kann, so auch *v. Kienitz* in der Anm. zu dem in der Begründung unrichtigen Urteil des **LG Breslau** in **EE 44** 339. Es wird sich hierbei allerdings um seltene Ausnahmen handeln, bei denen für den Geschädigten, weil es sich um interne Vorgänge der Bahn handelt, der Nachweis schwierig ist. Hat die Eisenbahn einen Wiegefehler festgestellt, so hat sie schnellstens eine Nachwiegung vornehmen zu lassen, um danach die richtige Fracht zu berechnen (unrichtig **RG 106** 267). Die schuldhafte Verzögerung (§ 121 BGB) muß **nach der Feststellung** des Fehlers liegen; das heißt aber nicht, daß die Eisenbahn sich bei **Verdacht** eines Fehlers beliebig Zeit lassen kann, ihn festzustellen, vielmehr beginnt hier ggf. schon das Verschulden. Unklar (wegen Vermengung mit Schadensersatzanspruch aus falscher Frachtberechnung) *Goltermann,* 2 zu § 70 und **AG Rosenheim MDR 50** 680.

7. Abs. 2 regelt die Erstattung der Fracht usw. **auf Grund berichtigter Angaben des Absenders** (Milderung des § 57). Die jetzige Fassung **vermeidet jede Bezugnahme auf innere Willensvorgänge** des Absenders bei der Ausfüllung des Frachtbriefs; sie gibt einen Anspruch auf Erstattung der Mehrfracht bereits dann, wenn **nachgewiesen** wird, **daß** die **Angaben** des Absenders im Frachtbrief **den Tatsachen nicht entsprechen.** (Begr.). **Nicht hierunter fallen die Fälle,** in denen der Absender, ohne seine Frachtbriefangaben zu ändern, auf Grund eines aus dem Frachtbrief ersichtlichen **Berechnungsfehlers der Eisenbahn** Frachterstattung verlangt (s. Anm. 5). Dies ist auch gegeben, wenn die **Eisenbahn** auf Grund einer vom Absender beantragten Verwiegung [§ 58 (5) Satz 1] dessen **Angaben** über das Gewicht nach unten **berichtigt,** was sie nach § 58 (8) im Frachtbrief zu vermerken hat; dasselbe muß gelten bei Nachwiegung nach § 76 dann, wenn Absender das dort festgestellte Gewicht als Versandgewicht anerkennt und keinen Entschädigungsantrag wegen Verlustes stellt, weil auch insoweit die Angaben des Absenders im Frachtbrief auf seine Veranlassung hin amtlich berichtigt worden sind und ein Nachweis nach Abs. 2 damit entfällt. — Bei Ansprüchen nach Abs. 2 **braucht nicht nachgewiesen zu werden, daß der wirtschaftlich** durch die zuviel erhobene Fracht **Geschädigte den Erstattungsbetrag erlangt** (s. Anm. 16). Dadurch ist natürlich der Unredlichkeit Tür und Tor geöffnet, wenn der Frachtzahler nach Abrechnung mit seinem Auftraggeber sich aus der formalen Tatsache, daß er die Fracht gezahlt hat, einen unberechtigten Vorteil verschafft, doch gibt die derzeitige Fassung des Abs. 2 hiergegen keine Handhabe; der „unberechtigte Vorteil" entspricht dem „unverdienten Nachteil", der zu Abs. 1 von den Verfechtern der Aufrechnungstheorie (s. Anm. 4) als Grundlage ihrer Meinung ins Feld geführt wird. Bei vorsätzlich falschen Angaben kann allerdings wohl die exceptio doli helfen. Die **CIM kennt** einen **derartigen Anspruch** auf Berichtigung nach erfolgter Frachtzahlung **nicht,** s. *v. Nanassy,* 3 zu Art. 18 § 1. **Weder EVO noch CIM verpflichten den Frachtzahler, von sich aus zuwenig bezahlte Beträge an die Eisenbahn zu zahlen;** das ist ungerecht, weil dadurch die Verpflichtung aus Abs. 1 einseitig.

8. Also wörtlich nur unrichtige **Gewichts-** und **Inhaltsangabe** (Begr.), dabei **unrichtig in weiterem Sinne,** d. h. **einschließlich ungenau und unvollständig** (§ 57). **Auch die Angabe des Ladegewichts** (und Eigengewichts) des Wagens *(Heinze,* **VZ 1942,** 97, 99). Unter Mehrfracht sind **auch Nebengebühren und Auslagen** zu verstehen, a. M. *Weirauch* in der Vorauflage, *Finger,* Bem. 8 [der Frachtzuschläge unter diesen Begriff bringen will, was jedoch der Sonderregelung in § 60 (2) widerspricht].

9. Der **Nachweis** ist **Vorleistung, unrichtig LG Hamburg VRS 1951 292, dagegen** *Heinze,* **Die BB 1951** 698; er muß zumindest in der Form der Glaubhaftmachung geführt werden, **solange ist Eisenbahn nicht** (noch nicht) **verpflichtet,** s. auch Anm. 17. Der **Begriff der „Unrichtigkeit"** umfaßt auch die Ungenauigkeit oder Unvollständigkeit (s. § 57 Anm. 10—12). Näheres bei *Heinze,* **VZ 1942** 99.

10. Bei den im Tarif aufgeführten Gütern ist nach § 56 (1) d) die tarifmäßige Bezeichnung Vorbedingung seiner Anwendung; so kommt z. B. eine Ermäßigung, die für eine im Regelfall höher eingestufte Güterart bei bestimmter Bearbeitung im Güterverzeichnis des Tarifs vorgesehen ist, nur zum Zuge, wenn die Angaben des Absenders diesen Umstand erkennen lassen. Der **Unterschied zwischen der tarifmäßigen Bezeichnung,** die nach Abs. 2 Satz 1 nachgeholt werden kann, **und der „besonderen Erklärung"** des Abs. 2 Satz 2 **ist ein rein formaler,** s. § 57 Anm. 3; es kommt lediglich darauf an, ob es sich um eine vom Güterverzeichnis des Regeltarifs (dann Satz 1) oder vom Sonder(Ausnahme-)tarif vorgeschriebene Aussage handelt (dann Satz 2); diese kann sich auf das Gut beziehen und, wie in den beiden von der Begr. angeführten Beispielsfällen, ein Verwendungsversprechen enthalten, aber auch die Ausnutzung des Laderaums betreffen (s. § 56 Anm. 7), also streng genommen nicht zur „Inhaltsangabe" gehören, **VZ 1942** 102. Vgl. Anm. 8.

11. „Ungenügend" heißt, daß die Erklärung unrichtig, ungenau oder unvollständig im Sinne des § 57 (1) war, vgl. Anm. 9. Eine wörtliche Wiedergabe der vom Tarif geforderten Erklärung kann nicht verlangt werden, doch muß sie ihr sinngemäß entsprechen. Wegen Rückfragepflicht s. § 56 Anm. 10.

12. Der Absender hat nach Satz 2 grundsätzlich **keinen Anspruch** auf Erstattung der Mehrfracht (Begr.). Man wollte durch die neue Regelung die bisherigen vielfachen Auseinandersetzungen mit den Verfrachtern vermeiden, s. **EE 56** 161. Richterliche Nachprüfung der reinen Ermessensentscheidung ist nicht angängig, so mit der Begr. **AG Hamburg-Altona HS 1949**/1; a. M. **AG Münster VRS** Bd. 4 S. 77, **LG Frankfurt/M. IZ 1955,** 105, in **VRS 9,** 347 eingeschränkt auf Ermessensmißbrauch. *Goltermann,* Anm. 4, will richterliche Nachprüfung auf Willkür zulassen, *Finger,* Bem. 12, verneint einen Anspruch, will aber „Einrede der Arglist" zulassen. Es ist nicht zu leugnen, daß Abs. 2 a des § 70 die beiden Fälle des Abs. 2 unter dem Begriff „Anspruch" zusammenfaßt, angesichts der aus der Begr. ersichtlichen Auffassung des Gesetzgebers, Satz 2 des Abs. 2 solle keinen Anspruch gewähren, ein *offenbares Redaktionsversehen.* Das „wird erstattet" ist farblos im Vergleich zu § 23 KVO („kann erstatten", vgl. **VRS 1954,** 107), doch wird man aus dem offenbar unbeabsichtigten Unterschied keine verschiedenartige Behandlung herleiten dürfen. Nicht zu bestreiten ist, daß *zwischen den Fällen der Sätze 1 und 2* des Abs. 2 *kein Wesensunterschied* besteht, sondern lediglich ein rein formaler (s. Anm. 10), doch dürfte daraus nur ein

Wunsch de lege ferenda zu folgern sein angesichts der eindeutigen Absicht des Gesetzgebers von 1938, beide Fälle verschieden zu behandeln, wie er nicht nur in der Begr., sondern auch in der Tatsache der Behandlung als getrennte Fälle zum Ausdruck kommt. Die österr. EVO hat die Gleichstellung dadurch vollzogen, daß sie in ihrem § 70 (2) mit „Angaben im Frachtbrief" beide Fälle zusammengezogen hat. Für eine Behandlung nach BGB § 315 ist in der derzeitigen EVO keine genügende Grundlage vorhanden.

Weirauch in der Vorauflage verlangte im Hinblick auf § 6, daß die Handhabung des billigen Ermessens durch die Eisenbahndienststellen nach einheitlichen Grundsätzen erfolgen müsse. Das ist ebenso richtig wie es praktisch unmöglich sein dürfte, Ermessensfälle zu reglementieren. Im Gegensatz zu den Fällen des Satzes 1 des Abs. 2 kann aber jedenfalls bei denen des Satzes 2 über das billige Ermessen darauf abgestellt werden, daß die **Tarifermäßigung nachträglich nur dem** gewährt wird, **zu dessen Gunsten sie getroffen wurde** (so schon *Heinze,* **VZ 42** 97; ebenso *Finger,* Bem. 12).

13. Unrichtig. Im Falle § 70 (2) Satz 2 besteht kein „Anspruch", s. Anm. 12. **Ausschlußfrist,** die im Gegensatz zur Verjährung den Anspruch vernichtet, **RG 48** 163.

14. Bisher: eingelöst; Neufassung, weil im Falle der Vorauszahlung der ganzen Fracht durch den Absender von einer Einlösung nicht gesprochen werden kann (Begr.). Siehe Überschrift § 75 EVO und daselbst Anm. 1.

15. Abs. 3 bezieht sich auf alle Fälle des Abs. 1. Der Absender kann für überwiesene, aber bei Auslieferung des Gutes an den Empfänger nicht erhobene Kosten nicht nachträglich in Anspruch genommen werden (**EE 18** 334, 42 69). **Wegen des Verhältnisses zu § 75 (2)** s. dort Anm. 4. Wenn *Empfänger* zur Abwendung des Frachtführerpfandrechts *Zahlungen an Stelle des Absenders* geleistet hat, stehen ihm nach § 94 (2) e) *Erstattungsansprüche* gegen die Eisenbahn zu, die „unrichtig" erhoben hat, aber doch wohl nur, soweit diese sich am Absender schadlos halten kann.

16. Siehe *Nießen,* Bedeutung des § 70 (4), **VAE 36** 536, der mit Recht den Tarifen die Möglichkeit einräumt, zu bestimmen, daß nur der Absender oder der Empfänger empfangsberechtigt sein soll. Berechtigter, d. h. **Absender oder Empfänger,** denn nur diese sind an Frachtvertrag beteiligt; also nicht etwa der Auftragsspediteur. Wird die vom Absender gem. § 69 bereits bezahlte Fracht nochmals vom Empfänger eingezogen, so hat Erstattungsanspruch nur Empfänger (**EE 44** 57; § 69 Anm. 6). Über Tariffrankaturen s. **VZ 99** 548. Abtretung und Vollmacht sind nach allgem. Regeln nachzuweisen. Die Frage der **gewerblichen Frachtenprüfer** behandeln *Müller,* **VR 37** 294, 329 ff. und **RG VR 37** 331; **VAE 37** 387. Maßgebend ist das Gesetz zur Verhütung von Mißbräuchen auf dem Gebiet der Rechtsberatung v. 13. 12. 1935. Zulassung wird meist nur für die Nachprüfung von Frachten erteilt, nicht auch von Entschädigungsansprüchen. Die gewerbliche Frachtenprüfung ist sonach zuzulassen; auch die Zession etwaiger Forderungen gegen die Eisenbahn an die Frachtenprüfer wird man für zulässig halten müssen, s. *Nießen,*

Werbetätigkeit der Frachtenprüfer, **VAE 40** 21. Bedürfnisprüfung bei der Zulassung mit Art. 12 GG unvereinbar, **BVerwG DVBl. 55** 666.

17. Die Vorlegung ist nicht unbedingte Voraussetzung für die Geltendmachung des Anspruchs; im Falle des Verlustes können **andere Beweismittel** erbracht werden, **OLG Köln EE 41** 43.

18. Der Zinsfuß ist auch dann anzuwenden, wenn der Berechtigte Nicht-Kaufmann ist. Für den Beginn der Verzinsung bleiben Reklamationen bei einer unzuständigen Bahn außer Betracht. Gegenbeweis nach BGB § 285 unzulässig. Für Abs. 2 Verzinsung auch bei Verzug ausgeschlossen. Weitere Ansprüche aus **Verzugsschaden** nach BGB § 286 setzen voraus, daß Eisenbahn in Verzug gesetzt wurde, was hier anders als nach BGB § 284 nicht durch bloße Mahnung, sondern nur durch Glaubhaftmachung des Anspruchs erfolgen kann, s. Anm. 9; vgl. auch § 92 Anm. 3 und 4.

19. Die von den allgemeinen Vorschriften in EVO §§ 95 (3), 96 (3) abweichende Regelung der **außergerichtlichen Geltendmachung** der Ansprüche bezweckt ihre rasche Erledigung.

20. Daß die **gerichtliche Geltendmachung** in anderer Weise geregelt ist als die außergerichtliche, war bisher durch die Bestimmung des § 469 HGB geboten. Dieser Grund ist nach der Neufassung des HGB weggefallen. Die CIM (Art. 43) macht keinen Unterschied.

§ 71. *Nachnahme*[1]. *Barvorschuß*[2]

(1) Der Absender[3] kann das Gut bis zur Höhe des Wertes[4] mit Nachnahme belasten. Der Tarif kann bestimmen, daß Nachnahmen erst von einem Mindestbetrag an zulässig sind.

I. Von und nach unbesetzten Bahnhöfen werden mit Nachnahme belastete Sendungen nur angenommen, wenn dies im Tarifteil II (Heft D) zugelassen ist.

II. Nachnahmen sind erst von einem Betrage von über 20 DM zulässig, es sei denn, daß ein Barvorschuß nach Allg. ABest. VI nicht gewährt werden kann.

Ob im übrigen eine Nachnahme in der angegebenen Höhe zulässig ist, entscheidet die Versandabfertigung.

(2) Als Bescheinigung über die Belastung des Gutes mit einer Nachnahme dient der abgestempelte Frachtbrief, das Doppel oder die sonst zugelassene Bescheinigung über die Auflieferung des Gutes. Auf Verlangen ist außerdem gebührenfrei ein besonderer Nachnahmeschein auszuhändigen[5].

(3) Der Absender hat dem Frachtbrief einen Nachnahmebegleitschein[6] nach dem von der Eisenbahn vorgeschriebenen Muster beizugeben. Absendern von Massensendungen kann die Eisenbahn auf Antrag die Beigabe von Nachnahmebegleitscheinen erlassen.

III. Der Absender hat in den Frachtbrief einzutragen: „Nachnahmebegleitschein beigefügt."

Ist ihm die Beigabe erlassen, so hat er einzutragen: „Beigabe des Nachnahmebegleitscheins von (Angabe der Stelle, die die Beigabe erlassen hat) erlassen."

Auf Antrag des Absenders übernehmen die Güterabfertigungen die Ausfüllung der Nachnahmebegleitscheine gegen die im Nebengebührentarif (Teil I Abteilung B) festgesetzte Gebühr.

IV. Der Absender kann im Frachtbrief unter „Andere vorgeschriebene oder zulässige Erklärungen" den Antrag stellen: „Telegraphische Benachrichtigung der Versandabfertigung von der Einziehung der Nachnahme beantragt."

Die Gebühr für die Benachrichtigung ist im Nebengebührentarif (Teil I Abteilung B) festgesetzt.

(4) Die Eisenbahn hat die Nachnahme an den Absender auszuzahlen, sobald die Versandabfertigung die Anzeige der Empfangsabfertigung erhalten hat, daß der Empfänger[7] die Nachnahme bezahlt hat[8]. Die Bedingungen, unter denen Nachnahmen ausgezahlt werden, für welche die Eisenbahn die Beigabe von Nachnahmebegleitscheinen erlassen hat, setzt die Eisenbahn bei Entscheidung über den Antrag auf Erlaß des Nachnahmebegleitscheins fest*).

(5) Ist das Gut ohne Einziehung der Nachnahme abgeliefert worden, so hat die Eisenbahn dem Absender den Schaden[9] bis zur Höhe der Nachnahme zu ersetzen, vorbehaltlich ihrer Ansprüche gegen den Empfänger[10].

(6) Alle Ansprüche, die sich auf eine Nachnahme beziehen, sind bei der Versandbahn geltend zu machen. Für die gerichtliche Geltendmachung der Ansprüche gegen die Eisenbahn gilt § 96 (3)[11].

(7) Die Eisenbahn kann dem Absender einen Barvorschuß[2] gewähren. wenn er nach dem Ermessen der Versandabfertigung durch den Wert des Gutes sicher gedeckt wird. Der Barvorschuß wird vom Empfänger eingezogen, wenn er den Frachtbrief annimmt.

V. Für Sendungen von und nach unbesetzten Bahnhöfen werden Barvorschüsse nur gewährt, wenn dies im Tarifteil II (Heft D) zugelassen ist.

---

*) Der Absender kann im Frachtbrief unter „Andere vorgeschriebene oder zulässige Erklärungen" vermerken: „Auszahlung der Nachnahme an ... in ... (Konto-Nr. ... bei ...) beantragt". In diesem Fall gilt der in dem Antrag benannte Dritte als vom Absender zur Empfangnahme der Nachnahme ermächtigt. (Nur gültig im Binnen- und Wechselverkehr der DB und der anschließenden, in den DEGT einbezogenen nichtbundeseigenen privaten Eisenbahnen.)[1]

VI. Barvorschüsse werden bis zur Höhe von 20 DM für eine Sendung gewährt, wenn sie nach dem Ermessen der Versandabfertigung durch den Wert des Gutes sicher gedeckt sind.

Auf Güter, für die nach § 69 (4) Vorausbezahlung der Fracht verlangt werden kann, werden keine Barvorschüsse gewährt.

(8) Der Betrag der Nachnahme oder des Barvorschusses ist vom Absender in den Frachtbrief an der hierfür vorgesehenen Stelle einzutragen[12].

(9) Für die Belastung einer Sendung mit Nachnahme oder Barvorschuß kann die Eisenbahn die tarifmäßige Gebühr erheben[13].

VII. Die Gebühr für Nachnahmen oder Barvorschüsse sowie die Preise der Nachnahmebegleitscheine und die Gebühren für ihre Ausfüllung sind im Nebengebührentarif (Teil I Abteilung B) festgesetzt.

VIII. Bei Neuabfertigung einer Sendung mit demselben Frachtbrief oder bei Änderung des Bestimmungsbahnhofs auf nachträgliche Verfügung des Absenders wird die Gebühr für Nachnahme oder Barvorschüsse nicht nochmals erhoben.

Schrifttum: *Senckpiehl,* **EE 24** 199; *Göbel,* Pfändung von Nachnahmebeträgen, **VR 36** 313; *Lingemann,* Nachnahme, **VZ 41** 171; *v. Nanassy,* **IZ 43** 83.

1. Geldbetrag, den die Eisenbahn nach Vereinbarung mit dem Absender *Zug um Zug gegen Aushändigung des Gutes* **vom Empfänger einziehen** und dem Absender abliefern soll. **Kein besonderer Vertrag** (etwa Auftrag) (*Blume,* JÜG Art. 13 I) oder Geschäftsbesorgungsvertrag (*Kittel,* § 72 Anm. 2) oder Anweisung (*Cosack,* Lehrbuch des Handelsrechtes § 96), **sondern** eine **Erweiterung des Frachtvertrags,** so jetzt die allgemeine Ansicht, s. *v. Nanassy,* I 1 zu Art. 19 § 1 mit Schrifttumsübersicht. Vereinbarung auch durch nachträgliche Verfügung (**EE 21** 65); s. § 72 (1) g. Der frühere Zusatz „nach Eingang" ist als entbehrlich gefallen (Begr.). **Zahlung an Dritte** ist jetzt im Umfang der Sternchenanmerkung zu Abs. 4 Satz 2 zugelassen; für Expreßgut s. § 37 ABest. 14, deren Fassung einfacher und klarer ist als die der Sternchenanmerkung, deren zweiter Satz angesichts der §§ 328, 329 BGB überflüssig erscheint (wozu eine fingierte Ermächtigung des Dritten, wenn Leistung an diesen Vertragsinhalt?).

2. Vorweggenommene Aushändigung des einzuziehenden Geldbetrages (s. Anm. 1), so *Kittel,* § 71 Anm. 11, kein Darlehen (**EE 17** 39, **21** 140; abw. *Rundnagel,* BefGesch. S. 370; *Richter,* EVO § 71 Anm. I); Nebenabrede im Rahmen des Frachtvertrages wie die Nachnahme (jetzt herrschende Ansicht, Schrifttumsübersicht bei *v. Nanassy,* II 1 zu Art. 19 § 5; *Finger,* Bem. 17; *Goltermann,* Anm. 12). **Unterschiede zur Nachnahme** ergeben sich aus der Natur des Vorschusses: Keinerlei Ansprüche gegen die Eisenbahn aus § 71 (5), wohl aber **Rückzahlungspflicht** hinsichtlich des Vorschusses, wenn

Empfänger den Frachtbrief nicht annimmt [nicht aber, wenn Eisenbahn das Gut ohne Einziehung ausgeliefert hat, Rechtsgedanke des § 70 (3) Satz 2]. *Im Internationalen Verkehr* Barvorschüsse nur nach Maßgabe der auf dem Versandbahnhof geltenden Bestimmungen zugelassen (CIM Art. 19 § 5). **Barvorschüsse** gewährt die Eisenbahn **freiwillig** („kann", Abs. 7 Satz 1) und nach ihrem **Ermessen** bis höchstens **20,— DM** je Sendung (ABest. VI). Für sie sind es Auslagen im Sinne von § 68 (3). Deckung durch Pfandrecht, § 75 (5).

3. D. h. **der frachtbriefmäßige (RG 99 245; EE 40 293)**; s. § 56 Anm. 12, auch wenn er nicht der wirkliche Absender ist (*Kittel,* § 71 Anm. 2; **RG JW 21 109**). Über die Berechtigung dessen, der mit einem Blankofrachtbrief eine Nachnahme auflegt, was für zulässig erklärt wird, s. **VR 38** 869. Aus der bloßen Tatsache der Auflieferung durch einen Dritten kann nicht diesem das Recht entstehen, einen Nachnahmebetrag für sich aufzugeben und in Empfang zu nehmen.

4. Des gemeinen Wertes am Versandort (abw. *Rundnagel,* BefGesch. S. 369; *Senckpiehl,* S. 272). Wert ist zu mindern um die erwachsenden Frachtbeträge und die etwa eintretende Einbuße am Gut. Unbegründete Ablehnung macht schadensersatzpflichtig.

5. Nachnahmeschein (s. **EE 45** 68, **21** 65, 182) **ist nur Beweismittel, KG EE 30** 371, vgl. § 72 (8). Nach *Kittel,* § 71 Anm. 3 stellt er einen Ausweis für den Empfangsberechtigten dar (so auch **EE 45** 68); dem ist nicht beizutreten. An den Überbringer des vom Absender quittierten Scheines kann aber Eisenbahn mit befreiender Wirkung zahlen (**EE 21** 182, BGB § 370).

6. Eingeführt zur Beschleunigung der Auszahlung. Ebenso wie Nachnahmeschein kein Wertpapier.

7. Über Zahlungspflicht des Empfängers *gegenüber der Eisenbahn* s. § 75 (2), (5); **EE 17** 311, **20** 50, 6. Nachnahme ist auch einzuziehen, wenn ein Teil der Sendung in Verlust geraten ist (abw. **EE 25** 125). Inwieweit Empfänger *gegenüber Absender* zur Zahlung der Nachnahme verpflichtet ist, richtet sich ausschließlich nach den Rechtsbeziehungen zwischen beiden (**EE 17** 311). Über **Pfändung** von Nachnahmebeträgen s. *Göbel* aaO.; ferner **DVZ** Nr. 67/1952, wo jegliche Pfändung (und Abtretung) wegen § 72 (1) g) für unzulässig gehalten wird; s. dazu § 72 Anm. 10. Nach § 829 ZPO ist Pfändung künftiger Forderungen ohne hinreichende Konkretisierung unzulässig, s. **EE 56** 382; **OLG Stettin VAE 36** 406 = **JW 1936** 2417; **VAE 37** 233. Verjährung s. § 94 Abs. 1 a.

8. Frist ist nicht vorgesehen. Bei verspäteter Zahlung Zinsen und Schadensersatz, wenn Verzug (BGB §§ 284 ff.) vorliegt.

9. Absender hat die Nichteinziehung der Nachnahme trotz Ablieferung des Gutes zu beweisen (**EE 30** 375; **VR 29** 501). Eisenbahn kann nachweisen, daß Schaden nicht oder nicht in der geforderten Höhe entstanden ist, oder daß er auch sonst entstanden wäre. Sie hat nicht die Stellung eines Bürgen, insbesondere **keine Einrede der Vorausklage** gegen den Empfänger, wenn der Absender sie gem. Abs. 5 auf Schadensersatz verklagt, **KG EE 30** 372. Ein Schadensnachweis, wie ihn *v. Nanassy,* Art. 19 § 3 Ziff. 4 (S. 384) und *Finger,* Bem. 14, verlangen, wird in der Regel nur in dem Nachweis bestehen, daß der Empfänger trotz Aufforderung nicht gezahlt hat. Der Schaden, für den restitutio in integrum zu gewähren ist, besteht ja gerade darin, daß das Gut ohne Zahlung der Nachnahme in den Besitz des Empfängers gelangt ist. Dementsprechend ist auch die Höhe des Schadensersatzes auf den Nachnahmebetrag beschränkt. Es steht dem *Absender frei, ob er* die (ihm für den Nachnahmebetrag auf alle Fälle sichere) *Eisenbahn oder* den *Empfänger verklagen will.* Lediglich, wenn er die letztere Möglichkeit wählt, muß der Absender im nachfolgenden Prozeß gegen die Eisenbahn (der er den Streit verkünden kann) die Uneinbringlichkeit seiner Forderung nachweisen. Zahlung durch den Empfänger vernichtet Schadensersatzanspruch gegen Eisenbahn. *Richter,* § 71 Anm. III, weist mit Recht darauf, daß die Entsch. **RG 94** 97 im Eisenbahnfrachtrecht nicht gilt.

10. Entweder auf Grund des § 75 (2) — s. dort Anm. 4 —, der abgetretenen Ansprüche des Absenders (BGB § 255) oder der ungerechtfertigten Bereicherung (s. **EE 20** 6, **26** 146, **27** 283, **39** 41; **VR 7** 327; **HansRZtg. 22** 218, ferner **RG 95** 122; **JW 22** 289).

11. Siehe § 70 Anm. 20.

12. *Sollvorschrift;* bei Verstoß *kann* Eisenbahn Frachtbrief zurückweisen; **EE 20** 261; s. im übrigen § 56 Anm. 22; **EE 23** 261.

13. Die Gebühr ist unabhängig vom Eingang der Nachnahme.

§ 72. *Abänderung des Frachtvertrags*[1] *durch nachträgliche Verfügung des Absenders*

(1) Der Absender[2] hat das Recht[3], den Frachtvertrag nachträglich abzuändern, indem er verfügt[4]:

a) daß das Gut auf dem Versandbahnhof zurückgegeben werden soll[5];

b) daß das Gut unterwegs angehalten werden soll[6];

c) daß die Ablieferung des Gutes ausgesetzt werden soll;

d) daß das Gut an einen anderen Empfänger abgeliefert werden soll[7];

e) daß das Gut auf einem anderen Bestimmungsbahnhof abgeliefert werden soll[8];

f) daß das Gut nach dem Versandbahnhof zurückgesandt werden soll[9];

g) daß eine Nachnahme[10] nachträglich aufgelegt, erhöht, herabgesetzt oder aufgehoben werden soll;

h) daß überwiesene Beträge von ihm selbst anstatt vom Empfänger eingezogen werden sollen[11].

In den vorstehend unter e und f vorgesehenen Fällen[6] kann der Absender für die Weiter- und Rückbeförderung auch eine andere Beför-

derungsart (Frachtgut, Eilgut) vorschreiben, wenn die Abfertigungsbefugnisse des Anhaltebahnhofs und des neuen Bestimmungsbahnhofs dies zulassen.

(2)[12] Verfügungen anderer Art sind, wenn sie nicht im Tarif ausdrücklich vorgesehen sind, unzulässig[13], ebenso sind Verfügungen über einzelne Teile der Sendung[14] unzulässig.

I. Der Absender kann nachträglich verfügen, daß

a) das Gut bahnlagernd gestellt werden soll,

b) bahnlagernd gestelltes Gut als nicht bahnlagernd behandelt werden soll,

c) das Gut unter Streichung der Lieferwertangabe nach dem Versandbahnhof zurückgesandt werden soll.

(3) Die Verfügungen sind schriftlich[15] unter Verwendung eines durch den Tarif festzusetzenden Musters an die Versandabfertigung zu richten; § 56 (10) gilt entsprechend. Der Tarif kann zulassen, daß nachträgliche Verfügungen in besonderen Fällen auch an eine andere Abfertigung gerichtet werden[16].

II. Für die nachträgliche Verfügung ist der Vordruck in Anlage III zu verwenden. Der Verkaufspreis ist im Nebengebührentarif (Teil I Abteilung B) festgesetzt.

(4) Die Versandabfertigung hat die Verfügung sobald wie möglich[17] weiterzugeben. Auf Antrag des Absenders hat dies unter den im Tarif festzusetzenden Bedingungen durch Telegramm oder Fernsprecher zu geschehen.

III. 1. Die Weitergabe durch Telegramme oder Fernsprecher ist vom Absender in der nachträglichen Verfügung zu beantragen.

2. Für die Weitergabe durch Bahndienstfernsprecher oder Bahndiensttelegraphen werden die im Nebengebührentarif festgesetzten Gebühren erhoben. Sämtliche durch die Weitergabe entstehenden Kosten (Postgeld, Telegramm- und Fernsprechgebühren, Botenlöhne usw.) hat der Absender auf Verlangen sofort zu entrichten.

(5) Die Eisenbahn darf die Ausführung einer nachträglichen Verfügung nur dann ablehnen, hinausschieben oder in veränderter Weise vornehmen, wenn

a) die Verfügung in dem Zeitpunkt, in dem sie der zur Ausführung berufenen Stellen zugeht, nicht mehr durchführbar ist[18], oder

b) durch ihre Befolgung der regelmäßige Beförderungsdienst gestört würde[19], oder

c) ihrer Ausführung gesetzliche oder sonstige Bestimmungen, insbesondere Zoll- oder sonstige Verwaltungsvorschriften entgegenstehen, oder

d) bei Änderung des Bestimmungsbahnhofs der Wert des Gutes voraussichtlich die Gesamtkosten der Beförderung bis zum neuen Bestimmungsbahnhof nicht deckt[20], es sei denn, daß der Betrag dieser Kosten sofort entrichtet oder sichergestellt wird.

In diesen Fällen ist der Absender unverzüglich von der Sachlage zu benachrichtigen.

(6) Einem bei der Empfangsabfertigung[21] unmittelbar gestellten Antrag des Absenders, die Sendung zurückzuhalten, kann vorläufig entsprochen werden. Der Absender hat jedoch die vorgeschriebene Verfügung innerhalb einer angemessenen Frist durch die Versandabfertigung beizubringen. Andernfalls ist nach § 75 zu verfahren.

IV. Einem bei der Empfangsabfertigung unmittelbar eingegangenen Antrag wird[21] auf Kosten des Absenders vorläufig entsprochen, wenn kein Zweifel besteht, daß er vom Absender herrührt. Im übrigen bleiben nachträgliche Verfügungen des Absenders, die nicht durch Vermittlung der Versandabfertigung gegeben werden, unbeachtet.

(7) Dem Absender steht das Verfügungsrecht nur zu, wenn er das von der Eisenbahn bescheinigte Frachtbriefdoppel[22] vorlegt und auch darin die Verfügungen einträgt[23]; diese Erfordernis gilt nicht, wenn der Absender nach § 61 Abs. 4 auf das Doppel verzichtet hat. Die Eisenbahn kann verlangen, daß sich der Absender ausweist[24]. Befolgt die Eisenbahn die Verfügungen des Absenders, ohne die Vorlegung des Doppels zu verlangen, so haftet sie für den daraus entstehenden Schaden dem Empfänger, wenn ihm der Absender das Doppel übergeben hat[25].

V. Die Versandabfertigung bestätigt die nachträgliche Verfügung, indem sie auf dem Frachtbriefdoppel unterhalb der Erklärung des Absenders den Annahmestempel aufdrückt.

(8) Wenn der Absender die Erhöhung oder Herabsetzung einer Nachnahme verlangt, so hat er den ihm etwa ausgestellten besonderen Nachnahmeschein der Eisenbahn zur Berichtigung vorzulegen. Verlangt er die Aufhebung der Nachnahme, so hat er den Schein der Eisenbahn zurückzugeben[26].

(9) Verfügt der Absender, daß die Sendung unterwegs angehalten oder auf dem Bestimmungsbahnhof zurückgehalten werden soll, so ist die Eisenbahn berechtigt, für jeden Aufenthalt über sechs Stunden das tarifmäßige Wagenstand- oder Lagergeld zu erheben. Beträgt der

Aufenthalt mehr als 24 Stunden, so kann die Eisenbahn das Gut auf Gefahr und Kosten des Absenders ausladen und auf Lager nehmen[27]. Sie ist auch berechtigt, das Gut bei einem Spediteur oder in einem öffentlichen Lagerhaus auf Gefahr und Kosten des Absenders zu hinterlegen. Von diesen Maßnahmen ist der Absender zu benachrichtigen. § 80 (8) bis (10) gilt entsprechend.

VI. Das Lager-, Platz- und Wagenstandgeld sowie das Standgeld für Eisenbahnfahrzeuge auf eigenen Rädern sind im Nebengebührentarif (Teil I Abteilung B) festgesetzt.

(10) Die Eisenbahn kann, wenn die nachträgliche Verfügung nicht durch ihr Verschulden veranlaßt ist, für deren Ausführung neben den etwa erwachsenden Nebengebühren und sonstigen Unkosten die tarifmäßige Gebühr erheben. Die Frachtberechnung bei Änderung des Bestimmungsbahnhofs oder bei Rücksendung regelt der Tarif.

VII. Für die Ausführung einer nachträglichen Verfügung des Absenders werden folgende Frachtbeträge neben den etwa erwachsenden Nebengebühren und sonstigen Kosten erhoben:

a) wenn das Gut auf einem Unterwegsbahnhof angehalten und ausgeliefert wird, die Fracht bis zu diesem Unterwegsbahnhof;

b) wenn das Gut von dem Bestimmungsbahnhof oder von einem Unterwegsbahnhof nach dem Versandbahnhof zurück oder nach einem anderen Bahnhof befördert wird, außer der Fracht für die Beförderung bis zum ursprünglichen Bestimmungsbahnhof oder bis zum Unterwegsbahnhof, auf dem das Gut angehalten wird, die Rückfracht bis zum Versandbahnhof oder die Fracht bis zum neuen Bestimmungsbahnhof.

VIII. Für die — auch nur versuchte — Ausführung nachträglicher Verfügungen werden die im Nebengebührentarif (Teil I Abteilung B) festgesetzten Gebühren erhoben. Diese sind sogleich bei Übergabe der nachträglichen Verfügungen vom Absender zu entrichten. Neben diesen Gebühren wird bei nachträglicher Auflegung oder Erhöhung von Nachnahmen die im Nebengebührentarif (Teil I Abteilung B) festgesetzte Nachnahmegebühr berechnet, bei Erhöhung für den zugesetzten Betrag besonders; bei nachträglicher Herabsetzung oder Aufhebung von Nachnahmen bleibt die bereits berechnete Gebühr unverändert.

(11) Das Verfügungsrecht des Absenders[28] erlischt, auch wenn er das Frachtbriefdoppel besitzt, sobald der Empfänger den Frachtbrief angenommen hat[29] oder ihm das Gut abgeliefert worden ist[30], oder sobald eine Empfängeranweisung nach § 75 (6) wirksam geworden ist[31].

(12) Hat der Empfänger den Frachtbrief angenommen[32], so hat die Eisenbahn seine Anweisungen zu beachten, soweit sie nach dem Frachtvertrag zulässig sind[33]; bei Nichtbeachtung haftet die Eisenbahn dem Empfänger für den daraus entstandenen Schaden[34].

Schrifttum: *Leutke,* Das Verfügungsrecht beim Frachtgeschäft; *Reindl,* **EE 38** 9; *Friebe,* Übergang der Rechte aus dem Frachtvertrag usw. **EE 48** 1 ff., **101 ff.**; **VZ 30** 1093 ff.; *Koch,* **VZ 30** 1069; *Röder,* VR 8 Heft 7. Über Empfängeranweisungen s. Anm. 32 und § 75 IV; *Weber,* **IZ 40** 188. Über die Rechtsstellung des Eigentümers gegenüber rollendem Eisenbahntransportgut s. *Jacoby,* **EE 33** 119. Über „Die Neuregelung des Rechts zur Abänderung des Frachtvertrages in der CIM" *Matyassy,* **IZ** Nr. 6/1954.

1. „Verfolgungsrecht"; *„droit de suite", „right of stoppage".* Da Frachtvertrag *Werkvertrag,* kann Absender jederzeit kündigen (BGB § 649), soweit dem nicht seine vertragliche Verpflichtung gegenüber der Eisenbahn als Frachtführer entgegensteht. Die nachträgliche Verfügung des § 72 enthält sowohl einzelne Elemente der *Kündigung* wie auch solche einer im Recht des Werkvertrags nicht vorgesehenen **einseitigen Abänderung des Vertragsinhalts,** allerdings beschränkt auf das, was EVO oder Tarif vorsehen, nämlich die im Abs. 1 aufgezählten und nach Abs. 2 durch den Tarif zugelassenen Fälle. Über die Gültigkeit abweichender Verfügungen des Absenders vgl. **EE 44** 223. Ob im Verhältnis zum Empfänger, zum eigentlichen Versender oder zum Gut der Absender zur Verfügung berechtigt ist, hat Eisenbahn nicht zu prüfen (**ROHG 25** 331). Die *Anweisungen* nach §§ 49 (2), 73 (2), 80 (1) gehören nicht hierher. Die nachträglichen Verfügungen sind **einseitige empfangsbedürftige Willenserklärungen** (s. **EE 40** 139); *Gefahr* der Übersendung und ungenauen Fassung *trägt der Verfügende* (s. **ROHG 25** 131; **VR 7** 182), *jedoch haftet Eisenbahn* für das *Abhandenkommen* einer ihr ordnungsmäßig erteilten nachträglichen Verfügung (**EE 45** 297) *und* für deren *verzögerte Weitergabe* (**VR 7** 184; **EE 47** 165). Zur Frage, ob Änderung oder **neuer Frachtvertrag** s. Anm. 8.

2. Der **frachtbriefmäßige Absender** (**ROHG 23** 133), also *weder* der *Empfänger* (s. Abs. 13), *noch* der *Inhaber des Doppels* (s. **EE 21** 65, 127; *Rundnagel-Friebe,* S. 15; abw. *Reindl,* **IZ 98** 1018; *Oesterlen,* ebendort S. 715). Wegen der Viehbegleiter s. § 49 (2).

3. *Erlöschen* siehe Abs. 11 und Anm. 28. Die Rechte des Absenders können nach allgemeinen Rechtsgrundsätzen durch einen **Bevollmächtigten** ausgeübt, aber nicht für sich allein, sondern, da Vertragsänderung, nur im ganzen **abgetreten** werden (BGB § 399). Der **Eigentümer** des rollenden Gutes kann gegen Eisenbahn, die sich auf BGB § 986 berufen kann, nur auf dem Umwege über die Pfändung und Überweisung der Rechte des Absenders und in deren Grenzen (Vorlage des Doppels, s. Abs. 7) vorgehen (*Jacoby,* **EE 33** 119 ff.).

4. Auch mehrmalig (z. B. Ablieferung an mehrere Empfänger nacheinander); es können auch *mehrere Anweisungen miteinander verbunden* werden.

5. Nach Vertragsabschluß (§ 61). Gut hat Versandbahnhof noch nicht verlassen [sonst (1) f]. Nur Vergütung der Kosten, z. B. Wiegen, keine Fracht, anders als nach BGB § 649; das ergibt sich schon aus Abs. 10, so daß sich der Umkehrschluß aus ABest. VII (*Finger,* Bem. 4) erübrigt. *Umtausch* ist *nicht* zulässig, auch *nicht Teilaushändigung* (**EE 18** 161).

6. Soweit der Aufenthalt des Gutes zu ermitteln ist (*Colmar,* **VZ 98** 1112). Es kann ein **bestimmter Bahnhof** genannt **oder allgemeines Anhalten** unterwegs verfügt werden, s. **VR 3** 293; **EE 56** 57; **44** 224. Zurückhaltung auf dem Versandbahnhof gibt es nicht. Praktisch wird wegen Abs. 5 b) freilich nur ein Anhalten auf einem *Verschiebebahnhof* (Wagenladung) oder bei einer *Umladestelle* (Stückgut) in Betracht kommen. Ein **Anhalten zum Zwecke der Änderung der Beförderungsart,** wie es *Finger,* Bem. 5, für zulässig hält, ist im Katalog des Abs. 1 Satz 2 nicht vorgesehen und dürfte daher mangels einer Tarifermächtigung gem. Abs. 2 **unzulässig** sein, andernfalls wäre Frachtberechnung nach ABest. VII b) angebracht, **DVZ** Nr. 105/1958. Wirkung auf *Lieferfrist:* § 74 (7) b).

7. **EE 20** 314. Bei *irrtümlicher Auslieferung an den alten Empfänger* hat Eisenbahn Rückforderungsrecht aus § 812 BGB, **EE 1** 133. Gegenüber dem Absender haftet sie wegen g.g.F. Verlustes, s. § 82 Anm. 3. *Unzulässig* ist *Anweisung* des Absenders, das an die eigene Adresse verladene Gut einem Dritten *gegen Aushändigung* der vom Absender ausgestellten *Abtretungserklärung* und gegen Zahlung der Fracht auszuhändigen (**VR 5** 416).

8. Auch *Berichtigung eines* ursprünglich *falsch bezeichneten Bestimmungsbahnhofes* (**EE 16** 14, **56** 57). Wird nach Abs. 1 letzter Satz eine *neue Beförderungsart* gewählt, so läßt sich abfertigungstechnisch (§ 55 Abs. 1) nicht umgehen, einen *neuen Frachtbrief* auszufertigen, ebenso bei *Beförderung ins Ausland* nach CIM. Der von *Finger* Bem. 8 und 11 erwähnte Fall, daß bei Weiter- oder Rücksendung über die Frachtzahlung eine von der ursprünglich nach § 69 vereinbarten abweichende Bestimmung getroffen wird, dürfte nach § 72 (1) h) in Verbindung mit (2) keinen neuen Frachtbrief erfordern. **Bei neuem Frachtbrief** wohl (§ 72 spricht allerdings von „Abänderung") **neuer Frachtvertrag,** s. Anm. 9, doch kann Eisenbahn dessen Abschluß jedenfalls nicht ablehnen.

9. Hierbei kann auch die *Art der Rücksendung* verfügt werden (Eilgut, Expreßgut usw.), andernfalls Rücksendung in der ursprünglichen Beförderungsart. **In der Regel wird kein neuer Frachtvertrag** abgeschlossen (**EE 40** 139, **41** 50); Haftung der Bahn ändert sich nicht (**IZ 06** 253). Für die Rück- und Weitersendung ist der Tarif anzuwenden, der am Tage des ursprünglichen Vertragsabschlusses gilt [s. § 68 (1)]. Nur wenn Absender einen neuen Frachtbrief beifügt (notwendig bei Änderung der Beförderungsart, und wenn Gut ursprünglich auf innerstaatlichen Frachtbrief befördert wurde und später ins Ausland gesandt werden soll, a. A. **VR 3** 292), ist neuer Frachtvertrag anzunehmen (*Rundnagel,* BefGesch. S. 388 Anm. 4; **VZ 04** 459, 421; **KG EE 44** 65; abw. **40** 139).

10. **Nicht Barvorschüsse;** § 71 Anm. 2 (**EE 21** 65). Durch die Pfändung einer künftigen Forderung des Absenders auf den Nachnahmebetrag (§ 71

Anm. 7) wird dieser nicht an nachtr. Vfg. gehindert, wenn die Pfändung nicht „alle Rechte aus dem Frachtvertrage" umfaßt, vgl. **DVZ** Nr. 67/1952.

11. Teilfrankierung ist möglich, aber **nur bezüglich der ganzen Sendung** (s. Abs. 2). Unzulässig ist Verfügung, daß Gut in überwiesener Fracht statt frachtfrei ausgeliefert werden soll; hier kann nur Auflegung einer Nachnahme [(1) g] helfen. Über nachträgliche Frankierungsverfügungen s. auch *Muschweck*, **SpedSchiffZtg. 09** 3.

12. Abs. 2 ist nur in der Fassung geändert (Begr.).

13. Über Bedenken gegen diese einschränkende Art der Regelung s. *Senckpiehl* bei **Gruchot 67** 273. Die Erklärung als unzulässig bindet beide Teile, d. h. auch Eisenbahn *muß* zurückweisen.

14. *Auch bei Sammelgut* (**EE 18** 161; s. Anm. 11).

15. Nicht mündlich, telegraphisch oder durch Fernsprecher (**EE 22** 126, 283). Derartige Verfügungen hat die Eisenbahn zurückzuweisen (s. **EE 24** 128, **26** 170). Die Ansicht von *Weirauch* in der Vorauflage, eine trotzdem von der Eisenbahn „angenommene" Verfügung habe sie auszuführen (so auch *Kittel* Anm. 5; **IZ 40** 188), kann nicht aufrechterhalten werden. Die in Abs. 3 festgelegte **Schriftform** ist „durch Gesetz vorgeschrieben" im Sinne des § 125 BGB; der *Antrag auf Formular* muß nach § 126 (1) BGB durch Namensunterschrift unterzeichnet werden (ebenso *Finger* Bem. 16, *Goltermann* Anm. 10). Wird die Verfügung aber *trotz Formmangels ausgeführt*, so wird dieser durch die Ausführung *geheilt*, vgl. BGB §§ 313, 518, 766 und Bem. 3 vor § 53. Ebenso kann anfänglicher Formmangel durch nachträgliche formgerechte Verfügung geheilt werden. **Durch Einreichung an anderer Stelle** als der Versandabfertigung wird die **Eisenbahn nicht verpflichtet, EE 42** 330. Einziger Ausnahmefall ABest. IV, s. Anm. 21. *Eisenbahn hat Absender auf den Mangel hinzuweisen*, **OLG Karlsruhe EE 43** 218.

16. Die nach der Begr. zur Verkehrserleichterung vorgesehene tarifliche Zulassung anderer Adressaten für die nachtr. Vfg. als die Versandabfertigung ist nicht praktisch geworden. Der Sonderfall des Abs. 6 ändert nichts daran, daß die eigentliche formgerechte Verfügung, die nachträglich den Vorgriff des Zurückhaltens sanktioniert, über die Versandabfertigung zu laufen hat.

17. Bei Unterlassung und Verzögerung der Weitergabe ist **Eisenbahn schadensersatzpflichtig (OLG Kiel EE 40** 139). Versendung geschieht regelmäßig auf dem Eisenbahndienstwege. Das ist zulässig (**EE 47** 165); dann haftet Eisenbahn aber auch für das Abhandenkommen der Verfügung (**EE 42** 330, **45** 297, **47** 165). Dafür, daß eine Sendung rechtzeitig unterwegs angehalten wird, haftet Eisenbahn nicht (**EE 44** 224).

18. Siehe Abs. 11 und Anm. dazu.

19. *Senckpiehl* (S. 276) will diese Einschränkung nur auf die Anweisungen des Abs. 1 g und h beschränken; aber gerade diese sind am wenigsten geeignet, zu stören (**EE 26** 453). *Ablehnung der Weiterabfertigung* ohne Umladung in Zeiten von Verkehrsnot ist kein Verstoß gegen die Beförderungspflicht, wenn dadurch eine Störung des regelmäßigen Beförderungsdienstes verhindert wird; dazu gehört *in Zeiten des Wagenmangels* auch die Verhütung überflüssiger Weiterabfertigungen und Stillstände. In der Regel müssen *Verzögerungen in Kauf genommen* werden, *soweit* sie *nicht andere Güter* in Mitleidenschaft ziehen; die Eisenbahn ist wegen der Lieferfrist durch § 74 (7) b) und im übrigen durch Abs. 9 gesichert. Im Falle des Abs. 6 wird Abs. 5 b) wohl kaum zum Zuge kommen können, allenfalls durch Verkürzung der „angemessenen" Frist; von den Fällen des Abs. 1 dürften die Buchstaben c), d) und f) für eine Anwendung des Abs. 5 b) kaum geeignet sein, Buchstabe a) nur, wenn Ladung oder Stückgut *bereits im abfahrbereiten Zuge* oder im Stückgutorts- oder Umladewagen so eingereiht sind, daß **eine Aussonderung die Innehaltung des Fahrplans unmöglich machen** würde, vgl. **OLG Hamburg EE 44** 224. **Ermessensfrage,** bei der nur *schuldhafte Ablehnung* zum *Schadensersatzanspruch* führen könnte, praktisch nur bei Ermessensmißbrauch (Willkür) denkbar.

20. Z. B. bei leicht verderblichen Gütern.

21. Nicht Unterwegsbahnhof. Anweisungen anderer Art als auf Zurückhaltung sind nicht zu beachten. Empfangsabfertigung soll den Absender zur Abgabe der Erklärung durch Versandabfertigung veranlassen; Unterlassen macht Eisenbahn haftbar, **EE 43** 218 **(OLG Karlsruhe).** Die ABest. IV hat aus dem „*kann*" des Abs. 6 Satz 1 ein „*wird* entsprochen", also eine **Verpflichtung** der Eisenbahn gemacht, die Sendung vorläufig zurückzuhalten. Sachlich handelt es sich dabei um dasselbe, was in Abs. 1 c) mit „die Ablieferung des Gutes aussetzen" bezeichnet wird; dieser Wechsel im Ausdruck für denselben Vorgang ist unzweckmäßig. Rechtlich ist diese Konstruktion nicht nur im Hinblick auf § 6 (1) letzter Satz, sondern auch deswegen nicht unbedenklich, weil sie sie in die Rechte des Empfängers einzugreifen gegeignet ist [dessen Recht aus § 75 (1) wird suspendiert], ohne daß die „vorgeschriebene Verfügung" (Abs. 6 Satz 2) bereits vorliegt. Trifft sie nicht fristgemäß ein, ist nach Satz 3 des Abs. 6 gem. § 75 zu verfahren; die Zwischenzeit hängt mangels einer nachtr. Vfg. in der Luft, so daß § 74 7) b höchstens sinngemäß anwendbar ist, ebenso *Finger* Bem. 25, während *Goltermann* Anm .14 bereits den Auftrag an die Empfangsabfertigung als nachtr. Vfg. bezeichnet. Das ist aber nur berechtigt, wenn durch ordnungsmäßige Vfg. über Versandabf. der Mangel geteilt wird.

22. Siehe § 61 Anm. 10. Geht Doppel verloren, dann Verfügungsrecht nur mit Zustimmung des Empfängers. Ausnahme § 80 (6) letzter Satz.

23. Verfügungsbeschränkung für den Absender. Verfügung ohne Vorlage darf Eisenbahn nicht ausführen. Tut sie es doch, haftet sie dem Empfänger nach Satz 3.

24. Satz ist mißverständlich. Eisenbahn muß selbstverständlich prüfen; Doppel ist eben kein Legitimationspapier.

25. Händigt Absender das Doppel dem Empfänger aus, so erwirbt dieser nicht das Verfügungsrecht (**RG EE 13** 160), es ist nur bis zum Erlöschen des Verfügungsrechts des Absenders [s. Abs. (11)] niemand verfügungsberechtigt. Fraglich ist, ob Zustimmung des Empfängers die Vorlage des Doppels ersetzt; dessen Schadensersatzanspruch wird man jedenfalls die *exceptio doli* entgegenstellen können (vgl. **IZ 95** 371). Sicherheitsleistung des Absenders genügt nicht (so *Rundnagel* S. 331; a. A. *Senckpiehl* S. 237; auch *v. d. Leyen,* LZ f. HandR **39** 80). Daß Empfänger noch im Besitz ist, wird nicht verlangt; nur darf der Absender nicht wieder Besitzer sein. Mittelbarer Besitz genügt, **RG 110** 199, **EE 43** 302. Über die rechtliche Bedeutung der Übergabe vgl. **EE 37** 122.

Für allen Schaden, also auch entgangenen Gewinn, und nur bei Verschulden, **EE 43** 217, **45** 297, abw. **EE 44** 224. Über konkurrierendes Verschulden von Eisenbahn und Absender s. **EE 42** 330. Passiv legitimiert sind die in § 96 (3) aufgeführten Eisenbahnen (**EE 21** 176). S. auch § 80 Anm. 13.

26. Verfügt der Absender nachträglich ohne Vorlegung des Nachnahmescheins, so kann die Eisenbahn die Ausführung der Verfügung verweigern, sie ist aber nicht dazu verpflichtet.

27. Alsdann Lagergeld [§ 68 (2), Haftung § 82 (5)].

28. Das *Verfügungsrecht des Absenders* muß dort *erlöschen, wo* das *Recht des Empfängers* an seine Stelle tritt: Dieser wird damit **„Verfügungsberechtigter"** im Sinne des § 81 (1). Das **Verfügungsrecht** des Empfängers wiederum **deckt sich mit** dessen *unmittelbarem* (Gut abgeliefert) *oder mittelbarem* (Frachtbrief angenommen oder Empfängeranweisung wirksam geworden) **Besitz.** Bis dahin ist die Eisenbahn Besitzmittlerin für den Absender. Die Konstruktion eines *„Rechts des Empfängers für Abänderung des Frachtvertrags"* nach *Art. 22 CIM* ist der EVO in dieser Form *unbekannt;* es wird wirksam, „wenn die Sendung in das Zollgebiet des Bestimmungslandes eingetreten ist". Näheres s. *Matyassy* aaO.; *v. Nanassy* zu Art. 22.

Dadurch, daß der Übergang des Verfügungsrechts auf den Empfänger nicht mehr von der Ankunft des Gutes am Bestimmungsbahnhof abhängig ist, ist es dem Empfänger möglich, das Verfügungsrecht aus dem Frachtvertrage, namentlich auch das Recht auf Geltendmachung von Entschädigungsansprüchen durch die Annahme des Frachtbriefes auch dann zu erlangen, wenn das Gut nicht angekommen ist [s. auch § 75 (3) und Anm. 12, § 95).

29. Siehe § 75 Anm. 1. Bei Verlust des Frachtbriefes genügt Übergabe eines Ersatzbriefes. Aufforderung, den Frachtbrief einzulösen, genügt nicht; s. **ROHG 6** 273, **14** 294.

30. Ablieferung kann auch auf Grund örtlicher Verhältnisse durch vertragliche Vereinbarungen ersetzt werden (z. B. Anschlußgleise!). Teillieferungen genügen, § 72 (2). Siehe im übrigen § 75 Anm. 2.

31. Der *Übergang in der Besitzmittlung* muß **erkennbar** sein. Unter den 4 Typen der Empfängeranweisung nach § 75 ABest. VI sehen die Ziff. 1—3 vor, daß entweder der Frachtbrief oder das Gut oder beides statt an den Empfänger an einen Dritten ausgeliefert wird. Der Dritte tritt also insoweit an die Stelle des Empfängers, bei dem ja auch eines der beiden Indizien genügt, um das Verfügungsrecht des Absenders zu vernichten. Bei Ziff. 4 (Weiterabfertigung) wird entweder Zahlung der sich aus dem Frachtbrief ergebenden Beträge (wobei der alte Frachtbrief ausgehändigt werden dürfte) oder die Abstemplung des neuen Frachtbriefs als Indiz in Frage kommen, aber auch die Umstellung des Wagens für die neue Beförderung.

32. Nach Annahme des Frachtbriefs hat der Empfänger einen „**Rechtsanspruch**" auf Ausführung seiner Anweisungen, soweit sie nach dem Frachtvertrag zulässig sind" (Begr.). Damit paßt nicht recht zusammen, daß § 75 ABest. VI lakonisch bestimmt: „Die Ausführung der Anweisungen kann abgelehnt werden". Zwar überläßt es die EVO zulässigerweise dem Tarif, ob er überhaupt und unter welchen Bedingungen er Empfängeranweisungen vorsieht; die einmal zugelassenen Typen aber können nach § 6 (1) letzter Satz nicht mittels einer ABest. freibleibend, also mit der Möglichkeit beliebiger Ablehnung zur Verfügung gestellt werden. A. M. *Finger* Bem. 44, der eine Haftung entfallen läßt, wenn die Eisenbahn die Ausführung einer der in § 75 ABest. VI vorgesehenen Empfängeranweisungen von vornherein ablehnt. S. auch § 75 Anm. 24 u. 27.

Der Empfänger hat das Recht zu Anweisungen erst „nach Annahme des Frachtbriefs". Abs. 11 sieht indes vor, daß außer der Annahme des Frachtbriefs (und des Gutes) auch noch das Wirksamwerden einer Empfängeranweisung das Verfügungsrecht des Absenders erlöschen läßt. Gedacht ist dabei wohl an ABest. VI zu § 75 Ziff. 4 mit der Alternative der Weiterabfertigung unter Übernahme der Vorfracht in Nachnahme. Diese ist ohne die Einschränkung des § 72 (5) d) zugelassen. Hier ist es sinnvoll, eine Ablehnung zuzulassen, wenn der Frachtbrief nicht angenommen wird. Überhaupt sind § 72 (11) und § 75 (6) nicht hinreichend aufeinander abgestimmt, auch nicht § 75 (2) und ABest. VI (Annahme des Frachtbriefs durch den Dritten nach Ziff. 1 der ABest. VI müßte den Empfänger genauso verpflichten wie eigene Annahme).

Im Landfrachtrecht (HGB § 434) steht dem Empfänger das Recht zu, vor Ankunft des Gutes dem Frachtführer gegenüber Anweisungen zu erteilen zwecks Sicherstellung des Gutes. Dieses Recht ist in die EVO nicht übernommen (s. *Rundnagel*, BefGesch. S. 392; **EE 19** 279; *Hellwig*, Leistung an Dritte, § 69; a. M. *Senckpiehl*, EisTranspGesch. S. 276).

33. Die zulässigen Anweisungen zählt EVO § 75 (6) ABest. VI auf. Da diese *Anweisungen keine Abtretungen* der Rechte und Pflichten aus dem Frachtvertrag bedeuten, bleibt der Empfänger auch weiter verpflichtet. Insbesondere haftet er als frachtbriefmäßiger Empfänger für Nachzahlungen nach § 70 (3), „wenn er den Frachtbrief angenommen hat". Darüber, daß dies zu eng ist, s. Anm. 32 und § 75 Anm. 11. Der „Dritte" hat nicht das Recht weiterer Anweisungen nach § 72.

Neben diesem Recht der Anweisungserteilung kann der Empfänger seine Ansprüche an Dritte abtreten (s. BGB §§ 167, 328, 409, *Boller* **EE 30** 6, **40** 134, **44** 223).

34. Eisenbahn haftet wie oben Anm. 25 dem Empfänger, nicht auch dem Absender; s. auch **RG JW 97** 12 und **ArchfEis. 97** 1005.

§ 73. *Beförderungshindernisse*

(1) Stellen sich der Beförderung eines Gutes Hindernisse[1] entgegen[2], die durch Umleitung behoben werden können, so ist es dem Bestimmungsbahnhof auf einem Hilfsweg zuzuführen[3], ohne daß hierfür eine Mehrfracht erhoben wird[4]; dagegen wird die Lieferfrist[5] über den Hilfsweg berechnet. Den Eisenbahnen bleibt es überlassen, gegeneinander Rückgriff zu nehmen.

(2) Bei Beförderungshindernissen, die nicht durch Umleitung behoben werden können, hat die Eisenbahn den Absender um Anweisung[6] zu ersuchen[7]. Der Absender kann in diesem Falle[8] auch vom Vertrag zurücktreten[9], hat aber dann der Eisenbahn je nach Lage des Falles entweder die Fracht für die bereits zurückgelegte Strecke oder die Kosten der Vorbereitung der Beförderung, außerdem alle sonstigen im Tarif vorgesehenen Unkosten zu bezahlen, es sei denn, daß die Eisenbahn ein Verschulden[10] trifft. Der Absender kann nur dann vom Vertrag zurücktreten oder die Anweisung treffen, daß die Person des Empfängers oder der Bestimmungsbahnhof geändert werde, wenn er das Frachtbriefdoppel vorlegt und auf diesem die Änderung einträgt[11]; dieses Erfordernis gilt nicht, wenn der Absender nach § 61 Abs. 4 auf das Doppel verzichtet hat.

(3) Der Absender kann im Frachtbrief im voraus für den Fall, daß ein Beförderungshindernis eintritt[12], Anweisung geben. Wenn diese Anweisung nach dem Ermessen der Eisenbahn nicht ausgeführt werden kann, so hat sie eine andere Anweisung des Absenders einzuholen.

(4) Der Absender hat seine Anweisung durch Vermittlung der Versandabfertigung oder, wenn der Tarif dies zuläßt, eines Unterwegsbahnhofs zu geben[13]. § 72 (5) gilt entsprechend.

(5) Erteilt der Absender innerhalb der im Tarif hierfür vorgesehenen Frist keine ausführbare Anweisung, so ist nach den Vorschriften für Ablieferungshindernisse zu verfahren[7]. Nach Ablauf dieser Frist ist das tarifmäßige Lager- oder Wagenstandgelt verwirkt.

Die Frist endet mit dem Zeitpunkt, zu dem unter Berücksichtigung der Entfernung und der zur Verfügung stehenden Benachrichtigungsmittel das Eintreffen einer Verfügung erwartet werden kann, frühestens jedoch 24 Stunden und spätestens

bei Wagenladungen, lebenden Tieren, leicht verderblichen und explosionsgefährlichen Gütern nach Ablauf einer Frist von 2 × 24 Stunden,

bei anderen Gütern nach Ablauf einer Frist von 5 × 24 Stunden nach dem vermutlichen Eingang der Benachrichtigung bei dem Absender

(6) Fällt das Beförderungshindernis vor dem Eintreffen[14] einer Anweisung des Absenders weg, so ist das Gut dem Bestimmungsbahnhof zuzuleiten, ohne daß Anweisung abgewartet werden; der Absender ist hiervon unverzüglich zu benachrichtigen.

Schrifttum: *Rundnagel,* BefGesch. § 49 S. 172 und § 120 S. 239; **EE 27** 38. *Lehning,* Beförderungs- und Ablieferungshindernisse im Eisenbahnverkehr, **BB** 51 572.

1. **Beförderungshindernis,** nicht zu verwechseln mit dem Ablieferungshindernis des § 80, ist ohne Rücksicht auf den Entstehungsgrund **jeder nicht unerhebliche Vorgang, durch den die Durchführung des Frachtvertrages in der Zeit von der Annahme zur Beförderung bis zu deren Beendigung vorübergehend oder dauernd unmöglich gemacht wird.** Es handelt sich um eine Sonderregelung (lex specialis) gegenüber den Vorschriften des BGB über Unmöglichkeit und Verzug beim gegenseitigen Vertrage (§§ 323 ff.) für diese Zeitspanne. Ob eine *vorübergehende* Behinderung als Beförderungshindernis i. S. des § 73 anzusehen ist, liegt weitgehend im *Ermessen* der Eisenbahn. Bei der Umleitung trägt sie die Verantwortung allein. Ersucht sie den Absender um Anweisung, so wird dieser mit eingeschaltet. Ob es sich um eine erhebliche Beeinträchtigung handelt, die Maßnahmen nach § 73 rechtfertigt, ist danach Frage der näheren tatsächlichen Umstände. Der Meinungsstreit zwischen *Weirauch* in der Vorauflage einerseits und andererseits *Goltermann* Anm. 1 a) sowie *Kittel* Anm. 4 darüber, ob ein Heißläufer (**EE 41** 247) oder sonstige Unterwegsschäden als Beförderungshindernisse angesehen werden dürfen, erscheint daher gegenstandslos.

Als Kategorien wären vielleicht zu unterscheiden:

a) *Betriebsstörungen:* Streckenzerstörungen wie Dammrutsch, Brückeneinsturz, Überschwemmung, feindliche Besetzung, **RG 89** 342. Verkehrsstockungen, z. B. infolge Güterandranges, Menschenansammlungen. Witterung (starke Kälte, Schnee) **EE 17** 347, **25** 28, **21** 57, **30** 317 (OLG Colmar), **RG 87** 244 (**EE 40** 9); s. aber **VZ 30** 861.

b) *Rechtliche Hindernisse,* z. B. Ein-, Aus- und Durchfuhrverbote, Maßnahmen der Zoll- und sonstigen Verwaltungsbehörden, **EE 23** 175 (2), **26** 125.

c) Beförderungshindernisse *aus der Eigenschaft des Gutes:* Verderben, Beschädigung, Rinnverlust, Verschieben der Ladung, vgl. **EE 26** 125 (**OLG Königsberg**).

Ob diese Behinderungen höhere Gewalt oder von einer der beiden Vertragsparteien zu vertreten sind, ist für den Begriff des Beförderungshindernisses unerheblich und nur für Abs. 2 Satz 2 von Bedeutung.

2. **Nach** der **Annahme** (**RG 113** 299). Ist das Gut noch nicht aufgeliefert, kann Eisenbahn Annahme verweigern [§§ 3, 63 (1)]; daß das Gut schon rollt, ist nicht Voraussetzung.

3. *Ohne Nachfrage* beim Absender und ohne dessen Benachrichtigung (s. *Rundnagel* S. 393), doch ist es der Eisenbahn nicht verboten, den Absender um Anweisung zu ersuchen wie nach Art. 24 § 1 CIM, ja sie kann dazu u. U. im eigenen Interesse genötigt sein, s. Anm. 5. Benachrichtigung aus anderen Gründen, z. B. § 65 (3) und (6), bleibt bestehen. Bei Umleitung hat Eisenbahn die Sorgfalt eines ordentlichen Frachtführers zu beachten. **Haftung für Verschulden** (**VR** 3 84).

4. Eisenbahn braucht jedoch auch nicht eine etwaige *Minderfracht* zu erstatten (*Rundnagel* S. 393; **EE 27** 38; *Richter*, § 73 II 1). *Mehrauslagen* wird sie ersetzt verlangen können. Die Regelung in Art. 24 § 1 CIM gibt der Eisenbahn dagegen den Frachtanspruch über den tatsächlichen Beförderungsweg, wenn sie kein Verschulden trifft.

5. Die *Berechnung der Lieferfrist über den Hilfsweg* kann die Eisenbahn allerdings **nur dann** entlasten, **wenn** sie diesen **nicht schuldhaft** (s. Anm. 3) falsch oder unnötig gewählt hat. Das Verhältnis dieser Bestimmung zu § 74 (7) c) ist unklar. Da die Lieferfrist nur während der Dauer eines ohne Verschulden der Eisenbahn eingetretenen Beförderungshindernisses ruht, kann ein anderer Effekt eigentlich nicht auf dem Umwege einer Lieferfristverlängerung über den Hilfsweg herbeigeführt werden (a. M. *Finger* Bem. 5), schon gar nicht, wenn für die Eisenbahn offensichtlich war, daß z. B. leichtverderbliches Transportgut die verlängerte Transportdauer nicht überstehen würde (so im Ergebnis wohl auch *Goltermann* Anm. 2). Art. 24 § 1 CIM ist hier folgerichtiger.

6. Gilt *nur für Schienenweg* (*Gruchot* **36** 182; **EE 26** 125, **30** 317). Anweisung geht weiter als die Verf. nach § 72. **Form** für Erteilung und Einholung **nicht vorgeschrieben,** s. aber Abs. 4. Ersuchen ist die Mitteilung einer für den Absender bedeutsamen Tatsache; kein Vertragsangebot oder Aufforderung zur Abgabe eines solchen. Pflicht der Eisenbahn zur Mitteilung beruht auf dem Frachtvertrag. **Wird** Einholung der Anweisung **verzögert oder unterlassen,** ist Eisenbahn **schadensersatzpflichtig, RG EE 37** 242; **VR 7** 26; **EE 54** 146; **RG 89** 342.

7. Eisenbahn darf nicht von sich aus ohne weiteres nach Abs. 5 verfahren (**EE 33** 303). Ist jedoch die Benachrichtigung des Absenders den Umständen nach unmöglich oder untunlich oder gibt er keine rechtzeitige oder eine unklare oder unausführbare Anweisung, so kann Eisenbahn *nach dem mutmaßlichen Willen und im Interesse des Absenders* handeln (BGB § 677 ff.), ggf. ist sie dazu sogar verpflichtet. *Goltermann* (Anm. 3 a) redet einer entsprechenden Anwendung des § 80 (9) a) das Wort; dem ist zuzustimmen (offengelassen vom **BGH NJW 1952** 219).

8. D. h. solange das Hindernis dauert, **OLG Hamburg EE 11** 316, es sei denn, er hat in der Zwischenzeit eine die Beförderung unterbrechende Anweisung (Einlagerung) erteilt, als deren Fortsetzung der Rücktritt anzusehen ist.

9. **Rücktrittsrecht** des **Absenders,** das der **Eisenbahn nicht** zusteht. Bestimmung ersetzt den § 636 BGB. Das allgemeine Kündigungsrecht des

§ 649 BGB dürfte durch die Sondervorschriften der §§ 72, 73 ausgeschlossen sein, a. M. *Weirauch* in der Vorauflage, zweifelnd *Goltermann* Anm. 4. Aus demselben Grunde ist § 361 BGB ohne Bedeutung.

10. Mit dem Verschulden entfällt das Recht auf Vergütung des Geleisteten. Bei beiderseitigem Verschulden ***nicht § 254 BGB*** (Verteilung nach dem Grade des Verschuldens), sondern Wegfall des Anspruchs der Eisenbahn, da dieser nicht Schadensersatzanspruch; **§§ 325, 326 BGB sind ebenso wie § 346 durch die Spezialregelung des § 73 ausgeschlossen** (a. M. *Weirauch* in der Vorauflage; *Finger* Bem. 10 will § 254 ausschließen, aber § 325 anwenden). Vgl. auch § 74 (7).

11. Befolgt Eisenbahn die Anweisung des Absenders, ohne sich abgeändertes Frachtbriefdoppel vorlegen zu lassen, ist sie dem Empfänger schadensersatzpflichtig (**VR 4 667**). Dieser Satz ist neugefaßt zur Klarstellung, daß es sich hierbei nicht nur um eine Ordnungsvorschrift handelt (Begr.).

12. Abs. 3 ist neu; aufgenommen zur Verkehrserleichterung (Begr.).

13. Entsprechend § 72 (3); Unterwegsbahnhof nicht praktisch geworden.

14. Auf dem Bahnhof, **auf dem das Gut sich befindet.** Das gleiche muß sinngemäß gelten, wenn das Beförderungshindernis wegfällt, bevor die Anweisung **ausgeführt** worden ist; bei einer Neufassung wäre besser hierauf abzustellen. Insoweit besteht Übereinstimmung mit *Finger* Bem. 18; ob aber auch die zu diesem Zeitpunkt entdeckte Möglichkeit eines Hilfsweges die Befolgung der Anweisung ausschließt, wie Finger meint, dürfte sehr von den Umständen abhängen.

§ 74. *Lieferfrist*

(1) Die Lieferfristen[1] betragen, sofern der Tarif keine kürzeren Fristen vorsieht[2],

a) für Frachtgut:

1. Abfertigungsfrist .... 1 Tag,

2. Beförderungsfrist:

bei einer Entfernung bis zu 150 Tarifkilometern .... 1 Tag,

bei größeren Entfernungen für je weitere angefangene 200 Tarifkilometer .... 1 Tag,

b) für Eilgut:

1. Abfertigungsfrist .... 1 Tag,

2. Beförderungsfrist für je angefangene 300 Tarifkilometer .... 1 Tag,

c)[3] für Frachtstückgutsendungen von Gütern der Anlage C sowie von leeren Packmitteln, in denen solche Güter enthalten waren, wenn durch die Anlage C die Beförderung in offenen Wagen vorgeschrieben oder das Zusammenladen mit bestimmten Gütern verboten ist,

ferner für Frachtstückgutsendungen von Gütern, die wegen ihrer Länge, Breite oder Höhe nicht in gewöhnliche gedeckte Wagen verladen werden können, das Doppelte der Fristen unter a).

(2) Die Abfertigungsfrist wird ohne Rücksicht auf die Zahl der beteiligten Eisenbahnen nur einmal berechnet[4]. Die Beförderungsfrist wird nach der Gesamtentfernung zwischen Versand- und Bestimmungsbahnhof berechnet.

(3) Die Eisenbahn kann mit Genehmigung des Reichsverkehrsministers[5] Zuschlagsfristen für folgende Fälle festsetzen:

a) für Sendungen, die über Strecken mit verschiedener Spurweite[6] oder über Fährstrecken[7] befördert werden,

b) für Beförderungen von und nach unbesetzten Bahnhöfen und Güternebenstellen,

c) für außergewöhnliche Verhältnisse, die eine ungewöhnliche Verkehrszunahme oder ungewöhnliche Betriebsschwierigkeiten[8] zur Folge haben, wobei die Zuschlagsfristen ausnahmsweise von der Eisenbahn vorbehaltlich der nachträglichen Genehmigung des Reichsverkehrsministers[5] festgesetzt werden dürfen,

d) für Sendungen, die über Strecken mehrerer Eisenbahnen befördert werden[9].

(4) Die Zuschlagsfristen des Abs. (3) unter a, b und d werden durch den Tarif festgesetzt. Die in Abs. (3) unter c vorgesehenen Zuschlagsfristen sind zu veröffentlichen und treten nicht vor ihrer Veröffentlichung in Kraft[10]. Aus der Veröffentlichung muß zu ersehen sein, ob die Genehmigung erteilt oder vorbehalten ist. Wird die nachträgliche Genehmigung vom Reichsverkehrsminister[5] versagt oder wird die Genehmigung nicht innerhalb einer Woche nach der Veröffentlichung der Zuschlagsfristen bekanntgemacht, so ist die Festsetzung wirkungslos[11].

I. Die Zuschlagsfristen sind in der Anlage V angegeben.

II. Als Lieferfristen im Verkehr mit Güternebenstellen gelten die des zugehörigen Bahnhofs.

(5) Die Lieferfrist beginnt für die im Laufe des Vormittags zur Beförderung angenommenen Güter um 12 Uhr mittags, für die nachmittags angenommenen Güter um Mitternacht[12]. Sie beginnt jedoch nicht vor Entrichtung der vom Absender übernommenen Kosten (§ 69 [1]) oder vor Hinterlegung einer Sicherheit nach § 69 (5)[13].

(6) Die Lieferfrist ist gewahrt, wenn vor ihrem Ablauf das Gut dem Empfänger zugeführt worden ist[14]; konnte das Gut aus Gründen, die in der Person des Empfängers liegen, nicht zugeführt werden, so gilt

das Gut in dem Zeitpunkt als zugeführt, in dem die Eisenbahn die Zuführung vergeblich versucht hat. Für Güter, die nicht zugeführt werden, ist die Lieferfrist gewahrt, wenn vor ihrem Ablauf der Empfänger von der Ankunft benachrichtigt[15] und das Gut zur Abholung bereitgestellt ist. Für Güter, die von der Eisenbahn dem Empfänger nicht zugeführt werden und von deren Ankunft der Empfänger nicht benachrichtigt zu werden braucht, ist die Lieferfrist gewahrt, wenn vor ihrem Ablauf die Güter auf dem Bestimmungsbahnhof zur Abholung bereitgestellt sind[16]. Bei Gütern, die nach § 75 (7) und (8) einem anderen Verkehrsmittel zur Weiterbeförderung übergeben werden, ist die Lieferfrist gewahrt, wenn vor ihrem Ablauf die Güter auf dem Bestimmungsbahnhof zur Weiterbeförderung bereitgestellt sind.

(7) Der Lauf der Lieferfrist ruht[17] für die Dauer:

a) des Aufenthalts, der durch zoll- oder sonstige verwaltungsbehördliche Maßnahmen verursacht wird[18],

b) einer durch nachträgliche Verfügung[19] des Absenders hervorgerufenen Verzögerung der Beförderung,

c) eines ohne Verschulden der Eisenbahn eingetretenen Beförderungshindernisses[20],

d) einer nach § 63 (1) angeordneten Sperrmaßnahme, durch die der Beginn oder die Fortsetzung der Beförderung zeitweilig verhindert wird,

e) der durch Abladen eines Übergewichts erforderlichen Zeit[21],

f) des Aufenthalts, der ohne Verschulden der Eisenbahn dadurch entstanden ist, daß am Gute oder an der Verpackung Ausbesserungsarbeiten vorgenommen oder vom Absender verladene Sendungen um- oder zurechtgeladen werden mußten,

g)[22] der Umladung beim Übergang einer Sendung auf eine Eisenbahn mit einer anderen Spurweite unter den im Tarif vorgesehenen Voraussetzungen.

Die Eisenbahn kann sich auf die in diesem Absatz vorgesehenen Verlängerungen[17] der Lieferfrist nur berufen, wenn sie Ursache und Dauer der Verlängerung im Frachtbrief vermerkt hat[23].

III. Im Verkehr mit Schmalspurbahnen ruht der Lauf der Lieferfrist für die Dauer des Aufenthalts, der durch das Umladen, das Fehlen von Wagen zur Umladung oder von Rollfahrzeugen auf dem Spurwechselbahnhof entsteht.

(8) Ist der auf die Auflieferung des Gutes folgende Tag ein Sonn- oder Feiertag[24], so beginnt bei nachmittags aufgeliefertem Frachtgut[25] die Lieferfrist einen Tag später.

(9) Ist der letzte Tag der Lieferfrist ein Sonn- oder Feiertag[24], so läuft bei Frachtgut[23] die Lieferfrist erst mit der entsprechenden Stunde des nächsten Werktags ab.

IV. Welche Tage als Feiertage gelten, wird durch Aushang bekanntgemacht.

Schrifttum: *Krahl,* Die Lieferfrist nach deutschem Eisenbahnrecht, Dresden 1937; *Eger,* **VR 1** 380; *Zimmermann,* **IZ 15** 428; *Appelmann,* **VAE 42** 44; *Heinze,* **DR 42** 550; *Huber,* Der Einfluß des Krieges auf die Lieferfrist, **IZ 41** 382. *Gadow* **D.Verk.N 44** Nr. 27. Die letztgenannten behandeln das inzwischen gegenstandslos gewordene Problem der Lieferfristen im Kriege.

1. Geschichtliches s. *Ratz* in RGR-Komm. z. HGB, Einleitung zu § 455.

Die Klassifizierung des Eisenbahnfrachtvertrags als Fixgeschäft i. S. der §§ 361 BGB, 376 HGB (*Finger* Bem. 1 a), *Goltermann* Anm. 2, beide zurückgehend auf *Kittel* Anm. 1), ist unpraktisch, da das Fazit hieraus deswegen entfällt, weil die EVO die Lieferfristüberschreitung und ihre Rechtsfolgen in ihren §§ 74, 82 (2), 88, 90 und 91 abschließend regelt.

Lieferfrist ist der **Zeitraum,** innerhalb dessen die Eisenbahn die in Abs. 6 festgelegten **Erfüllungshandlungen** vorzunehmen hat. Grundsätzlich sind dies Beförderung und Zuführung, Benachrichtigung und Bereitstellung zur Abholung bei nicht zuzuführenden Gütern: § 77, Gepäck: §§ 33, 34, Expreßgut: § 42, Tiere: § 51.

Lieferfrist bildet trotz ihrer Zerlegung in Abfertigungs- und Beförderungsfrist, gegebenenfalls Zuschlagsfrist (vgl. Abs. 3) **ein einheitliches Ganzes.** Ob z. B. die Abfertigungsfrist als solche überschritten worden ist, ist gleichgültig, wenn nur die Gesamtfrist gewahrt bleibt; **EE 30** 84, **44** 7, **32** 297; **RG 100** 50. *Haftung* bei **Lieferfristüberschreitung s.** § 82 Anm. 18; ebendort über die *Schutzfunktion der gewahrten Lieferfrist* bei sonstigen Ansprüchen aus verzögerter Beförderung; s. auch § 83 Anm. 39.

2. Der **Tarif** darf also zuungunsten der Eisenbahn kraft dieser Ermächtigung für bestimmte Beförderungen *kürzere Fristen* festsetzen, ohne gegen § 6 (1) letzter Satz zu verstoßen. *Vertragliche* **Vereinbarung** kürzerer Lieferfristen (etwa Verpflichtung zur Innehaltung bestimmter Beförderungspläne, die auf dasselbe hinauslaufen würde) wäre *Verstoß* **gegen § 6** (2). *Längere* Lieferfristen in der Form der **Zuschlagfristen** werden unter den Voraussetzungen des Abs. 3 gem. Abs. 4 durch den Tarif festgesetzt; wegen des Abs. 3 c) s. Anm. 10. Längere Lieferfrist bei Gütern des § 54 (2) b) s. § 54 Anm. 9.

3. Bestimmung zu c) gilt nicht mehr für solche Güter der Anl. C, die beförderungstechnisch wie Güter gewöhnlicher Art behandelt werden (Begr.).

4. D. h. für den durchgehenden Frachtbrief; bei Änderung des Bestimmungsbahnhofes auf Grund nachträglicher Verfügung ist Abfertigungsfrist doppelt zu berechnen (**EE 31** 340), *abw. Richter* § 74 II 2 b. **Reexpedition ist Neuaufgabe.**

5. Genehmigung darf nicht auf dem Minister unterstellte Behörden übertragen werden **VR 6** 294, „Reichsverkehrsminister" s. § 2 Anm. 2.

6. Siehe **EE 17** 160.

7. Ist in den Tarif Beförderung mit Kraftwagen usw. nach § 2 (7) einbezogen, s. § 3 (4).

8. EE 25 Sonderheft, **27** 181; z. B. Eisgang, Güterandrang infolge Versagens der Schiffahrt, Ausstände von Nichteisenbahnern (z. B. der Rollkutscher), Krieg (**EE** 21 57), Großtagungen oder -kongresse für die unmittelbar betroffenen Bahnhöfe. Ähnlich **VR 30** 120.

9. d) soll die Festsetzung von Zuschlagsfristen auch für vollspurige Privat- und Kleinbahnen ermöglichen (Begr.).

10. Für die *laufenden Frachtverträge* gelten aber noch die zur *Zeit des Abschlusses* bestehenden Fristen (s. **EE 17** 319, **25** Sonderheft, **32** 297, **31** 52). Es handelt sich um eine *Abweichung von § 6 (5)* Satz 2 und 3.

11. D. h. sie ist von Anfang an als nicht bestehend anzusehen; s. **EE 75** 28.

12. Maßgebend ist die tatsächliche Auflieferung, nicht die Angabe des Tagesstempels, die allerdings widerlegt werden muß, s. § 61 Anm. 8. Abweichende Vereinbarungen unzulässig, s. Anm. 2 und **EE 10** 85, **14** 145, **15**, 52. Über Beginn der Lieferfrist bei vorheriger vorläufiger Einlagerung des Gutes § 64 Anm. 4.

13. Zweiter Satz soll dem Umstand Rechnung tragen, daß bei Freibetragssendungen das Gut erst nach Zahlung der vom Absender übernommenen Kosten oder nach Hinterlegung einer Sicherheit ab befördert wird (Begr.); das erscheint allerdings überflüssig, da nach § 61 (1) die Annahme zur Beförderung ohnehin die Entrichtung von Kosten und Sicherheit voraussetzt.

14. Gemäß § 77 EVO; **nicht erforderlich** ist Übergabe **des Frachtbriefes;** s. dort Anm. 16; **EE 21** 375. Eisenbahn muß aber ggf. Empfänger in den Stand setzen, über das Gut abweichend von § 75 (4) bereits zu verfügen, Empfänger zur Annahme ohne Frachtbrief bereit sein, s. § 75 Anm. 11.

15. Verzögerung der Benachrichtigung durch die Post; siehe § 78 Anm. 8. Bereitstellen und Bereithalten s. *Krüger,* **EE 57** 376.

16. Derart, daß sie dem Empfänger übergeben werden können, wenn er dies will, also unter Umständen auch im Eisenbahnwagen; s. **EE 21** 138, **31** 209.

17. D. h. die Zeit wird für die Lieferfrist *nicht eingerechnet.* **Beweispflichtig** für das Ruhen (Voraussetzung, Dauer usw.) ist die **Eisenbahn. EE 28** 104; s. § 82 (2). Im terminologischen Widerspruch hierzu nennt der letzte Satz des Abs. 7 denselben Vorgang eine „Verlängerung der Lieferfrist", s. Anm. 23.

18. Siehe **EE 25** 145, **29** 77, **32** 299. Nicht nur die Zeit der reinen Abfertigung. Verwaltung ist hier nicht Eisenbahn.

19. S. § 72 Anm. 21 hinsichtlich des Antrages bei der Empfangsabfertigung, dem nach § 72 (6) vorläufig entsprochen werden kann. Nur wenn er formgerecht bestätigt wird, greift § 74 (7) c) durch.

20. Früher Betriebsstörung. Der neue Begriff geht weiter; s §. 73 Anm. 1. Hiermit konkurriert die Bestimmung in § 73 (1), daß die Lieferfrist bei Umleitung über den Hilfsweg berechnet wird; § 74 (7) c) wird also *nur in solchen Fällen* zum Zuge kommen, in denen das Beförderungshindernis *nicht durch Umleitung* behoben werden kann. CIM Art. 11 § 7 a) 5 läßt das Ruhen eintreten „durch jede Verkehrsunterbrechung, durch die der Beginn oder die Fortsetzung der Beförderung zeitweilig verhindert wird"; der Unterschied zum Begriff des Beförderungshindernisses sieht *v. Nanassy* 2 zu § 7 des Art. 11 (S. 251) darin, daß es sich nicht um die Verhinderung der *einzelnen* Beförderung, sondern um die gänzliche oder teilweise Einstellung des Verkehrs handeln muß; seine Meinung, daß es dabei auf ein Verschulden der Eisenbahn nicht ankomme, ist offenbar irrig, da der Buchstabe a) des § 7 mit den Worten beginnt: „für alle Sendungen, sofern die Eisenbahn kein Verschulden trifft ..."; Ziff. 5 als Unterfall hat selbstverständlich dieselbe Prämisse. § 74 (7) spricht von Verschulden der Eisenbahn dagegen nur bei Buchstaben c).

21. S. § 59 (3); Prüfung der Inhaltsangabe (**EE 31** 210) gehört nicht hierher, anders CIM Best. 11 § 7 a) 1.

22. S. ABest. III.

23. Neue Bestimmung zugunsten der Verfrachter (Begr.). Bei großen Stockungen eine erhebliche Belastung der Eisenbahnen; Anordnung ist dann kaum durchführbar. CIM hat sie fallen lassen, dagegen *v. Nanassy* Art. 11 § 7 unter 6 (S. 254). Die Haftungsbeschränkung nach § 82 (2) hat damit nichts zu tun.

24. Siehe § 63 (2) I; maßgebend ist der Ort der Annahme oder Ablieferung.

25. Also nicht für Eilgut. Zwei Feiertage hintereinander wichtig nur bei Ende, nicht bei Anfang der Lieferfrist, was nicht ganz überzeugend ist. Ganz anders CIM Art. 11.

§ 75. *Annahme*[1] *des Frachtbriefs. Ablieferung*[2]

(1) Die Eisenbahn ist verpflichtet, den Frachtbrief und das Gut dem Empfänger[3] auf dem vom Absender bezeichneten Bestimmungsbahnhof gegen Zahlung der sich aus dem Frachtbrief ergebenden Beträge[4] und gegen Empfangsbescheinigung[5] zu übergeben[1]. Der Übergabe des Gutes an den Empfänger steht gleich[6] eine nach dem maßgebenden Bestimmungen erfolgte Übergabe an die Zoll- oder Steuerverwaltung in deren Abfertigungsräumen oder Niederlagen[7], wenn diese

nicht unter Verschluß der Eisenbahn stehen[8], sowie die nach dieser Ordnung[9] zulässige Einlagerung bei der Eisenbahn oder Hinterlegung bei einem Spediteur oder in einem öffentlichen Lagerhaus.

1. Dem Antrage des Absenders auf Erbringung des Ablieferungsnachweises wird gegen Entrichtung der im Nebengebührentarif (Teil I Abteilung B) festgesetzten Gebühr entsprochen, Vorausbezahlung kann verlangt werden. Die Gebühr wird nicht erhoben oder auf Antrag erstattet, wenn das Gut infolge eines von der Eisenbahn zu vertretenden Verschuldens innerhalb der Lieferfrist auf dem Bestimmungsbahnhof nicht eingegangen ist.

Etwa entstehende Post-, Telegramm- und Fernsprechgebühren sind sofort zu bezahlen. Für die Weitergabe durch Bahndiensttelegramm wird die im Nebengebührentarif (Teil I Abteilung B) festgesetzte Gebühr erhoben.

(2) Durch die Annahme[10] des Frachtbriefs[11] wird der Empfänger[12] verpflichtet, der Eisenbahn die sich aus dem Frachtbrief ergebenden Beträge[4] zu bezahlen. Der Tarif bestimmt, in welchen Fällen der Frachtbrief auch ohne Übergabe an den Empfänger als angenommen gilt[13].

II. Auf unbesetzten Bahnhöfen müssen Beträge, die auf den ankommenden Gütern haften, während des Aufenthalts der Züge vor Beginn der Entladung der Wagen an den Zugführer entrichtet werden.

III. Bei der Zuführung von Sendungen nach Privatgleisanschlüssen gilt der Frachtbrief mit der Bereitstellung der Sendung an der Übergabestelle als angenommen, wenn der Empfänger Frachtstundung hat.

(3) Nach Ankunft des Gutes auf dem Bestimmungsbahnhof ist der Empfänger berechtigt[14], von der Eisenbahn die Übergabe des Frachtbriefs und die Ablieferung des Gutes zu verlangen[15]. Ist der Verlust des Gutes festgestellt oder ist das Gut nicht innerhalb der in § 87 vorgesehenen Frist angekommen, so kann der Empfänger seine Rechte aus dem Frachtvertrag gegen vorherige Erfüllung der sich für ihn aus dem Frachtbbrief ergebenden Verpflichtungen in eigenem Namen gegen die Eisenbahn geltend machen[16].

IV. Auf unbesetzten Bahnhöfen gilt die Bereitstellung beladen eingegangener Wagen als Ablieferung an den Empfänger.

(4) Das Gut wird nur gegen Vorzeigung des Frachtbriefs ausgehändigt[17]. Der Tarif kann Ausnahmen zulassen[18]. Die Eisenbahn darf

außer der Empfangsbescheinigung weitere Erklärungen, namentlich über tadellose oder rechtzeitige Ablieferung nicht verlangen.

V. Bei Zuführung von Sendungen nach Privatgleisanschlüssen kann die Sendung ohne Vorzeigen des Frachtbriefs übergeben werden (Allg. ABest. II).

(5) Die Empfangsbahn hat bei der Ablieferung alle sich aus dem Frachtbrief[19] ergebenden Forderungen (Fracht, Frachtzuschläge, Nebengebühren, Nachnahmen, Barvorschüsse, Zollgelder und sonstige auf dem Gut haftende Beträge) einzuziehen[20]. Auch hat sie erforderlichenfalls das Pfandrecht an dem Gute geltend zu machen[21].

(6)[22] Der Tarif bestimmt, ob und unter welchen Bedingungen der Bestimmungsbahnhof Anweisungen des Empfängers[23] über das Gut auch schon vor dessen Ankunft entgegennehmen kann. Solche Empfängeranweisungen werden erst ausgeführt, wenn das Gut am Bestimmungsbahnhof angekommen und bis zu ihrer Ausführung keine entgegenstehende nachträgliche Verfügung des Absenders bei der Empfangsabfertigung eingegangen ist[24].

VI. Der im Frachtbrief bezeichnete Empfänger kann Anweisung erteilen[23],

1. daß das Gut mit dem Frachtbrief gegen Zahlung der sich aus dem Frachtbrief ergebenden Beträge auf dem Bestimmungsbahnhof einem Dritten[25] ausgeliefert wird,

2. daß ihm der Frachtbrief gegen Zahlung der sich aus dem Frachtbrief ergebenden Beträge, das Gut aber auf dem Bestimmungsbahnhof einem Dritten ausgeliefert wird[25],

3. daß ihm der Frachtbrief, das Gut aber gegen Zahlung der sich aus dem Frachtbrief ergebenden Beträge auf dem Bestimmungsbahnhof einem Dritten ausgeliefert wird[25],

4. daß das Gut nach Zahlung oder gegen Nachnahme der sich aus dem Frachtbrief ergebenden Beträge mit neuem Frachtbrief von dem Bestimmungsbahnhof nach einem anderen Bahnhof gesandt wird[26].

Diese Anweisungen können dem Bestimmungsbahnhof auch vor Ankunft des Gutes erteilt werden.

Die Ausführung der Anweisungen kann abgelehnt werden[27].

Trifft das Gut innerhalb 14 Tagen vom Eingang der Anweisung auf dem Bestimmungsbahnhof an gerechnet nicht ein, so werden die erteilten Anweisungen unter Berechnung der tarifmäßigen Gebühren zurückgegeben.

Für die — auch nur versuchte — Ausführung dieser Anweisungen wird außer den etwa erwachsenen baren Auslagen die im Nebengebührentarif (Teil I Abteilung B) festgesetzte Gebühr erhoben.

(7)[28] Ist im Frachtbrief als Wohnort des Empfängers ein Ort angegeben, der nicht im Zustellungsbereich (Bestellbezirk) des im Frachtbrief bezeichneten Bestimmungsbahnhofs liegt und keine Güterabfertigung oder Güternebenstelle besitzt, oder ist ein solcher Ort entgegen § 56 (1) b als Bestimmungsbahnhof im Frachtbrief angegeben, so kann die Eisenbahn das Gut zur Weiterbeförderung vom Bestimmungsbahnhof nach dem Bestimmungsort einem anderen Verkehrsmittel (z. B. Kraftwagen) übergeben[29]. Hat der Empfänger dem Bestimmungsbahnhof angezeigt, daß er die für ihn ankommenden Güter dort selbst abholen oder durch einen von ihm beauftragten Fuhrunternehmer abholen lassen werde, so darf die Eisenbahn die Weiterbeförderung nur veranlassen, wenn der Absender sie im Frachtbrief nach § 56 (2) p ausdrücklich beantragt hat[30]. Die Eisenbahn hat bei der Weiterbeförderung vom letzten Bahnhof bis zum Bestimmungsort die Pflichten eines Spediteurs[31]. Übernimmt sie die Weiterbeförderung durch ihre Bediensteten oder durch besondere von ihr bestellte Unternehmer, so haftet sie bis zum Bestimmungsort als Frachtführer nach den Vorschriften dieser Ordnung[32].

(8)[33] Soweit der Tarif es für bestimmte Verkehrsverbindungen zuläßt, kann der Absender im Frachtbrief vorschreiben [§ 56 (2) q)], daß das Gut mit dem Kraftwagen vom Bestimmungsbahnhof nach einem Ort weiter befördert werden soll, wo ein für den Güterverkehr eingerichteter Bahnhof oder eine Güternebenstelle vorhanden ist[34]. Für die Übernahme und die Ausführung der Weiterbeförderung sind die für den Kraftverkehr geltenden Bestimmungen maßgebend[35].

(9)[36] Ob die Güter von der Eisenbahn oder vom Empfänger auszuladen sind, bestimmt der Tarif, soweit nicht diese Ordnung Vorschriften darüber enthält oder eine besondere Vereinbarung zwischen dem Absender oder dem Empfänger und der Eisenbahn getroffen ist[37]. Eine mit dem Absender getroffene Vereinbarung muß aus dem Frachtbrief ersichtlich sein[38].

VII. Welche Güter von der Eisenbahn und welche Güter vom Empfänger auszuladen sind, ist im Abschnitt A II der Allgemeinen Tarifvorschriften (Teil I Abteilung B) festgesetzt.

(10) Von der Ankunft der Güter ist der Empfänger zu benachrichtigen[39]. Die Benachrichtigung unterbleibt, wenn der Empfänger schriftlich darauf verzichtet hat oder wenn sie nach den Umständen nicht möglich ist. Bei bahnlagernd gestellten Gütern unterbleibt die Benach-

richtigung auch dann, wenn der Absender im Frachtbrief ausdrücklich darauf verzichtet hat. Soweit die Eisenbahn nach den Vorschriften dieser Ordnung berechtigt ist, die Güter dem Empfänger in die Wohnung oder die Geschäftsstelle zuzuführen[40] oder einem anderen Verkehrsmittel nach Abs. (7) und (8) zur Weiterbeförderung zu übergeben, kann sie dies auch ohne Benachrichtigung des Empfängers von der Ankunft der Güter tun.

(11) Die Eisenbahn kann im Tarif vorschreiben, daß Güter, die auf dem Bestimmungsbahnhof von Eisenbahnwagen unmittelbar auf andere Verkehrsmittel umgeladen werden sollen, gegen Zahlung der im Tarif oder durch Aushang bekanntzumachenden Gebühren durch ihre Bediensteten oder durch besondere von ihr bestellte Unternehmer umgeladen werden[41]. In beiden Fällen hat die Eisenbahn die Pflichten eines Spediteurs[41].

VIII. Die Bahnhöfe, auf denen die Eisenbahn Güter in Schiffe durch ihre Bediensteten oder durch Unternehmer umladet, sind in den Tarifteilen II genannt.

(12) Die Eisenbahn hat die Güter auf den für die Abnahme bestimmten Plätzen zur Verfügung zu stellen[42].

IX. Der Empfänger kann die Bereitstellung von Wagen auf öffentlichen Lade- oder Umschlagstellen beantragen.

(13) Wenn von mehreren im Frachtbrief verzeichneten Gegenständen einer Sendung bei der Ablieferung einzelne fehlen, so kann sie der Empfänger in der Empfangsbescheinigung als fehlend aufführen[43].

(14) Der Empfänger kann die Annahme des Gutes auch nach Annahme des Frachtbriefs so lange verweigern, bis einem etwaigen Antrag auf Feststellung eines behaupteten teilweisen Verlusts oder einer Beschädigung des Gutes stattgegeben ist[15]. Vorbehalte bei der Annahme des Gutes sind nur wirksam, wenn sie mit Zustimmung der Eisenbahn gemacht werden[43].

(15) Bei Wagenladungen, die vom Empfänger auszuladen sind, sind die entladenen Wagen, gegebenenfalls nach Entfernung von Nägeln, Bindedrähten und sonstigen Befestigungsmitteln, besenrein[44] zurückzugeben, soweit die Wagen nicht auf Grund viehseuchenpolizeilicher oder sonstiger Verwaltungsvorschriften von der Eisenbahn[45] gereinigt oder entseucht werden müssen. Unterläßt der Empfänger die Reinigung, so hat er für jeden ungereinigt zurückgegebenen Wagen eine Reinigungsgebühr von zwanzig DM zu entrichten. Wenn die Eisenbahn nach viehseuchenpolizeilichen oder sonstigen Verwaltungsvorschriften

Eisenbahnwagen zu reinigen oder zu entseuchen hat, kann sie hierfür die tarifmäßige Gebühr erheben.

X. Führt die Eisenbahn auf Grund viehseuchenpolizeilicher oder sonstiger Verwaltungsvorschriften die Reinigung oder Entseuchung der entladenen Wagen aus, so werden die im Nebengebührentarif (Teil I Abteilung B) vorgesehenen Gebühren vom Verfügungsberechtigten erhoben.

Schrifttum: *v. d. Leyen,* **ZfHR 16** 86; *Rundnagel-Sperber* § 5; *Senckpiehl,* Ablieferung im Frachtrecht (**ZfVerkWiss. 22** Heft 4/5); *Ritter,* Verpflichtung der Eisenbahn zum Vorzeigen der Güter (**VZ 08** 430); *Senckpiehl,* Frachtführerpfandrecht (**EE 25** 205); *derselbe,* Die Ablieferung auf dem Anschlußgleis, **SpedSchiffZtg. 26** 235; *Classen,* **HansRZtschr. 24** 435; *Stockmann,* **VZ 26** 1235 ff., **27** 926 ff.; Schließfächer s. **RG 103** 147, ferner **94** 74, **63** 337; **EE 39** 135; *Rundnagel,* **EE 23** 306; *Stockhammer,* Die Ablieferung an die Zollniederlage, **VZ 26** 1334 ff.; ferner **VZ 29** 173, 709; auch *Friebe,* ebendort **29** 232, 711; *Koch,* ebendort 1069; *Platz,* Vorbehalt des Empfängers bei der Annahme; **VAE 36** 75; *Witte,* Ende der Haftpflicht, **VR 190** 1582; *Witt,* Verpflichtungen des Empfängers aus dem Frachtvertrag, **VR 1938** 965; *Nehring, Huber und Woznanski,* Besichtigungsrecht des Empfängers, **IZ 1940** 96, 277 und 329; *Heinze,* Die Verpflichtung zur Einlösung des Frachtbriefs, **Reichsbahn 1949** 291; *Rütten,* Die rechtliche Stellung des Empfängers im Eisenbahnfrachtgeschäft, Diss. Köln 1951; Das Frachtführer-Pfandrecht nach CIM und EVO, **DVZ** Nr. 101/61.

1. Früher Einlösung; s. § 70 Anm. 16. Annahme ist **Entgegennahme mit Willen der Eisenbahn;** dazu gehört auch Einlegen in das Schließfach des Empfängers, wenn es für solche Zwecke bestimmt ist, andernfalls kann Besitzwille nicht unterstellt werden; Übergabe zur *Einsichtnahme* läßt Vorbehalt der Ablehnung offen. Nicht notwendig ist die Besitzergreifung zum Eigenbesitz, § 872 BGB (das verlangt *Finger* Bem. 8), vielmehr genügt die Eigenschaft als Besitzdiener, § 855 BGB, wenn Angestellter Vertretungsmacht besitzt. Vgl. **RG 103 147; EE 39 135.** Annahme des Gutes s. Anm. 2 a), § 78 Anm. 1 und § 93 Anm. 2.

2. a) Durch **Aufgabe des Besitzes** aus dem Frachtvertrag nach Beendigung der Beförderung **mit Einwilligung des Empfangsberechtigten,** so daß dieser die tatsächliche Gewalt über das Gut ausüben kann (**ROHG 14** 294; **RG 52** 399, **108** 50, 342, **112** 341, **114** 313; **EE 44** 346; *v. d. Leyen,* **JW 26** 797; a. M. *Brandis,* **JW 23** 307; s. auch **VZ 23** 304). **Zweiseitiger Akt,** bestehend aus **Übergabe** und **Annahme;** einseitige Aufgabe genügt nicht (**ROHG 8** 29), also auch nicht bloßes Überstellen des Gutes (Ladung) auf ein Gleis, es sei denn, daß das Gleis dafür allgemein bestimmt (Abs. 12) oder daß dies im Einzelfall besonders vereinbart ist (s. **EE 18** 201, **42** 194; **ROHG 8** 27). Über Ablieferung auf *Privatanschlußgleisen* und *unbesetzten Bahnhöfen* s. ABest. II, III; *Nehse,* Privatanschlußgleise S. 117. *Übergabe des Frachtbriefes genügt nicht* (**ArchfEis. 92** 153; **RG 27** 84; *abw.* **JW 21** 1918); sie ist zur Ablieferung begrifflich nicht einmal erforderlich (**ArchfEis. 13** 538); *ebensowenig* genügt *Aufforderung zur Abholung* des Gutes (*v. d. Leyen,* **ZfHandR 16** 86); gilt auch für bahnlagernde Sendungen. Auch die *Quittung* des Empfangsberechtigten *ersetzt nicht* die *Ablieferung;* da sie vor Aushändigung des Gutes abgegeben wird, ist Gegenbeweis zulässig (**EE 32** 54, **44** 213; **VZ 22** 561; anscheinend unrichtig **RG 102** 206). Daß der Empfangsberechtigte das Gut in Besitz nimmt, ist nicht verlangt [BGB § 854 (2); **HansGerZtg. 04 47**]; s. aber Anm. 42 (Besitz muß **ohne Gefahr** ergriffen werden können).

b) Durch **Vereinbarung eines Besitzmittlungsverhältnisses zugunsten des Empfangsberechtigten,** § 868 BGB, **„Ersatzablieferung"** nach Abs. 1 Satz 2, s. Anm. 6—9.

c) **Durch Ausführung einer Empfängeranweisung** nach Abs. 6 ABest. VI, insbes. durch *Neuaufgabe* des Gutes mittels neuen Frachtbriefes (s. *Senckpiehl,* Haftung S. 42; **RG 102** 92, **114** 315; **EE 44** 355; **JW 21** 1318, **26** 796; **EE 42** 198).

Sind *mehrere* einzelne *Stückgüter* aufgegeben, so gilt jedes einzelne hinsichtlich der Ablieferung als eine Einheit. Wagenladungsgüter sind erst dann abgeliefert, wenn die *gesamte Wagenladung* abgeliefert ist (*Rundnagel-Sperber* S. 162).

Über das Verhältnis der Ablieferung zur **Annahme** des Gutes s. § 93 Anm. 2, über die Terminologie der EVO (Ablieferung—Auslieferung) § 29 Anm. 1. **Verpflichtung** der Eisenbahn **ruht** während Wirksamkeit einer Absenderverfügung nach § 72 (1) c).

3. Eisenbahn muß **Empfangsberechtigung** prüfen (**RG 103** 147). Empfangsberechtigt ist, wer als Empfänger im Frachtbrief benannt (§ 56) oder nachträglich bezeichnet ist (§ 72; **EE 1** 51, **44** 12); an seine Stelle können *seine Leute* treten (BGB § 278; **EE 45** 413) oder ein *Bevollmächtigter* (**ROHG 4** 14, **14** 1, **25** 330; **RG 1** 132, **19** 337, **103** 146; **EE 39** 134, **47** 361); mündliche Bevollmächtigung genügt (**EE 40** 134, **52** 264); s. BGB § 167 Abs. 2. Es genügt schon, daß der Vertreter äußerlich vom Vertretenen in eine Stellung gebracht ist, mit welcher nach der Verkehrsauffassung eine Vollmacht bestimmten Umfangs verbunden ist (s. *Staudinger,* BGB § 167 Anm. 5).

Der Überbringer der *quittierten Benachrichtigungskarte* oder *Fernsprechanzeige* ist empfangsberechtigt (BGB § 370), es sei denn, die Eisenbahn habe berechtigten Anlaß, die Echtheit der Quittung oder das Weiterbestehen der Vollmacht zu bezweifeln; **RG EE 40** 215; **EE 22** 54, **47** 361, **45** 320. Da *Frachtbrief kein Legitimationspapier,* genügt dessen Vorzeigen nicht, die Ablieferung des Gutes zu verlangen oder die an einen Nichtberechtigten erfolgte zu rechtfertigen. Die Vorzeigung des Frachtbriefs nach Abs. 4 dient lediglich der Sicherung des Zahlungsanspruchs der Eisenbahn, daher ist auch in Abs. 1 besondere Empfangsbescheinigung (s. Anm. 5) vorgesehen, vgl. **OLG Hamm EE 47** 362; **RG 103** 146 und § 82 Anm. 8. *Noch weniger legitimiert* das *Frachtbriefdoppel* zur Empfangnahme, s. § 61 Anm. 12. Hat Empfänger Benachrichtigungskarte schuldhaft in unrechte Hände gelangen lassen, haftet er für den daraus entstandenen Schaden. Vgl.

hierzu *Classen,* **HansRZtschr. 24** 435 und *Nottebohm,* **VZ 22** 651., dessen rechtlichen Ausführungen jedoch nicht beizutreten ist, *v. Kienitz* **EE 47** 173. **Auslieferung an Nichtberechtigte ist Verlust,** s. § 82 Anm. 8.

4. Früher: Zahlung der durch den Frachtvertrag begründeten Forderungen. Jetzige Fassung stimmte mit der des JÜG überein. Nach der „Begr." ist „der Unterschied ohne wesentliche sachliche Bedeutung"; s. auch Abs. (2) und (5); aus § 70 ist zu entnehmen, daß der Frachtbrief keine reine Skripturobligation ist; die neue Fassung kann also nicht besagen, Empfänger habe nur den ziffernmäßig im Frachtbrief verzeichneten Betrag zu zahlen, so jetzt ausdrücklich **BGH IZ 1961** 69. Die Verpflichtung des Empfängers umfaßt alles, was aus dem nach Maßgabe des Frachtbriefs abgeschlossenen Frachtvertrag tarifmäßig geschuldet wird; s. **EE 22** 295; **ROHG 21** 181 (Frachtzuschläge); **RG 15 76** (Lagergeld) **JurZ 08** 366; **EE 24** 348; **ArchfEis. 98** 145 (Nachzoll); *de la Massue,* **IZ 39** 148, **41** 232; *Huber,* ebendort **38** 59; **EE 25** 374, **26** 189, **22** 295, **39** 129; **RG 71** 346. Die älteren *Entscheidungen* sind *nicht einheitlich* und zum Teil dadurch *überholt,* daß Eisenbahn Ansprüche wegen unrichtiger Frachtberechnung jetzt in viel größerem Umfang als früher geltend machen kann (§ 70 Abs. 3). *Im Frachtbrief* muß aber *wenigstens ein Anhalt* gegeben sein, aus dem die Pflicht zur Zahlung zu ersehen ist (Bezugnahme auf Schriftstücke, z. B. der Vermerk „Verzollt"). Bei nachträglich einzuziehenden Zoll- usw. Auslagen wäre auch zu prüfen, ob nicht ungerechtfertigte Bereicherung vorliegt (s. **EE 43** 102, **314** 420; auch **1** 304, **13** 324, **24** 348, **25** 278 und **25** 149; **RG 71** 347). Vgl. auch **JW 27** 2817. Empfänger ist auch dann zahlungspflichtig, wenn er zwar das Gut annimmt, dann aber die Verzögerung der Auslieferung des Frachtbriefes, dessen Inhalt er kennt, verursacht (**EE 45** 314), s. Anm. 11.

Es ist nicht zu verkennen, daß eine **Übereinstimmung** der §§ 57, 60 (1) und (4), 70 (3) und 75 (1) und (2) **kaum zu finden** ist; s. **DVerkNachr. 41** Nr. 184. Dies rührt insbesondere davon her, daß der **Wortlaut** des § 75 (1), (2) und (3) **offenläßt,** ob sich lediglich aus dem Frachtbrief ergeben muß, daß noch Beträge zu zahlen sind, oder **ob sich** aus ihm **die Zahlungspflicht gerade des Empfängers ergeben muß,** wie sie § 70 (3) für die Frachtnachforderung klarstellt und § 94 (2) e) erläutert. Wenn das Wahlrecht des Absenders und die Bestimmungen der EVO über die Kostenverteilung nach § 70 (3) maßgebend sind, dann sollte eigentlich das gleiche für § 75 gelten. Daß die Eisenbahn in Ausübung des Frachtführerpfandrechts und des kaufmännischen Zurückbehaltungsrechts darüber hinaus Beträge einziehen kann [s. Anm. 21 und § 60 (4) Satz 3], um sich zu sichern und unbeschadet ihrer späteren Ausgleichspflicht nach § 94 (2) e), hat mit der Zahlungspflicht nach § 75 (2) auf Grund der Annahme des Frachtbriefs nichts zu tun. Es ist daher nur folgerichtig, wenn die *CIM* in Art. 16 § 1 Abs. 2 den *Empfänger* nunmehr *verpflichtet,* der Eisenbahn *die auf ihn überwiesenen Beträge* zu zahlen. Freilich bleiben dabei unberücksichtigt die **Nachnahmen.** Nach § 75 EVO sind sie, *wenn im Frachtbrief eingetragen,* aus ihm zu Lasten des Empfängers sich ergebende Beträge, während § 70 (3) nur von Nachzahlung von „Kosten" spricht, zu denen nach der Definition des § 69 (1) Nachnahmen nicht gehören (vgl. § 69 Anm. 1, § 70 Anm. 15). Aus Art. 16 § 1 CIM ist eine Verpflichtung zur Nachzahlung von versehentlich nicht erhobenen, aber im Frachtbrief eingetragenen Nachnahmen nicht zu entnehmen, a. M. *v. Nanassy* S. 324 und 385. Nachnahmen sind nach der EVO nur dann *nicht nachträglich einziehbar, wenn* ihre *Eintragung im Frachtbrief unterblieben* ist, **EE 39** 129, **49** 57.

Während **Abs. 1** des § 75 **von den Beträgen** spricht, **die,** durch den Frachtbrief belegt, **Zug um Zug gegen die Übergabe eingezogen werden,** greift die **Zahlungspflicht des Abs. 2** auf das ganze Gebiet des § 70 (3) über, **umfaßt** also **auch** die **Beträge, die bei Annahme des Frachtbriefs noch gar nicht bezahlt werden konnten,** weil die Zahlungspflicht erst später erwachsen ist, vgl. § 60 (4) Satz 4; § 75 ABest. VI, Abs. 15; § 77; § 79 (6); § 80 (13); § 81 (3); *Deckengebühren,* vgl. **DVZ** Nr. 25/1955 S. 4. Andernfalls müßte man annehmen, daß § 75 (2) und § 70 (3) an die Annahme des Frachtbriefs verschiedene Rechtsfolgen knüpfen, wobei die Beschränkung des § 75 (2) auf die „sich aus dem Frachtbrief ergebenden Beträge" nicht sehr sinnvoll wäre angesichts der weitergehenden, an denselben Vorgang geknüpften Rechtsfolgen aus § 70 (3).

5. Deren *Echtheit* die Eisenbahn zu *prüfen* hat (abw. **VR 1** 246). Erfüllung Zug um Zug (**RG 36** 2); s. auch Anm. 2.

6. Ersatzablieferung; gleichgültig ist, ob Frachtbrief angenommen (**RG 112** 342; **ROHG 14** 272; s. auch **RG 102** 206; aber Gegenbeweis möglich, **RG 108** 56).

7. Nach den Zollvorschriften (s. § 65 Anm. 2) und auf dem Bestimmungsbahnhof, nicht etwa unterwegs (s. *Rundnagel-Sperber* § 7, **ROHG 2** 254; **ArchfEis. 08** 971; **RG 67** 336; **EE 1** 270, **4** 163, 434). *Eisenbahn muß* den *Empfänger* naturgemäß *in Stand setzen, die Herausgabe* des Gutes von der Zollverwaltung *zu fordern* (Benachrichtigung, Übergabe der Papiere usw.); **RG 67** 335.

8. Bei *Mitverschluß* der Eisenbahn liegt Ablieferung dann vor, wenn die Lagerung im Zollschuppen mit der stillschweigenden Zustimmung des Empfängers erfolgt und er in der Lage ist, sich das Gut ohne weitere Mitwirkung der Eisenbahn von der Zollbehörde aushändigen zu lassen (**RG 67** 335 **102** 207, **108** 343). Über die Haftung der Zollbehörde und der Eisenbahn nach altem VerZollGes. s. **RG 67** 335; **EE 23** 14; *Stephany,* ZfZollwuReichsst. **4** 193; *Zimmermann,* ebenda **9** 202. Wegen der Lieferfrist [s. § 74 (6) (7a)]. Bringt Empfänger das Gut selbst zum Zollschuppen (unter behördlicher Aufsicht oder ohne diese), ist die Übergabe an ihn Ablieferung (s. *Kittel,* § 75 Anm. 4).

9. §§ 64, 65 (7), 72 (9), 73 (5), 80 (8). Haftung der Eisenbahn s. § 82 (5).

10. Siehe Anm. 1.

11. Verpflichtung des Empfängers zur Zahlung **kann auch noch sonstwie begründet** sein, z. B. durch ein bestehendes Vertragsverhältnis (möglich bei Anschlußgleisen, Industriebahnen, auch Absender gleich Empfänger), oder dadurch, daß Vertragsbeziehungen neu begründet werden (Anweisung zur Ausladung [**JW 00** 314]), auch durch versehentliche Annahme mit nachfolgendem dolosem Verhalten (**RG 102** 346), s. auch **RG 95** 122. S. im übrigen Anm. 13 und im einzelnen *Heinze,* Die Verpflichtung zur Einlösung des Frachtbriefs, **Reichsbahn 1949** 291 mit Schrifttumsnachweis. § 75 (2) ist angesichts des § 72 (11) zu eng gefaßt und muß dahin ausgelegt werden, daß die *Annahme des Frachtbriefs nicht die einzige Möglichkeit* ist, durch die sich der Empfänger gem. Abs. 2 verpflichtet; andernfalls wäre es nicht gerechtfertigt, das Verfügungsrecht des Absenders außer durch die Annahme des Frachtbriefs auch durch die Ablieferung des Guts und das Wirksamwerden einer Empfängeranweisung erlöschen zu lassen; es geht nicht an, daß der Empfänger Rechte ohne die entsprechenden Pflichten erwirbt. Wer auf den [angesichts des § 70 (3) ohnehin problematischen, s. Anm. 4] Schutz der Einsichtnahme in den Frachtbrief vor Annahme des Gutes freiwillig verzichtet, muß mit der Möglichkeit von Zahlungsverpflichtungen rechnen, a. M. **LG Heidelberg, Die BB,** Heft 4/1952 mit Anm. von *Dietrich,* dagegen **DVZ** Nr. 41/1952 S. 4; anscheinend auch *Goltermann* § 75 Anm. 14a) am Ende, aber dort handelt es sich um einen Fall der jetzigen ABest. III, wo mit der (unwiderlegbaren) Fiktion einer Annahme des Frachtbriefs gearbeitet wird, s. Anm. 13. Für das Gebiet der *CIM* s. *v. Nanassy* Art. 16 § 1 (zweiter Abs.) Ziff. 2 (S. 321); er läßt die Verpflichtung des Empfängers u. a. entstehen durch „in der CIM nicht ausdrücklich erwähnt, aber aus der Natur der Sache folgend: auch die tatsächliche Annahme des Gutes durch den Empfänger".

12. Empfänger hat zunächst nur eine jederzeit entziehbare Anwartschaft Er tritt nicht in den Frachtvertrag ein (**RG 71 345, 95 122; EE 38** 144, 284). Seine Stellung gründet sich *nicht auf den Vertrag, sondern auf Gesetz.* Das Vertragsverhältnis zwischen Eisenbahn und Absender bleibt bestehen, nur sind die Rechte des Absenders beschränkt, oder sie ruhen (siehe **ROHG 6** 275).

Im einzelnen s. *Hermann,* **VZ 40** 236; *de la Massue,* **IZ 39** 148, **41** 231; *Nehring,* ebendort, **39** 450; *Rundnagel,* BefBesch. S. 153. Rechte erhält der Empfänger erst nach Abs. (3); s. Anm. 14.

13. S. ABest. III. Die Fiktion der Annahme des Frachtbriefs gilt auch dann, wenn dieser zu dem Zeitpunkt noch gar nicht auf dem Bestimmungsbahnhof eingetroffen ist, **OLG Hamburg HS 1948**/1 (18. 12. 46).

14. *Nicht verpflichtet,* s. Anm. 12.

Zunächst hat Empfänger nur Rechte; inwieweit ihm auch nicht unmittelbar aus dem Frachtbrief zu ersehende Verpflichtungen auferlegt werden können, s. *Hermann,* „Sind Tarifbestimmungen für den Empfänger verbindlich", **VZ 40** 236 und Anm. 4.

Ob der Empfänger dem Absender gegenüber zur Annahme verpflichtet ist, bestimmt das zwischen ihnen bestehende Vertragsverhältnis.

Über *Pfändung* des Anspruchs des Empfängers auf Ablieferung s. *Seybold,* **VR 3** 157; **EE 43** 213, **27** 25.

15. Ob ein **Besichtigungsrecht des Empfängers** vor Annahme des Frachtbriefs besteht, ist eine alte Streitfrage, vgl. *v. Nanassy* Art. 16 § 1 2. Abs. Ziff. 3 (S. 322) mit Schrifttumsübersicht, der es ablehnt, ebenso *Finger* Bem. 13, *Linz* **MDR 52** 64, DVZ Nr. 92/1959 S. 4; vgl. auch *Nehring,* **IZ 39** 277; *Huber,* ebendort **40** 96; s. auch ebendort S. 329; *Goltermann* Anm. 3 b) will es „nach Treu und Glauben im Interesse des Empfängers" zugestehen, soweit Empfänger „besondere Gründe" geltend macht und Ausübung nicht zu betrieblichen oder zollamtlichen Schwierigkeiten führt. Ein vorheriges Besichtigungsrecht des Empfängers **ist** als unvereinbar mit dem Eisenbahnbetrieb **abzulehnen;** es widerspräche auch dem Grundsatz der Leistung Zug um Zug. Bei Wagenladungen steht die Besichtigung dem Empfänger frei, bezieht sich aber nur auf Unverletztheit des Plombenverschlusses u. ä., bei Stückgütern ist sie unausführbar (s. *Rundnagel,* BefGesch. S. 398 und zit. Anm. 7 bis 10; **VZ 03** 1423). Wenn Eisenbahn duldet, daß Empfänger vor Einlösung des Frachtbriefes den verschlossenen Wagen öffnet und das Gut besichtigt, so haftet sie für den daraus entstehenden Schaden (**VR 7** 86). **Wenn** jedoch keine betrieblichen Schwierigkeiten bestehen und **Absender,** etwa zur *Behebung eines Ablieferungshindernisses* **darum bittet,** steht natürlich einer Besichtigung auch vor Annahme des Frachtbriefs nichts im Wege, ja die **Eisenbahn** dürfte, *wenn* es sich um eine *Anweisung* nach § 80 (1) handelt, dazu **verpflichtet** sein. Die Meinung *Weirauchs* in der Vorauflage, Empfänger könne Besichtigung über § 81 erreichen (ebenso anscheinend *Finger* Bem. 13), setzt voraus, daß der Absender als Verfügungsberechtigter einen Antrag nach § 81 (1) stellt; *der Verfügungsberechtigte* ist nach dieser Vorschrift hinzuziehen, und das ist der Empfänger in der Regel (Abs. 4) vor Annahme des Frachtbriefs nicht; Abs. 14 setzt Annahme des Frachtbriefs voraus.

Einsichtnahme in den Frachtbrief, um sich von den zu übernehmenden Verpflichtungen zu überzeugen, hat damit nichts zu tun; sie **steht dem Empfänger ohne weiteres zu** (ebenso *v. Nanassy* aaO.) **und verpflichtet ihn zu nichts,** s. Anm. 1.

16. Zweck, dem Empfänger die Möglichkeit zu geben, den Frachtbrief anzunehmen und damit das Verfügungsrecht über das Gut zu erlangen, sowie bei dessen Verlust Entschädigungsansprüche im eigenen Namen geltend zu machen (Begr.). § 72 (11) trägt dem Rechnung; s. *Huber,* **IZ 39** 332.

17. Vorleistung des Empfängers (**RG** 71 344; **ROHG** 21 377). Wegen der Prüfung der Berechtigung s. Anm. 3. Auslieferung an Unberechtigte ist Verlust des Gutes (EVO § 82), s. **EE 40** 38, es sei denn, sie entspricht dem erkennbaren Willen des Absenders (**EE 50** 386). Wird das Gut *irrtümlich an einen Dritten* ausgeliefert und hat dieser den Umständen nach annehmen müssen, daß es für ihn nicht bestimmt ist, haftet er für den Schaden (**EE 39** 41); Rückgabepflicht folgt aus § 812 BGB.

Liefert die Eisenbahn ohne Frachtbrief und Tarifsanktion (ABest. III und V) aus, so haftet sie den dadurch etwa geschädigten Vorbahnen (Anm. 20), aber auch dem Absender, vgl. § 71 (5).

18. S. Anm. 13 und ABest. V.

19. S. Anm. 4; hier handelt es sich offensichtlich nach den in Abs. 5 selbst angeführten Beispielen nicht um die auf den Empfänger überwiesenen Beträge, sondern um **alles, was der Frachtbrief an Zahlungsforderungen aus dem Frachtvertrag erkennen läßt,** ganz gleich, wer im Endergebnis [§ 94 (2) e) als Beispiel] dafür aufzukommen hat. Der Ausdruck *„auf dem Gut haftende Beträge"* kommt z. B. vor in § 65 (5) letzter Satz, doch sind wohl nicht nur so gekennzeichnete, sondern alle Beträge gemeint, die nach dem Frachtvertrag von einem der beiden Partner an die Eisenbahn zu zahlen sind, *gleichgültig, wer sie nach § 69 übernommen hat,* s. § 69 Anm. 6 und *Ratz* in RGR-Komm. z. HGB 1 zu § 440.

20. Sonst Haftung den anderen Eisenbahnen gegenüber [§ 96 (2)].

21. Pfandrecht ist *in der EVO selbst nicht geregelt,* s. HGB §§ 440 ff., 368; *Schulz,* Pfandrecht (**VZ 26** 172); *Rundnagel,* BefGesch. § 54 S. 168 ff.; *Senckpiehl,* **EE 28** 204 ff. und **SpedSchiffZtg. 28** 3; *Witt,* Pfandrecht an Frachtgut (**VR 37** 85). Beispiele bei *Cosack,* § 122 S. 448 und *Rundnagel,* BefGesch. § 55 S. 190; *Heinze,* **VAE 41** 21. Empfangsbahn ist letzter Frachtführer. Das Pfandrecht entsteht als gesetzliches Pfandrecht; es setzt den Abschluß des Frachtvertrages voraus und steht der Eisenbahn an dem Frachtgut zu für Forderungen aus diesem Frachtvertrag (**RG 74** 400), und zwar **für alle Ansprüche** (Fracht, Zölle, Auslagen, Nachnahmen, eigener Schaden), die einer oder mehreren an der Beförderung beteiligten Eisenbahnen zustehen, *auch wenn sie sich nicht aus dem Frachtbrief ergeben* (**ROHG 15** 200, **20** 190, **24** 288; **RG 74** 400). Über Entstehung des Pfandrechtes, wenn Absender nicht Eigentümer oder nicht wenigstens über das Gut verfügungsberechtigt ist, s. *Seybold,* **VR 3** 302; **OLGE 6** 97, **10** 345; daß er Kaufmann ist, wird nicht verlangt. Eisenbahn muß aber im guten Glauben sein, daß Absender befugt war, das Gut aufzuliefern. Das Pfandrecht **dauert über die Ablieferung hinaus,** wenn es innerhalb dreier Tage, den Tag der Ablieferung nicht mitgerechnet (BGB § 187), gerichtlich geltend gemacht wird, und das Gut noch im Besitz des Empfängers ist. Pfandverkauf muß dem Empfänger angedroht werden (BGB §§ 1228, 1234); Realisierungsfrist eine Woche (HGB § 368 und BGB § 1234); wegen Benachrichtigung vgl. BGB §§ 1235, 1241; HGB § 440; Ablösungsrecht BGB § 1249. Über die Rangordnung mehrerer Pfandrechte vgl. HGB § 443. Belastung mit Nachnahme schließt das Pfandrecht nicht aus (**EE 26** 414). Im **Konkurs** des Eigentümers des Frachtgutes hat die Eisenbahn Anspruch auf abgesonderte Befriedigung (KO §§ 48, 49, 118, 119, 127). Neben dem Pfandrecht steht dem Frachtführer noch das **Zurückbehaltungsrecht** des § 273 BGB und das kaufmännische des § 369 HGB zu, *Ratz* in RGG-Komm. z. HGB, 13 zu § 440. In § 457 HGB ist nur das Pfandrecht mit den §§ 440—443 erwähnt, nicht § 369. Bei der von § 457 HGB vorgeschriebenen „entsprechenden" Anwendung ist **fraglich, ob § 440 (4) HGB mit § 80 EVO vereinbar** ist. Für das Gebiet der *CIM* hat die V. Revisionskonferenz durch die Streichung des bisherigen Art. 25 IÜG den voneinander abweichenden landesrechtlichen Regelungen freies Spiel gelassen, ausführlich *v. Nanassy* S. 505/506, unr. *Ratz,* 11 zu § 443. Die **Regelung** einschneidender Rechtsbeziehungen zwischen Eisenbahn und ihren Kunden **außerhalb der EVO** ist **unbefriedigend** und problematisch, **DVZ** Nr. 101/61.

22. Satz 1 soll eine Rechtsgrundlage für die bisher nur in den Ausführungsbestimmungen geregelten **Empfängeranweisungen** schaffen (Begr.), **VR 8** 533. (Näheres darüber s. § 72 Anm. 32 und hier Anm. 24).

23. Empfängeranweisungen [nicht zu verwechseln mit den Vollmachten des § 77 (5) für die Abholung] sind nicht, wie die Verfügungen des Absenders in § 72 (1), durch eine Legaldefinition als Abänderungen des Frachtvertrages bezeichnet, ihr **Rechtscharakter** ist vielmehr **offengelassen.** Sie haben *mit den Absenderverfügungen gemein* — und stehen mit diesen zusammen im Gegensatz zu den Anweisungen des Absenders bei Ablieferungs- und Beförderungshindernissen nach §§ 73, 80 —, daß für sie ein *numerus clausus* von Typen besteht, den nur der Tarif erweitern kann. Obwohl nach ABest. VI zu § 75 die Ausführung der Empfängeranweisungen abgelehnt werden kann, dürfte eine willkürliche, nicht durch betriebliche Schwierigkeiten bedingte [vgl. § 72 (5) mit weiteren Beispielen, die auch für die Empfängeranweisung Geltung beanspruchen können] Ablehnung mit § 72 (11) jedenfalls dann unvereinbar sein, wenn der Empfänger den Frachtbrief angenommen hat, vgl. hier Anm. 27 und § 72 Anm. 32. Bei den Empfängeranweisungen der ABest. VI zu § 75 ist genau wie bei den Absenderverfügungen *zu unterscheiden zwischen solchen,* die im Rahmen des bestehenden Frachtvertrages abgewickelt werden und diesen daher *abändern* [a. M. hinsichtlich der Empfängeranweisungen *Finger* Bem. 24 a), aber die „gewissen Weisungen" hinsichtlich der Ablieferung bedeuten ja sachlich eine Änderung des Vertragsinhalts] und solchen, die *nur mit neuem Frachtvertrag* durchführbar sind, s. Anm. 26; § 72 (1) d) und § 75 ABest. VI Ziff. 1 decken sich sachlich, ebenso wie § 72 (1) e) und Ziff. 4 der ABest. VI zu § 75. Wiederum etwas anderes sind die Empfängerverfügungen des Art. 22 CIM, weil sie nicht erst auf dem Empfangsbahnhof, sondern bereits dann wirksam werden, wenn die Sendung in das Zollgebiet des Bestimmungslandes eingetreten ist.

24. Liegt keine solche Verfügung des Absenders vor, so bringt das Wirksamwerden (s. § 72 Anm. 32) einer der Empfängeranweisungen nach ABest. VI Ziff. 1—4 das **Verfügungsrecht des Absenders zum Erlöschen.** Eine bei Ankunft des Gutes auf dem Bestimmungsbahnhof bereits vorliegende nachträgliche Verfügung des Absenders geht in jedem Falle einer entgegenstehenden Empfängeranweisung vor (Begr.).

25. D. h. einer bestimmten Person oder Firma, nicht etwa dem Inhaber des Frachtbriefdoppels. **Der Dritte erhält keine Rechte aus dem Frachtvertrag;** er ist lediglich Empfangsberechtigter (**VZ 13** 1429, **26** 1345).

26. Weitersendung auf Grund des ursprünglichen Frachtvertrages (Frachtbriefes) auf Anweisung des Empfängers ist nicht zugelassen (**RG 102** 93, abw. **RG 114** 314), vgl § 72 Anm. 8.

27. Kaum vereinbar mit § 72 (12), s. dort Anm. 32; die Entscheidung **RG 110** 324, auf die sich *Goltermann* Anm. 24 und *Finger* Bem. 24 c) berufen wie *Weirauch* in der Vorauflage, stellt nur auf § 3 ab; sie bezieht sich nur auf die Weitersendung und ist **überholt** durch die Neufassung des § 75 (6) und der ABest. VI (damals ABest. II zu § 76).

28. Der Abs. bezieht sich nicht mehr auf die Weiterbeförderung mit der Kleinbahn (Begr.).

29. Eisenbahn **kann** das Gut auch dann einem anderen Verkehrsmittel übergeben, wenn der Frachtbrief keine ausdrückliche Anschrift in der Spalte: „Etwaige Vorschrift über Weiterabfertigung" enthält, braucht dies aber nicht.

30. Die Vorschrift will der Eisenbahn einen planmäßigen Einsatz des Kraftwagens in dünnbesiedelten Gegenden ermöglichen (Begr.). **Anweisung des Absenders geht einer entgegenstehenden Erklärung des Empfängers vor.**

31. Aber nicht auch die Rechte, z. B. nicht Recht auf Provision (s. HGB § 409).

32. D. h. auch für die Genannten nach § 4.

33. Aus den in Anm. 30 enthaltenen Gesichtspunkten heraus (Begr.).

34. Also trotz bestehender Schienenverbindung, namentlich zur Vermeidung von Umwegen (Begr.).

35. Siehe § 3 (4) und Anm. 13, 14 daselbst.

36. Vereinbarung mit dem Empfänger geht dem Tarif vor, nicht der EVO.

37. Stellt die Eisenbahn bei Gütern, die der Empfänger auszuladen hat, ohne schriftlichen Antrag Kran und Kranwärter [DEGT I B § 50 (3)], so gelten diese als Leute des Empfängers, nicht als Erfüllungsgehilfen der Eisenbahn. Diese haftet also nicht für Verschulden bei Gestellung des Kranes oder der Auswahl des Wärters (**ArchfEis. 20** 468; **RG 97** 17); teilweise abw. *Kittel,* Anm. 22).

38. Für die Vereinbarung mit Empfänger schreibt die EVO keine Form vor.

39. S. § 78. Gut *und* Brief müssen in der Regel vorhanden sein. *Winter,* **VAE 43** 13 [arg. § 75 (4)]. Abw. **KG VAE 43** 16; **IZ 43** 189. Die frühere Hervorhebung, daß Gut erst angekommen sein muß, ist als selbstverständlich gestrichen, *Goltermann* Anm. 7 zu § 78. Da Benachrichtigung bloße Erfüllungshandlung im Rahmen des § 74 (s. § 78 Anm. 5), ist es letzten Endes Sache der Eisenbahn, wann sie benachrichtigt; vgl. § 74 Anm. 14.

40. S. § 77.

41. Sie haftet also nur nach § 278 BGB, nicht nach EVO § 4.

42. Die dafür geeignet sein müssen (**EE 43** 319). Über gesicherten Zu- und Abgang s. **EE 33** 302, 320, 412. Unfall durch Verbleiben im Wagen **VAE 40** 2. **Ablieferung ist nicht beendet, solange** dem Empfänger **nicht** ermöglicht ist, das Gut **ohne Gefahr** für Personen oder Sachen oder dieses selbst in Empfang zu nehmen, **OLG München IZ 44** 234.

43. In der stillschweigenden **Hinnahme** des Vorbehalts kann **Zustimmung** gesehen werden, **OLG Karlsruhe EE 20** 314. S. § 81 Anm. 5, § 93 Anm. 14; **EE 20** 315, **41** 356; **RG 25** 33; **DJZ 04** 312.

44. Nicht geklärt ist, ob Empfänger in Fällen, in denen die Reinigung durch einfaches Auskehren **mit** einem **Besen nicht ausreicht, für** eine **weitergehende Reinigung zu sorgen hat.** Die ursprüngliche, durch die 59. VO zur EVO geänderte Fassung lautete glücklicher: „... kann die Eisenbahn verlangen, daß die Wagen, *soweit erforderlich,* gereinigt zurückgegeben werden"; mit diesem „soweit erforderlich" war die Verpflichtung des Empfängers notfalls auch über das „besenrein" hinaus zu erweitern. Diese Fassung setzte voraus, daß die Eisenbahn die weitergehende Reinigung verlangte; sie enthielt darüber hinaus aber auch noch einen Hinweis auf die **Möglichkeit des Absenders, nach** § **56 (2) u)** in dem Frachtbrief eine Vorschrift für den Empfänger aufzunehmen, den Wagen **sorgfältig** zu reinigen. Damit sollten offenbar die Fälle erfaßt werden, in denen das Gut Eigenschaften hatte, die eine gründlichere Reinigung als die übliche erforderten; warum man diesen nützlichen Hinweis, der nach der Begr. einem Wunsch aus Wirtschaftskreisen entsprach, weggelassen hat, ist unbekannt.

45. Eine Reinigungspflicht über die Besenreinheit hinaus ergibt sich **für die Eisenbahn nur aus solchen Vorschriften.** *Im Widerspruch hierzu* will der **BGH IZ 56** 306 = **NJW 55** 1314 = **MDR** 55 535 = **VRS** 9 81 = **VkBl.** 55 482 der Eisenbahn eine Pflicht aufbürden, keine Wagen in Umlauf zu setzen, die mangels Reinigung von Giftrückständen für Menschen und Tiere eine Gefahr bilden könnten, dagegen *Heinze* **IZ 56** S. 308 und **Die BB 59** 749. Die Bahn ist nicht allwissend und kennt die Gefahr eines Versandguts nicht besser als der Absender, der nach § 56 (2) u) für Reinigung sorgen kann, s. § 83 Anm. 14.

§ 76. *Nachprüfung des Gutes auf dem Bestimmungsbahnhof*

(1) Hat der Absender im Frachtbrief Nachzählung oder Nachwiegung auf dem Bestimmungsbahnhof beantragt [§ 56 (2) o)] oder verlangt der Empfänger bei der Ablieferung[1], daß die Güter auf dem Bahnhof nachgezählt[2] oder nachgewogen werden, so hat die Eisenbahn diesem Verlangen zu entsprechen, wenn die vorhandenen Wiegevorrichtungen ausreichen[3] und die Beschaffenheit des Gutes sowie die Betriebsverhältnisse es gestatten[4]. Auf Verlangen des Empfängers sind die Güter in seiner Gegenwart[5] nachzuzählen oder nachzuwiegen.

I. Stellt der Empfänger das Verlangen, die Güter in seiner Gegenwart nachzuzählen oder nachzuwiegen, nicht oder versäumt er die ihm gebotenen Gelegenheiten, so hat er die tarifmäßige Gebühr nochmals zu zahlen, wenn die Feststellung auf seinen Antrag wiederholt wird.

(2) Lehnt die Eisenbahn eine vom Empfänger beantragte Nachwiegung ab[1], so kann der Empfänger verlangen, daß die Eisenbahn zu einer von ihm veranlaßten[6] Nachwiegung auf einer im Bahnhofbereich oder in dessen Nähe befindlichen Waage[7] einen Bevollmächtigten beistellt. Der Empfänger hat die hierdurch entstandenen Unkosten einschließlich der Entschädigung für den Bevollmächtigten zu zahlen[8].

(3) Für die Nachwiegung von Wagenladungen und sonstigen Gütern, die der Absender zu verladen hat, gelten die Vorschriften des § 58 (7)[9].

II. Ergibt die auf Antrag des Absenders oder Empfängers auf dem Bestimmungsbahnhof vorgenommene Nachwiegung von Wagenladungsgütern und sonstigen Gütern, die der Absender verladen hat, auf der Gleiswaage keine größere Abweichung als zwei vom Hundert des im Frachtbrief angegebenen Gewichts, so wird das im Frachtbrief angegebene Gewicht für die Frachtberechnung als richtig angenommen.

(4) Für die Nachzählung oder Nachwiegung ist die tarifmäßige Gebühr zu zahlen, es sei denn, daß dabei ein von der Eisenbahn noch nicht erkannter, von ihr zu vertretender Unterschied (Minderzahl oder Mindergewicht) festgestellt wird[10].

III. Die Vorschrift der Allg. ABest. IV zu § 58 wird entsprechend angewendet.

IV. Die Zählgebühr und das Wiegegeld sind im Nebengebührentarif (Teil I Abteilung B) festgesetzt.

V. Ergibt die vom Verfügungsberechtigten beantragte Feststellung des Eigengewichts eines Wagens keine größere Abweichung als zwei vom Hundert des angeschriebenen Eigengewichts, so wird Wiegegeld erhoben.

VI. Für Güter in Behälterwagen wird der Ermittlung des wirklichen Rohgewichts der Sendung, wenn das durch Verwiegung auf der Gleiswaage ermittelte Gewicht des Wagens einschließlich etwaiger Ladungsrückstände das angeschriebene Eigengewicht um nicht mehr als zwei vom Hundert übersteigt, das ermittelte Gewicht des Wagens, bei größeren Mehrgewichten das angeschriebene Eigengewicht zugrunde gelegt.

In beiden Fällen wird, wenn der Verfügungsberechtigte Antrag auf Verwiegung gestellt hat, Wiegegeld erhoben.

(5) Verlangt der Empfänger auf dem Bestimmungsbahnhof nach Annahme des Frachtbriefs[1], daß die Eisenbahn die Übereinstimmung der Sendung mit den Angaben im Frachtbrief über Inhalt und Verpakkung nachprüft[11], so ist dem zu entsprechen, wenn die Betriebsverhältnisse und die Beschaffenheit des Gutes es ohne Schwierigkeit[3] gestatten[4]. Auf Verlangen des Empfängers ist das Gut in seiner Gegenwart nachzuprüfen. Für die Nachprüfung ist die tarifmäßige Gebühr zu zahlen.

VII. Die Gebühr für die Nachprüfung der Übereinstimmung der Sendung mit den Angaben im Frachtbrief ist im Nebengebührentarif (Teil I Abteilung B) festgesetzt.

1. Zeitpunkt wesentlich; **EE 51** 264. **Ist Ablieferung beendigt, kein Anspruch mehr. Vor Annahme des Frachtbriefs** hat Empfänger **keine Rechte,** § 75 (3). Die Hervorhebung der Annahme des Frachtbriefs in Abs. 5, nicht aber Abs. 1 ist ebenso bedeutungslos wie die Nichterwähnung der Ablieferung in Abs. 5. Verlangen des Empfängers **formlos;** auch bei der Zuführung durch bahnamtliche Rollfuhrunternehmer. Rechte und Pflichten ergeben sich aus dem Frachtvertrag (nicht etwa besonderem Werkvertrag); so auch *Senckpiehl* S. 289; *Goltermann* Anm. 1. Die Streitfrage, ob § 75 (14) entsprechend anzuwenden sei (so *Goltermann* Anm. 2, *Finger* Bem. 4), ist zu verneinen, da § 81 ein unbedingtes, § 76 **nur** ein **bedingtes, von Ermessensentscheidungen** der Bahn **abhängiges Recht** enthält. S. auch § 81 Anm. 5.

2. Siehe **EE 30** 102.

3. Bei Stückgut wird das meist zutreffen; für die Ablehnung der Verwiegung von Wagenladungen genügen nicht etwa bloße Betriebsunannehmlichkeiten, anders Abs. 5.

4. Die Meinung *Weirauchs* in der Vorauflage, die Beweislast liege dem Berechtigten ob [arg. § 58 (5) „es sei denn"], ebenso *Richter* Anm. II; abw. *Kittel* Anm. 2, kann nicht aufrechterhalten werden, da ein rechtfertigender Grund für eine unterschiedliche Behandlung beider Fälle nicht ersichtlich ist, ebenso *Finger* Bem. 5, *Goltermann* Anm. 5. Es handelt sich um eines der vielen Redaktionsversehen in der EVO. **Beweislast** also hier wie in Abs. 5 **bei der Eisenbahn.** Folgen s. Anm. 8 und 10.

5. Dies muß besonders beantragt werden, s. auch § 58 (6). Die etwas unklar gefaßte ABest. I soll offenbar besagen, daß der Empfänger mit der Begründung, er habe seine Beteiligung zu beantragen unterlassen oder die Teilnahme versäumt, eine zweite Nachzählung oder Nachwiegung kostenpflichtig beantragen kann, um das Versäumte nachzuholen.

6. Abs. 2 stellt klar, daß Empfänger im Falle der Ablehnung die Nachwiegung selbst veranlassen muß.

7. Das wird allerdings i. allg. nur bei Stückgut praktisch werden, wenn Empfänger nicht gerade eine Waage nach § 58 ABest. VII besitzt oder sich ausleiht; Fuhrwerkswaage, **EE 18** 305.

8. Abs. 2 gilt *entsprechend für Nachzählen* (**VR 5** 39). Satz 2 auch dann, wenn die Ablehnung unberechtigt war; bei Verschulden käme allenfalls Differenz zwischen Wiegegebühr und Unkosten nach Abs. 2 als Schadensersatz in Frage; wenn Differenz von Eisenbahn zu vertreten, Kostenersatz nach § 85 (1) letzter Satz.

9. Das ist *viel zu eng.* Zweifellos gilt auch § 58 (8) Satz 1, so daß Eisenbahn von Amts wegen Fracht nach § 70 (1) zu erstatten hat, wenn Absender das Gewicht irrtümlich zu hoch angegeben hat, a. M. *Felber,* **DVZ** Nr. 112/59 S. 4. Das ergibt sich aus § 76 ABest. II, und zwar als Umkehrschluß.

10. Der Eisenbahn bleibt der **Gegenbeweis** offen, daß die eine Verwiegung unrichtig war (**EE 25** 194); unterbliebene Feststellung schafft noch keine Vermutung oder gar Beweis gegen die Eisenbahn.

11. Z. B. zwecks Feststellung, ob Gut vertauscht oder falsch tarifiert ist. Empfänger hat nicht das Recht, Annahme des Gutes zu verweigern, bis seinem Antrag stattgegeben ist [*Kittel,* § 76 Anm. 6; anders § 75 (14), s. **VAE 36** 323]. A. M. *Goltermann* Anm. 2, s. dagegen oben Anm. 1.

§ 77. *Zuführung*

(1) Die Eisenbahn kann[1] die Stückgüter und Wagenladungen dem Empfänger ohne Antrag[2] im Ortsbereich des Bestimmungsbahnhofs oder nach benachbarten Orten gegen eine durch Aushang bekanntzumachende Gebühr[3] in die Wohnung[4] oder die Geschäftsstelle selbst zuführen oder Rollfuhrunternehmer dafür bestellen[5]. Die Rollfuhrleute haben ihren Gebührentarif bei sich zu tragen und auf Verlangen vorzuzeigen. Auf den Bahnhöfen oder Güternebenstellen, auf denen Stückgüter dem Empfänger zugeführt werden, ist dies unter Angabe des Bestellbezirks durch Aushang bekanntzumachen[6].

I. Der Aushang enthält auch die näheren Bestimmungen über die Zuführung der Güter.

(2) Soweit der Tarif dies zuläßt[7], kann der Absender[8] die Zuführung von Stückgut durch die Eisenbahn[9] oder durch einen mit Namen und Anschrift bezeichneten Spediteur[10] oder Fuhrunternehmer in die Wohnung oder Geschäftsstelle des Empfängers im Frachtbrief vorschreiben [§ 56 (2) r)]. Der vom Absender bezeichnete Spediteur oder Fuhrunternehmer gilt dann als Bevollmächtigter des Empfängers[12] im Sinne von Abs. (5).

II. 1. Der Antrag auf Zuführung von Stückgut in die Wohnung oder Geschäftsstelle des Empfängers ist nur zulässig für Sendungen, die die Eisenbahn auszuladen hat. Er ist im Frachtbrief unter „Andere vorgeschriebene oder zulässige Erklärungen" wie folgt zu stellen:

„Bahnamtliche Zuführung beantragt" oder „Zuführung durch Spediteur — Fuhrunternehmer — ....

(Name, Firma) in .... (Niederlassungsort)".

2. Die Frachtbriefvorschrift „Bahnamtliche Zuführung beantragt" ist nur zulässig und von der Eisenbahn zu beachten bei Sendungen nach Bahnhöfen mit örtlichem bahnamtlichen Rollfuhrdienst[11].

(3) Übernimmt die Eisenbahn nach § 75 (7) und (8) die Weiterbeförderung mittels Kraftwagens, so kann sie Wagenladungen und Stückgüter auch ohne Antrag des Absenders[11] in die Wohnung oder

Geschäftsstelle des Empfängers selbst zuführen oder durch Rollfuhrunternehmer zuführen lassen.

(4) Führt die Eisenbahn die Güter selbst oder durch von ihr bestellte Rollfuhrunternehmer in die Wohnung oder Geschäftsstelle des Empfängers zu, so haftet sie hierbei als Frachtführer nach den Vorschriften dieser Ordnung.

(5) Die Empfänger sind auch an Orten, wo die Eisenbahn ohne Antrag für die Zuführung sorgt, berechtigt, ihre Güter auf den vom Absender vorgeschriebenen Bestimmungsbahnhof selbst abzuholen oder sie durch andere als die von der Eisenbahn bestellten Fuhrunternehmer abholen zu lassen. Wollen sie von diesem Rechte Gebrauch machen, so haben sie es der Güterabfertigung des Bestimmungsbahnhofs vor der Ankunft der Güter schriftlich anzuzeigen[12]. Dieses Recht des Empfängers entfällt, wenn der Absender gemäß Abs. (2) die Zuführung von Stückgut beantragt hat oder wenn die Eisenbahn nach Abs. (3) berechtigt ist, die Güter ohne Antrag in die Wohnung oder Geschäftsstelle des Empfängers zuzuführen oder zuführen zur lassen[11].

(6) Die Eisenbahn kann aus allgemeinen Verkehrsrücksichten[13] das Recht des Empfängers, seine Güter auf dem vom Absender bezeichneten Bestimmungsbahnhof selbst abzuholen oder durch einen von ihm beauftragten Fuhrunternehmer abholen zu lassen, bei einzelnen Güterabfertigungen vorübergehend oder auch dauernd beschränken[12] oder aufheben. Das gleiche gilt für das dem Absender zustehende Recht, die Zuführung von Stückgut durch einen von ihm bezeichneten Spediteur oder Fuhrunternehmer vorzuschreiben. Maßnahmen dieser Art bedürfen der Genehmigung des Reichsverkehrsministers[14]. In der Bekanntmachung ist auf die Genehmigung des Reichsverkehrsministers[14] hinzuweisen[15].

(7) Die Fristen, innerhalb deren die Güter dem Empfänger zugeführt werden, sind durch den Tarif oder durch Aushang bekanntzumachen[16].

(8) Müssen Güter nach Räumen der Zoll- oder Steuerverwaltung gebracht werden, die außerhalb des Bahnhofs liegen, so kann dies die Eisenbahn gegen Erstattung der Kosten selbst besorgen oder unter ihrer Verantwortung auf Kosten des Verfügungsberechtigten besorgen lassen, auch wenn sich der Empfänger die Selbstabholung vorbehalten hat.

Schrifttum: *Starck* in **EE 40** 83; *v. Beck,* Reichsbahn und Spedition, **VZ 31** 233; derselbe, Sammelspediteur, **EE 53** 1; *Hering,* **IZ 40** 259; Pfandrecht **EE 45** 231.

Über Bahnspedition s. *Trierenberg,* **Reichsbahn 37** 582; **EE 58** 82, ferner *Lutz* aaO. S. 70. S. auch Anm. 5.

1. **„Zurollung"**, d. h. Zuführung der Stückgüter in die Wohnung oder Geschäftsstelle des Empfängers nach beendeter Beförderung auf der Eisenbahn. Gegensatz: **„Anrollung"** nach § 63 (8), s. dort Anm. 20. Seit der 17. VO zur EVO auch für Wagenladungen.

Es besteht keine Verpflichtung; **hat Eisenbahn** aber durch Aushang [s. Abs. (1) Satz 3] **bekanntgemacht,** daß sie zurollt, **muß sie dies tun,** also auch bei Wagenladung nach Maßgabe des Aushangs. Zufuhr ist dann eine **Leistung aus dem Frachtvertrag,** s. Abs. 4.

2. **Zustimmung zu dem Vertragsangebot des Aushangs** (s. Anm. 6) **wird fingiert,** wenn nicht vom Rechte nach Abs. 5 Gebrauch gemacht worden ist; dieses wiederum entfällt nach Abs. 5 Satz 3, wenn Zurollung vom Absender gem. Abs. 2 beantragt oder Eisenbahn nach § 75 Abs. 7 und 8 die Weiterbeförderung mittels Kraftwagen übernimmt, s. aber Anm. 11.

3. Das ist *keine tarifliche Nebengebühr;* s. Anm. 5; **EE 46** 110.

4. Zweifelhaft kann sein, ob die Weiterbeförderung *innerhalb des Hauses,* also in der Regel vom Erdgeschoß eines Wohnhauses oder der Anlieferungsstelle eines Geschäftes, wenn sie im Erdgeschoß liegt, nach dem Keller, Boden, höheren Stockwerk, Lager, noch unter die „Zuführung" fällt oder als gesonderte Beförderung dem Landfrachtrecht untersteht. Nach der Fassung („in die Wohnung oder die Geschäftsstelle") wird man sich *für* die *erweiterte Auslegung des Begriffes „Zuführung"* zu entscheiden haben.

5. Sog. **Bahnspediteur,** richtiger *„bahnamtl.* Rollfuhrunternehmer" oder „Güterbestätter", Bezeichnung geschützt für diesen, **OLG Stuttgart VRS** 5 96, s. auch § 63 Anm. 20. *Unterschied: Vollmachtspediteur* (**RG 66** 406). Der sog. Bahnspediteur ist nicht nachfolgender Frachtführer, sondern **Erfüllungsgehilfe.** Es entsteht kein Vertragsverhältnis zwischen ihm und Empfänger; Empfänger kann sich **nur an Eisenbahn halten** (*Rundnagel,* BesGesch. S. 350, 401; *Senckpiehl* S. 294; **RG** in **VZ 22** 709; ferner **EE 40** 185, **46** 109; **abw. EE 22** 372, **22** 709). Eisenbahn *haftet* für die bei der Zuführung verwendeten eigenen Bediensteten und bahnamtlichen Rollfuhrunternehmer *nach § 4* auch dann, wenn er in seiner Eigenschaft als amtlicher Rollfuhrunternehmer außerhalb seines Bestellbezirks tätig wird (so *Kittel* Anm. 5; *Richter* Anm. III; **abw. EE 25** 5). Die bahnamtliche Abrollung fällt **nicht unter EVO** § 6, da für sie kein gesetzlicher Beförderungszwang (**JW** 31 872). Rollgeld also keine Tarifgebühr; s. **EE 46** 110; abw. *Senckpiehl,* **EE 45** 340; es darf also grundsätzlich verschieden hoch eingezogen werden. Über Sammelladungsspediteure s. *Haselhoff* 1931, Göttingen (Diss.); *Wiedmann* 1927, Erlangen (Diss.); *Gadow,* HGB § 413 Anm. 5; *Ritter,* HGB § 413. Beim Selbsteintritt des Spediteurs gilt im Eisenbahnverkehr die EVO (so auch *Senckpiehl,* Sped. § 233; abw. derselbe, Haftung § 78), **RG 106** 421, **109** 293, **110** 64; **VAE 43** 12; *Goltermann,* **VR 37** 396.

Über den rechtlichen Charakter des Rollgeschäfts s. *Schroeder-Schlegelberger,* HGB § 413; *Krien,* **VAE 43** 10; *Goltermann,* **VR 37** 396.

6. Ordnungsvorschrift. **Vertragsangebot** an „wen es angeht", *das die Eisenbahn* nach Abs. 2 in Verbindung mit ABest. II Ziff. 2 *tariflich bindet;* es enthält nach ABest. I die Vertragsbedingungen („näheren Bestimmungen").

7. Siehe ABest. II.

8. Dieser Zuführungsantrag ist auch für den Empfänger maßgebend; s. Abs. (5) Satz 3.

9. D. h. gem. Abs. 1.

10. Das Rechtsverhältnis regelt sich außerhalb der EVO nach den §§ 412 ff. HGB.

11. Abs. 3 und 5 Satz 3 besagen, daß auch *ohne, ja gegen einen Antrag* des Absenders bzw. Empfängers zugeführt werden kann, wenn die Eisenbahn die **Weiterbeförderung mittels Kraftwagens** gem. § 75 (7) und (8) „übernimmt". Bei näherer Betrachtung zeigt sich indes, daß die Eisenbahn nach § 75 (7) *nur dann* auf Kraftwagen übergehen darf, *wenn kein Selbstabholungsantrag* nach § 77 (5) Satz 2 vorliegt oder aber ein Antrag des Absenders sie trotzdem dazu ermächtigt; dann greift aber *von den beiden Alternativen des Abs. 5 Satz 3* schon die erste (Zuführungsantrag des Absenders) durch, so daß per saldo die *zweite Alternative* für § 75 (7) *gegenstandslos* ist. Hinsichtlich des § 75 (8) aber ist ein Absenderantrag Voraussetzung. Wenn dieser auch nur auf Kraftwagenbeförderung nach einem Ort mit Güterabfertigung oder Güternebenstelle geht, so wird in der Regel die Zurollung ins Haus damit verbunden sein, zumal sie nicht von der Voraussetzung der ABest. II Ziff. 2 zu § 77 abhängig sein dürfte [§ 75 (8) Satz 2]. Danach erscheint auch insoweit die zweite Alternative des § 77 (5) Satz 3 überflüssig.

12. Wenn nicht **Selbstabholung,** dann **Vollmachtanzeige,** für den Einzelfall wie generell „für alle eingehenden Sendungen". Man spricht im Gegensatz zum Bahnspediteur (Anm. 5) vom *„Vollmachtspediteur"*. Vorschrift schriftlicher Anzeige bei der Güterabfertigung fällt unter § 171 BGB, d. h. die Vertretungsmacht bleibt bestehen, bis die Kundgebung in derselben Weise, wie sie erfolgt ist, widerrufen wird. Im Falle des Abs. 2 wird nach dessen Satz 2 fingiert, daß Vollmacht des Empfängers vorliegt, also *Ausnahme* von Abs. 5 Satz 2. In der Anordnung der Eisenbahn, daß Vollmachten nur zu bestimmten Terminen (1. Januar, 1. Juli) angenommen werden, liegt u. U. eine Beschränkung des Rechtes der Selbstabholung, **EE 45** 374, a. M. *Weirauch* in der Vorauflage; die Eisenbahn muß nach Abs. 6 verfahren. Das Verlangen, die Vollmachten aus Gründen der Übersicht *zeitlich* zu *beschränken,* dürfte dagegen keine „Beschränkung" i. S. des Abs. 6 darstellen. *Vollmachtsspediteur* hat *kein Klagerecht, wenn* er versehentlich *übergangen* wird, **EE 52** 265, a. M. *Goltermann* Anm. 10 mit weiterem Schrifttum; weder soll Bevollmächtigter nach § 328 (2) BGB eigene Rechte erwerben, noch ist § 77 (5) Schutzgesetz für ihn. Selbstverständlich kann Empfänger ihn *durch Selbstabholung ausschalten,* § 173 BGB, **OLG Dresden EE 50** 378. *Vollmachterteilung* nach Abs. 5 *im Gegensatz zur Empfängeranweisung nicht* *gebührenpflichtig,* Zweck formell ein anderer; praktisch ist aber derselbe Nutzeffekt ohne Gebühr erreichbar.

13. Z. B. weil Vergrößerung des Schuppens unmöglich.

14. Lies: Bundesminister für Verkehr, der dieses Recht nicht delegieren kann (**EE 45** 374).

15. Zwingende Formvorschrift.

16. Lieferfrist endet mit der Zuführung. **Verspätete Zuführung innerhalb der Gesamtlieferfrist** bedingt keine Haftung der Eisenbahn (**EE 44** 80, 81, 210, **25** 385, **19** 239; **RG 89** 338, **100** 50); *Annahmeverzug des Empfängers* verwandelt die Bringschuld nicht in eine Holschuld; selbstverständlich Gebühr für doppelte Zurollung sowie Zahlung der Kosten für Aufbewahrung (BGB § 304); Lieferfrist bleibt gewahrt, s. § 74 (6).

§ 78. *Benachrichtigung des Empfängers von der Ankunft*

(1) Soweit die Eisenbahn nach § 75 (10) verpflichtet ist[1], den Empfänger von der Ankunft des Gutes zu benachrichtigen[2], kann sie die Benachrichtigung nach ihrer Wahl[1] durch die Briefpost, durch Fernsprecher, durch Telegramm oder schriftlich durch Boten vornehmen. Sie hat hierbei — abgesehen von der telegraphischen Benachrichtigung — die Frist anzugeben, innerhalb deren das Gut abzunehmen ist[3]. Auf schriftlichen Antrag des Empfängers kann die Güterabfertigung eine besondere Art der Benachrichtigung mit ihm vereinbaren.

(2) Die Benachrichtigung ist bei Frachtgut sofort nach der Bereitstellung[4], bei Eilgut und beschleunigtem Eilgut spätestens binnen zwei Stunden nach der Ankunft des Gutes vorzunehmen[5]. Die Benachrichtigung braucht jedoch erst am folgenden Werktage binnen zwei Stunden nach Beginn der Dienststunden der Güterabfertigung[6] vorgenommen zu werden

a) bei Frachtgut, das an Werktagen nach 18 Uhr oder an Sonn- und Feiertagen ankommt,

b) bei Eilgut, das an Werktagen nach 18 Uhr oder an Sonn- und Feiertagen nach 12 Uhr ankommt.

I. Welche Tage als Feiertage gelten, wird durch Aushang bekanntgemacht.

(3) Die Benachrichtigung gilt als bewirkt[7]:

a) bei Übermittlung durch die Briefpost[8] vier Stunden, bei telegraphischer Übermittlung eine Stunde nach der Aufgabe, für besondere Fälle kann der Tarif längere Fristen vorsehen,

b) bei Übermittlung durch Fernsprecher[9] mit dem Gespräch,

c) bei anderer Übermittlung durch die Übergabe des Benachrichtigungsschreibens[10].

(4) Für die Übermittlung der Benachrichtigung kann die Eisenbahn den Ersatz ihrer Auslagen verlangen[11].

II. Die Gebühren für die Übermittlung der Benachrichtigung sind im Nebengebührentarif (Teil I Abteilung B) festgesetzt.

(5) Ist ein vom Absender verladener Wagen unterwegs umgeladen worden, so ist dies dem Empfänger bei der Benachrichtigung mitzuteilen[12].

Schrifttum: *Senckpiehl,* Haftung für verspätete Avisierung (**SpedSchiffZtg. 26** 653); *Reindl,* **VZ 23** 489; *Gadow,* Post als Erfüllungsgehilfe, **EE 57** 1; *Krüger,* ebendort, S. 376 ff.; **RG 89** 338; *Huber,* Die Benachrichtigungspflicht der Eisenbahn und die Lieferfrist, **IZ 41** 81; *Winter,* zum gleichen Thema **VAE 43** 13, s. § 75 Anm. 39.

1. § *75 (10)* **bestimmt, ob** der Empfänger zu benachrichtigen ist. Von der regelmäßigen Verpflichtung dazu nimmt er aus die Fälle

a) schriftlichen Verzicht des Empfängers,

b) schriftlichen Verzicht des Absenders im Frachtbrief (nur bei bahnlagernd gestellten Gütern),

c) der Zuführung nach § 77,

d) der Weiterbeförderung durch ein anderes Verkehrsmittel nach § 75 (7) und (8) und

e) wenn sie nach den Umständen nicht möglich ist;

daß die Eisenbahn im Falle e) von der Verpflichtung zur Leistung frei wird, *wenn sie die Unmöglichkeit nicht zu vertreten hat,* ergibt sich schon aus § 275 BGB, das Ergebnis ist dasselbe über §§ 82 (2), 83 (3), s. Anm. 5. Wenn Empfänger ohnehin **anwesend,** kein Wahlrecht, sondern selbstverständlich direkte **mündliche** Verständigung.

2. Benachrichtigung ist **einseitige empfangsbedürftige Willenserklärung** (§ 130 BGB); vgl. **RG 60** 336. Infolge der Fiktion des Abs. 3 gelten die sonstigen Auslegungsregeln nur sehr bedingt, s. Anm. 7.

3. Siehe **EE 29** 322; ohne Fristangabe wirkungslos. Abnahmefrist: § 79.

4. Siehe § 75 (12).

5. Verschuldete Verspätung bewirkt u. U., daß **Eisenbahn** ihrer **Verpflichtung zur rechtzeitigen** (§ 74) **Ablieferung** nicht nachkommt; sie **haftet darum** *gem. § 82 (2), evtl. § 83 (3); ein selbständiger Schadensersatzgrund besteht nicht,* da Benachrichtigung nur normale Erfüllungshandlung im Rahmen des Frachtvertrages, um rechtzeitige Abnahme zu ermöglichen, wie die Ausnahmen in § 75 (10) beweisen, s. Anm. 1. Ebenso *Finger* Bem. 7; *Goltermann* Anm. 1 c) (anders jedoch Anm. 7); **EE 19** 210, **23** 355, **33** 289,

296; **EE 25** 385, **44** 80 u. 211, **48** 169; **RG 100** 50; *Huber*, **IZ** 41 81; a. A. *Senckpiehl*, **SpedSchiffZtg. 26** 653; *Gruchot* **68** 297; *Kittel* § 74 Anm. 1, § 77 Anm. 16; **OLG Koblenz VRS 7** 285 will eine Mitverpflichtung zum Schadensersatz aus *unterlassener zweiter Benachrichtigung* folgern, wenn die erste erfolglos und auf Absenderbenachrichtigung nach § 80 durch Vereinbarung verzichtet war.

6. Der Dienststunden für den öffentlichen Verkehr. Falsch **EE 55** 161.

7. Fiktion, d. h. **unwiderlegbare Rechtsvermutung** zugunsten der Eisenbahn, der nicht zugemutet werden kann (auch im Interesse des Empfängers selbst, Abs. 4), jede Übermittlung durch die Briefpost als Einschreibebrief zu schicken, a. M. *Kittel* Anm. 4. Unter den Möglichkeiten des Abs. 3 kommt für die Fiktion wohl praktisch nur die des Buchstabens a) (**Briefpost**) in Frage. Die Vermutung hat zur *Voraussetzung, daß* die Post *ordnungsmäßig aufgegeben* worden ist; das hat die Eisenbahn nachzuweisen, wobei ein innerdienstlicher Absendevermerk i. allg. genügen dürfte; der *Gegenbeweis, daß falsch oder unzureichend adressiert*, ist selbstverständlich *möglich*. Die Ansicht *Kittels* aaO., *Reindls* (mit weiterem Schrifttumsnachweis) **VZ 23** 489, *Weirauchs* in der Vorauflage, *Fingers* Bem. 9, die Rechtsvermutung des Abs. 3 erstrecke sich nur auf den Zeitpunkt des Zugangs, nicht auf den Zugang selbst, trifft nur insoweit zu, als sich beide Nachweise decken, wie bei den Buchstaben b) und c) des Abs. 3. Für den Buchstaben a) übersieht sie, daß die EVO bei ihrer Fiktion *nur auf die Aufgabe* abstellt. Wenn Eisenbahn Zugang bei Briefpost nachweisen müßte (was ihr nur durch Einschreibesystem möglich wäre, s. o.), wäre es überflüssig, für dessen Zeitpunkt etwas zu fingieren, da der Nachweis des einen sich aus dem des anderen notwendig ergibt. Wie hier *Goltermann* Anm. 9.

8. Post gehört — das folgt schon aus der Fiktion, „gilt als bewirkt" — **nicht** zu den Bediensteten usw. der Eisenbahn oder deren **Erfüllungsgehilfen**; EVO § 4 oder § 278 BGB also nicht anzuwenden; ebenso *Finger* Bem. 4; *Goltermann* Anm. 2; *Kittel* Anm. 2; s. § 4 Anm. 4; *Sommerfeld* **VR 1** 429; **EE 39** 132, 147; **16** 64, **24** 280; **VZ 03** 741; *Reindl*, **VZ 16** 1005, **23** 459; *Pollaczek*, **VZ 14** 837; *v. Nanassy* S. 665; *abw.* **EE 29** 273, **30** 40, **33** 418 und die oben angeführten *Gadow, Krüger;* s. noch **JW 24** 682; **RG 104** 152; **EE 33** 418.

9. Die **fernmündliche Benachrichtigung** kann nach den geschäftlichen Gepflogenheiten im modernen Verkehr an *jeden* kaufmännischen Angestellten des Empfängers gerichtet werden, *der sich bei Anruf meldet;* anders, wenn sich Fernsprechzentrale als solche zu erkennen gibt, **OLG Koblenz VRS 7** 285.

10. Es sind auch andere Arten als schriftliche Übermittlung denkbar. Hier gilt § 130 BGB, s. Anm. 1.

11. Porto, Botenlohn, Fernsprechgebühr; nicht Kosten der Benachrichtigungskarte und deren Ausfertigung.

12. Bei Unterlassung ggf. Berufung auf § 93 (2) c) 2.

§ 79. *Abnahme der nicht zugerollten Güter*

(1) Die von der Eisenbahn auszuladenden Güter[1] sind innerhalb der im Tarif festzusetzenden Frist während der Dienststunden der Güterabfertigung[2] abzunehmen[3]. Die Frist beginnt mit dem Zeitpunkt, in dem die Benachrichtigung von der Ankunft des Gutes als bewirkt gilt [§ 78 (1)], und muß mindestens 24 Stunden betragen[4].

I. Die von der Eisenbahn auszuladenen Güter sind innerhalb 24 Stunden abzunehmen. Ausnahmen von dieser Frist werden durch Aushang bekanntgemacht.

Auf unbesetzten Bahnhöfen sind die von der Eisenbahn auszuladenden Güter nach Eingang der Benachrichtigung bei Ankunft des von der Eisenbahn bezeichneten Zuges[6] abzunehmen.

Nicht fristgemäß abgenommene Güter werden auf dem in der Fahrrichtung nächstgelegenen besetzten Bahnhof eingelagert. Neben dem tarifmäßigem Lagergeld wird die Fracht für die Beförderung von dem unbesetzten nach dem besetzten Bahnhof erhoben. Die gleiche Fracht wird berechnet, wenn das Gut auf Weisung des Absenders oder Empfängers nach dem unbesetzten Bahnhof zurückbefördert wird.

(2) Die Frist, innerhalb der die vom Empfänger auszuladenden Güter abzunehmen[3] sind, ist durch Aushang bekanntzumachen. Die Frist beginnt mit dem Zeitpunkt, in dem die Benachrichtigung von der Ankunft des Gutes als bewirkt gilt. Sind die zu entladenden Wagen nicht rechtzeitig bereitgestellt, so beginnt die Entladefrist erst mit dem Zeitpunkt der Bereitstellung. Die Eisenbahn kann verlangen, daß die Güter während der Dienststunden[2] ausgeladen und abgefahren werden.

(3) Hat der Absender bei bahnlagernd gestellten Gütern im Frachtbrief oder hat der Empfänger schriftlich auf Benachrichtigung verzichtet oder ist eine Benachrichtigung nach den Umständen nicht möglich, so beginnt die Abnahmefrist mit der Bereitstellung des Gutes.

(4) An Sonn- und Feiertagen braucht die Eisenbahn keine Güter abzuliefern. Soweit dies doch geschieht, ist es durch Aushang bekanntzumachen.

(5) Der Lauf der Abnahmefristen ruht an Sonn- und Feiertagen sowie für die Dauer einer Behandlung durch die Zoll- oder sonstigen Verwaltungsbehörden, soweit die Behandlung nicht durch den Absender oder Empfänger verzögert wird.

(6) Wird das Gut nicht innerhalb der Abnahmefrist abgenommen, so ist das tarifmäßige Lager- oder Wagenstandgeld[5] verwirkt. Lager- und Wagenstandgeld sind bei Überschreitung der Fristen (auch für

Sonn- und Feiertage) zu zahlen; hierbei werden jedoch unmittelbar aufeinanderfolgende Sonn- und Feiertage stets nur als ein Tag gerechnet. Läuft die Abnahmefrist erst nach 14 Uhr eines Werktages ab, so ist für einen oder mehrere auf den Werktag unmittelbar folgende Sonn- oder Feiertage kein Lager- oder Wagenstandgeld zu zahlen.

II. Welche Tage als Feiertage gelten, wird durch Aushang bekanntgemacht.

III. Bei Neuaufgabe beladener Wagen auf dem Bestimmungsbahnhof durch den Empfänger zur Weiterbeförderung ohne Umladung oder nach teilweiser Veränderung der Ladung sind zwischen bewirkter Benachrichtigung von der Ankunft des beladenen Wagens und der Neuaufgabe eine einfache standgeldfreie Frist gewährt; bei Überschreitung dieser Frist wird Wagenstandgeld erhoben. In gleicher Weise wird bei Weitersendung durch den Absender verfahren; nur wird in diesem Falle die Entladefrist bereits vom Eingang der Sendung, nicht erst von der etwa erfolgten Benachrichtigung des Empfängers an berechnet.

IV. Zur vorübergehenden Niederlegung nach der Entladung kann die Lagerung von Wagenladungsgütern auf verfügbaren Plätzen der Bahnhöfe im Freien gestattet werden. In solchen Fällen wird statt des Lagergeldes Platzgeld erhoben.

V. Das Lager-, Platz- und Wagenstandgeld sowie das Standgeld für Eisenbahnfahrzeuge auf eigenen Rädern sind im Nebengebührentarif (Teil I Abteilung B) festgesetzt.

(7) Meldet sich der benachrichtigte Empfänger zur Abnahme des Gutes und kann es ihm nicht innerhalb einer Stunde nach seinem Eintreffen bereitgestellt werden, so hat die Eisenbahn ihm etwaige Kosten für den Versuch der Abholung zu ersetzen[6]. Auf Verlangen des Empfängers hat die Eisenbahn den vergeblichen Versuch der Abholung auf dem Frachtbrief zu bescheinigen.

(8) Wird die ordnungsgemäße Abwicklung des Verkehrs durch Güteranhäufung gefährdet, so kann die Eisenbahn die Abnahmefrist soweit nötig abkürzen sowie Wagenstandgeld und Lagergeld erhöhen. Auch können die erleichternden Bestimmungen über die Berechnung des Lager- und Wagenstandgeldes in Abs. (6) außer Kraft gesetzt werden. Solche Maßnahmen sind durch Aushang bekanntzumachen, auch soll in der Presse auf sie hingewiesen werden[7].

Schrifttum: *Lehmann*, **DJZ 02** 491; *Rundnagel-Sperber* S. 161. Wegen des Wagenstandgeldes s. Anm. 5.

1. § 75 (9).

2. Siehe § 63 Anm. 6.

3. Die **Abnahme** des Gutes entspricht auf seiten des Empfängers der *Übergabe* [§ 75 (1) Satz 1] oder *Aushändigung* [§ 75 (4) Satz 1] durch die Eisenbahn. Eine **Verpflichtung hierzu** besteht für den Empfänger **erst mit der Annahme des Frachtbriefs;** § 80 (13) setzt dies voraus, § 75 (2) unterläßt leider einen diesbezüglichen Hinweis. Das *Lager- und Wagenstandgeld* des Abs. 6 *haftet auf dem Gut* für „wen es angeht"; es ist zunächst einmal ohne Adressaten „verwirkt".

Wie die *Annahme* (s. § 93 Anm. 1) bedeutet die Abnahme die Mitwirkung des Empfängers bei der Übertragung des unmittelbaren Besitzes (§ 854 BGB) durch die Eisenbahn auf ihn; die des mittelbaren durch Ersatzablieferung nach § 75 (1) Satz 2 fällt nicht darunter, aber auch nicht die Übergabe bei Zuführung, die durch § 77 geregelt wird. In der *Weiterabfertigung* nach § 75 ABest. VI Ziff. 4 liegt eine Abnahme (Annahme) beschlossen, **RG 102** 92, § 79 ABest. III. Über Abnahme durch *Vertreter* s. **RG 76** 81; **EE 39** 276; **VZ 3** 183. Der **Unterschied zur Annahme** (s. im einzelnen § 93 Anm. 1) zeigt sich nur bei Abs. 2 (Wagenladungen); Abnahme besteht **in der völligen Freimachung** des Laderaums.

4. Tages- und Nachtstunden *durchgerechnet;* nicht Dienststunden.

5. S. ABest. I. **Wagenstandgeld:** *Friebe,* **Reichsbahn 31** 260; *Schultz,* **VZ 26** 561; **EE 43** 265; *Goudefroy,* Streik und Standgeld, **ZfVerkWiss. 22** Nr. 20; **VZ 22** 761; **„Verkehr" 22** 303, 430, 351, 466; *Seybold,* **VR 1** Nr. 14/15; *Senckpiehl,* **SpedSchiffZtg. 22** Nr. 20, 23; **RG 105** 70; **VZ 22** 724; **EE 43** 106, 265, 327; **VR 4** 378, **5** 27. *Standgeld ist nicht abgestellt* auf Verletzung einer Verbindlichkeit der Frachtberechtigten, nicht *auf Verschulden* (**VZ 22** 761 [*Goudefroy*], **VR 41** 1677 [*Staks*]), setzt keinen Verzug voraus, ist weder Schadensersatz noch Vertragsstrafe, noch Mietzins, sondern eine *durch Gesetz* und Tarif fest *normierte Vergütung* für die verlängerte Dauer der Wagenbenutzung, **RG 105** 70. Für erhöhtes Wagenstandgeld gilt dasselbe; **VAE 41** 218; **EE 43** 325, 327; **unrichtig VAE 40** 163. S. im übrigen §§ 46 (3), 50 (2), 63 (4) (5), 65 (1), 72 (9) (10), 73 (5).

6. Ohne daß **ein Verschulden der Eisenbahn** nachzuweisen wäre; dagegen ist Höhe der entstandenen Kosten nachzuweisen, **EE 23** 355; **VZ 08** 269. Wartet der Empfänger länger, und wird das Gut dann ausgeliefert, kein Ersatz für die Wartezeit, da Abholung nicht versucht, sondern geglückt. **Ansprüche wegen** etwaiger **Lieferfristüberschreitung** werden dadurch **nicht berührt,** s. aber **EE 44** 210. Wenn Empfänger nicht zu benachrichtigen, wo also die Eisenbahn von der Benachrichtigungspflicht nach § 75 (10) befreit war, will *Weirauch* in der Vorauflage im Anschluß an *Rundnagel,* BefGesch. S. 407 die Vorschrift nicht zum Zuge kommen lassen; dafür bietet aber die EVO keinen Anhalt, es wäre auch unbillig; auf amtliche Benachrichtigung muß man sich verlassen können. Das gilt auch, wenn im Falle der ABest. I Abs. 2 das Gut *nicht mit dem von der Eisenbahn bezeichneten Zuge* mitgekommen ist. Wenn *Finger* Bem. 11 dies meint, wäre ihm also zuzustimmen. *Nicht* dagegen erstreckt sich die Haftung auf die sog. **Vorbenachrichtigung** (Voravisierung), die lediglich einen Hinweis auf das bevorstehende Eintreffen darstellt, wenn bei der Übermittlung zum Ausdruck gebracht wird, daß endgültiger Bescheid beim Eintreffen auf dem Bestimmungsbahnhof gegeben wurde. Dagegen ist der *Benachrichtigung gleichzusetzen* eine **unrichtige Auskunft** über das Eintreffen auf Anfrage des Empfängers.

7. **Abweichung von § 6 (5)**, deren Umfang jedenfalls wohl die Veröffentlichungsfrist nach dessen S. 2 umfaßt; das „sind durch Aushang bekanntzumachen" ist aber nach den Umständen (eine solche Maßnahme kann nicht von lokaler Publikation abhängen) wohl auch so auszulegen, daß im Gegensatz zu § 6 (5) Satz 1 die Veröffentlichung durch Aushang keine konstitutive Wirkung hat, von der die Gültigkeit beeinflußt würde; hinsichtlich der Presse klar durch das „soll". Unklar *Goltermann* Anm. 15 („mit Aushang in Kraft" — „ohne Veröffentlichungspflicht").

§ 80. *Ablieferungshindernisse*[1]. *Verzögerung der Abnahme*[2]

(1) Ist der Empfänger des Gutes nicht zu ermitteln[3] oder verweigert er ausdrücklich die Annahme[4] oder nimmt er den Frachtbrief nicht innerhalb der von der Eisenbahn im Tarif festzusetzenden Frist an[5] oder ergibt sich vor Annahme des Frachtbriefs durch den Empfänger ein sonstiges Ablieferungshindernis[6], so hat die Empfangsabfertigung unverzüglich[7] den Absender durch die Versandabfertigung hiervon zu benachrichtigen[8] und seine Anweisung einzuholen[9]. Der Absender hat die Anweisung durch Vermittlung der Versandabfertigung zu erteilen[10].

I. Der Frachtbrief ist anzunehmen:

a) bei leicht verderblichen Gütern innerhalb der im § 79 bezeichneten Abnahmefristen;

b) bei anderen bahnlagernd gestellten Stückgütern, von deren Ankunft der Empfänger nicht benachrichtigt worden ist oder nicht benachrichtigt werden konnte, innerhalb fünf Tagen nach ihrer Bereitstellung (§ 79 [3]);

c) sonst innerhalb zweier Tage nach Ablauf der im § 79 bezeichneten Abnahmefristen.

(2) Der Absender kann im Frachtbrief vorschreiben, daß er von einem Ablieferungshindernis auf seine Kosten ohne Vermittlung der Versandabfertigung telegraphisch, fernmündlich oder durch die Briefpost benachrichtigt werden[7] soll; er ist in diesem Falle unter den im Tarif festzusetzenden Bedingungen berechtigt, seine Anweisung unmittelbar an die Empfangsabfertigung zu richten[10].

(3) Der Absender kann unter den im Tarif festzusetzenden Bedingungen im Frachtbrief auch vorschreiben, daß ihm das Gut bei Eintritt eines Ablieferungshindernisses ohne vorherige Benachrichtigung zurückgeschickt werden soll[11]. Sonst darf das Gut nur mit ausdrücklichem Einverständnis des Absenders zurückgeschickt werden.

(4) Der Absender kann im Frachtbrief einen anderen für den Fall eines Ablieferungshindernisses zur Erteilung von Anweisungen über das Gut bevollmächtigen und vorschreiben, daß die Empfangsabfertigung diesen an seiner Stelle ohne Vermittlung der Versandabfertigung benachrichtigen und dessen Anweisung[9] einholen soll.

(5) Der Absender kann im Frachtbrief auch vorschreiben, daß das Gut im Falle eines Ablieferungshindernisses auf dem Bestimmungsbahnhof unter gewissen im Tarif festzusetzenden Bedingungen an einen von ihm bezeichneten anderen als den in der Anschrift genannten Empfänger abgeliefert werden soll. Von der Ablieferung des Gutes hat die Empfangsabfertigung den Absender unmittelbar zu verständigen.

II. 1. Der Antrag auf Benachrichtigung durch die Empfangsabfertigung ohne Vermittlung der Versandabfertigung oder auf Rücksendung des Gutes ohne Benachrichtigung ist unter „Andere vorgeschriebene oder zulässige Erklärungen" wie folgt zu stellen:

„Bei Ablieferungshindernis telegraphische Benachrichtigung durch die Empfangsabfertigung ohne Vermittlung der Versandabfertigung auf meine Kosten"

oder

„Bei Ablieferungshindernis fernmündliche Benachrichtigung durch die Empfangsabfertigung ohne Vermittlung der Versandabfertigung auf meine Kosten"

oder

„Bei Ablieferungshindernis Benachrichtigung mit Briefpost durch die Empfangsabfertigung ohne Vermittlung der Versandabfertigung auf meine Kosten"

oder

„Bei Ablieferungshindernis Rücksendung ohne vorherige Benachrichtigung."

2. Einem Antrag auf frachtfreie Auslieferung wird nur dann entsprochen, wenn der auf der Sendung haftende Betrag bei der Emp-

fangsabfertigung eingezahlt ist oder dieser die Zahlung an die Versandabfertigung nachgewiesen wird.

III. 1. Der Antrag auf Benachrichtigung eines Bevollmächtigten durch die Empfangsabfertigung oder auf Ablieferung des Gutes an einen anderen als den im Frachtbrief genannten Empfänger ist unter „Andere vorgeschriebene oder zulässige Erklärungen" wie folgt zu stellen:

„Bei Ablieferungshindernis Benachrichtigung ohne Vermittlung der Versandabfertigung von .... in ...., der zur Erteilung von Anweisungen über das Gut bevollmächtigt ist"

oder

„Bei Ablieferungshindernis Ablieferung der Sendung auf den Bestimmungsbahnhof an .... in ...."

2. Für die — auch nur versuchte — Ausführung dieser Anweisungen wird außer den etwa erwachsenen baren Auslagen die im Nebengebührentarif (Teil I Abteilung B) festgesetzte Gebühr erhoben.

(6) Der Absender oder sein Bevollmächtigter hat bei der Erteilung von Anweisungen in den Fällen der Abs. (1), (2) und (4) das Frachtbriefdoppel[12] vorzulegen und auch darin die Anweisung einzutragen; dieses Erfordernis gilt nicht, wenn der Absender nach § 61 Abs. 4 auf das Doppel verzichtet hat. Befolgt die Eisenbahn die Verfügungen des Absenders, ohne die Vorlegung des Doppels zu verlangen, so haftet sie für den daraus entstehenden Schaden[13] dem Empfänger, wenn ihm der Absender das Doppel übergeben hat. Hat der Empfänger die Annahme ausdrücklich verweigert[14], so kann der Absender oder sein Bevollmächtigter auch ohne Vorlage des Doppels Anweisung erteilen.

(7) Für die Ausführung der Anweisung gilt § 72 (4) und (5) entsprechend.

(8) Ist die Benachrichtigung des Absenders oder des im Frachtbrief bezeichneten Bevollmächtigten nach den Umständen nicht möglich oder geht binnen der im Tarif hierfür vorgesehenen Frist keine Anweisung des Absenders oder seines Bevollmächtigten ein[15] oder ist die Anweisung nicht ausführbar, so hat die Eisenbahn das Gut auf Kosten des Absenders auf Lager zu nehmen[16]. Sie ist jedoch auch berechtigt, das Gut unter Einziehung der etwa noch nicht bezahlten Kosten bei einem Spediteur oder in einem öffentlichen Lagerhaus auf Gefahr und Kosten des Absenders zu hinterlegen[17] oder unter Berechnung der Fracht und sonstigen Kosten an den Absender zurückzusenden.

IV. Die in der Allg ABest. zu § 73 festgesetzte Frist ist hier ebenfalls maßgebend.

(9) Die Eisenbahn ist ferner berechtigt[18]:

a) Güter, die nicht abgeliefert werden können, wenn sie nach dem Ermessen des Bestimmungsbahnhofs schnellem Verderb unterliegen oder nach den örtlichen Verhältnissen weder einem Spediteur oder Lagerhaus übergeben noch eingelagert werden können, sofort[19],

b) Güter, die nicht abgeliefert werden können und vom Absender nicht zurückgenommen werden, einen Monat nach Ablauf der Abnahmefrist[20], wenn aber ihr Wert durch längere Lagerung unverhältnismäßig vermindert werden würde[21] oder wenn die Lagerkosten in keinem Verhältnis zum Werte des Gutes stehen würden, schon früher

ohne Förmlichkeit[22] bestmöglichst zu verkaufen[23]. Von dem bevorstehenden Verkauf ist der Absender[24] zu benachrichtigen, soweit dies nach den Umständen möglich ist. Für den Verkauf kann die Eisenbahn außer den baren Auslagen die tarifmäßige Gebühr erheben[25].

V. Für den Verkauf unanbringlicher Güter durch die Eisenbahn werden außer den baren Auslagen die im Nebengebührentarif (Teil I Abteilung B) festgesetzten Gebühren berechnet.

(10) Von der Hinterlegung und vom Verkauf des Gutes hat die Eisenbahn den Absender zu benachrichtigen, soweit dies nach den Umständen möglich ist[26]. Dem Absender ist der Verkaufserlös nach Abzug der noch nicht gezahlten Kosten sowie der mit dem Verkauf verbundenen Auslagen zur Verfügung zu stellen. Reicht der Erlös zur Deckung dieser Beträge nicht aus, so ist der Absender zur Nachzahlung der ungedeckten Beträge verpflichtet. Das gleiche gilt, wenn das Gut auf Grund von Polizei- oder Verwaltungsvorschriften vernichtet werden muß oder aus sonstigen Gründen unverwertbar ist[27].

(11) Zoll- oder steuerpflichtige Güter dürfen erst nach der Zoll- oder Steuerbehandlung bei einem Spediteur oder in einem öffentlichen Lagerhaus hinterlegt oder verkauft werden.

(12) Fällt das Ablieferungshindernis weg, so wird dem Empfänger, wenn er zur Annahme bereit ist, das Gut abgeliefert, sofern keine entgegenstehende Anweisung des Absenders oder seines Bevollmächtigten bei der Empfangsabfertigung eingegangen ist[28]. Von der nachträglichen Ablieferung ist der Absender oder sein Bevollmächtigter, soweit diesen das Hindernis schon mitgeteilt war, unmittelbar zu verständigen.

(13) Hat der Empfänger den Frachtbrief angenommen, so hat die Eisenbahn das Gut, wenn es vom Empfänger nicht innerhalb der Ab-

nahmefrist[20] abgenommen wird oder aus anderen Gründen nicht abgeliefert werden kann, auf Kosten des Empfängers auf Lager zu nehmen[29]. Der Empfänger[30] ist hiervon zu benachrichtigen. Für die Lagerung solcher Güter, für ihre Überweisung an einen Spediteur oder an ein öffentliches Lagerhaus sowie für ihren Verkauf gelten die Vorschriften der Abs. (8) bis (11), wobei jedoch an die Stelle des Absenders der Empfänger tritt[31].

(14) Die Eisenbahn kann für ihre sich aus den vorstehenden Bestimmungen ergebenden Leistungen außer der Fracht und den sonstigen Unkosten die im Tarif festgesetzten Nebengebühren verlangen, es sei denn, daß sie ein Verschulden trifft[32].

VI. Die Gebühren für Unbestellbarmeldungen und für die Ausführung der Anweisungen des Absenders oder seines Bevollmächtigten sind im Nebengebührentarif (Teil I Abteilung B) festgesetzt.

Schrifttum: **SpedSchiffZtg. 06** 228, 242, 252, 266 *(Muschweck)*; **EE 21** 204 *(Senckpiehl)*; **VR 7** 232 *(Röder)*; *v. d. Leyen*, **ZfHR 39** 81, **65** 22; *Grünberg* **EE 32** 3; *Friebe* **EE 84** 195.

1. Wegen Beförderungshindernissen s. § 73. Im Gegensatz zu ihnen liegen die **Ablieferungshindernisse nach** der **Beförderung**, das Gut ist also bereits auf dem Bestimmungsbahnhof. § 80 unterscheidet zwei Tatbestände: Abs. (1) bis (12) behandeln die Ablieferungshindernisse *vor*, Abs. (13) *nach Annahme des Frachtbriefes*, letztere fallen unter den Begriff: „Verzögerung der Abnahme", die 2. Alternative der Überschrift.

2. Abnahme s. § 79 Anm. 3 und § 93 Anm. 2.

3. § 242 BGB, § 346 HGB; mangelnde Adresse; Wohnungswechsel; Ableben; Verhaftung; Auflösung der Firma; über Verfügungsbeschränkungen s. Anm. 6. Die Nichtauffindbarkeit darf nicht nur so kurzfristig sein, daß sie nach Art des Gutes unschädlich ist, so insbesondere, wenn Rückkehr von Reise kurz bevorstehend, **EE 56 373 (Appellationshof Bern)**. Da die Post eigene Nachforschungen durchführt, bevor sie unbestellbar meldet, ist die Eisenbahn nicht verpflichtet, in einem solchen Falle umfangreiche Ermittlungen nach dem Empfänger anzustellen. In der Regel genügt Aufgabe des Benachrichtigungsschreibens zur Post unter der im Frachtbrief angegebenen Adresse. *Richter*, Anm. I verlangt Nachschau im Adreßbuch, s. auch **EE 29** 24.

4. **des Frachtbriefs** und im Zusammenhang damit des Gutes; *andernfalls* handelt es sich um *Verzögerung der* **Abnahme** nach Abs. 13. § 75 (14) wird daher im Rahmen des § 80 (1) nur aktuell, wenn Empfänger *vor* Annahme des Frachtbriefs verlangt, daß einem Antrag auf TA seitens des Absenders stattgegeben wird; dies wäre dann dem Absender mit dem Anheimstellen mitzuteilen, eine entsprechende Anweisung zu erteilen, wenn Eisenbahn nicht bereits von sich aus einen Schaden entdeckt oder vermutet [§ 81 (1) ermächtigt nur den Verfügungsberechtigten]. **Ob** die **Annahmeverweige-**

rung sachlich begründet, ist in diesem Zusammenhang wie auch sonst **ohne Belang** (a. M. *Finger* Bem. 3); etwaiges Verschulden der Eisenbahn belastet sie nach Abs. 14, s. Anm. 32. *Vorbehalte* nach § 75 (14) Satz 2 setzen die Annahme des Gutes voraus; Annahmeverweigerung wegen Ablehnung der Zustimmung zu Vorbehalten durch die Eisenbahn (*Goltermann* Anm. 3) wird wohl kaum anders als nach Annahme des Frachtbriefs und daher als Abnahmeverweigerung nach Abs. 13 in Betracht kommen. *Verweigerung der Frachtzahlung* (*Goltermann* Anm. 3) ist an und für sich weder Annahmeverweigerung noch (*Goltermann* Anm. 5) „sonstiges Ablieferungshindernis", sondern *nur* im *Zusammenhang mit* der *Annahme des Frachtbriefs von Bedeutung;* deren ausdrückliche Ablehnung ist Annahmeverweigerung; macht Eisenbahn sie von Zahlung abhängig, so ist allerdings auch deren Ablehnung implicite Annahmeverweigerung.

5. Die *Nichtannahme des Frachtbriefs in der Frist der ABest. I* wird als *schlüssige Handlung* der ausdrücklichen Annahmeverweigerung gleichgesetzt; diese bezieht sich ja (s. Anm. 4) nicht auf das Gut, sondern auf den Frachtbrief, infolgedessen ist im allgemeinen die Nichtabnahme des Gutes innerhalb der Fristen des § 79 ohne Belang (**EE 56** 373; **RG IZ 32** 547). Etwas anderes kann sich (*Goltermann* Anm. 3) allerdings aus der Natur des (leichtverderblichen) Gutes ergeben, s. ABest. I a).

6. Nach Ankunft des Gutes auf dem Bestimmungsbahnhof; sonst § 73. *Beispiele:* Krieg, Ansprüche Dritter (s. **EE 27** 41; **ROHG 2** 417, 238, **20** 377), Verbot der Auslieferung durch einstweilige Verfügung oder Pfändung (**EE 73** 213, **32** 3; **VZ 25** 156, **28** 85). Beschränkte Abfertigungsbefugnisse der Bestimmungsstation (**EE 47** 366), Verlust des Benachrichtigungsschreibens durch die Post (**EE 23** 261), Beschlagnahme des Gutes. Nicht ohne weiteres Konkurs (*Seybold* **VR 4** 790, *v. Nanassy* S. 589 (zu Art. 25), *Goltermann* Anm. 1 b) gegen *Loening* **VR 4** 543), sondern nur, wenn Konkursverwalter Annahme verweigert. Das *Hindernis braucht kein dauerndes zu sein.*

7. Ohne schuldhaftes Zögern (BGB § 121); **RG 64** 159. **Unterläßt** sie die Benachrichtigung oder nimmt sie diese **zu spät** vor, so kann hierin ein **Verschulden** nach Abs. 14 liegen, das sie ihrer *Nebengebühren* verlustig gehen läßt. Darüber hinaus **haftet** sie für etwaigen *weiteren Schaden,* der bei rechtzeitiger Benachrichtigung vermieden worden wäre, **RG EE 37** 242. Die Benachrichtigung muß den *Grund* des Hindernisses so wiedergeben, daß Absender zweckentsprechende Anweisung erteilen kann, **OLG Köln EE 43** 214. Die *Art der Übermittlung* ist ebenso wie der Zeitpunkt Sache ihres Ermessens, das nach Abs. 2 vom Absender *eingeschränkt* werden kann, auch hinsichtlich der Einschaltung der Versandabfertigung. Die *Pflicht zu telegraphischer Benachrichtigung* beschränkt sich nicht etwa auf die Fälle, in denen sie Absender angeordnet hat, sondern kann sich *aus den Umständen* ergeben, **RG IZ 32** 547 = **EE 52** 258 (zu Unrecht von *Goltermann* Anm. 8 für die gegenteilige Auffassung zitiert). **Absender kann auf Benachrichtigung verzichten,** doch kann sich trotzdem u. U. eine Pflicht für die Eisenbahn ergeben, Nachricht zu geben, wenn Gut zu lange lagert, **OLG Koblenz VRS 7** 285.

8. Den frachtbriefmäßigen Absender, auch wenn er das Frachtbriefdoppel nicht mehr besitzt, aber nach *Weirauch* in der Vorauflage dann nicht, wenn er zugleich Empfänger ist (so *Rundnagel,* BefGesch. S. 167; a. M. *Kittel* Anm. 5 a, *Finger* Bem. 8 mit der Einschränkung, daß die Verpflichtung entfallen soll bei Annahmeverweigerung und nicht fristgemäßer Annahme des Frachtbriefs). Im Hinblick auf Abs. 14 liegt es aber jedenfalls im Interesse der Eisenbahn selbst, den vorgeschriebenen Weg zu gehen; sie sollte lieber einmal zuviel als einmal zuwenig benachrichtigen, s. auch Anm. 7.

9. Wenn dies möglich; *Coermann,* **EE 16** 181, **23** 235. Zugelassen jede ausführbare Anweisung, s. § 73 Anm. 6, auch auf Abwarten und nochmaliges Anbieten, mit der Einschränkung des Abs. 9.

10. Gefahr der Übermittlung trägt Absender (s. **EE 23** 261). Die Empfangsabfertigung braucht eine ihr unmittelbar und nicht durch Vermittlung der Versandabfertigung zugekommene Anweisung des Absenders nicht zu berücksichtigen, es sei denn, daß der Frachtbrief einen entsprechenden Vorbehalt nach Abs. 2 enthält (**VR 6** 87).

11. Durch Rücksendung kein neuer Frachtvertrag; s. § 72 Anm. 9; a. A. *Goltermann,* § 80 Anm. 12.

12. Abs. 6 faßt die Vorschriften beim Vorhandensein eines Frachtbriefdoppels zusammen und stellt klar, daß Absender auch im Falle des Abs. 2 das Doppel vorweisen muß (Begr.). Frachtbriefdoppel § 61 Anm. 10. Vorlage im Fall des Abs. 3 erübrigt sich, da Frachtbriefdoppel die Klausel auch enthält, Empfänger also vorher weiß, was geschehen kann.

13. S. § 72 Anm. 25. *Schadensersatzpflicht nicht beschränkt,* ggf. also Wiederbeschaffungspreis, **OLG Düseldorf EE 43** 217.

14. Bloße Säumigkeit genügt nicht (**EE 43** 217).

15. Annahmeverzug, abweichend von BGB § 300 geregelt. Die *Regelung des § 80* **ist erschöpfend (RG 108** 57); *Rundnagel-Sperber* S. 30; *Kittel* § 80 Anm. 11; abw. **EE 39** 58; s. Anm. 31.

16. Das Lagern kann *auch im Eisenbahnwagen* erfolgen, nur muß der Beginn des Lagervertrags genügend *nach außen hervortreten;* z. B. Anzeige an den Verfügungsberechtigten, Umstellen auf ein Nebengleis (s. *Gorden* **EE 28** 140); **Lagern bedeutet dann Ablieferung (RG 108** 55, 57). Anders bei bahnlagernd gestellten Gütern, dies geschieht innerhalb des Frachtvertrages. Von da ab haftet Eisenbahn nach EVO § 82 (5) für die Sorgfalt eines ordentlichen Kaufmanns, z. B. keine Haftung für Frostschäden, **VR 26** 513 (s. **EE 21** 157, **22** 107). Für Haftung aus der Lagerung gilt Verjährung aus BGB § 196 Abs. 1 Ziff. 1, nicht Ziff. 3 und Abs. 2.

17. Verwahrungsvertrag zugunsten wen es angeht; damit endet der Frachtvertrag, EE 42 213; streitig ist, ob die Eisenbahn den Verwahrungsvertrag *im Namen des Verfügungsberechtigten* oder im eigenen Namen abschließt; ersteres ist anzunehmen (*Senckpiehl,* Lagergeschäft, S. 389; **EE**

30 97, **38** 212, **43** 417, **44** 196; **RG 115** 192; **EE 43** 213). Also keine Haftung der Eisenbahn für die Kosten der Lagerung und auch nicht für die Kosten, die vor der Lagerung entstanden und vom Lagerhalter durch Nachnahme erhoben sind (Fracht, Wagenstandgeld) (**OLG Naumburg** v. 16. 4. 23 — 8 U 257/23 —); abw. *Senckpiehl* aaO. S. 201. Auch erlangt der *Verfügungsberechtigte* einen *Anspruch unmittelbar gegen* den *Verwahrer* (s. **EE 30** 97, **43** 417; **RG 100** 163). Hinterlegung von *Nachnahmesendungen* s. **EE 31** 237; über *Pfändung* des Herausgabeanspruches s. **EE 43** 213. Wegen *Endigung der Haftung* aus dem Frachtvertrag s. § 93 Anm. 2; bei *schnellem Verderb* s. **EE 45** 81.

18. Nicht verpflichtet.

19. Also ohne den Absender zu benachrichtigen; liegt aber eine Verfügung des Absenders vor, ist deren Befolgung gemäß EVO § 72 (5) zu prüfen, **EE 45** 81; *Kittel* Anm. 13 c.

20. § 79.

21. Siehe **EE 16** 243, **19** 15, **20** 258, **28** 186 (**OLG München:** Eisenbahn ist nicht verpflichtet, solcher Wertminderung durch Speziallagerung vorzubeugen).

22. D. h. ohne an HGB § 373 gebunden zu sein. Sie muß dabei die *Sorgfalt eines ordentlichen Kaufmanns* beobachten; s. *Grünberg*, Unanbringliche Güter, **EE 32** 3; ferner **EE 17** 309, **19** 254, **31** 247. **Erwerber wird Eigentümer,** *wenn er Eisenbahn für verfügungsberechtigt hält,* § 366 BGB zumindest entsprechend anwendbar, **OGH NJW 50** 349 = **IZ 50** 399; **BGH 2** 38; *dagegen Goltermann* Anm. 23 im Widerspruch zu dem vorher von ihm zustimmend zitierten Urteil des **OLG Oldenburg HS 1949** § 80 Nr. 1.

23. Erlös an Absender oder Hinterlegung.

24. Nicht auch Empfänger. Absender braucht nicht benachrichtigt zu werden, wenn er Eisenbahn mit dem Verkauf beauftragt und sich nicht Benachrichtigung ausbedungen hat (**VR 2** 222).

25. S. ABest. V. Berechtigter kann nach BGB §§ 666, 675 Rechenschaftslegung (Einsicht in Verkaufsverhandlung) verlangen.

26. Weggefallen ist die im bisherigen Abs. 5 ausgesprochene Schadensersatzpflicht der Eisenbahn für den Fall der Unterlassung der Benachrichtigung. Damit sollte keine sachliche Änderung beabsichtigt sein (Begr.).

Demnach also wie bisher **bei Unterlassung ggf. Schadensersatz** (**RG VR 26** 515); im Falle des Verlustes usw. s. §§ 82 ff. (**EE 28** 61; *Kittel* Anm. 16); s. ferner **EE 17** 251, **21** 173.

27. Lies: oder wegen Unverwertbarkeit vernichtet wird; *Goltermann* Anm. 26 hält dies nach dem neuen letzten Satz für klar, *Finger* Bem. 26 b) für streitig.

28. Nach *Finger* Bem. 30 muß die Anweisung des Absenders bis zu Beginn der Ablieferung des Gutes an den Empfänger vorliegen, doch dürfte in der Regel nicht diese, sondern die **Annahme des Frachtbriefs entscheidend** sein, vgl. § 72 (12).

29. Abs. (13) regelt den *Annahmeverzug abweichend von § 300 BGB;* **RG 108** 57; also haftet Eisenbahn nach § 82 (5) trotz des Verzuges außer für Vorsatz und grobe Fahrlässigkeit auch für die Sorgfalt eines ordentlichen Kaufmanns.

Eine **Obhutpflicht** der Eisenbahn *für nicht vollständig abgenommene Güter* (teilweise entladene Wagenladungen, auf der Rampe niedergelegte Teile einer Stückgutsendung) besteht **nicht, RG 112** 343, **RG EE 43** 326; die Haftung aus dem Frachtvertrag endet mit der Übertragung der Einwirkungsmöglichkeit auf den Empfänger, s. § 82 Anm. 8.

30. Nicht mehr der Absender. Unterlassung macht schadensersatzpflichtig, falls nicht entschuldigt, **RG EE 37** 242.

31. Vgl. § 72 (12).

32. S. ABest. VI. Ein **Verschulden** kann liegen in verspäteter Benachrichtigung, s. Anm. 7 mit weiteren Beispielen, aber auch darin, daß sie zu Unrecht keine TA nach § 81 erstellt, s. Anm. 4, oder einen nach § 75 (13) oder (14) sonst begründeten Vorbehalt nicht anerkennt; auch in dem voreiligen Anfordern einer Absenderverfügung, obwohl verreister Empfänger nach Aussagen der Nachbarn bald zurückkehrt oder obwohl Empfänger bei nicht verderblichem Gut um Zahlungsaufschub für ein paar Tage bittet (s. Anm. 3 und 5). Da es sich um Ermessenshandlungen im wohlverstandenen Interesse des Absenders handelt, wird man der Eisenbahn eine gewisse Ermessensfreiheit zubilligen und ein Verschulden nur bei konkretem Verstoß gegen Vorschriften (z. B. § 81) oder bei offenkundig unzweckmäßigem Verhalten annehmen können.

§ 81. *Feststellung[1] von gänzlichen oder teilweisem Verlust oder von Beschädigung des Gutes*

(1) Wird gänzlicher oder teilweiser Verlust[1] oder eine Beschädigung des Gutes[2] von der Eisenbahn entdeckt oder vermutet[3] oder vom Verfügungsberechtigten[4] behauptet[5], so hat die Eisenbahn die Ursache und den Zeitpunkt des Schadens ohne Verzug[3a] durch eine Tatbestandsaufnahme[1] festzustellen. Bei teilweisem Verlust oder bei Beschädigung ist ferner der Zustand, erforderlichenfalls das Gewicht des Gutes und soweit möglich auch der Betrag des Schadens festzustellen; hierbei sind unbeteiligte Zeugen[6] oder Sachverständige und wenn möglich auch der Verfügungsberechtigte[4] zuzuziehen.

(2) Dem Verfügungsberechtigten[4] ist auf sein Verlangen unentgeltlich eine Abschrift der Tatbestandsaufnahme auszuhändigen und[7] das Ergebnis der Feststellungen schriftlich bekanntzugeben[8].

(3) Ergibt die vom Verfügungsberechtigten[4] veranlaßte Untersuchung keinen oder nur einen von der Eisenbahn schon anerkannten

Schadensfall, so wird außer den etwa erwachsenen Kosten die tarifmäßige Gebühr erhoben.

Die Gebühr ist im Nebengebührentarif (Teil I Abteilung B) festgesetzt.

(4) Der Absender oder Empfänger kann den teilweisen Verlust oder die Beschädigung des Gutes auch durch amtlich ernannte Sachverständige[9] feststellen lassen. Zu dieser Feststellung ist die Eisenbahn einzuladen[10]. Die Vorschriften der Zivilprozeßordnung über die Sicherung des Beweises bleiben unberührt[11].

Schrifttum: *Rundnagel,* BefGesch. S. 419; außerdem *Rundnagel-Sperber* S. 181 ff.; *Emil Schulz,* Die Haftpflicht der Eisenbahn im Güterverkehr, Berlin 1920; *Zedelmann,* Eisenbahnberaubung und Beweislast, *ZfVerkWiss.* 1922 Heft 1; *Seybold,* **VR 7** 619; *Röder,* Rechtliche Bedeutung der Tatbestandsaufnahme, **VR 39** 611; *Volmer,* Einsicht in die Akten, **VZ 29** 46. Über Tatbestandsaufnahme s. ferner: **VZ 35** Left 21; **VR 14** Heft 3 und **VAE 35** 611, **36** 156; Ermittlungsdienst **VZ 26** 1264.

1. Tatbestandsaufnahme **(TA)** ist die **schriftliche Aufnahme aller für den Schadensfall wichtigen Tatsachen** durch einen Eisenbahnbediensteten, soweit er sie durch Wahrnehmung feststellen kann **(keine Vermutungen), insbesondere** von

a) Zustand des Gutes, ggf. der Verpackung
b) Gewicht des Gutes
c) Höhe des Schadens
d) Zeitpunkt des Schadens
e) Ursache des Schadens.

Wegen der Begriffe „gänzlicher" oder „teilweiser" Verlust oder „Beschädigung" s. § 82 Anm. 3—5.

Bei *Totalverlust* entfallen die Feststellungen zu a)—c); die CIM hat in Art. 44 daher ganz auf eine TA bei gänzlichem Verlust verzichtet, wogegen jedenfalls vom Standpunkt des Geschädigten nichts einzuwenden ist (vgl. *v. Nanassy* 1 zu Art. 33 § 1). Die Fassung des § 81 (1) ist zu eng, sie läßt nicht erkennen, daß es sich bei den dort aufgeführten Feststellungen nur um Beispiele handelt. Die TA **bezweckt Sicherung des Beweises** von Tatsachen, und zwar **im Interesse beider Parteien** des Frachtvertrages, **EE 29** 444. Eine *Anwendung des § 810* BGB entfällt indes mit Rücksicht auf die Spezialregelung des Abs. 2, s. auch Anm. 8. Ob die TA der Bundesbahn eine öffentliche Urkunde im Sinne von § 418 ZPO ist [so *Finger* Bem. 8 g), dagegen *Goltermann* Anm. 8 a)], kann dahingestellt bleiben, da jedenfalls (§ 418 Abs. 2 ZPO) **Gegenbeweis möglich.** Auf ihre Anfertigung oder Ergänzung kann geklagt werden; daneben Rechte aus Abs. 4 und Recht auf Annahmeverweigerung, § 75 (14); **JW 22** 1142; bei unrichtiger Aufnahme oder Unterlassung Haftung für den Schaden (**EE 50** 389, **51** 59; **JW 28** 38). *Beispiele:* für dadurch entstandene Prozeßkosten, Verwirkung eines Versicherungsanspruchs. Durch die Aufnahme oder deren Unterlassung wird die **Beweislast nicht umgekehrt (EE 29** 282, 444; **18** 343, **19** 357,

20 14, **24** 237, **RG 64** 169; *Zedelmann,* aaO.). *Folgen der Nichtaufnahme* s. § 75 (14 und § 93 (2) c; **EE 40** 105, **35** 259, **29** 444; **50** 388; **53** 158 (bedenklich); *Senckpiehl,* **SpedSchiffZtg. 25** 277. Verpflichtung der Eisenbahn zur Tatbestandsaufnahme beginnt mit Abschluß des Frachtvertrages, endet aber nicht mit Ablieferung des Gutes an den Empfänger, § 93 (2) d. Sie ist unabhängig von einem Antrag des Berechtigten, nicht vorgeschrieben bei leeren Privatwagen (**EE 53** 167).

2. *Gut* ist in vorliegender Bestimmung Ware *und* Umhüllung, *Verpackung* (**RG 38** 339; **VZ 23** 465), z. B. Glasballons (**EE 21** 161), Säcke (**DJZ 06** 1034), **VZ 23** 465. Auch **bahneigene Wagendecken** [§ 41 (3) ATV], a. M. *Eger,* **DVZ** Nr. 146/57 S. 4, s. aber § 66 Anm. 5 und **DVZ** Nr. 154/57 S. 2.

3. Bei dem „Vermuten" handelt es sich nach *v. Nanassy,* 4 zu Art. 44 § 1, um „ein rein *psychisches* Moment", dessen Vorhandensein „kaum nachgewiesen werden kann"; die Vorschrift habe daher nur geringe praktische Bedeutung. Man wird aber mit *Kittel* Anm. 4 und *Richter* Anm. IV sowie *Rundnagel,* BefGesch. S. 422 **auf objektive Umstände, deutlich wahrnehmbare Tatsachen abstellen** und aus deren Nichtberücksichtigung ggf. schließen müssen, daß „die Eisenbahn", d. h. irgendeiner der an der Beförderung beteiligten Eisenbahner (*v. Nanassy* aaO.) entdeckt oder vermutet, aber nichts daraus gemacht hat, wenn natürlich auch nicht konkret bewiesen werden kann, wer die Unterlassung zu vertreten hat. Das hat nichts damit zu tun, daß ein Kennenmüssen, eine *Fahrlässigkeit nicht* der *Kenntnis* und ein Vermuten*müssen* nicht dem *Vermuten* gleichzusetzen sind, wie *Weirauch* in der Vorauflage und *Finger,* Bem. 3, hervorheben, s. auch § 93 Anm. 9. Grobe, unübersehbare Schäden, eine gerissene Verpackung u. s. w. erzeugen zumindest ein Vermuten, s. auch Anm. 5.

3a. Kunde, dessen Betrieb eine rasche Entladung erfordert, braucht nicht mehrere Stunden auf Ermittlungsbeamten der Eisenbahn zu warten, **OLG Frankfurt/M. JW 22** 1142.

4. S. § 72 (11).

5. Die Behauptung eines Verlustes oder Beschädigung des Gutes liegt **nicht in** dem gemäß § 76 gestellten **Verlangen** des Empfängers, *die Ware auf dem Bestimmungsbahnhof nachzuwiegen oder nachzuzählen,* ebensowenig in dem entsprechenden Antrag des Absenders auf dem Frachtbrief gem. § 56 (2) n, **EE 45** 199 **(OLG Düsseldorf).** Wie *Finger,* Bem. 5, mit Recht hervorhebt, ist die **Eisenbahn** aber zur TA **verpflichtet, wenn** die Nachwiegung oder Nachzählung eine nicht aus natürlichen Umständen erklärliche **Veränderung** gegenüber den Frachtbriefangaben ergibt. Das folgt indes nicht aus dem Antrag des Absenders, sondern aus der Pflicht der Eisenbahn, den Tatbestand festzustellen, wenn sie Verluste auch nur vermutet, s. Anm. 3; auch hier muß man das eisenbahnseitige Vermuten aus dem objektiv feststellbaren Umstand schließen, daß die Differenz unaufgeklärt ist. Hat Empfänger nach § 75 (13) in der *Empfangsbescheinigung einzelne Stücke als fehlend bezeichnet,* so verhindert dies ein Erlöschen seiner Ansprüche entweder nach der ersten (Schaden von der Eisenbahn vermutet) oder zweiten (Unregelmäßigkeit behauptet) Alternative (im

Ergebnis ebenso *Finger,* § 75 Bem. 38). Hat er *Vorbehalte* nach § 75 (14) Satz 2 gemacht, so wirkt sich dies bei Zustimmung der Eisenbahn nach § 93 aus, s. dort Anm. 14; aber auch bei fehlender Zustimmung kann darin der Hinweis auf eine Unregelmäßigkeit liegen, die eine eisenbahnseitige Feststellung verlangt, **OLG Hamburg EE 39** 264; vgl. auch *Platz* **VAE 36** 276.

6. Das können auch Bedienstete der Eisenbahn sein; bezüglich der Sachverständigen s. **EE 22** 139.

7. Früher „oder"; zugunsten der Verfrachter abgeändert (Begr.); s. *Senckpiehl,* **VR 43** 2164.

8. *Streitig* ist, *ob* dem Verfügungsberechtigten **Einsicht in** die **Untersuchungsakten** zu gewähren ist. **Dies ist** zu verneinen. § 81 kennt eine solche Verpflichtung nicht, sondern nur die Verpflichtung aus Abs. 2. BGB § 810 trifft nicht zu, da die Untersuchungsakten nicht im Interesse des Verfügungsberechtigten errichtet sind. Wie hier: RGR-Komm. z. BGB § 810 Abs. 2; *Kittel,* Anm. 1; *Richter,* § 81 II 1; *Volmer,* **VZ 28** 1344, **29** 46; *Sommerfeld,* **EE 49** 163; *Richter,* **EE 35** 121; *v. d. Leyen,* **JW 22** 516 und die Urteile in **EE 50** 390, **53** 169, **52** 269, **48** 382; **RG 135,** 188; abw. **EE 48** 382, **50** 206, **51** 66, **49** 161 und *Roeder,* EVO § 81; ferner **JW 22** 516; s. auch **VZ 30** Heft 8. Weitere Urteile bei *Goltermann,* Anm. 16, der wie *Finger,* Bem. 10, die hier vertretene Ansicht teilt.

Bekanntzugeben ist aber **das Ergebnis der Feststellungen;** die Mitteilung hat sich nicht auf die nackte Angabe des Endresultates zu beschränken, sondern sie *muß alle diejenigen Punkte enthalten, die für das gewonnene Resultat wesentlich sind* und dessen tatsächliche Grundlage bilden (**EE 39** 196; **VR 7** 183, 281). Dazu gehört aber nicht die Vorlage aller Urkunden (Zeugenvernehmungen, Protokolle, Berichte), die dieser Bekanntgabe zugrunde liegen; dies namentlich dann, wenn die Vorlegung erst dazu dienen soll, Unterlagen für eine Rechtsverfolgung gegen den Besitzer der Urkunden zu sammeln (s. *v. d. Leyen,* **JW 51** 510; **EE 3** 1, 100, **35** 121; *abw.* **EE 48** 293).

Auch die *Prozeßgerichte* können *nicht* im Wege des Angehens um Amtshilfe etwa von der Bundesbahn verlangen, daß ihnen sämtliche vorhandenen Akten eingereicht werden. Aus einer öffentlich-rechtlichen Verpflichtung zur Amtshilfe kann eine Urkundenvorlegepflicht der Eisenbahn als Transportunternehmer in einem gegen sie in dieser Eigenschaft angestrengten Zivilprozesse nicht hergeleitet werden; **EE 48** 170.

9. Amtlich, d. h. vom Gericht besonders ernannt. Es genügt auch einer; an Stelle des Gerichts kann auch eine andere zuständige Behörde treten, z. B. die Handelskammer. **Fehlt diese Eigenschaft, entfällt die Wirkung** (**RG** in *SpedSchiffZtg.* **21** 230). Sind solche Sachverständige nicht vorhanden, kann Beteiligter deren *Bestellung* beim Amtsgericht *beantragen* (FGG § 164) *oder* **Beweissicherung herbeiführen** (ZPO § 485). Wirkung: Sie steht der bahnamtlichen Tatbestandsaufnahme gleich im Falle des § 93 (2) c und d; diese wird aber hierdurch nicht entbehrlich.

10. Verfahren formlos; Nichtbefolgung ohne Wirkung. Eisenbahn kann aber nicht selbst Antrag stellen; **IZ 42** Nr. 12; **VR 14** 36.

11. Auch diejenigen bezüglich der Kosten dieses Verfahrens (vgl. ZPO §§ 485 ff.). Bezüglich der Kostentragung bei Sachverständigenfeststellung vgl. HGB § 438 Abs. 4, § 471; also Eisenbahn hat Kosten zu tragen im Falle ihrer nicht vorher anerkannten Haftpflicht, aber nicht, wenn außerdem Antrag auf TA gestellt und nach Art oder Höhe des Schadens die zusätzliche Heranziehung von Sachverständigen untunlich war.

§ 82. *Haftung der Eisenbahn im allgemeinen*[1]

(1) Die Eisenbahn haftet[2] für den Schaden, der durch gänzlichen[3] oder teilweisen[4] Verlust oder durch Beschädigung[5] des Gutes[6] in der Zeit von der Annahme zur Beförderung[7] bis zur Ablieferung[8] entsteht, es sei denn[9], daß der Schaden durch ein Verschulden[10] oder eine nicht von der Eisenbahn verschuldete Anweisung[11] des Verfügungsberechtigten[12] durch besondere Mängel des Gutes[13], namentlich durch inneren Verderb[14], Schwinden, gewöhnlichen Rinnverlust[15] oder durch höhere Gewalt[16] verursacht ist.

Kann das auf einer nicht in die direkten Tarife einbezogenen Schmalspurbahn verladene Gut in den gestellten Vollspurwagen nicht restlos verladen werden, so wird das Restgut von der Schmalspurbahn auf Lager genommen und dem Absender zur Verfügung gestellt. Bis zum Eintreffen der Verfügung haftet die Schmalspurbahn für das Restgut nach den Vorschriften über den unentgeltlichen Verwahrungsvertrag. Trifft binnen angemessener Frist keine Anweisung des Absenders ein, so gilt § 80 (8) bis (10).

(2) Die Eisenbahn haftet[17] für die Überschreitung der Lieferfrist[18], es sei denn, daß die Überschreitung durch Umstände herbeigeführt worden ist, die sie nicht abzuwenden und denen sie auch nicht abzuhelfen vermochte[19].

(3) Wird eine nach den Bestimmungen dieser Ordnung beförderte Wagenladung[20] ohne Umladung[21] und ohne daß sie aus dem Gewahrsam der Eisenbahn gekommen ist, neu aufgegeben, so wird vermutet, daß ein etwaiger teilweiser[20] Verlust oder eine Beschädigung während des letzten Frachtvertrages eingetreten ist.

(4)[20] Die gleiche Vermutung gilt, wen eine nach den Bestimmungen des Internationalen Übereinkommens über den Eisenbahn-Frachtverkehr beförderte Wagenladung ohne Umladung und ohne daß sie aus dem Gewahrsam der Eisenbahn gekommen ist, nach den Bestimmungen dieser Ordnung neu aufgegeben wird, sofern bei direkter Abfertigung von dem ursprünglichen Versandbahnhof bis zum letzten Bestimmungsbahnhof[22] das Internationale Übereinkommen über den Eisenbahn-Frachtverkehr anzuwenden gewesen wäre[23].

(5) Wenn die Eisenbahn nach den Vorschriften dieser Ordnung oder des Tarifs ein Gut auf Lager nimmt, hat sie für die Sorgfalt eines ordentlichen Kaufmanns einzustehen[24].

Schrifttum: *Senckpiehl,* Die Haftung der Eisenbahn usw. 1923; *Muschweck,* **EE 12** 270; *Goltermann,* **EE 72** 244, **43** 163; *Hochgraeber,* Haftung der Eisenbahn für Verluste usw., Berlin 1931; *Scheu,* Frachtrechtliche Haftung der Eisenbahn, Berlin 1928; *v. Kienitz,* Höhere Gewalt, **EE 41** 281; *Goltermann,* Haftbarkeit und Entlastungseinwendungen, **VAE 37** 1, **38** 51; *Müllner,* Haftung, **VR 36** Blatt 4; *Winter,* Die Beweisführungspflicht der Eisenbahn nach § 82 EVO; **VAE 41** 189; *Heinze,* Die Konkurrenz zwischen Vertrags- und Deliktshaftung im deutschen Frachtrecht, **IZ 52** 69; derselbe, Eisenbahnfrachtrecht in der Entwicklung, **Die BB 59,** 747 (748); derselbe, Nachkriegsrechtsprechung im Eisenbahnfrachtrecht, **Die BB 51,** 695; *Goltermann,* Ansprüche gegen die Bahn aus unerlaubter Handlung, **BB 52,** 127; *Finger,* Der Frachtvertrag als alleinige Haftungsgrundlage, **AVW 52,** 249; *Eger,* Vertragliche und außervertragliche Schadensersatzansprüche in der neuen frachtrechtlichen Literatur und Rechtsprechung, **IZ 54,** 276; *Dashöfer,* Deliktshaftung neben Haftung nach Frachtrecht?, **IZ 58,** 90; **BGH NJW 57,** 1150 mit Schrifttumsangaben über die Erläuterungsbücher, die das Problem „EVO und Deliktsrecht" beiläufig behandeln; *Goltermann,* Bemerkungen zum Urteil des OLG Düsseldorf zur Frage der Deliktshaftung, **IZ 55,** 40; *v. Nanassy,* Die Schadensvermutung bei neu aufgegebenen Gütern nach Art. 29 CIM, **IZ 54,** 235; *v. Nanassy,* Was heißt „höhere Gewalt" im internationalen Eisenbahngüterverkehr?, **DVZ** Nr. 85/**56**; vgl. auch *Müllner,* **IZ** Nr. 4/**54** (Zweifelsfragen bei behördlicher Beschlagnahme im Eisenbahngüterverkehr); **LG Bonn NJW 53** 549; anders **55** 114 (**LG Mainz**) und vor allem **BGH VRS 10** 435; **DVZ** Nr. 66/**56.**

1. § 82 behandelt die **Haftung der Eisenbahn aus dem Frachtrecht** und die sog. *nicht bevorrechtigten Haftbefreiungsgründe.* Vereinbarungen über die Haftung, auch zugunsten der Verkehrstreibenden sind verboten und nichtig (§ 6). Haftung für Sachschäden außerhalb des Frachtrechts s. Vorbem. zu Abschnitt VIII, Anm. 9. **Haftung aus unerlaubter Handlung neben Haftung aus Beförderungsvertrag ist zu verneinen.** Die **eingehende Regelung der EVO schließt die Anwendung des Deliktsrechts aus,** soweit es sich um die in ihr erschöpfend behandelten rechtlichen Auswirkungen des Beförderungsvertrages handelt; **ergänzend** können nur die Vorschriften des **HGB** und die des **BGB über Schuldverhältnisse** angewandt werden, soweit es sich um Haftungstatbestände außerhalb des Rahmens des § 82 (Verlust, Beschädigung, Lieferfristüberschreitung) z. B. § 71 (5), oder um schuldhafte Zuwiderhandlung gegen Vertragspflichten handelt, die nicht durch die §§ 82 ff. pauschal abgegolten ist (Auslegungsfrage, s. 9 vor § 53). Der **BGH** hat in seinem *Grundsatzurteil* **BGH 24** 188 = **NJW 57** 1150 = **VRS 13** 109 = **IZ 58** 108 sich allerdings auf den Standpunkt gestellt, daß ein **Nebeneinander von Vertrags- und Deliktshaftung beim Frachtvertrag** bestehe, und sich dabei mit den Gegenargumenten (wenn auch nicht aller Autoren, *Heinze,* **Die BB 59** 748 Anm. 9) pauschal auseinandergesetzt. Seine Beweisführung für seine These gipfelt in 3 Argumenten:

1. Die Deliktshaftung hat mit Rücksicht auf §§ 31, 89, 831 BGB weitergehende Voraussetzungen als die nach der EVO: Organverschulden oder Verletzung der Aufsichtspflicht.

2. Die Vorschriften des BGB über das Verhältnis vom Eigentümer zum gutgläubigen Fremdbesitzer schließen dessen Deliktshaftung nicht aus, wenn er sein Besitzrecht überschreitet.

3. Die EVO gibt keinen eindeutigen Anhaltspunkt für eine gegenteilige Meinung, was sie bei einer Neufassung wie der von 1938 angesichts der bekannten Streitfrage hätte tun müssen; sie hätte das auch gar nicht tun können, weil § 458 (2) HGB sie nur zur Ergänzung der vertraglichen Haftung ermächtigt habe.

Zu 1: Es ist kein rechter Grund einzusehen, warum die Eisenbahn für leichtes Verschulden ihrer Aufsichtsorgane mit *höheren* Beträgen einstehen sollte als für sonstiges Verschulden ihres Personals, für das sie nach § 4 EVO *allgemein* haftet, und zwar je *nach Schwere des Verschuldens,* § 91.

Zu 2: Die Entscheidung **NJW 51** 643, auf die sich der BGH für seine Ansicht bezieht, nimmt ihrerseits Bezug auf **RG 157** 135. Dort ist aber ausdrücklich herausgestellt, daß die Haftung des sein Besitzrecht überschreitenden Fremdbesitzers nach § 823 ff. BGB eine Ausnahme findet in der Regelung des *§ 991 (2) BGB.* Gerade dieser ist aber hier *sedes materiae.* Wenn es dort heißt, der Besitzer habe Schaden an der Sache *insoweit zu vertreten, als er dem mittelbaren Besitzer verantwortlich ist,* dann besagt das doch, daß das Besitzmittlungsverhältnis zwischen Besitzer und Besitzmittler, hier also der Frachtvertrag, auch im Schadensfalle die Haftung begrenzt.

Zu 3: Hier ergibt sich eine *Aufgabe für* die mit Rücksicht auf die Neufassung der CIM wohl auf die Dauer unaufschiebbare *Neufassung der EVO,* notfalls unter Abänderung des HGB, dessen § 458 ja ohnehin überholt ist, s. § 2 Anm. 10. Auf die Erörterung des umfangreichen Schrifttums und früherer Entscheidungen kann bei dieser Sachlage verzichtet werden, vgl. im übrigen das Schrifttumsverzeichnis zu Eingang. Daß sich die Argumente des BGH zu 3) gegenseitig ausschließen, ist offensichtlich; aus seinen eigenen Darlegungen ergibt sich, daß er für andere Fälle durchaus eine schuldrechtliche Haftungsbeschränkung mit Wirkung auf das Deliktsrecht für möglich hält, vgl. **RG 157** 192; er verlangt aber hier einen Akt des Gesetzgebers. Auf die Unstimmigkeiten einer Haftung der Eisenbahn nach zwei Seiten hin, wenn Eigentümer und Entschädigungsberechtigter nach EVO nicht dieselbe Person (s. schon **IZ 52** 72), weist zutreffend *Finger,* Bem. 1 c) bb) hin.

2. Haftung auch ohne Verschulden bis zur höheren Gewalt, also auch für den sog. niederen Zufall (**RG 1** 278, **4** 83, **21** 19; **RG 70** 174, **77** 317, **92** 10). Nur Anspruch auf Geldersatz (**VR 3** 226), nicht auf Herstellung des alten Zustandes (§ 249 BGB); **VAE 43** 91.

3. Gänzlicher Verlust ist Untergang (Vernichtung) des Gutes; er liegt aber **auch** schon **dann** vor, **wenn Eisenbahn** aus irgendeinem Grunde, *nicht nur vorübergehend,* tatsächlich oder rechtlich **außerstande ist, das Gut aus-**

zuliefern (**ROHG 4** 14, **15** 30; **RG 49** 93, **56** 400, **70** 175, **75** 109, **94** 97; **EE 15** 168, **16** 120, 318, **41** 266, **44** 223; **EE 51** 173). Grund ist gleichgültig; er braucht nicht einmal bekannt zu sein. Hierher gehört auch *Ablieferung an einen Unberechtigten,* der das Gut nicht alsbald wieder zurückgibt (siehe Anm. 8); Aushändigung einer *Nachnahmesendung* ohne Erhebung der Nachnahme ist kein Verlust, s. § 71 (5); **EE 44** 223 (abw. **RG 75** 109, **94** 99). *Arrest:* **EE 22** 355. *Verschleppung oder Diebstahl:* **ROHG 7** 129. *Beschlagnahme:* **ROHG 7** 56; **BGH VRS 10** 435; *Konfiskation, Untergang:* **RG 49** 92. Unbefugte *Versteigerung:* **ROHG 15** 30; **RG 46** 7. Weigerung der Auslieferung: **EE 24** 379. Bei Verlust eines *Teiles* ist nur dieser zu ersetzen, es handle sich denn um ein unteilbares Ganzes (**RG 15** 132; **EE 22** 67 u. 137). Im Sinne dieser Bestimmung gehört auch die *Verpackung* zum Gut; **VZ 22** 572; **EE 42** 327, **44** 66 (s. auch Anm. 6). Entwertung ist nicht Verlust (s. Anm. 5), Eisenbahn haftet naturgemäß nicht, wenn sie das abgeliefert hat, was ihr zur Beförderung übergeben wurde; also keine Haftung für Verlust bei *Wiegedifferenzen* (**EE 20** 353, **21** 251, 265) oder natürlichem Gewichtsabgang durch Eintrocknen (**EE 31** 317).

4. Früher: Minderung, d. h. Verringerung des Gutes, ohne daß der fehlende Teil anderswo greifbar ist; in der Regel also **Mengenverlust** bei vertretbaren Sachen, **aber auch Verlust eines Stückes** aus einer aus mehreren Stücken bestehenden Stückgutsendung, *teilweise abw.* **EE 19** 44, **24** 141, **42** 327, **44** 66 (überholt durch Änderung).

5. Beschädigung ist **Verschlechterung in qualitativer Hinsicht** und dadurch bedingte Wertminderung (**EE 19** 127, **20** 13, **23** 128); *Zerspringen, Naßwerden* (Hopfen) (**EE 6** 243); Annahme von *Gerüchen* (**RG 60** 45). Auch *Minderung des Verkaufswertes* (Entwertung), z. B. durch langes Lagern (**ROHG 20** 347); aber nur bei materieller, **nicht lediglich ideeller** (unmodern werden!) Substanzveränderung; *Verdacht der Beschädigung* genügt, wenn Ware deswegen nicht verkäuflich; bei Markenartikeln Unansehnlichkeit der Verpackung. Wegen ideeller Wertminderung (positive Vertragsverletzung) s. **OLG München EE 42** 358 (Quarantäneverdacht). Bei Sendungen, die ein einheitliches Ganzes bilden, ist die Verletzung einzelner Stücke eine Beschädigung der ganzen Sendung (**ROHG 15** 374; **RG 15** 134). Über völlige Entwertung vgl. **ROHG 17** 80. Beispiele s. *Rundnagel,* BefGesch. S. 218 Anm. 3; z. B. bei *Mehlsendung* (Käfer): **EE 23** 128; Beseitigung des Fehlers: **EE 6** 234, **19** 127, **41** 244. *Wiederherstellbarkeit* schließt Beschädigung nicht aus; sie ist aber für die Höhe des Ersatzes von Bedeutung; **VR 6** 345. Beschädigung *bei Lieferfristüberschreitung* s. Anm. 18 und § 88 Anm. 6 und 7.

6. Gut s. Vorbem. 1 zu Abschn. VIII; bezüglich Privatwagen, auch Behälterwagen s. § 3 Anm. 8. Zum Gut gehören auch die Lade- und Befestigungsmittel, namentlich die Wagendecken (s. § 83 Anm. 37).

7. S. § 61 Anm. 4, § 63 Anm. 9, 10, 20; **EE 22** 162, 356, **23** 392. **Annahme muß vollendet sein;** durch Bereitstellung eines Wagens zur Verladung entsteht kein stillschweigender Verwahrungsvertrag (**EE 23** 54). Bei Auflieferung von mehreren Stücken auf einen Frachtbrief ist die Annahme erst mit

Besitzübernahme des letzten Stückes vollendet; bis dahin liegt entweder ein Vertragsverhältnis überhaupt nicht vor oder, wenn dies vereinbart, eine Einlagerung nach § 64 (**EE 1** 46, **22** 248, **33** 73, 197, 295). Nach der Abstempelung des Briefes (§ 61) spricht die Vermutung für vollständige Annahme. Für *Schäden während der Verladung* durch Absender, z. B. Unterbrechung durch Mittagspause oder Nacht, *Haftung* nicht *nach* Frachtrecht, sondern *BGB* (Verschulden!), **EE 33** 295, **23** 375, 391; **RG 66** 402. Über Zeitpunkt der Annahme von Gütern von der Hamburg-Amerika-Linie und der Hamburgischen Hafenbahn durch die Reichsbahn s. **RG 117** 387; **EE 44** 349, über den Beginn der frachtrechtlichen Haftung der Eisenbahn bei Übernahme von Gütern von *Privatanschlußgleisen* § 23 PAB, § 18 StAB, wegen *Zurollung* § 63 Anm. 20.

8. Begriff s. § 75 Anm. 2; **EE 23** 306, **43** 325; **RG 114** 314; s. auch § 93 Anm. 1. Mit der Ablieferung **hört** die **Haftung** der Eisenbahn **nach dem Frachtvertrag auf**; sie muß *aber* dem Empfänger die *Möglichkeit* geben *zur zweckentsprechenden Entladung und Abfuhr* bis zur Bahnhofsgrenze (**RG 73** 148, **78** 240, **112** 343 und in **DJZ 25** 341; **VZ 04** 211, **08** 269; **EE 22** 5, **43** 93, **47** 159. Hier **Haftung** nach BGB (**Werkvertrag**) für Verschulden (Ladestraße: **VAE 37** 23). Dieser Pflicht der Eisenbahn entspricht die vertragliche Pflicht des Empfängers, bei Benutzung der Eisenbahnwege die verkehrsübliche Sorgfalt zu beachten, so daß seine Leute und Fahrzeuge keinen Schaden erleiden. Berufung auf BGB § 381 daher beiderseitig ausgeschlossen (**EE 43** 93). Wird das Gut bei Ankunft des Wagens nur teilweise und der Rest erst nach längerer Zeit ausgeladen (**Teilentladung**), so **haftet Eisenbahn** in der Regel für einen in der Zwischenzeit entstandenen Verlust **nicht,** *da Ablieferung mit Beginn des Ausladens erfolgt* ist (**RG 112** 341; **EE 43** 325).

EVO kennt kein Abandonsystem; d. h. auch beschädigtes oder gemindertes Gut muß der Empfänger annehmen zur Wahrung seiner Rechte (**ROHG 13** 414, **15** 374, **16** 43; **ArchfEis. 81** 193); er würde sonst in Annahmeverzug geraten (**ROHG 11** 290, **13** 416, **15** 374) oder den Absender in Verzug setzen; s. **EE 39** 58, auch § 80 Anm. 16 und 29.

Auslieferung an einen Unberechtigten ist keine Ablieferung, sondern Verlust (s. *Senckpiehl,* **EE 40** 129, **41** 28; **RG 19** 144, **58** 77, **94** 99, **103** 146; **EE 39** 156; *Sommerfeld,* **VR 1** 429; *Reindl,* **VZ 23** 489; **JW 22** 1716, **02** 398 Nr. 34); unberechtigt ist auch der *ursprüngliche Empfänger,* der *durch nachträgliche Verfügung ausgeschlossen* wurde (**EE 7** 284, **10** 101, **17** 249), aber nicht derjenige, der zwar falsch bezeichnet ist, dem aber nach dem Willen des Absenders die Sendung zukommen sollte, **VAE 39** 147.

Empfänger kann sich nicht auf Falschablieferung berufen, wenn durch sein Verschulden das Gut an einen Unberechtigten ausgeliefert wird, z. B. wenn das Benachrichtigungsschreiben durch sein Verschulden in unrechte Hände gerät; *v. Kienitz,* **EE 47** 173. Eisenbahn haftet nicht für die Post, wenn diese bei Zustellung des Benachrichtigungsschreibens ein Verschulden trifft; die Post gehört nicht zu den „Bediensteten usw." der Eisenbahn (s. §§ 4 Anm. 4, 78 Anm. 8).

Die **Gefahr der Prüfung,** ob der Vorzeiger des Benachrichtigungsschreibens (am Schalter) oder des Frachtbriefes (an der Ausgabeluke) wirklich der Berechtigte ist, **trägt** die **Eisenbahn** (**RG 94** 97, **103** 146; unr. *Nottebohm,* **VZ 22** 561, **23** 314; *v. d. Leyen,* **JW 22** 1307; *Brandis,* ebendort S. 1716), doch muß sie den Vorzeiger des ordnungsmäßig unterzeichneten Benachrichtigungsschreibens für berechtigt halten dürfen.

9. *Beweislast:* Der **Berechtigte** hat *Frachtvertrag* und *Verlust oder* der *Beschädigung während der Haftungszeit* zu beweisen (s. **ROHG 20** 404, **25** 333; **EE 23** 66; **RG 102** 92); der **Eisenbahn** verbleibt der Beweis der *richtigen Ablieferung* oder der *vier Einreden* des § 82. Ankunft des Wagens mit *unverletzten Plomben* genügt nicht (s. *Kittel,* Anm. 5), wenn Beraubung auch ohne Verletzung der Plomben möglich ist (s. *Nolte,* **RV 3** 317; *Bernardt,* ebendort Sp. 449; oben Anm. 3). Ist die Ursache des Schadens nicht aufgeklärt, haftet Eisenbahn (**EE 3** 353; **JW 07** 368).

10. Vgl. *Droncke,* **EE** 25 (Jub.-Heft) 33 ff., **23** 66, **25** 379, **26** 24. Es genügt **jedes Verschulden,** auch culpa in contrahendo; Verschuldensaufrechnung nach § 254 BGB setzt voraus, daß Eisenbahn ihrerseits schuldhaft gehandelt hat, andernfalls ist Verschulden des Verfügungsberechtigten absoluter Haftungsausschließungsgrund, **RG 97** 171, **96** 277, **100** 162, **108** 276, **112** 287; **EE 43** 321; *dagegen Goltermann,* Anm. 11 (s. *Lutz,* Haftung S. 116 ff.; **JW 09** 46, **26** 1436). *Beispiele: Fehler bei* der *Ausstellung des Frachtbriefes* (§ 57) oder der Zollpapiere (§ 65). *Zu enge Verpackung* und *mangelnde Fütterungseinrichtungen bei Tieren* (**EE 22** 140, 153). Verheimlichung *besonderer Beschaffenheit* des Gutes (**RG 15** 151, **20** 78). Verhinderung von *Sicherheitsmaßregeln* (**ROHG 12** 107). *Unterlassen der Nachwiegung* bei sofortiger Weitersendung der Ladung auf neuen Frachtbrief (**RG 102** 95). Untätiges *Verhalten* des *Empfängers* (**RG 100** 162). *Nichtbeachten* einer allgemeinen bekannten besonderen *Verkehrslage* (Besetzung, Ruhreinbruch, s. **EE 45** 311; **RG 108** 276; *Beschlagnahmegefahr* durch sowjetzonale Stellen, **BGH VRS 10** 435. *Bei unrichtiger Inhaltsangabe* entfällt Haftung dann, wenn durch *diese der Schaden entstanden* ist; *abw. Nottebohm,* **VZ 24** 69. Über *beiderseitiges* Verschulden bei *Verwendung ungeeigneter Güterwagen* s. **Die BB 51** 700 mit Rechtsprechung; § 63 Anm. 10, § 83 Anm. 39, 14; **IZ 56** 303 = **BGH 17** 214; **LG Mannheim IZ 58** 319; **LG Mainz,** Urt. v. 8. 5. 59 **HS 60** 192; **Die BB 59** 749. Für Verschulden ihrer *Hilfspersonen* haben der Verfügungsberechtigte nach § 278 BGB, die Eisenbahn nach EVO § 4 einzustehen.

11. Anweisung ist jede Anordnung, die auf die Ausführung des Beförderungsgeschäfts *von Einfluß* ist; sie umfaßt daher auch den ganzen, vom Absender einzutragenden *Inhalt des Frachtbriefs* (Adreßangabe, Angabe des Bestimmungsbahnhofes, Bezeichnung der Stückgüter, Wagennummer), ebenso auch die Weisungen *auf dem Gut* (*Senckpiehl,* S. 306; *abw.* **VR** S. 108, 276), schließlich alle in der EVO ausdrücklich vorgesehenen Anweisungen (auch soweit sie als „Verfügungen" deklariert sind) des Verfügungsberechtigten, also je nachdem Absenders oder Empfängers oder des von diesem Bevollmächtigten [z. B. Tierbegleiters, § 49 (2)] wie nachträgliche Verfügungen (§ 72), Anweisungen gem. §§ 73, 80, 75 (6), 72 (12); über die Vereinbarung des § 83 (1) a) (offener Wagen gewünscht) s. dort. Absendung in Kenntnis politischer Verwicklungen s. **RG 108** 276. Dafür, daß **Anweisung von der Eisenbahn verschuldet,** obliegt **Reklamanten** der **Beweis,** wie bei jeder Replik (a. M. *Goltermann,* Anm. 12, der der Eisenbahn Negativbeweis zumutet). EVO verlangt ausdrücklich Verschulden der Eisenbahn, daher genügt es nicht, daß das Ereignis, das zu der Anweisung geführt hat, von ihr nach § 82 (als nicht zur „höheren Gewalt gehörig) zu vertreten ist, andernfalls wäre eine besondere Erwähnung des Verschuldens des Verfügungsberechtigten neben der höheren Gewalt überflüssig; *zu vertreten* hat hier die Eisenbahn nach § 276 BGB **Vorsatz und Fahrlässigkeit** [a. M. *Weirauch* in der Vorauflage; im übrigen allgemeine Meinung, s. *v. Nanassy,* Art. 27 § 2 6 c)]. Dieses Verschulden kann auch darin liegen, daß Eisenbahn den Anweisenden auf einen *offensichtlichen Mangel seiner Anweisung* nicht aufmerksam gemacht hat, wobei allerdings die Vertragspflicht zur Aufklärung (vgl. § 75 Anm. 5) sich auf grobe Fahrlässigkeit, wenn nicht auf Vorsatz (*v. Nanassy,* aaO., *Goltermann,* Anm. 12) beschränkt; Beharren trotz Hinweis schließt Verschulden der Eisenbahn aus; *Goltermann,* aaO., Verschulden des Verfügungsberechtigten bei der Anweisung wird nicht verlangt; da es ohnehin schon Haftungsausschließungsgrund wäre, hätte die besondere Erwähnung der Anweisung in § 82 (1) sonst keinen Sinn. **Ursächlichkeit** hat Eisenbahn zu beweisen. Anordnung der „Beförderung in Privatwagen" s. *Rundnagel-Sperber,* S. 65 Anm. 7 und Anm. 6.

12. Verfügungsberechtigte sind Absender und Empfänger, s. § 72 (11), und alle Personen, deren Handlungen diese zu vertreten haben (*Bevollmächtigte, Konkursverwalter,* **JW 98** 17; **RG 66** 405), nicht dagegen am Frachtvertrag nicht beteiligte Personen, wie der Eigentümer oder andere dinglich Berechtigte (s. auch Vorbem. zu Abschnitt VIII Anm. 8).

13. Vorher „natürliche Beschaffenheit". Damit sollte nur eine Angleichung an das JÜG, nicht eine sachliche Änderung der bisherigen deutschen Bestimmung zum Ausdruck kommen (Begr.); s. jetzt Art. 27 § 2 CIM.

„Besondere Mängel" sind Eigenschaften des Gutes, **die** dieses **gegenüber den Einwirkungen der Eisenbahnbeförderung besonders empfindlich und leicht verletzbar machen (RG 94** 169, 110, **43** 112, 229; **EE 20** 335, **43** 90).

Dasselbe besagt § 83 (1) d trotz des nunmehr verschiedenen Wortlautes. Es besteht daher praktisch kein Unterschied in der Anwendbarkeit, so daß die Eisenbahn sich wegen der für sie günstigeren Regelung der **Beweislast** regelmäßig auf § 83 (1) berufen wird, so auch *v. Nanassy,* S. 529 mit Schrifttumsübersicht. Die herrschende Meinung (**RG 64** 169, **104** 47) bezieht § 82 auf Schäden, die gewisse Güter in regelmäßigem Verlauf der Dinge vermöge ihrer natürlichen Beschaffenheit erleiden. § 83 bezweckt nach ihr hauptsächlich, die Eisenbahn von der Haftung für außergewöhnlichen, infolge der natürlichen Beschaffenheit entstehenden Schaden zu befreien (*Fritsch,* EisGes. S. 368 Anm. 30 d; **RG 15** 149, **64** 171, 110, **43** 122, 229; *Muschweck,* **VZ 02** 825, **36** 725; s. auch **RG 113** 251). Die Unterscheidung ist gezwungen; s. *Rundnagel,* BefGesch. S. 444, *Goltermann,* Anm. 13; s. auch Anm. 15.

14. S. § 83 Anm. 21.

15. *Rahl,* Über das Wesen der Leckage, **VZ 36** 725. Gewöhnlicher und außergewöhnlicher Rinnverlust, **VZ 36** 725; *Vettkamp,* Leckage im Frachtrecht, **EE 71** 83, **47** 84; *Röder,* **Faßschäden** im Eisenbahntransport (Wirtschaftliche Nachrichten für Rhein und Ruhr **25** 1742). *Gewöhnlicher* Rinnverlust (früher Leckage genannt) ist das regelmäßige Dringen gewisser Flüssigkeiten durch die Fugen des Gebindes; übersteigt das Auslaufen oder Durchlaufen das gewöhnliche Maß, so liegt *außergewöhnlicher* Rinnverlust vor (**RG 56** 402, **64** 171, **15** 149; **EE 20** 335, **23** 283, **56** 160), der unter § 83 (1) d fällt. Wegen der Verschiedenheit der Beweislast [§ 83 (2)] wäre die Unterscheidung zwischen gewöhnlichem und außergewöhnlichem Rinnverlust theoretisch sehr wichtig; praktisch läßt sich beides *kaum voneinander abgrenzen;* das ist wohl auch der Grund, warum die CIM dieser Schwierigkeit durch Weglassung aus dem Wege gegangen ist, was nach Meinung *v. Nanassys* (Art. 27 § 2 Anm. 7 am Ende, S. 531 oben) die Entscheidung im konkreten Falle nicht im geringsten erleichtert hat, da jetzt Rinnverlust sowohl unter § 2 wie § 3 d) des Art. 27 falle. In diesem Falle wird sich aber die Eisenbahn mit Erfolg auf die für sie günstigere Regelung berufen, vgl. im übrigen auch § **84,** der eine Erwähnung des *gewöhnlichen* Rinnverlusts in § 82 (1) entbehrlich erscheinen läßt, da er **ihn** in dem von ihm gesetzten Rahmen **aus der Regelung des § 82 herausnimmt.**

16. Nach der Rechtsprechung des **RG** ist höhere Gewalt ein **außergewöhnliches Ereignis,** das **von außerhalb** des Betriebes an die Eisenbahn herantritt, nach menschlicher Erfahrung **nicht voraussehbar** und auch durch die zweckmäßigste, wirtschaftlich zu rechtfertigende Sorgfalt **nicht zu vermeiden** ist [**ROHG 12** 107, **13** 71, **20** 19; **RG 50** 94, **54** 406, **60** 304, **64** 404, **70** 98, **75** 390, **101** 95, **104** 151; **EE 18** 76, **20** 265, **23** 214 (Kritik zur Rechtsprechung *v. Kienitz,* **EE 41** 281)]. Geschichtliche Darstellung s. *Rundnagel,* Haftung S. 98 und BefGesch. S. 436. Wer sich auf höhere Gewalt beruft, muß *Tatsachen* angeben, in denen er die höhere Gewalt als verwirklicht ansieht. Allgemeiner Hinweis darauf, daß die Ordnung und Sicherheit aufgehört hätte, genügt nicht (**VZ 22** 917). Das gilt auch für den *Krieg:* Sein Bestehen ist noch kein Grund zur Haftbefreiung. Seine Einwirkung auf den konkreten Beförderungsvorgang muß dargetan sein; **IZ 20** 25, 41, 57. *Durand,* **IZ 43,** Oktoberheft Nr. 10, ebendort **44** 39. Die **neuere Rechtsprechung** (**BGH VkBl. 51** 123 und **VRS 10** 438) ist **geneigt, von** dem Erfordernis der **Nichtvorhersehbarkeit** u. U. **abzusehen,** *wenn der Schaden* auch *bei aller Sorgfalt* mit den der Eisenbahn ohne Gefährdung ihres Betriebs oder ihrer Wirtschaftlichkeit zuzumutenden Vorkehrungen *nicht abgewandt werden konnte;* **damit nähert sie sich dem Begriff des unabwendbaren Umstandes** nach Abs. 2, s. Anm. 19.

Im einzelnen folgendes:

a) Das Ereignis muß *außergewöhnlich* sein, d. h. das Ereignis darf nicht zu solchen gehören, die zwar *unvermeidbar* sind, aber mit gewisser Häufigkeit beim Betriebe einzutreten pflegen (**RG 54** 404; **JW 18** 176). S. auch c) und d).

α) *Naturereignisse:* Blitz, Überschwemmung, Sturm, Gewalt, Bergsturz (**RG 93** 305, **95** 64), Tunneleinsturz.

β) *Menschliche Eingriffe* in den Betrieb: Verbrecherische Handlungen Dritter (**JW 26** 2290, **02** 591; **RG 70** 98), unverständiges Gebahren von Kindern, Aufruhr, Krieg, Gewalt, Raub, Feindeseinfall (**ArchfEis. 09** 491), aber nur dann, wenn selbst außergewöhnliche, der Eisenbahn zumutbare Maßnahmen den Schaden nicht verhindert hätten (**EE 44** 221, **32** 370, **33** 87), „Sanktionen" des Feindbundes, Plünderung (**RG RV 1** 181; **EE 39** 40; **ArchfEis. 21** 992), Ruhreinbruch (**JW 26** 1324), Steinwurf gegen den fahrenden Zug durch Unbekannte (**EE 46** 95, 317).

b) Das Ereignis muß *von außerhalb* kommen, d. h. es muß außer Zusammenhang mit dem Betrieb oder dessen Einrichtungen stehen (**RG 95** 64, **93** 305, **101** 151 **EE 18** 204; **JW 22** 1320). Hierzu gehören also nicht die sog. inneren Zufälle, die durch Bedienstete der Eisenbahn im Dienst, durch Mängel der Einrichtung oder Betriebsmittel der Bahn bedingt sind, z. B. Schienen-, Radbruch (**EE 24** 48), Geisteskrankheit des Lokomotivführers (**RG 89** 346; **JW 27** 2203; a. A. *Fischer* in *Iherings Jahrb.* **37** 215), Funkenflug, **VZ 11** 297; **JW 11** 93; *abw.* **VZ 19** 119), *Beschlagnahme,* weil versehentlich der Frachtbrief vorausgesandt war (**RG JW 23** 180; **ArchfEis. 23** 342; **VZ 21** 805); Beschlagnahme im Interzonenverkehr durch sowjetzonale Eisenbahn, **BGH VRS 10** 435, s. Anm. 3: Nur höhere Gewalt, wenn nicht durch die DR, sondern durch Polizeiorgane erfolgt.

c) *Nichtvoraussehbarkeit.* Ob die Nichtvoraussehbarkeit des Ereignisses bei der Frage der Entschädigung ein notwendiges Merkmal der höheren Gewalt ist, mag zweifelhaft sein (**RG 104 151**). **RG** hat die Eisenbahn für haftbar erklärt, weil sie Gut angenommen und befördert hat, obwohl sie hat annehmen müssen, daß das Gut auf der Beförderungsstrecke der Plünderung anheimfallen würde (**RG** in **ZfKleinb. 20** 324; **JW 23** 925; **Recht** 1921 Nr. 1985); s. auch **ROHG 2** 357 und die Ausführungen unter e. Das Urteil dürfte kaum zu verallgemeinern sein (vgl. Entsch. in **VR 5** 232 und **RG 108** 276, besonders aber **BGH VRS 10** 435 und das eingangs zu dieser Anm. Gesagte).

d) Die Ereignisse müssen *unvermeidbar* sein; hier genügt aber die relative Unvermeidbarkeit, d. h. die von der Eisenbahn zu treffenden Maßregeln müssen wirtschaftlich erträglich sein und dürfen den wirtschaftlichen Erfolg des Unternehmens nicht ausschließen (**RG 70** 99, **112** 284; **JW 14** 38; **EE 44** 221, **BGH** wie eingangs dieser Anm. zitiert). Wegen der turbulenten Nachkriegsverhältnisse, insbes. der Kohlendiebstähle s. *Heinze,* Nachkriegsrechtsprechung im Eisenbahnfrachtrecht, **Die BB 51** 692 (699: Kohlendiebstähle und höhere Gewalt) mit Rechtsprechung. Höhere Gewalt bei derartigen *Plünderungen:* **BGH VkBl. 51** 123.

Die **CIM hat den Begriff „höhere Gewalt" fallen lassen** und durch die Fassung „Umstände, welche die Eisenbahn nicht vermeiden und deren Folgen sie nicht abwenden konnte" ersetzt, s. *v. Nanassy,* Art. 27 § 2 Anm. 8 und **DVZ** Nr. 85/56 (Leitartikel), *ohne damit sachlich etwas ändern zu wollen* (*v. Nanassy,* aaO. S. 534). Damit ist jedenfalls eine Gleichschaltung mit der Regelung der Lieferfristhaftung erreicht worden. Die von der EVO für diese in § 82 (2) gebrauchte Fassung „die sie nicht abzuwenden und denen sie auch nicht abzuhelfen vermochte" (s. Anm. 19), von der CIM in Art. 5 § 1 c) verwandt, soll nach *v. Nanassy,* aaO. S. 535 etwas wesentlich anderes besagen als die des neuen Art. 27 § 2, was indes nicht recht einleuchtet; daß sich die Dinge bei der Annahme zur Beförderung anders ansehen als nach deren Abschluß, steht auf einem anderen Blatt.

Zufälle, die dem Eisenbahnbetriebe eigentümlich sind und mehr oder minder häufig vorkommen, und auf die die Eisenbahn daher gerüstet sein muß, gehören nicht zur höheren Gewalt (**RG 11** 147, **19** 42, **44** 27, **50** 94, **54** 407, **64** 404). Verkehrsandrang: **EE 33** 87; **RG 40** 31; ferner **JW 18** 176, **11** 596.

17. Die Eisenbahn **haftet für** die Tatsache der **Überschreitung,** es sei denn, sie beweist, daß diese durch Umstände herbeigeführt ist, die sie nicht abzuwenden und denen sie auch nicht abzuhelfen vermochte. **Andere Befreiungsgründe** sind nicht **zugelassen,** doch wird man mit *Rundnagel* (BefGesch. S. 495) annehmen dürfen, daß ein Verschulden des Absenders oder eine von der Eisenbahn nicht verschuldete Anweisung des Verfügungsberechtigten ebenfalls die Eisenbahn befreit; *Finger,* Bem. 21, will beides als „unabwendbar" ansehen, was etwas gewaltsam erscheint, aber auf dasselbe herauskommt. Praktisch ist durch § 74 (7) b) und c), e) und f) und (6) sowie § 80 der Eisenbahn wohl die Möglichkeit gegeben, solche Fälle zu korrigieren.

18. Lieferfrist s. § 74, *Appelmann,* Die frachtrechtliche Haftung der Eisenbahn infolge Beförderungsverzögerung **VAE 42** 40; s. auch *Friebe,* **EE 34** 506. Überschreitung der Lieferfrist bedeutet Ablauf der maßgebenden Frist „ohne Leistung" (*Lutz,* aaO. S. 81), s. § 74 Anm. 2. **Haftung** beruht nicht auf Verzug, ist also **unabhängig vom Verschulden;** dieses ist aber (§ 91) geeignet, den *Umfang* der Haftung zu erweitern. Die **Eisenbahn darf** die **Lieferfristen ausnutzen, EE 44** 210 (unrichtig ebendort S. 80). Verzögerung innerhalb der Lieferfrist (Abfertigung oder Beförderung) macht also die *Eisenbahn nicht haftpflichtig,* selbst nicht bei Vorsatz und grober Fahrlässigkeit (**RG 89** 338, **100** 50; **JW 27** 686; **EE 20** 126, **25** 182, 257, **44** 68, 80, 210, 354, **55** 342; **VAE 36** 200, **37** 88, 375, **38** 330, **39** 354; **RG 89** 291, **100** 54; abw. **EE 31** 45, **33** 194, **34** 316).

Für einen *durch Beförderungsverzögerung verursachten* **Sachschaden** haftet die Eisenbahn wegen Beschädigung **nur nach § 82 (1),** wobei ihr § 83 (1) d) zugute kommt; die **Lieferfristüberschreitung begründet keine Vermutung für Verschulden;** nur wenn dieses nachgewiesen wird (s. § 83 Anm. 39), kann sich die Eisenbahn auf § 83 (1) d) nach § 83 Abs. 3 nicht berufen, ganz gleich, ob die Lieferfrist überschritten ist oder nicht, vgl. § 88 Anm. 7; *Appelmann,* **VAE 42** 44; *v. Nanassy,* Art. 34 § 3 Bem. 4; **EE 31** 150, 282.

Innerdienstliche Vorschriften oder *Beförderungspläne* begründen keinen Anspruch (**EE 33** 296); unrichtig auch **EE 46** 59 (Nichtinnehaltung des Beförderungsweges bei Tiersendungen). Auch *falsche Auskunft* über Ankunft des Gutes macht innerhalb der Lieferfrist nicht haftpflichtig (**VAE 37** 375), fraglich, ob dies bei Vorsatz (Schikane) richtig (**RG 89** 338, **100** 51), vgl. auch § 79 Anm. 6

Besteht sonach eine Entschädigungspflicht [§ 82 (2)], bestimmen die *Höhe der Entschädigung* die §§ 88, 90 und 91.

19. 5. *Fritsch,* **ArchfEis. 24** 595 ff.; *Rundnagel,* Haftung S. 117.

Die Verantwortlichkeit der Eisenbahn bleibt insofern hinter der für höhere Gewalt zurück, als nicht von den Momenten der Außergewöhnlichkeit und der Einwirkung von außen die Rede ist, die bisher als Kennzeichen der höheren Gewalt angesehen werden (s. § 3 Anm. 7 und § 82 Anm. 16). Außerdem haftet die Eisenbahn nach dieser Fassung nicht für Zufall, aber auch für ihre Bedienstete. Beispiele für Haftungsausschluß: *Streik* (**EE 23** 372, 399; abw. **EE 25** 140, 197, 264; *Baumgarten,* **EE** Sonderheft 25 1); *Beschlagnahme* (**EE 22** 354); *Naturereignisse* (Tunneleinsturz, **EE 19** 4); *außergewöhnlicher Schneefall* (**EE 49** 53); *Überschwemmung;* Schaden an den Betriebsmitteln (Heißlaufen, *Starck,* **EE 40** 173; abw. **EE 30** 227); nicht aber schnelles *Umladen* (**EE 19** 135). *Verkehrsstockung* infolge Güterandranges ist nicht Betriebsstörung, sie kann aber der Eisenbahn dann wohl nicht zur Last gelegt werden, wenn sie *auf Naturereignisse zurückzuführen* ist; s. auch **EE 50** 64; abw. wohl **RG EE 33** 77, unter Hinweis auf die Möglichkeit der Annahmeverweigerung; hierunter fällt auch eine durch den Berechtigten zu vertretende Verzögerung in der Zollbehandlung (s. **EE 32** 298).

20. Abs. 3 und 4 sind **Beweiserleichterung für den Verfrachter** bei *teilweisem* Verlust oder Beschädigung von *Wagenladungen* nach dem Vorbild des JÜG Art. 27 § 4, jetzt Art. 29 CIM, der von „Sendung" spricht, also Stückgut mit einbezieht. Also gesetzliche Vermutung, daß das Gut bei der Neuaufgabe unversehrt war (Begr.). Gegenbeweis steht der Eisenbahn offen, daß der Schaden nicht auf ihren Strecken entstanden ist (z. B. Frostschäden, die nur auf der ersten Strecke eingetreten sein können, s. Anm. 23). Über die Haftung bei Neuaufgabe von Wagenladungen s. *Friebe,* **ArchfEis. 34** 509; *Küchler,* ebendort S. 93 ff; *Spieß,* **VZ 34** 724; *v. Nanassy,* **IZ 34** 258, 294 und zu Art. 29 Allgemeines (S. 577 ff.), wo (S. 580) auf Mängel, insbes. darauf hingewiesen wird, daß sich die Vermutung *nicht auf* die *Weitergeltung von Gewichtsfeststellungen* erstreckt.

21. CIM (Art. 29 § 1) formuliert jetzt: Die Sendung muß „stets im Gewahrsam der Eisenbahn verblieben und **unverändert in dem Zustand aufgegeben** worden sein, **in dem sie** im Bahnhof der Neuaufgabe **angekommen ist**". Das bedeutet, daß *auch* ein *Zurechtladen* nach ABest. V zu § 59 *durch die Eisenbahn* vorgenommen werden muß, und zwar *nach* Neuaufgabe. Wenn auch der derzeitige Wortlaut der EVO nur von „Umladung" spricht, so ist dieser Ausdruck (vgl. § 59 ABest. V Ziff.3) doch nicht so eindeutig, daß er das Zurechtladen ausschließt (a. M. *Weirauch* in der Vorauflage). Zumindest auch wegen des § 29 CIM ist dem Verfrachter zu raten, bei Neuaufgabe die Finger von dem Gut und etwaige Anstände durch die Eisenbahn beheben zu lassen.

22. Nicht hierunter fällt, wenn einem der EVO unterliegenden Frachtvertrag ein internationaler folgt, doch wird diese Lücke durch Art. 29 § 2 CIM geschlossen.

23. Gelingt der Eisenbahn der *Gegenbeweis,* so ist es durch die Ziffer 3 des § 93 Abs. (2) c dem ersten Empfänger ermöglicht, seine Ansprüche gegen die für den vorhergehenden Frachtvertrag zuständige Eisenbahn geltend zu machen. Dies gilt *aber nur für* das Aufeinanderfolgen mehrerer innerdeutscher *Frachtverträge* (Begr.). Nach Art. 45 § 3 CIM erlöschen die Entschädigungsansprüche wegen teilweisen Verlustes oder Beschädigung aus dem der Neuaufgabe vorangehenden Frachtvertrag, wie wenn es sich um einen einzigen Vertrag handeln würde. Dies bezieht sich jedoch *nur auf die Fälle, in denen beide Beförderungen der CIM unterfallen,* was sich aus der Bezugnahme des Art. 45 § 3 auf Art. 29 § 1 ergibt. Das ist *unbefriedigend,* s. *v. Nanassy,* S. 58, der durch Umwandlung der Vermutung in eine Fiktion den Gegenbeweis abschneiden will.

24. Vgl. §§ 63 (3), (5), 64, 65 (7), 72 (9), 73 (5), 80 (8), (13). Sorgfalt eines ordentlichen Kaufmanns ist diejenige, die ein Kaufmann seines Gewerbes gewöhnlich anwendet (**RG 95** 17). Haftung besteht grundsätzlich in der Verpflichtung zum Schadensersatz (**RG 106** 25). Abs. 5 gilt **nur, wenn** Eisenbahn **noch nicht** (§ 64) **oder nicht mehr aus dem Frachtvertrag** haftet. Haftung nur für *Verschulden; beweispflichtig* hierfür ist **nicht Reklamant, RG 126** 74, *Finger,* Bem. 30, sondern Eisenbahn muß sich entlasten, HGB §§ 417, 390; Reklamant hat nur Beeinträchtigung während der Lagerzeit zu beweisen, a. M. *Weirauch* in der Vorauflage und *Goltermann,* Anm. 18. Haftung kann weitergehen als diejenige nach Frachtrecht, *Rundnagel,* BefGesch. S. 411; *abw.* **EE 20** 349, **21** 157. Die kurze Verjährung (§ 94) gilt für Ansprüche aus der Einlagerung nicht, ebensowenig § 4.

§ 83. *Beschränkung der Haftung bei besonderen Gefahren*[1]

(1) Die Eisenbahn haftet nicht für Schäden, die aus einer oder mehreren[2] der nachbenannten Ursachen entstehen:

a) aus der mit der Beförderung in offenen Wagen[3] verbundenen Gefahr[4] für Güter, die nach den Vorschriften dieser Ordnung[5] oder des Tarifs[6] oder nach einer in den Frachtbrief aufgenommenen Vereinbarung[7] mit dem Absender auf diese Weise befördert werden;

Wenn die Eisenbahn dem Absender auf dessen Antrag Decken[8] überläßt, so übernimmt sie dadurch auch bei solchen Gütern, die nach Abschnitt A III der Allgemeinen Tarifvorschriften (Teil I Abteilung B) in gedeckten Wagen zu befördern wären, keine weitergehende Haftung, als ihr bei Beförderung in offenen Wagen ohne Decken obliegt.

b) aus der mit dem Fehlen einer Verpackung[9] oder mit der mangelhaften Beschaffenheit der Verpackung[10] verbundenen Gefahr[11] für Güter, die ohne Verpackung ihrer Natur nach Verlusten oder Beschädigungen ausgesetzt sind;

c) aus der mit dem Ver- oder Ausladen[12] oder mit mangelhafter Verladung[13] verbundenen[14] Gefahr[15] für Güter, die nach den Vorschriften dieser Ordnung oder[5] des Tarifs oder nach einer in den Frachtbrief aufgenommenen Vereinbarung[16] mit dem Absender von diesem verladen oder nach Vereinbarung mit dem Empfänger von diesem ausgeladen werden[17];

d) aus der besonderen Gefahr[18] des gänzlichen oder teilweisen Verlusts[19] oder der Beschädigung[19] namentlich durch Bruch[20], Rosten, inneren Verderb[21], außergewöhnlichen Rinnverlust[22], Austrocknen, Verstreuen[23], der gewisse Güter nach ihrer eigentümlichen natürlichen Beschaffenheit ausgesetzt sind[24];

e) aus der Gefahr, die daraus entsteht, daß der Absender von der Beförderung ausgeschlossene Gegenstände[25] unter unrichtiger, ungenauer oder unvollständiger Bezeichnung aufgibt oder daß er nur bedingt zur Beförderung zugelassene[25] Gegenstände unter unrichtiger, ungenauer oder unvollständiger Bezeichnung oder unter Außerachtlassung der vorgeschriebenen Vorsichtsmaßregeln[26] aufgibt;

f) aus der für lebende Tiere[27] mit der Beförderung verbundenen besonderen Gefahr[28];

g) aus der Gefahr, deren Abwendung durch die Begleitung[29] von lebenden Tieren oder von Gütern bezweckt wird, wenn diese Tiere oder Güter nach den Bestimmungen dieser Ordnung[30] oder des Tarifs oder nach einer in den Frachtbrief aufgenommenen Vereinbarung[31] mit dem Absender begleitet werden müssen.

(2) Konnte nach den Umständen des Falles ein Schaden aus einer oder mehreren dieser Ursachen entstehen[32], so wird bis zum Nachweis des Gegenteils[34] durch den Berechtigten vermutet[33], daß der Schaden daraus entstanden ist. Diese Vermutung gilt im Falle des Abs. (1) a[35] nicht bei außergewöhnlichem Abgang[36] oder bei Verlust von ganzen Stücken[37, 38].

(3) Eine Befreiung von der Haftung auf Grund dieser Vorschriften kann nicht geltend gemacht werden, wenn der Schaden durch Verschulden[39] der Eisenbahn[40] entstanden ist.

Schrifttum: *Rundnagel-Sperber,* S. 83 ff.; *Winter,* Die Beweisführungspflicht nach § 83, **VAE 42** 223; *Heinze,* Nachkriegsrechtsprechung im Eisenbahnfrachtrecht, **Die BB 51** 695; derselbe, Eisenbahnfrachtrecht in der Entwicklung, ebenda **59** 747 und die Zitate bei den einzelnen Anm.

1. Die von der EVO in 2 Paragraphen geregelten **Haftungsvoraussetzungen** sind in der CIM in einem, dem Art. 27 zusammengefaßt; dadurch sind allerdings auch dort Wiederholungen (vgl. die besonderen Mängel des Gutes in § 2 und die natürliche Beschaffenheit in § 3 d); in der EVO § 82 (1) und 83 (1) d), s. § 82 Anm. 13 und 15) nicht vermieden worden. § 83 verwandelt die strenge Frachtführerhaftung des § 82 (1) in eine **Verschuldenshaftung** (Abs. 3) für bestimmte *typische Gefahrentatbestände*, für die sich infolge der Vermutung des Abs. 2 die Beweislast umkehrt, daher sog. **bevorrechtigte Haftausschließung;** gilt nur bei Verlust und Beschädigung innerhalb des Frachtvertrages (s. **RG** in **EE 23** 283; **JW 06** 775; vgl. § 82 Anm. 1), nicht z. B. bei Überschreitung der Lieferfrist (**ROHG 12** 24), jedenfalls soweit der eingetretene Schaden nicht in Verlust oder Beschädigung besteht, s. 88 Anm. 7. Es handelt sich nicht nur um Umkehrung der Beweislast (s. **EE 25** 49), sondern um Befreiung von Verantwortlichkeit für unverschuldeten, durch eine besondere Gefahr herbeigeführten Schaden (**RG 104** 49). Über die Anforderungen an die Beweispflicht s. **VAE 40** 200, **42** 223 und Anm. 32.

2. Mehrere Haftungsausschließungsgründe können zusammentreffen, wobei die Beweislast gegenüber der Schadensvermutung sich für den Reklamanten zugunsten der Eisenbahn summiert (jede muß nach Abs. 2 einzeln widerlegt werden), während auf der anderen Seite der Verschuldensnachweis des Abs. 3 in gleicher Weise gegen alle wirkt.

3. Nach der Legaldefinition des § 66 (2) gelten solche Wagen als offen, die ohne festes Dach gebaut sind. Diese Begriffsbestimmung ist maßgebend für die Anwendung des § 66, paßt jedoch nicht für § 83 (1) a), s. § 66 Anm. 2; die frühere Fassung „offen gebaut" ist sachdienlicher gewesen; letzten Endes kommt es für den Schutz gegen Transportgefahren darauf an, **ob der Wagen das Gut nach außen abschließt** [vgl. *v. Nanassy* zu Art. 27 § 3 (S. 539)]; inwieweit dieser durch den normalen gedeckten (G-)Wagen gewährte Schutz bei anderen Wagentypen verringert wird, ist keine Prinzipien-, sondern **Tatfrage,** bei der es auf die Art der Beförderung, die Beförderungsstrecke und das zu befördernde Gut ankommt, s. Anm. 4. *Zu den „offenen" Wagen gehören* hiernach nicht nur die sog. *O-R- und S-Wagen,* sondern auch die nur *halbgeschlossenen* (z. B. Gatterwagen, Vieh- und Geflügelwagen); **EE 51** 126; **VZ 31** 719; **EE 48** 19. Soweit bei den sog. **„Behälterwagen"** *(Kesselwagen, Topfwagen)* das Gut als in diesen „verpackt" im Sinne des Abs. 1 b) anzusehen ist, kann sich bei ihnen die Eisenbahn **nicht** auf Abs. 1 a) berufen, wie der **BGH** (**IZ 55** 323 = **NJW 55** 625 = **VRS 8** 348 = **BGH 16** 217) unter Aufgabe der früheren entgegenstehenden Rechtsprechung des **RG** abschließend festgestellt hat; der Streit darüber ist daher überholt; wen er interessiert, vgl. **VZ 20** 323; **EE 38** 49, **41** 269, **44** 205, 209, **39** 185, **41** 269, **43** 80, **38** 49, **43** 417. Gedeckte Wagen werden durch *Offenlassen der Tür, der Luken oder durch schadhafte Stellen* im Dach nicht zu offenen; hier evtl. Verschulden oder Anweisung des Absenders. Umgekehrt werden offene Wagen durch *Eindeckung mit Planen* nicht zu gedeckten, einerlei, ob Eisenbahn oder Absender Decken gestellt hat (**ROHG 12** 120, **14** 218, **20** 238, **25** 170; **RG 1** 14, **10** 105, **30** 319, **33** 404, **34** 42; *Gorden,* **EE 34** 162, **38,** 47, 56 168; **IZ 38** 52; abw. **EE 43** 86); s. ABest I.

4. Zu den mit der Beförderung in offenen Wagen verbundenen Gefahren zählen diejenigen, **die bei Verladung in gedeckten Wagen nicht entstanden wären.** *Beispiele:*

Witterungseinflüsse: Regen (**RG 100** 84; **EE 38** 218); Kälte (**EE 30** 295); Sonnenbrand (**RG JW 38** 2615; *abw.* **EE 39** 47); *Funkenflug* (**EE 57** 81); *Brand* (**EE 37** 158, 226, **38** 218, **41** 115); **RG 111** 336; **EE 33** 80 (Spiritus), 365, **37** 158, ferner **40** 115 und **VAE 38** 444 (Heu); **RG 70** 174 und **VAE 40** 250 = **IZ 41** 314; (*Möbelwagen,* Brand); *Verlust einer Wagendecke,* **VAE 37** 86; *Abstürzen von Teilen eines Bauwerkes* (**EE 35** 158); Überspringen *elektrischer Funken* aus der Oberleitung (**VR 41** 1681; **EE 43** 97, 312, **51** 174; **VAE 37** 384, **40** 200; **RG 104** 47, **105** 283); s. auch unten Anm. 28. Hierher gehören auch die Gefahren des *Diebstahls* (*Gorden,* **EE 34** 160; *Sommerfeld,* **EE 30** 267; *Zeiler,* **EE 36** 93; *Rundnagel,* BefGesch. S. 457; Haftung S. 165; **RG „Recht" 15** 1620, **21** 1630; **RG 100** 82, **104** 48, 282, **105** 283; **EE 40** 52; **VZ 22** 113; **ArchfEis. 23** 182; *Heinze,* **Die BB 51** 699; daselbst auch weitere Rechtsprechung; abw. **VAE 43** 66; **EE 38** 94 [*Maier*], **38** 91 [*Stark*]). Nichtverhütung eines Diebstahls während der Beförderung ist noch nicht ohne weiteres Verschulden der Eisenbahn (*abw.* **VAE 37** 90). Die Vermutung spricht nicht dafür, daß Eisenbahner den Diebstahl ausgeführt haben (**JW 25** 1398; **EE 40** 198). Haben sie es aber, haftet Eisenbahn auf Grund des § 4 für ihre Leute; s. § 91 Anm. 5; auch Anm. 38 und 39. Auch *Decken* verringern die Diebstahlsgefahr nicht, **JW 22** 1308; **VZ 22** 708, 821, 918. Überhaupt kommt es auf die Umstände des Einzelfalles an, so daß die angeführten Beispielsfälle nicht unbedingt zu verallgemeinern sind. Zu Unrecht verneint der **BGH 19** 276 = **IZ 57** 69 bei *Schaustellerwagen* die Gefahr des offenen Wagens, weil diese a) nicht im G-Wagen befördert werden könnten (darauf kommt es nicht an, wie **OLG Darmstadt EE 46** 87 zutreffend feststellt) und b) ein in ordnungsmäßigem Zustand befindlicher Schaustellerwagen nicht zu den feuerempfindlichen Gegenständen gehöre (wobei übersehen wird, daß für den ordnungsmäßigen Zustand bei Annahme zur Beförderung der Absender und nicht die Eisenbahn beweispflichtig ist); s. dazu Anm. 32 und *Heinze,* **Die BB 59** 751. Gefahrenerhöhung bei Beförderung im offenen Wagen im Vergleich zum gedeckten muß sich nach verständiger Anschauung als wirklich beachtlich herausstellen, **OLG Stuttgart IZ 41** 429; **RG 155** 193. Wegen Verschuldens der Bahn (Einstellung des Wagens kurz hinter Dampflok) s. Anm. 39.

5. S. § 66 Anm. 1 .

6. Stellt die **Eisenbahn** statt eines tarifarisch vorgesehenen oder gem. Anm. 7 bestellten **offenen Wagens einen gedeckten,** ist § 83 (1) a ebenfalls anzuwenden. Eisenbahn **haftet** also **nicht,** wenn der Schaden durch eine *Mangelhaftigkeit* des gedeckten Wagens verursacht wurde, die *auch beim offenen Wagen vorhanden* ist (z. B. Undichtigkeit des Daches; s. **IZ 21** Heft 3, 22 S. 315; **EE 38** 218, **42** 71, **41** 156 und *Witt,* **VR 37** 292; *abw.* **JW 23** 238; *Richter,* Anm. II 1 a). Die Vermutung des Abs. 2 gilt hier freilich nicht, **EE 41** 156, **42** 71. S. auch *v. Nanassy,* aaO., S. 540. *Anders,* wenn Eisenbahn gem. § 66 (1) *auf Verlangen des Absenders* statt eines tariflich vorgesehenen offenen einen gedeckten Wagen stellt, **EE 40** 127 (**OLG Frankfurt/M.**). Nicht auf die Erhebung von Mehrfracht (*Goltermann,* Anm. 2 c), sondern darauf kommt es an, ob Absender sich auf den Schutz durch G-Wagen verlassen konnte, s. auch Anm. 7.

7. § 56 (2) l.

Gebrauch bestimmter Worte ist nicht vorgeschrieben: „2 Wagendecken!", „mit Privatplachen zugedeckt" oder Eintragung des Gattungszeichens „O", „R" usw. in der dafür vorgesehenen Frachtbriefspalte genügt (**JW 06** 12; **ArchfEis. 92** 148; **EE 22** 293, **28** 41, **38** 283, **46** 378; **IZ 43** 503 Nr. 8; abw. **VZ 04** 432; vgl. auch **EE 26** 58, **27** 219); amtlicher Vermerk auf dem Frachtbrief genügt nicht (**EE 16** Anl. 1, 15, 28, 41; **a. A. EE 20** 336). Nach *Weirauch* in der Vorauflage handelt es sich um eine zwingende Formvorschrift, deren Nichtbeachtung die Berufung der Eisenbahn auf § 83 (1) a) ausschlösse; ebenso *Finger,* Bem. 9 und *v. Nanassy,* aaO. S. 541. Das schießt indes weit über das Ziel hinaus, das mit jener Vorschrift verfolgt wird: Die Eisenbahn soll ihren Kunden nicht wider seinen Willen (soweit nicht EVO und Tarif diesen einengen) in die ungünstige Situation hineinmanövrieren dürfen, daß ihm ggf. der Haftungsausschluß beim offenen Wagen entgegengehalten wird. Es wird ihr gerade deswegen unbenommen bleiben nachzuweisen, daß sie den offenen Wagen auf Wunsch des Absenders gestellt hat. Die **Nichtaufnahme in den Frachtbrief** legt also nur die **Beweislast der Bahn** auf. Stillschweigende Vereinbarung der Beförderung im offenen Wagen liegt vor, wenn das in einem offenen Wagen verladene Gut mit neuem Frachtbrief ohne Umladung zur Weiterbeförderung aufgegeben und im Frachtbrief von dem Eisenbahnbediensteten der Vermerk „Weiter ohne Umladung" angebracht wird (**VR 7** 231, 141).

8. *Wagendecken,* s. § 66 Anm. 5, 6. Hergabe *schadhafter* (eisenbahneigener) Decken verpflichtet zum Schadensersatz, doch hat Verfrachter die Verpflichtung, vor Benutzung die gestellten Lademittel auf ihre Tauglichkeit zu untersuchen. Andernfalls handelt er fahrlässig; alsdann Ausgleich des Schadens nach BGB § 254 (*Rundnagel,* Haftung S. 170; **EE 22** 293, **27** 158; **IZ 39** 509; **ROHG 20** 238; *Reindl,* **EE 32** 349; s. auch **EE 50** 77).

Privatwagendecken sind „Gut", und für den Fall des Verlustes als „ganzes Stück" anzusehen (**EE 41** 63); s. hierzu Anm. 37. Für Beschädigung der Decken auf offenen Wagen entfällt grundsätzlich die Haftung der Eisenbahn. Für die schuldhafte Beschädigung bahneigener Decken haftet Verlader, s. § 66 Anm. 5.

9. *Verpackung.* Begriff s. § 62 Anm. 3. Vorschrift gilt auch für solche Verpackungsmängel, die im Frachtbrief nicht anerkannt sind (Begr.). Die EVO unterscheidet nicht mehr zwischen äußerlich erkennbaren und äußerlich nicht erkennbaren Verpackungsmängeln. Eine Verpackung ist **mangelhaft, wenn** sie **nicht imstande** ist, die **Beschädigung** eines Gutes **durch gewöhnliche Beförderungsvorgänge,** z. B. Erschütterung, zu verhindern (**EE 47** 272; **VAE 38** 137); Handelsüblichkeit genügt nicht, **VAE 36** 472; **38** 137, 332, **50** 51; **EE 55** 69. Verschnüren unverpackter Hanfgarnbündel nur mit Bindfaden ist mangelhaft (abw. **VZ 39** 367), s. dazu **VAE 39** 10; *Nehring,* **SpediteurZtg. 39** 71. Für unverpackt aufgelieferte Güter, die einer Verpackung bedürfen, haftet Eisenbahn nicht; **VAE 39** 242 (Motor), **42** 5 u. 24. S. im übrigen § 62 Anm. 4 und 5.

10. Die *Mangelhaftigkeit* der Verpackung hat *Eisenbahn* zu *beweisen.* Das Anerkenntnis mangelhafter Verpackung erleichtert ihr nur den Beweis (s. § 62 Anm. 8).

11. *Gefahren der fehlenden oder mangelhaften Verpackung:* Verlust, Beschädigung, Bruch, Verschrammung, Verschmutzen, s. **RG 100** 84; **EE 74** 67, **46** 296, auch **EE 41** 335, 341. Eisenbahn ist nicht verpflichtet, bei Annahme Verpackung zu prüfen. Annahme mangelhaft verpackter Güter ist also kein Verschulden der Eisenbahn. Auch die Gefahr der Beraubung gehört hierher (**VR 6** 448); sie ist in Mangelzeiten besonders groß. Über Gegenbeweis bei Bruchgefahr s. Anm. 34. Wenn der zur Eisenbahnbeförderung verwendete Wagen sich selbst als Verpackung darstellt, so z. B. bei Versendung von Flüssigkeiten im Kesselwagen, entfällt eine Gefahr mangelhafter Verpackung, **BGH 16** 217, s. Anm. 3.

12. Absender muß die objektiven **Erfordernisse einer sachgemäßen Verladung** erfüllen. Soweit der Tarif hierüber Vorschriften enthält, sind diese maßgebend, s. § 62 ABest. II; **VAE 36** 197, **37** 16, **38** 381. Übliche Verladeart genügt nicht (**EE 43** 413, **46** 186, 301, **47** 268, 272); es darf aber nicht jede noch so fernliegende Möglichkeit oder die Aufwendung noch so unwirtschaftlicher Leistung vom Absender verlangt werden (*Witt,* **VR 37** 292; **EE 40** 275). *Verschulden* des Absenders wird *nicht vorausgesetzt,* ebensowenig Fachkenntnisse (**VR 6** 124; **EE 40** 275; **a. A. EE 36** 449). Die Tatsache der Ver- und Ausladung gemäß § 83 (1) c genügt (**EE 27** 219; **VAE 36** 197, aber auch ebendort **37** 153); Eisenbahn hat nur diese zu beweisen und die *Möglichkeit,* daß der Schaden aus ihr entstanden ist, s. **RG 110** 43, **112** 229; **VAE 36** 197; *abw.* **EE 37** 153; *Prima-facie-Beweis* wird genügen müssen (**RG 112** 229; **EE 46** 76; **VR 41** 1681). Über die Anforderung an die Beweispflicht s. **VAE 40** 200. Offenlassen und Schließen der Ladeluken ist Sache des Verladers, **VAE 43** 66; **IZ 39** 465.

Selbstverladung liegt auch vor, wenn ein an sich vom Absender zu verladendes Gut bei Ankunft auf dem Bestimmungsbahnhof ohne Umladung *neu aufgegeben* wird (**EE 40** 275, **46** 195). Ein Vermerk hierüber im neuen Frachtbrief ist zwar nützlich, aber nicht unbedingt erforderlich, s. Anm. 16, a. M. *v. Nanassy* zu Art. 27 § 3 (S. 549).

13. S. *Weber,* **IZ 40** 53. Ob *Eisenbahn* **mangelhafte Verladung beweisen** muß, ist streitig. Den Nachweis verlangt **RG 110** 43, **112** 229; **EE 14** 75, **46** 76. Demgegenüber verlangen *Kittel,* Anm. 16 und *Goltermann,* **VAE 38** 50 *vom* selbstverladenden *Absender den Nachweis* ordnungsmäßiger Verladung; s. auch **VAE 36** 197; *„Reichsbahn"* **30** 1281. Wenn man von der Eisenbahn den *strikten Beweis* der mangelhaften Verladung verlangt, wäre es *sinnlos,* dies als bevorrechtigte Haftbefreiung in § 83 aufzunehmen. Man wird sich also **mit Prima-facie-Beweis zu begnügen haben, RG 112** 229. Die Vermutung des Abs. 2 geht aber nicht dahin, daß *jede Selbstverladung mangelhaft* sei, **BGH 19** 276. Handelsüblichkeit genügt nicht (**EE 40** 275, **55** 69). *Vorschriften über Verladung* s. § 62. ABest. II, **EE 50** 62, **47** 266. Nichtbeachtung s. **VAE 38** 376 ff.; **IZ 43** 148.

14. Gefahren:

Offenlassen der Luken bei Verladung, z. B. nässeempfindlicher Güter (**EE 48** 169, **52** 79; **ArchfEis. 32** 518). Hinwiederum *Schließen der Luken,* wenn Ladegut, z. B. Tiere, der Lüftung bedarf (**EE 20** 222, **22** 291, **30** 373, **43** 95); *mangelhaftes Verschließen der Türen,* **EE 36** 176, soweit das Plombieren nicht der Eisenbahn obliegt. *Ungeeignete Befestigung* des Gutes (**EE 43** 107, **44** 197; **VAE 36** 472, **37** 16, **38** 330); *unzweckmäßige Lagerung* (**EE 44** 197; **VZ 20** 331; **VAE 38** 441); namentlich bei Hölzern, Fässern u. dgl. (**EE 46** 185, **47** 368); ferner *mangelnde* Befestigung oder Lagerung bei Kränen, Maschinen (**EE 49** 252; **IZ 43** 388; **VAE 38** 330), Flugzeugen (**EE 49** 254, 348, **50** 385), Möbelwagen (**VZ 28** 629). Ferner: *Verschieben* der Ladung, der Schutzbretter (**EE 23** 186), *Umfallen* (**EE 24** 375; **VAE 37** 16, 17); *nicht hinreichende Sicherung* (z. B. von Ofenkacheln) gegen die unvermeidlichen Erschütterungen der Beförderung (**VR 7** 229). Daß auch *Diebstahl* zu den Gefahren mangelhafter Verladung und der Selbstverladung gehört, wird man z. B. bei offenstehenden Luken kaum bestreiten können.

Die *Prüfungspflicht* der Eisenbahn bei selbstverladenen Gütern erstreckt sich nur darauf, daß die Ladung der *Betriebssicherheit* entspricht; sie geht *nicht auf die Sicherung des Gutes* selbst (**EE 43** 413, **45** 69, **47** 268; **VAE 38** 381, 382, **49** 69); s. *Dichgans,* Nachprüfung der Verladung (**VAE 37** 497, mit teilweise anfechtbaren Ausführungen).

Ist *Nachprüfung beantragt,* muß Eisenbahn dies tun (**EE 49** 344; **IZ 40** 504). Kennt die Eisenbahn Mängel, darf sie die Sendung nicht übernehmen; sonst handelt sie schuldhaft (**EE 18** 140, **24** 58, **25** 307; **VZ 21** 684; **VAE 38** 445 [bedenklich]; **EE 42** 49).

Eisenbahn ist *nicht verpflichtet,* das vom Absender mangelhaft verladene oder verpackte Gut *unterwegs besser zu verladen* oder zu verpacken (**EE 46** 391; a. A. **43** 396), es sei denn, daß sich eine solche Verpflichtung geradezu aufdrängt, s. Anm. 39.

Die **Mitschuld des Absenders bei der Beladung ungeeigneter Wagen,** die von *Weirauch* in der Vorauflage und anderen Autoren an dieser Stelle erörtert wird, ist *keine typische Gefahr der Selbstverladung,* da sich Absender den Wagen nicht aussucht, sondern im Zusammenhang mit Abs. 3 zu behandeln, s. Anm. 39.

15. Der Schaden muß aus, nicht bei der mit dem Auf- und Abladen oder mit einer mangelhaften Verladung verbundenen Gefahr entsanden sein. Bei Benutzung von *Ladegeräten* wird es sich meist um Beziehungen handeln, die vor Abschluß oder nach Beendigung des Frachtvertrages liegen (**EE 17** 275) oder um Haftung aus dem Mietrecht (wenn Gebühren erhoben werden; **EE 2** 235, **25** 381; BGB § 535). Absender hat aber auch hier eine Prüfungspflicht (**EE 32** 349, **17** 275, **27** 158, **30** 39), die allerdings nicht übertrieben werden darf (**EE 2** 235). Bezüglich Kranführer s. **VAE 37** 89, 564; **EE 50** 380, **51** 260; s. Anm. 12.

16. Es genügt, daß Selbstverladung aus dem Frachtbrief ersichtlich ist; **EE 30** 376, **20** 336, **28** 185. Fehlt der Vermerk im Frachtbrief, hat die Eisenbahn für die Vereinbarung die Beweislast, s. Anm. 7.

Obliegt der Eisenbahn nicht die Verladung, gelten dabei beschäftigte Bedienstete der Eisenbahn als *Leute des Absenders* (**RG 97** 17; **EE 14** 341). *Umgekehrt* wird die *bahnamtliche* Ver- und Entladung durch Hilfe des Absenders nicht zur *Selbstver- oder -entladung* (**EE 27** 67). Ist der Verpflichtete mit dem Ausladen im Verzug und entladet die Eisenbahn, so geschieht das nach § 80 (8) und (13) unter ihrer Regie ohne Zutun des Verpflichteten; damit entfällt aber die Anwendung des Abs. 1 c), *v. Nanassy,* Art. 27 § 3 S. 549; a. M. *Weirauch* in der Vorauflage, *Finger,* Bem. 19 c). Ebenso ist § 83 (1) c **nicht** anzuwenden, **wenn** nach *Umladung* oder Verstauung der Güter **durch die Eisenbahn** Schaden entsteht, **EE 27** 186, **31** 213; s. jedoch auch *v. Kienitz,* **EE 46** 394; teilw. abw. *Finger,* Bem. 14 f und 19 c), d).

17. Hier ist von der Form für die **Vereinbarung** nicht die Rede; **Eisenbahn muß sie nachweisen,** wenn sie sich auf sie beruft; *Geschäftsführung ohne Auftrag genügt nicht,* s. Anm. 16, sondern es kommt **nur eine auf freiem Willen beruhende Vereinbarung in Frage,** wenn Empfänger für mangelhafte **Selbstausladung** einstehen soll, ohne sie tatsächlich ausgeführt zu haben. Die Worte „nach den Vorschriften dieser Ordnung oder des Tarifs" beziehen sich auch auf das Ausladen durch den Empfänger, obwohl wortgemäß dieser nur bei einer Vereinbarung in Betracht kommt (Redaktionsversehen); klar ausgedrückt in Art. 27 § 3 c) CIM.

18. Über das Verhältnis zu § 82 s. dort Anm. 13; **EE 23** 283, **24** 63; **JW 06** 775; **RG 64** 169 (unrichtig **98** 340; s. hierzu die zutreffenden Ausführungen in **VZ 21** 176).

Es fallen unter d alle die Güter, die infolge ihrer Beschaffenheit der Gefahr ausgesetzt sind, bei den unvermeidlichen Einwirkungen der Eisenbahnbeförderung oder einfach durch Zeitablauf Schaden zu erleiden. Eine Haftung aus § 82 wäre hier der Eisenbahn nicht zumutbar; s. **RG 15** 149, **64** 170, **112** 229.

Außer den namentlich aufgeführten Gefahren seien hier noch angeführt: Selbstentzündung, Empfindlichkeit gegen Hitze, Kälte, Sonne, Nässe usw. Beispiele (vgl. auch die *Aufzählung des § 84*):

Bandeisen (Nässe, Rost), **VAE** 39 392; *Baumwolle,* **IZ 40** 54; *Bienen* s. Anm. 27; *Bilder,* **EE 20** 137; *Blumen,* **VAE 38** 441 Anm. 21; **JW 38** 2615;

Dachziegel, **VZ 23** 342; **IZ 43** Nr. 9; **VAE 41** 92, **42** 233;

Eier, **EE 23** 142, **31** 336, **56** 73; **RG 64** 169, **112** 229; **VAE 36** 35 (unrichtig 474), **37** 376, 457, **40** 129, **41** 66;

Fässer s. *Stark,* **EE 40** 6; s. auch Anm. 14, **EE 38** 198, **51** 345; **RG 98** 340 (a. M.); **VZ 21** 176; *Firnis* s. Anm. 22; *Flüssigkeit* s. Anm. 22, *feuergefährliche* s. **EE 43** 424; *Flugzeuge* s. Anm. 14, auch **EE 31** 216; *Frostgefahr* siehe Mineralwasser; *Früchte* s. Anm. 21;

Getreide s. Anm. 23; *Glas* s. auch Spiegelgas; *Glasballons,* **EE 17** 340, **18** 159, **39** 202, **46** 77; **RG 98** 339; **IZ 23** 299; **JW 22** 1539; **VAE 36** 263; **41** 152, 159; **43** 91; *Glastafeln,* **EE 20** 137; *Glasscheiben,* **VAE 37** 378; *Gußwaren* s. Anm. 20;

Holzfässer s. Fässer; *Hölzer* s. Anm. 14 b; *Holzkohle,* **IZ 40** 309;

Holzteer s. Anm. 22; *Hopfen* s. § 82 Anm. 5;

Jagdhund s. Anm. 28;

Kartoffeln s. Anm. 21; s. auch **IZ 39** 469 (Gärung); *Korbflaschen,* **VAE 42** 212; *Kohle* s. Anm. 23; *Kräne* s. Anm. 14;

Lettern, **VAE 36** 198;

Marmorplatten, **EE 20** 17; *Maschinen* s. *Werneburg,* Versand von Maschinen usw., **IZ 43** 388; s. auch Anm. 14 b; *Mischmaschine* (Guß), **VAE 38** 330; *Mehl,* **EE 43** 418; **VAE 41** 28; s. auch § 82 Anm. 5; *Mineralwasser,* **VAE 40** 84, **41** 218 (Frost); *Möbelwagen* s. Anm. 14; *Brand,* **IZ 41** 431; **VAE 41** 176, 177, 190, 233, **42** 87; *Most* s. Anm. 22; *Motor; Motorräder,* **VAE 41** 45;

Ofenkacheln s. Anm. 14 b; *Ölleinen,* **VAE 43** 91; *Öltransformatoren,* **VAE 43** 18;

Propeller, **EE 31** 216;

Quecksilberthermometer, **IZ 96** 213;

Radio, **VAE 41** 28 u. 153; s. dazu **VAE 41** 229; *Rosen,* **JW 38** 2615; *Rum* s. Anm. 22 und 25;

Säuren s. Anm. 22; *Schaufensterscheiben,* **IZ 39** 419; **VAE 39** 57; *Spiegelglas,* **VAE 38** 322, **41** 91; *Streichhölzer,* **VZ 21** 672; s. auch Anm. 25; *Stroh,* **VAE 41** 153;

Thermometer, **IZ 96** 213; *Tontöpfe,* VAE 39 352;

Wagendecke s. Anm. 4 u. 37; *Wein,* **EE 25** 194, **40** 5; **VAE 41** 157; *Weinfässer,* **RG 98** 340; dagegen **VZ 21** 176;

Zellwolle, **VAE 43** 192; *Ziegel,* **EE 52** 82; *Zinkwaren,* **EE 46** 298; *Zündhölzer* s. Streichhölzer; *Zwiebeln,* **VR 2** 182.

19. § 82 Anm. 3, 4, 5.

20. *Bruchempfindliche* Güter, s. Anm. 18. Hierher gehören vor allem *Gußeisen* und Gußwaren. Guß ist ein spröder Werkstoff, der bei Beanspruchung durch Schlag oder Stoß, z. B. durch Umfallen oder Berührung mit einem mitverladenen Gut zu Bruch gehen kann, und, wie die Erfahrung lehrt, auch oft zu Bruch geht; dies selbst dann, wenn der geringeren Festigkeit und Zähigkeit einzelner Gußeisensorten durch größere Bemessung der Querschnitte oder durch besondere Formgebung auf ihren Verwendungszweck hin Rechnung getragen ist; *Fuld,* **EE 19 17**; **VZ 33** 638.

Die Entscheidungen sind *nicht einheitlich,* s. **EE 28** 52, 107, **38** 141; ferner **EE 21** 121, **32** 61, **46** 391, **47** 169, **49** 252, **52** 259; **VAE 36** 112, 263, **37** 376, 457, **38** 12, 174; s. auch *Dichgans,* **VAE 37** 497 und die Ausführungen „Me" ebendort **38** 225. Abweichend **EE 55 165**; **VAE 36** 197. Meist wird auch § 83 (1) b zutreffen.

21. *Faulen von Früchten,* **EE 34** 109, **39** 264. Annahme von Geruch, **EE 43** 212, **50** 381); **OLG Hamm VRS 10** 440. Auch *Kartoffeln* rechnen unter Umständen (Frost) zu den verderblichen Gütern, **EE 27** 302, **30** 295 (*Kittel,* § 83 Anm. 20; abw. dort Anm. 15). Wegen *Einwirkung von Ladungsrückständen (*Salzrückstände bei Kartoffelverladung) s. Anm. 39; hier wird meist eisenbahnseitig auch auf Abs. 1 b) — Fehlen der Verpackung — abgestellt werden können. *Gären* und *Faulen* gehört zum inneren Verderb bei zahlreichen Lebensmitteln, s. **RG EE 37** 242.

22. S. **RG 56** 400; **EE 20** 342. ***Auslaufen von Flüssigkeiten:*** **EE 33** 300. Die Gefahr *außergewöhnlichen* Rinnverlustes ist eine der betreffenden Flüssigkeit anhaftende eigentümliche Beschaffenheit; infolge dieser Eigenschaft wird ein über das Maß des gewöhnlichen hinausgehender Rinnverlust hervorgerufen (**RG EE 43** 90); vgl. § 83 Anm. 15. Das **RG** erklärte es für eine Frage des Einzelfalls, ob mit Flüssigkeit gefüllte, gute und starke *Fässer* die Gefahr ausräumen; zu prüfen sei, ob die Fässer gut und genügend widerstandsfähig sowie ob sie ordnungsmäßig verladen und befestigt waren (s. **RG 98** 341; **VZ 23** 465; **JW 22** 1007; **23,** 227; abw. *Starck,* **EE 40** 5; *Röder.* Wirtschaftliche Nachrichten von Rhein und Ruhr **25** 1742; **VZ 19** 987, **20** 781). Rinnverlust liegt *nicht* vor *bei Zertrümmerung des Fasses* (**EE 44** 197). Beispiele: *Holzteer,* **EE 27** 154; *Most,* **EE 25** 194, **28** 63; *Säuren,* **VZ 22** 289; *verneint* ist die Eigenschaft *für Rum,* **VR 26** 308; *Firnis,* **EE 30** 176.

23. *Getreide,* **EE 23** 186, **30** 158; *Kohle,* **EE 16** 61, **23** 186.

24. *Eisenbahn* hat bei den Gütern des Abs. 1 d) *zu beweisen:* die eigentümliche Beschaffenheit des Gutes und die **Möglichkeit,** *nicht* etwa die *Wahrscheinlichkeit* des daraus entstehenden Schadens; s. **VAE 37** 376. Was durch allgemeine Lebenserfahrung bekannt ist, bedarf keines Beweises.

25. S. § 54. Gefahren: *Feuer* bei Feuergut, *Explosion, Selbstentzündlichkeit* u. a. Hierher gehören z. B. *Zündhölzer,* auch wenn sie vorschriftsmäßig verpackt sind (**EE 58** 355), *Torfstreu* (**RG 105** 343). Unter die von der Beförderung ausgeschlossenen Gegenstände fallen auch — wie früher ausdrücklich erwähnt — solche Gegenstände, deren Beförderung nach gesetzlicher Vorschrift oder aus Gründen öffentlicher Ordnung verboten ist. Es kommt (vgl. § 54 Anm. 1) trotzdem ein rechtswirksamer Frachtvertrag zustande. Unabhängig von § 83 bleibt die Haftung des Absenders aus §§ 57 und 60 bestehen. *Gute Verpackung kann die Gefahr aufheben,* **RG 113** 250 (Rum in Fässern).

26. Anl. C zur EVO s. § 54 Anm. 5. Beachtung der Verpackungsvorschriften der Anl. C schließt nicht aus, daß Eisenbahn nicht andere Haftbefreiungsgründe als die des § 83 für sich in Anspruch nehmen kann; s. aber Anm. 25.

27. Aller Art; auch *Bienen,* **EE 43** 205, **VAE 38** 458; Fische; wilde Tiere [vgl. § 48 (5) und dort Anm. 4] fallen unter c und f.

28. *Entspringen,* z. B. eines Jagdhundes, **VAE 39** 197, **38** 50 u. 507, **44** 105; *Ersticken, Verhungern, Umfallen* (vgl. *auch* **EE 25** 10, **26** 425, **22** 140, 153, **37** 225, **43** 205, **47** 336, **44** 209, **46** 179); **VAE 38** 507; *Unfall* beim Rangieren, **IZ 38** 543; **EE 58** 182; *Milchfieber* bei Kühen (**EE 34** 312); *nicht* aber *Verwechslung* beim Ausladen (**EE 15** 108); s. auch **VZ 20** 219; a. M. *Senckpiehl* S. 315 bezüglich des Entspringens, richtig **EE 58** 65, auch **56** S. 58; **VAE 38** S. 54. Bei Erkrankung der Tiere ist besondere Wartung usw. nicht vorgeschrieben (s. **EE 31** 329); wegen der Beweislast **EE 25** 375. Ist Schadensursache ungeklärt, haftet Eisenbahn nicht (**VR 1** 75).

Tier*begleitung* bezweckt *Wartung* der Tiere; Sorge für Tiere ist in erster Linie Sache des Absenders, nicht der Eisenbahn (**VAE 37** 377, **36** 531; **EE**

28 343, 32 311; s. oben Anm. 28). Hierzu gehören: *Fütterung* (**EE 32** 311), *Tränkung, Verschluß des Wagens,* Öffnung der *Luftklappen* (**EE 47** 168). Ob auch die *Verhinderung von Diebstahl* Sache des Begleiters, ist bestritten, doch wohl zu bejahen, s. **EE 22** 121, **27** 430, **31** 314, das jedenfalls dann, wenn er z. B. durch geeignete Unterbringung im Zuge dazu in der Lage ist; **EE 49** 56; abw. *Kittel,* § 83 Anm. 28; vgl. **EE 39** 182, 187; **VZ 23** 161.

Zu den Pflichten des Begleiters gehören *nicht*: Sorge für Einstellung in den richtigen Zug (**EE 14** 169, **17** 115, **28** 163); Überwachung richtiger Bezettelung (**EE 34** 312); Verhütung eines Rangierstoßes (**EE 31** 314); wohl aber sachgemäße Umladung, **EE 42** 333.

29. Sog. *Begleitgüter:* Es kommt *nicht* darauf an, daß ein Begleiter *tatsächlich* beigegeben war, *sondern* nur darauf, daß er **beigegeben werden sollte,** wobei es einer besonderen Aufforderung der Eisenbahn, einen Begleiter zu stellen, nicht bedarf (**EE 39** 187, **42** 333, **44** 356, **VAE 44** 105); vgl. § 48 Anm. 14. Tatsächliche Begleitung macht Güter nicht zu Begleitgütern. Bestritten, ob Leichen hierunter fallen. Nein: *Rundnagel,* BefGesch. S. 451; *Kittel,* EVO § 83 Anm. 27; s. auch § 45 Anm. 3; unrichtig **VAE 37** 17; bejahend *Goltermann,* Anm. 14.

30. S. § 48 (Tiere), § 54 (Fahrzeuge) sowie Anl. C zur EVO.

31. § 56 (2) l; s. Anm. 7.

32. Vgl. hierzu *Winter,* **VAE 42** 223. Aus dem Abs. 2 sind folgende *Beweisregeln* herzuleiten: Wer Schadensersatz verlangt, muß dessen Eintritt und Höhe gemäß § 82 beweisen. **Eisenbahn** muß beweisen das Vorhandensein der Ursachen (§ 83) und die *Möglichkeit* der Entstehung des Schadens aus einer oder mehreren der sich aus ihnen ergebenden Gefahren [§ 83 (1) a—g]; *nicht etwa die Wahrscheinlichkeit des besonderen Falles* (**VZ 07** 148; **EE 46** 76, **28** 46, **56** 73 u. 80; **RG 64** 170, auch **110** 43, **112** 45; **JW 06** 775; **VAE 36** 474, **37** 376 u. 379, **38** 330 ff., **39** 8, 57, **40** 200; *Goltermann,* **VAE 38 50** nebst Bemerkung „Me", *unrichtig* **BGH 19** 276, s. Anm. 4). Unaufgeklärtes geht zu Lasten des Beweispflichtigen, **RG** 17. 6. 41 **VAE** Bd. 12, 192 = **IZ 42** 63 (unaufgeklärter Brand), auch **OLG Köln VAE** Bd. 12 S. 176. Besteht die Möglichkeit der Entstehung **nach den Umständen des Falles** (*nicht* nur *theoretisch* **JW 25** 1282; **EE 46** 76, **58** 358), so ist es unerheblich, daß auch noch andere Ursachen bei der Entstehung mitgewirkt haben, z. B. Rangierstoß oder loses Dach beim Möbelwagen (falsch **VAE 38** 384), unzureichende Lüftung und Wärme (**RG VAE 38** 441), es sei denn, es liege ein Verschulden der Eisenbahn vor; teilweise abw. **RG 104** 47, **105** 283. **Beweis des ersten Anscheins** und Lebenserfahrung (**RG 155,** 193) kann Eisenbahn für sich in Anspruch nehmen, sonst wäre Abs. 2 für sie wertlos. Ist Luke des Wagens beim Selbstverladen offengeblieben und kein Anhalt für gewaltsames Öffnen während der Fahrt vorhanden, spricht eine Vermutung zumindest für die Möglichkeit, daß entwendete Butter um die Luke herum durch diese abhanden kam, **RG 112** 229 (232).

33. *Vermutung* gilt zugunsten der Eisenbahn *nur im Rahmen des § 83,* nicht etwa auch auf Ansprüche der Eisenbahn gegen Absender oder Empfänger (**EE 4** 424, **5** 136); so wird auch nicht etwa vermutet, daß jede Verladung durch den Absender mangelhaft sei (**VR 5** 267).

34. Gegenbeweis (ZPO § 292; **RG 10** 105; **JW 37** 2279), dahin, **daß** der gefährliche Umstand **nicht** Ursache des Unfalls gewesen **sein kann, EE 29** 401, **oder** daß der Schaden **tatsächlich** aus einer **anderen Ursache** entstanden ist (**EE 31** 320, **32** 300), **oder** endlich, daß ein **Verschulden,** für das die **Eisenbahn** einzutreten hat, vorliegt (**EE 18** 135, 158, **19** 21, **23** 142, 283, **25** 49; *Fuld,* **EE 19** 171; **RG 34** 46); Eisenbahn verbleibt demgegenüber Gegenbeweis aus § 82 (z. B. höhere Gewalt, **EE 10** 299, **31** 320; **JW 26** 1438). Zu beweisen sind *bestimmte Vorgänge,* die die Vermutung widerlegen (**EE 23** 283; **RG 64** 169; **VAE 36** 197, 474, **37** 16, 17). So tritt die Vermutung nicht ein, wenn in dem einzelnen Fall durch *besondere Vorkehrungen zum Schutz der verladenen Güter* die Beförderung derart gesichert, und das Gut gegen die sich aus der Verladung, der Beschaffenheit usw. sich ergebenden Gefahren derart geschützt ist, *daß* eine *Gefahrerhöhung* nicht bestanden hat. Das gilt z. B. gegenüber der Vermutung aus Abs. 1 a), 2, bei der Beförderung in verschlossenen und gesicherten Möbelwagen bei vorgekommenem Diebstahl (**RG 98** 339, **104** 47, **105** 283; **JW 22** 1308). Wegen der Diebstahlsgefahr bei bedeckten Ladungen s. Anm. 4, bei Bruchgefahr s. **EE 32** 61, auch **RG 64** 169. Wieweit aus der Art und dem Umfang des Schadens geschlossen werden kann, daß er auch für nicht leicht verderbliche Güter in erheblichem Maße gefahrbringend gewesen wäre, ist Tatfrage (**RG 64** 169); an sich schließt außergewöhnlicher Umfang des Schadens die Vermutung nicht aus (**RG 64** 172; **VAE 37** 376); über Rangierstöße s. Anm. 39 und § 91 Anm. 6.

35. Satz 2 stand früher im Abs. 1 a) und hieß: „Auffallender Gewichtsabgang oder der Verlust ganzer Stücke". Eine sachliche Änderung soll mit der Neufassung und der Umstellung nicht verbunden sein (Begr.); s. *Friebe,* **ArchfEis. 34** 511; a. A. *v. Nanassy,* der zu Art. 28 § 2 Abs. 2 (S. 572 ff.) zutreffend darauf hinweist, daß die Einschränkung in Abs. 1 die Berufung auf die Gefahr des offenen Wagens ausschloß, während sie in Abs. 2 lediglich die Vermutung beseitigt, daß die Ursache des Schadens in dieser Gefahr liege. Praktisch kommt indes ein der Eisenbahn obliegender Nachweis der Schadensursache in den meisten Fällen darauf hinaus, daß ihr nur die Berufung auf die Befreiungsgründe des § 82 verbleibt.

36. Der **Gewichtsabgang muß das Maß übersteigen, das mit einer** regelrecht verlaufenden **Beförderung verbunden zu sein pflegt** (**RG 104** 282, **100** 85; **JW 22** 1202; **EE 40** 52; **VZ 23** 585). Es muß sich um einen *quantitativ auffallenden* Gewichtsabgang handeln (bei den Vorverhandlungen zum Betriebsreglement sprach man von „auffallend hohem Gewichtsabgang"). Wann solcher vorliegt, ist Tatfrage. Bei **Massengütern in Schüttung** muß das Fehlgewicht mit der ganzen Ladung in Beziehung gesetzt werden; in in recht fragwürdiger Weise setzt **LG Köln IZ 56** 256 das auffallend geringe Gewicht einer Wagenladung Zuckerrüben zu den Gewichten anderer gleichzeitig verladener Wagen in der Form in Beziehung, daß aus diesen ein Mittelgewicht errechnet und die Differenz dazu der Eisenbahn als außergewöhnlicher Abgang angekreidet wird, dagegen *Heinze* aaO. *Große Mulden* oder *Vertiefungen* bei Schüttgütern können ein Hinweis sein, wenn

Feststellung des Abgangsgewichts fehlt. Die *Verlustvermutung des § 84* ist nicht ohne weiteres [a. M. („im allgemeinen") *Finger*, Bem. 43] ein Anhalt dafür, daß ein darüber hinausgehender Abgang außergewöhnlich ist [vgl. § 83 (1) d): „außergewöhnlichen Rinnverlust" im Gegensatz zu dem gewöhnlichen Rinnverlust des § 82 (1); darauf kann sich Abs. 2 nicht beziehen, wohl aber § 84]; wohl aber schließt umgekehrt § 84 den § 83 (2) aus; bei Anwendung des § 83 (2) muß der gewöhnliche Abgang in der Regel vom Schaden abgezogen werden, s. § 84 Anm. 5, *a. M.* anscheinend **LG Köln** aaO. Besteht die Ladung aus **einzelnen** Stücken (s. Anm. 37), wird man außergewöhnlichen Abgang auch dann annehmen müssen, wenn der einzelne Teil einen erheblichen Gewichtsabgang zu verzeichnen hat, **RG 40** 52. Siehe auch Anm. 38.

37. Der Begriff „ganze Stücke" ist an Stelle der „ganzen Kolli" des Betriebsreglements von 1874 getreten. Ganze Stücke sind **alle Teile einer Stückgutsendung sowie die Teile einer Ladung**, die in dem Zustande, in dem sie sich befinden, **auch einzeln als Frachtgut aufgegeben werden könnten** und auch üblicherweise aufgegeben werden (**VR 6** 222; **EE 38** 284); nicht hierher gehören also Teile von Ladungen, die nur nach Maß und Gewicht gehandelt werden (Kohle, Getreide; **EE 30** 8). Unrichtig ist, als „ganze Stücke" nur solche anzuerkennen, die nach Zeichen und Nummer im Frachtbrief aufgeführt sind (**VZ 16 666**); vgl. hierzu *Senckpiehl*, „Ganze Stücke", **EE 40** 1 und ferner **33** 287, **404**, **25** 393, **39** 37; *Starck*, **EE 39** 8; *Maier*, **EE 38** 94. *Wagendecken* sind „ganze Stücke", denn es gehört auch die Verpackung zum Gut im Sinne des Frachtrechts (**EE 41** 63, **43** 86; abw. **44** 66); auf jeden Fall ist Verlust einer Decke aber „außergewöhnlicher Abgang". Trifft den Versender ein Verschulden (z. B. wegen schlechter Befestigung), so würde dies die Haftung der Eisenbahn nach § 82 (1) ausschalten; vgl. **VAE 37** 86. Verlust ist Abhandenkommen; ohne Bedeutung ist, ob die Ursache aufgeklärt ist oder nicht (**RG 100** 83, **104** 282; abw. *Gorden*, **EE 34** 160; **EE 36** 97; **RG 70** 174). Beschädigung oder Vernichtung des Gutes (z. B. durch Brand) fällt nicht hierunter (**RG 70** 175, **104** 283); s. Anm. 38.

38. Die Auslegung des Satzes 2 (Anm. 36 u. 37) führt praktisch dazu, daß die Eisenbahn in den meisten Fällen von Diebstahl sich auf die Haftbefreiung von § 83 (1) a nicht berufen kann (*v. Nanassy*, **IZ 36** Sonderdruck Oktober; **VR 1** 414; **RG 104** 281; **JW 22** 1202; **EE 40** 36, **52** 114; **RG 100** 84).

39. Nur Verschulden, und zwar jedes, selbst leichtes, **macht den bevorrechtigten Haftungsausschluß** des § 83 **hinfällig,** nicht aber ein sonstiger, vom ordnungsmäßigen Verlauf der Beförderung abweichender Umstand, s. *Sperber*, **VZ 20 734** (Lieferfristüberschreitung, Rangierstoß, **JW 26** 1437; **VAE 37** 377). Ein *mitwirkendes Verschulden des Verfügungsberechtigten* (s. § 82 Anm. 10) befreit die Eisenbahn nach Maßgabe des § 254 BGB, d. h. je nach den Umständen ganz, teilweise oder gar nicht von der **Haftung. Spielarten des Verschuldens nach § 276 BGB Vorsatz und Fahrlässigkeit,** von denen die grobe Fahrlässigkeit zusammen mit dem Vorsatz eine der Höhe nach erweiterte Haftung der Bahn herbeiführt (s. § 91 Anm. 3 u. 4), ohne daß damit der richterlichen Anwendung des § 254

BGB vorgegriffen würde. Im Falle des § 82 (5) wird für Sorgfalt eines ordentlichen Kaufmanns gehaftet, s. dort Anm. 24.

Das Vorliegen eines Verschuldens sowie den ursächlichen Zusammenhang zwischen Verschulden und Schaden hat der **Geschädigte** zu **beweisen** (**EE 18** 159, **27** 268, **39** 38). Über die **daneben der Eisenbahn obliegende Darlegungspflicht** über den Verlauf der Beförderung s. **SeuffArch. 78** 329; *Winter,* **VAE 41** 189. Es gilt nicht etwa die Vermutung, daß jeder eingetretene Schaden von der Eisenbahn verschuldet sei (**RG 102** 95; **EE 38** 220); es genügt also nicht der Beweis, daß das Gut unversehrt angenommen wurde (**EE 33** 301). **Als Verschulden** — vgl. außerdem die Beispiele für grobes Verschulden in § 91 Anm. 6 — hat die Rechtsprechung z. B. **angesehen:**

Einstellen eines Wagens mit feuergefährlicher Ladung *hinder der Lokomotive* ohne zwingenden Grund (**EE 23** 155, **45** 310);

Unterlassen der Benachrichtigung nach § 81 (3) (**EE 23** 175);

Versehen beim Umladen von Kartoffeln (**EE 25** 159);

Nichtbeachten der Vorschriften betr. Beförderung lebender Fische (**EE 26** 411, 419);

Verhinderung der Luftzufuhr für in Lattenkäfigen transportierte Schweine (**EE** 46 179);

Gestellung eines ungeeigneten Wagens, **BGH 17** 214 = **IZ 56** 303 — dagegen *Heinze,* **DIE BB 59** 749 — mit voller Haftung unter Bagatellisierung des Mitverschuldens des Verladers; einschränkend **LG Mannheim** unter Hinweis auf Eigenverantwortlichkeit des Selbstverladers und Massenbetrieb der Eisenbahn, **IZ 58** 319, ähnlich **LG Mainz,** 8. 5. 59, **HS 60** 192; vgl. auch **IZ 51** 148 (Wagen mit Fuge, von Selbstverlader übersehen); weitere Urteile bei *Heinze,* **DIE BB 51** 700, insbes. das „Elefantenurteil" des **LG Hannover VRS 2** 341 = **IZ 51** 13, das Klage eines Zirkus wegen Eingehens eines Elefanten abwies, der den mit Ätzkalk verunreinigten, aber besenreinen Boden des Wagens abgeleckt hatte, den der Zirkus nicht besonders gereinigt hatte: Überwiegendes Eigenverschulden; s. § 75 Anm. 44. Vgl. auch **EE 32** 208, **40** 275, **41** 136, **43** 97, **46** 397. An sich hat *Eisenbahn* einen *geeigneten Wagen* zu stellen, und zwar *besenrein* (**EE 41** 72, 136, **45** 78; **IZ 43** 148). Doch hat *Absender den Wagen,* soweit dies ohne besondere Schwierigkeiten möglich ist, *auf Geeignetheit zu untersuchen* (Undichtigkeit, **EE 42** 80, **43** 97, 148; auch **EE 41** 72, **42** 92, **45** 78, 204); *andernfalls* trifft ihn ein *Mitverschulden* (§ 254 BGB; **VAE 38** 226, 445; **VZ 98** 1273; **EE 17** 276; **19** 1, 8, 132, 137, **23** 254).

Pflicht des Absenders ist *um so größer, je empfindlicher das Gut* ist (**JW 12** 743; **EE 43** 418; **VR 52** 341) oder je anormaler es ist; z. B. bei Möbelwagen (Lademaß, **RV 41** 1681 und **14** 317; **VAE 36** 197, 445, **38** 381; **EE 43** 97; *abw.* **EE 45** 401, **49** 344).

Kein Verschulden ist Verschleppen *innerhalb der Lieferfrist* (s. auch **VZ 08** 1128, 169); s. § 82 Anm. 18.

Unterlassung der Nachprüfung der Verladung, es sei denn, daß die Eisenbahn bei Vertragsschluß den Mangel der Verladung kennt und unterläßt, Absender darauf hinzuweisen (*Rundnagel-Sperber,* S. 104 und Anm. 17);

Auffangen eines mit lebenden Tieren beladenen Wagens *mit Bremsschuhen,* der ohne eigene Bremsvorrichtung vom Ablaufberg ohne Lokomotivstoß abgelaufen ist (**EE 46** 74). Bei dem Massenverkehr kann nicht jedes Gut besonders behandelt werden (**EE 45** 196; **JW 25** 1398; *v. d. Leyen,* **25** 1398; **EE 44** 79), noch gar fachtechnisch richtig (**EE 34** 123).

Auch die *Nichtbeachtung von Verladeanweisungen* (Nicht stürzen!; „Hier oben"!) ist *kein Verschulden* (**VR 4** 415; *aber* **EE 43** 414; s. § 62 Anm. 5).

Über die *Beschädigung von Kartoffeln durch Salzrückstände* siehe das Gutachten der Biologischen Reichsanstalt für Land- und Forstwirtschaft in Berlin-Dahlem in **EE 50** 74. Eisenbahngüterabfertigung kann meist gar nicht wissen, was in dem ihr leer zugeführten Wagen verladen war; *Vogel,* **VZ 29** 62, unrichtig **VZ 28** 1162.

Danach hat in der Regel die Eisenbahn nicht zu haften für etwaige Beschädigung von Kartoffeln durch Salzrückstände, wenn sie einen äußerlich geeigneten Wagen gestellt hat; **EE 53** 70. Verletzen aber Eisenbahn und Verlader ihre Pflicht, ist der Schaden nach § 254 BGB auszugleichen. Aus der zahlreichen Judikatur: **EE 47** 274 (3. teilw. entgegengesetzte!), **EE 48** 163, **50** 71, **52** 79, **53** 70; **VAE 36** 231, **39** 241; *Senckpiehl,* **EE 49** 306; *Hanow,* **VZ 25** 1250, nicht zutreffend **EE 43** Nr. 202, **45** Nr. 33.

Rangierstöße. Wer der Eisenbahn Gut zur Beförderung anvertraut, weiß, daß es ohne scharfes Bremsen, Rangieren und Rangierstöße nicht abgehen kann (Nacht, Verdunkelung, Frost, Wind usw., über Hemmschuhe s. **EE 53** 67). Damit hat er bei Verladung und Verpackung zu rechnen. Allgemein sind Rangierstöße, selbst wenn sie das übliche Maß übersteigen, nicht ohne weiteres als Verschulden der Eisenbahn anzusehen (s. *Goltermann,* § 83 Anm. 16 b; abw. *Kittel,* Anm. 29, s. aber Anm. 30. Wie hier: **EE 27** 309, **43** 99, 205, **50** 203; **VAE 39** 57) oder geeignet, die Vermutung aus § 83 (2) zu widerlegen, s. **VAE 37** 376, **38** 12, 174, 331, **40** 129, **41** 66, **43** 66; **RG 112** 233; *Finger* S. 473. Umfang des Schadens, ebenso Beschädigung des Wagens wird oft als Beweis angesehen, daß der Schaden auf andere Ursachen als die besonderen Gefahren des Abs. 1 zurückzuführen ist (**RG 112** 229; **EE 31** 330; a. A. **43** 99). Auch auf Verschulden der Eisenbahn wird oft hieraus geschlossen. Das ist in dieser Allgemeinheit nicht zutreffend (**EE 54** 245; **VAE 39** 353).

40. Oder ihrer Bediensteten nach § 4, s. dort und § 95 Anm. 5.

§ 84. *Beschränkung der Haftung bei Gewichtsverlusten*[1]

(1) Bei Gütern, die nach ihrer besonderen natürlichen Beschaffenheit[2] bei der Beförderung[3] regelmäßig einen Gewichtsverlust[4] erleiden, haftet die Eisenbahn ohne Rücksicht auf die Länge der durchfahrenen Strecke nur für den Teil des Gewichtsverlusts, der die nachstehend zugelassenen Verlustgrenzen überschreitet:

a) zwei vom Hundert des Gewichts für die flüssigen oder in feuchtem Zustand aufgegebenen Güter sowie für die nachstehenden Güter:

geraspelte oder gemahlene Farbhölzer, Felle, Fettwaren, getrocknete Fische, frische Früchte, frische Gemüse, Häute, Hautabfälle, Hopfen, Hörner und Klauen, frische Kitte, ganze oder gemahlene Knochen, Leder, getrocknetes oder gebackenes Obst, Pferdehaare, Rinden, Salz, Schafwolle, Schweinsborsten, Seifen und harte Öle, Süßholz, geschnittener Tabak, frische Tabakblätter, Tierflechsen, Wurzeln;

b) eins vom Hundert des Gewichts bei allen übrigen trockenen Gütern der eingangs bezeichneten Art.

(2) Werden mehrere Stücke mit demselben Frachtbrief befördert, so wird der Gewichtsverlust für jedes Stück besonders berechnet, wenn das Gewicht der einzelnen Stücke im Frachtbrief angegeben ist oder auf andere Weise festgestellt werden kann.

(3) Die Beschränkung der Haftung tritt nicht ein, soweit nachgewiesen wird, daß der Verlust den Umständen nach nicht infolge der besonderen natürlichen Beschaffenheit des Gutes entstanden ist oder soweit der angenommene Satz dieser Beschaffenheit oder den sonstigen Umständen des Falles nicht entspricht[5].

(4) Ist das Gut verlorengegangen, so wird für Gewichtsverlust nichts abgezogen[6].

(5) Die weitergehende Haftungsbefreiung der Eisenbahn nach § 83 (1) d wird hierdurch nicht berührt.

1. § 84 soll keinen neuen Haftausschließungsgrund normieren; er gibt nur im Anschluß an §§ 82, 83 **Beweiserleichterungen,** s. *Werneburg,* **IZ 40** 416.

2. Gleich: eigentümlichen, natürlichen Beschaffenheit (§ 83 (1) d), d. h. eine Eigenschaft, die das Gut in höherem Maße als andere Güter geeignet macht „zu schwinden"; dasselbe besagt „besondere Mängel" in § 82 (1), s. § 82 Anm. 13.

3. D. h. alle Vorgänge zwischen Annahme und Ablieferung, also auch bei einer Umladung.

4. Bahnamtliche Gewichtsfeststellung ist maßgebend (**EE 50** 62; *Kittel,* Anm. 2).

5. Eisenbahn hat nur zu beweisen, daß das Gut zu den unter a) und b) aufgezählten Güter gehört. Antragsteller muß die Aufgabe als selbständige Stücke dartun [Abs. (2)], wenn er daraus Rechte herleiten will, oder Beweis nach Abs. 3 erbringen (**EE 42** 202).

Ist *Verlust über den Normalsatz eingetreten, haftet Eisenbahn nicht für den normalen Gewichtsverlust,* sondern nur, soweit Verlust die Normalsätze übersteigt. Sie kann sich auch von dieser Haftung befreien, wenn sie nachweist, daß der die Normalsätze übersteigende Verlust auf die natürliche

Beschaffenheit im Sinne der §§ 82 (1), 83 (1) d EVO zurückzuführen ist (*Rundnagel-Sperber*, S. 95; **VR 3** 82).

6. Abzug möglich bei Beraubung, wenn diese am Bestimmungsort erfolgt ist (**EE 22** 67, 137, **20** 173), da dann Verlust vorher eingetreten; das wäre aber kleinlich, gegen den Wortlaut des § 84 (4) und würde nicht recht mit § 85 (1) — Entschädigung nach dem Preis am Versandort — harmonieren. *Finger*, Bem. 5 und *Goltermann*, Anm. 8, wollen Abs. 4 bei *Teilverlust* für den verlorengegangenen Teil anwenden. Dem kann nicht zugestimmt werden, denn im Teilverlust steckt ja gerade der ohne Nachweis als geschwunden anzusehende Teil; es ist also nicht mehr festzustellen, welcher Teil der Verminderung des Gesamtgewichts auf das regelmäßige Schwinden und welcher auf andere Ursachen zurückzuführen ist, folglich: Abzug des nach § 84 zu errechnenden Prozentsatzes des Versandgewichts von der Differenz zum Empfangsgewicht, so auch *v. Nanassy* 2 zu § 4 des Art. 32; vgl. auch § 83 Anm. 36. Anders nur im Falle des Abs. 2.

§ 85. *Höhe der Entschädigung bei gänzlichem oder teilweisem Verlust oder bei Beschädigung des Gutes*

(1) Muß auf Grund des Frachtvertrags[1] von der Eisenbahn für gänzlichen oder teilweisen Verlust[2] des Gutes Schadenersatz[3] geleistet werden, so wird die Entschädigung[3] berechnet:

nach dem Börsenpreis[4],

in Ermangelung eines solchen nach dem Marktpreis[4],

in Ermangelung beider nach dem gemeinen Wert[5],

den Güter derselben Art und Beschaffenheit am Versandort[6] im Zeitpunkt der Annahme zur Beförderung[7] hatten[8]. Jedoch darf[9] die Entschädigung[3] vorbehaltlich der in § 86 vorgesehenen Beschränkung 100 DM für jedes fehlende Kilogramm des Rohgewichts[10] nicht übersteigen. Außerdem sind die Fracht, die Zölle und sonstige aus Anlaß der Beförderung des verlorenen Gutes bezahlte Beträge[11] zu erstatten[12].

(2) Bei Beschädigung[13] hat die Eisenbahn den Betrag der Wertminderung[14] zu zahlen. Die Entschädigung[3] darf jedoch nicht übersteigen:

a) wenn die ganze Sendung durch die Beschädigung entwertet ist, den Betrag, der im Falle ihres gänzlichen Verlusts zu zahlen wäre;

b) wenn nur ein Teil der Sendung durch die Beschädigung entwertet ist, den Betrag, der im Falle des Verlustes des entwerteten Teils zu zahlen wäre.

(3) Eine höhere Entschädigung[3] kann nur bei Angabe des Lieferwerts oder bei Vorsatz oder grober Fahrlässigkeit der Eisenbahn nach den §§ 90 und 91 beansprucht werden.

(4) Müssen bei der Berechnung der Entschädigung[3] Beträge aus fremden Währungen umgerechnet werden, so ist hierfür der Kurs zur Zeit und am Orte der Zahlung maßgebend[15].

Schrifttum: *Rundnagel,* **ZfHR 55** 444; *Goltermann,* **EE 38** 12 ff.; **EE 37** 126, **38** 12; *v. Nanassy,* Berechnung des Schadensersatzes bei Beschädigung, **IZ 38** 154; **41** 480 *(Ackermann).*

1. S § 93 Anm. 3 und § 94 Anm. 1; § 82 Anm. 1; Vorbem. vor Abschnitt VIII unter 9.

Über das Verhältnis des § 85 (1) EVO zu § 430 (1) HGB und § 35 KVO vgl. **BGH,** Urteil v. 4. 11. 55, I ZR 14/54, **VRS 10** Heft 1 Nr. 16.

2. S. § 82 Anm. 3, 4.

3. „Entschädigung" im Sinne der §§ 85 ff. ist, obwohl sprachlich gleichbedeutend mit *„Schadensersatz"*, **etwas anderes als die „Wiederherstellung des früheren Zustandes"** nach § 249 BGB. Für Verlust (ganzen oder teilweisen) und Beschädigung des Gutes in der Zeit von Annahme bis Ablieferung haftet die Eisenbahn nach § 82 (1) auch *ohne Verschulden, dafür aber beschränkt* auf die Sätze der §§ 85 ff., mit Möglichkeit der Beschränkung noch unter die Normalsätze des § 85 (s. § 86) oder Erhöhung darüber hinaus (s. Abs. 3) bei Angabe des Lieferwerts oder grobem Verschulden, immer aber **nur auf Geldersatz.** § 90 stellt die Entschädigung nach §§ 85, 86 in Gegensatz („außerdem") zu dem „Ersatz weiteren Schadens". Also *kein Sachwertanspruch,* was namentlich in Zeiten der *Geldentwertung* von Bedeutung, *s. § 91 Anm. 8.* Die *Entschädigung bemißt sich aber* in der Regel *nach* dem *Sachwert,* und zwar dem *objektiven,* nicht dem Liebhaberwert. Geltendmachung sonstiger Schadenselemente, z. B. entgangenen Gewinns (BGB § 252) nur in den Ausnahmefällen des Abs. 3 und dann, wenn Schadensersatz zwar auf Grund Frachtvertrags, aber nicht wegen Verlust oder Beschädigung verlangt wird, z. B. § 71 (5), 72 (5), (7) und (12).

4. Die in Abs. 1 des § 85 an erster Stelle genannte, aber praktisch seltene Möglichkeit der Entschädigungsbemessung nach dem *Börsenpreis* kommt in Betracht nur für Güter, die auch tatsächlich an der Börse gehandelt werden, **EE 38** 147. Ein *Marktpreis* besteht nur bei Waren, bei denen ein *regelmäßiger Umsatz im kaufmännischen Verkehr* stattfindet (**JW 93** 39). Der sich beim regelmäßigen Handel ergebende **Durchschnittspreis** ist der Marktpreis. *Beispiele:* **EE 26** 318 (ein im Druck befindliches Buch); **EE 24** 11 (Musterkollektion); alte Kleider usw. (**RG 98 150**). Es ist gleichgültig, ob der Preis im Einzelfall sehr hoch ist, weil ihn etwa Wucher oder Börsenmanöver in die Höhe getrieben haben (**RG 100** 104; **VZ 20** 894). Börsen- und Marktpreis werden sich vielfach decken. Der frühere Begriff „gemeiner Handelswert" ist weggefallen, weil er sich mit dem des Börsen- und Marktpreises deckt (vgl. **RG 98** 151; **JW 27** 1857; **EE 37** 250, 338).

5. Wert, der eine Sache **objektiv für jedermann** hat, **Verkäuflichkeitswert; EE 26** 318, **46** 77; das ist oft der *Kleinhandelspreis, aber* nicht immer, es kann *auch* der *Großhandelspreis* sein, wenn es sich um eine Sendung aus einem Großhandelsvertrag handelt; z. B. Baumwolle aus Bremen. Er wird regelmäßig bei *neuen* Sachen *höher* sein *als* der *Erzeugerpreis* (Selbstkosten für Arbeit und Rohstoff, **JW 10** 32); bei *gebrauchten* Sachen ist es der *Althändlerverkaufspreis* (**ArchfEis. 20** 469; **RG 98** 152, **117** 131; **EE 37** 335). Wo *Höchstpreise* festgesetzt sind, kann gemeiner Wert nie höher als diese sein; auch nicht bei Auslandsware; **EE 37** 338; **VAE 43** 19. Bei *Richtpreisen* gilt dasselbe, wenn sie tatsächlich den Preisstand maßgeblich beeinflußt haben (**EE 38** 139). *Schleichhandelspreise* werden nicht ersetzt (**RG 39** 231; **ArchfEis. 20** 100; **RG 96** 124; **JW 20** 502, aber auch 987; **EE 37** 250, **38** 13); der *Anschaffungspreis* (**RG 98** 151 [Umzugsgut]; **ArchfEis. 21** 673) ist bei nicht mehr neuwertigen Sachen insbesondere nicht entscheidend, wenn ihm auch ein gewisser Beweiswert zukommt; *unmaßgeblich* auch der *individuelle* Wert, den das Gut im Einzelfalle für einen der Frachtbeteiligten hat (**ROHG 13** 395; **JW 10** 32; **RG 96** 124; **EE 42** 200).

Höhe hat der Berechtigte zu *beweisen*. Der *Verkaufserlös* bildet oft einen wichtigen Anhaltspunkt für die Bestimmung des gemeinen Wertes (**EE 45** 408); vom Verkaufspreis (Rechnung) muß jedoch abgezogen werden, was nicht Kaufpreis ist (Provision, Übersendungskosten, Rabatt; s. **EE 2** 358); s. auch **EE 38** 290. Über den gemeinen Wert einer Monopolware s. **JW 27** 1857; **EE 46** 77; **ArchfEis. 28** 302 (regelmäßiger Verkaufspreis).

6. Des letzten Frachtvertrages, dies auch im Falle der Weiterabfertigung [§ 82 (3) (4)].

7. Vgl. § 82 Anm. 7.

8. Entschädigung ist *in deutscher Währung* zu leisten (BGB § 244; **RG 105** 312; **EE 41** 73; **VAE 37** 155), auch wenn Versandort auf ausländischem Gebiet liegt (z. B. Basel Bad. Bf.) (**EE 39** 122, 188; abw. **RG 105** 312). Umrechnung über Auslandswährung nach Abs. 4 kann nur vorkommen, wenn Gut am Versandort ausschließlich in ausländischer Währung gehandelt wurde (**RG 107** 214, **109**, 16; **JW 27** 1102; **EE 44** 222; auch **EE 38** 210).

9. Der Richter ist an diesen **Höchstsatz** gebunden, er hat ihn *von Amts wegen zu berücksichtigen*, **BGH VRS 3** 225 = **NJW 51** 357 = **VkBl. 51** 123. Durch diese Höchstsätze wollte die EVO 1938 den alten Streit um die frühere Sonderregelung für *Kostbarkeiten* vermeiden (Einleitung zur Begr.), wobei sie allerdings die Rechnung ohne den BGH gemacht hat, der daneben die Eisenbahn auch noch ohne Höchstgrenze aus unerlaubter Handlung haften läßt, und zwar im Sinne des § 249 BGB (s. § 82 Anm. 1), während § 91 (außer in Abs. 2) nur die Haftung des § 85 in der Höhe erweitert (s. Anm. 3) und zwischen grober Fahrlässigkeit und Vorsatz differieren läßt, wogegen für die §§ 823 ff. jede Form des Verschuldens für vollen Schadensersatz genügt.

Nach § 86 können u. U. *geringere Höchstbeträge* festgesetzt werden.

10. Rohgewicht = **Bruttogewicht,** also die Sendung **einschließlich Verpackung,** so daß sich für das Reingewicht des Gutes bei schwerer Verpackung u. U. ein wesentlich höherer Satz je kg ergibt (*v. Nanassy,* Art. 31 §1 S. 607).

11. *Wiegegebühr, Zählkosten, Nachnahmegebühr, Zollspesen* (*Goltermann,* **EE 38** 17; *Senckpiehl,* **EE 37** 126), *Rollgeld, Wagendeckenmiete, statistische Gebühr, nicht* aber *Vorfrachten,* sie bilden einen Teil des gemeinen Wertes am Versandort; ferner *nicht Versicherungskosten* (**EE 37** 127, **38** 19; *Goltermann,* **41** 270); auch *nicht Verpackungskosten,* denn Verpackung gehört zum Gut. Auch *nicht Aufwendungen,* die Käufer oder Verkäufer bei Durchführung des Kaufvertrags gehabt haben. *Anwaltsgebühren und Gutachterkosten* gehören *nicht* hierher. Beide sind als Kosten des Rechtsstreites (oder vermiedenen Streites) zu erstatten, wenn sie zur zweckentsprechenden Rechtsverfolgung erforderlich waren (§ 91 ZPO; *Goltermann,* **EE 38** 18; **JW 20** 394; **EE 46** 179). Wegen Kosten für *Sachverständige* s. § 81 Anm. 11. *Nicht* zu ersetzen ist der Betrag für *Nachsendung* eines Ersatzstückes. Schließlich sind **nicht erstattungspflichtig Kosten eines vertragswidrigen Verhaltens,** s. Anm. 12.

Bei *Totalverlust* sind diese Beträge *in voller Höhe,* bei *Teilverlust* pro rata zu erstatten (*Rundnagel,* Haftung S. 193), ob dadurch noch eine Wertminderung der gesamten Sendung eingetreten, ist Tatfrage und von dem Behauptenden zu beweisen (s. **ROHG 15** 372, **16** 44; **RG 15** 133).

Beweispflichtig ist der Fordernde für die Zahlung der Beträge, wobei er bei Zahlung durch andere ungeachtet interner Regresse zum Inkasso ermächtigt ist, wenn er nach § 87 (2) Entschädigungsberechtigter ist.

12. Der Berechtigte kann, wenn er *noch nicht gezahlt* hat, auch verlangen, daß die Eisenbahn den Betrag an seiner Stelle begleicht. Handelt es sich um einen Anspruch der Eisenbahn gegen ihn selbst, z. B. aus Nebengebühren, tritt *an die Stelle der Erstattung* deren *Niederschlagung.* Hierfür kommen jedoch *nicht* solche *Nebengebühren* in Betracht, *die,* wie Wagenstandgelder oder Kosten einer vom Absender zu vertretenden Umladung, ohne Not entstanden oder *vom Vertragspartner der Eisenbahn* zu *vertreten* sind, schon gar nicht Frachtzuschläge (ebenso *v. Nanassy,* S. 608, *Goltermann,* Anm. 12 b).

13. S. § 82 Anm. 5.

14. Die Frage, wie die **Wertminderung** erfaßt werden soll, ist sehr bestritten, s. *Rundnagel,* BefGesch. § 146 S. 465; **VAE 36** 203; *v. Nanassy,* Art. 33 Anm. 3. Die herrschende Ansicht setzt als Minuenden den Versandwert des Gutes in unbeschädigten Zustand (WuV) zuzüglich der Kosten (K) und als Subtrahenden den Empfangswert im beschädigten Zustand (WbE). Entschädigung also WuV ± K — WbE (*v. Kautsch,* **EE 12** 175; *Boethke,* **EE 24** 407, **26** 421). *Rundnagel* (BefGesch. S. 463) will mit Recht auch die tatsächlich erfolgte Beförderung bei den Kosten berücksichtigt haben. *Art. 33 CIM* hat diesen *Streit* für seinen Geltungsbereich dahin *entschieden,* daß von dem (nach Abs. 1) bei Verlust zu zahlenden Betrag abzuziehen ist die Differenz zwischen dem Wert des unbeschädigten Gutes am Bestimmungsort und dem des beschädigten, nach dem vorigen Beispiel also WuV — (WuE — WbE) = Entschädigungsbetrag (anders rechnet anscheinend *v. Nanassy* 5 zu Art. 33).

Da es sich auch bei Beschädigung um einen *Geldbetrag* handelt, der nach oben durch Abs. 1 begrenzt ist, indem Abs. 2 sich darauf bezieht, hat **Eisenbahn weder das Recht noch die Pflicht zur Schadensbeseitigung** durch **Reparatur.** *Ob* Reparatur zumutbar und *Schadensbetrag darauf zu beschränken,* ist *Tatfrage.* Bietet im Streitfalle Eisenbahn den nach Abs. 2 zu zahlenden Höchstbetrag für Totalverlust, so kann sie im Fall der Annahme dieses Vorschlags Übereignung der beschädigten Stücke verlangen; Berechtigter braucht aber auf diesen Vorschlag nicht einzugehen. Wenn Herstellerfirmen Verkauf beschädigter Markenartikel dem Handel untersagen, betrifft dies die Eisenbahn nicht (**OLG München EE 54** 244).

15. S. **VAE 40** 89; *Vogel,* ebendort S. 90; BGB § 244.

§ 86. *Beschränkung der Höhe der Entschädigung durch den Tarif*

(1)[1] Die Eisenbahn kann in Ausnahmetarifen[2], die eine Preisermäßigung gegenüber den gewöhnlichen Tarifen enthalten, für die bei gänzlichem oder teilweisem Verlust, bei Beschädigung oder bei Lieferfristüberschreitung[3] zu gewährende Entschädigung geringere als die in § 85 vorgesehenen Höchstbeträge festsetzen[4]. Hat der Absender im Frachtbrief die Anwendung eines solchen Tarifs vorgeschrieben [§ 56 (2) s)][5], so haftet die Eisenbahn nur bis zu dem festgesetzten Höchstbetrag.

Ob und für welche Güter solche Ausnahmetarife mit verminderten Höchstbeträgen für die Haftung bestehen, ist im Teil 1 Abteilung B oder in den Tarifteilen II bestimmt.

(2) Ist das Gut nur zum Teil über eine Strecke befördert worden[6], für die ein solcher Höchstbetrag im Tarif vorgesehen ist, so tritt die Beschränkung der Haftung der Eisenbahn nur[7] ein, wenn die die Entschädigung begründende Tatsache sich auf diesem Teil der Beförderungsstrecke ereignet hat.

Schrifttum: *Pitzker,* **VR 1** 293; *Sperber,* ebendort S. 226; *Oertmann,* ebendort S. 305; **EE 28** 14.

1. Die Festsetzung des Höchstbetrages durch den Tarif war lange bestritten (**RG 104** 9). Nach der Änderung des HGB 1938 ist diese Frage zugunsten der Zulässigkeit entschieden.

2. Früher: „in besonderen Bedingungen"; s. **RG 98** 251.

3. Angabe des *Lieferwertes* durch § 89 (4) der Höhe nach *beschränkt,* s. dort Anm. 9. Lieferfristüberschreitung s. § 82 (2).

4. *Veröffentlichung* ist *erforderlich* (**RG 93** 279; **EE 37** 55).

5. Absender muß also die Wahl haben zwischen mindestens zwei Tarifen (**EE 41** 346). Tarifmäßige Angabe genügt, **EE 57** 310. Im Falle des § 70 (2) Satz wirkt sich ein entsprechender Antrag *nachträglich* aus; wenn jemand

nachträglich die Vorteile einer im Frachtbrief fehlenden Erklärung beansprucht, muß er auch ihre Nachteile in Kauf nehmen.

6. Was Eisenbahn zu beweisen hätte.

7. Nur, wenn Eisenbahn das *beweisen* kann.

§ 87. *Vermutung für den Verlust des Gutes. Wiederauffinden des Gutes*

(1) Der Verfügungsberechtigte[1] kann das Gut ohne weiteren Nachweis[2] als verloren betrachten, wenn es nicht innerhalb eines Monats nach Ablauf der Lieferfrist[3] abgeliefert oder zur Abholung bereitgestellt worden ist[4].

(2) Der Entschädigungsberechtigte[1] kann bei Empfang der Entschädigung für das verlorene Gut in der Empfangsbescheinigung[5] verlangen, daß er sofort benachrichtigt wird, wenn das Gut binnen dreier Jahre[9] nach Zahlung der Entschädigung wieder aufgefunden wird[9]. Hierüber ist ihm eine Bescheinigung[5] zu erteilen.

(3) Innerhalb eines Monats nach erhaltener Nachricht vom Wiederauffinden[9] des Gutes kann der Entschädigungsberechtigte[9] verlangen, daß ihm das Gut nach seiner Wahl auf dem im Frachtbrief angegebenen Versand- oder Bestimmungsbahnhof[6] kostenfrei[8] ausgeliefert wird. Die erhaltene Entschädigung hat er nach Abzug der ihm nach den §§ 88 und 90 für die Überschreitung der Lieferfrist zustehenden Entschädigung[7] zurückzuzahlen[8].

(4) In allen anderen Fällen kann die Eisenbahn über das wiederaufgefundene Gut frei verfügen[9].

1. Der Verfügungsberechtigte [§ 72 (11) grenzt das Verfügungsrecht des Absenders oder Empfängers gegeneinander ab] ist nach § 95 (1), von hier nicht zutreffenden Ausnahmen abgesehen, zur Geltendmachung der Rechte aus dem Frachtvertrag, also auch des Entschädigungsanspruchs nach den §§ 82 ff. bei Verlust, berechtigt; daher spricht Abs. 2 von ihm auch als von dem „**Entschädigungsberechtigten**“. Nach § 75 (3) Satz 2 erwirbt im Falle des § 87 der Empfänger die Position des Entschädigungsberechtigten durch Erfüllung der sich aus dem Frachtbrief ergebenden Verpflichtungen mit dessen Annahme.

2. **Unwiderlegbare Rechtsvermutung zugunsten des Berechtigten** [klarer ausgedrückt durch das Wörtchen „gilt“ in § 32 (1), s. dort Anm. 3]. Macht er von ihr Gebrauch, so steht ihm als Gläubiger ein *Wahlrecht* zu zwischen seinem [nach § 75 (3) Satz 1 noch nicht realisierbaren] Anspruch auf Ablieferung des Gutes und dem Entschädigungsanspruch, für den ihm der **Beweis des Verlustes** erspart bleibt, und zwar *a) ein unbedingtes,* wenn er

vom Rechte des Abs. 2 keinen Gebrauch macht, *b) ein bedingtes,* dessen endgültige Fassung ihm im Falle des Abs. 3 obliegt, wenn er sich seine Rechte nach Abs. 2 vorbehalten hat. Die *Eisenbahn* hat ein Schuldnerwahlrecht, das § 262 BGB nur „im Zweifel" gewährt, *nicht,* **RG 106** 101; also nicht etwa Gegenbeweis, daß das Gut noch vorhanden, s. **EE 17** 328, 338, **18** 358, **25** 366, **28** 172, **29** 164, **40** 131; **JW 23** 514. Will Berechtigter *vor Fristablauf* entschädigt sein, muß er den Verlauf beweisen (**EE 27 139**), es sei denn, daß dieser offenkundig ist, § 75 (3) Satz 2.

3. Tag des Ablaufs nicht mitgerechnet; endigt mit Ablauf des gleichziffrigen Tages des folgenden Monats, BGB §§ 187 (1), 188 (2).

4. Gilt **auch bei teilweisem Verlust;** *abw.* **VR 5** 514, 535; **EE 29** 165. Zustimmend *v. Nanassy* 4 zu Art. 30 § 2. Es ist die Rede von *Nichtablieferung,* nicht von Verlust, daher **Gründe der Nichtablieferung irrelevant, BGH VRS 10** 438; **RG EE 41** 266.

5. Wortlaut ist nicht vorgeschrieben (z. B. „Vorbehaltlich meiner Rechte am Gut"), **ebensowenig Form.** Zu unrecht wird von *Weirauch* in der Vorauflage und *Finger,* Bem. 6, aus der Erwähnung der Empfangsbescheinigung für die Entschädigung in Abs. 2 Satz 1 ein unbedingtes Formerfordernis gemacht; es besteht kein vernünftiger Grund dafür, wenn auf ein sonstwie vorgebrachtes Verlangen die in Satz 2 vorgesehene Bescheinigung erteilt wird, das Ganze als nichtig (§ 125 Satz 1 BGB) anzusehen. Allerdings wird man der Eisenbahn zugestehen müssen, vom Berechtigten einen schriftlichen Antrag zu verlangen, ehe sie die Bescheinigung erteilt; so hat auch Art. 30 § 2 CIM die Angelegenheit geregelt. Wie hier *Goltermann, Anm. 11.* Wird bei Empfang der Entschädigung überhaupt keine Empfangsbescheinigung abgegeben, weil die Überweisung des Betrages durch die Post erfolgte, so würde sich die Eisenbahn eines Verstoßes gegen Abs. 2 Satz 2 schuldig machen, wenn sie die dort vorgesehene Bescheinigung auszustellen unterläßt; zu demselben Ergebnis kommt *Finger* aa.O. über die Formel von Treu und Glauben. Vgl. auch *Rundnagel,* Haftung S. 230 Anm. 7; s. auch **EE 70** 131; **JW 23** 514. Deshalb noch *keine Verpflichtung zur Annahme* des gefundenen Gutes. *Unterbleibt* die *Benachrichtigung, Schadensersatz.*

6. Nicht auch auf dem Fundbahnhof, es sei denn, daß sich die Eisenbahn hierzu freiwillig bereit erklärt. Versendung nach einem anderen als dem Versand- oder Bestimmungsbahnhof setzt neuen Frachtvertrag voraus. Freie Zuführung in die Wohnung ist nicht vorgeschrieben (s. *Boethke,* **EE 24** 407). Anders Art. 30 CIM.

7. Unklare Regelung! *Weirauch* in der Vorauflage entnimmt ihr mit *Rundnagel,* BefGesch. S. 474, daß nicht auch etwaige andere Zahlungen aus den §§ 90 und 91 abgezogen werden können, was formalistisch erscheint; richtig ist wohl (so auch *Goltermann,* Anm. 12 und *Finger,* Bem. 12), dem Herausgabeverpflichteten das Recht zum Abzug *aller* für Lieferfristüberschreitung ihm zustehenden Beträge nebst ihm sonst nach der EVO gebührenden Beträge zuzugestehen, vgl. Art. 30 § 3 CIM, der aber unterscheidet zwischen zu verrechnenden und vorbehaltenen Gegenansprüchen.

8. Also kein Vergütungsanspruch der Eisenbahn für etwaige Mehrleistung (Aufbewahrung, Rückbeförderung u. a.; s. *Boethke*, **EE 24** 407). Auch Zinsen für die zurückzuzahlende Entschädigungssumme kann Eisenbahn nicht verlangen.

9. Die 1-Monatsfrist des Abs. 3 (CIM: 30 Tage) ist ebenso wie die 3-Jahresfrist (CIM: 1 Jahr) des Abs. 2 eine nach §§ 187 (1), 188 (2) BGB zu berechnende **Ausschlußfrist,** deren *Beginn nachzuweisen* ist; § 78 (3) gilt nicht. **„Wiederauffinden"** ist *ungenau;* gemeint ist, daß Eisenbahn zur Ablieferung wieder in der Lage ist (Hingehörigkeit festgestellt, Beschlagnahme aufgehoben, **RG EE 41** 266). Nach Abs. 3 kann **„der** ***Entschädigungsberechtigte"*** (s. Anm. 1) die Auslieferung verlangen; **richtig** müßte es aber heißen: „Der **Entschädigungsempfänger"**, da Abs. 3 nur den Gedankengang des Abs. 2 fortsetzt, der vom Empfang der Entschädigung ausgeht. **Ist keine Entschädigung gezahlt** worden, **entfällt die Folgerung des Abs. 4;** *kein Verlust dinglicher Rechte* [Verjährung s. § 94 (2) b)] *ohne* den im Zusammenhang mit dem Empfang der Entschädigung unterstellten *Übereignungswillen* nach Maßgabe des Abs. 2. **Eigentumserwerb der Eisenbahn** wohl nach Maßgabe der §§ 932 ff. BGB, da EVO die dinglichen Rechte Dritter nicht in Mitleidenschaft ziehen kann (a. M. *Weirauch* in der Vorauflage, anscheinend auch *Finger,* Bem. 16); sie regelt lediglich das Rechtsverhältnis zwischen den Parteien des Frachtvertrages in Ergänzung des HGB. Das „freie Verfügen" des Abs.4 ist inhaltlich gleichbedeutend mit dem „nach Belieben Verfahren" des § 903 BGB bei der Legaldefinition des Eigentums, ist jedoch zu ergänzen mit dessen Worten: „... **soweit nicht** das Gesetz oder **Rechte Dritter entgegenstehen".** Da EVO der Eisenbahn Entschädigung ohne Eigentumsnachweis des Entschädigungsberechtigten zumutet, ist zu ihren Gunsten allerdings wohl **§ 366 HGB anzuwenden** (guter Glaube an die Verfügungsbefugnis genügt). Soweit nicht nachweisbar, daß die Eisenbahn für ein bestimmtes überzähliges Gut Entschädigung gezahlt hat (z. B. bei Kohlensäureflaschen, Eisenfässern), greift die gesetzliche Vermutung des BGB (§§ 986, 1006) ein (s. **JW 23** 229; *Seybold,* **VR 2** 240; *Vogel,* **EE 41** 12).

§ 88. *Höhe der Entschädigung bei Überschreitung der Lieferfrist*

(1) Bei Überschreiten der Lieferfrist[1] hat die Eisenbahn den nachgewiesenen Schaden[2] bis zur Höhe der Fracht[3] zu ersetzen.

(2) Bei gänzlichem Verlust[4] des Gutes kann keine besondere Entschädigung für Lieferfristüberschreitung verlangt werden.

(3) Bei teilweisem Verlust[5] ist Entschädigung für Lieferfristüberschreitung bis zur Höhe der auf den nicht verlorengegangenen Teil der Sendungen entfallenden Fracht zu leisten.

(4) Bei Beschädigung[6] tritt die Entschädigung für Lieferfristüberschreitung gegebenenfalls[7] zu der in § 85 vorgesehenen Entschädigung hinzu.

(5)[8] Beim Zusammentreffen von Lieferfristüberschreitung mit Beschädigung oder teilweisem Verlust des Gutes kann als Gesamtentschädigung nach § (1) zuzüglich derjenigen nach § 85 (1) und (2) keine höhere Entschädigung[9] beansprucht werden als bei gänzlichem Verlust des Gutes.

Schrifttum: *Sperber,* **VZ 20** 733; *Friebe,* Gänzliche Entwertung und Lieferfrist, **ArchfEis. 34** 514; **EE 38** 20; *Goltermann, Marcovic,* **IZ 39** 1; *Appelmann,* Die frachtrechtliche Haftung der Eisenbahn für Sachschaden bei Transportverzögerung, **VAE 42** 41 ff.

1. Lieferfrist s. § 74, wegen der Haftung für Lieferfristüberschreitung § 82 (2), namentlich Anm. 17 u. 18. Dort ist die **Haftung** dem Grunde nach, **hier der Höhe nach geregelt,** und zwar **für den Regelfall;** für den Fall groben Verschuldens sieht § 91, für den der Angabe des Lieferwerts § 89 eine höhere Haftung vor.

2. Die Lieferfristüberschreitung muß für den Schaden *ursächlich* sein; **EE 54** 62. Zum Schaden gehört auch *entgangener Gewinn* (§ 249 BGB); über das *Zusammentreffen mit Sachschaden* s. Anm. 7. Während CIM Art. 34 die Höhe der Entschädigung verschieden gestaltet, je nachdem ob ein Schaden nachgewiesen wird oder nicht, kennt die EVO eine vertragstrafeähnlich gestaltete Lieferfristhaftung ohne Schadensnachweis nur für bei Lieferwertangabe nach § 90 (1) b) Ziff. 2.

3. *Reine Fracht* des letzten Frachtvertrages, also ohne Vorfracht, Nebengebühren, Auslagen; **ROHG 14** 200; **EE 21** 126. § 88 (1) läßt nicht erkennen, ob die *Überschreitung* bei einer *aus mehreren Stücken* bestehenden Sendung für *alle* vorliegen muß, um die Höchstgrenze des Schadensersatzes bis zur vollen Fracht zu erreichen, wie *Goltermann,* Anm. 3, meint, oder ob mit *Finger,* Bem. 1, der Berechtigte auch bei verspäteter Ablieferung *einzelner* Teile der Sendung den *vollen* Frachtbetrag als Höchstgrenze *beanspruchen* darf. Der letztgenannten Ansicht ist deshalb der Vorzug zu geben, weil das Fehlen bereits eines Stückes, z. B. der Ausrüstung eines Schaustellers, den Ausfall der ganzen Darbietung nach sich ziehen kann und es nicht sinnvoll wäre, hier zwischen angekommenen und nicht angenommenen Teilen zu unterscheiden, wenn der Schaden nachweislich höher ist als die gezahlte Gesamtfracht. Ebenso *v. Nanassy* 3 zu § 3 des Art. 34.

4. S. § 82 Anm. 3; *Richter,* Anm. 4, bestreitet die Rechtsgültigkeit des Abs. 2 zu Unrecht; dagegen auch *Goltermann,* Anm. 4, s. auch CIM Art. 34 § 3, *v. Nanassy* 2 zu § 3 des Art. 34 mit weiterem Schrifttum, der mit Recht hervorhebt, daß schon begrifflich eine verlorene Sache nicht mehr verspätet abgeliefert werden kann; ein Verspätungsschaden setzt eine Ablieferung voraus; im Falle des § 87 (3) ggf. verspätete Ablieferung.

5. S. § 82 Anm. 4. Anders (und einleuchtender) Art. 34 § 3 CIM, der zwar den Schadensersatz, nicht aber die Höchstgrenze (der gesamten Fracht) einschränkt, s. *v. Nanassy* aaO. S. 631 und Anm. 3 zu diesem §.

6. S. § 82 Anm. 5.

7. D. h. wenn nicht derselbe Schaden ohnehin schon nach § 85 (2) honoriert wird. Bei Beschädigungen, die auf die Dauer der Beförderung zurückzuführen sind, ist zu unterscheiden:

a) Die Lieferfrist wurde gewahrt. Hier keine Haftung für die Beschädigung, da Eisenbahn Lieferfrist ausnutzen darf, s. § 82 Anm. 18;

b) die Lieferfrist wurde überschritten, ohne daß ein Verschulden der Bahn vorliegt. Hier keine Haftung für die Beschädigung, soweit § 83 (1) d) die Eisenbahn davon befreit;

c) die Lieferfrist wurde überschritten, Verschulden der Bahn festgestellt. Hier Haftung nach § 82 (1), 83 (3) für Beschädigung.

Nur im Falle c) kann ggf. noch zusätzlich ein Schaden für Überschreitung der Lieferfrist geltend gemacht werden, der aber von anderer Art sein muß als der, der schon in der Beschädigung liegt.

8. Abs. 5 ist aufgenommen [vgl. EVO § 33 (3)], weil es unbillig erscheint, den Verfrachter im Falle des Zusammentreffens von Lieferfristüberschreitung mit Beschädigung oder teilweisem Verlust eine höhere Entschädigung zukommen zu lassen als bei gänzlichem Verlust des Gutes (Begr.). Vgl. CIM Art. 34 § 3.

9. Anders bei Angabe des Lieferwerts (§ 90).

§ 89. *Angabe des Lieferwerts*[1]

(1) Der Absender kann den Wert, den er der fristgemäßen[2] Lieferung des unversehrten[3] Gutes über den nach § 85 zu ersetzenden Wert hinaus beimißt[4] — Lieferwert (Interesse an der Lieferung) —, im Frachtbrief[7] angeben[5]

I. Der Lieferwert ist in DM anzugeben.

(2) Der Betrag[6] des Lieferwerts ist an der dafür vorgesehenen Stelle des Frachtbriefs[7] einzutragen.

(3) Für je angefangene zehn Kilometer wird eine besondere Gebühr von einem Zehntel vom Tausend[8] des angegebenen Betrages erhoben. Der Tarif kann die Gebühr herabsetzen und einen Mindestbetrag festsetzen.

II. Die Gebühr für Angabe des Lieferwerts ist im Nebengebührentarif (Teil I Abteilung B) festgesetzt.

(4) Ist die Ersatzpflicht nach § 86 auf einen Höchstbetrag beschränkt, so ist eine Angabe des Lieferwerts über diesen Betrag hinaus unzulässig[9].

Schrifttum: *v. d. Leyen*, **ZfHR 39** 83; *Nehse*, **VZ 08** 1599; *Vorahl*, ebendort **37** 545; **VAE 37** 71.

1. Der Begriff des Lieferwertes umfaßt den Schadensbetrag, **der über die auch ohne Angabe des Lieferwertes zu zahlende Entschädigung hinausgeht** (Begr.). Nicht im Einklang damit und im Gegensatz zur Art. 36 CIM steht § 90 (1) b; deshalb wurde auch davon abgesehen, den nach § 88 zu ersetzenden Betrag zu erwähnen; aber auch § 86 gehört hierher, s. Anm. 9.

2. §§ 82 (2), 74.

3. § 82 (1).

4. *Getrennte Angabe* des Interesses des Absenders an Unversehrtheit und an der Einhaltung der Lieferfrist *nicht* gestattet; *Schaden* aus einer der beiden Ursachen oder beiden zusammen (§ 90 Abs. 2) kann nur *insgesamt* und nur bis zur Höhe des Lieferwerts (nicht etwa für jede Ursache in Höhe des Lieferwerts je besonders, *v. Nanassy* C zu Art. 36) geltend gemacht werden, soweit er nicht ohnehin nach den §§ 85, 86 gedeckt wird. **Nur wenn** eine **Haftung** der Eisenbahn auch ohne Interessenangabe **besteht,** soll die **Lieferwertangabe** deren **Erhöhung** ermöglichen. Weitere Erhöhung nach § 91.

5. Nebenabrede des Frachtvertrages.

6. Der Höhe nach unbegrenzt außer in Fällen nach Abs. 4.

7. Abs. 1 und 2 decken sich nicht ganz. Ist Angabe des Lieferwertes zwar im Frachtbrief, nicht aber an der vorgeschriebenen Stelle eingetragen, kann Annahmebediensteter die Annahme ablehnen [§ 3 (1) a)]. Die Nichtbeachtung des Abs. (2) bewirkt nach Ansicht der herrschenden Meinung Nichtigkeit der Angabe des Lieferwertes; der Frachtvertrag bleibt gültig. Hiergegen unter Hinweis auf §§ 125, 139 BGB *Rundnagel-Sperber,* S. 146. Für den Fall, daß der Vermerk übersehen und sonst angewandte Sicherungsmaßnahmen unterlassen wurden, wird man kein Verschulden der Eisenbahn, zum mindesten aber ein Mitverschulden des Absenders annehmen müssen (**ZfHR** 19 614); s. dazu § 56 (2) f), (4), Anm. 22; § 57 Anm. 14). *Goltermann,* Anm. 2, will die Eisenbahn, wenn sie den Frachtbrief mit der Eintragung an falscher Stelle annimmt, so haften lassen, als sei sie an der richtigen Stelle erfolgt; *Finger,* Bem. 7, bezeichnet den Frachtvertrag als gültig, die Angabe als „unwirksam". Das Problem ist indes trotz des (überflüssigen) Abs. 2 kein anderes als bei jeder Frachtbriefeintragung an anderer als der vorgeschriebenen Stelle: Sie ist in der Regel **für die Eisenbahn unbeachtlich,** ohne daß dadurch die Gültigkeit des Frachtvertrags in Frage gestellt würde; **hat sie die Eisenbahn** allerdings **beachtet** (z. B. einen entsprechenden Vermerk auf dem Gut angebracht), **so kann sie sich** natürlich **nicht darauf berufen,** der Vermerk sei *nicht an der richtigen Stelle* des Frachtbriefs eingetragen.

8. EVO setzt hier eine Gebühr fest, statt dies dem Tarif zu überlassen.

9. Das heißt nicht etwa, daß die Eisenbahn nur den Höchstbetrag nach § 86 zu ersetzen hätte, sondern daß sie bei Lieferwertangabe ggf. für 2 derartige Beträge, praktisch also *die doppelte Summe* haftet [§ 90 (1) a), (2) a)]. Bei *Lieferfristüberschreitung* ohne Sachschaden ist eine Lieferwertangabe im Falle des Abs. 4 allerdings wertlos, da dann die Entschädi-

gung nach den §§ 88, 86 nicht dem nachgewiesenen Schaden bis zum angegebenen Lieferwert zugeschlagen wird, sondern dieser die absolute Grenze des Schadensersatzes überhaupt bildet, m. a. W. die *Höchstgrenze* des § 86 wirkt genauso wie *ohne Lieferwertangabe,* da sie mit dieser nach Abs. 4 identisch sein muß. Daß sich die Ersatzpflicht nach § 86 *expressis verbis* auch auf die Lieferfristüberschreitung bezieht, übersieht *Finger,* Bem. 8.

§ 90. *Umfang der Haftung bei Angabe des Lieferwerts*

(1) Hat der Absender im Frachtbrief den Lieferwert angegeben[1], so kann im Falle der Entschädigungspflicht der Eisenbahn beansprucht werden:

a) bei gänzlichem oder teilweisem Verlust oder bei Beschädigung des Gutes[2]

1. die Entschädigung nach § 85 oder § 86,
außerdem

2. der Ersatz des nachgewiesenen Schadens[3] bis zum Lieferwert.

b) bei Überschreitung der Lieferfrist:

1. wenn nachgewiesen wird, daß ein Schaden aus der Überschreitung[4] entstanden ist, eine Entschädigung bis zum Lieferwert,

2. wenn ein Schaden aus Überschreitung der Lieferfrist nicht nachgewiesen[5] wird, für jeden Tag, um den die Lieferfrist überschritten ist, ein Fünftel der Fracht, höchstens die ganze Fracht, jedoch nicht mehr als der Lieferwert.

(2) Wird nachgewiesen, daß neben einem Schaden aus Lieferfristüberschreitung ein von der Eisenbahn zu vertretenden Schaden aus teilweisem Verlust[6] oder Beschädigung entstanden ist, so kann verlangt werden:

a) die Entschädigung nach § 85 oder § 86,
außerdem

b) der Ersatz des gesamten weiteren Schadens einschließlich des durch Überschreitung der Lieferfrist entstandenen bis zum Lieferwert.

(3) Ist der Lieferwert geringer[7] als die ohne Angabe des Lieferwerts zu gewährende Entschädigung, so kann diese verlangt werden.

1. S. § 89 Anm. 7.

2. S. § 82 Anm. 3—5. § 90 regelt nur den **Umfang,** nicht die **Grundlage** der Entschädigungspflicht.

3. Also nicht nur der Wert nach § 85 (1), sondern nach BGB §§ 249, 252 auch der entgangene Gewinn und entstandene Unkosten. Entstehen des

Schadens und dessen Höhe hat der Antragsteller zu beweisen (**JW 24** 391); s. auch **EE 34** 506.

4. S. § 88 Anm. 2.

5. Die EVO kennt im Gegensatz zur CIM **eine vom Schadensnachweis unabhängige Konventionalstrafe für Überschreitung der Lieferfrist** nur *bei Lieferwertangabe,* während diese umgekehrt die Lieferwertangabe nur für den nachgewiesenen Schaden von Bedeutung sein läßt (Art. 34, 36). Der frühere Streit darüber, ob die Eisenbahn nachweisen könne, ein Schaden sei gar nicht oder nicht in der Höhe der durch die EVO zugebilligten Summe entstanden, ist überholt (*v. Nanassy* zu Art. 34 § 1); andernfalls würde derjenige, der sich das Benefiz zunutze macht, auch noch eine Betrugsanzeige riskieren. Wie hier *Finger,* Bem. 7, a. M. *Goltermann,* Anm. 6.

6. S. § 88 Anm. 4.

7. Bezieht sich auf Abs. 1 b) 1 und Abs. 2 b), weil bei Lieferfristüberschreitung der Lieferwert nicht eine Grenze für die *zusätzliche* Zahlung, sondern eine *absolute* Höchstgrenze darstellen würde, der gegenüber sich der Reklamant nach § 88 (1) u. U. besser steht. Vgl. § 89 Anm. 1.

§ 91. *Haftung bei Vorsatz oder grober Fahrlässigkeit der Eisenbahn*

(1)[1] Ist der Schaden[2] durch Vorsatz[3] oder grobe Fahrlässigkeit[4] der Eisenbahn[5] herbeigeführt worden[6], so hat die Eisenbahn den nachgewiesenen[7] Schaden[8] jeweils bis zum Doppelten der in den §§ 85, 86, 88 und 90 vorgesehenen Höchstbeträge zu ersetzen[9].

(2) Hat der Absender einen Lieferwert angegeben, so hat die Eisenbahn einen durch Vorsatz[3] herbeigeführten Schaden[8] in voller Höhe zu ersetzen[10].

1. Abs. 1 entspricht Art. 37 CIM.

2. **Kein selbständiger Haftungsgrund;** die dem Grunde nach bereits bestehende Haftung der Eisenbahn soll *in den Fällen* der §§ 85 usw. hinsichtlich der Höhe des Schadensbetrages *verschärft* werden (so schon für das alte Recht **ROHG 8** 271); **RG 89** 338, **100** 53; *Goltermann,* **EE 38** 16, **44** 68; abw. *Schulz,* Haftpflicht S. 112. Eine Unterlassung kann nur dann schuldhaft sein, wenn eine Pflicht — hier dem Frachtvertragsgegner gegenüber — zum Handeln bestand, **JW 20** 969.

3. **Voraussehen** — Wollen ist nicht erforderlich — **des Erfolges; EE 28** 75. *Eventualvorsatz* (Fürmöglichhalten gewisser Folgen des Verhaltens) *genügt,* **RG 76** 320; das Erfordernis des Vorsatzes bezieht sich nur auf die Verletzung der Vertragspflicht, nicht deren Folgen, **BGH 9** 3, **BGH NJW 55** 528.

4. **Außerachtlassung jeder Sorgfalt eines ordentlichen Frachtführers** (**EE 17** 259, **27** 312, **37** 162); eine **bei geringster Aufmerksamkeit zu vermeidende** Nachlässigkeit, **gewissenlose** Gleichgültigkeit, **EE 22** 28, **37** 162, **58**

183; **RG 58** 162, **89** 347, **96** 65, **102** 207, **109** 19. Die Abgrenzung zur gewöhnlichen Fahrlässigkeit kann nicht schematisch geschehen, sondern muß die Umstände des Einzelfalls berücksichtigen, insbesondere den Massenbetrieb der Eisenbahn, der individuelle Behandlung erschwert oder unmöglich machen kann, s. im einzelnen Anm. 6; Schrifttumsübersicht bei *v. Nanassy* 5 zu Art. 37 (S. 650), nahezu allgemeine Ansicht.

5. D. h. **ihrer Bediensteten** (s. § 4). *Diebstahl* der Bediensteten ist also der Eisenbahn als *Vorsatz* anzurechnen (**ROHG 23** 309; **RG 7** 129). Daß Eisenbahner gestohlen haben, muß der Fordernde beweisen; es besteht keine Vermutung für Diebstahl der Bediensteten, s. *Sommerfeldt,* **VZ 22** 113 gegen **RG 102** 206; s. auch § 83 Anm. 4 u. 38. *Streik* als grobes Verschulden, **RG EE 41** 265, **Unterlassung** *von Abhilfemaßnahmen* bei besonders großen Verkehrsschwierigkeiten dagegen nicht, **RG EE 23** 388; wohl aber im Einzelfall bei zu verhindernden Rinnverlusten, **EE 29** 290 und 418. Des *Rollfuhrunternehmers,* **VRS 4** 68.

Bei beiderseitigem Verschulden Schadensausgleich gemäß § 254 BGB (s. hierüber **JW 26** 1437; **EE 34** 312), und zwar muß sich Absender ein Verschulden des Empfängers, dieser ein Verschulden des Absenders anrechnen lassen (s. *Düringer-Hachenburg,* § 430 Anm. 17). Die Anwendung des § 254, also die **Mitschuld** des Kontrahenten, **nimmt dem** Verschulden **der Eisenbahn nicht** etwa **den Charakter als grobes,** sondern führt nur zum Schadensausgleich, **RG EE 40** 125; **OLG Hamm EE 48** 164.

6. Der Richter muß zur Feststellung von Vorsatz oder Fahrlässigkeit der Eisenbahn auch auf die dem Beförderungsvorgang zugrunde liegenden Betriebsverhältnisse eingehen (**EE 75** 196); die Eigenarten des Bahnbetriebs (Massenbetrieb, Hast, Eile) sind dabei zu berücksichtigen (s. *Goltermann,* **EE 38** 16, **RG 89** 347, **37** 162; abw. *Senckpiehl,* EisTransp. S. 329).

Beispiele:

a) Vorsatz oder grobe Fahrlässigkeit ist *nicht* angenommen bei:

Verzögerung innerhalb der Lieferfrist (**EE 31** 338, **44** 68, 80, **43** 306, 401, **35** 72; **VAE 37** 375; **RG 89** 338, **100** 50);

Abfertigung nach einem *Bahnhof gleichen oder ähnlichen Namens* (**EE 26** 298; abw. **ArchfEis. 23** 517; **RG EE 40** 125 (s. § 57 Anm. 5);

unrichtiger Bezettelung eines Wagens (**EE 20** 118; abw. **34** 312) oder Stückgutes; **EE 26** 140, **37** 162;

Loslösen des Beklebezettels (**SpedSchiffZtg. 21** 777, 1043);

Fehlverladung (**EE 27** 160, **14** 20; abw. **22** 271);

Verwechslung von Wagennummern (**EE 17** 252, **18** 306, **26** 140, 298);

versäumter Ausladung auf einem Unterwegsbahnhof (**EE 17** 329, **27** 160; abw. **16** 54);

falscher Frachtberechnung (**EE 39** 200, **44** 59);

Heißlaufen des Wagens (**EE 18** 306).

Rangierstöße, und zwar leichte, heftige und sogar übermäßig starke stellen als solche noch kein Verschulden der Eisenbahn dar. Dies trifft erst dann zu, wenn im Einzelfall durch bestimmte Tatsachen nachgewiesen wird, in welchem Grade sie der Eisenbahn als Verschulden oder sogar als grobes anzurechnen sind. **VR 3** 73; **EE 38** 128, **46** 88; **SpedSchiffZtg. 14** 126; s. auch § 83 Anm. 39.

b) *Dagegen* bedeutet grobe Fahrlässigkeit:

das *Abhandenkommen von Gut und Brief* (s. **EE 37** 162, **41** 48, **43** 83, **44** 187; **VR 1** 469; **JW 23** 238; abw. **EE 41** 360; s. § 83 Anm. 38);

grob unsachgemäße Behandlung *empfindlicher Güter,* **EE 25** 122, **31** 213, **49** 346;

Zusammenladung offensichtlich hierzu *ungeeigneter Güter* (Kaffee und Petroleum), *Busch,* **ArchfEis. 10** 388; **ZfHR 19** 614;

unter erschwerenden Umständen *Falschauslieferung;* **EE 29** 71, **30** 53, **31** 111, **40** 139;

Diebstahl durch Dritte, wenn Eisenbahn nicht die erforderlichen Abwehrmaßnahmen getroffen hat (**ROHG 12** 430; s. aber auch **RG EE 42** 203 ff.; **RG 102** 92 und **BGH VRBl. 51** 123, Anm. 5 und § 82 Anm. 16;

verspätete Benachrichtigung bei *Viehbeförderung,* **VAE 36** 110;

grobe Verzögerung in der Beförderung (**VAE 39** 147; **EE 30** 470; abw. **44** 65; Eilgut als Frachtgut, **EE 42** 90);

Beachtung einer vorschriftswidrigen nachträglichen Verfügung (**EE 22** 126, s. auch **40** 139);

Einstellung eines *beladenen Wagens* in einen Leerzug (**VR 3** 87);

Unterbringung von Gütern in nicht vergitterten und *unbeaufsichtigten Gepäckräumen* des Nachts in ländlichen Gegenden (**VR 3** 531—535; s. auch **EE 23** 262, **25** 122, **26** 299, **50** 55);

u. U. *unterlassene TA,* **EE 39** 140, **53** 158;

Gestellung eines *völlig ungeeigneten Wagens,* **EE 48** 164, s. aber § 83 Anm. 14; vgl. ferner die unter Anm. 6 a als „abw." bezeichneten Urteile.

Es ist sonach Tatfrage, ob im Einzelfall die Umstände eine erhöhte Sorgfalt hätten verlangen müssen. **Nicht** richtig ist, wenn *Senckpiehl* (S. 330) **in jeder Verletzung positiver Vorschriften** der EVO oder ihrer Ausführungsvorschriften **grobe Fahrlässigkeit** sehen will. **Noch weniger** gilt dies naturgemäß bei Verletzung **innerdienstlicher Vorschriften,** z. B. der Allgemeinen Abfertigungsvorschriften oder auch der Ermittlungsvorschriften. *Unterlassene Nachforschung* kann nur dann grob fahrlässig sein, wenn Versehen der Eisenbahn vorhergegangen sind (**VZ 20** 523; **EE 43** 306, **44** 189). Aber auch: **EE 22** 28, **27** 57, **44** 189; *Rundnagel-Sperber,* S. 142 Anm. 23. Gemeinsames Verschulden ist angenommen bei Schreibfehler in der *Frachtbriefadresse,* **EE 40** 126, doch ist diese Erkenntnis mit Rücksicht auf § 57 wohl unrichtig. Vgl. auch die Beispiele in Anm. 5.

7. *Beweislast:* Berechtigter hat Haftpflicht der Eisenbahn und Tatsachen darzutun, aus denen Vorsatz oder grobe Fahrlässigkeit hervorgeht (**EE 29**

443, 39 38; **ROHG 21** 21, **23** 310; **JW 23** 238; **RG 109** 16). Wegen *Beweises des ersten Anscheins* s. die Beispiele unter 6. Der Schadensnachweis ist hier nicht anders geregelt als in Art. 37 CIM; irrig *Finger,* Bem. 6.

8. Nur **Geldentschädigung,** keine Naturalrestitution, **BGH NJW 51** 193; von Bedeutung für Zeiten, in denen mit Geld nicht alles wiederzubeschaffen ist oder Höchstpreise (**RG EE 37** 250) bestehen, bei Währungsumstellung oder Inflation; dabei besteht *zwischen Abs. 1 und Abs. 2* insofern *ein Unterschied,* als der Schaden nach *Abs. 2* mangels einer Begrenzung nicht der Berechnungsmethode des § 85 hinsichtlich der Höchstsumme unterliegt, die ja nur den Zweck einer Begrenzung der Höhe hat, insbesondere *nicht* der *Bindung an* den *Versandort und* den *Zeitpunkt der Annahme* zur Beförderung; keineswegs aber gibt Abs. 2 gegenüber Abs. 1 mehr als einen Unterschied in der *Höhe* des Ersatzbetrages [a. M. *Goltermann,* Anm. 1 a); s. Anm. 9]. Vgl. im übrigen auch **RG 101** 418, **102** 143, 383, **109** 16. Zum Schaden gehört auch entgangener Gewinn (Begriff BGB § 252), ferner Entwertung, Konventionalstrafen. Geltend zu machen ist der Schaden, der allen Frachtbeteiligten entstanden ist (s. **RG 62** 334; *Hellwig,* S. 82 ff,- 482; *Sommerfeld,* **VR 1** 279, **4** 217). Der volle Schaden ist nie geringer als die Entschädigung nach § 85 EVO.

9. Die **Begrenzung auf das Doppelte** der in Bezug genommenen Höchstbeträge **betrifft** den nachgewiesenen **Schaden in** seinem **vollen Umfange** (s. Anm. 8), also im Sinne der §§ 249 ff. BGB, wobei der Eisenbahn das Benefiz der Geldablösung [§ 251 (2) BGB] stets zusteht; ebenso *v. Nanassy* 8 zu Art. 37, *Finger,* Bem. 7; a. M. *Weirauch* in der Vorauflage und *Goltermann,* Anm. 6, die den § 91 (1) so lesen, als stünde dort: „. . ., so verdoppeln sich die in den §§ 85 usw. vorgesehenen Höchstbeträge.“ *Beispiel:* Bei einer grobfahrlässig herbeigeführten Entgleisung wird eine Maschine in Mitleidenschaft gezogen, ohne daß bei der TA schon festgestellt werden kann, ob eine Reparatur notwendig ist; nach den behördlichen Sicherheitsbestimmungen darf die Maschine erst nach Freigabe durch eine Spezialuntersuchung ihrer Bestimmung zugeführt werden; diese ergibt nach einiger Zeit, daß die Maschine voll brauchbar ist, daher keine Wertminderung nach § 85 (2) zu ersetzen. Schaden besteht in dem Verdienstausfall und den Kosten der Untersuchung, ohne die eine dauernde Wertminderung bestanden hätte, also eine Beschädigung im Sinne des § 82 (1). *Nach der hier vertretenen Ansicht haftet die Eisenbahn* a) wenn sich durch die Untersuchung die Ablieferung verzögert hat, nach §§ 91 (1), 88 (1) für den nachgewiesenen Schaden bis zur doppelten Fracht, außerdem gem. § 88 (4) wie folgt; b) wenn die Untersuchung auf Grund der TA, aber nach Ablieferung erfolgt ist, nach §§ 91 (1), 85 bis zum Doppelten des nach § 85 (1) zu errechnenden Höchstbetrags; *nach der anderen würde sie* mangels eines Minderwerts zur Zeit des Entschädigungsantrags *überhaupt nicht haften,* wenn sie innerhalb der Lieferfrist abgeliefert hat.

10. Abweichend von CIM läßt EVO bei Vorsatz und Angabe des Lieferwertes Eisenbahn in voller Höhe haften; dies entspricht der Billigkeit (Begr.). Der Lieferwert braucht also nicht der Höhe des eingetretenen Schadens zu entsprechen; s. auch § 34 (5).

§ 92. *Verzinsung der Entschädigungsbeträge*

Die von der Eisenbahn zu zahlenden Entschädigungsbeträge[1] sind auf Verlangen vom Tage des Eingangs des Entschädigungsantrags[2] an mit fünf vom Hundert zu verzinsen[3], Beträge unter zehn DM für den Frachtbrief werden jedoch nicht verzinst[4].

1. § 92 meint Ansprüche aus dem Frachtvertrag (s. § 94 Anm. 1), wie sich aus der Bezugnahme auf den Frachtbrief in Abs. 2 ergibt. Den Ausdruck „Entschädigung" gebraucht die EVO im Abschnitt VIII (auf dessen Regelung die §§ 31, 42 Bezug nehmen) bei den §§ 85 ff., s. auch § 94 (2) a) und b), in (1) c) etwas anders formuliert. Daher fallen die Ansprüche des § 94 (2) c)—h) nicht unter § 92; § 70 (6) trifft für Ansprüche aus § 70 ohnehin eine Sonderregelung. Für Begrenzung auf Entschädigungsansprüche wegen Verlust, Beschädigung oder Lieferfristüberschreitung auch *Goltermann,* Anm. 1; dagegen *v. Nanassy* 1 zu Art. 38, der die Regelung auf alle aus dem Frachtvertrag entspringenden Forderungen bezieht, für die nicht ausdrücklich (Art. 18 § 4 und 19, § 2) eine Sonderregelung getroffen ist. Danach wäre z. B. ein Anspruch auf Ersatz der Kosten einer vergeblich versuchten Abholung gem. § 79 (7) nach § 92 zu behandeln.

2. S. § 95 Anm. 9; BGB § 187 (1).

3. Verzinsung setzt nach §§ 284, 288 BGB Verzug voraus, dieser nach § 284 (1) Mahnung nach Fälligkeit. Reklamation ist aber nicht Mahnung, obwohl § 92 die Verzugsfolge der Verzinsung bereits durch sie eintreten läßt, da Forderung nicht gut vor Erhebung fällig sein kann; daher *Verzugsfolgen erst nach angemessener Frist* für die Zahlung (BGB §§ 285, 286). Vgl. RG 109 16; 113 255; § 70 Anm. 18.

4. Lex specialis, wird durch Verzug nicht berührt; a. M. *Weirauch* in der Vorauflage; wie hier *Finger* Bem. 6, *Goltermann* Anm. 5.

§ 93. *Erlöschen der Ansprüche gegen die Eisenbahn aus dem Frachtvertrag*

(1) Mit der Annahme[1] des Gutes[2a] durch den Empfänger [2b] sind alle Ansprüche aus dem Frachtvertrag[3] gegen die Eisenbahn[4] erloschen.

(2) Hiervon sind ausgenommen:

a) Entschädigungsansprüche für Schäden, die durch Vorsatz oder grobe Fahrlässigkeit[5] der Eisenbahn herbeigeführt sind;

b) Entschädigungsansprüche wegen Lieferfristüberschreitung, wenn sie innerhalb eines Monats[6], den Tag der Annahme durch den Empfänger nicht mitgerechnet, bei einer der nach § 95 (3) zuständigen Eisenbahnen schriftlich[7] angebracht werden;

c) Entschädigungsansprüche wegen teilweisen Verlustes [1b] oder wegen Beschädigung:

1. wenn der teilweise Verlust oder die Beschädigung vor der Annahme des Gutes durch den Empfänger nach § 81 festgestellt worden ist[8];

2. wenn die Feststellung, die nach § 81 hätte erfolgen müssen, nur durch Verschulden der Eisenbahn unterblieben ist[9];

3.[10] wenn eine Wagenladung nach § 82 (3) neu aufgegeben und der teilweise Verlust oder die Beschädigung bei der Ablieferung an den letzten Empfänger festgestellt worden ist;

d) Entschädigungsansprüche wegen solcher Schäden, die bei der Annahme des Gutes durch den Empfänger [2b] äußerlich nicht erkennbar waren[11], jedoch nur unter folgenden Voraussetzungen:

1. daß der Empfänger unverzüglich[12] nach der Entdeckung des Schadens, spätestens aber binnen einer Woche, nachdem er das Gut angenommen hat, die Feststellung des Schadens gemäß § 81 beantragt[13], und

2. daß er beweist[14], daß der Schaden in der Zeit zwischen der Annahme zur Beförderung und der Ablieferung des Gutes entstanden ist;

c) Ansprüche auf Rückerstattung geleisteter Zahlungen[15] oder Nachnahmen.

Schrifttum: *Gorden,* Erlöschen bei frankierten Sendungen, **EE 31** 1, 163; Irrtum des Empfängers bei der Annahme, **EE 41** 149; *Rundnagel-Sperber,* S. 159, namentlich Anm. 8; *Fritsch,* **ArchfEis. 24** 607; *v. Nanassy* zu Art. 45 CIM.

1. a) Annahme ist die **Einwilligung des Empfängers in die Übertragung des unmittelbaren Besitzes an dem Gute auf ihn,** s. § 75 Anm. 2 a); **EE 53** 275. Weiter geht die Abnahme des Gutes (s. § 79 Anm. 3; **RG 22** 146, **25** 32); da es sich dabei um die Freimachung des Lager- und Laderaumes der Eisenbahn handelt, genügt hier nicht die Besitzergreifung durch den Empfänger, sondern es ist die vollständige Entfernung z. B. aus dem zur Entladung bereitgestellten Wagen erforderlich, dessen **Annahme durch vereinbartes Verbringen in die Verfügungsgewalt des Empfängers** (Privatgleisanschluß, **VAE 37** 379; *Heide,* **VZ 20** 386) **oder durch schlüssige Handlung** (Beginn des Abladens, Entfernung der Plomben) längst erfolgt ist. **Andererseits** kann bei Vorbehalten nach § 75 (13) und (14) Satz 2 **Abnahme ohne Annahme** erfolgen, s. Anm. 14 und § 81 Anm. 5. Bei der Annahme wie bei der Abnahme ist *körperliche Übernahme bei Weiterabfertigung nicht unbedingt erforderlich,* da jedenfalls Gelegenheit besteht, sich vom Zustand des Gutes zu überzeugen, und der Eisenbahn gleichgültig sein kann, ob Empfänger als Absender des wieder aufgegebenen Gutes dies noch in die Hand nimmt oder nicht, **RG 102** 92, **114** 314; **EE 38** 126, **39** 50; *abw.* **RG 115** 192, s. aber Anm. 10. *Im Falle* der **Ersatzlieferung** (§ 75 Anm. 6) tritt Wirkung der Annahme dagegen *erst dann* ein, wenn der Empfänger das Gut vom Lager oder

Dritten entgegennimmt *(Richter,* Anm. I; *Kittel,* Anm. 3, s. **RG 115** 192, a. M. *Goltermann,* Anm. 1 b), der Ablieferung und Annahme sich entsprechen läßt; inwieweit Spediteur zur Annahme vom Empfänger bevollmächtigt (s. Anm. 2 b), ist Tatfrage. **Annahme ist Willenserklärung,** die nach § 119 BGB **anfechtbar** ist und voraussetzt, daß wenigstens die Möglichkeit für den Empfänger bestand, sich vom Zustand des Gutes zu überzeugen; dafür ist *eine Prüfungszeit* zuzugestehen; **Besichtigung** ist *noch keine Annahme,* **KG EE 58** 184.

b) Die Rechtswirkung **entfällt** somit bei **Totalverlust** während der Beförderung (**EE 22** 371, **26** 404); bei **Teilverlust** erlischt das Recht auf Entschädigung bezüglich der angenommenen Stücke, wenn diese im Frachtbrief einzeln als selbständige Stücke bezeichnet sind (**EE 44** 337, **27** 162). Die alten Entscheidungen sind z. T. durch Änderungen der EVO überholt, vgl. § 82 Anm. 4, so z. B. wenn **OLG Hamburg** in **EE 27** 162 = **28** 40 den Verlust von 10 Kollis einer aus mehreren Hundert bestehenden Sendung als Totalverlust ansieht. Das entfällt bei Wagenladungen (**EE 30** 353, **37** 337). Auch die Auslieferung eines *falschen* Gutes erzeugt *keine Annahme* im Sinne des Abs. 1 (**EE 16** 3, **22** 371; **VR 4** 752), desgleichen nicht die Auslieferung an einen falschen Empfänger, **IZ 30** 205; **EE 22** 371, s. Anm. 2 b.

c) *Quittungsleistung,* ohne daß die Annahme tatsächlich erfolgt ist, *genügt nicht;* **VR 3** 259; **RG EE 41** 361. Durch Rückgabe des Gutes wird die einmal erfolgte Annahme nicht rückgängig gemacht (**EE 29** 285); s. § 75 Anm. 2.

2. a) Nicht des Frachtbriefs, **RG EE 43** 325; nur des im Frachtbrief bezeichneten, s. Anm. 1 b.

2. b) **oder seiner Bevollmächtigten,** so z. B. den *Vollmachtspediteur* in den Fällen des § 77 (5), nicht aber durch den bahnamtl. Rollfuhrunternehmer, da dieser Erfüllungsgehilfe der Eisenbahn, nicht Bevollmächtigter des Empfängers ist, s. § 77 Anm. 5. Der frachtbriefmäßige Empfänger (s. § 75 Anm. 3), daher Annahme durch *falschen* Empfänger *unschädlich. Besitzdiener* im Sinne des § 855 BGB sind *nicht ohne weiteres bevollmächtigt,* das Rechtsgeschäft der Annahme zu vollziehen, insbesondere, wenn sie nicht abholen, sondern bei Zustellung für den abwesenden Empfänger eingespannt werden. Wegen *Vorbehalten* s. Anm. 9. Im Falle der *Rücksendung* an den Absender wird dieser Empfänger; ob Gut *auf Unterwegs- oder Bestimmungsbahnhof* angenommen wird, ist unerheblich. [Ausführl. mit Schrifttum *v. Nanassy* 4 zu Art. 95 § 1 (S. 718)].

3. Alle Ansprüche **aus der mangelhaften Erfüllung des Vertrages,** also nicht nur wegen Verlusts, Minderung, Beschädigung oder Lieferfristüberschreitung, soweit sie bis zur Ablieferung entstanden sind (*Senckpiehl,* **VR 1** 229). Nicht hierunter fallen die auf anderen Rechtsgründen beruhenden Ansprüche, s. § 94 Anm. 1, *(Gorden,* **EE 15** 79; **ROHG 15** 34, **24** 305), wohl aber Ansprüche wegen vergeblich versuchter Abholung (**EE 22** 24, *a. A.* **23** 355) und wegen Teilverlustes (**EE 21** 155). Sie müssen aber **zur Zeit der Annahme** bestehen (**VR 1** 229). Die derzeitige Regelung in der EVO geht weit über das hinaus, was im Geschäftswillen des Empfängers und im berechtigten Interesse der Eisenbahn liegt. CIM beschränkt Wirkung daher auf die klassischen Ansprüche, die EVO in den §§ 82 ff. regelt. Schon jetzt wird man für die EVO **außer den Ausnahmen des Abs. 2 auch** die **Ansprüche** ausnehmen müssen, **die bereits** vor Annahme **bei der Eisenbahn erhoben wurden.** Wegen der **vor** Abschluß des Frachtvertrages oder **nach** dessen Beendigung entstandenen Ansprüche s. § 94 Anm. 1.

4. Nicht auch umgekehrt die Ansprüche der Eisenbahn gegen Absender oder Empfänger. Das Erlöschen ist **von Amts wegen** zu berücksichtigen (*Rundnagel-Sperber,* S. 164, *Finger,* Bem. 4, *Goltermann,* Anm. 3 c); Schrifttumsübersicht bei *v. Nanassy,* S. 716. Daher keine exceptio doli; Empfänger muß Gegenbeweis führen.

5. S. § 91. Gilt *auch für Lieferfristüberschreitung* (**EE 17** 260, **24** 63). Entgegen (2) b und d ist keine Frist gesetzt (**EE 24** 63). **Beweispflichtig ist der Berechtigte** (**EE** 41 58, **39** 38).

6. Berechnung s. BGB §§ 187 ff., 193; **EE 25** 150. Als empfangsbedürftige Willenserklärungen müssen die Ansprüche innerhalb der Frist den Eisenbahnen zugehen (s. BGB §§ 130 ff.; **EE 15** 123; **DJZ 08** 824, **09** 1388; **EE 25** 150).

7. S. **EE 15** 123, **25** 150. Schriftlichkeit ist **Muß**vorschrift, doch genügt Aufnahme eines Protokolls mit Unterschrift. Beigabe des Frachtbriefs ist nicht erforderlich (**EE 18** 68, **20** 352). Klageerhebung, Erhebung der Widerklage, einer Einrede, eines Arrestes innerhalb der einmonatigen Frist *ersetzt schriftliche Anbringung.* Beruht Lieferfristüberschreitung auf Vorsatz oder grober Fahrlässigkeit der Eisenbahn, so gilt (2) a. Anspruch braucht dann also nicht innerhalb der einmonatigen Frist geltend gemacht zu werden; s. auch *Starck,* **JW 22** 86; *Meiß,* ebendort 796.

8. Für die Anwendung der Bestimmung zu zu c) ist es **gleichgültig, welches Ergebnis** die Tatbestandsaufnahme gehabt hat. Rechtsprechung: **EE 23** 357, **24** 64, **27** 45, **28** 194, **45** 198, **57** 86. Ebenso *Goltermann,* Anm. 7, der allerdings, nachdem er das Ergebnis der TA als unerheblich bezeichnet hat, die Entschädigungsansprüche nur für die in der TA „festgelegten" Schäden aufrechterhalten will; *Finger,* Bem. 12. Der Wortlaut spricht zwar nur von festgestellten Schäden, es wäre aber offenbar unbillig, die etwaige Mangelhaftigkeit einer womöglich ohne Mitwirkung des Berechtigten hergestellten TA den daran schuldlosen Empfänger austragen zu lassen; freilich trägt er die Last des Gegenbeweises, genau wie bei c) 2.

9. Ob TA hätte erfolgen müssen, regelt § 81; § 93 (2) c) 2 fordert darüber hinaus, die Feststellung müsse *nur* durch Verschulden der Eisenbahn unterblieben sein, so daß etwaiges *Mitverschulden des Berechtigten den Anspruch erlöschen läßt;* das erscheint unbillig [bei § 83 (3) genügt Mitverschulden der Bahn!]. Die Frage eines Verschuldens der Bahn ist (vgl. *v. Nanassy,* Art. 45 § 2 C b) 2, S. 726: „Nur wenn das Nichtvermuten selbst als Verschulden anzusehen ist") vor allem im Zusammenhang damit zu prüfen, **ob** das **Unterlassen eines Vermutens** *trotz äußerer Anhaltspunkte* für eine Unregelmäßigkeit sich als **schuldhaft** darstellt; wollte man argumentieren, *ob* die Bahn vermutet habe, sei Tat- und nicht Verschuldensfrage, würde das auf das unbeweisbare Erraten innerer Vorgänge hinauskommen. Wie hier *v. Nanassy* aaO. unter 3 mit Schrifttumsübersicht; *Goltermann*, Anm. 8; a. M. *Weirauch* in der Vorauflage; *Finger*, Bem. 13, der sich zu Unrecht auf **JW 22** 1142 beruft; dort hat das **OLG Frankfurt/M.** (nicht Düsseldorf) ein Verschulden bejaht, weil Eisenbahn einem Antrag auf Feststellung nicht nachgekommen war. Im Antrag auf *Nachzählung* liegt *kein Antrag auf TA*, in deren Unterlassung daher auch kein diesbezügliches Verschulden, **OLG Düsseldorf EE 45** 198. S. auch § 81 Anm. 3 und 5.

10. Begründung für diese neue Bestimmung s. § 82 Anm. 20. Gilt nicht bei Lieferfristüberschreitung und bei Stückgut. Ob Weiterabfertigung Abnahme (Anm. 1 a) ist dadurch weniger wichtig.

11. D. h. Mängel, die *nicht so sinnfällig* in Erscheinung treten, daß sie *bei den Gepflogenheiten*, die bei *der Ablieferung* zu herrschen pflegen, wahrgenommen werden können (**EE 43** 89, **28** 389; **JW 27** 684). Mängel betreffen Gut und Verpackung [**EE 39** 127, 186, **11** 216, **12** 215, **42** 328 (Gewichtsverlust), **52** 366, 371].

12. D. h. ohne schuldhaftes Zögern (BGB § 121); das gilt aber nur für den Antrag (**EE 42** 328, **58** 183); die Untersuchung braucht hingegen nicht unverzüglich zu erfolgen. Nötigenfalls muß Vertreter untersuchen (**EE 43** 415).

13. *Schriftlichkeit* wird *nicht verlangt*. In der **Anzeige** der Mängel an die Eisenbahn ist **zugleich** der **Antrag auf Feststellung** des Tatbestandes zu erblicken (Begr.). Deshalb ist der bisherige letzte Absatz dieser Bestimmung gestrichen. Antrag (mündlich, Fernsprecher) bei der Güterabfertigung, auch der des Versandbahnhofs. **Zuständig jede für Weiterleitung geeignete Stelle, OLG Stettin EE 48** 320. Antrag oder Anzeige beim bahnamtlichen Rollfuhrunternehmer genügt, **KG EE 40** 128; a. M. *Finger*, Bem. 20.

14. EE 22 256, **25** 361, **18** 146, **21** 280, **23** 357, **41** 58; **RG 102** 92; **VAE 36** 38, 549. Nicht ein bestimmtes Schadensereignis, sondern nur die Tatsache der Schädigung muß dargelegt werden (*Kittel*, Anm. 12; **EE 52** 366). Vermutung genügt nicht, **VAE 42** 213. Hat Empfänger, statt nach § 75 (13) zu verfahren, die gesamte Sendung quittiert, obwohl deren Teile einzeln im Frachtbrief aufgeführt waren, so hat er den Gegenbeweis des Fehlens einzelner Teile zu führen, **OLG Hamburg EE 27** 163 = **28** 39; hat er von der Möglichkeit eines Vorbehalts späterer Nachprüfung nach § 75 (14) Satz 2 mit Zustimmung der Eisenbahn Gebrauch gemacht, so besteht die Wirksamkeit dieses Vorbehalts darin, daß er nicht mehr zu beweisen braucht, daß die Mängel äußerlich nicht mehr erkennbar waren, und an den Nachweis des Entstehens im Gewahrsam der Bahn keine übertriebenen Anforderungen gestellt werden.

15. D. h. Fracht, Frachtzuschläge, Nebengebühren usw. (**EE 43** 308).

§ 94. *Verjährung der Ansprüche aus dem Frachtvertrag*

(1) Ansprüche aus dem Frachtvertrag[1] verjähren[2] in einem Jahre. Die Verjährungsfrist beträgt indessen drei Jahre[3]:

a) bei Ansprüchen des Absenders auf Auszahlung einer Nachnahme, welche die Eisenbahn vom Empfänger eingezogen hat[4];

b) bei Ansprüchen auf Auszahlung des Erlöses eines von der Eisenbahn vorgenommenen Verkaufs[5];

c) bei Ansprüchen wegen eines durch Vorsatz verursachten Schadens[6].

(2) Die Verjährungsfrist beginnt[7]:

a) bei Entschädigungsansprüchen wegen teilweisen Verlusts, Beschädigung oder Lieferfristüberschreitung mit Ablauf des Tages der Ablieferung[8];

b) bei Entschädigungsansprüchen wegen gänzlichen Verlusts des Gutes mit Ablauf des dreißigsten Tages nach Beendigung der Lieferfrist[9];

c) bei Ansprüchen auf Zahlung, Nachzahlung oder Erstattung von Fracht, Frachtzuschlägen, Nebengebühren und sonstigen Kosten[10] mit Ablauf des Tages der Zahlung[11] oder, wenn keine Zahlung stattgefunden hat, mit Ablauf des Tages, an dem das Gut zur Beförderung angenommen worden ist[12];

d) bei Ansprüchen auf Zahlung oder Rückerstattung von Beträgen, die Gegenstand einer Freibetragsrechnung[13] waren, mit Ablauf des Tages, an dem die Freibetragsrechnung mit dem Absender abgerechnet worden ist;

e) bei Ansprüchen der Eisenbahn[14] auf Zahlung von Beträgen, die der Empfänger statt des Absenders oder die der Absender statt des Empfängers gezahlt hatte, und welche die Eisenbahn dem Berechtigten zurückerstatten muß, mit Ablauf des Tages der Rückerstattung des Betrags;

f) bei Ansprüchen wegen Nachnahmen[15] mit Ablauf des 14. Tages nach Beendigung der Lieferfrist;

g) bei Ansprüchen auf Auszahlung eines Verkaufserlöses[16] mit Ablauf des Verkaufstages;

h) bei Ansprüchen auf Zahlung eines von der Zollbehörde verlangten Betrags mit Ablauf des Tages, an dem die Zollbehörde den Betrag von der Eisenbahn angefordert hat.

(3) Die Verjährung des Anspruchs gegen die Eisenbahn wird, abgesehen von den allgemeinen gesetzlichen Hemmungsgründen[17] auch durch seine schriftliche Anmeldung[18] gehemmt. Ergeht auf die Anmel-

dung ein abschlägiger Bescheid, so läuft die Verjährungsfrist von dem Tage[19] an weiter, an dem die Eisenbahn ihre Entscheidung dem Anmeldenden schriftlich bekanntgemacht und ihm die der Anmeldung etwa beigefügten Belege[20] zurückgibt. Weitere Anträge, die denselben Anspruch zum Gegenstand haben, hemmen die Verjährung nicht[21].

(4) Die Unterbrechung[22] der Verjährung regelt sich nach den allgemeinen gesetzlichen Vorschriften.

(5) Die Ansprüche gegen die Eisenbahn wegen gänzlichen oder teilweisen Verlusts oder wegen Beschädigung des Gutes oder wegen Überschreitung der Lieferfrist können nach Vollendung der Verjährung nur aufgerechnet[23] werden, wenn vorher[24] der gänzliche oder teilweise Verlust, die Beschädigung oder die Überschreitung der Lieferfrist der Eisenbahn angezeigt oder die Anzeige an sie abgesandt worden ist. Der Anzeige an die Eisenbahn steht es gleich, wenn gerichtliche Beweisaufnahme zur Sicherung des Beweises beantragt oder wenn in einem zwischen dem Absender und Empfänger oder einem späteren Erwerber des Gutes wegen des gänzlichen oder teilweisen Verlustes, der Beschädigung oder der Lieferfristüberschreitung anhängigen Rechtsstreit der Eisenbahn der Streit verkündet wird[25].

Schrifttum: *Gorden,* **EE 28** 134; *Reindl,* ebenda **21** 318; *Epstein,* ebenda **22** 320; **DJZ 03** 100, 122; **VZ 02** 386, 553, 627; *Roeder,* **EE 40** 153; **RG 95** 34; *Kröner,* **VZ** 28 862; **VR 68** 32; *Nehring,* Verjährung bei Teileinklagung, **VR 39** Heft 7.

1. Alle Ansprüche **sowohl der Eisenbahn** gegen die am Frachtvertrag Beteiligten **als auch** der Verfrachter **gegen** die **Eisenbahn.** *Beispiele* enthalten die Abs. 1 und 2; s. auch *Nehring,* **VR 39** 1215. **Nicht hierher** gehören die **Ansprüche** aus der Zeit **vor Abschluß des Frachtvertrages,** z. B. nach § 63 ABest. II und III und Abs. 4 des § 63, § 64 ABest. II, **oder nach dessen Beendigung,** z. B. bei Ersatzablieferung nach § 80 (8); „Ansprüche aus dem Frachtvertrag“ also nicht etwa gleichbedeutend mit „Ansprüche aus EVO“ oder „fracht*rechtliche* Ansprüche“ (insoweit unrichtig *Finger,* Bem. 1); Rspr. s. § 95 Anm. 2. Ansprüche aus *unerlaubter Handlung* oder *ungerechtfertigter Bereicherung* sind im Rahmen des Frachtvertrages durch dessen Spezialregelung ausgeschlossen, vgl. §§ 63 (5) und 79 (6) — Wagenstandgeld —, 60 und 70 (Frachtzuschläge und Frachtnachzahlung und Erstattung) oder *den Vertragsansprüchen hinsichtlich* der Höchstbeträge und *Verjährungsfristen untergeordnet* (**a. M. der BGH,** vgl. § 82 Anm. 1), daher kommen entsprechende Verjährungsfristen nur für gegenseitige Ansprüche außerhalb der im Frachtvertrage geregelten Beziehungen in Betracht. Für sonstige Ansprüche gelten die §§ 195 ff. BGB, für *Rollgelder* § 196 Ziff. 3; § 638 BGB dürfte für Ansprüche außerhalb des Frachtvertrages wohl kaum in Frage kommen, a. M. *Weirauch* in der Vorauflage, zweifelnd *Goltermann,* Anm. 1 a). Er ist für die Ansprüche aus dem Frachtvertrag ausgeschaltet (**RG 62** 119, **64** 41, **66** 12; **EE 32** 461).

2. Begriffsbestimmung s. BGB §§ 194, 222; keine Berücksichtigung von Amts wegen, sondern nur auf „Einrede" des Verpflichteten hin; diese kann *im Ausnahmefall* durch die Rücksichtnahme auf Treu und Glauben versagen, vgl. **RG 145** 244 u. Anm. 21

3. Vgl. Art. 46 CIM.

4. § 71 (4), nicht aber (5).

5. Z. B. § 80 (9).

6. § 91 (2).

7. Für die Ansprüche des § 94. Sonst BGB §§ 198 ff.

8. Ablieferung s. § 75 Anm. 1. Frist läuft also nicht bei Annahmeverweigerung, wohl aber bei *Ersatzablieferung* (**ROHG 17** 80; **RG 34** 260; **EE 14** 306).

9. §§ 74, 82 (2).

10. Sonstige Kosten s. § 69 Anm. 1, § 70 Anm. 1.

11. In der Regel bar; Schecks der Verkehrskreditbank oder auch der anderen Banken werden mangels anderer Abmachungen als Zahlung angesehen (BGB § 364 Abs. 1).

Als solcher gilt bei Frachthinterlegung [§ 69 (5)] der Tag der endgültigen Verrechnung (*Rundnagel*, BefGesch. S. 365; s. auch **EE 28** 60, **24** 263), bei Frachtstundung der Tag der Belastung der Stundungsrechnung (*Rundnagel-Sperber*, S. 161) oder der Entgegennahme des mit dem Stundungsvermerk versehenen Frachtbriefes.

12. Als Tag der Annahme des Gutes gilt bis zum Beweis des Gegenteils das Datum in dem Annahmestempel der Güterabfertigung, der dem Frachtbrief aufgedrückt wird [§ 61 (1)].

13. § 69 (5). Wann gezahlt wird, ist hier irrelevant.

14. **Maßgebend** § 69 in Verbindung mit § 70 (3); hat die Eisenbahn auf Grund des § 60 (4) Satz 3 oder in Ausübung ihres Frachtführerpfandrechts nach § 75 (5) vom Empfänger Beträge eingezogen, die nach § 69 der Absender zu zahlen hatte, so kann der Empfänger gem. § 70 (1) die „unrichtig" erhobenen Beträge von der Eisenbahn verlangen, sofern diese sich ihrerseits nach § 70 (3) an den Absender halten kann. *Solche* Ansprüche sind hier gemeint. *Goltermann* Anm. 15 vermißt zu Unrecht „besondere Unterlagen" in der EVO.

15. Geht weiter als Abs. 1 a).

16. S. Anm. 5.

17. BGB §§ 202 ff. Zeitraum der Hemmung wird nicht eingerechnet.

18. Sog. Reklamation [d. h. **schriftliche Geltendmachung des Anspruchs dem Grunde nach,** *Antrag* gemäß EVO § 93 (2) d genügt *nicht* (**VR 6** 135, **7** 7, **8** 535; **SpedSchiffZtg. 26** 154), *auch nicht* bloße *Anfrage* nach dem Ver-

bleib des Gutes, *oder* bloße *Beschwerde* über Personal u. a. m. (**EE 42** 329)]. *Ziffernmäßige Angabe* des Betrages wird *nicht verlangt, auch nicht* Beigabe der *Beweismittel* (**EE 41** 43); wird der Anspruch *beziffert,* so verjähren die *übersteigenden Beträge nicht,* sofern in der Bezifferung nicht deutlich eine sachliche Einschränkung des Anspruchs auf einen Teil des für den Reklamanten erkennbar Möglichen liegt; das wird nur in Ausnahmefällen anzunehmen sein, so etwa wenn nur für 2 von 5 verlorengegangenen Säcken ein Anspruch erhoben wird; eine zu große Bescheidenheit etwa in der ziffernmäßigen Abschätzung des Schadens kann nie vom Nachteil sein, da § 94 (3) von Anmeldung „des Anspruchs" dem Grunde nach ausgeht, ähnlich *Goltermann,* Anm. 20; strenger: *Weirauch* in der Vorauflage und *Finger,* Bem. 19 c) ohne rechte Begründung; die Grundsätze des Zivilprozesses (Anm. 22) sind hier ungeeignet, s. auch *Richter,* Anm. III 2; **VR 5** 518; **JW 22** 1539. *Unerheblich* ist vorbehaltlich der §§ 203, 206 BGB, ob der Berechtigte die Entstehung des Schadens *nicht kennt oder* den Anspruch *nicht geltend machen kann* (**ROHG 15** 126). Die Anmeldung ist zu richten an **eine der in § 95 (3), § 96 genannten Eisenbahnen** oder deren Dienststellen (**EE 40** 154, **41** 146), s. § 92 Anm. 2. **Hemmung beginnt mit Eingang** der schriftlichen Anmeldung (**EE 40** 154). Auf die Hemmung durch Anmeldung kann sich **nur der Anmeldende** selbst oder sein Rechtsnachfolger **berufen,** *nicht* dagegen der *Absender, wenn* der *Empfänger* seinen Anspruch aus *eigenem Recht angemeldet hat* (**RG 109** 310; **EE 43** 320), ebenso keine Hemmung der Verjährung, wenn Reklamationen von einem Dritten ohne Vorlage der Abtretungsurkunde eingereicht wird. Eisenbahn ist nicht verpflichtet, den unberechtigten Reklamanten zur Nachbringung einer Abtretungsurkunde aufzufordern (**VR 27** 293). Den rechtzeitigen Eingang seiner Reklamation hat der Berechtigte **zu beweisen** (**EE 29** 434).

19. Dieser Tag wird also abweichend von BGB § 187 für den Weiterlauf der Verjährung mitgerechnet (**EE 46** 390).

20. Das sind nicht nur Urkunden, die für die Klageerhebung und die Verfolgung des Ersatzanspruchs von Bedeutung sind, wie Frachtbriefe, Originalfakturen, Abtretungsurkunden, eidesstattliche Versicherungen, sondern auch alle solche Belege, die nicht die Eigenschaft von Beweisurkunden haben. Beendigung der Hemmung **erst mit Rückgabe des letzten Beleges** (**EE 23** 357; **JW 24** 216; **EE 42** 76).

21. **VAE 38** 329, **39** 132. Es sei denn, daß die Eisenbahn ihren ersten Bescheid *ausdrücklich als keinen endgültigen* bezeichnet hat, und daß dies der Grund für die Versäumung der Frist zur Klageerhebung war (**EE 45** 62; **VR 5** 467). Ob Gründe angegeben worden sind, ist nicht maßgebend; **RG 109** 306.

22. Siehe BGB §§ 208 ff. (Anerkenntnis, Vergleich, Urteil). Feststellungsklage unterbricht Verjährung in voller Höhe, bezifferte *Leistungsklage nur in Höhe des geforderten Betrages* (**RG 75** 306; **Recht 23** 242, 250; **VAE 37** 19), es sei denn, daß Klage ersehen läßt, daß voller Ausgleich erstrebt wird [**RG 102** 143; **Recht 23** 321; *gerichtliche Streitverkündung,* s. **VZ 30** 1006 u. Abs. (5)].

23. § 387 BGB. Abs. 5 ist eine Abweichung von § 390 BGB (s. Anm. 24), s. HGB §§ 439, 414.

24. D. h. vor Vollendung der Verjährung (*Epstein*, **EE** 21 95; *Reindl*, ebendort 21 318). Abs. 5 bezieht sich nicht auf andere Ansprüche, z. B. auf Frachterstattung; für diese gilt also BGB § 390.

25. Vgl. §§ 72 ff. ZPO.

§ 95. *Geltendmachung der Rechte aus dem Frachtvertrag*

(1) Zur Geltendmachung der Rechte[1] aus dem Frachtvertrag[2] gegenüber der Eisenbahn[9] ist vorbehaltlich[3] der Bestimmungen der §§ 70 (4) und 71 (4) und (5) nur der befugt, dem das Verfügungsrecht[4] über das Gut zusteht.

(2) Der Absender kann Ansprüche aus dem Frachtvertrag nur geltend machen, wenn er das Frachtbriefdoppel[5] vorlegt; dieses Erfordernis gilt nicht, wenn der Absender nach § 61 Abs. 4 auf dem Doppel verzichtet hat. Vermag er dies nicht, so hat er nachzuweisen, daß der Empfänger seine Zustimmung erteilt[6] oder die Annahme verweigert[6] hat. Der Empfänger hat bei Geltendmachung von Ansprüchen aus dem Frachtvertrag den Frachtbrief in Urschrift vorzulegen, wenn er ihm übergeben worden ist[7]. Andere Belege[8] können auch in Abschrift vorgelegt werden, die jedoch auf Verlangen[8] der Eisenbahn öffentlich beglaubigt sein muß. Handelt es sich um eine Entschädigung wegen gänzlichen oder teilweisen Verlusts oder Beschädigung, so ist eine Bescheinigung für den Wert des Gutes beizufügen.

(3) Außergerichtliche Ansprüche sind schriftlich bei einer der in § 96 (3) genannten Eisenbahnen geltend zu machen[9], abgesehen von den in den §§ 70 (7) und 71 (6) vorgesehenen Fällen. Die Eisenbahn hat die Ansprüche mit tunlichster Beschleunigung[10] zu prüfen und den Antragsteller schriftlich zu bescheiden, wenn keine Verständigung erzielt wird.

Wird ein Anspruch aus dem Frachtvertrag auf einen Dritten übertragen, so muß für jede Frachtbriefsendung eine besondere Abtretungserklärung abgegeben werden.

1. Auf Grund der EVO; es bedarf also keines Eigentumsnachweises; der nach Abs. 1 Berechtigte kann die Schäden aller Beteiligten geltend machen (Schadensliquidation im Drittinteresse); er kann seine Rechte abtreten, und zwar (ABest.) mit besondere *Abtretungserklärung je Frachtbrief;* s. im einzelnen **EE** 52 257. Diese sog. **Aktivlegitimation** gilt für die gerichtliche wie für die außergerichtliche Geltendmachung. Recht unsystematisch ent-

hält Abs. 3 jedoch auch Vorschriften über die sonst in § 96 geregelte *Passivlegitimation*, s. Anm. 9. Über *Reklamationsbüros* s. § 70 Anm. 21.

2. Also nicht aus anderen Verträgen, z. B. Gleisanschlußvertrag, aus Handlungen vor Abschluß oder nach Ablauf des Frachtvertrages (**EE 23** 391; **VZ 28** 545) oder aus anderen Rechtsgründen, s. § 94 Anm. 1.

3. Dort ist bereits die Aktivlegitimation festgelegt, und zwar in § 70 (4) die des Zahlers, in § 71 (4) und (5) die des Absenders.

4. Siehe § 72 Anm. 28. Tritt der Empfänger zurück (z. B. Anfechtung wegen Irrtums), leben die Rechte des Absenders wieder auf. Der *Eigentümer* des Gutes ist *nicht* Verfügungsberechtigter aus dem Frachtvertrag (**EE 33** 395); das *Rechtsverhältnis zwischen Absender und Empfänger* ist für die Eisenbahn unbeachtlich (**RG 1** 1); Leutke, Verfügungsrecht bei Frachtgeschäft (**EE 23** 377).

5. § 61 (4). *Folgen der Nichtbeachtung* wie § 72 (7).

6. S. **EE 18** 319. Es ist Sache des Absenders, sich wegen **Erklärung der Zustimmung** mit dem Empfänger auseinanderzusetzen. **Annahmeverweigerung** muß wie bei § 80 (6) **ausdrücklich** erfolgt sein, das ist zwar hier nicht gesagt, ergibt sich aber *implicite* daraus, daß Absender der Eisenbahn die Annahmeverweigerung **nachweisen** muß, was praktisch über deren Mitteilung nach § 80 (1) geschieht.

7. Kann er das nicht, muß er seine Berechtigung in anderer Form nachweisen, s. **EE 23** 267 und § 70 Anm. 17.

8. S. § 94 Anm. 20. Ob die Eisenbahn Beglaubigung fordert, steht ihr völlig frei (mit der alleinigen Ausnahme des Schikaneverbots, § 226 BGB). Für die Beglaubigung zu sorgen hat Antragsteller; er trägt auch deren etwaige Kosten. Lehnt Eisenbahn mangels Glaubhaftmachung ab und erfolgt der Beweis erst im Prozeß, kann Eisenbahn unter Protest gegen die Kostenlast anerkennen, s. § 70 Anm. 9; sie kommt dann auch nicht in Verzug s. Anm. 10.

9. Wer zur Vertretung der genannten Eisenbahnen berechtigt ist, besagen Gesetz oder Statuten, für die DB gilt VerwO, **Die BB 53** 313. Es ist für den Reklamanten indes nicht erforderlich, sich hierüber vor Absendung des Antrags zu informieren, vielmehr **genügt**, wenn er sich **an eine zur Weitergabe** an die zuständige Stelle **bereite Dienststelle** wendet, vor allem an die Empfangsgüterabfertigung, **RG EE 41** 146, aber auch an die des Versandbahnhofs, **OLG Stettin EE 43** 320, s. § 93 Anm. 13. *Anders* bei der *gerichtlichen* Geltendmachung, s. § 96 Anm. 10. Wendet sich Reklamant an einen nicht zu den Bediensteten der Bahn gehörigen Boten, so trägt er das Risiko. Rollfuhrunternehmer und ihre Kutscher sind zur Entgegennahme von Reklamationen nicht befugt; abw., **EE 40** 128.

10. Bei schuldhafter Versäumung und Mahnung nach Fälligkeit: Verzug (**JW 26** 486; **EE 41** 73); dieser entfällt, wenn Beweismittel unzureichend, s. Anm. 8.

§ 96. *Haftung und Inanspruchnahme mehrerer an der Beförderung beteiligter Eisenbahnen*[1]

(1) Die Versandbahn haftet für die Ausführung der Beförderung bis zur Ablieferung des Gutes an den Empfänger ohne Rücksicht darauf, ob nur eigene oder auch fremde Strecken benutzt werden[2].

(2) Jede nachfolgende Bahn tritt dadurch, daß sie das Gut[3] mit dem bei der Aufgabe ausgestellten Frachtbrief[4] übernimmt[5], in den Frachtvertrag nach Maßgabe des Frachtbriefs ein und übernimmt die sich daraus ergebenden Verpflichtungen.

(3) Die Ansprüche aus dem Frachtvertrag[6] können jedoch im Wege der Klage[7] nur gegen die Versandbahn oder die Empfangsbahn, auch wenn diese das Gut nicht erhalten hat[8], oder gegen die Bahn gerichtet werden, auf deren Strecke sich die den Anspruch begründende Tatsache ereignet hat[9]. Unter diesen Bahnen hat der Kläger die Wahl[10]. Das Wahlrecht erlischt mit Erhebung der Klage[11]. Durch Widerklage oder Aufrechnung[12] können Ansprüche aus dem Frachtvertrag auch gegen eine andere Bahn geltend gemacht werden, wenn deren Klage sich auf denselben Frachtvertrag gründet.

(4) Hat auf Grund dieser Vorschriften eine der beteiligten Bahnen Schadensersatz geleistet, so steht ihr der Rückgriff gegen die Bahn zu, die den Schaden verschuldet hat. Kann diese nicht ermittelt werden, so haben die beteiligten Bahnen den Schaden nach dem Verhältnis der Streckenlängen, mit denen sie an der Beförderung beteiligt sind, gemeinsam zu tragen, soweit nicht festgestellt wird[13], daß der Schaden nicht auf ihren Strecken entstanden ist. Die Eisenbahnen können über den Rückgriff allgemein oder im einzelnen Falle andere Vereinbarungen treffen.

1. **Passivlegitimation; ROHG 3 59, 7 99, 11 209, 21 57** und § 95 Anm. 1. Bestimmung regelt nur die Frage, welche von verschiedenen an der Beförderung beteiligten Bahnen in Anspruch zu nehmen ist, nicht aber welche Verwaltungsstelle der einzelnen Bahn (s. § 95 Anm. 9).

Gesetzliches Gesamtschuldverhältnis (BGB § 421; HGB § 432), aber nur **im Rahmen des Frachtvertrages;** was vor seinem Abschluß liegt oder ihm nachfolgt, berührt die übrigen Bahnen nicht (**VR 7 324; EE 43 409, 55 350,** s. auch § 82 Anm. 7, § 94 Anm. 1).

2. Innerhalb des Geltungsbereichs der EVO. Wegen des **Interzonenverkehrs** s. § 2 Anm. 5, wegen **anderer Beförderungsmittel** §§ 2 (7) und 3 (4).

3. Oder ein **Teil** des Gutes (**RG 4 489; JW 10 111**). Annahme unter Protest berührt nicht das Verhältnis zum Absender (**ROHG 11 209**).

Gleichzeitige Übernahme ist *nicht vorgeschrieben,* Reihenfolge ist gleichgültig, aber nur **eins von beiden** genügt **nicht,** *v. Nanassy* 1 zu Art. 26 § 2; Ausnahme s. Anm. 8.

4. Es muß sich um einen **durchgehenden Frachtbrief** handeln (**RG 18** 170; **EE 30** 330). Jeder **neue** Frachtbrief (*nicht* aber ein *Ersatzfrachtbrief*) bedeutet für diesen Fall einen **neuen Frachtvertrag;** an ihm sind nur die Bahnen beteiligt, deren Strecken auf Grund dieses Frachtbriefes durchlaufen werden (**ROHG 7** 218). Änderung des Frachtvertrags auf Grund nachträglicher Verfügung des Absenders ändert auch die Verpflichtung der nachfolgenden, an der Beförderung beteiligten Bahnen (*v. Nanassy* 4 zu Art. 26 § 2). Bei Verlust des ursprünglichen Frachtbriefes genügt für Anwendung des Abs. 2 Übernahme einer gleichlautenden Abschrift (**EE 1** 1, **29** 289).

5. Nicht auf Grund einer Fehlleitung. **EE 25** 408; abw. *Goltermann,* Anm. 4, *v. Nanassy,* 2 zu Art. 26 § 2; Art. 26 § 2 CIM spricht aber genau wie § 96 (2) von einem Eintritt „nach Maßgabe des Frachtbriefs".

6. Z. B. Ersatzansprüche für Schäden und Frachterstattungsansprüche (**VZ 28** 545; **VAE 37** 305). Für Ansprüche anderer Art, z. B. aus einem Verwahrungsvertrage, aus unerlaubter Handlung, ungerechtfertigter Bereicherung, haftet nur die betreffende Bahn (**EE 16** 159). Zum Begriff der „Ansprüche aus dem Frachtvertrag" s. § 94 Anm. 1.

7. Klage ist zu eng. Gemeint ist **jede gerichtliche Geltendmachung von Ansprüchen,** die mit dem Kostenrisiko des § 93 ZPO auch ohne vorherige außergerichtliche Geltendmachung [§ 95 (3)] geschehen kann, s. auch § 95 Anm. 8.

8. Aber der Frachtbrief muß angekommen sein, so früher auch IÜG, anders jetzt CIM, vgl. *v. Nanassy,* Art. 43 § 3 Anm. 3; **BGH VRS 10** 435 sieht diesen Rechtszustand auch im Bereich der EVO jetzt schon für gegeben an.

9. Maßgebend ist der Eintritt, nicht die Verursachung des Schadens; den Nachweis hat der Kläger zu führen.

10. **EE 39** 52. Klage nur gegen *eine* Bahn. Allgemeiner *Gerichtsstand:* Sitz der beklagten Behörde (§ 17 ZPO), bei der DB: Sitz der räumlich (bezirklich) zuständigen Bundesbahndirektion (§ 95 Anm. 9), daneben Gerichtsstand des Erfüllungsortes; s. **EE 5** 64, **21** 127; **JW 05** 147; bei unerlaubter Handlung ZPO § 32 (Tatort).

11. Einerlei, ob sie zum gewollten Ziel führt, aber Klageerhebung gegen eine passiv nicht legitimierte Bahn oder Antrag auf Beweissicherung oder Streitverkündung oder eine der Klage vorhergehende Reklamation hat diese Wirkung nicht.

12. Aufrechnung gegenüber DB (BGB § 395) s. **RG 82** 235; § 94 Anm. 23.

13. Beweispflichtig ist die Bahn, die sich auf diesen Befreiungsgrund beruft; **VZ 10** 309.

Stichwortverzeichnis

Die Zahlen bedeuten die Seiten

Kolibri 360 GmbH
Ferdinand-Jühlke-Straße 7
99095 Erfurt, Deutschland
produktsicherheit@kolibri360.de